畜禽营养与健康养殖前沿丛书

丛书主编：印遇龙　杨汉春

畜禽肠道微生物与营养

谭碧娥　成艳芬　尹　佳　主编

湖南科学技术出版社　科学出版社

长沙　　　　　　　北京

内 容 简 介

肠道微生物被认为是机体的重要"器官"和第二基因组。微生物与宿主之间形成了相互依存、相互作用、不可分割的整体。肠道微生物作为畜禽体内最复杂的生态系统，参与营养物质的吸收、分布、代谢，影响动物的生长和健康。本书总结归纳了畜禽胃肠道微生物与营养研究领域基础前沿进展，包括肠道微生物的代谢，肠道微生物的影响因素，肠道微生物的研究方法，不同种属畜禽肠道微生物结构与功能、发育与营养调控，畜禽肠道微生物资源开发与利用等。

本书可供农业院校和科研单位从事畜牧学、兽医学和食品科学的科研人员、学生以及企业技术人员阅读使用。

图书在版编目（CIP）数据

畜禽肠道微生物与营养 / 谭碧娥，成艳芬，尹佳主编. -- 北京：科学出版社；长沙：湖南科学技术出版社，2025.6
（畜禽营养与健康养殖前沿丛书 / 印遇龙，杨汉春主编）
ISBN 978-7-03-079931-9

Ⅰ. S8

中国国家版本馆 CIP 数据核字第 2024KY3402 号

责任编辑：王 静 李秀伟 欧阳建文 赵小林 刘晓静
责任校对：宁辉彩
责任印制：赵 博 / 封面设计：无极书装

湖南科学技术出版社 和 科学出版社 联合出版

北京东黄城根北街 16 号
邮政编码：100717
http://www.sciencep.com

天津市新科印刷有限公司印刷
科学出版社发行 各地新华书店经销

*

2025 年 6 月第 一 版　开本：787×1092 1/16
2025 年 12 月第二次印刷　印张：25 3/4
字数：610 000

定价：268.00 元
（如有印装质量问题，我社负责调换）

"畜禽营养与健康养殖前沿丛书"编委会

丛书主编：印遇龙　杨汉春

丛书编委（按姓氏汉语拼音排序）：

才学鹏	成艳芬	冯泽猛	郭军庆	何流琴
胡国良	李　昌	李铁军	李婷婷	廖　明
林　海	刘成武	刘明远	刘晓雷	倪奎奎
秦爱建	单体中	谭碧娥	王　旭	王化磊
王晓虎	王云峰	吴　浩	吴　信	徐世文
杨富裕	杨前勇	叶俊华	尹　佳	尹　杰
赵景鹏	郑　鑫	郑海学		

《畜禽肠道微生物与营养》编辑委员会

主　　编：谭碧娥　成艳芬　尹　佳

编写人员（按姓氏汉语拼音排序）：

曹雨涵	陈家顺	成艳芬	冯露雅	高　健
郭孟娇	郝力壮	何　静	黄　鹏	黄小丹
蒋　谦	刘桂芹	马晓康	孟振祥	米见对
裴彩霞	谭碧娥	涂　强	王　婧	王启业
王乐莅	王惟惟	吴苗苗	肖　昊	薛艳锋
尹　佳	尹　杰	余　苗	赵一萍	

丛 书 序

在全球人口持续增长、资源环境约束加剧的背景下，畜牧业作为保障粮食安全和民生福祉的重要支柱产业，正面临着前所未有的转型升级压力。从饲料资源短缺到气候变化对养殖环境的深刻影响，从非洲猪瘟疫情的跨境传播到抗生素滥用引发的耐药性危机，现代畜牧业发展已进入风险与机遇交织的关键阶段。如何突破传统养殖模式的瓶颈，构建安全、高效、可持续的现代畜牧业体系，成为全球农业领域亟待解决的重大命题。

我国作为世界畜牧业生产与消费大国，始终将保障畜禽产品质量安全、促进养殖业绿色发展作为国家战略重点。《"十四五"全国畜牧兽医行业发展规划》围绕保障供给安全、提升生产效率、推进绿色发展和加快智能化转型等方面，提出了一系列重点任务，以推动畜牧兽医行业高质量发展。在此进程中，畜禽营养科学与健康养殖技术的创新突破，既是破解资源环境约束的核心路径，也是防控动物疫病、保障公共卫生安全的重要防线。丛书的编纂恰逢其时，既呼应了国家战略需求，也为全球畜牧业可持续发展提供了中国视角与实践方案。

本丛书首次创新性地将"畜牧学"与"兽医学"两大学科深度融合，系统整合了畜禽营养科学、畜禽疫病防治、饲料资源利用及畜禽养殖技术等多个学科方向的内容，聚焦行业研究重点及国际前沿热点，立足于创新性、应用性和引领性，共形成17个主题分册，全面呈现了畜牧兽医领域从基础研究到应用实践的系统性知识体系，为畜牧兽医领域的理论与实践提供了全新的视角和方法。同时，丛书通过系统梳理行业关键问题，深入剖析了当前面临的挑战，提出了前瞻性解决方案。

衷心希望本丛书能够成为广大科研工作者、政策制定者和养殖从业者的重要参考用书。同时，期待更多的研究者和实践者积极参与这一领域的探索与实践，共同为构建安全、高效、可持续的现代畜牧业体系贡献智慧与力量。

丛书主编

2024 年 12 月 1 日

前　　言

畜禽肠道微生物作为一个复杂而精妙的生态系统，是连接动物健康、营养代谢与生产效率的关键桥梁。随着全球对食品安全、动物福利及环境保护要求的不断提高，深入理解和调控畜禽肠道微生物已成为提升畜牧业可持续发展能力的重要途径。本书的编撰旨在全面系统地总结归纳当前畜禽胃肠道微生物与营养研究领域的基础与最新前沿进展，力求为读者构建一个全面、深入的知识框架，推动相关技术的创新与应用，集科学性、系统性和前瞻性于一体，可作为畜牧学、兽医学、食品科学及相关领域的科研人员和技术人员的参考用书。

全书共分为十一章。第一章至第五章深入探讨了畜禽肠道微生物的代谢机制，包括其如何参与营养物质的消化吸收、能量转化及代谢产物生成等关键环节；分析了影响肠道微生物群落结构与功能的多种因素，如宿主遗传背景、饲养管理条件、环境因素及饲料组成等；系统介绍了肠道微生物研究的先进方法与技术，涵盖肠道微生物分离培养技术、组学技术、体外模拟技术等及其应用。第六章至第十章针对不同种属畜禽（牛、羊、猪、家禽和特色畜禽），深入剖析其肠道微生物的特有结构与功能、发育规律以及营养调控策略。第十一章展望了畜禽肠道微生物资源的开发与利用，包括益生菌制剂、微生物饲料添加剂及微生物发酵产品的开发与应用。本书不仅是对当前畜禽肠道微生物与营养研究成果的一次系统梳理与总结，更是对未来研究方向与应用前景的展望与探索，对推动畜禽肠道微生物研究的深入发展具有重要的学术价值和实践意义。

本书的编撰得到了印遇龙院士及"畜禽营养与健康养殖前沿丛书"编委会专家的指导和帮助，从选题确定、大纲构建到内容撰写与审校，每一步都倾注了编委会专家的无私贡献。本书编写团队根据各自的研究专长分工协作，广泛查阅了国内外相关文献，与同行专家进行了多次深入交流与讨论，力求内容准确、前沿、实用。在此，我们对所有指导和参与编写工作的专家、学者表示衷心的感谢和崇高的敬意。我们期待广大读者能在阅读中有所收获，为推动畜禽肠道微生物与营养研究领域的繁荣发展贡献一份力量。

作　者

2023 年 11 月 23 日于长沙

目 录

第一章 畜禽肠道微生物组成与功能概述 1
    第一节 畜禽肠道微生物组成 1
        一、肠道正常微生物的类型 1
        二、常见畜禽肠道微生物类型 2
        三、肠道微生物区系形成与发育 5
    第二节 畜禽肠道微生物功能 9
        一、生物拮抗作用 10
        二、免疫作用 13
        三、营养作用 21
    参考文献 24

第二章 肠道微生物对营养成分的分解代谢 29
    第一节 碳水化合物 29
        一、碳水化合物及其代谢物 30
        二、碳水化合物与肠道菌群 32
        三、碳水化合物代谢总结 35
    第二节 蛋白质 36
        一、氨基酸代谢与肠道菌群 37
        二、日粮蛋白质代谢和肠道菌群 39
        三、不同日粮蛋白质对宿主健康的作用 42
        四、蛋白质代谢总结 45
    第三节 脂质 46
        一、日粮脂质及其代谢产物 46
        二、瘤胃生物氢化：微生物对日粮不饱和脂肪酸的反应 50
    第四节 维生素 54
    参考文献 56

第三章 肠道微生物的营养素合成代谢 61
    第一节 微生物合成代谢概述 61
        一、微生物合成代谢的类型与原料 61
        二、微生物合成代谢的碳源 62
        三、微生物合成代谢的氮源 63

第二节 碳水化合物的微生物合成代谢 ... 64
一、单糖的合成 ... 64
二、多糖的合成 ... 64
第三节 氨基酸与蛋白质的微生物合成代谢 ... 66
一、微生物氨基酸 ... 66
二、微生物蛋白质 ... 68
第四节 脂类的微生物合成代谢 ... 71
一、脂肪酸 ... 71
二、复合脂类 ... 72
第五节 其他代谢产物 ... 72
一、维生素 ... 72
二、主要的次级代谢产物 ... 74
参考文献 ... 79

第四章 畜禽肠道微生物的调节 ... 84
第一节 宿主和环境因素对肠道微生物的影响 ... 84
一、宿主因素 ... 84
二、环境因素 ... 88
第二节 日粮因素对肠道微生物的影响 ... 89
一、日粮蛋白质 ... 89
二、日粮脂肪 ... 91
三、日粮碳水化合物 ... 94
四、日粮维生素 ... 96
五、日粮微量元素 ... 98
六、微生态制剂 ... 100
参考文献 ... 103

第五章 肠道微生物的研究方法 ... 108
第一节 肠道微生物分离培养技术及其应用 ... 108
一、微生物分离培养技术概述 ... 108
二、微生物富集及其在肠道微生物结构与功能研究中的应用 ... 110
三、微生物分离纯化及其功能研究 ... 112
第二节 组学技术在肠道微生物菌群结构与功能研究中的应用 ... 115
一、分子生物学技术概述 ... 115
二、分子印迹技术在微生物菌群结构研究中的应用 ... 122
三、克隆测序技术在微生物菌群结构研究中的应用 ... 128
四、高通量测序技术在微生物菌群结构研究中的应用 ... 132
五、基因组、转录组测序技术在微生物功能研究中的应用 ... 135

第三节	体外模拟技术在肠道微生物研究中的应用	139
	一、体外模拟技术概述	139
	二、体外分批培养技术在肠道微生物研究中的应用	145
	三、体外连续培养技术在肠道微生物研究中的应用	147
	四、体外肠道模型在肠道微生物研究中的应用	151
参考文献		152

第六章 牛胃肠道微生物与营养 155

第一节	牛胃肠道微生物组	156
	一、瘤胃和瘤胃微生物组	156
	二、下肠菌群对宿主肠道健康的贡献	164
	三、影响牛胃肠道微生物群落的因素	165
第二节	牛胃肠道微生物的营养调控	172
	一、饮食与瘤胃系统的相互作用	172
	二、饲料效率与微生物组	179
	三、饲料添加剂与胃肠道微生物	184
第三节	瘤胃酸中毒及其营养调控	189
	一、瘤胃酸中毒的影响因素	190
	二、缓解瘤胃酸中毒的营养调控策略	190
第四节	温室气体排放及其营养调控	193
	一、牛生产中胃肠道微生物对环境的影响	193
	二、减少温室气体排放的营养调控策略	194
参考文献		199

第七章 羊胃肠道微生物与营养 209

第一节	羊胃肠道微生物菌群结构与功能	209
	一、瘤胃微生物菌群结构与功能	209
	二、小肠微生物菌群结构与功能	213
	三、大肠微生物菌群结构与功能	214
第二节	高精料对羊胃肠道微生物结构与功能的影响	216
	一、高精料对动物机体健康的影响	216
	二、高精料对胃肠道微生物结构与功能的影响	219
	三、高精料对胃肠道组织形态与结构的影响	221
	四、高精料条件下日粮调控策略与作用	223
第三节	幼龄羊胃肠道微生物的发育与调控	224
	一、幼龄羊生长与代谢特征	224
	二、幼龄羊胃肠道发育规律	225
	三、幼龄羊胃肠道微生物定植规律与调控	226

第四节　羊甲烷排放及其营养调控··················231
　　一、羊甲烷排放概况····························231
　　二、瘤胃甲烷排放形成机制····················233
　　三、甲烷排放的营养调控策略··················235
　　四、展望····································241
参考文献··241

第八章　猪肠道微生物与营养··················251

第一节　猪肠道微生物菌群结构与功能··············251
　　一、猪肠道微生物的区域分布··················251
　　二、猪肠道微生物定植与发育··················254
　　三、猪肠道微生物菌群功能····················256

第二节　断奶对仔猪肠道微生物的影响及营养调控····257
　　一、仔猪断奶后肠道微生物的变化··············257
　　二、调控肠道菌群缓解仔猪断奶应激的营养策略··258

第三节　肠道微生物对猪生产性能及产品品质的影响··261
　　一、肠道微生物对猪生长的影响················261
　　二、肠道微生物对猪繁殖力的影响··············266
　　三、肠道微生物对猪常见疾病的调控············267
　　四、肠道微生物对猪抗应激能力的影响··········268
　　五、肠道微生物对猪肉品质的影响··············269

第四节　调控猪肠道微生物的添加剂的应用··········270
　　一、酸化剂··································270
　　二、酶制剂··································272
　　三、益生菌··································273
　　四、益生元··································277
　　五、后生元··································278
　　六、中草药及植物提取物······················280

参考文献··282

第九章　家禽肠道微生物与营养··················287

第一节　家禽肠道结构与特点······················287
　　一、小肠····································288
　　二、大肠····································289

第二节　家禽肠道微生物菌群结构··················289
　　一、家禽肠道菌群概述························289
　　二、家禽肠道微生物组成······················290

第三节　家禽肠道微生物功能 ··· 295
　　　　一、家禽肠道微生物对肠道免疫的影响 ··· 295
　　　　二、家禽肠道菌群的营养作用 ··· 298
　　第四节　家禽肠道菌群的调控 ··· 300
　　　　一、宿主因素 ··· 301
　　　　二、环境因素 ··· 302
　　　　三、饲粮成分 ··· 303
　　　　四、饲料添加剂 ··· 304
　　参考文献 ··· 306

第十章　特色畜禽肠道微生物与营养 ··· 314
　　第一节　高原家畜肠道微生物与营养 ··· 314
　　　　一、牦牛 ··· 314
　　　　二、藏羊 ··· 319
　　第二节　马属动物肠道微生物与营养 ··· 326
　　　　一、驴 ··· 326
　　　　二、马 ··· 334
　　第三节　其他特色动物肠道微生物与营养 ··· 344
　　　　一、羊驼 ··· 344
　　　　二、骆驼 ··· 348
　　参考文献 ··· 352

第十一章　畜禽肠道微生物资源利用 ··· 365
　　第一节　畜禽肠道微生物资源的保护与利用 ··· 365
　　　　一、保护畜禽肠道微生物资源的必要性 ··· 365
　　　　二、畜禽肠道菌的利用模式 ··· 366
　　　　三、常见畜禽品种的肠道微生物资源 ··· 367
　　第二节　畜禽肠道微生物在农业领域的应用 ··· 370
　　　　一、微生物饲料添加剂的生产与应用 ··· 370
　　　　二、发酵饲料的生产与应用 ··· 378
　　　　三、养殖污染的微生物修复 ··· 386
　　参考文献 ··· 389

第一章 畜禽肠道微生物组成与功能概述

胃肠道（gastrointestinal tract，GIT）是一个动态的生态系统，由宿主真核细胞（如上皮、免疫细胞等）构成的组织结构及其分泌物（如黏液、消化酶）组成，其中包括功能完整的免疫系统，以及定植于其中的细菌、真菌、古菌、原生生物和病毒等大量微生物组成的肠道微生物群。畜禽肠道微生物数量（$10^{14} \sim 10^{15}$ 个）是机体细胞数量的 10 倍，因此被称为机体的第二基因组，对宿主的免疫、营养、生理和保护过程有着深远的影响。肠道微生物群对宿主具有非常重要的功能，包括营养物质的吸收和消化、膳食纤维的发酵、能量的产生、维生素的合成和病原体的防御等。大规模平行标签测序（massively parallel signature sequencing，MPSS）技术的出现使宏基因组和宏转录组分析成为可能，再加上蛋白质组学和代谢组学的研究，使人们重新对肠道微生物及其对宿主健康和疾病过程的广泛影响产生了兴趣。本章主要概述畜禽肠道微生物组成与功能。

第一节 畜禽肠道微生物组成

一、肠道正常微生物的类型

动物的肠道主要存在细菌、古菌和真菌 3 种类型的微生物，其中细菌在数量上占绝对优势，如哺乳动物肠道的微生物总数大约为 10^{14} 个，且主要是厌氧细菌。

（一）根据自然属性划分

依据自然属性，肠道菌群通常可划分为六个门：厚壁菌门 Firmicutes、拟杆菌门 Bacteroidetes、变形菌门 Proteobacteria、放线菌门 Actinobacteria、疣微菌门 Verrucomicrobia 和梭杆菌门 Fusobacteria。厚壁菌门和拟杆菌门这两个细菌分支在肠道菌群已知的系统发育分类中占比超过 90%，是宿主肠道菌群中的主要构成部分。

（二）根据对氧气需求划分

根据对氧气的需求差异，肠道菌群可划分为专性厌氧菌、兼性厌氧菌和需氧菌三类，其中肠道菌群中以厌氧菌居多，而共生菌通常属于专性厌氧菌。

（三）根据与宿主的关系划分

根据与宿主的关系，肠道菌群可划分为致病菌、共生菌和条件致病菌。

致病菌通常并非肠道内的常驻菌群，其数量相对较少，在病理状态下才会在肠道内大量繁殖并引发疾病。常见的致病菌主要包括葡萄球菌属 *Staphylococcus*、普通变形菌 *Proteus vulgaris*、假单胞菌 *Pseudomonas* spp.、沙门氏菌属 *Salmonella* 和肠致病性大肠埃希菌（enteropathogenic *Escherichia coli*，EPEC）（又称"致病性大肠杆菌"）等。共生菌是长期寄居在肠道内、组成相对稳定的微生物，主要为厌氧菌，占肠道细菌总量的99%，与宿主相互依存、相互制约，具有合成维生素、促进蛋白质消化吸收、生物拮抗和免疫刺激作用。共生菌主要包括双歧杆菌属 *Bifidobacterium*、拟杆菌属 *Bacteroides* 等。条件致病菌是指在一定条件下能导致疾病的细菌，在肠道内比较少，在宿主健康时不致病，起到调节宿主生理的作用；但它们会在特定条件下产生毒性产物或获得侵袭性而具有致病性，引起内源性感染，大量繁殖后不仅产生毒素，某些菌株还能产生基因毒素或通过诱发慢性炎症等，促进癌症的发生发展。条件致病菌主要包括肠球菌和肠杆菌，如乳杆菌属 *Lactobacillus*、大肠杆菌 *Escherichia coli*、链球菌属 *Streptococcus* 等（Eckburg et al.，2005）。

二、常见畜禽肠道微生物类型

（一）单胃动物

单胃动物肠道中最丰富的物种包括普雷沃氏菌属 *Prevotella*、厌氧菌属 *Anaerobium*、链球菌属 *Streptococcus*、乳杆菌属 *Lactobacillus*、粪肠球菌 *Enterococcus faecalis*、粪球菌属 *Coprococcus*、巨球形菌属 *Megasphaera*、布劳氏菌属 *Prauseria*、颤螺菌属 *Oscillospira*、栖粪杆菌属 *Faecalibacterium*、假丁酸弧菌属 *Pseudobutyrivibrio*、戴阿利斯特菌属 *Dialister*、梭菌属 *Clostridium*、罗斯拜瑞氏菌属 *Roseburia* 等。研究人员通过对287头猪的粪便DNA进行宏基因组测序，鉴定出770万个非冗余基因，涵盖719个功能途径（Chen et al.，2021；Xiao et al.，2016）。通过比较，研究人员发现猪和人的肠道微生物基因目录相似性高于小鼠和人的肠道微生物基因目录相似性。猪肠道微生物主要是厌氧菌和兼性厌氧菌，其中厚壁菌门和拟杆菌门占90%以上。结肠和盲肠微生物组的大多数细菌都隶属于厚壁菌门和拟杆菌门，这两个门约占所有细菌的90%。在人类七岁之前，肠道中厚壁菌门 Firmicutes 的细菌比例增加（尤其是严格厌氧的厚壁菌类群），而拟杆菌门 Bacteroidetes 的比例下降，其下属的普雷沃氏菌属 *Prevotella* 水平也随之降低。空肠和回肠的微生物群组成却大不相同：在空肠中，厚壁菌门的细菌占优势（>90%），其次是变形菌门、蓝细菌门和放线菌门的细菌。在回肠中，厚壁菌门和变形菌门是两个优势门类，变形菌门占检测到细菌的5%~40%。盲肠是单胃动物体内微生物种类和含量最为丰富的场所，猪肠内容物中的微生物数量为 $10^{12} \sim 10^{13}$ CFU/g，由400~500种微生物组成，其中主要以拟杆菌属（8.5%~27.7%）和厚壁菌门的梭菌XIV群（10.8%~29.0%）、梭菌IV群（25.2%）为优势菌群（Castillo et al.，2007；Ley et al.，2006；Mountzouris et al.，2006）。

消化道不同区域的微生物菌群组成存在差异，微生物菌群的多样性和密度从胃到后肠呈现逐渐增加的趋势，其中回肠中的细菌比例很高（40%）。大肠是猪体内微生物发酵的主要场所，与小肠相比，其微生物多样性更为丰富。大肠腔内的微生物群在降解纤维和能量代谢中发挥着重要作用。空肠是消化和吸收营养物质的主要场所，尽管大量的纤维发酵主要发生在小肠中，但空肠微生物群的营养功能仍与能量代谢和纤维降解相关。除了消化功能外，肠道微生物群还能产生生物活性化合物，影响空肠免疫系统、屏障功能和细胞增殖。与大肠相比，小肠的微生物群具有更多与癌症和传染病相关的免疫功能。

（二）反刍动物

反刍动物瘤胃内微生物种类繁多，微生物总体积约占瘤胃液的10%，其微生物群落以细菌、原生动物、古菌和真菌为代表，其丰度和多样性均按同一顺序排列。瘤胃微生物群落由两组原核生物（细菌和古菌）和两组真核生物（原生动物和真菌）组成，细菌和原生动物共占微生物生物量的90%以上。

瘤胃中的细菌数量巨大，种类繁多，占瘤胃生物量的50%~80%。瘤胃内容物中细菌可达 10^{10}~10^{11} 个/ml，已从瘤胃分离出的细菌有200多种，隶属于29个属，大多数为厌氧菌和兼性厌氧菌。细菌的种类主要有纤维素降解菌、淀粉降解菌、半纤维素降解菌、蛋白质降解菌、脂肪降解菌、酸利用菌和乳酸菌等。瘤胃中以纤维素降解菌为优势菌，包括琥珀酸类杆菌 *Bacteroides succinate*、白色瘤胃球菌 *Ruminococcus albus*、生黄瘤胃球菌 *Ruminococcus flavefaciens* 和溶纤维丁酸弧菌 *Butyrivibrio fibrisolvens* 等。瘤胃微生物群的主要成员还包括利用其他微生物的二次发酵产物的微生物，如反刍月形单胞菌 *Selenomonas ruminantium* 和琥珀酸弧菌科 Succinivibrionaceae 的成员。在属层面上以普雷沃氏菌属 *Prevotella* 为优势菌（Brayant and Burkey，1953）。

瘤胃中的原生动物包括纤毛虫、鞭毛虫等，可分为6个属，其数量为（2~200）×10^5个，这些原生动物严格厌氧，能够消化可溶性碳水化合物和淀粉。纤毛虫和细菌之间存在协同和拮抗作用，它们既会竞争细菌的底物和捕食细菌，又会刺激细菌繁殖。瘤胃与肠道中古菌的数量相对较少，其中产甲烷菌为数量最大和多样性最复杂的古菌。产甲烷菌在所有前肠发酵动物中普遍存在，是反刍动物核心微生物的重要组成部分。甲烷短杆菌属 *Methanobrevibacter* 和甲烷球形菌属 *Methanosphaera* 分别在100%和60%的动物中出现（Mizrahi et al.，2021）。

肠道是动物体消化吸收营养物质的主要场所，其定植的微生物发挥着关键作用，瘤胃与肠道中的厚壁菌门在整个微生物群落中占主导地位，拟杆菌门和变形菌门次之。瘤胃与肠道中的微生态系统可帮助宿主消化动物体自身难以利用的粗纤维（纤维素、半纤维素、木质素），从大量的低营养的植物纤维中摄取所需的能量，并且还具有为宿主分解代谢过程中产生的有毒物质的能力。不同部位的微生物群落组成与数量存在显著差异，如瘤胃中的优势菌群为一些纤维素降解菌，而肠道中的优势菌群则逐渐转化为可利用果糖的微生物（Yeoman et al.，2018）。

（三）家禽

家禽胃肠道中常见的一些微生物是乳杆菌属 *Lactobacillus*、拟杆菌属 *Bacteroides*、真杆菌属 *Eubacterium*、梭菌属 *Clostridium*、大肠杆菌、链球菌属、普雷沃氏菌属、梭杆菌属 *Fusobacterium*、月形单胞菌属 *Selenomonas*、巨球形菌属和双歧杆菌属。

鸡的胃肠道每段都有不同的代谢功能，微生物群落也因此形成差异（表1-1）。鸡肠道微生物菌群中最主要的门有厚壁菌门、拟杆菌门和变形菌门，占90%以上，包括117～288个细菌属，其中主要的菌属有梭菌属、瘤胃球菌属 Ruminococcus、拟杆菌属、肠球菌属 Enterococcus 和乳杆菌属。16S rDNA 基因序列水平显示成年鸡肠道微生物菌群主要由革兰氏阳性菌组成，乳杆菌在前段肠道（十二指肠、空肠和回肠）中占优势（＞35%），在嗉囊中丰度最高，优势菌群为嗜酸乳杆菌 Lactobacillus acidophilus 和唾液乳杆菌 Lactobacillus salivarius（Guan et al.，2003）。

表 1-1 鸡胃肠道中的主要菌门和菌属

胃肠道位置	主要菌门	主要菌属	采用的技术
嗉囊（10^8～10^9CFU/g）	厚壁菌门、放线菌门、变形菌门	乳杆菌属、双歧杆菌属、肠杆菌属	培养；16S rDNA 测序和克隆
砂囊（10^7～10^8CFU/g）	厚壁菌门、变形菌门	乳杆菌属、肠球菌属、肠杆菌属	16S rDNA 测序和克隆
十二指肠	厚壁菌门、变形菌门	乳杆菌属、链球菌属、葡萄球菌属、肠杆菌属	培养；16S rDNA 测序和克隆
空肠、回肠（10^8～10^9CFU/g）	厚壁菌门、变形菌门	乳杆菌属、梭菌属、肠球菌属、大肠杆菌属、链球菌属、真杆菌属、丙酸杆菌属、肠球菌属	T-RFLP、qPCR、16S rRNA 测序和克隆
肌胃	厚壁菌门	乳杆菌属、肠球菌属	
盲肠（10^{10}～10^{11}CFU/g）	厚壁菌门、拟杆菌门、变形菌门	梭菌属、拟杆菌属、芽孢杆菌属、栖粪杆菌属、大肠杆菌属、乳杆菌属、梭菌属、梭杆菌属、瘤胃球菌属、甲烷杆菌属、甲烷球菌属、甲烷八叠球菌属	T-RFLP、qPCR、16S rRNA 测序和克隆
结肠、直肠/粪便	厚壁菌门、变形菌门	乳杆菌属、梭菌属、梭杆菌属、大肠杆菌属、志贺氏菌属	16S rDNA 测序和克隆

注：资料来于于 Barnes 等（1972）、Gong 等（2007）、Lu 等（2003）、Salanitro 等（1978）、Xiao 等（2017）、Guan 等（2003）、Hinton 等（2000）、Petr 等（2001）、Engberg 等（2002）、Bjerrum 等（2006）、Videnska 等（2014）、Sergeant 等（2014）、Stanley 等（2015）和 Pauwels 等（2015）。T-RFLP 表示末端限制性片段长度多态性（terminal restriction fragment length polymorphism）分析；qPCR 表示定量聚合酶链反应（quantitative PCR）

鸡的盲肠中微生物主要有梭菌纲 Clostridia 和拟杆菌属（约40%），其他有普拉梭菌 Faecalibacterium prausnitzii（14%）、大肠杆菌（11%）、乳酸菌（7%）和瘤胃球菌（6%）。前段肠道（十二指肠、空肠、回肠）微生物平均含量为10^8～10^9CFU/g 内容物，后段肠道（盲肠、直肠）微生物平均含量为10^{10}～10^{11}CFU/g 内容物（Salanitro et al.，1974）。鸡盲肠菌群中还有产甲烷古菌，其对清除发酵产生的过量氢离子有重要作用（Saengkerdsub et al.，2007）。鸡盲肠中也有空肠弯曲杆菌等病原性和传染性细菌存在（Gencay et al.，2017；Zhu et al.，2002）。

鸡的嗉囊中微生物主要以革兰氏阳性兼性厌氧菌为主，主要是乳杆菌，大部分为嗜酸乳杆菌、唾液乳杆菌和鸟宿主关联乳杆菌 Ligilactobacillus aviarius。乳杆菌某些种的组成在鸡的整个生命周期内会发生变化，如嗜酸乳杆菌、唾液乳杆菌，而罗伊特氏黏液乳杆菌 Limosilactobacillus reuteri、约翰逊氏乳杆菌 Lactobacillus johnsonii、卷曲乳杆菌 Lactobacillus crispatus、母鸡乳杆菌 Lactobacillus gallinarum 和嗜淀粉乳杆菌

Lactobacillus amylophilus 在整个生命周期中始终可被检测到。此外，双歧杆菌也可从肉仔鸡和母鸡的嗉囊中被分离到。砂囊中的主要菌门为厚壁菌门、变形菌门，其中乳杆菌属、肠球菌属、肠杆菌属等组成为优势菌属（Albazaz and Büyükünal Bal，2014）。

鸡的肌胃中优势菌包括乳杆菌属、肠球菌属、不发酵乳糖的肠道杆菌和类大肠杆菌的细菌。在肌胃黏膜和消化物中存在大量的乳杆菌，主要是鸟宿主关联乳杆菌和唾液乳杆菌。十二指肠因胆汁和胰液的中和作用，pH 较高（中性至弱碱性），同时肠道内容物流动性大、肠蠕动频繁，加之黏液层持续更新，形成较强的机械清除效应，共同抑制细菌定植与存留，因此细菌密度显著低于肠道其他区段。其优势菌群主要是兼性厌氧菌群（链球菌属、葡萄球菌属、乳杆菌属和肠杆菌属）。

鸡小肠（空肠、回肠）中的微生物以兼性厌氧菌为主，包括链球菌属、乳杆菌属和大肠杆菌属等，严格厌氧菌则主要包括真杆菌科 Eubacteriaceae、丙酸杆菌属 *Propionibacterium* 和梭菌属等。在小肠远端，消化酶活性降低、胆汁酸解离，促使环境适宜细菌生长。在回肠中基于 16S rRNA 基因序列分析，约 70%的细菌为乳杆菌属，其余主要是梭菌科 Clostridiaceae（11%）、链球菌属（6.5%）和肠球菌属（6.5%）。从小肠中分离到的肠球菌有粪肠球菌和屎肠球菌，梭菌的含量为 $10^2 \sim 10^4$ CFU/g 内容物，也可分离出产气荚膜梭菌（Bjerrum et al.，2006；Barnes et al.，1972）。

鸡粪便的微生物菌群由胃肠道不同分隔段的微生物组成。其中存在 4 个占优势的微生物系统群，其中两个系统群（梭菌科、未分类的梭菌目 unclassified Clostridiales）与梭菌有关，另外两个系统群则与乳杆菌属、肠杆菌属、志贺氏菌属 *Shigella* 有关。鸡的粪样和盲肠内容物微生物菌群组成在性质上类似，但数量不同，盲肠内容物可反映鸡的盲肠微生物情况，而粪样由于受到胃肠道其他区段微生物的影响，不能准确反映盲肠微生物状况。

三、肠道微生物区系形成与发育

肠道菌群的早期建立对肠道免疫系统的成熟、屏障功能的发挥，以及动物机体健康和生长至关重要。肠道在动物体出生后不久就被各种摄入的环境和母体微生物所占据。这一过程受多种因素的影响，包括分娩方式、饮食、环境和抗生素的使用等。新生哺乳动物肠道最早的定植者是需氧菌或兼性厌氧菌，即非致病的肠杆菌、肠球菌和葡萄球菌。兼性厌氧菌消耗氧气，产生二氧化碳，改变 pH，为黏附提供额外的位置，产生营养物质，并降低氧化还原电位，使环境适合严格的厌氧菌。在生命的最初两周，专性厌氧菌开始出现（拟杆菌属和双歧杆菌属进入未成熟肠道并定植，8～20 天便可达到定植高峰期，形成稳定菌群）。厌氧菌虽然后定植，在数量上却占 99%以上，兼性厌氧菌和需氧菌不到 1%。最近的分子基础研究发现，多种细菌是第一定植体，包括肠杆菌科、拟杆菌属、双歧杆菌属和梭菌属，它们在不同的个体和不同的研究中存在大量的物种变异。Favier 等（2003）确定大肠杆菌和梭菌为最初的定植菌群，随后迅速出现双歧杆菌、拟杆菌、链球菌、肠球菌、瘤胃球菌和放线菌等多种细菌。哺乳动物在出生当天，需氧菌（主要是假单胞菌）出现，随后在出生第一个月就迅速被兼性厌氧菌（肠球菌、链球菌和肠杆菌科）取代，在 2 个月时出现严格厌氧菌（双歧杆菌）。

哺乳动物肠道菌群的发育与宿主基因组、品种、年龄、性别和饮食等因素有关。母体微生物群是后代肠道微生物种群的重要初始来源。有研究表明，阴道分娩的婴儿体内的细菌群落与母体的阴道微生物群具有相似性，主要有乳酸菌、普雷沃氏菌或斯尼斯氏菌属 *Sneathiella*。一些肠道相关的微生物群，如双歧杆菌、拟杆菌、类杆菌和梭菌纲的成员（梭菌和韦荣氏球菌属 *Veillonella*[①]等）在母体的粪便、母乳和新生儿的粪便中均有发现，这表明母乳可能是将母体肠道微生物群垂直传递给新生儿的重要载体之一（Apajalahti et al.，2004）。除母体因素外，周围环境对新生仔猪肠道菌群的发育同样有着巨大影响。考虑到母体和分娩环境中潜在病原体浓度的差异，在生产实践条件下，肠道菌群的首次定植可能对动物健康起着重要作用。此外，阴道微生物群在后代肠道微生物群的早期定植中发挥着重要作用，而阴道微生物群也受到母体粪便的影响。因此，母体粪便微生物群对后代微生物群的发育有着很大的贡献。肠道菌群受饮食、宿主免疫成熟度等多种动态因素影响，其成熟时间难以明确定义，而菌群稳定性通常被视为成熟度的标志。肠道菌群在不同发育阶段存在一定差异，主要体现在胚胎期、哺乳期以及断奶后等不同时期。

（一）猪肠道菌群定植和发育

1. 胚胎期

关于肠道首次接触微生物的时机，究竟是在子宫内还是分娩过程中，即肠道是先暴露于子宫内的微生物，还是在分娩期间才首次接触微生物，尚未有定论。Wang 等（2019）评估了猪肠道菌群的发育，发现胎粪样本中的菌群与哺乳期间从粪便样本中采集的菌群不同。尽管胎粪样本是在出生后 6h 内采集的，但研究者推测胎粪中的菌群可能是由母猪在子宫内通过某种途径传播给胎儿的。仔猪胚胎可能通过吞饮母体羊水使胃肠道内开始定植大肠杆菌、葡萄球菌等微生物（宋连喜等，2007）。有研究选用常规饲养、正常妊娠和不同日龄阶段 10 例猪胚的胃肠道内容物进行厌氧及需氧培养，结果显示胚胎时期动物胃肠道内已存在大肠杆菌、微球菌、葡萄球菌、变形杆菌、消化链球菌和乳杆菌（表 1-2）。这一现象可从胚胎发育机制解释，在胚胎时期，胚体浸浴于羊膜腔内的羊水中持续发育，而羊水更新的重要途径之一便是胎儿的吞饮行为，羊水经肠道吸收后，其携带的微生物得以在肠道内留存，部分代谢产物则经胎儿血液循环运至胎盘，最终由母体排出体外（宋连喜等，2007）。

表 1-2 猪不同发育阶段胃肠道菌群

	胚胎期	哺乳期	断奶后
主要菌群	大肠杆菌、葡萄球菌、微球菌、变形杆菌、消化链球菌、乳杆菌	大肠杆菌、乳杆菌、链球菌、拟杆菌、瘤胃球菌、猪放线菌、淀粉乳杆菌	双歧杆菌、乳杆菌、小梭菌、肠杆菌、肠球菌、拟杆菌、普雷沃氏菌
优势菌群	大肠杆菌、葡萄球菌、乳杆菌	乳杆菌、链球菌	双歧杆菌、乳杆菌、小梭菌

[①] *Veillonella* 现被划分至 Negativicutes 纲。

2. 哺乳期

出生时，新生仔猪会面临来自产道和母猪粪便的大量微生物。哺乳仔猪与母猪被关在同一个板条箱中，直到断奶前都与粪便、乳腺/生殖道黏膜分泌物、皮肤和液体接触。仔猪出生后立即从哺乳母猪获得初乳和常乳。母乳提供能量和营养物质，包括乳糖、乳低聚糖、氨基酸和脂肪，激活消化功能，进而改变肠道微生物群的定植环境。因此，母乳微生物对仔猪肠道黏膜微生物的贡献度最大，在空肠与回肠中，其贡献度可达 80%～90%，且这种影响一直持续到断奶后；而在盲肠与结肠中，随着仔猪日龄的增长，母乳微生物的贡献逐渐降低，并逐渐被母体粪便微生物及其他未知来源微生物所替代。母体产道微生物与环境微生物在仔猪出生后几天内，对回肠、盲肠与结肠黏膜微生物也有小部分贡献，但随后其贡献逐渐减少（刘红宾，2019）。

新生仔猪出生 3 小时后，其肠道内就能检测到大肠杆菌、乳酸菌和链球菌等微生物。从出生到 14 天，新生仔猪粪便中的微生物丰富度不断增加，21 天时轻微下降，到 28 天（即断奶时）细菌丰富度再次增加，35 天时（断奶后）达到最大值。断奶仔猪肠道核心菌群主要是拟杆菌、双歧杆菌、普雷沃氏菌、乳杆菌等（表 1-2）。哺乳仔猪胃和小肠中的优势菌群为乳杆菌和链球菌，这主要是因为它们能较好地利用母乳中的营养成分。由于哺乳期仔猪胃肠道尚未发育完全，其胃分泌盐酸的能力较弱而使胃内 pH 偏高，这样的环境使一些细菌能顺利通过胃，并快速定植于肠道的不同部位。乳杆菌在猪胃肠道内定植后，通过发酵乳糖而产生大量的乳酸，从而降低胃内 pH，因此只有耐酸菌才能在肠道近端成功定植（朱伟云等，2004）。

Wylensek 等（2020）发现，与体重较轻的仔猪相比，体重较重的仔猪肠道有更为丰富的拟杆菌门和瘤胃球菌科细菌，而放线菌和淀粉乳杆菌所占比例则较低。哺乳期间仔猪摄入的奶量可能会通过调节肠道菌群影响宿主的健康和生产性能。母乳的营养成分包括寡糖，寡糖对肠道菌群的发育起着重要作用。免疫球蛋白 A（immunoglobulin A，IgA）浓度的降低可能与哺乳期肠道菌群的变化有关。IgA 是母猪初乳和牛奶中最丰富的免疫球蛋白，它能与病原体结合，损害其复制能力，并有助于防止细菌黏附于肠上皮细胞（intestinal epithelial cell，IEC）。

母猪肠道菌群的营养调控也会影响子代肠道内的菌群。给母猪饲喂添加枯草芽孢杆菌 *Bacillus subtilis* 的饲粮后，哺乳仔猪的回肠中乳杆菌数量增加，产气荚膜梭菌数量减少。母猪饲喂添加了共生菌的饲粮后，哺乳仔猪结肠内的肠道菌群会发生显著变化。这些结果表明，微生物群可以在生命早期被人为操纵，并产生长期的影响（韩丽等，2018）。由此可见，仔猪肠道菌群的调节在很大程度上取决于环境因素，在妊娠和哺乳期间可以通过调节母猪肠道菌群和乳成分来进行早期干预。

3. 断奶后

断奶应激引起的肠道菌群破坏或失调，是导致仔猪断奶后感染的主要因素。断奶应激导致了肠道菌群改变，主要增加了毛螺菌科 Lachnospiraceae、月形单胞菌属 *Selenomonas*、弯曲杆菌属 *Campylobacter* 细菌，而弯曲杆菌科、卟啉单胞菌属 *Porphyromonas*、巴斯德氏菌属 *Pasteurella* 和产戊酸震颤杆菌 *Oscillibacter valericigenes*

细菌减少。从断奶应激中恢复后,微生物群向成熟转变。断奶仔猪消化道内双歧杆菌、乳杆菌、小梭菌的菌群数量最多,是断奶后肠道内的优势菌群。仔猪断奶第 1 周其肠道微生物区系变化急剧,乳杆菌数量降低至断奶前的 1/100,而大肠杆菌数量增加了 50 倍,多样性指数较断奶前明显降低;断奶后 1 周,菌群的结构最不稳定,细菌的活力大大降低,活力需要 2～3 周恢复。健康 30 日龄断奶仔猪胃肠道内的正常菌群中双歧杆菌($4.53×10^9$ 个)、乳酸杆菌($1.6×10^8$ 个)、小梭菌($1.76×10^8$ 个)的菌群数量最多,是断奶仔猪消化道内的优势菌群。胃肠道不同部位的总菌数差异并不显著,菌群种类略有差异。胃中双歧杆菌最多,其次是乳杆菌;十二指肠中双歧杆菌最多,其次是肠杆菌、乳杆菌;回肠中双歧杆菌最多,其次是肠球菌、小梭菌和肠杆菌;盲肠中双歧杆菌最多,其次是小梭菌;直肠中双歧杆菌最多,其次是小梭菌、乳杆菌。其中,双歧杆菌作为肠道优势菌群,对维持机体健康具有重要意义(Lugli et al., 2019)。此外,双歧杆菌还是肠道黏膜菌群的重要组成部分,对维持正常的肠蠕动起重要作用,而正常的肠蠕动能在一定程度上阻止致病菌定植。

(二)反刍动物肠道菌群定植和发育

1. 犊牛

刚出生的犊牛胃肠道发育尚不成熟,瘤胃内微生物数量稀少,而皱胃中存在大量的乳酸菌,外界微生物随日常采食、饮水等生理活动进入瘤胃内。此外,饲喂后乳从皱胃回流至瘤胃,也有利于瘤胃微生物的定植(Weimer,2015)。犊牛出生不久后,各类微生物便开始定植。瘤胃中存在大量细菌,其中厌氧菌总数量在前 3 周内持续增长,随后数量趋于稳定,兼性厌氧菌则在 5 周内稳定下降(Pybus and Shave,1984)。犊牛采食干料的时间越早,微生物的繁育进程就越早启动,瘤胃的代谢能力也会相应增强。纤维分解菌和产甲烷菌在犊牛 3 日龄瘤胃开始出现,许多犊牛瘤胃液中的纤维素分解菌和产甲烷菌分别达到 10^4 个/ml 和 10^2 个/ml 以上,且纤维分解菌数量会随着犊牛的发育而快速增长(Gouet et al.,1984)。犊牛在不同发育阶段,其肠道微生物也会有所不同。定量聚合酶链反应(quantitative PCR,qPCR)结果显示,在 1 周龄时普雷沃氏菌属占比 40.0%,栖粪杆菌属 *Faecalibacterium* 占比 21.7%,球形梭菌-直肠真杆菌 *Clostridium coccoides-Eubacterium rectale* 占比 16.7%,奇异菌属 *Atopobium* 占比 10.9%;随着周龄的增长,普雷沃氏菌属和球形梭菌-直肠真杆菌始终保持着优势菌群的地位,而其他的奇异菌属、栖粪杆菌属,以及一些益生菌属(如乳杆菌属、双歧杆菌属)的细菌数量则随着周龄的增长呈下降趋势。淀粉分解菌和蛋白质分解菌的数量也随犊牛的日龄增加呈线性增长,且淀粉分解菌占总厌氧菌的比例随犊牛日龄的增长而呈增加趋势。原虫种群在犊牛约 8 周龄时瘤胃 pH 稳定后开始建立。断奶后,生黄瘤胃球菌和纤维杆菌可从粪便中被检测出来(Uyeno et al.,2010)。

犊牛瘤胃微生物区系的建立需要适宜的环境,包括厌氧、适宜的 pH、稳定的渗透压、持续且充足的营养素供给及代谢终产物的移除等。此外,微生物区系的建立还受到犊牛的日龄、采食饲粮的数量和种类,以及饲养制度等多种因素的影响。

2. 羊

哺乳羔羊早期空肠微生物主要来源于母羊的乳头和生殖道，其中生殖道内主要是乳杆菌（Swartz et al.，2014）。胎羊的空肠和结肠中的细菌群落的多样性与丰富度均随着胎龄增长而提升。同样在（出生后）未发育瘤胃阶段到反刍阶段的羔羊空肠和结肠内，细菌群落的多样性与丰富度也随日龄增大而增加。研究表明，随年龄增加，小肠和大肠的微生物群落逐渐达到成熟平衡的状态，而双歧杆菌长期定植于肠道内形成相对稳定的共生菌群，自生命早期开始就发挥着胎羊胃肠道定植等重要的作用，并贯穿动物整个的生命周期（Lugli et al.，2019）。

在哺乳期，羊空肠中的优势菌群为梭菌目、瘤胃球菌科及拟杆菌属。这些优势菌群在羊肠道发育过程中从以母乳为基础的阶段持续至以发酵为基础的阶段。在结肠中，优势菌群包括瘤胃球菌科、拟杆菌属和梭菌目。这些优势菌群的大多数早期定植于肠道（空肠和结肠）的不同区域，这些早期定植的细菌可构成肠道微生物菌群，让宿主更容易消化食物（Li et al.，2019；Yeoman et al.，2018；Wang et al.，2016）。

从出生到断奶后，羊的肠道微生物菌群随着年龄的增长而逐渐成熟。与生长阶段相对应的是羊肠道空肠和结肠两个腔室均会出现暂时性变化，这与饮食变化、肠道生长发育及微生物的相互作用有关。早期微生物定植会影响断奶后的肠道微生物菌群。此外，肠道微生物菌群分布存在空间差异（Wang et al.，2016）。在羊生长的各个阶段，结肠的结构都更复杂，其细菌群落数量也比空肠更多。

（三）家禽肠道菌群定植和发育

家禽胃肠道细菌的演替在孵化后便立即开始，微生物群的定植受蛋的初始微生物状况以及产蛋期间母鸡所造成的污染影响。此外，在产蛋期间，胃肠道中的细菌种类取决于它们自身的定植能力及其在胃肠道中的相互作用情况。微生物群落在家禽的整个成熟过程中持续变化并受到多种因素的影响，包括鸡的品系、性别、饲养环境以及个体家禽自身和个体之间的差异等。随着宿主的成长，微生物群变得更加多样化，并且在日龄较大时趋于相对稳定。9~13日龄雏鸡在摄食后，十二指肠和中段小肠食糜的细菌组成保持稳定；14日龄鸡的十二指肠的梭菌、链球菌、肠杆菌被乳杆菌取代，且乳杆菌占比随着鸡日龄的增加而升高（Mead and Adams，1975）。空肠中乳酸杆菌属的相对比例随日龄增加而上升，而在回肠中该比例保持稳定。细菌计数表明回肠细菌密度从孵化后1天的 10^8 CFU/g 内容物增长至孵化后3天的 10^9 CFU/g 内容物，并在之后的30天保持相对稳定（Xiao et al.，2016；Wei et al.，2013）。繁殖密度的升高和热应激的共同作用促使有害细菌（而非有益菌）增殖。利用环境因素来调节肠道微生物群的方法缺乏稳定性且难以精准把控，相反，肠道微生物群会随营养成分组成或营养摄入密度的改变而发生显著变化，因为营养成分组成和营养摄入密度是细菌生长的直接底物。

第二节 畜禽肠道微生物功能

过去十年的研究进一步凸显了微生物群落对人类、动物和植物健康的重要性。哺乳动物的肠道是目前研究最多的微生物生态系统之一。许多研究报道了肠道菌群在饮食、药物和感染等多种因素影响下的快速变化，但这些变化往往是短暂的，在一个健康成年动物的一生中，微生物群保持相对稳定。深入理解调控这种稳定性以及引发微生物生态系统波动的生态学原理，对于成功调控微生物群落以提升畜禽农业效益至关重要。

肠道的微生物生态系统极为复杂且菌群生物量庞大。因肠的不同部位 pH、营养状况存在差异，菌群的种类分布也大不相同。多数的肠道菌群属共生类型且主要是厌氧菌，如双歧杆菌、优杆菌属、消化球菌等，它们数量恒定，具备合成维生素和蛋白质、发挥生物拮抗等生理功能，对维持宿主健康起着重要作用（Adak and Khan，2019）。仅有极少数的致病菌在生理平衡状态下不会危害宿主，但一旦其数量超出正常范围便会引发疾病。此外，还有一类是介于这两种类型之间的，如大肠杆菌、链球菌等，它们既能产生毒素，又具有生理和致病双重作用。本节主要围绕微生物的生物拮抗作用、免疫作用和营养作用展开阐述。

一、生物拮抗作用

肠道微生物生态竞争可以分为利用竞争与干扰竞争两种类型：利用竞争是指一个有机体消耗另一个成员所需的资源，干扰竞争则指一个微生物通过合成有害产品来抑制其他微生物的生长。干扰竞争可通过不同类型分子的生产来介导，包括小分子抗生素、非核糖体合成的抗菌肽（AMP）、过氧化氢等代谢物、宿主分子修饰酶（如糖苷酶）、信号分子降解酶（如 AHL 内酯酶），以及核糖体合成多肽和蛋白质毒素。它们生存的核心能力是获取营养和稀缺资源的能力、建立空间生态位的能力，以及抵御特定环境条件的能力。拮抗作用属于干扰竞争，是微生物界存在的普遍现象，指一类微生物抑制或杀死其他种类微生物的作用。微生物群落中存在大量的拮抗作用，这些拮抗作用不仅有助于维持微生物群落成员的组成和相对比例，还对群落的长期稳定起到积极作用。

（一）拮抗作用类型

目前，所有主要的细菌门均已进化出多种拮抗途径，涵盖接触依赖和非接触依赖两种机制（表 1-3），涉及的效应分子大小各异，从短肽到复杂的多亚基蛋白质复合物不等。非接触依赖机制主要包括核糖体合成并经翻译后修饰的肽（RiPP）类细菌素（如片球菌素、环状细菌素）、RTX 毒素类细菌素、具有膜攻击复合体/穿孔素（MACPF）结构域的蛋白质，以及由非核糖体多肽合成酶（NRPS）/聚酮合成酶（PKS）途径合成的抗生素等（Peterson et al.，2020）。接触依赖机制则主要由特定的分泌系统介导：在革兰氏阴性菌中涉及 Ⅳ 型、Ⅴ 型和 Ⅵ 型分泌系统，而在革兰氏阳性菌中则由 ESAT-6 分泌系统（ESS）介导；这些系统将毒性效应蛋白递送至邻近靶细胞，为避免自身及遗传相关细胞受到攻击，产生菌通常表达同源免疫蛋白进行自我保护。此外，接触依赖性拮抗作用还可通过其他独特途径实现，如黏球菌属（*Myxococcus*）的外膜融合毒素传递、芽孢杆菌属（*Bacillus*）等细菌表面产生的淀粉样蛋白类细菌素，以及芽孢杆菌中一类羧基末端含毒素结构域，并通过肽聚糖（PGN）锚定的 YD-重复蛋白（Whitney et al.，2017；Cao et al.，2016；Souza et al.，2015；Hood et al.，2010；Aoki et al.，2005）。

表 1-3 细菌间拮抗机制类型

机制	分布	模式生物	靶向范围	功能	其他特点
非接触机制的细菌间拮抗途径					
核糖体合成和翻译后修饰肽（RiPP）	放线菌门、拟杆菌门、蓝藻菌门、栖热菌门、厚壁菌门、变形菌门、螺旋体门、热袍菌门	乳酸菌、大肠杆菌	从种、属到门水平各不相同	前体肽合成的多肽，编码邻近免疫决定因子、修饰酶和转运体	短，修饰肽（40 个氨基酸）。在厚壁菌门中，这些被称为 I 类细菌素，许多是抗生素；在肠杆菌科中称为微霉素
片球菌素类细菌素	厚壁菌门	乳酸菌	密切相关的物种之间	靠近肽氨基末端的 YGXGV 保守序列	IIa 类细菌素
环状细菌素	厚壁菌门	枯草芽孢杆菌、粪肠球菌	厚壁菌门物种内	类似于 RiPP，但缺乏修饰酶，含有一种细胞质 ATP 结合蛋白	缺乏其他修饰的头尾环化肽，II 类细菌素
未修改肽的细菌素	厚壁菌门	肠球菌、乳酸菌	从密切相关的物种到厚壁菌门内部都不同	线性，未修饰的单肽细菌素；厚壁菌门与片球菌素没有序列相似性	IId 类杆菌素
两个肽的细菌素	厚壁菌门	乳酸菌	厚壁菌门物种内	这两种前肽都由一个操纵子编码，通常与转运基因一起编码	单个肽单独时活性很低。IIb 类细菌素
RTX 细菌素	变形菌门	豆科根瘤菌	密切相关的物种之间	含有羧基末端甘氨酸和富含天冬氨酸重复的蛋白质，通过 I 型分泌系统分泌	单个肽单独时活性很低。IIb 类细菌素
大肠杆菌素类的细菌素	变形菌门	大肠杆菌（大肠杆菌素）、铜绿假单胞菌（脓菌素）	密切相关的物种之间	含有易位、受体结合和毒素结构域的蛋白质	释放对生产者来说是致命的，是对压力的反应
凝集素类细菌素	变形菌门、厚壁菌门	假单胞杆菌、瘤胃球菌	密切相关的物种之间	含有单子叶甘露糖结合凝集素（MMBL）结构域的蛋白质	许多具有 MMBL 结构域的细菌蛋白的功能尚未被确定
Tailocins（一种奇特的、由细菌制造出来的纳米机器）	变形菌门、厚壁菌门	假单胞菌、梭菌	大部分是种内的，少数例外	与噬菌体尾部具有结构同源性的多亚基结构	单颗粒杀死敏感细胞；释放需要产生细胞的裂解
MACPF 结构域的蛋白质	拟杆菌门、绿弯菌门	拟杆菌、脆弱类杆菌	拟杆菌属	含有保守膜攻击复合体/穿孔素（MACPF）结构域	通过与毒素基因相邻的表面受体的变异形式的表达而产生的抗性
NRPS/PKS 合成的抗生素	酸杆菌门、放线菌门、拟杆菌门、蓝藻门、厚壁菌门、浮霉菌门、变形菌门、棒状菌门、疣微菌门	链霉菌	从种内特异性到广谱活性的梯度变化	NRPS/PKS 抗菌生物合成基因簇可能与那些通过耐药性决定因素的存在而合成其他次级代谢产物的基因簇有所区别	NRPS 和 PKS 通路广泛存在于不同的门中，但它们合成的分子往往没有特异性

续表

机制	分布	模式生物	靶向范围	功能	其他特点
接触依赖的细菌间拮抗途径					
接触依赖抑制（CDI）	变形菌门	大肠杆菌、泰国伯克霍尔德氏菌	种属内	由CdiA/CdiB双伴侣分泌蛋白介导	只需要细胞间的短暂接触
Ⅵ型分泌系统（T6SS）	变形菌门、拟杆菌门、酸杆菌门	铜绿假单胞菌、沙雷氏菌属、霍乱弧菌、大肠杆菌	门间，革兰氏阴性	在变形菌门和拟杆菌门中抗T6SS之间共有7个结构基因	效应器通常包含可识别域或基序（VgrG、PAAR、Hcp、RHS、MIX）
Ⅳ型分泌系统（T4SS）	变形菌门	柑橘溃疡病菌	种属间，变形菌门内	通过VirB7和VirB8亚基的羧基末端延伸和与非抗菌T4SS的同源性来区分柑橘黄单胞菌 Xanthomonas citri 系统	效应器包含一个保守的羧基末端XVIP结构域
ESAT-6分泌系统	厚壁菌门、放线菌门	金黄色葡萄球菌、中间链球菌	种内的（金黄色葡萄球菌）或厚壁菌门的种间	大多数抗菌的Esx底物似乎含有氨基端亮氨酸-X-甘氨酸基序（LXG）或	关于Esx介导的中毒是否需要细胞-细胞接触的报道存在差异
由甘氨酸拉链接触依赖抑制的蛋白质（CDZ）	变形菌门	柄杆菌属	密切相关的物种之间	紧挨着与之同源的Ⅰ型分泌系统编码的一种或两种含有甘氨酸拉链基序的小蛋白质CdzAB	分泌的细菌素在细胞表面形成大量的聚集体
WapA蛋白质	枯草芽孢杆菌	枯草芽孢杆菌	种属内	具有羧基末端毒素结构域的YD-重复蛋白	与革兰氏阴性菌的Rhs毒素有远缘关系
多种黏附素家族（Maf）	奈瑟菌属	脑膜炎奈瑟菌和淋病奈瑟菌	密切相关的物种之间	MafB毒素含有一个信号肽，一个氨基末端DUF1020和一个可变羧基末端毒素结构域	MafB羧基末端毒素结构域基因和伴随免疫基因常出现在 MafB 基因组中
外膜交换（OME）介导的毒素传递	黏球菌属	黄色黏球菌	密切相关的物种之间	锡塔毒素（SitA toxin）共享一个含有脂盒的同源氨基末端结构域	TraAB促进OME

注：资料来自于Peterson等（2020）

不仅细菌间的拮抗机制呈现多样性，物种个体自身同样可以编码多种对抗机制。这种多样性体现在多个层面，包括物种携带多种独特的拮抗机制、给定机制的非冗余版本（即多种毒素输出分泌途径）以及通过单一传递系统传递的过多效应因子等。在一个生物体中发现的拮抗途径的总和可能占细胞总编码能力的相当大比例。例如，铜绿假单胞菌至少编码了6种不同的致毒方式，这些致毒方式总共占其基因组的3%。其中部分包括相关系统的非冗余版本，包括3种Ⅵ型分泌系统（type Ⅵ secretion system，T6SS）。每一种T6SS都与多达7种独特的分泌效应因子有关。此外铜绿假单胞菌还具备编码两种接触依赖抑制（contact-dependent inhibition，CDI）和3种扩散蛋白质毒素（称为脓菌素）的基因（Coulthurst，2019；García-Bayona et al.，2018；Koskiniemi et al.，2013）。

（二）动物肠道微生物的拮抗作用

肠道微生物群的许多细菌成员（包括乳酸菌、双歧杆菌、大肠杆菌、肠球菌和拟杆菌）都会产生一种或多种类型的拮抗毒素，主要包括小肽细菌素、大肠杆菌素、其他分泌蛋白、RTX细菌素以及由T6SS递送的毒素等（表1-3）。针对乳酸菌和双歧杆菌肽类细菌素的大量研究，主要聚焦于细菌素的结构、作用机制、预防感染的治疗潜力或在食品工业中的应用。细菌素ABP-118是一种广谱Ⅱb类细菌素，由唾液乳杆菌的肠道分离株产生。对小鼠和猪粪便微生物的组成分析显示，整个群落组成在细菌素ABP-118的作用下仅发生细微变化。拟杆菌属作为肠道菌群中最为丰富且稳定的成员之一，能产生具有膜攻击复合体/穿孔素（MACPF）结构域的成孔毒素（Crespo-Piazuelo et al.，2018）。其中BSAP-1和BSAP-2是研究最为深入的两个毒素，它们具有精确的种内靶标，几乎所有的脆弱拟杆菌属或均匀拟杆菌属菌株均携带相应的 *BSAP* 基因或对其敏感。MACPF细菌素为哺乳动物肠道内的拟杆菌类提供了强大的种内竞争优势。肠道拟杆菌科也能合成T6SS。不同的肠道拟杆菌科物种具有三种不同遗传结构的T6SS，其中脆弱拟杆菌表达遗传结构3（GA3）T6SS。在体外实验中，GA3 T6SS能拮抗几乎所有的肠道拟杆菌。此外，黏质链球菌等也能分泌可杀死肠道微生物的T6SS（Clavijo and Flórez，2018）。LXG多态毒素（polymorphic toxin，PT）家族存在于中间链球菌中，可介导多种厚壁菌门细菌的接触依赖性生长抑制。细菌间的拮抗作用在畜禽研究中已得到广泛应用。例如，饲粮中呕吐毒素的暴露和产气荚膜梭菌感染可通过协同抑制乳球菌属，降低其在肉鸡空肠食糜中的相对丰度，进而调控死亡受体途径介导的凋亡通路关键因子的表达，这可能是两者协同促进细胞凋亡的潜在机制（郭芳申，2020）。适量芽孢杆菌复合微生态制剂可显著改善蛋鸡盲肠微生态区系，有效控制肠道致病菌的生长，且芽孢杆菌代谢产物能有效抑制鸡大肠杆菌和鸡白痢沙门氏菌的生长（李丽红，2004）。肠道微生物群中的拮抗可通过提高霍乱弧菌向新的易感宿主的传播，来增强其作为病原体的适应度（Zhao et al.，2018）。

尽管细菌拮抗是一个活跃的研究领域，但我们目前仍处于了解这些相互作用在自然群落环境中的影响，以及它们如何影响复杂微生物群落的整体结构、动态和组成的早期阶段。

二、免疫作用

肠道免疫系统在限制体内微生物侵入组织方面起着至关重要的作用，对于保持这些相互作用的共生本质至关重要。此外，肠道免疫系统持续应对巨大的微生物负荷、高度的微生物多样性、巨大的暴露表面积，以及来自食物和水中的致病微生物的频繁挑战。与此同时，肠道免疫系统必须避免潜在的有害的过度反应，这可能会不必要地损害肠道组织或改变微生物群的关键代谢功能。哺乳动物的肠道中含有大量的微生物及其组成部分和代谢产物，它们对宿主肠道免疫系统的激发和发展至关重要。肠道先天免疫和适应性免疫与共生体协调相互作用，通过耐受共生菌群和保持对侵袭性病原体的促炎反应能力，建立互惠互利的关系，从而促进肠道内环境平衡。肠道免疫系统与共生体之间的失衡会破坏肠道微生物稳态，导致肠道菌群失调，破坏肠道屏障的完整性，进而产生对共生体的促炎免疫反应。

（一）肠道微生物对免疫系统的影响

无菌生物学研究进一步加深了我们对微生物群与宿主免疫系统的互作关系的理解。利用无菌动物进行选择性定植实验，能够使机体的免疫反应不受致病和有益微生物分子相互作用的影响。无菌动物在肠道相关淋巴组织的发育和抗体的产生方面表现出广泛的缺陷。无菌动物肠道免疫是有缺陷的，小肠的派尔集合淋巴结（Peyer patch，PP）和肠系膜淋巴结（mesenteric lymph node，MLN）更小、固有层更薄、浆细胞数量更少。无菌动物的 $CD8^+$、$CD4^+$，以及 $CD4^+CD25^+$ T 细胞减少，免疫因子也减少。一份报告也表明无菌动物分离的淋巴滤泡发育和成熟受损（表 1-4）（Stephens et al.，2021）。这些诱导结构似乎在肠道细菌的引入后恢复正常，这表明免疫系统和微生物群之间存在动态关系，肠道的整个超微结构发育似乎与肠道细菌密切相关。

表 1-4 无菌动物肠道免疫缺陷

免疫缺陷	位置	与正常动物表型对比
小肠的发育	派尔集合淋巴结	数量少，细胞少
	固有层	结构薄，细胞少
	生发中心	浆细胞数量少
	分离的淋巴滤泡	数量少，细胞数量少
肠系膜淋巴结的发育	生发中心	数量少，浆细胞少
$CD8^+$ T 细胞	肠上皮淋巴细胞	细胞数量少，细胞毒性降低
$CD4^+$ T 细胞	固有层	细胞更少，小肠中的 Th17 细胞减少，结肠中的 Th17 细胞增加
$CD4^+CD25^+$ T 细胞	肠系膜淋巴结	Foxp3 表达降低，抑制能力降低
血管生成素 4	帕内特细胞	减少
REG3γ	帕内特细胞	减少
分泌型 IgA 的生成	B 细胞	减少
ATP 水平	肠道	降低
MHC Ⅱ 类分子	肠道上皮细胞	降低
TLR9	肠道上皮细胞	降低
IL-25	肠道上皮细胞	降低

注：资料来自于 Round 和 Mazmanian（2009）

无菌动物最早被发现的免疫缺陷之一是肠道分泌型 IgA 水平显著降低，IgA 通过限制细菌侵入宿主组织，参与维持黏膜免疫屏障。获得肠道共生细菌的树突状细胞迁移到肠系膜淋巴结，诱导初始 B 细胞（naïve B cell）产生 IgA。相关研究表明，IgA 反应通过限制对特定肠道共生体的先天免疫反应，有助于维持宿主细菌的互利共生关系（Fouhse et al.，2017）。

无菌动物更容易受到某些细菌、病毒和寄生虫的感染。当受到革兰氏阴性肠道病原体志贺氏菌的攻击时，无菌动物与传统的定植动物相比，表现出对感染的免疫抵抗力下降和死亡率增加。预先与特定共生菌定植能拮抗福氏杆菌感染，而不影响大肠杆菌定植，这意味着微生物群中的某些成员提供了对肠道细菌病原体的保护（Maier et al.，1972）。细菌引起感染的首要任务是将宿主"殖民化"。所有哺乳动物都稳定地被细菌群落占据，这些细菌群落可以作为感染的屏障（称为定植抵抗）。研究表明，伤寒沙门氏菌感染引起的炎症改变了微生物群的组成，并抑制其再生。鼠伤寒沙门氏菌利用这种定植抗性的不足来建立感染并致病。除了维持潜在致病微生物的定植屏障，微生物群还介导了病原体清除。肠腔是大多数"经典"免疫效应器机制无法访问的部位，病原菌感染的情况下正常的微生物群从枯竭和组成受干扰的状态中重新生长，并逐渐清除肠腔中大量繁殖的病原体。分泌型免疫球蛋白 A（secretory immunoglobulin A，sIgA）和微生物群具有互补的保护功能。微生物群赋予定植抗性抵抗并介导原发感染中的病原体清除，而 sIgA 能识别宿主再次感染的相同的病原体从而预防疾病（Yasmine and Timothy，2014）。

（二）肠道微生物与免疫系统发育的相互作用

哺乳动物的免疫系统和微生物群共同进化形成了复杂的共生关系。哺乳动物胎儿在子宫中孕育，分娩后用富含母体抗体的乳汁喂养，这些抗体实现了免疫从母体到新生儿的被动转移，这对子代免疫系统的发育和肠道微生物群的定植都有影响。

肠道黏膜免疫组织，包括回肠远端派尔集合淋巴结（PP）、分离淋巴滤泡（isolated lymphoid follicle，ILF）和肠系膜淋巴结（MLN）。它们的成熟是由肠道菌群定植引起的，并依赖于肠道菌群定植。PP 和 MLN 的发育是在妊娠期间，而 ILF 是在分娩后（图 1-1）（Maynard et al.，2012）。这些淋巴组织中的每一种都需要来自肠道微生物群感知的信号来完成发育、募集成熟的免疫细胞补体，或者两者兼而有之。同样，肠道黏膜的非淋巴结构对建立宿主-微生物群相互作用起到重要作用，并且这一过程由新生儿肠道微生物定植所驱动。新生儿适应性免疫应答的准备需要妊娠期作用于先天淋巴样细胞（innate lymphoid cell，ILC）亚群，即淋巴组织诱导（lymphoid tissue inducer，LTi）细胞。LTi 细胞在妊娠期淋巴组织的发育中起重要作用，包括肠道相关淋巴组织（gut-associated lymphoid tissue，GALT）的组成部分。LTi 细胞在胎儿肝脏中由一个共同的淋巴样前体发育成所有的淋巴样细胞。在胎儿发育期间，LTi 细胞会扩散到 MLN 和 PP，并刺激这些结构的发育，同时促进 B 细胞和 T 细胞的招募与增殖，使其进入 B 细胞滤泡和 T 细胞区域，形成次要淋巴组织（Cherrier and Eberl，2012；Van De Pavert and Mebius，2010）。ILF 的发育也依赖于 LTi 细胞，但它是在分娩后启动的。ILF 仅在肠道菌群定植后由隐斑（cryptopatch）发育而来（图 1-1）（Kanamori et al.，1996）。

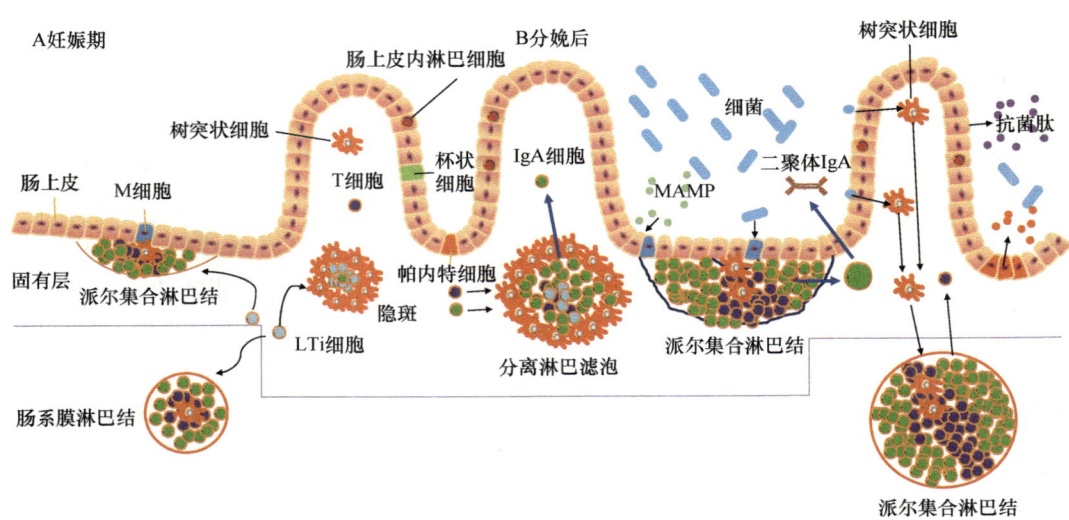

图 1-1　肠道相关的淋巴组织建立与围产期肠道内宿主与菌群的互利共生
(修改自 Maynard et al., 2012)

A. 妊娠期：二级淋巴组织（派尔集合淋巴结和肠系膜淋巴结）及隐斑是通过淋巴组织诱导（LTi）细胞在小肠发育部位的时空招募和支持神经血管结构而形成的，同时也刺激树突状细胞、T细胞和B细胞的招募，为对微生物群的免疫反应做准备。上皮内淋巴细胞在出生前进入上皮细胞。B. 分娩后：细菌立即在新生儿肠道内定植，引发多种事件，影响黏膜和肠道相关淋巴组织的发育或功能成熟。从左到右显示：肠上皮内淋巴细胞和毗邻隐斑的树突状细胞上的模式识别受体感知的微生物相关分子模式（MAMP）刺激B细胞和T细胞的进一步招募，导致隐斑发育成成熟的分离淋巴滤泡。分离的淋巴滤泡释放产生IgA的浆细胞进入固有层。微生物也穿过上皮细胞，M细胞在上皮下穹丘的树突状细胞中吞噬细菌，然后将其带入PP。PP中的抗体装载的树突状细胞与局部淋巴细胞相互作用诱导在生发中心的T细胞分化和依赖T细胞的B细胞成熟，诱导产生IgA的浆细胞的发育，归巢到固有层释放二聚体IgA以运输到肠腔。树突状细胞介导的微生物代谢物或胞吞作用在细菌腔内摄取导致固有层树突状细胞抗原负载，通过输入淋巴管迁移到引流的肠系膜淋巴结，诱导效应T细胞分化并进入固有层。在最右边显示，MAMP刺激肠上皮细胞在隐窝中增殖，促使小肠上帕内特细胞密度增加。这种感应还能促使肠上皮细胞释放抗菌肽

肠上皮细胞（IEC）和肠道内的免疫细胞表达多种编码模式识别受体（pattern recognition receptor，PRR），是感知肠道定植的核心。这些受体包括位于细胞表面或核内体的跨膜 Toll 样受体(Toll-like receptor, TLR)和 c 型凝集素受体(c-type lectin receptor, CLR)，以及胞质核苷酸结合寡聚化结构域（nucleotide-binding oligomerization domain，NOD）样受体（NLR）。肠黏膜细胞用这些受体来检测微生物相关分子模式（microbe-associate molecular pattern，MAMP）。MAMP 是由定植的微生物群的组成部分及病原体表达的。MAMP 被新生儿肠道内的细胞识别并刺激 ILF 发育产生淋巴结构。该结构能促使产生 sIgA 的 B 细胞的成熟（Maynard et al., 2012）。PP 和 ILF 被战略性地部署，通过专门的微褶曲或抗原转运细胞（M 细胞）等来获取微生物群，并运送完整的微生物或其产物通过上皮屏障。通过这种方式，先天免疫系统和适应性免疫系统不断监测微生物群，并"告知"居住在上皮附近的优势细菌种类（Maynard et al., 2012；Lane et al., 2009；Bouskra et al., 2008）（图 1-1）。

另外，为新生儿的共生定植做准备的免疫机制是在新生儿出生前在肠道上皮细胞中播撒特异性的上皮内淋巴细胞。上皮内淋巴细胞插在肠上皮细胞之间，在那里它们以一

种激活的状态存在，并能对微生物的侵入迅速做出反应。在整个生命过程中，肠上皮内淋巴细胞通过分泌可溶性介质（如抗菌肽），帮助维持上皮细胞屏障的完整性，限制细菌易位，并促进上皮损伤后的修复（Maynard et al.，2012）。

（三）肠道微生物对先天免疫反应的影响

黏膜先天免疫系统和内源性微生物群之间的交流有利于肠道生态系统的共同生长、生存和炎症控制。微生物衍生物和代谢物可以通过影响各种细胞类型来调节宿主肠道免疫功能，包括肠上皮细胞（IEC）、单核吞噬细胞、固有淋巴样细胞（ILC），以及B和T淋巴细胞。肠上皮淋巴细胞（intraepithelial lymphocyte，IEL）在维持对共生细菌的免疫耐受、肠道屏障的完整性和肠道稳态中发挥着关键作用。肠上皮细胞在肠黏膜表面形成一层细胞屏障，虽然不是真正的免疫细胞，但它们与肠道微生物群的相互作用影响免疫反应，并在维持体内平衡方面发挥关键作用。肠道共生细菌以多种方式影响上皮屏障。肠上皮细胞感知细菌代谢产物和结构成分，可以加强屏障的完整性，防止病原体的入侵。在哺乳动物中，Toll样受体（TLR）存在于巨噬细胞、中性粒细胞、树突状细胞、肠上皮细胞和其他属于先天免疫系统的细胞上。右旋糖酐硫酸钠（dextran sulphate sodium salt，DSS）处理后，肠道共生细菌通过TLR和调节细胞保护因子[白细胞介素-6（interleukin-6，IL-6）、肿瘤坏死因子（tumor necrosis factor，TNF）-α、角化细胞趋化因子-1（keratinocyte chemokine-1，KC-1）和热休克蛋白]的分泌对共生体的肠上皮细胞感应保护上皮细胞免受损伤（Rakoff-Nahoum et al.，2004）。相关研究表明，NOD样受体热蛋白结构域相关蛋白3（NOD-like receptor pyrin domain containing 3，NLRP3）炎症小体介导的IL-18产生对DSS诱导的结肠炎具有保护作用，这进一步强调了模式识别受体（PRR）激活在肠道上皮中的关键作用（Dupaul-Chicoine et al.，2010）。益生菌群对肠道组织具有保护作用，但益生菌群失调对IEC的慢性激活可以通过驱动IEC产生IL-17C，使其以一种自分泌的方式抑制细胞凋亡从而加剧结肠癌的发生（Song et al.，2014）。

肠道微生物代谢物除了为肠道上皮提供重要的能量来源，也能促进肠上皮细胞内稳态。短链脂肪酸（short-chain fatty acid，SCFA）如乙酸、丁酸和丙酸，是微生物介导的膳食纤维和不可消化碳水化合物加工过程中产生的，是微生物与肠上皮细胞之间的重要沟通媒介。例如，微生物源丁酸信号通过G蛋白偶联受体（G-protein coupled receptor，GPCR）109A诱导肠上皮细胞中IL-18的表达，抑制结肠炎的发生（Singh et al.，2014；Kalina et al.，2002）。双歧杆菌源乙酸促进肠上皮细胞的抗凋亡，降低肠出血性大肠杆菌感染后的死亡率（Frank et al.，2007；Willing et al.，2010）。因此，微生物源性SCFA对感染或损伤后的肠上皮细胞具有多重保护作用（图1-2）。

微生物群免疫调节的另一途径是调控肠道杯状细胞合成黏蛋白的能力。为了加强上皮屏障，被称为杯状细胞的特殊IEC合成黏液蛋白，形成150mm厚的保护性黏液凝胶覆盖在肠上皮上。黏液还提供了一种介质，在这种介质中，具有信号转导功能的细菌衍

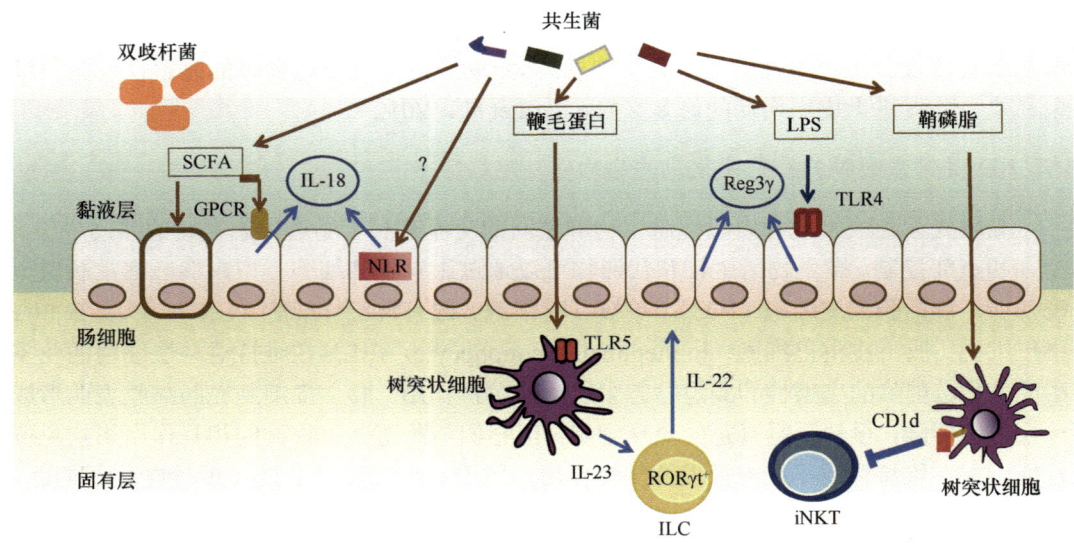

图 1-2　微生物群影响先天免疫反应（修改自 Kabat et al., 2014）

微生物群主要通过病原体相关分子模式（PAMP）及代谢副产物的产生来调节肠道免疫反应。肠道上皮细胞（IEC）识别共生体来源的 PAMP（如脂多糖），会诱导自身分泌抗菌肽 Reg3γ，该肽能通过介导肠道定植抵抗作用，限制共生菌过度增殖，Reg3γ 还可经由 CD103$^+$ 固有层树突状细胞（DC）对鞭毛蛋白的识别来间接诱导产生，进而激活固有淋巴样细胞（ILC）分泌具有强效抗菌肽诱导能力的白细胞介素（IL）-22，微生物源信号能通过激活 NOD 样受体（NLR）家族，促使 IEC 产生 IL-18。微生物群在消化复杂植物多糖的过程中会产生短链脂肪酸（SCFA）作为副产物，这些 SCFA 可通过 G 蛋白偶联受体（GPCR）109A 的信号通路诱导 IEC 分泌 IL-18，某些 SCFA，如双歧杆菌产生的乙酸盐，能够通过诱导 IEC 产生抗凋亡反应，进而促进上皮细胞屏障功能的维持，树突状细胞（DC）呈现在人类多种抗原提呈细胞表面表达的糖蛋白成员 CD1d 上的微生物源鞘磷脂，会抑制结肠不变性自然杀伤 T 细胞（invariant natural killer T cell, iNKT）的发育，图中"？"表示共生菌激活 NLR 诱导 IEC 产生 IL-18 的具体过程目前尚不明晰；RORγt$^+$ 代表视黄酸受体相关孤儿受体 γ

生代谢物被分泌和浓缩。因此，黏液层可能通过抑制细菌和限制明显的免疫刺激来促进互惠共生，同时通过细菌产物的扩散促进寄主-共生体或共生体间的交流。在结肠中，黏液层被分为两个区域：一层是紧密附着在肠上皮细胞顶端表面的致密内层，通常是无菌的；另一层是疏松的外层，为某些共生体提供生态位（Johansson et al., 2011）。主要黏液蛋白 MUC2 通过与半乳凝素-3（galectin-3）和树突状细胞相关性 C 型植物血凝素-1（dectin-1）的相互作用，促使树突状细胞产生转化生长因子（transforming growth factor，TGF）-β、IL-10 和视黄酸（retinoic acid，RA）等，促进 Foxp3$^+$ 调节性 T 细胞（regulatory T cell，Treg cell）激活（Shan et al., 2013）。微生物群的组成也可调节宿主分泌黏液的功能。一些抗菌肽如 α-防御素，是由肠上皮细胞组成表达的，分泌是由被共生源病原体相关分子模式（pathogen associated molecular pattern，PAMP）的感知调节的（Hooper and Macpherson, 2010）。Reg3γ 是一种可诱导的抗菌肽，在建立共生细菌和宿主上皮之间的空间隔离中起关键作用。因此，缺乏 Reg3γ 或在肠上皮细胞中缺乏 MyD88 表达的小鼠会丢失 50μm 厚的无菌内黏液层，且肠内粪 IgA 和肠干扰素（interferon，IFN）-γ+ CD4$^+$ T 细胞水平会升高。由于只有当 Toll 样受体 4（TLR4）在非造血细胞中表达时，口服脂多糖才能诱导 Reg3γ 的表达，因此肠上皮细胞诱导 Reg3γ 的产生是由微生物直接诱导的

(图1-2)(Vaishnava et al., 2011)。

固有淋巴样细胞(ILC)3在抑制共生菌和抵抗肠道病原体的保护性免疫反应中发挥重要作用。ILC3是固有层中IL-22的主要天然来源,能限制肠道微生物向全身传播(Sonnenberg et al., 2012)。微生物群对于大多数固有淋巴细胞的发展是必不可少的。经无菌处理或抗生素治疗的动物,其核受体(nuclear receptor, NCR)视黄酸受体相关孤儿受体γt(retinoic acid receptor - related orphan receptor γt, RORγt)$^+$ILC数量减少。微生物可通过直接识别或间接诱导其他细胞分泌细胞因子来调节ILC。例如,RORγt$^+$ILC直接响应TLR2激动剂通过分泌IL-2,以自分泌方式诱导IL-22表达。与之相比,系统性添加鞭毛蛋白可激活固有层肠单核吞噬细胞(intestinal mononuclear phagocyte, iMP)上的TLR5,促使IL-23的分泌,进而增强对RORγt$^+$ILC产生IL-22的诱导作用,最终导致肠上皮细胞释放Reg3γ(Vonarbourg et al., 2010; Crellin et al., 2010; Van Maele et al., 2010)(图1-2)。ILC还与iMP相互作用以调节肠道内稳态。因此,肠道巨噬细胞感知微生物群落的稳态后驱动IL-1β释放,进而诱导ILC3产生粒细胞-巨噬细胞集落刺激因子(granulocyte-macrophage colony stimulating factor, GM-CSF)。ILC3来源的GM-CSF触发树突状细胞和巨噬细胞产生IL-10和RA,促进Treg细胞在肠道内的扩张,并通过ILC3受损的饮食抗原耐受诱导消除其产生(Mortha et al., 2014)。因此,ILC不仅可以通过调节肠道菌群来维持肠道内环境的平衡,还能通过响应其他细胞感知菌群引起环境扰动的信号来发挥关键作用。

(四)肠道微生物对获得性免疫反应的影响

肠道内一个关键的免疫功能区域是固有层,该区域存在大量巨噬细胞、树突状细胞、T细胞以及能分泌IgA的B细胞,而获得性免疫反应主要源自肠道相关淋巴组织[即派氏集合淋巴结(PP)和肠系膜淋巴结(MLN)]。

1. 肠上皮细胞(IEC)响应微生物群促进黏膜免疫组织的发育

来自共生细菌细胞壁的肽聚糖激活肠上皮细胞质模式识别受体NOD1,同时诱导β-防御素3和趋化因子配体20(chemokine ligand 20, CCL20)的分泌,进而驱动分离淋巴滤泡(ILF)的形成。肠上皮细胞还通过分泌胸腺基质淋巴细胞生成素、TGF-β、前列腺素E2、RA和IL-25等多种调节因子来响应共生微生物群,从而影响免疫细胞的招募、激活和分化。肠上皮细胞产生胸腺基质淋巴细胞生成素可抑制CD11c$^+$、CD11b$^+$树突状细胞的IL-12/23p40的分泌,从而限制促炎性Th1和Th17反应,促进Th2反应。此外,部分共生梭菌可通过增加活性形式TGF-β的产生,来促进结肠Treg细胞的分化。梭菌通过与肠上皮细胞相互作用,上调能够激活潜在TGF-β的分子表达,如基质金属蛋白酶。研究发现梭菌对TGF-β的诱导或许与短链脂肪酸(SCFA)的产生存在关联,像丁酸也可能直接作用于T细胞,推动Foxp3$^+$诱导型调节T细胞(inducible regulatory T cell, iTreg cell)的分化(图1-3)(Kabat et al., 2014)。

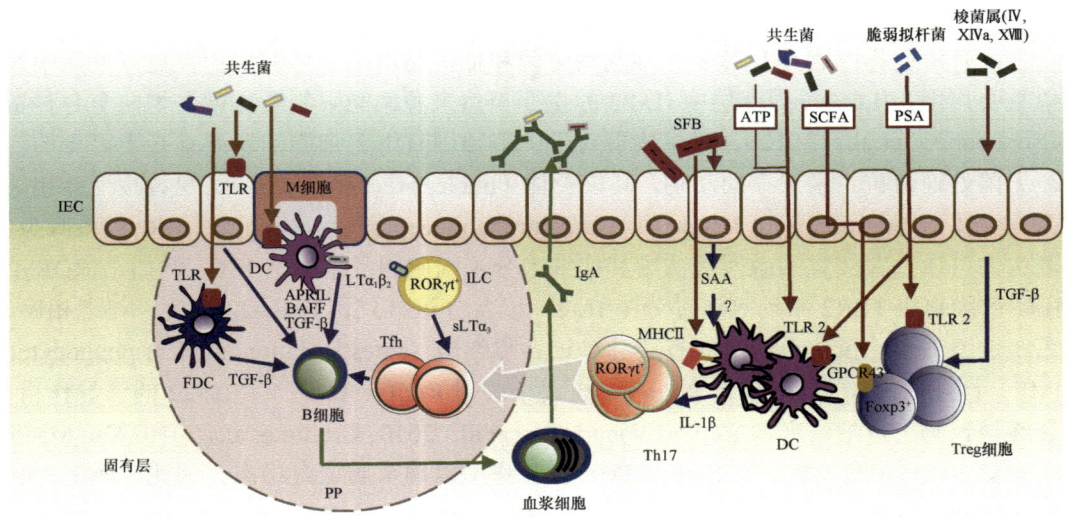

图 1-3　微生物群对适应性免疫应答产生影响的作用机制（修改自 Kabat et al.，2014）

在肠上皮细胞（IEC）和树突状细胞（DC）中，由共生的细菌诱导 TNF 家族的 B 细胞激活因子（BAFF），增殖诱导配体（APRIL）和转化生长因子-β（TGF-β）的生成信号，进而促进 B 细胞分化成免疫球蛋白（Ig）A$^+$浆细胞。被共生细菌激活后，滤泡树突状细胞（FDC）也通过产生 TGF-β 促进 B 细胞向 IgA$^+$浆细胞的分化。共生菌可以调节固有淋巴样细胞（ILC）的功能，进而通过交互感应膜结合淋巴毒素（LTα$_1$β$_2$）促进 T 细胞非依赖 IgA 的诱导，而可溶性形式的 ILC 衍生的淋巴毒素（sLTα$_3$）通过促进 T 细胞归巢至固有层促进 T 细胞依赖 IgA 诱导，可能会影响滤泡辅助性 T 细胞（follicular helper T cell，Tfh）的数量。分节丝状细菌（SFB）与 IEC 密切接触，可诱导血清淀粉样蛋白 A（SAA）刺激 DC，促进辅助性 T 细胞（Th）17 的分化。树突状细胞 SFB 抗原在 DC 的主要组织相容性复合体（MHC）Ⅱ上呈现也是 Th17 诱导所必需的。微生物源性信号诱导单核吞噬细胞产生白细胞介素 IL-1β，促进 Th17 分化。某些共生菌产生的 ATP 激活 DC 并诱导 Th17 细胞。Th17 细胞可以分化为 Tfh 细胞，从而促进 IgA 的产生。脆弱拟杆菌产生的多糖 A（polysaccharide，PSA）通过 Toll 样受体（TLR）2 直接或间接调节 DC 以促进 Treg 细胞分化。作为代谢副产物的微生物源短链脂肪酸（SCFA）可能通过 G 蛋白偶联受体（GPCR）43 信号通路直接或间接促进 Treg 细胞的生成。梭菌属 Ⅳ、ⅩⅣa 和 ⅩⅧ 类梭菌可诱导 IEC 产生 TGF-β，促进结肠中 Treg 细胞的分化。图中"？"表示 SAA 刺激 DC 的过程尚不清楚

2. 肠单核吞噬细胞的微生物群调节

肠单核吞噬细胞（iMP）包括树突状细胞（DC）和巨噬细胞，是维持肠道内环境稳态的关键角色，主要参与先天免疫和适应性免疫的联结，同时参与全身免疫系统与黏膜免疫系统的分隔。肠道细菌可直接调节局部 iMP 功能，进而调节肠道效应 T 细胞反应，尤其是 Th17 CD4$^+$ T 细胞，其对防御细胞外病原菌至关重要。例如，共生细菌产生的腺苷三磷酸（adenosine triphosphate，ATP）激活 CX3CR1$^+$ MP，并以 MyD88 独立的方式诱导 Th17 细胞，提示 TLR 信号不是必要条件。在其他情况下，ATP 也作用于 P2X7 嘌呤能受体，激活 NLRP3 炎症小体，导致 IL-1β 的分泌，因而 NLR 感知增强 Th17 分化。Shaw 等（2012）的研究显示，共生源性信号诱导 iMP 产生 IL-1β，而 IL-1β 在稳态条件下对诱导小肠 Th17 细胞至关重要。无菌动物肠道 Th17 细胞数量减少，直到分节丝状细菌（segmented filamentous bacteria，SFB）定植后恢复。据推测，SFB 定植增加了急性期血清淀粉样蛋白 A（serum amyloid A，SAA）的水平，而 SAA 使 CD11c$^+$ MP 激活 Th17

细胞。最近的研究报道 SFB 抗原通过 LP CD11c$^+$ DC 在主要组织相容性复合体（major histocompatibility complex，MHC）Ⅱ分子上的呈现导致 SFB 特异性肠 Th17 细胞的诱导。这些研究表明，微生物对不同 iMP 种群的影响是肠道中 Th17 和 iTreg 细胞诱导差异的基础（图 1-3）（Hillman et al.，2017）。

3. 微生物群刺激多种途径驱动分泌型 IgA 的产生

IgA 在哺乳动物总抗体中的占比约为 75%，在黏膜分泌物里，含量最为丰富的免疫球蛋白类型是二聚体分泌型 IgA。共生菌能够强力诱导分泌型 IgA 的产生，而 IgA 则是微生物群组成以及宿主肠道细菌暴露情况的关键调节因素。举例来说，口服鞭毛蛋白会促使肠道生成 IgA，进而抑制鞭毛蛋白特异性 CD4$^+$ T 细胞的系统性激活。微生物群刺激 IgA 的产生需要高剂量的细菌抗原，不过一旦诱导成功，所引发的免疫应答具有持久性。IgA 的特异性能够随着微生物群组成的变化而迅速改变。此外，当一部分肠道 IgA$^+$ 浆细胞受到微生物刺激（例如细菌脂多糖刺激）时，它们会通过表达肿瘤坏死因子-α（TNF-α）或诱导型一氧化氮合酶（iNOS）获得髓样细胞的表型以及吞噬功能。这些具备多种功能的 IgA$^+$ 浆细胞有助于宿主（如小鼠）的免疫防御，在 B 细胞中缺乏 TNF-α 和 iNOS 表达的小鼠体内，会出现 IgA 产量降低以及微生物群失衡的情况（Olivares et al.，2013）。因此，IgA$^+$ 浆细胞可能通过分泌 IgA 或者释放抗菌因子（如防御素）来对微生物群进行调控。

T 细胞依赖或非依赖途径下的重组 IgA 转换主要发生在黏膜相关的淋巴组织，包括 PP、ILF 和 MLN。在 T 细胞非依赖性途径中，共生细菌诱导 IEC 和 iMP 分泌细胞因子，如 TNF 家族的 B 细胞激活因子（B cell activating factor of the TNF family，BAFF）、增殖诱导配体（a proliferation inducing ligand，APRIL）和 TGF-β，促进 IgA 转换。由于与肠道上皮细胞的接触更密切，一些微生物种类（如 SFB）在诱导 IgA 反应方面更有效。MLN 中的 CD103$^+$ DC 表达共生细菌抗原可诱导 IgA 反应。此外，滤泡树突状细胞（follicle dendritic cell，FDC）是 B 细胞滤泡和生发中心形成的重要基质细胞，在肠道环境 TLR 和 RA 受体激动剂的刺激下，通过分泌 BAFF 和 TGF-β，在 PP 中也可以支持 IgA 转换。ILC 衍生的可溶性淋巴毒素（lymphotoxin，LT）（LTα$_3$）促进 T 细胞归巢到肠道，促进 T 细胞依赖性 IgA 应答，而 ILC 上的膜结合 LT（LTα$_1$β$_2$）对 T 细胞依赖性 IgA 应答至关重要，可能通过调节局部 DC 激活（Maki et al.，2019）。综上所述，这些研究表明多种基质细胞和固有免疫细胞可促进微生物诱导肠道 IgA 的产生（图 1-3）。

三、营养作用

畜禽动物肠道微生物均参与营养过程。肠道菌群在动物肠道营养中的作用，主要包括助力宿主提升饲料利用率，同时参与营养物质的合成过程并提供相关物质、参与营养物质的代谢等。

（一）微生物帮助宿主提高饲料利用率

高等动物在有半乳糖和唾液残基修饰的蛋白质存在的情况下，能够更有效地利用营养源，而草食性动物所食用的植物性饲料不具备对蛋白质进行糖基化修饰的能力，明显缺乏此类蛋白质。草食动物之所以能够全以植物性饲料为食，是因为微生物解决了糖基化修饰蛋白质的问题，而在杂食动物体内，微生物的作用不如草食动物，全以植物性饲料为食不能达到理想的营养效果。微生物能有效提高营养物质的营养效率，提高脂肪沉积效率。例如，饲料中的非淀粉多糖通过微生物的作用，营养效率可提高10%～15%，整个饲料的能量效率可提高25%～35%（Oviedo-Rondón et al.，2006；Choct，2009）。

密螺旋体属与猪的粗纤维消化率存在关联，尽管该属成员既可能致病也可能共生，但在饲料利用率较高的猪的回肠、粪便、盲肠和结肠中，其丰度更高。肠道中以密螺旋体为主的猪相较于以普雷沃氏菌为主的猪，具有更高的饲料利用率。甲烷短杆菌作为一种产甲烷菌，与猪的纤维消化率呈正相关。以密螺旋体属为主导肠道型的猪，其饲料利用率高于以普雷沃氏菌属为主导肠道型的猪，这可能与密螺旋体属菌群增强了纤维降解能力有关。此外，作为产甲烷古菌的甲烷短杆菌属，通过代谢氢气来优化厌氧环境，与猪的纤维消化率呈显著正相关，且在饲料利用率较高的猪的回肠、粪便和盲肠中丰度较高。放线菌与盲肠中多糖的含量及多糖发酵有关，在饲料利用率较高的猪的盲肠和回肠中丰度也较高（Gardiner et al.，2020）。

微生物主要通过一系列底物的运输通路等影响宿主饲料利用率，这些通路包括蛋白质的合成、氮和氨基酸的代谢和运输系统、氨基酸（苯丙氨酸、酪氨酸、色氨酸、缬氨酸、亮氨酸、异亮氨酸）的生物合成，以及C5-支链二元酸、萜类和多酮类化合物的代谢等（Lin et al.，2017）。

（二）微生物维持宿主蛋白质氨基酸平衡

肠道微生物群可以通过两种途径促进代谢产物的生成：一是肠道微生物群的常驻物种利用食物或宿主产生的氨基酸作为蛋白质合成的元素；二是利用转化或发酵驱动营养物质的代谢。此外，肠道微生物可从头合成多种必需氨基酸，是氨基酸稳态的潜在调控因子。肠黏膜内的赖氨酸分解代谢比通过黏膜吸收的赖氨酸效率更高。对结肠内细菌种类进行的研究，发现了大量的蛋白质和氨基酸发酵细菌。小肠中发酵蛋白质的主要细菌包括克雷伯氏菌属 *Klebsiella*、大肠杆菌、链球菌、琥珀酸弧菌、光岗氏菌属 *Mitsuokella* 和解脂厌氧弧菌 *Anaerovibrio lipolyticus*。氨基酸主要在小肠内被吸收，并由几种细菌属介导，如普雷沃氏菌属、丁酸弧菌属、巨单胞菌属、月形单胞菌属、牛链球菌属等（Hooper et al.，2001）。然而，在单胃动物的大肠中，蛋白质的水解活性主要取决于拟杆菌属、丙酸杆菌属、链球菌属、梭杆菌属、梭菌属和乳杆菌属。

位于大肠的梭菌属细菌（这些细菌主要利用赖氨酸或脯氨酸的基本细菌）是氨基酸发酵的关键驱动因素。而消化链球菌则是利用谷氨酸或色氨酸的关键驱动因素。梭杆菌属、拟杆菌属和韦荣氏球菌属，以及埃氏巨球形菌 *Megasphaera elsdenii* 和月形单胞菌属中的反刍月形单胞菌可能在大肠的氨基酸代谢中也发挥着重要作用。此外，肠道微生物群还有助于氨基酸的合成，肠道细菌有助于将来自氯化铵或尿素的 ^{15}N 添加到猪的赖氨酸中。肠道菌群促进饮食中 $^{15}NH_4Cl$ 的 ^{15}N 与 ^{14}C-聚葡萄糖的 ^{14}C 的结合转化为宿主所需的必需氨基酸，如赖氨酸、缬氨酸、异亮氨酸、亮氨酸和苯丙氨酸。当共生体动物摄入的营养源中赖氨酸不足或缺乏时，消化道中微生物（如黄色短杆菌）能利用环境中的天冬氨酸（动物从饲料中摄入的蛋白质，天冬氨酸含量普遍过高）作为底物，进行合成，满足宿主动物对赖氨酸的需要（Sekirov et al., 2010）。类似情况下，苏氨酸和甲硫氨酸（蛋氨酸）不足或缺乏，也可以通过类似途径解决。

反刍动物的瘤胃中分布着大量蛋白质分解菌和纤毛虫，这些微生物不仅能分解饲料中的蛋白质，还能利用饲料中的氮源合成菌体蛋白，作为动物蛋白的供应源。瘤胃细菌如牛链球菌、反刍月形单胞菌和普雷沃氏菌参与了氨基酸的从头合成，这一过程虽对动物利用饲料蛋白质产生一定不利影响，但有利于动物利用饲料中的非蛋白氮。

(三) 微生物产生的 SCFA 调控宿主生理过程

结肠内微生物调节的生物机制是短链脂肪酸（SCFA）的合成，这一过程至关重要且居于中心地位。肠道菌群能够将难以消化的碳水化合物（膳食纤维）发酵成乙酸、丙酸、丁酸等 SCFA。这种可发酵碳水化合物在人类结肠中的主要来源是植物细胞壁多糖，如果胶、纤维素和半纤维素。细菌从这些纤维基质中产生的酸可以成为宿主的重要能量来源。在大肠内的微生物蛋白发酵生成的几种氨基酸作为 SCFA 的合成前体。厌氧细菌所使用的许多氨基酸，包括甘氨酸、苏氨酸、谷氨酸和鸟氨酸都有可能被代谢成乙酸盐。而苏氨酸、赖氨酸和谷氨酸可用于合成丁酸盐。微生物产生的 SCFA 中最丰富的是乙酸、丙酸和丁酸。它们发挥着多种生物作用：①它们是肌肉、肾脏、心血管系统和大脑的能量来源；②参与肝脏脂质与碳水化合物的代谢调节；③参与上皮细胞的运输和代谢；④影响上皮细胞的生长和分化。其他由肠道微生物群落产生的 SCFA 包括戊酸盐、异戊酸盐、2-丁酸甲酯和甲酸盐，但它们的产量相对较低（Collins et al., 2012）。SCFA 是 G 蛋白偶联受体（GPCR41 和 GPCR43）的配体，在远端小肠和结肠内分泌 L 细胞中表达。GPCR41 缺乏已被证明与酪酪肽（peptide tyrosine-tyrosine, PYY）表达减少有关，PYY 是一种与饱腹感和肠道运动有关的肠道激素。结肠中直接给药 SCFA 可增加 PYY 血浆水平，体外给药原代结肠隐窝也可增加 PYY 的释放，提示 SCFA 对 PYY 分泌有直接作用。丁酸酯还可以结合肠巨噬细胞和树突状细胞表达的 GPCR109A 受体，从而激活抗炎细胞因子 IL-10 的产生（Wang et al., 2020; Martin et al., 2019）。SCFA 可以通过与不同组织和细胞类型（如脂肪细胞、胰腺细胞、神经元细胞）表达的 GPCR 相互作用发挥超出肠道的作用，从而通过诱导能量消耗和线粒体功能调控宿主代谢。

(四) 微生物合成微量元素

肠道细菌所分泌的酶在几种维生素的代谢过程中发挥着关键作用。畜禽肠道内的微生物均具备合成维生素 K 和 β-胡萝卜素的能力。维生素 K 是凝血酶原和其他凝血因子生成的所必需的辅助因子。当患者使用抗生素治疗，且饮食中维生素 K 含量较低时，可能会出现血浆凝血酶原水平较低，并伴有出血倾向。此外，肠道细菌还能合成生物素、

维生素 B_{12}、叶酸和硫胺素等维生素。据预测，所有梭杆菌属以及超过 90% 的拟杆菌门都是维生素 B_{12} 的生物合成者。同样，维生素 B_6 也可由肠道微生物群中拟杆菌门产生（Jandhyala et al.，2015）。维生素 B_6 是宿主免疫相关反应的重要辅助因子，其缺乏会导致淋巴器官萎缩、淋巴细胞数量显著减少，还会削弱抗体产生能力以及 IL-2 的产生。

参 考 文 献

郭芳申. 2020. 呕吐毒素和产气荚膜梭菌互作影响肉鸡肠道健康的研究. 杨凌: 西北农林科技大学硕士学位论文.

韩丽, 解培峰, 赵越, 等. 2018. 母猪饲粮中添加枯草芽孢杆菌对哺乳仔猪血浆生化参数、粪便微生物及其代谢产物的影响. 动物营养学报, 30(4): 1465-1470.

李丽红. 2004. 芽孢杆菌制剂对蛋鸡生产性能的影响及其作用机理的研究. 北京: 中国农业大学硕士学位论文.

刘红宾. 2019. 母猪微生物垂直传递影响仔猪肠道的微生物定植与功能发育. 北京: 中国农业大学博士学位论文.

宋连喜, 鄂禄祥, 高明, 等. 2007. 猪和兔胚胎胃肠道菌群的初步研究. 中国兽医杂志, (10): 24-26.

朱伟云, 姚文, 毛胜勇. 2004. 仔猪胃肠道微生物区系发育规律及其调控//中国畜牧兽医学会. 中国畜牧兽医学会动物营养学分会第九届学术研讨会. 重庆: 225-228.

Adak A, Khan M R, 2019. An insight into gut microbiota and its functionalities. Cell Mol Life Sci, 76(3): 473-493.

Albazaz R I, Büyükünal Bal E B. 2014. Microflora of digestive tract in poultry. KSU J Nat Sci, 17(1): 39-42.

Aoki S K, Pamma R, Hernday A D, et al. 2005. Contact-dependent inhibition of growth in *Escherichia coli*. Science, 309(5738): 1245-1248.

Apajalahti J, Kettunen A, Graham H. 2004. Characteristics of the gastrointestinal microbial communities, with special reference to the chicken. Worlds Poultry Sci J, 60(2): 223-232.

Arpaia N, Campbell C, Fan X Y, et al. 2013. Metabolites produced by commensal bacteria promote peripheral regulatory T-cell generation. Nature, 504(7480): 451-455.

Atarashi K, Tanoue T, Shima T, et al. 2011. Induction of colonic regulatory T cells by indigenous *Clostridium* species. Science, 331: 337-341.

Barnes E M, Mead G C, Barnuml D A, et al. 1972. The intestinal flora of the chicken in the period 2 to 6 weeks of age, with particular reference to the anaerobic bacteria. Br Poult Sci, 13(3): 311-326.

Belkaid Y, Hand T W. 2014. Role of the microbiota in immunity and inflammation. Cell, 157(1): 121-141.

Bjerrum L, Engberg R M, Leser T D, et al. 2006. Microbial community composition of the ileum and cecum of broiler chickens as revealed by molecular and culture-based techniques. Poult Sci, 85(7): 1151-1164.

Bouskra D, Brézillon C, Bérard M, et al. 2008. Lymphoid tissue genesis induced by commensals through NOD1 regulates intestinal homeostasis. Nature, 456(7221): 507-510.

Brayant M P, Burkey L A. 1953. Numbers and some predominant groups of bacteria in the rumen of cows fed different rations. J Dairy Sci, 36(3): 218-224.

Cao Z P, Casabona M G, Kneuper H, et al. 2016. The type VII secretion system of *Staphylococcus aureus* secretes a nuclease toxin that targets competitor bacteria. Nat Microbiol, 2: 16183.

Castillo M, Martín-Orúe S M, Anguita M, et al. 2007. Adaptation of gut microbiota to corn physical structure and different types of dietary fibre. Livest Sci, 109(1-3): 149-152.

Chen C Y, Zhou Y Y, Fu H, et al. 2021. Expanded catalog of microbial genes and metagenome-assembled genomes from the pig gut microbiome. Nat Commun, 12(1): 1106.

Cherrier M, Eberl G. 2012. The development of LTi cells. Curr Opin Immunol, 24(2): 178-183.

Choct M. 2009. Managing gut health through nutrition. Br Poult Sci, 50(1): 9-15.

Clavijo V, Flórez M J V. 2018. The gastrointestinal microbiome and its association with the control of

pathogens in broiler chicken production: a review. Poult Sci, 97(3): 1006-1021.
Collins S M, Surette M, Bercik P. 2012. The interplay between the intestinal microbiota and the brain. Nat Rev Microbiol, 10(11): 735-742.
Coulthurst S. 2019. The type VI secretion system: a versatile bacterial weapon. Microbiology, 165(5): 503-515.
Crellin N K, Trifari S, Kaplan C D, et al. 2010. Regulation of cytokine secretion in human CD127[+]LTi-like innate lymphoid cells by toll-like receptor 2. Immunity, 33(5): 752-764.
Crespo-Piazuelo D, Estellé J, Revilla M, et al. 2018. Characterization of bacterial microbiota compositions along the intestinal tract in pigs and their interactions and functions. Sci Rep, 8: 12727.
Dupaul-Chicoine J, Yeretssian G, Doiron K, et al. 2010. Control of intestinal homeostasis, colitis, and colitis-associated colorectal cancer by the inflammatory caspases. Immunity, 32(3): 367-378.
Eckburg P B, Bik E M, Bernstein C N, et al. 2005. Diversity of the human intestinal microbial flora. Science, 308(5728): 1635-1638.
Engberg R M, Hedemann M S, Jensen B B. 2002. The influence of grinding and pelleting of feed on the microbial composition and activity in the digestive tract of broiler chickens. Br Poult Sci, 43(4): 569-579.
Favier C F, De Vos W M, Akkermans A D. 2003. Development of bacterial and bifidobacterial communities in feces of newborn babies. Anaerobe, 9(5): 219-229.
Fouhse J M, Smiegielski L, Tuplin M, et al. 2017. Host immune selection of rumen bacteria through salivary secretory IgA. Front Microbiol, 8: 848.
Frank D N, St Amand A L, Feldman R A, et al. 2007. Molecular-phylogenetic characterization of microbial community imbalances in human inflammatory bowel diseases. Proc Natl Acad Sci USA, 104(34): 13780-13785.
García-Bayona L, Comstock L E. 2018. Bacterial antagonism in host-associated microbial communities. Science, 361(6408): eaat2456.
Gardiner G E, Metzler-Zebeli B U, Lawlor P G. 2020. Impact of intestinal microbiota on growth and feed efficiency in pigs: a review. Microorganisms, 8(12): 1886.
Gencay Y E, Birk T, Sørensen M C, et al. 2017. Methods for isolation, purification, and propagation of bacteriophages of campylobacter jejuni. Methods Mol Biol, 1512: 19-28.
Gong J H, Si W D, Forster R J, et al. 2007. 16S rRNA gene-based analysis of mucosa-associated bacterial community and phylogeny in the chicken gastrointestinal tracts: from crops to ceca. FEMS Microbiol Ecol, 59(1): 147-157.
Gouet P, Yvore P, Naciri M, et al. 1984. Influence of digestive microflora on parasite development and the pathogenic effect of *Eimeria ovinoidalis* in the axenic, gnotoxenic and conventional lamb. Res Vet Sci, 36(1): 21-23.
Guan L L, Hagen K E, Tannock G W, et al. 2003. Detection and identification of *Lactobacillus* species in crops of broilers of different ages by using PCR-denaturing gradient gel electrophoresis and amplified ribosomal DNA restriction analysis. Appl Environ Microbiol, 69(11): 6750-6757.
Hillman E T, Lu H, Yao T M, et al. 2017. Microbial ecology along the gastrointestinal tract. Microbes Environ, 32(4): 300-313.
Hinton Jr A, Buhr R J, Ingram K D. 2000. Physical, chemical, and microbiological changes in the crop of broiler chickens subjected to incremental feed withdrawal. Poult Sci, 79(2): 212-218.
Hood R D, Singh P, Hsu F, et al. 2010. A type VI secretion system of *Pseudomonas aeruginosa* targets a toxin to bacteria. Cell Host Microbe, 7(1): 25-37.
Hooper L V, Macpherson A J. 2010. Immune adaptations that maintain homeostasis with the intestinal microbiota. Nat Rev Immunol, 10(3): 159-169.
Hooper L V, Wong M H, Thelin A, et al. 2001. Molecular analysis of commensal host-microbial relationships in the intestine. Science, 291(5505): 881-884.
Jandhyala S M, Talukdar R, Subramanyam C, et al. 2015. Role of the normal gut microbiota. World J Gastroenterol, 21(29): 8787-8803.

Johansson M E V, Larsson J, Hansson G C. 2011. The two mucus layers of colon are organized by the MUC2 mucin, whereas the outer layer is a legislator of host-microbial interactions. Proc Natl Acad Sci USA, 108 (Suppl 1): 4659-4665.

Kabat A M, Srinivasan N, Maloy K J. 2014. Modulation of immune development and function by intestinal microbiota. Trends Immunol, 35(11): 507-517.

Kalina U, Koyama N, Hosoda T, et al. 2002. Enhanced production of IL-18 in butyrate-treated intestinal epithelium by stimulation of the proximal promoter region. Eur J Immunol, 32(9): 2635-2643.

Kanamori Y, Ishimaru K, Nanno M, et al. 1996. Identification of novel lymphoid tissues in murine intestinal mucosa where clusters of c-kit$^+$ IL-7R$^+$ Thy1$^+$ lympho-hemopoietic progenitors develop. J Exp Med, 184(4): 1449-1459.

Koskiniemi S, Lamoureux J G, Nikolakakis K C, et al. 2013. Rhs proteins from diverse bacteria mediate intercellular competition. Proc Natl Acad Sci USA, 110(17): 7032-7037.

Lane P J L, McConnell F M, Withers D, et al. 2009. Lymphoid tissue inducer cells: bridges between the ancient innate and the modern adaptive immune systems. Mucosal Immunol, 2(6): 472-477.

Ley R E, Peterson D A, Gordon J I. 2006. Ecological and evolutionary forces shaping microbial diversity in the human intestine. Cell, 124(4): 837-848.

Li B, Zhang K, Li C, et al. 2019. Characterization and comparison of microbiota in the gastrointestinal tracts of the goat (*Capra hircus*) during preweaning development. Front Microbiol, 10: 2125.

Lin R, Liu W T, Piao M Y, et al. 2017. A review of the relationship between the gut microbiota and amino acid metabolism. Amino Acids, 49(12): 2083-2090.

Lu J R, Idris U, Harmon B, et al. 2003. Diversity and succession of the intestinal bacterial community of the maturing broiler chicken. Appl Environ Microbiol, 69(11): 6816-6824.

Lugli G A, Duranti S, Millani C, et al. 2019. Uncovering bifidobacteria via targeted sequencing of the mammalian gut microbiota. Microorganisms, 7(11): 535.

Maier B R, Hentges D J. 1972. Experimental *Shigella* infections in laboratory animals. I. Antagonism by human normal flora components in gnotobiotic mice. Infect Immun, 6(2), 168-173.

Maki J J, Klima C L, Sylte M J, et al. 2019. The microbial pecking order: utilization of intestinal microbiota for poultry health. Microorganisms, 7(10): 376.

Martin A M, Sun E W, Rogers G B, et al. 2019. The influence of the gut microbiome on host metabolism through the regulation of gut hormone release. Front Physiol, 10: 428.

Maynard C L, Elson C O, Hatton R D, et al. 2012. Reciprocal interactions of the intestinal microbiota and immune system. Nature, 489(7415): 231-241.

Mead G C, Adams B W. 1975. Some observations on the caecal microflora of the chick during the first two weeks of life. Br Poult Sci, 16(2): 169-176.

Mizrahi I, Wallace R J, Moraïs S. 2021. The rumen microbiome: balancing food security and environmental impacts. Nat Rev Microbiol, 19(9): 553-566.

Mortha A, Chudnovskiy A, Hashimoto D, et al. 2014. Microbiota-dependent crosstalk between macrophages and ILC3 promotes intestinal homeostasis. Science, 343(6178): 1249288.

Mountzouris K C, Balaskas C, Fava F, et al. 2006. Profiling of composition and metabolic activities of the colonic microflora of growing pigs fed diets supplemented with prebiotic oligosaccharides. Anaerobe, 12(4): 178-185.

Olivares M, Laparra J M, Sanz Y. 2013. Host genotype, intestinal microbiota and inflammatory disorders. Br J Nutr, 109(Suppl 2): S76-S80.

Oviedo-Rondón E O, Hume M E, Hernández C, et al. 2006. Intestinal microbial ecology of broilers vaccinated and challenged with mixed *Eimeria* species, and supplemented with essential oil blends. Poult Sci, 85(5): 854-860.

Pauwels J, Taminiau B, Janssens G P, et al. 2015. Cecal drop reflects the chickens' cecal microbiome, fecal drop does not. J Microbiol Methods, 117: 164-170.

Peterson S B, Bertolli S K, Mougous J D. 2020. The central role of interbacterial antagonism in bacterial life. Curr Biol, 30(19): R1203-R1214.

Petr J, Rada V. 2001. Bifidobacteria are obligate inhabitants of the crop of adult laying hens. J Vet Med B Infect Dis Vet Public Health, 48(3): 227-233.

Pybus M J, Shave H. 1984. *Muellerius capillaris* (Mueller, 1889) (Nematoda: Protostrongylidae): an unusual finding in rocky mountain bighorn sheep (*Ovis canadensis canadensis* Shaw) in South Dakota. J Wildl Dis, 20(4): 284-288.

Rakoff-Nahoum S, Paglino J, Eslami-Varzaneh F, et al. 2004. Recognition of commensal microflora by toll-like receptors is required for intestinal homeostasis. Cell, 118(2): 229-241.

Round J L, Mazmanian S K. 2009. The gut microbiota shapes intestinal immune responses during health and disease. Nat Rev Immunol, 9: 313-323.

Saengkerdsub S, Anderson R C, Wilkinson H H, et al. 2007. Identification and quantification of methanogenic archaea in adult chicken ceca. Appl Environ Microbiol, 73(1): 353-356.

Salanitro J P, Blake I G, Muirhead P A. 1974. Studies on the cecal microflora of commercial broiler chickens. Appl Microbiol, 28(3): 439-447.

Salanitro J P, Blake I G, Muirehead P A, et al. 1978. Bacteria isolated from the duodenum, ileum, and cecum of young chicks. Appl Environ Microbiol, 35(4): 782-790.

Sekirov I, Russell S L, Antunes L C M, et al. 2010. Gut microbiota in health and disease. Physiol Rev, 90(3): 859-904.

Sergeant M J, Constantinidou C, Cogan T A, et al. 2014. Extensive microbial and functional diversity within the chicken cecal microbiome. PLoS One, 9(3): e91941.

Shan M, Gentile M, Yeiser J R, et al. 2013. Mucus enhances gut homeostasis and oral tolerance by delivering immunoregulatory signals. Science, 342(6157): 447-453.

Shaw M H, Kamada N, Kim Y G, et al. 2012. Microbiota-induced IL-1β, but not IL-6, is critical for the development of steady-state TH17 cells in the intestine. J Exp Med, 209(2): 251-258.

Singh N, Gurav A, Sivaprakasam S, et al. 2014. Activation of Gpr109a, receptor for niacin and the commensal metabolite butyrate, suppresses colonic inflammation and carcinogenesis. Immunity, 40(1): 128-139.

Smith P M, Howitt M R, Panikov N, et al. 2013. The microbial metabolites, short-chain fatty acids, regulate colonic Treg cell homeostasis. Science, 341(6145): 569-573.

Song X Y, Gao H C, Lin Y Y, et al. 2014. Alterations in the microbiota drive interleukin-17C production from intestinal epithelial cells to promote tumorigenesis. Immunity, 40(1): 140-152.

Sonnenberg G F, Monticelli L A, Alenghat T, et al. 2012. Innate lymphoid cells promote anatomical containment of lymphoid-resident commensal bacteria. Science, 336(6086): 1321-1325.

Souza D P, Oka G U, Alvarez-Martinez C E, et al. 2015. Bacterial killing via a type IV secretion system. Nat Commun, 6: 6453.

Stanley D, Geier M S, Chen H L, et al. 2015. Comparison of fecal and cecal microbiotas reveals qualitative similarities but quantitative differences. BMC Microbiol, 15: 51.

Stephens W Z, Kubinak J L, Ghazaryan A, et al. 2021. Epithelial-myeloid exchange of MHC class II constrains immunity and microbiota composition. Cell Rep, 37(5): 109916.

Swartz J D, Lachman M, Westveer K, et al. 2014. Characterization of the vaginal microbiota of ewes and cows reveals a unique microbiota with low levels of lactobacilli and near-neutral pH. Front Vet Sci, 1: 19.

Uyeno Y, Sekiguchi Y, Kamagata Y. 2010. rRNA-based analysis to monitor succession of faecal bacterial communities in Holstein calves. Lett Appl Microbiol, 51(5): 570-577.

Vaishnava S, Yamamoto M, Severson K M, et al. 2011. The antibacterial lectin RegIIIγ promotes the spatial segregation of microbiota and host in the intestine. Science, 334(6053): 255-258.

Van De Pavert S A, Mebius R E. 2010. New insights into the development of lymphoid tissues. Nature Rev Immunol, 10(9): 664-674.

Van Maele L, Carnoy C, Cayet D, et al. 2010. TLR5 signaling stimulates the innate production of IL-17 and IL-22 by $CD3^{neg}CD127^+$ immune cells in spleen and mucosa. J Immunol, 185(2): 1177-1185.

Videnska P, Sedlar K, Lukac M, et al. 2014. Succession and replacement of bacterial populations in the caecum of egg laying hens over their whole life. PLoS One, 9(12): e115142.

Vonarbourg C, Mortha A, Bui V L, et al. 2010. Regulated expression of nuclear receptor RORγt confers distinct functional fates to NK cell receptor-expressing RORγt$^+$ innate lymphocytes. Immunity, 33(5): 736-751.

Wang J, Fan H A, Han Y, et al. 2016. Characterization of the microbial communities along the gastrointestinal tract of sheep by 454 pyrosequencing analysis. Asian-Australas J Anim Sci, 30(1): 100-110.

Wang S Z, Yu Y J, Adeli K. 2020. Role of gut microbiota in neuroendocrine regulation of carbohydrate and lipid metabolism via the microbiota-gut-brain-liver axis. Microorganisms, 8(4): 527.

Wang X F, Tsai T, Deng F L, et al. 2019. Longitudinal investigation of the swine gut microbiome from birth to market reveals stage and growth performance associated bacteria. Microbiome, 7(1): 109.

Wei S, Morrison M, Yu Z. 2013. Bacterial census of poultry intestinal microbiome. Poult Sci, 92(3): 671-683.

Weimer P J. 2015. Redundancy, resilience, and host specificity of the ruminal microbiota: implications for engineering improved ruminal fermentations. Front Microbiol, 6: 296.

Whitney J C, Peterson S B, Kim J, et al. 2017. A broadly distributed toxin family mediates contact-dependent antagonism between gram-positive bacteria. eLife, 6: e26938.

Willing B P, Dicksved J, Halfvarson J, et al. 2010. A pyrosequencing study in twins shows that gastrointestinal microbial profiles vary with inflammatory bowel disease phenotypes. Gastroenterology, 139(6): 1844-1854.

Wylensek D, Hitch T C A, Riedel T, et al. 2020. A collection of bacterial isolates from the pig intestine reveals functional and taxonomic diversity. Nat Commun, 11(1): 6389.

Xiao L, Estellé J, Kiilerich P, et al. 2016. A reference gene catalogue of the pig gut microbiome. Nat Microbiol, 1: 16161.

Xiao Y P, Xiang Y, Zhou W D, et al. 2017. Microbial community mapping in intestinal tract of broiler chicken. Poult Sci, 96(5): 1387-1393.

Yasmine B, Timothy W H. 2014. Role of the microbiota in immunity and inflammation. Cell, 157(1): 121-141.

Yeoman C J, Ishaq S L, Bichi E, et al. 2018. Biogeographical differences in the influence of maternal microbial sources on the early successional development of the bovine neonatal gastrointestinal tract. Sci Rep, 8(1): 3197.

Zhao W J, Caro F, Robins W, et al.2018. Antagonism toward the intestinal microbiota and its effect on *Vibrio cholerae* virulence. Science, 359(6372): 210-213.

Zhu X Y, Zhong T Y, Pandya Y, et al. 2002. 16S rRNA-based analysis of microbiota from the cecum of broiler chickens. Appl Environ Microbiol, 68(1): 124-137.

第二章 肠道微生物对营养成分的分解代谢

动物的肠道微生物与其机体共同组成一个协同共生的有机整体，参与生命活动的方方面面。因此，维持正常的肠道菌群平衡对动物机体健康至关重要。肠道菌群不仅影响动物对营养物质的代谢，而且在缓解消化道功能紊乱等方面也具有重要作用。通过质谱和 16S rRNA 高通量测序，研究人员发现肠道微生物可以影响各器官内营养物质化学成分的分布，尤其对肠道的影响极为显著。日粮成分如碳水化合物、蛋白质和脂类被肠道微生物吸收并代谢后，其衍生的代谢物能直接或间接地影响机体健康。肠道微生物对碳水化合物的代谢主要依靠其体内的碳水化合物激活酶完成。目前的研究发现，一种微生物可携带大量的碳水化合物激活酶，例如，拟杆菌基因中具有 260 种糖苷水解酶，同时也表明其为适应肠道内环境，能最大化地利用淀粉和半纤维素类；饮食中的蛋白质具有稳定的肽键，也可以被肠道微生物分泌蛋白酶分解。肠道微生物能产生天冬氨酸、半胱氨酸、丝氨酸和金属蛋白酶，且产量很高。研究人员对同一个粪便样品进行检测和分析发现，细菌产生的蛋白酶数量远远超过动物细胞产生的蛋白酶。另外，肠道微生物也能产生脂肪酶，它能将三酰甘油（triacylglycerol，TAG）和磷脂降解成极性头部基团和游离脂质（Oliphant and Allen-Vercoe，2019）。

综上所述，肠道微生物作为动物体内最复杂的生态系统，参与营养物质的吸收、分布、代谢，影响动物的生长和健康。肠道菌群的失调导致营养物质吸收代谢紊乱，从而引起多种疾病，如超重肥胖、儿童发育不良、代谢综合征等。因此，了解肠道菌群与营养物质之间的关系，对调节肠道菌群平衡和维持动物机体健康有着重要意义。

第一节 碳水化合物

碳水化合物是动物体最主要的能量来源，肠道菌群可通过糖酵解途径（embden-meyerhof-parnas pathway，EMP 途径）、戊糖磷酸途径（pentose phosphate pathway，PPP）、2-酮-3-脱氧-6-磷酸葡糖酸途径（Entner-Doudoroff pathway，ED 途径）等对碳水化合物进行代谢。大肠中的细菌主要依靠糖酵解发酵中消化道中未被消化的食物残渣来产能维持生存，这个过程通常会产生许多有益的代谢产物，而日粮中的碳水化合物发酵后会产生短链脂肪酸（SCFA）和气体（图 2-1）（Rowland et al.，2018）。碳水化合物在小肠被消化分解成简单的糖类，进入到结肠被肠道微生物发酵分解成 SCFA（包括乙酸、丙酸、丁酸等），从而被机体吸收利用。据研究，食物来源的每千克碳水化合物中约含有 60g 低聚糖、纤维素和半纤维素等物质，这些物质不能被胃消化酶直接消化，但它们可被大肠的肠道菌群分解利用。

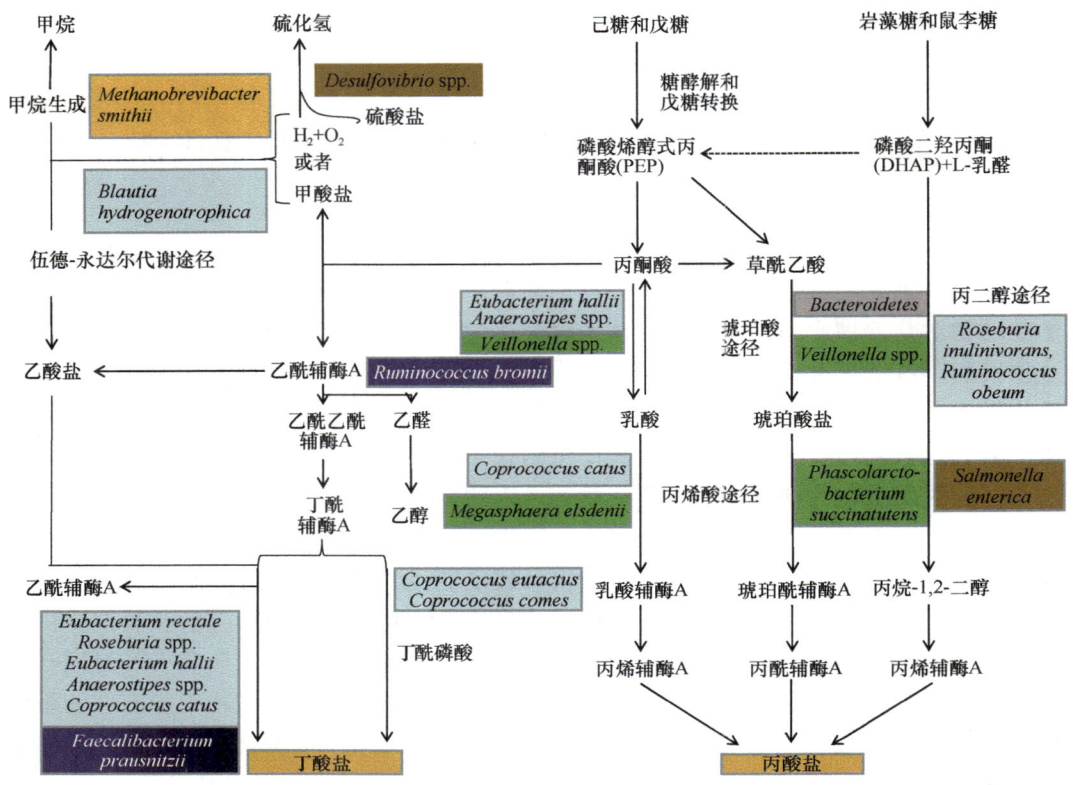

图 2-1　碳水化合物代谢途径（Rowland et al.，2018）

一、碳水化合物及其代谢物

（一）果糖

果糖是日粮中的三种单糖之一，它和葡萄糖、半乳糖一样，在消化过程中能直接被吸收到血液中。具体来说，如果果糖以蔗糖的形式被摄入，当到达小肠时，蔗糖将被降解为游离的葡萄糖和果糖，然后直接被肠道吸收进入血液。

果糖是吸收效果最差的短链碳水化合物之一（Chassard and Lacroix，2013），这是由于肠道无法代谢高剂量的果糖，只有当摄入少量的果糖时，小肠才能将其完全代谢并转化为葡萄糖和有机酸，而过量的果糖会进入到肝脏和结肠的微生物区域进行处理（Herman and Birnbaum，2021）。微生物对不同来源的果糖的响应差异很大，研究证明糖浆来源的高果糖摄入量会导致有益的肠道微生物减少，主要是产丁酸盐的肠道菌群，进而导致宿主的脂质代谢紊乱。而水果来源的同等高果糖摄入不会产生以上负面影响，并且能积极地调节肠道微生物群的组成，推测这是由于水果中的日粮纤维能改善肠道微生物的结构，并促进消化功能，以此抵消过量果糖带来的有害影响（Beisner et al.，2020）。另外，虽然果糖能促进葡萄糖代谢，但过量摄入果糖会导致胰岛素抵抗增加，还会导致低密度脂蛋白、胆固醇和三酰甘油的含量升高，从而导致代谢综合征和心血管疾病（Herman and Birnbaum，2021）。

（二）蔗糖、低聚木糖、低聚果糖

蔗糖是由葡萄糖和果糖组成的二糖分子，研究表明用蔗糖饲养大鼠会造成大鼠肥胖，并导致大鼠肠道内细菌的数量和比例改变，特别是大肠杆菌 *Escherichia coli* 的比例提高，实验室研究、临床观察及流行病学调查上均证实蔗糖与肥胖和糖尿病有关系。

另外两种重要的多糖是低聚木糖（xylooligosaccharide，XOS）和低聚果糖（fructo-oligosaccharide，FOS），XOS 由植物纤维中的木聚糖组分产生，被当作益生素来使用。水果、蔬菜、牛奶和蜂蜜中均存在 XOS。

某些肠道类杆菌菌株已经进化出一种复杂的功能来完全降解 XOS。研究显示，喂食富含 XOS 的粥 6 周后，乳杆菌属 *Lactobacillus* 和双歧杆菌属 *Bifidobacterium* 的数量显著增加，产气荚膜梭菌 *Clostridium perfringens* 减少，而厌氧细菌的总数没有变化（Chen et al.，2021）。拟杆菌菌株通过编码多种蛋白质的基因簇对多糖进行代谢，编码的蛋白质具有结合碳水化合物、转运和水解等多种功能。在这些基因表达成蛋白质后，XOS 被其降解，从而产生 SCFA，如乙酸、丙酸和丁酸。

这些 SCFA 在维持肠道健康方面起着非常重要的作用：①它们可以维持肠道的酸碱平衡；②肠道 SCFA 的缺乏通常会引起肠道环境中 pH 增加。而高 pH 环境会使细菌色氨酸酶和酪氨酸脱氢酶的活性增高，从而导致肠道中硫酸吲哚和对甲酚增加，进而危害肠道健康；③SCFA 还参与维持肠道屏障的完整性，从而减少肠道微生物代谢产生的毒素向循环系统转移。此外，最近的一项研究表明，SCFA 可以与受体 GPCR43/GPCR109A 结合，后者传递"高血压信号"，从而直接影响血压和心血管健康（Poll et al.，2020）。

果聚糖水解或果糖转移酶分解蔗糖可产生 FOS，它们有利于促进动物肠道中矿物质的吸收，抑制肠道有害细菌的生长。研究表明，食用由果聚糖和双歧杆菌组成的食物会改善粪便菌群的组成。FOS 可以增加乳酸杆菌和双歧杆菌的丰度，而且 FOS 发挥的功能也与双歧杆菌相似，它们都能够促进丁酸的产生（Chassard and Lacroix，2013）。FOS 不会被小肠糖苷酶分解，因此在小肠中 FOS 的结构不会改变。而当 FOS 到达盲肠后，肠道微生物将 FOS 代谢为氢、SCFA、二氧化碳、L-乳酸和其他代谢产物。FOS 通过两个磷酸转移酶系统（SacPTS1 和 SacPTS2）在膜上转运，然后在细胞质中由 β-果糖脲酶（SacA）水解（Losada and Olleros，2002）。

线性果糖聚合物对动物机体健康具有积极作用，如菊粉。菊粉是一种益生素，它是一种线性果糖聚合物，因为它由 β-2,1 糖苷键而不是 α-1,4 糖苷键连接而成，小肠中的消化酶不能水解菊粉，但乳酸杆菌和双歧杆菌可以利用菊粉。菊粉具有改善动物肠道菌群的作用，它能通过降低肠道 pH 或增加肠道蠕动速率来缓解便秘，这被称为膨胀效应。菊粉的摄入能改变胃肠中乳酸菌的浓度，从而对肠道免疫细胞产生强烈的刺激，增加抗体细胞的数量，激活巨噬细胞的活性，强化人体免疫体系。另外，在小鼠肿瘤模型中添加含菊粉的日粮后，小鼠肠道内具有抗肿瘤潜力的微生物相对丰度增加，如双歧杆菌、拟杆菌和黏细菌，进一步证明了菊粉对结肠癌和黑色素瘤肿瘤生长的限制作用。

（三）淀粉和纤维素

淀粉被大多数绿色植物用来储存能量，它是畜禽饮食中最常见的碳水化合物。抗性淀粉（resistant starch，RS）是一种益生素，它不能被小肠内的内源性酶水解，但是在结肠中能够被肠道微生物利用。代谢淀粉的肠道微生物（如厚壁菌门 Firmicutes、拟杆菌属 Bacteroides、放线菌纲 Actinomycetes）和抗性淀粉发酵后产生气体（如甲烷、氢气、二氧化碳）、SCFA（如乙酸、丙酸、丁酸、戊酸、异丁酸和异戊酸）、有机酸（如乳酸、琥珀酸和甲酸）及醇（甲醇和乙醇）。它们是通过糖酵解将淀粉聚合物降解为葡萄糖，进而发酵成其他物质，而产甲酸菌、氢气和二氧化碳（由代谢抗性淀粉的细菌产生）相互作用产生甲烷。

纤维素由成百上千的 D-葡萄糖通过 β-1, 4 糖苷键线性连接而成，存在于绿藻等藻类的细胞壁中，是一种广泛存在于生物膜中的胞外多糖。纤维素是一种重要的日粮纤维。摄入纤维素能引起肠道微生物组成的变化。在大鼠体内，与低纤维素摄入相比，高纤维素摄入使放线菌的数量显著增加，而无壁细菌类的丰度降低。同时，纤维素有益于肠道健康。一项研究证实，在小鼠幼年时期摄入纤维素对改善小鼠结肠炎有显著效果。然而，尽管纤维素对肠道健康有积极作用，但由于大多数动物的消化道中没有纤维素酶，因此纤维素不能被消化。

二、碳水化合物与肠道菌群

（一）大肠中碳水化合物的来源

可发酵碳水化合物（不易吸收的碳水化合物、抗性淀粉和益生元）是结肠大多数微生物的首选底物，然而它们从结肠的近端传递到远端，碳水化合物被逐步消耗殆尽，微生物转向蛋白质发酵。因此，大多数糖化发酵发生在结肠近端，在横结肠基本完成，只有少量的可发酵纤维会到达结肠远端（Canfora et al.，2019）。一些内源性碳水化合物在胃肠道的上部就被吸收（表 2-1）（Chassard and Lacroix，2013），而食物中的碳水化合物能到达大肠的主要是多糖，这些多糖含有对宿主消化酶有抗性的糖苷键。大量复杂的聚糖可被结肠微生物代谢，包括不可消化的多糖，例如抗性淀粉（RS1~RS4）是通过日粮供应给肠道微生物群的一种复合多糖。动物体分泌的酶（淀粉酶和糖淀粉酶）不能降解抗性淀粉。此外，非淀粉多糖（non-starch polysaccharide，NSP），包括植物细胞壁多糖（纤维素、半纤维素、木质素）和贮藏多糖（果胶和低聚糖），它们在胃肠道上部不能被降解，但可被结肠微生物群发酵。乳糖、果糖和糖醇（山梨醇、乳糖醇和其他多元醇）等广泛用于加工食品或饮料配方的单糖和双糖，在肠道吸收不良或过量摄入时也可以到达大肠被微生物利用（Payne et al.，2012）。此外，宿主体内的内源性聚糖，如细菌源的黏多糖（糖蛋白）或胞外多糖（exopolysaccharide，EPS）也可以被肠道微生物群代谢。

表 2-1　可利用碳水化合物的结肠微生物（Chassard and Lacroix，2013）

底物	起源	结肠微生物
抗性淀粉（RS1～RS4）	食用纤维	瘤胃球菌属 Ruminococcus、拟杆菌属 Bacteroides
半纤维素（木聚糖和阿拉伯木聚糖）	食用纤维	罗斯拜瑞氏菌属 Roseburia、拟杆菌属 Bacteroides、普雷沃氏菌属 Prevotella
纤维素	食用纤维	瘤胃球菌属 Ruminococcus、拟杆菌属 Bacteroides
果胶	食用纤维	拟杆菌属 Bacteroides、罗斯拜瑞氏菌属 Roseburia、栖粪杆菌属 Faecalibacterium、双歧杆菌属 Bifidobacterium
果聚糖（菊粉）	食用纤维和低聚糖	拟杆菌属 Bacteroides、罗斯拜瑞氏菌属 Roseburia、栖粪杆菌属 Faecalibacterium、双歧杆菌属 Bifidobacterium
牛奶低聚糖	食用低聚糖	双歧杆菌属 Bifidobacterium
乳糖（不耐受）	食用糖	乳杆菌属 Lactobacillus、双歧杆菌属 Bifidobacterium
果糖（不耐受或者过度吸收）	食用糖	双歧杆菌属 Bifidobacterium、罗斯拜瑞氏菌属 Roseburia
糖醇（异糖醇、甘露醇等）	食用糖醇	乳杆菌属 Lactobacillus、埃希氏菌属 Escherichia
黏蛋白和黏多糖	内糖蛋白	阿克曼氏菌属 Akkermansia、拟杆菌属 Bacteroides
细菌多糖	内生细菌多糖	双歧杆菌属 Bifidobacterium、厌氧棒状菌属 Anaerostipes、普雷沃氏菌属 Prevotella

（二）肠道菌群发酵糖和复杂的多糖

肠道发酵产生的代谢产物是宿主每日能量的重要来源（Hooper et al.，2002）。在大肠中，除了某些动物机体不能消化的木质素和纤维素，复杂的多糖大多数被肠道微生物降解和发酵（Chassard et al.，2010）。例如，拟杆菌属（降解抗性淀粉、木聚糖等）、罗斯拜瑞氏菌属（降解果胶、果糖和木聚糖）、瘤胃球菌属（降解抗性淀粉、纤维素）和双歧杆菌属（降解低聚糖等）属于优势菌种（表 2-1）（Chassard and Lacroix，2013）。另外，一种微生物可以同时表现出多种纤维降解活性，有助于降解几种复杂的多糖，例如，溴化瘤胃球菌是动物结肠的主要淀粉降解细菌（Ze et al.，2012），而香肚瘤胃球菌或木聚糖拟杆菌则分别显著促进纤维素和木聚糖的降解。

纤维降解是一个复杂的过程，在一个肠道细菌群落中含有大量不同的纤维分解微生物，这些肠道微生物可以完成高度复杂和具有抗性的植物结构的降解，特别是植物细胞壁多糖（图 2-2）（Chassard and Lacroix，2013）。黏多糖（内源性糖蛋白）主要被拟杆菌属降解，也能被嗜黏蛋白阿克曼氏菌降解（表 2-1）（Chassard and Lacroix，2013）。纤维素被肠道微生物降解后释放糖，这些糖既可以用于自身需要，也可以被无法降解复杂纤维的糖酵解菌所利用。由纤维降解菌和糖酵解菌产生的细菌代谢物持续地被其他肠道微生物使用，这些肠道微生物产生的其他代谢物进一步被新的微生物使用，直到达到优化纤维降解和能量回收平衡的目的。

在肠道微生物代谢产物中，氢气是有机物降解的关键调控因子之一。氢气主要产生于纤维素和糖的发酵过程，它的积累可以抑制负反馈过程中有机物的进一步氧化，负反馈过程取决于肠道中氢气的含量。产氢微生物消耗氢气之后将其转化为其他代谢物，如甲烷（产甲烷菌）、乙酸盐（产氢乙酸菌）或硫化氢（硫酸盐还原菌）。因此，肠道微生物的氢气代谢是实现肠道发酵的核心过程（图 2-2）（Chassard and Lacroix，2013）。

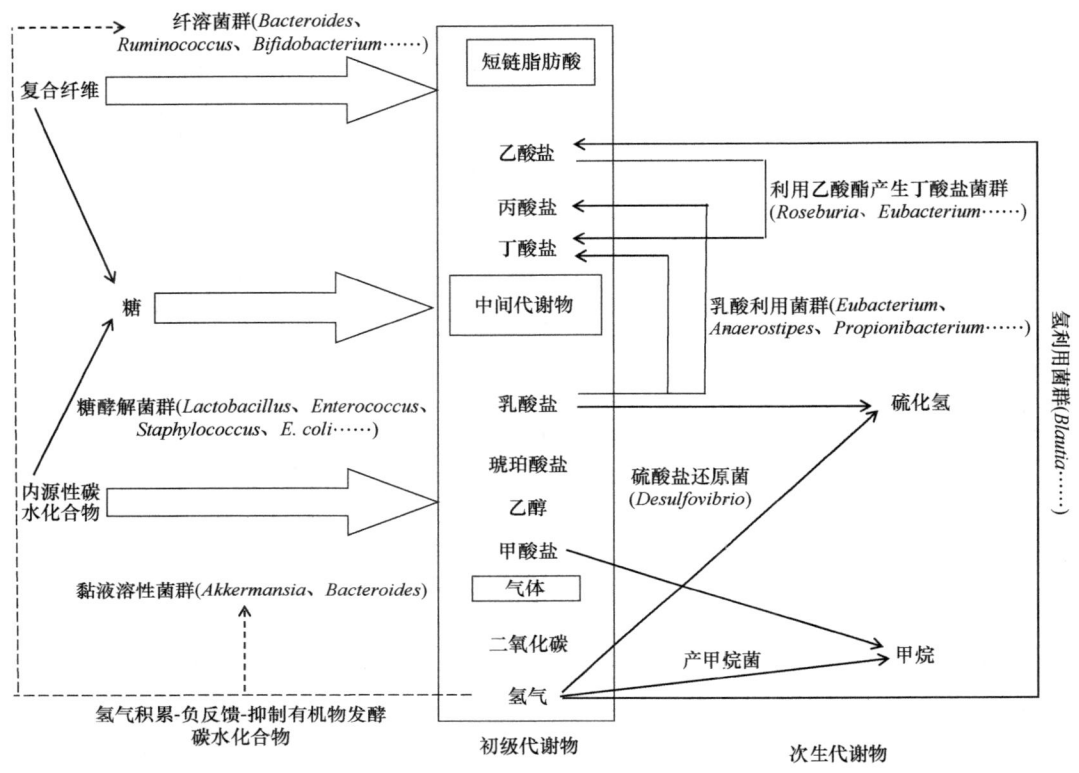

图 2-2　动物结肠菌群发酵碳水化合物（Chassard and Lacroix，2013）
实线表示物质的转化或代谢流向，虚线表示氢气代谢对肠道发酵的反馈调节机制

最近的一项体外发酵研究调查了高能量、正常能量和低能量培养基对肠道微生物群的影响，结果表明生长在高能量果糖富集培养基的微生物具有很强的产丁酸能力。果聚糖还可以通过刺激产生丁酸的细菌生长或通过细菌交叉喂养来促进肠道中丁酸盐的生产。乳酸菌可发酵果糖和糖醇产生乳酸，乳酸被产丁酸菌利用来产生丁酸盐，促进肠道能量代谢。然而，增加日粮能量摄取可能产生代谢紊乱，肠道菌群产生的许多其他细菌代谢物也会影响肠道健康。因此，饮食中的碳水化合物可能导致肠道微生物群组成的巨大变化，进而影响机体的健康（Guo et al.，2020）。

（三）糖发酵的宿主效应

肠道微生物对碳水化合物的发酵会导致 SCFA 和气体（CO_2 和 H_2）的产生。寡糖的功能性可能最终要归结到 SCFA 的作用。复杂的碳水化合物被结肠微生物群代谢成乙酸、丁酸和丙酸等 SCFA，该过程也会影响动物肠道环境：产生大量的酸会降低肠道 pH，而低 pH 可以局部影响肠道病原菌的生长、改变结肠细胞对代谢产物的吸收。SCFA 可以作为宿主的能量来源，丁酸被结肠细胞局部代谢，丙酸随血液进入肝脏进行糖异生，而乙酸则进入心脏或大脑进行氧化。曾有报道指出，为了满足无菌大鼠维持代谢所需的能量，需要为其额外补充 30%的能量，这表明肠道微生物的发酵所产生的 SCFA 是维持代谢不可缺少的能量来源。碳水化合物发酵产生的 SCFA 大部分经肠道上皮吸收，并在不同组织代谢（Gilmore and Ferretti，2003），乙酸主要为肠上皮组织提供能量，丙酸则主要参与肝脏的糖代谢和脂代谢（Topping and Clifton，2001）。结肠细胞倾向于以丁酸作为能源物质，而不是葡萄糖或酮体。因此，当肠道中乙酸成为主导能源物质时，它能有效抑制结肠癌细胞的增殖；补充适宜浓度的丁酸或添加产丁酸菌有利于肠道的稳态和健康（Fleming et al.，1991）。

　　SCFA 触发细胞模型中胰高血糖素样肽-1（glucagon-like peptide-1，GLP-1）的分泌，并影响调节血压的嗅觉受体的表达（Tolhurst et al.，2012）。乙酸可诱导抗菌肽 LL37 在肠道免疫细胞上皮细胞上表达 GPCR41 和 GPCR43，并调节炎症反应（Ashida et al.，2011）。体外细胞研究也表明丁酸能够缓解炎症，改变免疫细胞的功能和迁移。研究人员在动物模型中添加抗性淀粉和益生元（果聚糖和低聚半乳糖）后发现，补充的低聚半乳糖通过增加肠道双歧杆菌数量影响肠道菌群组成，但也显著增加了粪便分泌 IgA，降低了粪钙保护蛋白和血浆 C 反应蛋白。在同一实验中，补充低聚半乳糖还降低了代谢综合征的标志物含量，如血胰岛素、总胆固醇-甾醇和总胆固醇/高密度脂蛋白值。

　　当前，寡糖类物质是动物健康研究领域的热点，菊粉和果寡糖能提高小鼠粪中丁酸和丙酸的产量（Licht et al.，2006）。另外，研究人员在饮食干预研究中也研究了多糖的作用，发现抗性淀粉或果聚糖可以塑造肠道微生物群落。果聚糖、菊粉和低聚果糖（FOS）也被认为可以改变肠道微生物群落组成。许多干预研究表明，菊粉和 FOS 促进"健康细菌"的生长，包括双歧杆菌和乳酸杆菌，而添加果聚糖可以减少拟杆菌和梭菌的生长。同时果聚糖也可以被许多其他微生物降解，包括罗斯拜瑞氏菌属细菌等，还能促进产丁酸细菌的生长，如粪肠球菌等。

　　益生元也会增加饱腹感，在饮食诱导的肥胖小鼠模型中，添加阿拉伯木聚寡糖（AXOS）增加了致饱性肠肽的含量。体外发酵实验表明，在分批发酵模型中，琼脂和海藻酸盐发酵可以促进 SCFA 的产生、增加双歧杆菌的数量。肠道降解海藻聚合物所需的活性酶在肠道细菌中的含量和活性较低，这会限制海藻聚合物的发酵，肠道菌群只能通过基因水平转移从海洋细菌中获取，以便发酵有利于肠道健康的新型复合多糖，以上结果表明来自海藻中的复合碳水化合物可能是很好的益生元。

三、碳水化合物代谢总结

　　许多复杂的碳水化合物被大肠中的肠道菌群降解和发酵，它们除了为动物机体提供能量，还可以通过纤维发酵产生的代谢物影响肠道健康。饮食中特定的多糖也可以改变肠道微生物的组成和代谢活动。在饮食中添加特定的多糖可以促进双歧杆菌属 *Bifidobacterium*、乳杆菌属 *Lactobacillus* 或丁酸盐生产菌的健康生长，产生 SCFA 并降低肠道 pH，从而对致病菌产生抑制作用。纤维和细菌代谢物也可以通过调节炎症反应、糖和脂代谢来影响宿主的肠道健康。目前我们仍需要更多的研究来了解上述现象的潜在机制和表征新微生态制剂在动物疾病预防或治疗中的效率。高通量多组学（代谢组学和转录组学等）研究方法的不断发展也将有助于研究者更好地研究日粮碳水化合物、肠道微生物和宿主之间的相互作用。

第二节 蛋 白 质

蛋白质作为六大基本营养物质之一，在促进动物生长发育、维持机体健康方面有重要作用。肠道微生物参与蛋白质代谢，在营养利用与宿主反应之间发挥重要作用（Zhao et al.，2019）。日粮提供的和机体代谢产生的蛋白质与氨基酸均能被肠道菌群用来合成重要的生命物质，并作为营养物质维持肠道菌群的组成和数量。约有 10% 的蛋白质会进入大肠，通过大肠内微生物菌群的作用生成氨基酸，然后被分解利用。动物肠道中存在大量代谢氨基酸的细菌，主要包括拟杆菌属 *Bacteroides*、丙酸杆菌属 *Propionibacterium*、链球菌属 *Streptococcus* 和梭菌属 *Clostridium*，这些菌群能分泌水解蛋白质与氨基酸的蛋白酶和氨基肽酶。在这些肠道微生物酶的作用下，蛋白质和含氮化合物被分解成宿主所需的 SCFA、吲哚化合物和酚类化合物，还有肠道微生物自身所需的营养物质（图 2-3）（Davila et al.，2013）。在分解代谢的第一步，这些酶反应具有物种高度特异性，本节对肠道中蛋白质和含氮化合物已知的细菌代谢途径进行一个总结性的概述。

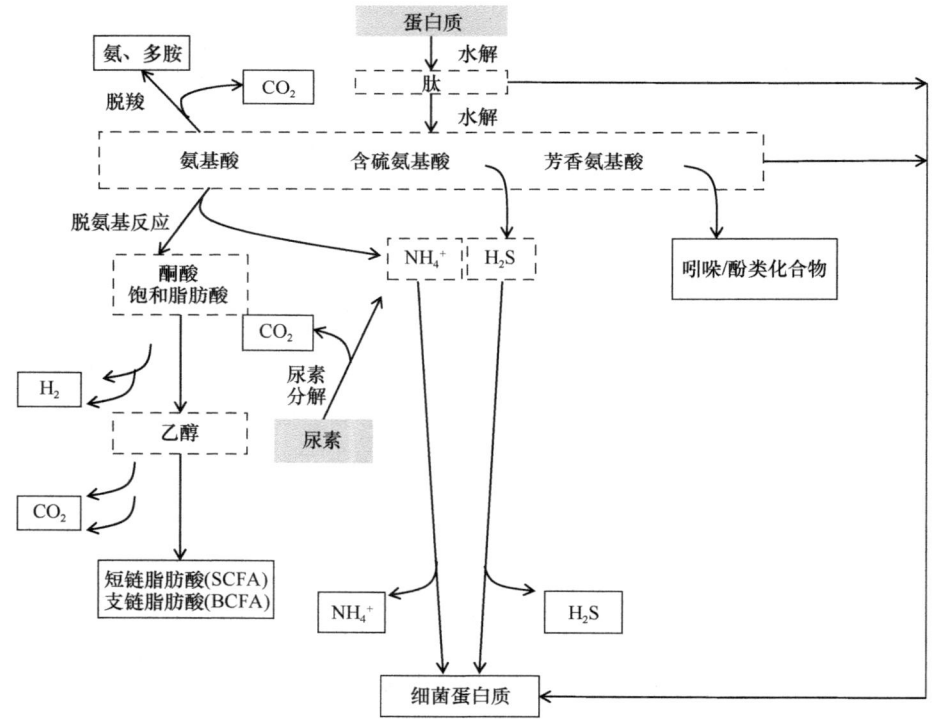

图 2-3 肠道微生物代谢蛋白质的途径（Davila et al.，2013）

■表示底物，┊┊表示中间产物，□表示终产物

一、氨基酸代谢与肠道菌群

肠道细菌在维持宿主氨基酸稳态方面起着重要作用。在胃肠道中，宿主和细菌蛋白酶将内源性蛋白质和日粮中的蛋白质水解成多肽和氨基酸。释放的多肽和氨基酸又被肠道细菌和宿主进一步利用。肠道中氨基酸代谢最重要的作用是产生 SCFA。乙酸由甘氨酸、苏氨酸、谷氨酸、赖氨酸、鸟氨酸和天冬氨酸产生，丁酸由苏氨酸、谷氨酸和赖氨酸产生，而丙酸主要由苏氨酸产生。支链氨基酸（比如亮氨酸、缬氨酸和异亮氨酸）会产生支链脂肪酸，如异丁酸和异戊酸。肠道细菌也参与氨基酸的从头合成，细菌代谢也会产生生物胺，如尸胺和胍丁胺，它们分别是赖氨酸和精氨酸的脱羧产物。胍丁胺可导致组织环磷酸腺苷（cyclic adenosine monophosphate，cAMP）水平升高，从而达到等同于限制热量降低体重的效果。因此，调节宿主的蛋白质饮食模式可能会改变肠道微生物的组成及其代谢途径，从而影响宿主的代谢（Wang et al.，2020）。

（一）色氨酸及其代谢物

日常食物是色氨酸、酪氨酸和苯丙氨酸等氨基酸的良好来源，如鸡蛋、肝脏、鸡肉和猪肉等。色氨酸代谢是一个系统的过程，涉及肠道、脑和肝脏。肠道微生物分解色氨酸产生含吲哚的代谢产物，这些代谢产物通过激活具有调节免疫功能的配体门控转录因子芳香烃受体（aryl hydrocarbon receptor，AHR）来调节宿主免疫系统。色氨酸代谢产物对 AHR 的刺激在很大程度上提高了抗炎反应，有助于维持宿主-肠道微生物群的稳态（Gao et al.，2018）。摄入的色氨酸约有 95%会进入犬尿氨酸途径并被代谢为一系列产物，如犬尿烯酸、吡啶酸和喹啉酸，最终产生烟酰胺腺嘌呤二核苷酸（Platten et al.，2019）。此外，肠道吲哚胺 2,3-双加氧酶（indoleamine 2,3-dioxygenase，IDO）水平的提高可能导致色氨酸分解代谢的改变和白介素-22 的产生，当 IDO 活性受到抑制时，胰岛素的敏感性提高，慢性炎症减少。由肠道微生物进行色氨酸代谢所产生的其他生物活性化合物包括吲哚（由色氨酸酶表达的细菌代谢）、吲哚-3-甲醛（indole-3- carboxaldehyde，I3A）（由乳酸杆菌代谢生成）、3-吲哚丙酸（3-indole propionic acid，IPA）、色胺、硫酸吲哚、甲基吲哚等（Laurans et al.，2018）。长期以来，人们一直认为，只有两种来自肠道微生物区系的细菌，即产孢梭菌 *Clostridium sporogenes* 和肉毒梭菌 *Clostridium botulinum* 可以将吲哚代谢为 IPA，并且 IPA 可以被色氨酸脱氨酶代谢。然而，最近的一项研究揭示了来自肠道微生物区系的另外 4 种产 IPA 的细菌，它们分别是厌氧胃链球菌 CC14N、尸体梭菌 CC88A、尸体梭菌 CC44 001G 和尸体梭菌 CC40 001C（Dodd et al.，2017）。

色氨酸及其代谢物已被证实对动物健康有双面影响，色氨酸水平的降低会导致疾病的发生和体重减轻，而色氨酸摄入量的增加会延长睡眠时间，对抑郁症有改善作用（Lieberman et al.，2016）。同时，吲哚作为芳香烃受体（AHR）和胰高血糖素样肽-1 促分泌素的配体，有助于提高共生细菌抵抗肠道病原体的能力。在吲哚存在的情况下，IPA 与肠细胞中特异性的孕烷 X 受体结合，从而维持黏膜的稳态和屏障功能。IPA 作为神经保护剂，可以预防脑缺血和阿尔茨海默病。在肠道中色氨酸被乳酸菌代谢产生 I3A，I3A

随后在免疫细胞中作用于 AHR，从而增加 IL-22 的产生（Zelante et al.，2013）。

虽然吲哚、I3A 和 IPA 对动物健康有益，但也有研究发现硫酸吲哚和甲基吲哚有毒。高浓度的硫酸吲哚不仅有毒，而且与血管和肾脏疾病有关。研究发现，口服木炭吸附剂 AST-120，AST-120 会在肠腔与吲哚结合，并降低血浆吲哚硫酸盐水平，进而减少肾损伤相关疾病。哺乳动物肠道微生物主要的色氨酸代谢产物是甲基吲哚，它已被证明能引起绵羊、山羊和小鼠的肺水肿。甲基吲哚选择性地攻击棒状细胞，棒状细胞是细胞色素 P450 酶在肺中比较集中的地方。在细胞色素 P450 的帮助下，甲基吲哚被代谢成 3-亚甲基碱，通过形成蛋白质复合物而引起细胞损伤（Bilić-Šobot et al.，2016）。

（二）酪氨酸、苯丙氨酸

酪氨酸的代谢物有酪胺、苯酚、丙酮酸盐等。酪胺是一种神经递质，可由某些肠道细菌通过脱羧作用产生（Pugin et al.，2017），能促进去甲肾上腺素释放，提高血糖水平，还可以促进肠道内分泌细胞释放 5-羟色胺（5-hydroxytryptamin，5-HT）（Oliphant and Allen-Vercoe，2019）。在肝脏中，酪氨酸是苯丙氨酸的代谢物，从首个不可逆的步骤开始，然后分解成羟苯基丙酮酸、马来酰乙酸、富马酰乙酸等代谢物，但肠道微生物群中酪氨酸和苯丙氨酸的分解代谢有所不同（图 2-3）（Davila et al.，2013）。

乳酸杆菌在代谢苯丙氨酸的过程中产生苯乳酸（phenylactic acid，PLA），它具有广泛的抗氧化、抗菌和抗真菌活性。使用扫描电镜和荧光分析，研究人员却发现高浓度 PLA 可以造成细胞形态结构损伤，与李斯特氏菌和大肠杆菌造成的细胞形态结构损伤一致。PLA 可以与细菌基因组 DNA 相互作用，这表明 PLA 具有双重抗菌靶点，包括膜和基因组 DNA。此外，对苯乙胺可以由 L-苯丙氨酸通过氨基酸脱羧酶生物合成得到，许多细菌可以参与对苯乙胺的生物合成，包括假单胞菌属 *Pseudomonas*、梭菌属 *Clostridium*、乳杆菌属 *Lactobacillus* 和肠杆菌科 Enterobacteriaceae。对苯乙胺是一种有效的抗微生物制剂，可对抗大肠杆菌的某些致病菌株（Irsfeld et al.，2013）。

对甲酚是酪氨酸的代谢物之一，它对肾小管细胞具有细胞毒性作用，会导致细胞活性降低和细胞凋亡（Brocca et al.，2013）。研究人员观察到，即使是小剂量的对甲酚也能抑制结肠上皮细胞的增殖和呼吸，更高剂量会增加 DNA 损伤的风险。结果表明，对甲酚通过 p38 途径阻止内皮祖细胞增殖，还通过促进细胞间隙的合成干扰心肌细胞贴壁连接（Peng et al.，2013）。

（三）其他氨基酸

肠道内的多种细菌如双歧杆菌、梭菌、乳酸菌和链球菌等可以使碱性氨基酸脱羧形成胺副产物（Pugin et al.，2017）。谷氨酰胺/谷氨酸、天冬酰胺/天冬氨酸、赖氨酸、丝氨酸、苏氨酸都可通过日常食物获得，它们可以被肠道微生物分解代谢（Dai et al.，2011）。精氨酸可以通过脱羧作用转化为胍丁胺，还可以转化为其他氨基酸如鸟氨酸和谷氨酸，而谷氨酸可以被脱氨生成 γ-氨基丁酸（γ-aminobutyric acid，GABA）。

组氨酸分解代谢可产生组胺。研究表明，细菌产生的组胺在体内抑制促炎细胞因子 TNF-α 的产生，而在体外则可抑制 IL-1 和 IL-12 的产生，同时防止肠道细菌移位（Elenkov et al., 1998)。组胺也是一种神经递质，低浓度的组胺与阿尔茨海默病、抽搐和癫痫发作有关；高浓度的组胺与睡眠障碍、帕金森病、精神分裂症和孤独症有关（Nuutinen and Panula，2010）。

δ-氨基戊酸由精氨酸、脯氨酸和鸟氨酸生物合成。甲氨基丁酸（α-氨基丁酸）来源于苏氨酸或蛋氨酸。GABA 由谷氨酸、鸟氨酸和精氨酸产生（Guo et al.，2020）。

谷氨酰胺源于一些食物，如牛肉、鱼肉、鸡肉、鸡蛋、豆类，特别是牛奶。除日粮摄入外，谷氨酰胺还可由缬氨酸、亮氨酸、异亮氨酸合成。它有助于维持肠道屏障，刺激肠道细胞增殖，增强细胞间的紧密连接。一项研究表明，谷氨酰胺有助于缓解肠易激综合征，并降低肠易激综合征的严重程度。L-谷氨酰胺显著降低了肠道中厚壁菌门 Firmicutes 与拟杆菌属 Bacteroides 的比值，而 L-丙氨酸则增加了这个比值（Guo et al.，2020）。

GABA 是一种重要的代谢产物，它由不同种类的肠道细菌产生，如乳杆菌属 Lactobacillus、双歧杆菌属 Bifidobacterium 和拟杆菌属。据报道，无菌小鼠接种乳酸杆菌后，其记忆得到改善，后续检测到其海马区中高含量的 GABA（Mao et al.，2020）。GABA 是中枢神经系统的主要抑制性神经递质，其受体表达的改变与抑郁症和焦虑症的发病机制有关（Bravo et al.，2011），它还可以调节 T 细胞的增殖，调节免疫特性（Bjurstöm et al.，2008）。GABA 通过直接刺激迷走神经或间接靶向影响大脑神经内分泌系统来影响食欲。此外，GABA 作为神经递质，和 5-羟色胺在微生物群与免疫系统之间的沟通中也发挥着重要作用，可能影响抑郁症的发展（Guo et al.，2020）。

二、日粮蛋白质代谢和肠道菌群

日粮蛋白质可以被蛋白酶和肽酶水解，从而在肠道中产生氨基酸、二肽和三肽，这些消化产物被某些微生物利用或被小肠的肠上皮细胞吸收。微生物群和宿主间的氨基酸交换可能是双向的，微生物群是小肠中日粮蛋白质和氮循环的重要组成部分。此外，未消化的氨基酸通常不被结肠上皮细胞吸收，而是被发酵成细菌代谢物或终产物，如 SCFA 和氨。这些细菌代谢物参与各种生理功能，并根据其不同浓度对宿主产生有益或有害的影响（Macfarlane et al.，1988）。了解蛋白质代谢与肠道菌群之间的相互作用非常重要（Fan et al.，2015）。

（一）前肠微生物与蛋白质代谢的互作

日粮蛋白质在小肠中被蛋白酶和多种肽酶消化为氨基酸和寡肽。肠道菌群可以充分消化或代谢小肠中的蛋白质和氨基酸。基因组学和生理学研究表明，肠道微生物中有能够利用氨基酸的蛋白酶。日粮蛋白质是肠道菌群氨基酸的主要来源，可用于合成蛋白质和产生代谢产物（Laparra and Sanz，2010）。

在体外生理条件下，有研究证明肠道细菌可以代谢游离氨基酸。与体内氨基酸吸收相比，体外分离的仔猪肠上皮细胞中赖氨酸含量相对较低，这表明微生物可能参与小肠中某些必需氨基酸的分解代谢。通过研究检测无菌小鼠和常规小鼠体内将 ^{15}N 从 $^{15}NH_4Cl$

中代谢为体内赖氨酸的能力，结果表明在宿主体内测得的 ^{15}N-赖氨酸来自微生物（Torrallardona et al.，1996）。小肠中与蛋白质代谢相关的细菌主要包括克雷伯氏菌属 *Klebsiella*、大肠杆菌 *Escherichia coli*、链球菌属 *Streptococcus*、琥珀酸弧菌属 *Succinivibrio* 和发光杆菌属 *Photobacterium*。其中一些细菌可以直接代谢氨基酸，它们能分泌各种蛋白酶和肽酶。在单胃动物中，丙酸杆菌属 *Propionibacterium* 和链球菌属 *Streptococcus* 细菌可以分泌高活性的蛋白酶用于消化蛋白质（Fan et al.，2015）。

一些必需氨基酸在猪肠道上皮细胞中未被分解代谢，它们可能被宿主上皮细胞直接吸收或被某些肠道微生物利用。例如，从猪肠道中分离的细胞缺乏对苏氨酸分解代谢的能力，这与黏蛋白的分泌有关，因为黏蛋白是富含苏氨酸的糖蛋白。肠道菌群位于肠腔的外黏膜层，它们与黏蛋白紧密联系，肠道菌群的任何变化都可能影响黏蛋白的分泌。小肠中支链氨基酸如亮氨酸、异亮氨酸和缬氨酸的代谢也很受科研工作者关注。饲喂牛奶的仔猪在小肠的首过代谢中，从门静脉提取的样品有 32%的亮氨酸用于合成蛋白质，而肠黏膜中这个数值只有 21%（Stoll et al.，1998）。

日粮蛋白质的生产效率和氨基酸的代谢结果取决于细菌群落的组成及其在肠道中的位置。例如，小肠中常见的约翰逊氏乳杆菌 *Lactobacillus johnsonii*，它的基因组分析结果表明，这种细菌完全缺乏编码氨基酸生物合成途径的基因，并且约翰逊氏乳杆菌似乎没有同化氨或同化硫的代谢途径。但是，约翰逊氏乳杆菌能产生 1 种胞外蛋白酶、3 种寡肽转运蛋白、25 种以上胞质肽酶和 20 种氨基酸渗透型转运蛋白，这些特征表明约翰逊氏乳杆菌可以利用外源氨基酸或肽合成蛋白质（Zhao et al.，2019）。

（二）后肠微生物的蛋白质代谢

1. 微生物调节结肠蛋白质的代谢

单胃动物大肠中具有蛋白质水解活性的细菌主要是拟杆菌属 *Bacteroides*、丙酸杆菌属 *Propionibacterium*、链球菌属 *Streptococcus*、梭菌属 *Clostridium* 和乳杆菌属 *Lactobacillus*。拟杆菌可以在吸收性细胞的刷状缘附近分泌具有降解活性的蛋白酶，但是它的过度生长会表达过量的蛋白酶，这可能会降解肠上皮细胞刷状缘膜中的麦芽糖酶（Riepe et al.，1980）。

小肠上皮细胞将日粮蛋白质消化成机体可以高效吸收的氨基酸和肽，所以宿主在小肠中有效同化了蛋白质，但有研究表明，在通过回肠的末端时，5%~10%的日粮蛋白质没有被吸收，而是以蛋白质和肽的形式进入结肠。一旦进入远端肠道，蛋白质和肽就有三种可能的结果：被微生物同化；作为微生物异化代谢的底物，其产物进入宿主门脉循环或作为广泛微生物串扰的中间体；通过粪便排出体外（Krautkramer et al.，2021）。结肠中参与蛋白质代谢的细菌主要包括条件致病菌拟杆菌属 *Bacteroides*、埃希氏菌属 *Escherichia*、梭菌属 *Clostridium*。通常可以通过减少这些条件致病菌产生的肠毒素和有害代谢物来恢复微生态系统平衡，并抑制这些潜在病原体的生长（Farooq et al.，2009）。未消化的蛋白质和多肽被肠道微生物和残留的胰蛋白酶水解，从而产生大量的微生物代谢物（Blachier et al.，2007）。这些微生物代谢物有些是中间产物，有些是终产物。最终产物主要是 SCFA、氨、多胺、硫化氢、酚类和吲哚类化合物。一些细菌代谢物可被转运到结肠上皮细胞中，并根据它们在管腔中的不同浓度对肠上皮细胞产生有益或有害的影响。一些细菌代谢物被运输到门静脉血液中，并对肝脏及周围器官和组织产生各种生理作用（Zhao et al., 2019）。远端结肠微生物专门从残留肽和蛋白质的发酵中获得能量。蛋白质水解发酵产生多种代谢物，包括氢气、甲烷、二氧化碳和硫化氢等气态产物；支链氨基酸（branched chain amino acid，BCAA）发酵产生支链脂肪酸（branched chain fatty acid，BCFA）（如异丁酸盐、2-甲基丁酸盐、异戊酸盐）；芳香族氨基酸（aromatic amino acid，AAA）发酵产生酚类和吲哚类衍生物。微生物蛋白质水解也可产生 BCAA 和 AAA，并可通过微生物交互供养进一步代谢，上述交互供养通路的紊乱会导致这些氨基酸的吸收增加，同时这些交互供养通路与肠道完整性和胰岛素抵抗的损害相关（Canfora et al., 2019）。

2. 后肠微生物的代谢产物

（1）短链脂肪酸

SCFA 是大肠内细菌代谢的最终产物，主要由乙酸、丁酸和丙酸组成。SCFA 的底物主要来自膳食纤维和抗性淀粉，但未消化的蛋白质也可以是 SCFA 的底物。大肠中日粮蛋白质释放的几种氨基酸是合成 SCFA 的前体。肠道微生物可以从甘氨酸、丙氨酸、苏氨酸、谷氨酸、赖氨酸和天冬氨酸中产生乙酸盐。丁酸盐可以由谷氨酸和赖氨酸合成，丙酸盐可以由丙氨酸和苏氨酸合成。SCFA 产物的数量和类型主要取决于营养物质的底物适用性、肠道菌群组成和肠道运输时间。众所周知，SCFA 氧化后给结肠上皮细胞提供能量。另外 SCFA 可以被转运至靶向游离脂肪酸受体（free fatty acid receptor，FFAR）的结肠细胞，激活 FFAR 并进一步调节肠内脂肪沉积和营养吸收。SCFA 与肠道血流相互作用进而促进 5-羟色胺的释放，5-羟色胺的释放可能受到肠-脑轴的调节（Yano et al., 2015）。这有助于增加肠道蠕动和离子转运，从而改变肠道菌群的组成和免疫防御。SCFA 参与各种生理过程，它们在维持肠道完整性、葡萄糖稳态和食欲调节中发挥重要作用。除了为结肠细胞提供能量，丁酸盐也是钠偶联的单羧酸盐转运蛋白1（monocarboxylate transporter 1，MCT1）的底物。MCT1 蛋白抑制组蛋白去乙酰基酶的活性，组蛋白去乙酰基酶作为表观遗传调节剂诱导多种肿瘤细胞凋亡。丁酸盐可通过提高宿主防御肽的表达来刺激中性粒细胞种群，有利于破坏病原体，增强抗病性（Zhao et al., 2019）。

（2）氨

大肠中存在毫摩尔浓度的氨，与远端结肠相比，近端结肠具有低 pH 和高碳水化合物含量的特点，并且远端结肠的蛋白质代谢率比近端结肠高，所以从升结肠到降结肠氨浓度增加。此外，大肠中氨的浓度取决于一种与氨基酸脱氨和尿素水解相关的微生物代谢物。肠道菌群可以利用氨，并且氨可以被肠道上皮细胞吸收，同时肠腔内的尿素通过细菌的脲酶进行水解，如幽门螺杆菌 *Helicobacter pylori* 可以分泌脲酶水解尿素。据研究报道，谷氨酰胺合成酶能够催化部分氨与 L-谷氨酸缩合成谷氨酰胺，这可能是控制结肠细胞内氨浓度的一种机制（Eklou-Lawson et al., 2009）。

（3）硫化氢

硫化氢是含硫氨基酸（如蛋氨酸和半胱氨酸）发酵产生的微生物代谢物，它也可以来源于无机硫酸盐和亚硫酸盐添加剂的还原，以及肠道硫黏蛋白的分解代谢。肠道微生物能够通过脱硫基酶从半胱氨酸的碳链中获取能量。蛋氨酸可以转化为 α-酮丁酸、氨和甲硫醇。这些代谢物归属于一个特定的细菌分类群，包括大肠杆菌 *Escherichia coli*、肠沙门氏菌 *Salmonella enterica*、梭菌属 *Clostridium* 和产气肠杆菌 *Enterobacter aerogenes*。大肠杆菌 *Escherichia coli*、肠球菌属 *Enterococcus*、消化链球菌属 *Peptostreptococcus*、梭菌属 *Clostridium* 和真菌（fungus）能够发酵含硫氨基酸（Smith and Macfarlane，1997）。

（4）多胺

多胺是由结肠细胞利用精氨酸、鸟氨酸和蛋氨酸等氨基酸前体代谢产生的多阳离子分子，从结肠癌中分离的结肠上皮细胞具有较高的多胺合成能力，可能是由于肿瘤细胞连续有丝分裂对多胺的需求很高。结肠微生物可以利用鸟氨酸、精氨酸、赖氨酸、酪氨酸和组氨酸等氨基酸前体代谢产生不同的多胺，包括腐胺、胍丁胺、尸胺、酪胺和组胺，其中多胺参与细菌细胞的生长、增殖、分泌和运输活动。结肠生态系统中代谢产生多胺的细菌属包括拟杆菌属 *Bacteroides*、乳杆菌属 *Lactobacillus*、双歧杆菌属 *Bifidobacterium* 和梭菌属 *Clostridium*，因此，肠道菌群的组成是影响多胺在结肠中分布的因素之一。

（5）苯酚和吲哚

结肠中苯丙氨酸、酪氨酸和色氨酸等芳香族氨基酸可被特定的肠道微生物代谢为酚类和吲哚类化合物，然而芳香族氨基酸的代谢与结肠微生物菌群特定成分之间的相互作用尚未得到充分研究。一些代谢物，如苯酚和吲哚，可能是致癌物或者是结肠癌的促进剂。发酵芳香族氨基酸的厌氧菌包括大肠中的拟杆菌属、乳杆菌属、双歧杆菌属和梭菌属。与结肠中其他氨基酸相比，芳香族氨基酸会被细菌缓慢代谢，它们可以产生一系列酚和吲哚化合物作为终产物（如对甲苯酚、吲哚、苯酚和 3-甲基吲哚）。据报道，酪氨酸可产生苯酚和对甲苯酚，而苯乙酸和色氨酸在体液发酵过程中被分解为吲哚乙酸和吲哚，吲哚和酚类代谢物的浓度取决于细菌代谢率和结肠吸收率之间的平衡。酚类化合物被结肠细胞大量吸收，它们从管腔转移到血液和肝脏时会被部分代谢，最后通过尿液排出。对比分析无菌小鼠和常规小鼠的血浆代谢物，研究人员发现无菌小鼠的色氨酸和酪氨酸水平至少提高了 1.5 倍（Wikoff et al.，2009）。涉及这些芳香族氨基酸的细菌代谢物仅在常规小鼠中发现，包括硫酸吲哚酚、硫酸苯酯、硫酸丙烯醇和苯丙酰甘氨酸。在体外，已有研究证明苯酚会降低屏障功能的完整性，当苯酚的浓度高于 1.25mmol/L 时，它将损害结肠上皮细胞（Pedersen et al.，2002）。

三、不同日粮蛋白质对宿主健康的作用

不同成分的日粮蛋白质会通过影响肠道菌群进而对宿主的代谢产生影响，尤其是日粮蛋白质的来源和浓度。蛋白质的来源主要包括植物或动物，根据所涉及微生物的不同降解方式，每种类型都具有独特的消化率。动物饲料工业主要利用植物蛋白，因为它的价格普遍低于动物蛋白，并且在食品安全方面具有优势。但是，与动物蛋白相比，细胞

壁难以被消化的植物蛋白通常具有较低的蛋白质消化率。相比之下，来源于动物的日粮蛋白质更容易被大肠中的需氧菌消化，发生营养性腹泻的概率较低。因此，牛奶、脱脂奶粉和鱼粉中的酪蛋白是适合饲养猪的动物蛋白。日粮蛋白质的浓度也是影响宿主健康的重要因素。如果日粮蛋白质含量过高，肠道菌群的稳态可能会被破坏，从而导致肠道功能紊乱、氮资源浪费和环境污染。

（一）蛋白质的来源

不同来源的蛋白质对蛋白质消化率、代谢及肠道菌群组成的影响并不相同（Zhao et al.，2019）。与不同碳水化合物一样，不同来源的蛋白质存在相对应的特征菌群，肠杆菌科及梭菌属细菌随蛋白质水平和来源有一定的波动，但是不同来源的蛋白质对肠道菌群影响的报道还相对较少。寄居于肠道的蛋白质降解菌包括拟杆菌属、梭菌属、梭杆菌属、链球菌属细菌等（Liu et al.，2016）。事实上，大多数肠道菌群都能利用肠道含氮资源，例如，小肠部位的微生物既能利用内源氨基酸作为氮源（Metges，2000；Agregán-Pérez et al.，2021），又会参与赖氨酸等氨基酸的从头合成，进而为十二指肠、空肠及肝脏等组织的蛋白质合成提供原料。然而，当肠道内的碳水化合物耗尽后，仅仅少数病原菌能够有效利用蛋白质作为能源（Rist et al.，2014），由此，日粮中蛋白质和碳水化合物的适宜比例对肠道健康至关重要。

1. 植物蛋白

大豆被广泛用于动物饲料中，它可以通过增加大肠杆菌和丙酸杆菌属 Propionibacterium 的数量来改变肠道菌群的组成。大豆中的天然蛋白质含量相对较高（约为40%），主要由伴大豆球蛋白和大豆球蛋白形成的球蛋白组成。大豆球蛋白和β-伴大豆球蛋白等抗营养因子影响机体对蛋白质的消化（He et al.，2015）。大豆蛋白补充物可形成抗原复合物，如大豆球蛋白、β-伴大豆球蛋白和免疫球蛋白抗体，这可能是过敏反应和腹泻的原因。多数日粮蛋白质在消化后被降解为肽和氨基酸，但仍有可能存在其他分子（如抗营养因子），可通过肠上皮细胞进入血液和淋巴液，刺激宿主的免疫反应（Shen et al.，2007）。

大豆蛋白被认为是一种相对健康的蛋白质来源，但大豆中含有抗营养因子，可能会对其性能造成负面影响，从而限制了其在非反刍动物中的应用（Faith et al.，2011）。而且大豆蛋白的抗原性有利于病原体的增殖，这些抗原可能对粪便微生物群落产生不利影响。动物对大豆蛋白过敏可以提高其对病原体过度生长的敏感性，从而抑制病原菌的增殖（Shen et al.，2007）。病原菌主要包括蛋白质代谢细菌及肠致病性大肠杆菌，当它们在肠道内定居时，可能会发生肠道微生态失调。大豆蛋白和其他植物蛋白通常含有抗营养因子，包括可溶性非淀粉多糖，当抗营养因子的浓度升高，可能会增加断奶仔猪腹泻的发生率。大豆蛋白代谢过程会衍生出多种毒素，如组胺、尸胺和腐胺，它们会损害肠壁并增加肠上皮细胞的通透性（Han et al.，2010）。然而，大豆经加工处理后，其抗原活性降低，抗营养因子含量显著降低。

伴大豆球蛋白作为大豆储存蛋白的成分之一，经过消化和酶处理后以伴大豆球蛋白水解肽的形式发挥作用。伴大豆球蛋白水解肽具有药理和生理活性，如降低高血压、抗氧化特性和免疫刺激活性。伴大豆球蛋白水解肽可以抑制病理性大肠杆菌的生长，且无时间依赖性，在被大肠杆菌O138攻击后可以被激活进而预防疾病。另外，伴大豆球蛋白酶水解物参与调节肠道微生物群落平衡和维持肠道完整性。当肠道微生态系统的稳态受到干扰时，生物活性肽可以在预防与肠道相关的疾病中发挥重要作用。伴大豆球蛋白-胃蛋白酶水解物（pepsin-hydrolysate conglycinin，PTC）还通过产生胃蛋白酶介导的双歧杆菌生长刺激肽来促进双歧杆菌群落的生长（Alrammahi et al.，2012）。

花生蛋白在调节肠道有益细菌组成方面有积极作用，富含20%花生蛋白的饮食改变肠道菌群的多样性，增加双歧杆菌菌落、减少大肠杆菌和芽孢杆菌菌落。双歧杆菌含量的增加有利于产生更多的微生物有益代谢物，包括乙酸和乳酸，导致肠道pH降低，从而抑制有毒代谢产物，如胺和苯丙吡咯。

2. 动物蛋白

与植物蛋白相比，家畜对动物蛋白的消化率更高。酪蛋白、脱脂奶粉和鱼粉常用于猪饲料，它们可以被宿主或者肠道微生物消化成蛋白质合成的底物，并在进入大肠前被吸收。这些动物蛋白的代谢特性有益于宿主健康，特别是能预防由环境压力和某些植物蛋白中的抗营养因子引起的仔猪断奶后腹泻。酪蛋白可以增加乳杆菌属 *Lactobacillus* 和双歧杆菌属 *Bifidobacterium* 的数量，减少粪便中葡萄球菌属 *Staphylococcus*、大肠杆菌 *Escherichia coli* 和链球菌属 *Streptococcus* 的数量。酪蛋白还可以调节真菌和酵母菌的还原作用。此外，动物蛋白可以使肠道SCFA浓度降低和氨浓度升高。与饲喂豆粕日粮的仔猪相比，仔猪饲喂酪蛋白后，其回肠中总真细菌、拟杆菌属、紫单胞菌属、肠杆菌科、梭菌属细菌丰度较高（Rist et al.，2014）。此外，在以牛肉、鸡肉等动物蛋白作为底物的体外试验中，梭菌属和拟杆菌属细菌在培养基中大量富集（Shen et al.，2010）。

（二）蛋白质的浓度

日粮蛋白质的摄入量会影响肠道微生物代谢物的数量和种类，其中一些微生物代谢物具有毒性，如硫化氢、氨和吲哚化合物，可能对宿主健康产生负面影响，另外一些代谢物是参与宿主生理过程的各种生物活性分子。此外，补充高浓度的蛋白质会导致有益微生物的减少，破坏肠道微生态系统的稳态，从而导致潜在病原体数量的增加（Zhao et al.，2019），这显示了肠道菌群与宿主健康之间的相互作用。日粮蛋白质通过调节肠屏障功能、肠道蠕动和免疫系统等改变肠道菌群来影响宿主的新陈代谢。日粮蛋白质的浓度是影响蛋白质发酵速度和肠道微生物区系组成的主要因素，过量供应日粮蛋白质会增加结肠患病的风险。未被小肠吸收的残留含氮化合物会转移到远端肠道，并在远端肠道被微生物代谢。

因此，建议家畜食用低浓度的日粮蛋白质，这不仅有益于动物健康，而且有利于节约粮食，缓解"人畜争粮"的局面。通常，低蛋白日粮是指比美国国家科学研究委员会（National Research Council，NRC）建议的蛋白质质量少2%～4%，且可以在无不良营养影响的情况下保持动物健康、改善牲畜体内的氮沉积。低浓度的日粮蛋白质会减少致病菌增殖的底物数量，如饮食中低浓度的蛋白质会减少肠黏膜表面的大肠杆菌群落，这与其他报道的较低含量的日粮蛋白质减少大肠杆菌增殖的研究一致。肠道微生物在较低蛋白质条件下有利于减少有毒含氮细菌代谢物的含量，使损伤肠道完整性和免疫防御能力的多胺含量降低。然而，当日粮蛋白质浓度太低而不能满足宿主的基本需求时，它会增加潜在病原体的数量，并减少益生菌的数量（Zitvogel et al.，2016）。

研究表明，当给断奶的动物饲喂 100～200g/kg 的日粮蛋白质时，会增加粪便中需氧菌和厌氧菌的数量，这些蛋白质会导致肠道中乳酸杆菌的增加，以及大肠杆菌和葡萄球菌属的减少。但是，当日粮蛋白质含量大于 200g/kg 时，病原体如大肠杆菌、链球菌和芽孢杆菌的数量就会增加（Windey et al.，2012）。然而，低浓度的日粮蛋白质会减少产丁酸盐的细菌，包括乳酸杆菌和双歧杆菌，这些细菌混合制备的微生态制剂可作为肠道疾病的抗炎药。低蛋白饮食与回肠消化液中低浓度的氨、血浆尿素氮和 SCFA 含量有关。肠道中的氨浓度与宿主脲酶活性不相关，而与微生物水解蛋白活性相关。

（三）氨基酸成分

氨基酸平衡是影响肠道内蛋白质消化率的主要因素，高质量蛋白质的食品通常由于其氨基酸组成与被喂养动物的氨基酸组成相似而表现出高消化率。大多数高质量蛋白质来源于动物，如来自牛奶、鱼粉和脱脂奶粉的酪蛋白，也有来源于植物的高质量蛋白质，如大豆蛋白。目前，为牲畜制定添加合成氨基酸的饮食，可以实现氨基酸平衡和提高蛋白质消化率（Huang et al.，2015）。

日粮蛋白质中的氨基酸能通过调控肠道菌群组成来影响肠道形态，例如，食用低赖氨酸玉米蛋白会导致肠道绒毛高度降低和隐窝深度增加，并且饮食中不平衡的氨基酸比例会损伤肠道黏膜。氨基酸和其他营养物质由小肠上皮细胞吸收到血液，并经血液循环运输到全身各组织和器官。营养不良对肠道菌群的干扰可能导致肠道形态受损。用低浓度且氨基酸平衡的蛋白质饲料喂养仔猪时，可以缓解断奶应激造成的腹泻。饮食中氨基酸失衡会抑制蛋白质的吸收并引起肠上皮细胞增生，损害肠道形态并增加腹泻的风险。未被消化的蛋白质和氨基酸运输到后肠后，将会作为致病性细菌的发酵底物，从而加重仔猪的腹泻（Zhao et al.，2019）。

具有平衡氨基酸组成功能的日粮酪蛋白可以促进氨基酸和肽转运蛋白的表达，这种表达可以加速肠道环境中功能性氨基酸的运输。肠道中赖氨酸、天冬氨酸和谷氨酸的浓度受不同来源蛋白质的不同处理方式的影响，这些不同处理方式可影响特定代谢物的衍生和转化途径，并改变肠道的生理功能和调节肠道微生态平衡。氨基酸还通过合成细菌蛋白，以及与肠道菌群的相互作用在微生物组成中发挥重要作用（Zhao et al.，2019）。

四、蛋白质代谢总结

蛋白质代谢与肠道菌群密切相关，日粮蛋白质被小肠中的蛋白酶和许多肽酶代谢，从日粮蛋白质中释放的氨基酸可用于肠道微生物合成蛋白质，反过来又有利于微生物群落和宿主之间的氮循环和利用。未被消化的蛋白质和氨基酸经过肠道细菌的发酵，变成多种细菌代谢产物，如 SCFA、硫化氢和氨。这些细菌代谢物可以在结肠细胞内运输，并根据其在肠道中的浓度对上皮细胞产生有益或有害影响。日粮蛋白质的类型、浓度和氨基酸平衡会影响肠道菌群组成和微生物代谢产物，这与宿主的健康息息相关。分析肠道菌群组成及其对蛋白质的代谢功能可用于评估饮食中不同成分的作用，饲料工业在配制畜禽饲料时，应考虑低浓度蛋白质和氨基酸平衡。未来我们还需要进行更深入的研究来阐明日粮蛋白质与肠道菌群之间的关系，以及微生物功能与宿主健康之间的相互作用。对肠道菌群功能的研究有助于人们更好地了解蛋白质代谢与宿主健康之间的相互作用。通过代谢组学、蛋白质组学、微生物学和生物信息学等先进技术进行数据分析，确定调节肠道微生物群的潜在机制，有利于精确配制饲料以改变肠道微生态和改善畜禽肠道健康。

第三节 脂 质

肠道菌群作为一种"内化的环境因子"可以直接调控动物合成与存储脂肪的基因，从而改变动物的能量代谢。研究发现，在饲喂相同日粮的条件下，有菌动物比无菌动物代谢率高、采食量低，但是体内脂肪存储的量反而较多，这表明肠道菌群可以在减少热量摄入的条件下促进动物体内脂肪总量的增加，同时肠道菌群有利于动物高效地利用饲料来合成、储存更多的脂肪。这说明肠道菌群在调控宿主脂质代谢方面有着很重要的作用，其代谢过程和机制也成为当下研究的热点。

一、日粮脂质及其代谢产物

从食物中获取的脂肪包括三酰甘油、胆固醇和磷脂，它们在胆汁酸和脂肪酶作用下被肠黏膜吸收，由肠上皮细胞重新酯化并在内质网中包装成乳糜进而转移到高尔基体，然后由淋巴系统运输到全身组织和器官。肠道微生物具有脂肪酶，能将三酰甘油和磷脂降解为极性头基和游离脂质。三酰甘油是主要的日粮脂肪，而磷脂是以磷脂酰胆碱的形式存在，只有很少一部分。胃肠道的细菌如乳酸杆菌、肠球菌和梭菌可以将三酰甘油还原为 1,3-丙二醇，梭菌能将胆碱代谢为三甲胺（Oliphant and Allen-Vercoe，2019）。

微生物不能在肠道厌氧环境中分解游离脂质，但是肠道中的游离脂质具有抗菌特性，并且可以直接识别宿主受体与游离脂质相互作用。饱和脂肪酸可以激活 TLR 介导的促炎症信号通路，而 ω-3 不饱和脂肪酸则可以抑制此通路（Huang et al.，2012）。因此，与肥胖共同发生的慢性炎症可能是由于上述自由脂质的促炎症特性、碳水化合物发酵产生的抗炎性 SCFA 的缺乏（高脂饮食往往碳水化合物含量较低）或两者结合的结果（Morales et al.，2016）。据研究，高脂饮食对肠道微生物群的组成产生了影响，但尚不清楚是由脂肪含量增加还是碳水化合物相对减少造成的。也有研究表明，肠道微生物可以影响宿主的脂质代谢，如大肠中一些兼性厌氧细菌促进机体产生胆汁酸，通过核受体或 G 蛋白偶联受体调节肝脏和（或）全身脂质及葡萄糖代谢（Ghazalpour et al.，2016）。

（一）脂肪酸

脂肪酸（fatty acid，FA）是三酰甘油的代谢产物之一，ω-3 和 ω-6 必需多不饱和脂肪酸对宿主免疫系统具有重要影响，特别是 ω-3 必需多不饱和脂肪酸（如二十碳五烯酸和二十二碳六烯酸）的脂质代谢物被证明具有抗过敏和消炎作用。共轭亚油酸（conjugated linoleic acid，CLA）是天然存在的脂肪酸，主要存在于牛、羊等反刍动物的牛奶和肉制品中。它们是含有共轭双键的必需脂肪酸（essential fatty acid，EFA）亚油酸的多种几何和位置异构体混合物的总称。CLA 也可以通过 δ-9-内源性去饱和酶产生，解肮梭菌 *Clostridium proteolyticum*、痤疮丙酸杆菌 *Propionibacterium acnes*、溶纤维丁酸弧菌 *Butyrivibrio fibrisolvens* 和瘤胃原生动物与 CLA 异构体的产生有关（Hennessy et al.，2016）。另外，CLA 具有过氧化物酶体增殖物激活受体 γ（peroxisome proliferator-activated receptor γ，PPARγ）的高激活潜力，这可能对宿主健康有一定影响。研究表明，通过日粮补充 CLA 可以激活巨噬细胞和 T 细胞中的 PPARγ，并发挥抗炎和促癌作用。一方面，CLA 可以改善淀粉样性结肠炎，另一方面它也可以促进小鼠结直肠癌的发展。当喂食由亚油酸衍生的代谢产物 10-羟基-顺-12-十八烯酸时，皮炎模型鼠生长更健康，具体表现为恢复皮肤屏障、抑制皮肤炎症、增加肠道 IgA 的产生和调节肠道微生物组成。研究表明，CLA 具有许多有效的生理功能，如预防癌症、减肥、抗糖尿病和抗高血压，但在 CLA 被广泛推荐之前，仍需要深入地研究。CLA 是同分异构体的混合物，而且每种异构体的功效不同：9*cis*（c）、11*trans*（t）异构体主要作用是预防癌症；10t、12c 异构体可以预防癌症、糖尿病，还可以减肥（Koba and Yanagita，2014）。

（二）胆固醇和胆汁酸

胆固醇在肉类、动物肝脏和蛋黄中含量丰富，是构成细胞膜和血浆脂蛋白的可氧化脂质之一。胆固醇属于甾体，可合成胆汁酸，它通过一种复杂的多酶途径渗入肠道，促进消化、运输和吸收营养物质。在正常生理条件下，肠道可以迅速重吸收胆汁酸，并通过门静脉循环运输到肝脏，称为肠肝循环。小肠肠道微生物群中的胆汁盐、牛磺-α-鼠胆酸（T-α-MCA）和牛磺-β-鼠胆酸（T-β-MCA）是强效法尼醇 X 受体（farnesoid X receptor，FXR）拮抗剂，它们可以通过改变胆汁酸池组成和降低 FXR 在小肠中的表达，抑制肠道微生物合成胆汁酸（Song et al.，2020）。

胆汁酸（bile acid，BA）在肠道中通过乳化膳食脂肪来促进脂质和脂溶性维生素的吸附。初级胆汁酸在肝脏通过氧化胆固醇合成，主要以胆盐的形式储存在胆囊中，具有促进胆道胆固醇排泄的功能，通常被重新吸收（>95%）。然而，结肠中的微生物可以进一步代谢任何未循环的胆汁酸以产生次级胆汁酸。在大肠中，几乎所有的胆汁酸池都由浓度高达 1000μmol/L 的次级胆汁酸组成（Wilson Tang et al.，2019）。胆汁酸结构上具有能够降低油、水两相表面张力的亲水和疏水双侧面，并且在脂肪和脂溶性维生素的吸收、转运、分配中发挥重要作用。研究揭示 BA 可作为信号分子和代谢整合因子，核受体、法尼醇 X 受体（FXR）、维生素 D 受体（vitamin D receptor，VDR）和 G 蛋白偶联胆汁酸受体（G protein coupled bile acid receptor，GPBAR）TGR5 能被 BA 激活并在调节脂质代谢等方面发挥重要作用。肠道微生物通过改变胆盐水解酶（bile salt hydrolase，BSH）活性来影响 BA 的代谢，例如，乳酸杆菌具有胆固醇去除能力和 BSH 活性，这些细菌能将 BA 解偶联，形成游离型 BA。研究发现，在小鸡的饲粮中添加 BSH 的抑制剂，抑制 BSH 的活性可以显著改变 BA 的分布，回肠中次级 BA 的水平较高，后肠次级 BA 的水平较低，这是由去偶联作用被抑制造成的结果。据报道，甜菜碱通过对具有 BSH 活性的肠道微生物进行抑制，从而增加回肠结合 BA 水平，同时使肠道法尼醇 X 受体/生长因子 15 信号通路（FXR-FGF15 pathway）受到抑制，最终导致肝脏产生和粪便排泄的 BA 含量增加，肝脏胆固醇减少，同时脂肪生成减少。肠道微生物因受到 BSH 的抑制剂等因素的作用，BSH 的活性降低，进而影响 BA 代谢。

原发性胆汁酸由肝脏产生，可以溶解小肠中的日粮脂质和脂溶性维生素。原发性胆汁酸池主要循环回肝脏，但其中一小部分胆汁酸（约 5%）进入大肠，在肠道微生物的作用下进一步代谢为次级胆汁酸。调节宿主代谢的两种主要胆汁酸受体是 G 蛋白偶联胆汁酸受体 5（TGR5）及法尼醇 X 受体。胆汁酸的合成、代谢和在体内的分布是通过胆汁酸及其受体（FXR 和 TGR5），以及它们与肠道微生物群之间的相互作用来调节的（Molinaro et al.，2018）。此外，胆汁酸在脂质平衡、碳水化合物代谢、胰岛素敏感性及先天性免疫中发挥重要作用（Jia et al.，2018）。次级胆汁酸可以维持肠道屏障，防止肠道病原体的定植。次级胆汁酸对宿主有益也有害，这就需要我们了解细菌代谢产物如何在整体水平上调节感染和炎症疾病。因此，研究者需要进一步研究各种模型，以及上述相关代谢物与其他代谢物之间的相互作用。

过去人们认为胆汁酸有助于吸收日粮脂质，现在胆汁酸则被认为是代谢和肠道微生物的重要调节因子。同时，肠易激综合征、短肠综合征、炎症性肠病和艰难梭菌感染等肠道疾病，与肠道微生物组成和胆汁酸含量均有关。由于胆汁酸和胆固醇代谢是相互的，胆汁酸再循环会导致胆固醇代谢率降低。一项研究表明，肠道胆汁酸水平的下降与肠道微生物过度生长有关。例如，肝硬化引起进入肠道的胆汁酸水平降低，最终会导致肠道菌群失调。与正常肠道微生物相比，这种失调的主要特点是革兰氏阳性菌（如布劳特氏菌属 Blautia 和疣微菌科 Verrucomicrobiaceae）明显减少。另一项研究表明，胆汁酸水平的增加会显著抑制拟杆菌和放线菌的生长，这两类细菌在动物肠道微生物群落中占主导地位（Kapourchali et al.，2016）。胆固醇是胆汁酸合成的底物，拥有特定基因的几种细菌具有降解胆固醇的能力，这些基因编码如脂质转移蛋白 Itp2，以及与硫醇酶同源的蛋白 ChsH1 和 ChsH2。

（三）胆碱

胆碱是动物必需的营养物质，既来源于饮食，也可内源合成；厌氧微生物通过代谢其产生三甲胺（trimethylamine，TMA）和乙醛，TMA 被宿主肠道吸收后在肝脏中代谢成氧化三甲胺（trimethylamine oxide，TMAO）；菌群-宿主共代谢物可预测重大心血管事件风险。从机制上来说，TMAO 可通过诱导多个巨噬细胞受体和血栓形成促进动脉粥样硬化。最近的研究证实，TMAO 的前体三甲基赖氨酸（trimethyllysine，TML）也是主要心脏相关疾病的预测因子（Krautkramer et al.，2021）。胆碱是一个带正电的四价碱基，是神经元中所有生物膜和乙酰胆碱前体的必需成分。牛乳中含有多种代谢形式的胆碱，有助于新生儿的生长发育（Artegoitia et al., 2014）。动物肝脏、蛋黄和红肉往往含有大量的胆碱和左旋肉碱。许多生物过程都需要胆碱的参与，包括保护细胞膜的结构完整性、维持胆碱能神经的传递，以及参与甲基原子团的合成反应等。

肠道微生物可以利用富含胆碱结构的物质，如磷脂酰胆碱和左旋肉碱等，产生TMAO。磷脂酰胆碱是TMAO形成的最主要食物来源，红肉、鱼、家禽和蛋类都含有丰富的磷脂酰胆碱。除此之外，胆碱的食物来源还包括全麦、大豆和蔬菜（如花椰菜和卷心菜等）。通常食物中的胆碱在小肠内被转运吸收，若小肠中胆碱的浓度超过其转运能力，胆碱就会到达大肠，被肠道细菌分解为三甲胺（TMA）和二甲胺（dimethylamine，DMA）。TMAO的另一个重要来源是左旋肉碱，左旋肉碱化学结构类似于胆碱，含有类似胆碱的TMA结构，其在红肉（如猪瘦肉、羊肉、牛肉等）中含量丰富。肉碱同胆碱类似，同样被大肠中的细菌分解为TMA。最后来自胆碱和肉碱的细菌代谢产物TMA被吸收进入血液，在肝脏经黄素单加氧酶3（flavin-containing monooxygenase 3，FMO3）氧化为TMAO。广谱抗生素治疗可降低实验动物血液中TMAO水平，证实了肠道细菌代谢产物是血液中TMAO的主要来源（Wilson Tang and Hazen，2014）。

TMAO是一种小分子有机化合物，属于胺氧化物，化学式为$(CH_3)_3NO$，是一种无色针状晶体，一般以二水合物的形式出现。TMAO具有很多重要的生物学特性，在稳定蛋白质结构、渗透调节、抗离子不稳定性、抗水压和理化因素的影响等方面具有重要的生理生化功能。作为一种天然、安全的饲料添加剂，TMAO可促进肌肉组织生长，广泛应用于鱼、禽等畜牧业养殖，也是鱼类体内自然存在的内源性物质，是鱼类新鲜度的重要生化指标。TMAO不仅是动物体内常见的物质，在植物和真菌中也比较常见。同时，TMAO在海洋生物体内也广泛存在，是细菌的重要氮源。TMAO是由肠道菌群代谢产物TMA进入肝脏氧化而成，宿主在摄取磷脂酰胆碱与左旋肉碱后血液中TMAO浓度增加。多项研究发现，大鼠血浆中TMAO的浓度小于0.6mmol/L，小鼠血浆中TMAO的浓度小于5mmol/L。这些差异可能与饮食中胆碱、肉碱、TMA和TMAO的含量及肠道菌群或FMO3活性有关。研究发现，给大鼠灌注TMAO可使其血浆中TMAO水平从0.6mmol/L升高到60.0mmol/L，但未对大鼠产生明显的毒性作用。

肠道微生物在饮食脂质转化为TMAO的过程中起重要作用，而TMAO可促使脑血管疾病（cerebrovascular disease，CVD）的动脉斑块形成，血浆TMAO水平与小鼠动脉粥样斑块负荷呈正相关。可能的机制为：①TMAO可显著上调巨噬细胞表面清道夫受体数量，促进泡沫细胞的形成；②TMAO活化蛋白激酶（protein kinase，PK）C和磷酸化NF-κB信号通路上调血管细胞黏附分子（vascular cell adhesion molecule，VCAM）-1表达，促进单核细胞黏附；③TMAO还可抑制胆固醇逆向转运入肝脏，影响胆固醇和脂蛋白的代谢，改变肠道、动脉壁、肝脏等多脏器的胆固醇代谢通路，从而促进动脉粥样斑块的形成。

二、瘤胃生物氢化：微生物对日粮不饱和脂肪酸的反应

大多数饮食中的脂肪酸是甘油酯：主要存在于精料中的三酰甘油，以及存在于青饲料中的半乳糖脂和磷脂，但青贮饲料中除外，因为植物脂肪酶会释放出游离脂肪酸。

（一）生物氢化和瘤胃脂解途径

酰基甘油在瘤胃中代谢的第一步是脂解，释放游离脂肪酸。在瘤胃脂解三酰甘油过程中，部分甘油脂解的浓度较低，表明二酰甘油和单酰甘油的脂解速度快于三酰甘油，瘤胃脂解释放的脂肪酸（FA）仍吸附在饲料颗粒上，并部分黏附在细菌表面。

大多数脂解释放的不饱和脂肪酸会发生生物氢化，图 2-4 显示了油酸（oleic acid，OA）、亚油酸（linoleic acid，LA）和 α-亚麻酸（α-linolenic acid，ALA）的主要生物氢化途径（Enjalbert et al.，2017）。OA 主要是一步还原，多不饱和脂肪酸（polyunsaturated fatty acid，PUFA）要通过一系列反应进行还原：第一步是异构化，通过双键的置换和从 *cis* 向 *trans* 几何构型的转变，生成 CLA 或共轭亚麻酸（conjugated linolenic acid，CLNA）。根据所涉及的双键，可以产生几种异构体，主要是 *trans*-11 FA。在大多数情况下，这步反应会导致 70% OA、80% LA，以及约 90% ALA 消失。第二步是还原反应，它首先还原 *cis* 双键，然后将异构化过程中产生的 *trans* 双键氢化，因此 *trans*-C18:1 脂肪酸在瘤胃中积累并流入小肠的数量远大于 CLA 和 CLNA。

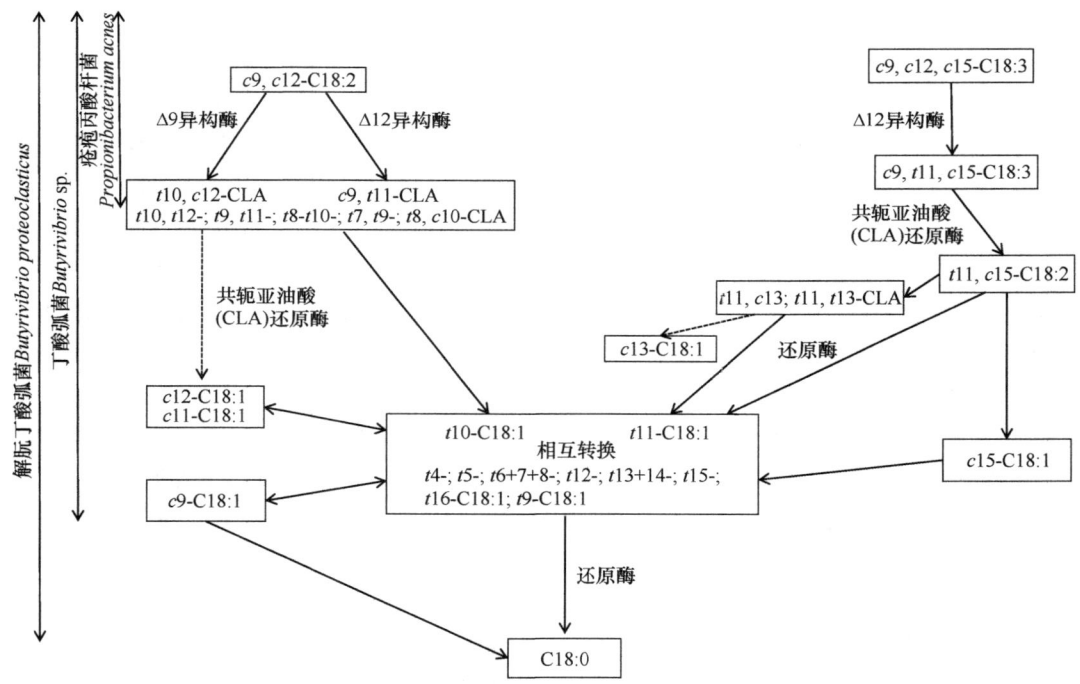

图 2-4 主要生物加氢微生物、酶和生物加氢产物（Enjalbert et al.，2017）
c. cis（顺式）；*t. trans*（反式）

除涉及 *trans*-11（即 *t*11）生物氢化中间体的主要途径外，*trans*-10 途径也占据了重

要地位，特别是当反刍动物喂食高 LA 饮食时。ALA 可以作为生物氢化中间体形成 trans-10 FA，它是 trans-10 FA 的次要前体。研究人员在瘤胃内容物中发现了大量的 CLNA、CLA 或 trans-C18:1，其他几何异构体的双键位置分别从 C7 到 C15 不等，不同的 CLNA 或 CLA 异构体可能来自瘤胃中不同的异构化途径或来自 C18:1 FA。与生物氢化相反，OA 和 LA 可以水解，分别产生 10-羟基硬脂酸和 10-酮硬脂酸或 10-羟基 cis-12-C18:1（即 c12-C18:1）和 13-羟基 cis-9-C18:1（Enjalbert et al.，2017）。

（二）油脂和生物氢化微生物酶

1. 脂解微生物和酶

部分解纤维芽孢杆菌 Bacillus cellulosilyticus 能水解磷脂和半乳糖脂，三酰甘油可被不同种类的丁酸弧菌水解，解脂厌氧弧菌 Anaerovibrio lipolyticus 是主要的三酰甘油水解细菌，其 16S rRNA 基因在瘤胃中的相对丰度约为 0.05%。参与脂解和生物氢化的已知酶见表 2-2（Enjalbert et al.，2017）。这些酶对月桂酸和肉豆蔻酸的分解能力高于棕榈酸酯和硬脂酸，而日粮中脂肪酸主要含有 16 碳和 18 碳脂肪酸，多不饱和脂肪酸（PUFA）在大多数反刍动物饮食中占主导地位。

表 2-2　参与脂解和生物氢化的已知酶（Enjalbert et al.，2017）

酶	起源	细胞定位	最优 pH	氨基酸数量	分子量（kDa）
脂肪酶	解脂厌氧弧菌 Anaerovibrio lipolyticus	细胞外	7.4	248~492	28~56
脂肪酶	铜绿假单胞菌 Pseudomonas aeruginosa	—	8.0	—	29
Δ12 异构酶	溶纤维丁酸弧菌 Butyrivibrio fibrisolvens	细胞膜	7.0~7.2	—	—
Δ9 异构酶	疮疱丙酸杆菌 Propionibacterium acnes	细胞质	7.2~7.5	424	48
cis-9,trans-11-CLA 还原酶	溶纤维丁酸弧菌 Butyrivibrio fibrisolvens	细胞膜	7.2~8.2	—	53

注："—"代表不能确定

梭菌属 Clostridium、丙酸杆菌属 Propionibacterium、葡萄球菌属 Staphylococcus、铜绿假单胞菌 Pseudomonas aeruginosa 和月形单胞菌属 Selenomonas 等瘤胃细菌中均含有脂解酶，其中假单胞菌脂肪酶的抗体可以显著降低大肠杆菌、溶纤维性大肠杆菌和丙酸杆菌的丰度，这表明瘤胃细菌脂肪酶之间具有遗传相似性。同时，研究发现，来自奶牛瘤胃宏基因组文库中的脂肪酶均对 16 碳和 18 碳 FA 具有高亲和力（Edwards et al.，2017）。

从牛瘤胃元基因组中分离出的 14 种新脂肪酶，主要对短链和中链脂肪酸酯有活性。有研究报道了在整个瘤胃内容物中 K_m 为 0.8×10^{-3} mol/L 的三烯醇脂解反应，该反应适用于米氏动力学（Michaelis-Menten kinetics），该 K_m 值在牛进食后瘤胃中三酰甘油浓度的范围内。例如，一顿含有 2%三酰甘油的 5kg 干物质餐会导致三酰甘油浓度略高于 1mmol/L，并随着时间的推移迅速下降（Moate et al.，2008）。

2. 生物氢化微生物和酶

原生动物参与瘤胃生物氢化的情况尚不清楚，当亚油酸（LA）与原生动物单独孵育时并不会消失，而缺氧并没有明显改变瘤胃 LA 的代谢。原生动物可以吞噬细菌，细菌的生物氢化可能发生在原生动物体内，因此生物氢化中间体浓度比较高（Devillard et al., 2006）。

研究表明，溶纤维丁酸弧菌 *Butyrivibrio fibrisolvens* 可将 LA 还原为 *trans*-C18:1，但不能还原为硬脂酸，还可将 ALA 氢化生为 *trans* 中间体。与解肟丁酸弧菌 *Butyrivibrio proteoclasticus* 不同，它不能代谢长链 PUFA 二十碳五烯酸（eicosapentaenoic acid，EPA）和二十二碳六烯酸（docosahexoenoic acid，DHA）。同时，洪氏丁酸弧菌 *Butyrivibrio hungatei* 能够将 LA 转化为异油酸（vaccenic acid，VA）。研究发现，几十种不同类型的丁酸弧菌属 *Butyrivibrio* 在 LA 代谢方面存在差异，其中大量菌株能够将 LA 代谢为 VA。菌株之间的生物氢化通路也有轻微的差异，ALA 与不同细菌孵育时，MDT-5、A38 和 MDT-10 菌株分别产生 *trans*-11-*cis*-13-CLA、*trans*-11-*cis*-15-C18:2 或 VA。在不同物种的瘤胃中，丁酸弧菌属的 16S rRNA 基因相对丰度的平均值为 3.4%，包括 0.25% 的溶纤维丁酸弧菌，它在宿主出生后 2 天就在瘤胃中存在。

溶纤维丁酸弧菌生物氢化的第一步主要是Δ12 异构化，生成 *trans*-11 FA。同时，溶纤维丁酸弧菌Δ12 异构酶可能与细胞膜紧密结合，其底物含有自由羧基和 *cis*-9 和 *cis*-12 碳上的双键。有研究利用米氏动力学对这种异构化进行建模，并得到如下公式：$K_m=1.6\times10^{-3}$ mol/L。溶纤维丁酸弧菌亚油酸异构酶的最佳 pH 为 7.0～7.2，说明低 pH 对其有抑制作用。有研究表明溶纤维丁酸弧菌亚油酸异构酶是一种自由基中间酶，这可以解释 13-过氧羟基-*cis*-9,*trans*-11-C18:2 和 9-过氧羟基-*trans*-10,*cis*-12-C18:2 对Δ12 异构酶的抑制作用可能在化学上与 LA 的生物氢化中间体接近（Kaleem et al., 2013）。

其他细菌能够将 LA 异构化为 *cis*-9.*trans*-11-CLA，这些细菌主要包括梭菌属 *Clostridium*、假丁酸弧菌属 *Pseudobutyrivibrio*、乳杆菌属 *Lactobacillus*、丙酸杆菌属 *Propionibacterium*、双歧杆菌属 *Bifidobacterium*、肠球菌属 *Enterococcus* 和微球菌属 *Micrococcus*（Unni et al., 2016）。乳酸菌以羟基 FA 为中间体，通过水化-脱水过程产生 CLA。瘤胃不饱和脂肪酸的水化主要通过链球菌完成，但葡萄球菌、乳酸杆菌、肠球菌和双球菌属 *Diplococcus* 也能催化瘤胃不饱和脂肪酸的水化。

其他瘤胃物种，包括瘤胃球菌属 *Ruminococcus* F2/6 可以将 LA 和 ALA 转化为 C18:1，但它们在瘤胃中的相互作用尚不清楚。与产生 *trans*-11 双键的溶纤维丁酸弧菌不同，瘤胃球菌属 F2/6 产生大量的 *trans*-10-C18:1。研究人员从高淀粉饲喂的奶牛瘤胃中分离出埃氏巨球形菌 *Megasphaera elsdenii* YJ-4 细菌，它可以在添加 LA 的培养基中产生 *trans*-10, *cis*-12-CLA，同时研究人员发现埃氏巨球形菌 T81 菌株也可以产生这种异构体。从绵羊瘤胃中分离的疮疱丙酸杆菌 *Propionibacterium acnes* 也可以产生 *trans*-10, *cis*-12-CLA，并将 ALA 异构化为几个 C18:3 中间体，而不进一步还原为 C18:2 或 C18:1 FA，也不产生 *trans*-10, *cis*-12, *cis*-15-CLNA。

通过对疮疱丙酸杆菌 ATC 6919 的亚油酸异构酶进行纯化和功能分析，研究人员发现该酶需要黄素腺嘌呤二核苷酸（flavin adenine dinucleotide，FAD）作为辅助因子，亚油酸异构酶对过量的底物不敏感。因此，瘤胃Δ9异构化可能是一种离子反应，它以LA碳阳离子为中间体。溶纤维丁酸弧菌的 cis-9, trans-11-CLA 被还原后，产物与磷脂酰乙醇胺合成有关，占细胞蛋白质的0.5%，这步还原反应需要铁离子参与，而α-生育酚喹诺和还原型烟酰胺腺嘌呤二核苷酸（reduced nicotinamide adenine dinucleotide，NADH）也参与该反应（Hackmann and Firkins，2015）。该还原酶识别共轭双键，18碳不饱和脂肪酸在转录水平上表达增加。它不仅减少了 cis-9, trans-11 CLA，而且减少了 trans-10, cis-12-CLA 和 cis-9, trans-11, cis-15 CLNA，但不减少 trans-11, cis-15-C18：2。有研究模拟VA竞争性抑制的米氏动力学反应过程，将 cis-9, trans-11-CLA 还原为VA：K_m值为 $3.6×10^{-6}$ mol/L，证明高CLA和VA含量的介质通过竞争性抑制降低了其效率。

洪氏丁酸弧菌 Butyrivibrio hungatei Su6 也能够完成LA和ALA对硬脂酸的生物氢化。洪氏丁酸弧菌形成硬脂酸的分离菌株占据了丁酸弧菌系统发育树的一个特定分支，其中包括解朊丁酸弧菌 Butyrivibrio proteoclasticus，该物种的B316和P-18菌株是硬脂酸生产者。据报道，破乳酪弧菌是奶牛和山羊中丁酸弧菌群的主要组成部分。相关数据显示，几种反刍动物物种的16S rRNA基因相对丰度仅为0.04%（Henderson et al.，2015）。属于丁酸弧菌群的其他细菌能够从LA中产生硬脂酸，而未培养的细菌也参与VA还原。

VA还原酶与CLA还原酶不同，许多将CLA转化为VA的细菌不会将VA还原为硬脂酸。此外，在同时具有降低CLA和VA的能力的破乳酪弧菌中，这两种还原酶可能不同，因为它们受乳酸的影响并不相似。据报道，VA还原为硬脂酸可以用准一阶过程（k=0.533/h）模拟，VA本身抑制了这一反应，而且低pH也能抑制这种酶的活性。

研究人员通过添加影响生物氢化相关细菌丰度的日粮补充剂来评估瘤胃细菌和生物氢化之间的关系，例如，将溶纤维丁酸弧菌接种到饲喂富含高亚油酸的山羊瘤胃中，增加了瘤胃液中的异油酸（VA）和共轭亚油酸（CLA）浓度，证明这种细菌参与了动物机体生物氢化反应。众所周知，来自鱼油或海藻的长链多不饱和脂肪酸会降低VA转化为硬脂酸的效率，而且由于破乳酪弧菌是良好的硬脂酸酯生产细菌，因此可以推测这些补充剂会影响破乳酪弧菌的丰度。事实上，在连续培养中，鱼油降低了包括破乳酪弧菌在内的属于丁酸弧菌属的不同细菌的丰度。相反，研究者发现，在泌乳奶牛饲粮中添加鱼油后破乳酪弧菌丰度没有明显变化，因此该物种在硬脂酸生产中起到了作用。同样，藻类对生物氢化的抑制与丁酸弧菌相对丰度的变化无关。

基于分子指纹图谱或下一代测序技术的研究结果，揭示了破乳酪弧菌物种或丁酸弧菌属与其预期产物之间没有正相关关系。相反，研究发现生物氢化产物与多种细菌之间的相关性，包括未培养的普雷沃氏菌属 Prevotella、拟杆菌科 Bacteroidaceae、梭菌属 Clostridium、瘤胃球菌科 Ruminococcaceae、毛螺菌属 Lachnospira、黄杆菌属 Flavobacterium、纤维杆菌属 Fibrobacter、假佐贝尔氏菌属 Pseudozobellia 和醋杆菌属 Acetobacter。由上可知，生物氢化是一个解毒过程，而不是一个营养过程，因此生物氢化细菌的丰度可能更多地与它们的能量底物有关，而不是与对它们有毒的不饱和脂肪酸联系在一起（Enjalbert et al.，2017）。

3. *trans*-10 和 *trans*-11 生物氢化途径之间的平衡

奶牛的乳脂降低与生物氢化向 *trans*-10 途径的转变有关，该转变可以由高淀粉或高淀粉加富含亚油酸（LA）油脂日粮的实验进行诱导（Zened et al.，2013）。因为添加淀粉和油脂对 *trans*-11 途径进行生物氢化相关的细菌产生负面影响，导致微生物群异构化，生成 LA 的能力下降，从而触发微生物群适应机制，并转向另一种生物氢化途径（即 *trans*-10 生物氢化），以避免产生过多多不饱和脂肪酸（PUFA），引起毒性作用。瘤胃产 *trans*-10 脂肪酸或乳脂减少与瘤胃 pH 低于 6.0 和乙酸/丙酸值低于 2.0 有关，这反映了瘤胃环境和微生物活性的变化（Zened et al.，2013）。在 *trans*-10 转换过程中，细菌群落受到强烈影响，同时在动物之间产生很大的变异性。具体地说，在抑制产生乳脂的过程中，丁酸弧菌 *Butyrivibrio* spp.减少，埃氏巨球形菌 *Megasphaera elsdenii* 增加，而在恢复过程中则出现相反的变化。

第四节 维 生 素

肠道微生物可以合成特定的维生素，如生物素（维生素 H）、钴胺素（维生素 B_{12}）、叶酸、烟酸、吡哆醇（维生素 B_6）、核黄素（维生素 B_2）和硫胺素（维生素 B_1），这些维生素对细菌代谢十分重要。无菌大鼠日粮中缺乏维生素 K 时，血中凝血酶原水平较低易发生大出血，而传统饲养的大鼠血中凝血酶原水平和凝血活性正常。动物连续摄入低维生素 K 的饮食 3~4 周不会发生维生素 K 缺乏，但是饮食中加入广谱抗生素抑制产维生素 K 细菌生长时，动物血液中凝血酶原水平显著降低。通过宏基因组测序分析动物肠道微生物组，研究人员发现其基因组中富集了与脱氧木酮糖-5-磷酸生物合成相关的基因簇，这些基因簇合成的产物对于硫胺素（维生素 B_1）的合成至关重要。

除了具有水溶解性，水溶性维生素之间并没有很多共性。水溶性维生素以不同浓度出现在植物源和动物源的食物中，并且绝大多数水溶性维生素不是在动物体内合成，而是动物通过饮食中的添加获得，因为水溶性维生素在瘤胃的合成不能满足动物的日常需要量。水溶性维生素主要在小肠中通过特殊的载体被吸收（除维生素 B_{12} 以外的所有维生素主要在空肠被吸收）进入门静脉，多数水溶性维生素以游离状态被吸收进入血液循环系统，但是有一些则是以蛋白质结合的方式存在。除了维生素 B_{12}，这些营养素主要通过尿液排出体外，机体组织储存的水溶性维生素十分有限，这些维生素的积累很少会达到毒性水平。

近年来，越来越多的研究提示肠道微生物及其动态变化有助于调节基本微量营养素（如 B 族维生素）的状态、代谢和功能。对于脂溶性维生素，这些营养素在生理调控过程中发挥抗氧化剂、辅助因子和基因调控作用，以下我们将对微生物在脂溶性维生素代谢中的作用进行概述。

维生素 A 是 B 细胞向 IgA 分泌细胞转化的关键因子，后者通过与动物肠道不同区域的肠道微生物相互作用，在肠道免疫中发挥重要作用。肠道微生物在诱导 B 细胞增殖和分泌 IgA 功能中起着至关重要的作用。肠道 IgA 是一种与细菌结合的异质免疫球蛋白群，可抑制细菌的生长和穿越肠道屏障。维生素 A 除了对 IgA 的分泌有重要作用，还能刺激 Th17 细胞分泌 IL-17，IL-17 在宿主防御病原体时的免疫调节和白细胞招募中很重要（Stacchiotti et al., 2021）。在胃肠道中，这种细胞因子的表达既需要微生物信号，也需要维生素 A 的存在。因此在维生素 A 缺乏时，相关的免疫缺陷和感染风险在动物体内发生的概率也会相应增加。肠道组织和微生物群之间的共生关系也影响维生素 A 的生物合成，微生物产生的蛋白质通过次级胆汁酸调控法尼醇 X 受体（FXR）和类视黄醇 X 受体（retinoid X receptor，RXR）的表达参与维生素 A 转运进入肠细胞。

维生素 D 可直接或间接（肠道微生物介导）影响肠道免疫，可增强巨噬细胞的吞噬活性，促进抗菌肽（β-防御素等）的分泌，以及上皮钙黏素（E-cadherin）、紧密连接蛋白-1（claudin-1）、紧密连接蛋白（ZO-1）和闭合蛋白（occludin）等的表达（Stacchiotti et al., 2021）。维生素 D 对 Th2 细胞的增殖具有刺激作用，从而促进抗炎细胞因子的产生，并抑制 Th1 和 Th17 产生促炎细胞因子。维生素 D 可刺激耐受性树突状细胞（DC）以调节具有杀菌作用的血管生成素-4 的表达。肠道微生物紊乱可以干扰维生素 D 的生物功能，通过 FGF-23（主要由骨细胞和成骨细胞产生）抑制 CYP27B1 并诱导 CYP24A1，从而干扰维生素的代谢过程。与传统饲养的小鼠相比，无菌小鼠中 FGF-23 水平更高，同时钙水平较低，1,25-二羟基维生素 D 和 24,25-二羟基维生素 D 水平也较低。肠道微生物可以间接通过次级 BA［主要是石胆酸（lithocholic acid，LCA）］与 VDR 竞争性结合，从而抑制维生素活性。一些细菌通过表达参与类固醇羟基化的酶来使维生素 D 羟基化并产生活性，例如，浅玫瑰链霉菌 Streptomyces roseolus 表达 CYP105A1，自养假诺卡氏菌 Pseudonocardia autotrophica 表达 Vdh。

维生素 E（如 α-生育酚）被认为是细胞膜和脂蛋白中最重要的脂溶性抗氧化剂，动物研究均表明，增加维生素 E 的摄入可改善传染病相关免疫和炎症反应。据报道，增加一定量维生素 E 的摄入可以减少拟杆菌科和乳杆菌科细菌丰度。高剂量和低剂量维生素 E 均可引起小鼠肠道微生物区系变化，如厚壁菌门 Firmicutes/拟杆菌门 Bacteroidetes 的比值在低剂量组、高剂量组和标准饮食组都发生了改变。更重要的是，在疣微菌门中丰度最高的嗜黏蛋白阿克曼氏菌 Akkermansia muciniphila 可增加保护性黏液层的降解，与炎症发展和肠漏发生相关。

维生素 K 由存在于水果、坚果、全谷物、绿叶蔬菜和大豆等植物源中的叶绿醌（phylloquinone，PK）（又称维生素 K_1），以及来自细菌的甲基萘醌（menaquinone，MK）或维生素 K_2 组成，其中肠道细菌的 MK 可以满足机体对维生素 K 的需求。维生素 K_1 主要存储在肝脏中，以支持凝血因子的羧化，而维生素 K_2 与骨和血管系统稳态相关。作为 γ-谷氨酰基羧化酶（γ-glutamyl carboxylase，GGCX）的辅助因子，维生素 K 催化谷氨酸（glutamic acid，Glu）残基羧化为 γ-羧基谷氨酸（γ-carboxyl glutamic acid，Gla）残基。MK 在肠道稳态中发挥关键作用，促进共生生物的选择性生长。此外，MK 还参与原核生物的呼吸电子传递链，能提供抗氧化活性和保护细胞膜抗脂质过氧化。MK-7 自身的免疫调节作用可能通过调节肠道炎症和免疫功能来维持肠道微生物群，如 MK-7 调节单核细胞源巨噬细胞中 TNF-α、白细胞介素-1α（IL-1α）和 IL-1β 等细胞因子的表达。MK-7 还可以影响肠道微生物组成，并为细菌代谢提供有效的刺激。MK-7 可影响肠道微生物的组成，以及脂肪连接蛋白的产生，并具有抑癌作用。MK-7 干预可降低结直肠癌发生的风险，降低原肿瘤肠道菌群，例如，中仓鼠螺杆菌 Helicobacter mesocricetorum、狗粪别样棒菌 Allobaculum stercoricanis 和产雌马阿德勒氏菌 Adlercreutzia equolifaciens 的丰度均显著降低。

肠道微生物对一碳代谢和维生素，特别是 B 族维生素也有一定作用。一碳代谢中间体促进许多生物合成过程，包括嘌呤合成、甲基供体的可用性和通过转硫途径实现的氧化还原平衡，并在胚胎发生、干细胞维持和造血、DNA 和组蛋白甲基化，以及免疫细胞功能中起着重要作用。一碳代谢失调与多种癌症、肝病和脑血管疾病有关。吡哆醇（维生素 B_6）、叶酸（维生素 B_9）和钴胺素（维生素 B_{12}）的供应对一碳代谢功能的发挥至关重要，这些维生素是叶酸合成和一碳循环中必需的底物或辅助因子。B 族维生素需从饮食和肠道微生物合成中获得。结肠微生物所产生的叶酸实际超过了饮食摄入。尽管如此，B 族维生素的缺乏仍然很普遍，可能是由摄入不足、吸收不良、某些干扰叶酸代谢的药物和遗传疾病造成的。因此，肠道菌群是必需维生素的重要来源，这可能为治疗维生素缺乏症提供新的策略，特别是与饮食无关的缺乏症。

在结肠发酵中涉及产生 MK 的细菌包括枯草芽孢杆菌和细绒毛杆菌（MK-7）、大肠杆菌和志贺氏菌（MK-8）、香菇真杆菌（MK-6）和普雷沃氏菌（MK-5、MK-11 和 MK-13），其中远端结肠的 MK 浓度最高。肠道微生物能够刺激维生素 D 受体（VDR）表达，因此它可能通过 MK-7 改善维生素 D 状态。肠道菌群失调可能导致细菌微生物群中产 MK 的细菌相对增加，这可能与血栓形成的风险增加相关，特别是在受高凝血症或凝血功能障碍影响的患者中，需要补充血栓前体物质进行治疗。

亚油酸（ω-6）和亚麻酸（ω-3）是必需脂肪酸（EFA），在某些情况下，这些脂肪酸也被不精确地定义为维生素 F，主要存在于植物油（葵花籽油、花生油、玉米油和大豆油）、果油（核桃油、杏仁油等）及脂肪丰富的鱼类（鲑鱼、沙丁鱼、金枪鱼、鲭鱼、鲱鱼）中。亚油酸（ω-6）和亚麻酸（ω-3）对哺乳动物非常重要，因为哺乳动物没有足够的去饱和酶活性，无法将 ω-3 和 ω-6 双键引入从脂肪再生或饮食来源的脂肪酸前体中。所以，长链 ω-3 多不饱和脂肪酸、二十碳五烯酸（EPA）和二十二碳六烯酸（DHA）主要由亚麻酸通过延伸和去饱和形成，花生四烯酸（arachidonic acid，AA）则由亚油酸前体形成。DHA 约占大脑 PUFA 的 40%和视网膜 PUFA 的 60%，AA 是膜脂中最丰富的 PUFA，也是类脂类的重要前体。ω-3 脂肪酸及其代谢产物对胃肠道健康和代谢产生多种影响，包括免疫调节、肠道屏障的维持和转基因成分的调节。

越来越多的证据表明，营养物质和肠道微生物功能之间存在相互交织的关系。脂溶性维生素和肠道微生物之间的一些分子和功能相互作用十分显著，并且两者相互影响。一方面，脂溶性维生素可通过调节免疫反应和炎症通路，保护肠道屏障完整性，产生抗菌肽和胆汁酸以影响肠道微生物的组成和功能；另一方面，微生物失调影响脂溶性维生素的状态、代谢和功能。

参 考 文 献

Agregán-Pérez R, Alonso-González E, Mejuto J C, et al. 2021. Production of a potentially probiotic product for animal feed and evaluation of some of its probiotic properties. Int J Mol Sci, 22(18): 10004.
Alrammahi M, Moran A, Alshali R, et al. 2012. The ontogeny of intestinal carbohydrate digestive, absorptive

and nutrient sensing proteins in pigs. J Dairy Sci, 93: 557-558.

Artegoitia V M, Middleton J L, Harte F M, et al. 2014. Choline and choline metabolite patterns and associations in blood and milk during lactation in dairy cows. PLoS One, 9(8): e103412.

Ashida H, Mimuro H, Ogawa M, et al. 2011. Cell death and infection: a double-edged sword for host and pathogen survival. J Cell Biol, 195(6): 931-942.

Beisner J, Gonzalez-Granda A, Basrai M, et al. 2020. Fructose-induced intestinal microbiota shift following two types of short-term high-fructose dietary phases. Nutrients, 12(11): 3444.

Bilić-Šobot D, Zamaratskaia G, Rasmussen M K, et al. 2016. Chestnut wood extract in boar diet reduces intestinal skatole production, a boar taint compound. Agrono Sustain Dev, 36(4): 62.

Bjurstöm H, Wang J Y, Ericsson I, et al. 2008. GABA, a natural immunomodulator of T lymphocytes. J Neuroimmunol, 205(1-2): 44-50.

Blachier F, Mariotti F, Huneau J F, et al. 2007. Effects of amino acid-derived luminal metabolites on the colonic epithelium and physiopathological consequences. Amino Acids, 33(4): 547-562.

Bravo J A, Forsythe P, Chew M V, et al. 2011. Ingestion of *Lactobacillus* strain regulates emotional behavior and central GABA receptor expression in a mouse via the vagus nerve. Proc Natl Acad Sci USA, 108(38): 16050-16055.

Brocca A, Virzì G M, De Cal M, et al. 2013. Cytotoxic effects of p-cresol in renal epithelial tubular cells. Blood Purif, 36(3-4): 219-225.

Canfora E E, Meex R C R, Venema K, et al. 2019. Gut microbial metabolites in obesity, NAFLD and T2DM. Nat Rev Endocrinol, 15(5): 261-273.

Chassard C, Delmas E, Robert C, et al. 2010. The cellulose-degrading microbial community of the human gut varies according to the presence or absence of methanogens. FEMS Microbiol Ecol, 74(1): 205-213.

Chassard C, Lacroix C. 2013. Carbohydrates and the human gut microbiota. Curr Opin Clin Nutr Metab Care, 16(4): 453-460.

Chen Y X, Xie Y N, Zhong R Q, et al. 2021. Effects of xylo-oligosaccharides on growth and gut microbiota as potential replacements for antibiotic in weaning piglets. Front Microbiol, 12: 641172.

Chung K T, Fulk G E, Silverman S J. 1977. Dietary effects on the composition of fecal flora of rats. Appl Environ Microbiol, 33(3): 654-659.

Dai Z L, Wu G, Zhu W Y. 2011. Amino acid metabolism in intestinal bacteria: links between gut ecology and host health. Front Biosci, 16(5): 1768-1786.

Davila A M, Blachier F, Gotteland M, et al. 2013. Intestinal luminal nitrogen metabolism: role of the gut microbiota and consequences for the host. Pharmacol Res, 68(1): 95-107.

Devillard E, McIntosh F M, Newbold C J, et al. 2006. Rumen ciliate protozoa contain high concentrations of conjugated linoleic acids and vaccenic acid, yet do not hydrogenate linoleic acid or desaturate stearic acid. Br J Nutr, 96(4): 697-704.

Dodd D, Spitzer M H, Van T W, et al. 2017. A gut bacterial pathway metabolizes aromatic amino acids into nine circulating metabolites. Nature, 551(7682): 648-652.

Edwards H D, Shelver W L, Choi S, et al. 2017. Immunogenic inhibition of prominent ruminal bacteria as a means to reduce lipolysis and biohydrogenation activity *in vitro*. Food Chem, 218: 372-377.

Eklou-Lawson M, Bernard F, Neveux N, et al. 2009. Colonic luminal ammonia and portal blood L-glutamine and L-arginine concentrations: a possible link between colon mucosa and liver ureagenesis. Amino Acids, 37(4): 751-760.

Elenkov I J, Webster E, Papanicolaou D A, et al. 1998. Histamine potently suppresses human IL-12 and stimulates IL-10 production via H2 receptors. J Immunol, 161(5): 2586-2593.

Enjalbert F, Combes S, Zened A, et al. 2017. Rumen microbiota and dietary fat: a mutual shaping. J Appl Microbiol, 123(4): 782-797.

Faith J J, McNulty N P, Rey F E, et al. 2011. Predicting a human gut microbiota's response to diet in gnotobiotic mice. Science, 333(6038): 101-104.

Fan P X, Li L S, Rezaei A, et al. 2015. Metabolites of dietary protein and peptides by intestinal microbes and their impacts on gut. Curr Protein Pept Sci, 16(7): 646-654.

Fan P X, Liu P, Song P X, et al. 2017b. Moderate dietary protein restriction alters the composition of gut microbiota and improves ileal barrier function in adult pig model. Sci Rep, 7: 43412.

Fan P X, Tan Y, Jin K, et al. 2017a. Supplemental lipoic acid relieves post-weaning diarrhoea by decreasing intestinal permeability in rats. J Anim Physiol Anim Nutr, 101(1): 136-146.

Farooq S, Hussain I, Mir M A, et al. 2009. Isolation of atypical enteropathogenic *Escherichia coli* and Shiga toxin 1 and 2f-producing *Escherichia coli* from avian species in India. Lett Appl Microbiol, 48(6): 692-697.

Fleming S E, Choi S Y, Fitch M D. 1991. Absorption of short-chain fatty acids from the rat cecum *in vivo*. J Nutr, 121(11): 1787-1797.

Gao J, Xu K, Liu H N, et al. 2018. Impact of the gut microbiota on intestinal immunity mediated by tryptophan metabolism. Front Cell Infect Microbiol, 8: 13.

Ghazalpour A, Cespedes I, Bennett B J, et al. 2016. Expanding role of gut microbiota in lipid metabolism. Curr Opin Lipidol, 27(2): 141-147.

Gilmore M S, Ferretti J J. 2003. The thin line between gut commensal and pathogen. Science, 299(5615): 1999-2002.

Guo Y, Bian X H, Liu J L, et al. 2020. Dietary components, microbial metabolites and human health: reading between the lines. Foods, 9(8): 1045.

Hackmann T J, Firkins J L. 2015. Electron transport phosphorylation in rumen butyrivibrios: unprecedented ATP yield for glucose fermentation to butyrate. Front Microbiol, 6: 622.

Han P F, Ma X, Yin J D. 2010. The effects of lipoic acid on soybean β-conglycinin-induced anaphylactic reactions in a rat model. Arch Anim Nutr, 64(3): 254-264.

Hang I, Rinttila T, Zentek J, et al. 2012. Effect of high contents of dietary animal-derived protein or carbohydrates on canine faecal microbiota. BMC Vet Res, 8: 90.

He L, Han M, Qiao S, et al. 2015. Soybean antigen proteins and their intestinal sensitization activities. Curr Protein Pept Sci, 16(7): 613-621.

Henderson G, Cox F, Ganesh S, et al. 2015. Rumen microbial community composition varies with diet and host, but a core microbiome is found across a wide geographical range. Sci Rep, 5: 14567.

Hennessy A A, Ross P R, Fitzgerald G F, et al. 2016. Sources and bioactive properties of conjugated dietary fatty acids. Lipids, 51(4): 377-397.

Herman M A, Birnbaum M J. 2021. Molecular aspects of fructose metabolism and metabolic disease. Cell Metab, 33(12): 2329-2354.

Hooper L V, Midtvedt T, Gordon J I. 2002. How host-microbial interactions shape the nutrient environment of the mammalian intestine. Annu Rev Nutr, 22: 283-307.

Huang C, Song P X, Fan P X, et al. 2015. Dietary sodium butyrate decreases postweaning diarrhea by modulating intestinal permeability and changing the bacterial communities in weaned piglets. J Nutr, 145(12): 2774-2780.

Huang S, Rutkowsky J M, Snodgrass R G, et al. 2012. Saturated fatty acids activate TLR-mediated proinflammatory signaling pathways. J Lipid Res, 53(9): 2002-2013.

Irsfeld M, Spadafore M, Prüß B M. 2013. β-phenylethylamine, a small molecule with a large impact. Webmedcentral, 4(9): 4409.

Jia W, Xie G X, Jia W P. 2018. Bile acid-microbiota crosstalk in gastrointestinal inflammation and carcinogenesis. Nat Rev Gastroenterol Hepatol, 15(2): 111-128.

Kaleem A, Enjalbert F, Farizon Y, et al. 2013. Effect of chemical form, heating, and oxidation products of linoleic acid on rumen bacterial population and activities of biohydrogenating enzymes. J Dairy Sci, 96(11): 7167-7180.

Kapourchali F R, Surendiran G, Goulet A, et al. 2016. The role of dietary cholesterol in lipoprotein metabolism and related metabolic abnormalities: amini-review. Crit Rev Food Sci Nutr, 56(14): 2408-2415.

Koba K, Yanagita T. 2014. Health benefits of conjugated linoleic acid (CLA). Obes Res Clin Pract, 8(6): e525-e532.

Krautkramer K A, Fan J, Bäckhed F. 2021. Gut microbial metabolites as multi-kingdom intermediates. Nat

Rev Microbiol, 19(2): 77-94.
Laparra J M, Sanz Y. 2010. Interactions of gut microbiota with functional food components and nutraceuticals. Pharmacol Res, 61(3): 219-225.
Laurans L, Venteclef N, Haddad Y, et al. 2018. Genetic deficiency of indoleamine 2, 3-dioxygenase promotes gut microbiota-mediated metabolic health. Nat Med, 24(8): 1113-1120.
Licht T R, Hansen M, Poulsen M, et al. 2006. Dietary carbohydrate source influences molecular fingerprints of the rat faecal microbiota. BMC Microbiol, 6: 98.
Lieberman H R, Agarwal S, Fulgoni V L 3rd. 2016. Tryptophan intake in the US adult population is not related to liver or kidney function but is associated with depression and sleep outcomes. J Nutr, 146(12): 2609S-2615S.
Liu Y D, Yu K F, Zhu W Y. 2016. Impact of macronutrients on gut microbiota. WCJD, 24(5): 706.
Losada M A, Olleros T. 2002. Towards a healthier diet for the colon: the influence of fructooligosaccharides and lactobacilli on intestinal health. Nutr Res, 22(1-2): 71-84.
Lubbs D C, Vester B M, Fastinger N D, et al. 2009. Dietary protein concentration affects intestinal microbiota of adult cats: a study using DGGE and qPCR to evaluate differences in microbial populations in the feline gastrointestinal tract. J Anim Physiol Anim Nutr, 93(1): 113-121.
Macfarlane G T, Allison C, Gibson S A, et al. 1988. Contribution of the microflora to proteolysis in the human large intestine. J Appl Bacteriol, 64(1): 37-46.
Mao J H, Kim Y M, Zhou Y X, et al. 2020. Genetic and metabolic links between the murine microbiome and memory. Microbiome, 8(1): 53.
Metges C C. 2000. Contribution of microbial amino acids to amino acid homeostasis of the host. J Nutr, 130(7): 1857S-1864S.
Moate P J, Boston R C, Jenkins T C, et al. 2008. Kinetics of ruminal lipolysis of triacylglycerol and biohydrogenation of long-chain fatty acids: new insights from old data. J Dairy Sci, 91(2): 731-742.
Molinaro A, Wahlström A, Marschall H U. 2018. Role of bile acids in metabolic control. Trends Endocrinol Metab, 29(1): 31-41.
Morales P, Fujio S, Navarrete P, et al. 2016. Impact of dietary lipids on colonic function and microbiota: an experimental approach involving orlistat-induced fat malabsorption in human volunteers. Clin Transl Gastroenterol, 7(4): e161.
Nuutinen S, Panula P. 2010. Histamine in neurotransmission and brain diseases. Adv Exp Med Biol, 709: 95-107.
Oliphant K, Allen-Vercoe E. 2019. Macronutrient metabolism by the human gut microbiome: major fermentation by-products and their impact on host health. Microbiome, 7(1): 91.
Payne A N, Chassard C, Lacroix C. 2012. Gut microbial adaptation to dietary consumption of fructose, artificial sweeteners and sugar alcohols: implications for host-microbe interactions contributing to obesity. Obes Rev, 13(9): 799-809.
Pedersen G, Brynskov J, Saermark T. 2002. Phenol toxicity and conjugation in human colonic epithelial cells. Scand J Gastroenterol, 37(1): 74-79.
Peng Y S, Lin Y T, Wang S D, et al. 2013. P-Cresol induces disruption of cardiomyocyte adherens junctions. Toxicology, 306: 176-184.
Platten M, Nollen E A A, Röhrig U F, et al. 2019. Tryptophan metabolism as a common therapeutic target in cancer, neurodegeneration and beyond. Nat Rev Drug Discov, 18(5): 379-401.
Poll B G, Cheema M U, Pluznick J L. 2020. Gut microbial metabolites and blood pressure regulation: focus on SCFAs and TMAO. Physiology, 35(4): 275-284.
Pugin B, Barcik W, Westermann P, et al. 2017. A wide diversity of bacteria from the human gut produces and degrades biogenic amines. Microb Ecol Health Dis, 28(1): 1353881.
Quinn R A, Melnik A V, Vrbanac A, et al. 2020. Global chemical effects of the microbiome include new bile-acid conjugations. Nature, 579(7797): 123-129.
Riepe S P, Goldstein J, Alpers D H. 1980. Effect of secreted *Bacteroides* proteases on human intestinal brush border hydrolases. J Clin Invest, 66(2): 314-322.

Rist V T S, Weiss E, Sauer N, et al. 2014. Effect of dietary protein supply originating from soybean meal or casein on the intestinal microbiota of piglets. Anaerobe, 25: 72-79.

Rowland I, Gibson G, Heinken A, et al. 2018. Gut microbiota functions: metabolism of nutrients and other food components. Eur J Nutr, 57(1): 1-24.

Sandrini S, Aldriwesh M, Alruways M, et al. 2015. Microbial endocrinology: host-bacteria communication within the gut microbiome. J Endocrinol, 225(2): R21-R34.

Shen C L, Chen W H, Zou S X. 2007. *In vitro* and *in vivo* effects of hydrolysates from conglycinin on intestinal microbial community of mice after *Escherichia coli* infection. J Appl Microbiol, 102(1): 283-289.

Shen Q, Chen Y A, Tuohy K M. 2010. A comparative *in vitro* investigation into the effects of cooked meats on the human faecal microbiota. Anaerobe, 16(6): 572-577.

Smith E A, Macfarlane G T. 1997. Dissimilatory amino acid metabolism in human colonic bacteria. Anaerobe, 3(5): 327-337.

Song X Y, Sun X M, Oh S F, et al. 2020. Microbial bile acid metabolites modulate gut RORγ^+ regulatory T cell homeostasis. Nature, 577(7790): 410-415.

Stacchiotti V, Rezzi S, Eggersdorfer M, et al. 2021. Metabolic and functional interplay between gut microbiota and fat-soluble vitamins. Crit Rev Food Sci Nutr, 61(19): 3211-3232.

Stoll B, Henry J, Reeds P J, et al. 1998. Catabolism dominates the first-pass intestinal metabolism of dietary essential amino acids in milk protein-fed piglets. J Nutr, 128(3): 606-614.

Tolhurst G, Heffron H, Lam Y S, et al. 2012. Short-chain fatty acids stimulate glucagon-like peptide-1 secretion via the G-protein-coupled receptor FFAR2. Diabetes, 61(2): 364-371.

Topping D L, Clifton P M. 2001. Short-chain fatty acids and human colonic function: roles of resistant starch and nonstarch polysaccharides. Physiol Rev, 81(3): 1031-1064.

Torrallardona D, Harris C I, Fuller M F. 1996. Microbial amino acid synthesis and utilization in rats: the role of coprophagy. Br J Nutr, 76(5): 701-709.

Unni K N, Priji P, Sajith S, et al. 2016. *Pseudomonas aeruginosa* strain BUP2, a novel bacterium inhabiting the rumen of Malabari goat, produces an efficient lipase. Biologia, 71(4): 378-387.

Wang H Y, Xu R Y, Zhang H, et al. 2020. Swine gut microbiota and its interaction with host nutrient metabolism. Anim Nutr, 6(4): 410-420.

Weintraut M L, Kim S, Dalloul R A, et al. 2016. Expression of small intestinal nutrient transporters in embryonic and posthatch turkeys. Poult Sci, 95(1): 90-98.

Wikoff W R, Anfora A T, Liu J, et al. 2009. Metabolomics analysis reveals large effects of gut microflora on mammalian blood metabolites. Proc Natl Acad Sci USA, 106(10): 3698-3703.

Wilson Tang W H, Hazen S L. 2014. The contributory role of gut microbiota in cardiovascular disease. J Clin Invest, 124(10): 4204-4211.

Wilson Tang W H, Li D Y, Hazen S L. 2019. Dietary metabolism, the gut microbiome, and heart failure. Nat Rev Cardiol, 16(3): 137-154.

Windey K, De Preter V, Verbeke K. 2012. Relevance of protein fermentation to gut health. Mol Nutr Food Res, 56(1): 184-196.

Yano J M, Yu K, Donaldson G P, et al. 2015. Indigenous bacteria from the gut microbiota regulate host serotonin biosynthesis. Cell, 161(2): 264-276.

Ze X L, Duncan S H, Louis P, et al. 2012. *Ruminococcus bromii* is a keystone species for the degradation of resistant starch in the human colon. ISME J, 6(8): 1535-1543.

Zelante T, Iannitti R G, Cunha C, et al. 2013. Tryptophan catabolites from microbiota engage aryl hydrocarbon receptor and balance mucosal reactivity via interleukin-22. Immunity, 39(2): 372-385.

Zened A, Enjalbert F, Nicot M C, et al. 2013. Starch plus sunflower oil addition to the diet of dry dairy cows results in a *trans*-11 to *trans*-10 shift of biohydrogenation. J Dairy Sci, 96(1): 451-459.

Zhao J F, Zhang X Y, Liu H B, et al. 2019. Dietary protein and gut microbiota composition and function. Curr Protein Pept Sci, 20(2): 145-154.

Zitvogel L, Ayyoub M, Routy B, et al. 2016. Microbiome and anticancer immunosurveillance. Cell, 165(2): 276-287.

第三章 肠道微生物的营养素合成代谢

第一节 微生物合成代谢概述

新陈代谢是生物体进行的所有化学过程的总和。本章主要介绍微生物的合成代谢，即微生物利用分解代谢所产生的能量将简单的无机或者有机小分子前体物质合成复杂的生物大分子物质（多糖、蛋白质、脂质和核酸等）的过程。合成代谢是微生物细胞结构形成、生长、繁殖和修复所必需的，该代谢过程由一系列连续的酶促反应构成，前一步反应的产物即为后续反应的底物。

一、微生物合成代谢的类型与原料

微生物所有的分解反应都涉及电子转移，分解反应释放的能量被捕获到 ATP 和类似分子的高能键中用于合成代谢（图 3-1）。电子转移与氧化和还原直接相关。氧化可以定义为电子的丢失或转移，还原可以定义为电子的获得。当一种物质失去电子或被氧化时，能量被释放出来，但另一种物质必须同时获得电子或被还原。因此，能量、还原力和小分子原料是微生物合成代谢的三大要素。

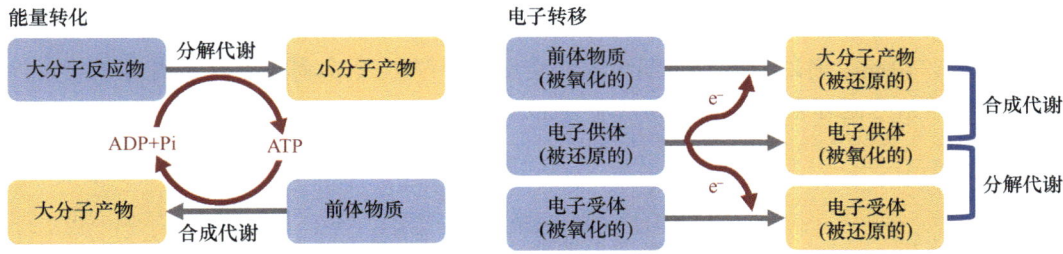

图 3-1 代谢过程中的能量转化与电子转移

分解代谢利用释能反应驱动 ATP 的合成，合成代谢利用吸能反应消耗 ATP 驱动微生物胞内大分子的合成。部分能量不转化为 ATP 而是以热量的形式消耗（未显示）。微生物需要还原力，还原性电子可为分解合成代谢途径供体提供电子

微生物获得能量的方式多种多样。不同的微生物捕获能量和获取碳的方式可以分为自养（自己饲喂自己）和异养（其他方式取食）。自养生物利用二氧化碳来合成有机分子。它们包括光自养微生物，从光中获取能量；化学自养生物，从氧化简单的无机物（如硫化物和亚硝酸盐）中获取能量。异养微生物从外界的有机分子中获取碳，其中一种是光异养，从光中获得化学能；另一种是化学异养，从分解现成的有机化合物中获得化学能。畜禽肠道微生物多数为化学异养微生物。化学异养微生物的能量主要来自有机物的生物氧化，这些过程主要包括糖酵解（葡萄糖氧化为丙酮酸）、发酵（丙酮酸转化为乙醇、乳酸或其他有机化合物）和有氧呼吸（丙酮酸氧化为二氧化碳和水）。糖酵解和发

酵属于厌氧过程,终产物只有部分氧化,葡萄糖分子中只有少量的能量被 ATP 捕获(约 5%)。有氧呼吸过程中电子受体需要氧气,终产物被高度氧化,并在葡萄糖分子中捕获相对大量的能量(约 40%)。

肠道微生物与其宿主生物有许多共同的生化特性,都需要同样的构造单元来制造蛋白质和核酸。合成反应所需的基础原料,如氨基酸、嘌呤、嘧啶和核糖等,从产生能量的分解代谢途径的中间产物中获得。有些微生物的合成途径相当复杂。例如,合成氨基酸通常需要多步反应,每步反应都需要特定的酶。合成酪氨酸至少需要 10 种酶,而合成色氨酸至少需要 13 种酶。酶的缺失会妨碍物质的合成,增加微生物的营养需求。不同类型的微生物合成脂类和碳水化合物等的速度各不相同,这取决于酶的可用性和活性。本章将陆续介绍微生物主要的碳水化合物、蛋白质、脂类和主要次级代谢产物的合成。

二、微生物合成代谢的碳源

大气中含有大量的无机碳(CO_2)和氮(N_2)。微生物可利用 CO_2 和 N_2 进行合成代谢,分别称为 CO_2 固定和 N_2 固定。CO_2 是自养微生物的唯一碳源,将 CO_2 同化为细胞物质需要大量 ATP 和还原力。CO_2 固定主要途径包括卡尔文循环、还原性三羧酸循环、厌氧乙酰辅酶 A 途径和 3-羟基丙酸途径。其中,卡尔文循环是微生物中最广泛、最重要的 CO_2 固定途径。卡尔文循环存在于所有化能自养细菌和少数古细菌中,该循环需要 CO_2、CO_2 受体分子、还原型辅酶Ⅱ(reduced nicotinamide adenine dinucleotide phosphate,NADPH)、ATP 和核酮糖二磷酸羧化酶、磷酸核酮糖激酶两种关键酶。卡尔文循环的第一步是由核酮糖二磷酸羧化酶催化的。核酮糖二磷酸羧化酶催化 6 核酮糖-1,5-二磷酸和 CO_2 反应,生成 2 分子的 3-磷酸甘油酸。3-磷酸甘油酸被还原成糖酵解的关键中间体甘油醛-3-磷酸。由此,通过糖酵解早期步骤的逆反应即可生成 6-磷酸果糖(图 3-2)。6 个 CO_2 通过卡尔文循环生成 1 个葡萄糖需要 12 个 NADPH 和 18 个 ATP。

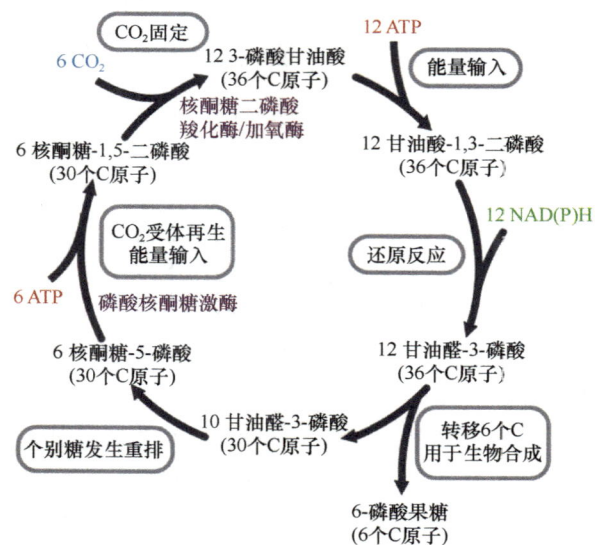

> 总体化学反应式：
> $6\,CO_2 + 12\,NADPH + 18\,ATP \longrightarrow$ 6-磷酸果糖 $+ 12\,NADP^+ + 18\,ADP + 18\,Pi$

图 3-2　卡尔文循环（修改自 Madigan et al., 2012）

6 分子 CO_2 合成 1 分子己糖的过程。每加入 6 个 CO_2 分子，产生一个 6-磷酸果糖用于生物合成。在光养微生物中，产生 ATP 的能量来自于光；在化能微生物中，产生 ATP 的能量来自于无机电子供体的氧化。在需氧光养微生物中，NAD(P)H 的电子来自水；在厌氧光养微生物中，电子来自 H_2S 等还原性物质。在化能微生物中，NAD(P)H 由无机电子供体生成

三、微生物合成代谢的氮源

除了碳，微生物还需要大量的氮来合成蛋白质、核酸和许多其他有机分子。大多数微生物从其环境中的"固定"氨（NH_3）或硝酸盐（NO_3^-）等获得氮，这一过程称为固氮。固氮由复合固氮酶催化，复合固氮酶由两种蛋白质组成，即固氮酶和固氮酶还原酶。固氮酶中电子传递的顺序如下：电子供体→固氮酶还原酶→固氮酶→N_2。虽然将 N_2 还原为两个 NH_3 只需要 6 个电子，但实际上在这个过程中消耗了 8 个电子，因为每还原一个 N_2 分子，就有 2 个电子以 H_2 的形式损失。H_2 的释放是固氮过程中必不可少的一步，它发生在氮素还原循环的第一步。除电子外，固氮还需要 ATP，ATP 与固氮酶还原酶结合，在水解为 ADP 后，降低固氮酶还原酶的还原电位。每次从固氮酶还原酶转移一个电子到固氮酶需消耗 2 个 ATP，将 N_2 还原为 2 分子 NH_3 总共需要 16 个 ATP（图 3-3）。

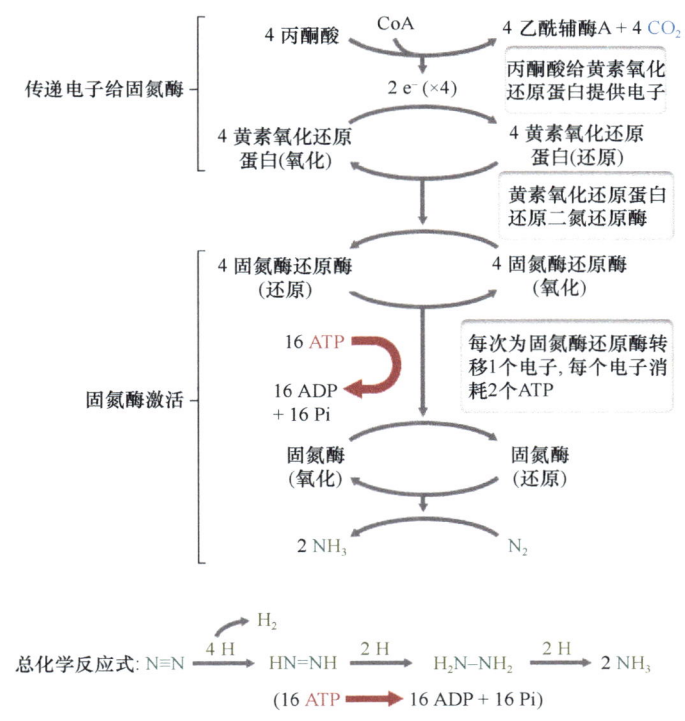

图 3-3　固氮酶催化生物固氮（修改自 Madigan et al., 2012）

还原型黄素氧化还原蛋白（或铁氧化还原蛋白）的电子用于还原固氮酶还原酶，固氮酶还原酶消耗 ATP 还原固氮酶；固氮酶最终在其活性位点向 N_2 提供电子，形成 2 分子的 NH_3

第二节 碳水化合物的微生物合成代谢

一、单糖的合成

肠道微生物合成单糖一般是通过糖异生途径合成 6-磷酸葡萄糖，随后转化为其他糖类。糖异生途径是由氨基酸、甘油和脂肪酸等非糖物质合成新的葡萄糖分子的过程，其中重要的中间产物为磷酸烯醇式丙酮酸。磷酸烯醇式丙酮酸可在酶的作用下逆向合成 6-磷酸葡萄糖。糖异生途径中所需的磷酸烯醇式丙酮酸主要由草酰乙酸脱羧生成，草酰乙酸是三羧酸循环中的重要中间产物。戊糖是从己糖中移去一个碳原子（通常是以 CO_2 的形式）生成。微生物戊糖合成的主要途径是戊糖磷酸途径。戊糖磷酸途径除了在戊糖代谢中发挥重要作用，还负责在细胞中产生许多其他重要的糖，包括那些含有 4~7 个碳的糖。这些糖最终可转化为己糖，用于微生物的分解代谢或生物合成。戊糖磷酸途径的最后一个重要作用是生成 NADPH，NADPH 是许多生物合成中使用的一种辅酶，这种还原型辅酶用于脱氧核糖核苷酸和脂肪酸的生物合成。微生物核糖核苷酸被合成后，其中一部分被核糖核苷酸还原酶通过还原戊糖环上 2 号碳上的羟基基团转化为脱氧核糖，用作 DNA 的前体。

二、多糖的合成

多糖是由微生物合成的、对其有保护作用的生物高聚物。微生物多糖的合成主要利用底物葡萄糖，底物葡萄糖在葡萄糖激酶的作用下合成 6-磷酸葡萄糖，随后在不同的酶的作用下生成不同的核苷酸糖，用于重要结构多糖的生物合成，如肽聚糖中的 N-乙酰氨基葡萄糖胺、N-乙酰胞壁酸，以及革兰氏阴性菌外膜的磷脂多糖成分（任鄂宝等，2021）。微生物多糖合成的过程十分复杂，包括多个代谢步骤和关键酶的作用：① 6-磷酸葡萄糖在 α-磷酸葡萄糖变位酶的作用下与乳糖生成 1-磷酸葡萄糖，并在尿苷二磷酸（uridine diphosphate，UDP）-葡萄糖焦磷酸化酶、UDP-葡萄糖-4-差向异构酶、NAD 脱氢酶等关键酶的作用下生成 UDP-葡萄糖、UDP-半乳糖等（Zan et al.，2020；Zhu et al.，2018；Xia et al.，2017）；② 6-磷酸葡萄糖转化为 6-磷酸甘露糖后，在磷酸甘露糖变位酶、鸟苷二磷酸（guanosine diphosphate，GDP）-甘露糖焦磷酸化酶、脱水酶和 GDP-岩藻糖合成酶等作用下生成 GDP-甘露糖和 GDP-岩藻糖，为多糖的合成提供了前体物质（García-García et al.，2020；Li et al.，2015）；③ 6-磷酸葡萄糖在磷酸葡糖异构酶作用下，以及在以果糖为碳源时，均生成 6-磷酸果糖，随后在相关酶的作用下合成 GDP-果糖和 UDP-N-乙酰半乳糖胺（Subramanian et al.，2019）；④ 6-磷酸葡萄糖代谢过程中生成的部分 6-磷酸果糖在机体需要时会转化为丙酮酸进入厌氧途径生成乳酸，或进入三羧酸循环产生 ATP、辅酶等其他产物，为多糖合成提供充足的能量，并在葡聚糖合成酶的作用下利用多糖前体物质合成多糖（曾化伟等，2015）。根据在细胞中分布部位的不同，多糖可分为三大类：胞内多糖、胞壁多糖和胞外多糖。

（一）胞内多糖

胞内多糖的主要功能是储存能量，主要由葡萄糖、甘露糖、半乳糖、果糖、岩藻糖、阿拉伯糖、鼠李糖和木糖等单糖构成。胞内多糖的合成大致可以分为3个部分：一是核苷酸糖前体的合成，二是单糖重复单元在脂质载体上的组装，三是聚合过程。肠腔内环境（底物）的不同会影响微生物胞内多糖的合成。碳源中葡萄糖、可溶性淀粉促进微生物胞内多糖的合成。氮源是微生物合成核酸的重要原料，有研究发现有机氮源作为氮源时的 β-葡聚糖得率优于无机氮源，且复合氮源并非最利于多糖的合成，当蛋白胨作为单一氮源时 β-葡聚糖的得率最高（郭嘉等，2022）。无机盐和生长因子主要通过促进酶的活性和稳定性来提高微生物多糖的产量。例如，K^+、Mg^{2+} 作为酶的激活剂参与糖的代谢过程，Ca^{2+} 维持细胞内的酸碱平衡，B族维生素促进菌体生长及多糖的合成等。

（二）胞壁多糖

胞壁多糖顾名思义是存在于细胞壁上的多糖，因此能够维持细胞形态，如脂多糖（LPS）和肽聚糖（peptidoglycan，PGN）。LPS 是革兰氏阴性菌的重要外膜成分，由疏水结构域脂质 A、O-抗原和重复的亲水远端寡糖三部分组成（Farhana and Khan，2023）。脂质 A 是主要的内毒素和毒力因子，其以 β-(1,4) 键相连的两个氨基葡萄糖多糖为核心，连接着长链脂肪酸与磷酸基团并镶嵌在细菌外膜上。不同微生物的 LPS 组成有所不同，体现在聚糖区域的结构组成、脂质 A 区域的长链脂肪酸和磷酸基团的区别（Allen and Imperiali，2019；Steimle et al.，2016）。O-抗原是 LPS 分子中最易变的部分，它决定了分子抗原特异性。O-抗原的大小或组成可以指示细菌菌株的毒力潜能（Farhana and Khan，2023）。

PGN 是大量存在于微生物细胞壁中的多重网状聚合物，是参与细胞壁组成的重要成分，属于糖胺聚糖（glycosaminoglycan）的一种，由交替组装的 β-(1,4) 键连接的 N-乙酰葡糖胺和 N-乙酰胞壁酸的二糖单元组成。重复的双糖聚合链再通过短肽链进一步交联，短肽链最初为五肽，末端位置通常为 D-丙氨酸，成熟的 PGN 分子中末端氨基酸往往会发生裂解脱落（Vollmer et al.，2008）。肽聚糖的合成有三个阶段：首先，在细胞质中合成可溶性的已激活核苷酸前体（UDP-N-乙酰氨基葡萄糖和 UDP-N-乙酰胞壁酰五肽）（Barreteau et al.，2008）。其次，在内膜的内侧，核苷酸前体与十一烯磷酸结合形成脂质锚定的二糖五肽单体亚基（脂质Ⅱ），并翻转过膜（Mohammadi et al.，2011；Bouhss et al.，2008）。最后，脂质Ⅱ释放十一烯基焦磷酸开始聚合，聚糖链插入球囊（Typas et al.，2012）。在微生物繁殖周期的不同阶段，肽聚糖的合成和插入受到细菌细胞骨架不同元素的影响。在肌动蛋白的杆状复合体 MreB 蛋白丝的配合下，新分裂的细胞通过将肽聚糖插入细胞侧壁的多个位置（"分散"延伸）而延长（Vollmer et al.，2008）。随后，微管蛋白样细胞分裂蛋白 FtsZ 位于细胞质中，引导细胞延伸的"间隔前"阶段，接着是"收缩的"间隔合成，从而实现细胞分裂和子细胞分离。肽聚糖的合成需要糖基转移酶（glycosyltransferase，GTase）来聚合多糖链和 DD-转肽酶（DD-transpeptidase，DD-TPase）以使相邻多糖交联。肽聚糖合酶，也称为青霉素结合蛋白（penicillin-binding protein，

PBP），最初是因为它们能够共价结合青霉素而命名。这些肽聚糖合酶有三种类型：双功能 GTase-TPase（A 类 PBP）、单功能 TPase（B 类 PBP）和单功能 GTase。大肠杆菌具有三种双功能合酶（PBP1A、PBP1B 和 PBP1C）、一种 GTase［镁离子转运系统（MgtA）］和两种 TPase（它们在细胞延伸或细胞分裂中都是必不可少的）。

此外，真菌细胞壁中的葡聚糖、壳多糖及其复合物的研究和应用也备受关注，它们大多具备抗氧化、抗菌、抗肿瘤和增强免疫等作用（Jones et al.，2020；Synowiecki and Al-Khateeb，2003）。其中，关于酵母壁多糖的报道较多且已得到商业化应用。例如，布拉氏酵母壁多糖主要由 β-葡聚糖、甘露聚糖、异多糖和几丁质组成，具有抵抗病原微生物、改善肠道菌群结构，以及增加机体免疫力的作用，并且不会因其为外源微生物进入肠道而对机体造成影响（刘孟健等，2021；解彪等，2018）。

（三）胞外多糖

微生物胞外多糖，是原核细胞型微生物和真核细胞型微生物在繁殖过程中分泌至细胞之外的多糖高分子碳水化合物，或者生成荚膜多糖，与微生物细胞壁粘连，或分泌游离到微生物细胞壁外形成黏液多糖。部分微生物在其成长的全过程中均能分泌胞外多糖，而有些微生物只能在对数期或稳定期才产生胞外多糖。胞外多糖由醛糖或酮糖等单糖构成，单糖之间由糖苷键连接（裘红权等，2021）。微生物胞外多糖依据其单糖组成分为同多糖和杂多糖，其中杂多糖比同多糖更常见。最常见的单糖组分是六碳糖，如 D-葡萄糖、D-半乳糖、D-甘露糖、L-鼠李糖、L-岩藻糖，以及它们的衍生物，如 N-乙酰糖胺和糖醛酸等。胞外杂多糖通常由有规律的重复单位组成，这些重复单位一般包含 2～8 个单糖分子，2～4 种或更多的单糖种类。大多数的微生物胞外杂多糖含有糖衍生物如糖醛酸或乙酰氨基糖，常见的有葡萄糖、半乳糖和甘露糖等的衍生物。目前，有报道的生产胞外多糖的微生物有醋酸杆菌属、链球菌属、乳球菌属、乳杆菌属、假单胞菌属、芽孢杆菌属、鞘氨醇单胞菌属、酵母菌属、双歧杆菌等，其中部分菌株多糖结构与表型都已经得到明确。例如，乳酸杆菌产生由 D-果糖组成的果聚糖，链球菌产生右旋糖苷，以及一些革兰氏阴性菌产生细菌纤维素。在革兰氏阴性菌和革兰氏阳性菌中，合成多糖的途径较为复杂，包含胞外多糖合成酶的种类，合成酶在细胞内外的移动和胞内多糖与胞外多糖的转变。首先，在微生物中，进行单糖活化和核糖壳体转变；其次，通过糖基转移酶将单糖的重复单元连接在脂类载体生成多糖；随后，运输单糖穿过管道状脂类载体；最后胞外多糖（EPS）分泌至细胞表面。胞外多糖具有多种生物学功能，如免疫调节、抗氧化、抗肿瘤、降血糖等，同时胞外多糖还具有安全无毒、易于吸收等特点。

第三节　氨基酸与蛋白质的微生物合成代谢

一、微生物氨基酸

畜禽肠道中的大多数氨基酸来源于宿主饲料蛋白质、组织蛋白质的代谢及其他含氮物质的转化，而一小部分氨基酸是由肠道微生物群从头合成的。多数肠道微生物都能够合成自身所需的各种氨基酸，有些微生物可以过量积累某种氨基酸，而有些微生物则不能够合成某些特定的氨基酸。氨基酸合成的关键在于氨基酸碳骨架的合成及与氨基的结合。氨基酸的碳骨架几乎都来自于糖酵解和三羧酸循环的中间产物。氨基酸的氨基（—NH_2）通常来自于肠腔内的含氮物质或无机氮源。含氮物质或无机氮源分别在谷氨酸脱氢酶和谷氨酰胺合成酶的作用下以合成谷氨酸和谷氨酰胺的方式将氨基加入到氨基酸中。氨基被整合到谷氨酸或谷氨酰胺后，氨基基团可以转移到其他碳骨架形成其他含氮化合物。微生物合成氨基酸主要通过3种方式，即氨基化作用、转氨基作用和前体转化。氨基化作用是指α-酮酸与氨反应形成相应的氨基酸的过程，其中包括还原性氨基化反应、直接氨基化反应和酰胺化反应。氨基化作用是微生物同化氨的主要途径。在转氨酶的催化下，一种氨基酸的氨基转移至酮酸，形成新的氨基酸的过程称为转氨基作用。例如，在转氨酶的作用下，谷氨酸可以将其氨基基团提供给草酰乙酸形成α-酮戊二酸和天冬氨酸；谷氨酰胺可以与α-酮戊二酸反应，形成两分子的谷氨酸。转氨基作用可以合成全部氨基酸，普遍存在于各种微生物细胞内，是氨基酸合成代谢和分解代谢中极为重要的生物化学反应。除以上两种途径外，微生物还可以通过糖代谢的中间产物经一系列的生化反应合成氨基酸，中间产物主要有3-磷酸甘油醛、草酰乙酸、3-磷酸核糖焦磷酸等。

研究人员通过在人、猪和大鼠体内使用同位素示踪剂发现，宿主血浆、尿液和组织蛋白质中 2%～20%的循环赖氨酸来源于肠道微生物群。并且，少数细菌可以合成所有的 20 种氨基酸，帮助宿主维持氨基酸的动态平衡（Lin et al.，2017；Peng and Harper，1970）。微生物可以合成多种 D 型氨基酸。研究人员在无特定病原体（specific pathogen free，SPF）小鼠和无菌（germ-free，GF）小鼠盲肠内容物中量化所有 D 型和 L 型蛋白源性氨基酸，发现 SPF 小鼠含有 D-Ala、D-Asp、D-Glu 和 D-Pro（含量为 200～500nmol/g），而 GF 小鼠中仅含有低水平的 D-Asp（Sasabe et al.，2016）。D 型氨基酸参与细菌细胞壁的组成，D-Ala 和 D-Glu 是细菌肽聚糖的基本组成成分（Caparrós et al.，1992）。有研究表明，过量的 D 型氨基酸，如 D-Met、D-Trp 和 D-Phe，会取代肽聚糖短肽中的 D-Ala，导致两种主要的新胞壁肽积累，从而影响肽聚糖的代谢和交联（Caparrós et al.，1992）。同时，D 型氨基酸还影响着生物膜的形成和降解。D-Tyr（3μmol/L）、D-Met（2mmol/L）、D-Trp（5mmol/L）和 D-Leu（8.5mmol/L）可有效抑制枯草芽孢杆菌 *Bacillus subtilis* 的生物膜形成，并且，以上 4 种 D 型氨基酸表现出协同作用（10nmol/L）（Kolodkin-Gal et al.，2010）。其他 D 型氨基酸对枯草芽孢杆菌的生物膜形成无影响。Hochbaum 等（2011）发现，只有 D-Tyr、D-Pro 和 D-Phe 可抑制金黄色葡萄球菌 *Staphylococcus aureus* 生物膜的形成，其作用机制与肽聚糖侧链中 D-Ala 的替换有关；但是，特定 D 型氨基酸选择性调节微生物生物膜的机制仍不清楚。

除了影响肽聚糖结构和生物膜、细胞壁的形成，D 型氨基酸还可通过另一种途径对抗肠道病原体。D 型氨基酸氧化酶（DAO）存在于肠道黏膜杯状细胞中，分泌到肠腔中参与 D 型氨基酸代谢。SPF 小鼠的 DAO 含量高于 GF 小鼠，表明肠道微生物群诱导了肠道 DAO 的产生。DAO 能使中性 D 型氨基酸脱氨基，释放出抗菌产物 H_2O_2。有研究人员联用 DAO 和 D 型氨基酸抑制肠道病原体的生长，如霍乱弧菌、铜绿假单胞菌、金黄色葡萄球菌和肠出血性大肠杆菌（Ridler，2016）。D-Ser 能够激活肠出血性大肠杆菌（enterohemorrhagic *Escherichia coli*，EHEC）的 SOS 应答并抑制其Ⅲ型分泌系统的表达，该系统对 EHEC 黏附宿主细胞至关重要（Connolly et al.，2016）。由此提示，人们可以通过外源添加 D 型氨基酸，或在肠道共生菌中筛选产 D 型氨基酸的微生物菌群，从而调控肠腔内病原体的载量。

二、微生物蛋白质

反刍动物与瘤胃微生物建立了共生关系。瘤胃微生物蛋白质是反刍动物氨基酸的主要来源，可为反刍动物提供 70%～100%的氨基酸。本节重点阐述反刍动物瘤胃微生物蛋白质的合成及影响因素，并对微生物蛋白质工业化生产的研究进展进行简述。

微生物蛋白质的合成在反刍动物中至关重要，瘤胃微生物降解粗饲料中的纤维，利用非蛋白氮合成微生物蛋白质。瘤胃微生物合成蛋白质的平均效率为 100g 可消化有机物可合成 17g 蛋白质，通常绵羊的微生物蛋白质合成效率高于牛，饲喂草料时动物体的蛋白质合成效率优于饲喂精料（Beharka and Nagaraja，1998）。尽管饮食因素、动物因素、生物和化学因素都会影响瘤胃微生物蛋白质合成的效率，但是微生物蛋白质的合成在很大程度上取决于瘤胃中有机物发酵产生的能量（ATP）及含氮化合物的可利用性和同步性。

（一）物理因素

1. 饲料酸碱度

饲料的酸碱度和缓冲系统是影响瘤胃微生物蛋白质合成的重要因素。瘤胃的 pH 一般为 6.0～7.5。瘤胃 pH 高于 5.7 是微生物合成蛋白质所必需的；当 pH 降至 6 以下时，瘤胃中的微生物生长受到抑制，微生物酶功能减弱。pH 降低，瘤胃内的能量被释放到非生长功能区，即保持细菌细胞的中性 pH。瘤胃 pH 还影响瘤胃蛋白质的降解，蛋白质水解酶的活性随着 pH 的降低而降低。摄入饲料的种类和反刍动物的唾液分泌均会影响瘤胃的 pH。瘤胃以 Na^+、K^+、碳酸氢盐和短链脂肪酸作为主要的缓冲成分。草料通过增加唾液的分泌和纤维的离子交换促进缓冲作用，唾液中含有碳酸氢盐和磷酸盐，不断分泌到瘤胃中可起到很好的缓冲作用。除此之外，双碳酸酯、蛋白质降解产生的氨和短链脂肪酸也可作为调节瘤胃 pH 的缓冲液。其中，产生短链脂肪酸的专性纤维素降解菌多为厌氧菌（如产琥珀酸纤维杆菌）。瘤胃的温度和氧气浓度为厌氧微生物的生长提供了良好的环境。然而，反刍动物每天通过饮水、反刍和流涎将高达 16L 的氧气吸收到瘤胃中，此时则需酵母菌通过清除氧气使瘤胃环境更有利于厌氧微生物的生长。

2. 瘤胃流出率

瘤胃流出率也是影响瘤胃内微生物蛋白质合成水平的重要因素之一。将瘤胃流出率从 0.02/h 提高到 0.08/h 可使瘤胃微生物蛋白质的合成水平提高 20%[美国国家科学委员会（NRC）动物饲养标准，2001]。干物质的采食量与瘤胃微生物的生长呈正相关，与瘤胃流出率呈函数关系。因此，随着干物质采食量的增加，瘤胃微生物蛋白质合成效率也会增加。但是，需注意的是当瘤胃碳水化合物发酵速度过快或干物质摄入量较高时，pH 则会下降。

（二）化学因素

1. 氮化合物

瘤胃微生物对蛋白质降解过程中释放的氮化合物的捕捉能力较强，瘤胃内饲料蛋白质的含氮化合物水平及蛋白质降解率对满足反刍动物蛋白质需求至关重要。瘤胃降解率较低的蛋白质有利于提高微生物合成蛋白质的效率。饲料中含氮化合物或粗蛋白含量高于 11%，才可满足瘤胃微生物的正常生长；而限制瘤胃蛋白质的降解也会降低微生物蛋白质的合成。在现代蛋白质合成体系中，瘤胃微生物对含氮化合物的需求完全由可降解的饲料蛋白质或代谢氮来满足，这些氮由动物组织中的氨基酸氧化而成，并循环到瘤胃中（Pathak，2008）。

2. 碳水化合物与蛋白质的平衡

微生物蛋白质的合成依赖于碳水化合物发酵所产生的能量，平衡碳水化合物和蛋白质可以获得最佳的瘤胃微生物蛋白质产量。体内和体外发酵实验显示，注入更多的易于发酵的碳水化合物可改善微生物对氮（N）的吸收，降低瘤胃氨氮浓度。当中性洗涤纤维与可消化蛋白质的比例为 2∶1 时，微生物生长最佳。当微生物从饲料发酵中获得的 ATP 超过自身生长和维持所需时，能量以热量的形式耗散。释放能量的细菌发酵葡萄糖的速度是其他细菌的 10 倍，能量的溢出转移了细菌生长所需的能量，从而降低了微生物蛋白质的数量。

3. 饲料维生素和矿物质含量

微生物蛋白质的合成效率受到维生素和矿物质浓度的影响。研究发现，饲料中硫（S）的浓度会影响微生物的蛋白质合成（Sniffen and Robinson，1987）。瘤胃微生物利用日粮中 11%~20% 的 S 合成蛋氨酸和半胱氨酸，限制 S 的摄入则可能会限制微生物蛋白质的合成。磷（P）和镁（Mg）同样是瘤胃微生物合成 ATP 和蛋白质所需的矿物质，微生物生长所需的 P 供应不足同样会限制蛋白质的合成，微生物合成蛋白质所需的 Mg 可部分由锰（Mn）替代。

（三）饮食因素

1. 饲料质量

食用优质牧草，微生物蛋白质的产量和合成效率更高。食用质量较差的秋草时，微生物蛋白质的合成效率降低约 20%。通过添加含有中等浓度易发酵碳水化合物的青贮饲料，可有效增加微生物蛋白质合成。

2. 饲喂频次

提高反刍动物的饲喂频次可降低微生物的维护成本。有证据表明，增加喂食频率会增加瘤胃液体和固体的通过率，提高微生物蛋白质合成的效率。将干草粉的喂食频率从2次增加到8次，采食1kg有机干物质的微生物蛋白质的合成量可从36g增加到46g(Jasim et al., 2015)。然而，在含有干轧大麦的日粮中，研究人员未发现饲喂频次对微生物蛋白质合成效率的显著影响（Srinivas and Krishnamoorthy, 2016）。这表明饲喂频率导致的微生物蛋白质产量增加在饲喂粗饲料时更明显。

3. 饲料类型

同一动物饲喂不同类型饲料，其瘤胃微生物合成蛋白质的效率也有很大的不同。草料基础日粮中，微生物蛋白质的平均合成效率为13.0g 微生物粗蛋白质（microbial crude protein，MCP）/100g 可消化有机物（digestible organic matter，DOM），范围为7.5~24.3g MCP/100g DOM（Karsli and Russel, 2002）。精-牧草混合日粮瘤胃微生物蛋白质合成效率平均为17.6g MCP/100g DOM，范围为9.1~27.9g MCP/100g DOM（Karsli and Russel, 2002）。高精料饲粮中，瘤胃微生物蛋白质合成效率为13.2g MCP/100g DOM，范围为7.0~23.7g MCP/100g DOM（Karsli and Russel, 2002）。并且，日粮中非结构性碳水化合物的快速消化导致瘤胃pH降低，反刍动物的微生物蛋白质合成效率也随之降低。此外，不同牧草的微生物蛋白质生产效率差异很大。草和玉米青贮中的微生物蛋白质产量分别为每千克可消化有机物产出115~158g 和 165~217g，而绿色饲料和干草分别为145~199g 和 126~145g（NRC, 2001）。

（四）生物因素

1. 噬菌体

噬菌体是细菌的病毒，每毫升瘤胃液中的噬菌体密度为 10^9~10^{10} pfu。目前，科学家已报道了来自三个病毒科（肌病毒科、星状病毒科和波氏病毒科）的26~40种不同形态的噬菌体（Klieve et al., 2004）。噬菌体对反刍动物而言具有双面性，即噬菌体可能会降低饲料效率（feed efficiency，FE）、转移微生物的毒素基因，但也有利于细菌种群平衡、侧向基因转移、噬菌体疗法和新型酶的开发。噬菌体与瘤胃细菌的非特异性裂解和随后发生的细菌原生质的发酵有关，它们分解瘤胃内细菌，而这一过程被认为会降低微生物蛋白质合成的效率（Klieve and Gilbert, 2005）。但是，人们对噬菌体的生物学特性或基因构成还知之甚少。

2. 原生动物

原生动物吞噬细菌并消化它们以满足其营养需求。绵羊瘤胃中每天有多达90g的细菌干物质被原生动物吞噬，相当于损失27g的细菌蛋白质。原生动物捕食细菌作为其主要的蛋白质来源，驱除原虫可提高瘤胃蛋白质合成效率，增加30%的十二指肠微生物蛋白质流量。

（五）内生因素

1. 年龄

犊牛对饲料干物质和粗蛋白的降解率在 10~12 周龄前与成年牛存在较大差异。犊牛瘤胃到达十二指肠的微生物蛋白质含量随年龄的增加而增加（Holtshausen and Cruywagen，2000）。但是，基于尿中嘌呤衍生物的排泄结果，由于瘤胃蛋白质的生产效率降低和蛋白水解活性增加，成年绵羊的嘌呤排泄率低于羔羊和一岁小羊（Srinivas and Krishnamoorthy，2016）。

2. 种类

虽然微生物蛋白质的合成效率因物种而异，但主要取决于日粮种类、饲喂模式和采食量（Srinivas and Krishnamoorthy，2016）。

3. 生理状态

瘤胃微生物一般可为动物维持生长、缓慢生长和妊娠早期提供足够的蛋白质（Srinivas and Krishnamoorthy，2016）。不同生理状态下，微生物蛋白质合成效率受到瘤胃发酵特征改变的影响。例如，在分娩前 3 周到分娩后 3 周的阶段，奶牛瘤胃微生物组成发生变化，影响短链脂肪酸和甲烷的产量，从而影响奶牛的饲料效率（Wang et al.，2012）。经产母牛瘤胃 pH 较初产母牛更低，同样影响其微生物蛋白质的合成（Jewell et al.，2015）。

4. 性别

微生物蛋白质的合成效率不受宿主性别的影响。

5. 应激反应

动物在急性酸中毒时，瘤胃 pH 降低，这对瘤胃缓冲系统、微生物菌群和全身体液平衡形成了巨大挑战，瘤胃环境的改变直接影响微生物蛋白质合成的效率。热应激不仅会影响泌乳奶牛瘤胃微生物的合成效率，还会影响牛奶蛋白质的组成。

第四节 脂类的微生物合成代谢

一、脂肪酸

脂质是革兰氏阴性菌胞质膜和外膜的主要成分，也是微生物碳源和能源的储备形式。脂肪酸是微生物脂质的主要成分，但只存在于细菌和真核生物中。古菌的脂质中不含脂肪酸，而是具有类似结构性功能的疏水类异戊二烯侧链。本节讨论的重点是细菌中脂肪酸的生物合成。

微生物细胞和细胞膜中的脂类都由自身合成，即利用乙酰辅酶 A（acetyl coenzyme A，acetyl-CoA）和 CO_2 等物质合成脂肪酸。脂肪酸的合成需要对热对酸都稳定的酰基载体蛋白质（acyl carrier protein，ACP）。乙酰 CoA 与 CO_2 通过乙酰 CoA 羧化酶催化生成丙二酰 CoA，再经转移酶转到 ACP，生成丙二酰-ACP。在 ACP 的作用下每次延长 2 个 C 原子，每生成一分子的丙二酰-ACP 就会释放一分子 CO_2。不饱和脂肪酸分子的疏水部分中含有一个或几个双键，双键由饱和脂肪酸去饱和形成，双键的数量和位置具有种属特异性或基团特异性。支链脂肪酸是在前体脂肪酸分子发生支链异构基础上合成的，奇数脂肪酸（如 C13、C15、C17）是在包含丙酰基基团的前体脂肪酸分子基础上合成的。微生物细胞脂质的脂肪酸组成因物种的不同而不同。微生物的生长温度影响脂肪酸组成，微生物通过调整它们的脂肪酸组成防止细胞膜在低温下过于黏稠，或者在温度上升时变得过于不稳定。在低温环境下，微生物促进短链脂肪酸和不饱和脂肪酸的合成；而高温环境下，微生物促进长链脂肪酸和更多饱和脂肪酸的合成。细菌脂质中最常见的是链长为 C12～C20 的脂肪酸。

二、复合脂类

在细菌和真核细胞的脂质合成过程中，脂肪酸首先被添加到一个甘油分子中，三酰甘油的三个甘油分子的碳源均被脂肪酸酯化。复杂脂质的合成过程中，甘油中的一个碳原子被磷酸基团、乙醇胺基团、碳水化合物分子或其他极性分子修饰。在古菌中，细胞膜脂质由异戊二烯构成，以形成植酸基（C15）或二植烷侧链（C30）；细胞膜脂质的甘油主链与细菌和真核生物一样，均含有糖、磷酸盐、硫酸盐或极性有机化合物等极性基团。这些脂质中的极性基团对于形成双层膜内亲水、膜外疏水的特定结构非常重要。

肠道微生物能够利用胆固醇生成粪甾醇、粪甾酮和胆甾烯酮，这一过程对于宿主排出多余胆固醇至关重要。粪甾醇的合成需要在类固醇第 5、6 位双键上进行核氢化作用，并需通过 C3 氧化还原酶将胆固醇的羟基转化为酮基。动物粪便中，粪甾醇占中性甾醇类的 50%，粪甾酮占 10%～15%。

第五节 其他代谢产物

一、维生素

维生素是维持机体正常发育和健康的必需微量营养素。维生素在动物体内含量丰富，维生素的缺乏会对畜禽健康造成严重损害。维生素从日粮获得，也可以由肠道微生物提供。需注意的是，微生物产生的维生素主要在结肠中被吸收，而来自日粮或宿主的维生素则在近端小肠中被吸收。目前，还不确定维生素在不同肠道位置中是否发挥着不同的生理作用。部分肠道微生物可从头开始合成大部分的水溶性 B 族维生素和维生素 K_2（甲基萘醌），本节重点讨论微生物的维生素合成。

（一）B 族维生素

维生素 B_2（核黄素）、维生素 B_6（吡哆醇）、维生素 B_9（叶酸）和维生素 B_{12} 都可以由肠道微生物合成。维生素 B_2 是辅酶黄素单核苷酸（flavin mononucleotide，FMN）和黄素腺嘌呤二核苷酸（FAD）的前体，参与细胞代谢。乳酸菌、大肠杆菌和枯草芽孢杆菌利用三磷酸鸟苷（guanosine triphosphate，GTP）和 5-磷酸核酮糖合成维生素 B_2。多数 B 族维生素能够通过诱导免疫系统防治病原体入侵宿主。小鼠肌内注射维生素 B_2 可通过刺激中性粒细胞和单核细胞的增殖，活化巨噬细胞，增强宿主对各种病原体的非特异性抗性（Araki et al., 1995）。有研究表明，小鼠缺乏维生素 B_2 会损害依赖于维生素 B_2 的 NADPH 氧化酶 2（Nox2）的激活，从而降低其对单核增生李斯特氏菌 Listeria monocytogenes 的防御能力。然而，高浓度的维生素 B_2 可能会加剧宿主感染病原体的程度（Schramm et al., 2014）。不同浓度维生素 B_2 对病原体产生的相反作用原因尚不清楚。芽孢杆菌、大肠杆菌、铜绿假单胞菌和黏质沙雷氏菌可产生维生素 B_6。维生素 B_6 的缺乏会损害动物的细胞免疫和体液免疫。维生素 B_6 可以通过促进拟杆菌的生长，调节宿主免疫系统或干扰鼠伤寒沙门氏菌 Salmonella typhimurium 的生长或毒力表达来清除病原体（Sonenshein et al., 2002；Bacher et al., 2000）。维生素 B_9 主要由肠道内的益生菌（如双歧杆菌和乳酸杆菌）发酵产生。维生素 B_9 的缺乏会抑制淋巴细胞增殖和自然杀伤细胞活性，并减少调节性 T 细胞（Treg Cell）的分泌（Kunisawa et al., 2012；Troen et al., 2006；Courtemanche et al., 2004）。两歧双歧杆菌和长双歧杆菌能产生维生素 B_9。维生素 B_9 可支持细胞生长和分裂时遗传物质（如 DNA 和 RNA）的产生，促进细胞生长和蛋白质的代谢。因此，保持正常的维生素 B_9 水平对快速分裂和增殖的胃肠道细胞尤其重要。宿主不能产生维生素 B_{12}，维生素 B_{12} 也是由肠道微生物产生的重要的 B 族维生素。一些乳酸菌种类，如罗氏乳杆菌，会产生一种维生素 B_{12} 类似物。但是，研究人员并未确定其具有与维生素 B_{12} 相同的生物活性（Moise, 2017）。有趣的是，维生素 B_{12} 与维生素 B_9 具有协同作用，维生素 B_{12} 可协助维生素 B_9 转化为活性形式。但是，目前我们还不清楚肠道微生物产生这两种维生素时是否也具有相互作用。

（二）K 族维生素

除了水溶性 B 族维生素，肠道细菌也能合成维生素 K。肠道微生物提供了宿主所需的 50% 维生素 K（Moise, 2017）。抗生素会干扰肠道共生菌的生长，从而降低结肠维生素 K 的产生。大肠杆菌、乳酸菌和拟杆菌是肠道内维生素 K_2 的主要产生菌。潜在的致病菌金黄色葡萄球菌和沙门氏菌属 Salmonella 也会产生维生素 K_2。维生素 K_2 在某些病原体的毒力和存活中起着不可或缺的作用。据报道，维生素 K_2 会影响病原体的表型表达，不同浓度的维生素 K_2 可增强金黄色葡萄球菌生物膜的形成，金黄色葡萄球菌对外源性维生素 K_2 的应答受到调控因子 sarA 的调控（Kirby et al., 2014）。此外，维生素 K_2 不仅是金黄色葡萄球菌电子传递链的一部分，也是合成甲萘醌的前体（Schlievert et al., 2013）。

总之，肠道微生物群产生的维生素在激活肠道免疫反应和抵御外部病原体感染方面发挥着重要作用。然而，微生物维生素和病原体之间直接相互作用的机制尚不清楚。

二、主要的次级代谢产物

(一) 抗生素与抗菌肽

抗生素是由微生物（放线菌或霉菌）合成并释放，以抑菌或杀菌作用来对抗其他微生物的生化产物。1921年，伦敦圣玛丽医院的英国细菌学家亚历山大·弗莱明首次发现了能导致微生物细胞裂解的溶菌酶。1928年，弗莱明在研究葡萄球菌菌落时发现，培养皿污染了青霉菌后，青霉菌抑制了葡萄球菌的生长（Steffee，1992）。1941年6月，弗洛里和希特利在伊利诺伊州皮奥里亚市的美国农业研究菌种保藏中心（Agricultural Research Service Culture Collection）开始批量生产青霉素（Henderson，1997）。1946年，青霉素的批量生产最终获得成功。此后，β-乙酰胺类抗生素陆续问世。抗生素的主要机制是通过抑制细菌细胞壁的合成、破坏细胞膜、作用于呼吸链以干扰氧化磷酸化、抑制蛋白质和核酸合成等方式杀死微生物。

抗生素发酵过程包括不同菌株的筛选、改性、培养条件的优化和抗菌化合物的纯化。化学修饰有助于增强抗生素的功效。例如，6-氨基青霉烷酸（6-aminopenicillanic acid，6-APA）修饰形成青霉素，羧苄西林的羧基代替氨苄西林的氨基。"超级细菌"或耐药微生物的出现，使这些拯救生命的药物（如β-内酰胺类抗生素）的有效使用受到了挑战。2020年1月，我国已经开始实施严格的饲料禁抗、限抗、无抗政策，要求退出除中药外的所有促生长类药物饲料添加剂品种。因此，畜牧领域迫切需要开发替代抗生素的药物。微生物对抗菌肽不易产生耐药性，这使抗菌肽成为开发替代药物的潜在候选药物。抗菌肽存在于从真核生物到原核生物的所有生物类中，它们是生物体先天免疫系统的一部分。根据电荷，抗菌肽可以分为阳离子抗菌肽（cationic antimicrobial peptides，CAMP）和阴离子抗菌肽（anion antimicrobial peptides，AAMP）（Brogden，2005）。CAMP包括赖氨酸、精氨酸和组氨酸，对带负电的细菌细胞膜有静电吸引。因此，这些CAMP对细菌细胞膜具有特异性，对呈中性电荷的哺乳动物细胞膜没有特异性。目前，几种抗菌肽已从微生物、动物肠道和植物中被分离出来，根据其结构，抗菌肽可分为α-螺旋型、线性型、β-片型和环状型。抗菌肽易受蛋白酶活性的影响，基因重组技术、纳米颗粒的给药系统可增强其稳定性，从而适应各种给药途径。

(二) 激素

从动物出生开始，肠道内的共生菌便在免疫系统和内分泌系统的成熟中发挥着重要作用。有些肠道微生物能够产生刺激动物机体生长、性器官发育的激素。莱特（Lyte）和厄恩斯特（Ernst）是微生物内分泌学研究领域的联合创始人，他们观察到压力诱导的神经内分泌激素可以影响细菌的生长（Lyte and Ernst，1992）。微生物中含有激素受体，这可能是微生物间通信的一种形式。在微生物群体感应（quorum sensing，QS）的研究中，自诱导物是激素样分子，其功能包括协调细菌生长、运动和毒力等（Fuqua et al.，1996）。这些信号除了影响细菌，还参与调节宿主细胞的信号转导（Karavolos et al.，2013）。例如，病原性神经毒素6-羟基多巴胺可改变小鼠体内去甲肾上腺素水平（Lyte and Bailey，

1997)。而一项以进化为导向的研究表明，许多参与宿主激素（包括肾上腺素、去甲肾上腺素、多巴胺、血清素、褪黑素等）代谢的酶可能是从细菌基因转移中进化而来的（Iyer et al.，2004）。此外，宿主激素也影响细菌的生长与功能（Sperandio et al.，2003）。例如，儿茶酚胺增强细菌对宿主组织的附着，并影响细菌的生长和毒力（Hegde et al.，2009；Freestone and Lyte，2008）；性激素雌三醇和雌二醇能够通过抑制 QS 降低细菌毒力（Beury-Cirou et al.，2013）。本节重点讨论内分泌系统和肠道微生物群之间的相互作用，并将这些相互作用按激素的不同功能分类，包括影响行为、交配和生殖、食欲和新陈代谢、免疫应答和生长发育等。

1. 行为

肠道微生物群以多种方式影响动物的行为，包括认知功能、记忆力和应激反应等（Diaz et al.，2011；Neufeld et al.，2011）。微生物群调节宿主行为的机制主要是通过微生物-肠-脑轴，虽然肠-脑轴的确切途径尚未被破译，但人们认为这种效应是通过激素介导的几种不同机制实现的。一种是微生物群直接产生激素作用于宿主；另一种是间接的，即微生物调节肾上腺皮质的功能或调节炎症和免疫反应，继而影响宿主的行为。与细菌和宿主行为相互作用有关的激素主要包括两大类，分别是神经激素（5-羟色胺、儿茶酚胺、多巴胺、肾上腺素和去甲肾上腺素）和应激激素（皮质醇、皮质酮、肾上腺皮质激素和促肾上腺皮质激素）。

神经激素是神经内分泌细胞应答神经元输入时分泌的。尽管它们被分泌到血液中以产生全身效应，但它们同样也是神经递质。微生物群可通过作用于神经激素前体（如血清素和多巴胺）对宿主行为进行调节。肠道细菌已被证明能产生并响应神经激素，如血清素、多巴胺和去甲肾上腺素（Roshchina，2010）。儿茶酚胺可以改变细菌的生长、运动、毒力和生物膜的生成（Hegde et al.，2009；Freestone and Lyte，2008；Karavolos et al.，2008）。因此，可通过微生物对激素的应答反应研究病原体对宿主防御反应的敏感性。例如，宿主肾上腺素可降低沙门氏菌对宿主抗菌肽的耐药性，并诱导关键的金属运输系统，从而影响菌体细胞中的氧化平衡（Karavolos et al.，2008）。这些反应很可能依赖于细菌受体的感知和信号转导的级联效应，α 和 β 肾上腺素受体拮抗剂可抑制该反应的发生（Karavolos et al.，2013）。5-羟色胺是大脑中主要的神经递质之一。超过 90%的哺乳动物宿主的 5-羟色胺是在肠道中合成的，能够调节肠道蠕动、食欲和行为。无菌小鼠血浆 5-羟色胺水平低于野生型小鼠（Wikoff et al.，2009），血清中色氨酸（5-羟色胺的前体）水平和海马体中 5-羟色胺及 5-羟基吲哚乙酸（其主要代谢产物）的浓度却显著升高。5-羟色胺可以由链球菌、大肠杆菌和肠球菌产生，双歧杆菌也可通过增加血浆色氨酸水平调节 5-羟色胺水平。多巴胺可由芽孢杆菌和沙雷氏菌产生。无菌小鼠肠腔中游离多巴胺水平显著低于野生型小鼠，并在接种表达 β-葡糖醛酸糖苷酶的细菌后升高。γ-氨基丁酸是哺乳动物中枢神经系统中主要的抑制性神经递质。γ-氨基丁酸由微生物产生，并影响宿主行为。乳酸菌能够生产 γ-氨基丁酸，给小鼠服用鼠李糖乳杆菌 *Lactobacillus rhamnosus* 改变了中枢神经系统区域中 γ-氨基丁酸受体的表达，减少了小鼠与焦虑相关的行为（Bravo et al.，2011）。

微生物群可以改变机体压力激素的水平。与野生型小鼠相比，无菌小鼠受到应激刺激时，血浆皮质酮和促肾上腺皮质激素水平显著升高（Grenham et al.，2011；Sudo et al.，2004），增加了与焦虑和应激相关的行为。有研究表明，瑞士乳杆菌 *Lactobacillus helveticus* 和长双歧杆菌 *Bifidobacterium longum* 可有效降低宿主皮质醇水平和焦虑行为（Bravo et al.，2011）。

2. 交配与生殖

信息素，也称为外激素，是一种在性识别、吸引、交配行为和攻击行为中起重要作用的激素。在果蝇中，信息素顺式乙酸乙烯酯受到抗生素的影响，表明微生物菌群在信息素调节中发挥作用（Sharon et al.，2010）。研究表明，抗生素可消除不同日粮对果蝇交配偏好的影响，这种作用依赖于肠道微生物乳杆菌（Sharon et al.，2010）。肠道共生细菌可通过产生 2-甲氧基苯酚和相关酚类化合物，参与宿主信息素分泌。无菌动物无法释放 2-甲氧基苯酚，但分别接种共生菌成团泛菌 *Pantoea agglomerans*、肺炎克雷伯氏菌 *Klebsiella pneumoniae* 或阴沟肠杆菌 *Enterobacter cloacae* 后可产生信息素（Dillon et al.，2000）。哺乳动物肠道共生细菌同样可影响宿主的信息素释放。肠道微生物不同的两种鬣狗，气味腺的分泌物中存在不同的挥发性脂肪酸（volatile fatty acid，VFA），推测其气味腺中特有气味的分泌受宿主肠道共生菌代谢产物的影响（Theis et al.，2013）。Singh 等（1990）发现，野生型大鼠尿液中的特异性气味在无菌大鼠中不存在，进一步验证了肠道微生物可产生特异性气味物质从而影响宿主行为。产生特定气味的细菌群落可能与宿主的遗传背景有关。即使在相同的饲养环境中，与气味相关的特异性菌群在小鼠品系之间也存在显著差异（Lanyon et al.，2007）。肠道微生物在宿主进行配偶选择中也发挥作用，雌性小鼠不会被感染沙门氏菌的雄性小鼠的尿液所吸引（Raveh et al.，2014）。

一部分肠道微生物与类固醇类性激素的分泌和修饰有关。梭菌能够将糖皮质激素转化为雄激素（Ridlon et al.，2013）。雌激素受体（estrogen receptor，ER）表达的变化可影响肠道微生物群的组成（Menon et al.，2013）。反之，抗生素可降低宿主机体雌激素水平，即微生物在雌激素代谢中扮演着重要角色。尿液雌激素水平与粪便微生物组丰富度和梭菌纲 Clostridia 瘤胃球菌科 Ruminococcaceae 中的三个属之间存在强烈的相关性。宿主妊娠阶段的激素变化与肠道微生物菌群的变化密切相关。肠道微生物菌群的组成随着宿主妊娠的进展而发生巨大变化（例如，变形菌门 Proteobacteria 和放线菌门 Actinobacteria 显著增加），这些变化导致了宿主妊娠期新陈代谢的差异（Koren et al.，2012），雌激素、孕激素和瘦素等激素随着宿主妊娠日龄的增加而急剧升高，脂联素和垂体生长激素则显著下降。与妊娠早期相比，宿主妊娠晚期表现出低度炎症和胰岛素脱敏的特点。这种复杂的表型可以通过粪便移植转移到无菌小鼠中，接受孕晚期微生物菌群的小鼠比接受孕早期微生物菌群的小鼠体重增加明显，炎症反应更大（Koren et al.，2012）。肠道微生物菌群失衡与激素失调引起的疾病有关，如多囊卵巢综合征。肠道菌群改变可造成肠道黏膜通透性的增加，继而激活免疫系统，提高胰岛素水平，加剧卵巢中雄激素的合成，干扰卵泡的正常发育（Tremellen and Pearce，2012）。

3. 食欲与新陈代谢

肠道微生物影响宿主食欲和新陈代谢相关激素分泌的途径主要有 2 种：①通过代谢产物影响激素在胆固醇、氨基酸和小肽中的合成，或抑制胃腺、肠腺和胰腺激素的释放；②通过分泌自体抗原，竞争性抑制肽类激素的释放和识别。

肠道微生物的一个典型代谢产物是短链脂肪酸（SCFA），SCFA 已被证明可刺激 5-羟色胺（5-hydroxytryptamin，5-HT）和酪酪肽（PYY）的释放，5-HT 和 PYY 在进食后被释放，与宿主食欲和肠道动力调控相关。除此之外，SCFA 还参与调控宿主新陈代谢相关激素的合成与分泌，如胰岛素、胰高血糖素样肽 1（glucagon-like peptide 1，GLP1）和血管生成素样蛋白 4（angiopoietin like protein 4，ANGPTL4）。益生菌治疗或粪便移植高丰度的产丁酸盐微生物菌群可增强胰岛素敏感性，并诱导肠道 L 细胞合成 GLP1（Yadav et al.，2013），增加 GLP1 的分泌。ANGPTL4 参与调节葡萄糖和胰岛素敏感性。微生物通过丁酸盐作用于过氧化物酶体增殖物激活受体 γ（peroxisome proliferator-activated receptor，PPARγ）信号通路，介导 ANGPTL4 表达上调；或独立于 PPARγ 通路与 ANGPTL4 启动子区直接作用。因此，丁酸盐在微生物菌群和宿主激素调节的互作中起着关键作用。

此外，微生物菌群通过自体抗原影响肽类激素的分泌。肠道微生物的自体抗原可抑制激素（如 α-黑色素细胞刺激素、神经肽 Y、脑肠肽和瘦素）分泌，对宿主食欲进行调控，从而影响宿主的采食和行为。瘦素参与机体食欲的负调节。有研究表明，抗生素可导致宿主体循环中瘦素水平下降约 38%；并且，黏螺菌属 *Mucispirillum*、乳球菌属 *Lactococcus*、双歧杆菌属 *Bifidobacterium* 和乳杆菌属 *Lactobacillus* 的丰度与宿主瘦素浓度呈正相关，而异种杆菌属 *Allobaculum*、梭菌属 *Clostridium*、拟杆菌属 *Bacteroides* 和普雷沃氏菌属 *Prevotella* 与瘦素水平呈负相关。反之，不同水平的瘦素可通过调节炎症反应和肠道黏液分泌改变微生物菌群的组成（Ravussin et al.，2012）。另一种重要的食欲调节激素脑肠肽的水平与双歧杆菌属、乳杆菌属和球囊双歧杆菌-直肠真杆菌 *Blautia coccoides-Eubacterium rectale* 的丰度呈负相关，与拟杆菌属和普雷沃氏菌属呈正相关。

4. 免疫应答

免疫系统与神经内分泌系统共用部分激素和受体。肠道微生物菌群和激素与免疫系统调控之间存在三角关系，肠道微生物和激素可能共用调控途径或具有附加效应（Markle et al.，2013）。在非肥胖糖尿病小鼠模型（NOD，1 型糖尿病模型）中，雌性小鼠患 1 型糖尿病的风险高于雄性小鼠，移植雄性小鼠粪便后可提高雌性小鼠睾酮水平并降低 1 型糖尿病患病率；相反，在无菌的 NOD 小鼠中，雌雄小鼠具有相似的糖尿病患病率（Markle et al.，2013）。这项研究阐述了微生物菌群与激素在调控自身免疫中的直接关系，即激素和微生物以相加的方式调控 NOD 小鼠 1 型糖尿病发病率。此外，罗伊特氏黏液乳杆菌 *Limosilactobacillus reuteri* 通过上调神经肽催产素，富集特异性调节 T 细胞，促进宿主伤口愈合。

5. 生长发育

部分肠道微生物能够合成生长抑素，或通过合成 SCFA 介导 cAMP/PKA/CREB 信号通路，抑制宿主生长激素的释放（Wang et al.，2013）。植物乳杆菌 *Lactobacillus plantarum* 作用于生长激素上游信号分子，促进生长激素分泌，从而在营养供应不足时维持果蝇幼虫生长（Storelli et al.，2011）。

可见，肠道微生物可通过直接的或间接的途径影响宿主激素的分泌，从而对宿主的行为、新陈代谢、采食、生殖、免疫与生长产生广泛的影响。然而，特定内分泌细菌菌株尚未被成功分离，微生物菌群-激素信号转导的精准途径也有待破译。

（三）毒素

部分肠道微生物在代谢过程中，合成某些对动物有害的物质，称为毒素。微生物产生的毒素主要分为细菌毒素和真菌毒素。许多致病细菌均产生毒素，根据毒素存在的位置不同，分为内毒素和外毒素。细菌的外毒素是细菌在生长过程中不断分泌到菌体外的毒性蛋白质，主要由革兰氏阳性菌产生，如破伤风痉挛毒素、白喉毒素、肉毒毒素等，其毒力较强，多数外毒素不耐热。内毒素产生后处于细胞壁上，在细胞崩解后才释放到环境中。蛋白质毒素均具有抗原性，能够诱发宿主产生抗体中和毒性，并使之失活。细菌的种类不同，产生的毒素也不同，对宿主机体的损伤部分和诱发机制也存在差异。

产肠毒素大肠杆菌（enterotoxingenic *Escherichia coli*，ETEC）、沙门氏菌属 *Salmonella* 和产气荚膜梭菌 *Clostridium perfringens* 是引起幼龄畜禽动物腹泻的主要病原菌。大肠杆菌是一种革兰氏阴性腹膜鞭毛菌，属于肠杆菌科，是猪多种疾病的致病因子，包括新生仔猪腹泻和断奶后仔猪的腹泻。ETEC 能够产生热不稳定肠毒素（heat-labile enterotoxin，LT）和热稳定肠毒素（heat-stable enterotoxin，ST），是导致仔猪腹泻最主要的致病菌。研究发现 ETEC 造成的仔猪死亡率高达 11%（Ouyang-Latimer et al.，2010）。ETEC 主要有 F4（K88）、F41、F5（K99）、F6（987P）和 F18 五种血清型。其中，ETEC F4 是导致新生或断奶仔猪腹泻的主要致病菌（Ståhl et al.，2011），其菌毛抗原分为三个血清型：F4ab、F4ac、F4ad。仔猪对大肠杆菌的抗性取决于仔猪小肠黏膜上皮细胞是否有大肠杆菌菌毛黏附受体。

LT 是 ETEC 产生的主要肠毒素之一，分别被归类为Ⅰ型 LT（以下简称 LT）或Ⅱ型 LT（LT-Ⅱa、LT-Ⅱb、LT-Ⅱc），这与其抗原能力和相关的基因序列有关。LT 和 LTⅡ肠毒素的 LT A 亚基的氨基酸序列是高度同源的，而 LT B 亚基的氨基酸序列在 LT 和 LTⅡ之间有很大的区别。LT-Ⅱc 的 A 亚基分别与 LT-Ⅱa 和 LT-Ⅱb 的 A 亚基具有 79%和 72% 的氨基酸序列同源性。然而，LT-Ⅱc 的 B 亚基与 LT-Ⅱa 的 B 亚基仅表现出 53%的氨基酸序列相似性，与 LT-Ⅱb 的 B 亚基仅表现出 54%的氨基酸序列相似性。此外，LT-Ⅱc 表现出与 LT-Ⅱa 或 LT-Ⅱb 诱导的有效的免疫调节特性不同。LT-Ⅱa 和 LT-Ⅱb 可以驱动更平衡的 Th1/Th2 免疫反应，而 LT-Ⅱc 则更倾向于驱动抗原特异性 Th1 型免疫应答。LT 全毒素在外质中组装后通过以下两个系统之一分泌到外膜：①经典的Ⅱ型分泌系统（T2SS）；②外膜囊泡（outer membrane vesicle，OMV）。但是，即使通过 T2SS 系统，大多数 LT 的分泌也仍然与 OMV 相关，在 OMV 分泌系统中 LT B 亚基可结合脂多糖（LPS）。最近的一项研究发现，EatA 是肠杆菌科丝氨酸蛋白酶自转运蛋白（serine protease autotransporters of Enterobacteriaceae，SPATE），可以通过降解一种名为 EtpA 的黏附素来减少细菌黏附并加速 LT 的递送。有效的 ETEC-宿主相互作用是 ETEC 递送 LT 毒素的基本先决条件，而细菌的运动性、与宿主细胞接触和黏附是毒素有效递送的绝对要求。LT 毒素的递送将增强 ETEC 的依从性，并伴随着 ETEC 毒力因子受体表达的增加。然而，LT 分泌和递送的准确机制仍有待研究。热稳定肠毒素 ST 分为 STa 和 STb 型。STa 通过结合肠上皮细胞刷状缘的鸟苷酸环化酶 C 糖蛋白受体，刺激环磷酸鸟苷（cyclic guanosine monophosphate，cGMP）的产生，导致电解液过度分泌，从而诱发腹泻（Zimmerma，2012）。基于 STa 的受体分布和亲和力，研究人员发现远端空肠对 STa 的亲和力较强。与 STa 毒素致病的机制不同，STb 不会改变肠上皮细胞 cGMP。STb 与其受体结合导致环境中 Ca^{2+} 被摄取到细胞内，并诱导十二指肠和空肠分泌水和电解质（Na^+、Cl^-、HCO_3^-），继而导致动物脱水、酸中毒，甚至死亡（Luppi，2017）。

沙门氏菌是一种兼性厌氧胞内革兰氏阴性杆菌，其属于肠杆菌科，基因组大小在 4460~4857kb，靠周身鞭毛运动，血清型超过 2500 种（Eng et al.，2015）。沙门氏菌通过三型分泌系统-1（type Ⅲ secretion system-1，TTSS-1）侵袭宿主肠上皮细胞，是致病的核心步骤。沙门氏菌进化了多种入侵宿主细胞的机制，可通过介导上皮细胞 TTSS-1 效应蛋白（SopB/E/E2）或黏附蛋白，直接或间接地触发炎症反应（Fattinger et al.，2021）。国内外常见的动物源沙门氏菌血清型依次为：肠炎沙门氏菌 *S. enteritidis*、鼠伤寒沙门氏菌 *S. typhimurium*、德尔卑沙门氏菌 *S. derby*。产气荚膜梭菌自身不致病，通过其外毒素危害动物机体，所产毒素主要有 α、β、ε 和 ι 4 种外毒素。根据毒素产生的情况，产气荚膜梭菌分为 A、B、C、D、E、F 和 G 型。A 型菌主要分泌 α 毒素，可引发动物气性坏疽和肠毒血症；B 型菌主要分泌 α、β 和 ε 毒素，是羔羊痢疾和其他反刍动物坏死性肠炎的罪魁祸首；C 型菌主要分泌 α 毒素和 β 毒素，是绵羊猝击的病原，可引起仔猪坏死性肠炎；D 型菌主要分泌 α 毒素和 ε 毒素，可引发动物肠毒血症；E 型菌在各型中较少见，主要分泌 α 毒素和 ι 毒素，可致犊牛、羔羊肠毒血症；F 型菌主要分泌致细胞病变（cytopathic effect，CPE）毒素，可致人类食物中毒和抗生素相关性腹泻；G 型菌分泌 NetB 毒素，主要引起鸡坏死性肠炎（Posthaus et al.，2020；Mora et al.，2020）。

参 考 文 献

郭嘉, 冯杰, 谭贻, 等. 2022. 灵芝液态发酵胞内外多糖的研究进展. 微生物学通报, 49(10): 4337-4356.
刘孟健, 张文举, 姚峻. 2021. 布拉氏酵母壁多糖对早期断奶羔羊血清生化指标、肠道微生物和挥发性脂肪酸的影响. 饲料工业, 42(1): 24-31.
裘红权, 胡美瑶, 黄益丽. 2021. 微生物胞外多糖在修复重金属污染中的潜力及其生物化学机制. 生命的化学, 41(12): 2545-2555.
任鄢宝, 邹根, 张赫男, 等. 2021. 微生物多糖合成关键基因挖掘的研究进展. 微生物学通报, 48(6): 2131-2142.
解彪, 张乃锋, 崔凯, 等. 2018. 早期断奶羔羊饲喂不同中性洗涤纤维水平饲粮对羔羊育肥期生长性能、血清学指标和屠宰性能的影响. 动物营养学报, 30(6): 2172-2181.

曾化伟, 郑惠华, 陈惠, 等. 2015. 微生物多糖的生物合成及代谢工程研究进展. 陕西理工学院学报(自然科学版), 31(4): 49-58.

Allen K N, Imperiali B. 2019. Structural and mechanistic themes in glycoconjugate biosynthesis at membrane interfaces. Curr Opin Struct Biol, 59: 81-90.

Araki S, Suzuki M, Fujimoto M, et al. 1995. Enhancement of resistance to bacterial infection in mice by vitamin B_2. J Veter Med Sci, 57(4): 599-602.

Bacher A, Eberhardt S, Fischer M, et al. 2000. Biosynthesis of vitamin B_2 (riboflavin). Annu Rev Nutr, 20: 153-167.

Barreteau H, Kovač A, Boniface A, et al. 2008. Cytoplasmic steps of peptidoglycan biosynthesis. FEMS Microbiol Rev, 32(2): 168-207.

Beharka A A, Nagaraja T G. 1998. Effect of *Aspergillus oryzae* extract alone or in combination with antimicrobial compounds on ruminal bacteria. J Dairy Sci, 81(6): 1591-1598.

Beury-Cirou A, Tannières M, Minard C, et al. 2013. At a supra-physiological concentration, human sexual hormones act as quorum-sensing inhibitors. PLoS One, 8(12): e83564.

Bouhss A, Trunkfield A E, Bugg T D H, et al. 2008. The biosynthesis of peptidoglycan lipid-linked intermediates. FEMS Microbiol Rev, 32(2): 208-233.

Bravo J A, Forsythe P, Chew M V, et al. 2011. Ingestion of *Lactobacillus* strain regulates emotional behavior and central GABA receptor expression in a mouse via the vagus nerve. P Natl Acad Sci U S A, 108(38): 16050-16055.

Brogden K A. 2005. Antimicrobial peptides: pore formers or metabolic inhibitors in bacteria? Nat Rev Microbiol, 3(3): 238-250.

Budd A, Blandin S, Levashina E A, et al. 2004. Bacterial α2-macroglobulins: colonization factors acquired by horizontal gene transfer from the metazoan genome? Genome Biol, 5(6): R38.

Caparrós M, Pisabarro A G, De Pedro M A. 1992. Effect of D-amino acids on structure and synthesis of peptidoglycan in *Escherichia coli*. J Bacteriol, 174(17): 5549-5559.

Connolly J P, Gabrielsen M, Goldstone R J, et al. 2016. A highly conserved bacterial D-serine uptake system links host metabolism and virulence. PLoS Pathog, 12(1): e1005359.

Courtemanche C, Elson-Schwab I, Mashiyama S T, et al. 2004. Folate deficiency inhibits the proliferation of primary human $CD8^+$ T lymphocytes *in vitro*. J Immunol, 173(5): 3186-3192.

Diaz Heijtz R, Wang S G, Anuar F, et al. 2011. Normal gut microbiota modulates brain development and behavior. P Natl Acad Sci U S A, 108(7): 3047-3052.

Dillon R J, Vennard C T, Charnley A K. 2000. Exploitation of gut bacteria in the locust. Nature, 403(6772): 851.

Eng S K, Pusparajah P, Ab Mutalib N S, et al. 2015. Salmonella: a review on pathogenesis, epidemiology and antibiotic resistance. Front Life Sci, 8(3): 284-293.

Farhana A, Khan Y S. 2023. Biochemistry, lipopolysaccharide. https://www.ncbi.nlm.nih.gov/sites/books/NBK554414/ [2023-4-17].

Fattinger S A, Sellin M E, Hardt W D. 2021. Salmonella effector driven invasion of the gut epithelium: breaking in and setting the house on fire. Curr Opin Microbiol, 64: 9-18.

Freestone P P, Lyte M. 2008. Microbial endocrinology: experimental design issues in the study of interkingdom signalling in infectious disease. Adv Appl Microbiol, 64: 75-105.

Fuqua C, Winans S C, Greenberg E P. 1996. Census and consensus in bacterial ecosystems: the LuxR-LuxI family of quorum-sensing transcriptional regulators. Annu Rev Microbiol, 50: 727-751.

García-García A, Ceballos-Laita L, Serna S, et al. 2020. Structural basis for substrate specificity and catalysis of α-1, 6-fucosyltransferase. Nat Commun, 11(1): 973.

Grenham S, Clarke G, Cryan J F, et al. 2011. Brain-gut-microbe communication in health and disease. Front Physiol, 2: 94.

Hegde M, Wood T K, Jayaraman A. 2009. The neuroendocrine hormone norepinephrine increases

Pseudomonas aeruginosa PA14 virulence through the las quorum-sensing pathway. Appl Microbiol Biot, 84(4): 763-776.

Henderson J W. 1997. The yellow brick road to penicillin: a story of serendipity. Mayo Clin Proc, 72(7): 683-687.

Hochbaum A I, Kolodkin-Gal I, Foulston L, et al. 2011. Inhibitory effects of D-amino acids on *Staphylococcus aureus* biofilm development. J Bacteriol, 193(20): 5616-5622.

Holtshausen L, Cruywagen C W. 2000. The effect of age on in sacco estimates of rumen dry matter and crude protein degradability in veal calves. S Afr J Anim Sci, 30(3): 212-219.

Iyer L M, Aravind L, Coon S L, et al. 2004. Evolution of cell-cell signaling in animals: did late horizontal gene transfer from bacteria have a role? Trends Genet, 20(7): 292-299.

Jasim U Md, Haque K Z, Jasimuddin K Md, et al. 2015. Dynamics of microbial protein synthesis in the rumen–a review. J Vet Anim Sci, 2(5): 117-131.

Jewell K A, McCormick C A, Odt C L, et al. 2015. Ruminal bacterial community composition in dairy cows is dynamic over the course of two lactations and correlates with feed efficiency. Appl Environ Microbiol, 81(14): 4697-4710.

Jones M, Kujundzic M, John S, et al. 2020. Crab vs. mushroom: a review of crustacean and fungal chitin in wound treatment. Mar Drugs, 18(1): 64.

Karavolos M H, Spencer H, Bulmer D M, et al. 2008. Adrenaline modulates the global transcriptional profile of *Salmonella* revealing a role in the antimicrobial peptide and oxidative stress resistance responses. BMC Genomics, 9: 458.

Karavolos M H, Winzer K, Williams P, et al. 2013. Pathogen espionage: multiple bacterial adrenergic sensors eavesdrop on host communication systems. Mol Microbiol, 87(3): 455-465.

Karsli M A, Russel J R. 2002. Effects of source and concentrations of nitrogen and carbohydrate on ruminal microbial protein. Turk J Vet Anim Sci, 26: 201-207.

Kirby D T, Savage J M, Plotkin B J. 2014. Menaquinone (vitamin K_2) enhancement of *Staphylococcus aureus* biofilm formation. J Biosci Med, 2(1): 26-32.

Klieve A V, Bain P A, Yokoyama M T, et al. 2004. Bacteriophages that infect the cellulolytic ruminal bacterium *Ruminococcus albus* AR67. Lett Appl Microbiol, 38(4): 333-338.

Klieve A V, Gilbert R A. 2005. Bacteriophage populations// Makkar H P S, McSweeney C S. Methods in Gut Microbial Ecology for Ruminants. New York: Springer Publishing: 129-137.

Kolodkin-Gal I, Romero D, Cao S, et al. 2010. D-amino acids trigger biofilm disassembly. Science, 328(5978): 627-629.

Koren O, Goodrich J K, Cullender T C, et al. 2012. Host remodeling of the gut microbiome and metabolic changes during pregnancy. Cell, 150(3): 470-480.

Kunisawa J, Hashimoto E, Ishikawa I, et al. 2012. A pivotal role of vitamin B_9 in the maintenance of regulatory T cells *in vitro* and *in vivo*. PLoS One, 7(2): e32094.

Lanyon C V, Rushton S P, O'Donnell A G, et al. 2007. Murine scent mark microbial communities are genetically determined. FEMS Microbiol Ecol, 59(3): 576-583.

Li M J, Chen T X, Gao T, et al. 2015. UDP-glucose pyrophosphorylase influences polysaccharide synthesis, cell wall components, and hyphal branching in *Ganoderma lucidum* via regulation of the balance between glucose-1-phosphate and UDP-glucose. Fungal Genet Biol, 82: 251-263.

Lin R, Liu W T, Piao M Y, et al. 2017. A review of the relationship between the gut microbiota and amino acid metabolism. Amino Acids, 49(12): 2083-2090.

Luppi A. 2017. Swine enteric colibacillosis: diagnosis, therapy and antimicrobial resistance. Porcine Health Manag, 3: 16.

Lyte M, Bailey M T. 1997. Neuroendocrine-bacterial interactions in a neurotoxin-induced model of trauma. J Surg Res, 70(2): 195-201.

Lyte M, Ernst S. 1992. Catecholamine induced growth of gram negative bacteria. Life Sci, 50(3): 203-212.

Madigan M T, Martinko J M, Bender K S, et al. 2012. Brock Biology of Microorganisms. 13th ed. New York: Pearson Education: 136.

Markle J G M, Frank D N, Mortin-Toth S, et al. 2013. Sex differences in the gut microbiome drive hormone-dependent regulation of autoimmunity. Science, 339(6123): 1084-1088.

Menon R, Watson S E, Thomas L N, et al. 2013. Diet complexity and estrogen receptor β status affect the composition of the murine intestinal microbiota. Appl Environ Microb, 79(18): 5763-5773.

Michael R. 2018. The gut microbiome: exploring the connection between microbes, diet, and health. Libr J, 143(9): 77.

Mohammadi T, Van Dam V, Sijbrandi R, et al. 2011. Identification of FtsW as a transporter of lipid-linked cell wall precursors across the membrane. EMBO J, 30(8): 1425-1432.

Moise A M R. 2017. The Gut Microbiome Exploring the Connection Between Microbes Diet and Health. Boston: Greenwood Publishing Group.

Mora Z V D, Macías-Rodríguez M E, Arratia-Quijada J, et al. 2020. *Clostridium perfringens* as foodborne pathogen in broiler production: pathophysiology and potential strategies for controlling necrotic enteritis. Animals, 10(9): 1718.

National Research Council (NRC). 2001. Nutrient Requirements of Dairy Cattle. 7th ed. Washington: National Academic Press.

Neufeld K M, Kang N, Bienenstock J, et al. 2011. Reduced anxiety-like behavior and central neurochemical change in germ-free mice. Neurogastroent Motil, 23(3): 255-264, e119.

Ouyang-Latimer J, Ajami N J, Jiang Z D, et al. 2010. Biochemical and genetic diversity of enterotoxigenic *Escherichia coli* associated with diarrhea in United States students in Cuernavaca and Guadalajara, Mexico, 2004-2007. J Infect Dis, 201(12): 1831-1838.

Pathak A K. 2008. Various factors affecting microbial protein synthesis in the rumen. J Vet Sci, 1(6): 186-189.

Peng Y, Harper A E. 1970. Amino acid balance and food intake: effect of different dietary amino acid patterns on the plasma amino acid pattern of rats. J Nutr, 100(4): 429-437.

Posthaus H, Kittl S, Tarek B, et al. 2020. *Clostridium perfringens* type C necrotic enteritis in pigs: diagnosis, pathogenesis, and prevention. J Vet Diagn Invest, 32(2): 203-212.

Priyanka H P, Krishnan H C, Singh R V, et al. 2013. Estrogen modulates *in vitro* T cell responses in a concentration- and receptor-dependent manner: effects on intracellular molecular targets and antioxidant enzymes. Mol Immunol, 56(4): 328-339.

Raveh S, Sutalo S, Thonhauser K E, et al. 2014. Female partner preferences enhance offspring ability to survive an infection. BMC Evol Biol, 14: 14.

Ravussin Y, Koren O, Spor A, et al. 2012. Responses of gut microbiota to diet composition and weight loss in lean and obese mice. Obesity, 20(4): 738-747.

Ridler C. 2016. Gut microbiota: D-amino acids employed against gut pathogens. Nat Rev Gastro Hepatol, 13(9): 499.

Ridlon J M, Ikegawa S, Alves J M P, et al. 2013. *Clostridium scindens*: a human gut microbe with a high potential to convert glucocorticoids into androgens. J Lipid Res, 54(9): 2437-2449.

Roshchina V V. 2010. Evolutionary considerations of neurotransmitters in microbial, plant, and animal cells//Lyte M, Freestone P P E. Microbial Endocrinology. NewYork: Springer NewYork: 17-52.

Sasabe J, Miyoshi Y, Rakoff-Nahoum S, et al. 2016. Interplay between microbial d-amino acids and host d-amino acid oxidase modifies murine mucosal defence and gut microbiota. Nat Microbiol, 1: 16125.

Schlievert P M, Merriman J A, Salgado-pabón W, et al. 2013. Menaquinone analogs inhibit growth of bacterial pathogens. Antimicrob Agents Chemother, 57(11): 5432-5437.

Schramm M, Wiegmann K, Schramm S, et al. 2014. Riboflavin (vitamin B_2) deficiency impairs NADPH oxidase 2 (Nox2) priming and defense against *Listeria monocytogenes*. Eur J Immunol, 44(3): 728-741.

Sharon G, Segal D, Ringo J M, et al. 2010. Commensal bacteria play a role in mating preference of drosophila melanogaster. P Natl Acad Sci U S A, 107(46): 20051-20056.

Singh P B, Herbert J, Roser B, et al. 1990. Rearing rats in a germ-free environment eliminates their odors of individuality. J Chem Ecol, 16(5): 1667-1682.

Sniffen C J, Robinson P H. 1987. Protein and fiber digestion, passage, and utilization in lactating cows. Microbial growth and flow as influenced by dietary manipulations. J Dairy Sci, 70(2): 425-441.

Sonenshein A L, Hoch J A, Losick R. 2002. *Bacillus subtilis* and its closest relatives: from genes to cells. Nature, 415: 563-564.

Sperandio V, Torres A G, Jarvis B, et al. 2003. Bacteria-host communication: the language of hormones. P Natl Acad Sci U S A, 100(15): 8951-8956.

Srinivas B, Krishnamoorthy U. 2016. Panoply of microbial protein production in ruminants–a review. J Anim Nutr, 83(4): 331-346.

Ståhl M, Kokotovic B, Hjulsager C K, et al. 2011. The use of quantitative PCR for identification and quantification of *Brachyspira pilosicoli*, *Lawsonia intracellularis* and *Escherichia coli* fimbrial types F4 and F18 in pig feces. Vet Microbiol, 151(3-4): 307-314.

Steffee C H. 1992. Alexander Fleming and penicillin. The chance of a lifetime? N C Med J, 53: 308-310.

Steimle A, Autenrieth I B, Frick J S. 2016. Structure and function: lipid A modifications in commensals and pathogens. Int J Med Microbiol, 306(5): 290-301.

Storelli G, Defaye A, Erkosar B, et al. 2011. *Lactobacillus plantarum* promotes drosophila systemic growth by modulating hormonal signals through TOR-dependent nutrient sensing. Cell Metab, 14(3): 403-414.

Subramanian K, Mitusińska K, Raedts J, et al. 2019. Distant non-obvious mutations influence the activity of a hyperthermophilic *Pyrococcus furiosus* phosphoglucose isomerase. Biomolecules, 9(6): 212.

Sudo N, Chida Y, Aiba Y, et al. 2004. Postnatal microbial colonization programs the hypothalamic-pituitary-adrenal system for stress response in mice. J Physiol, 558(Pt 1): 263-275.

Synowiecki J, Al-Khateeb N A. 2003. Production, properties, and some new applications of chitin and its derivatives. Crit Rev Food Sci Nutr, 43(2): 145-171.

Theis K R, Venkataraman A, Dycus J A, et al. 2013. Symbiotic bacteria appear to mediate hyena social odors. P Natl Acad Sci U S A, 110(49): 19832-19837.

Tremellen K, Pearce K. 2012. Dysbiosis of Gut Microbiota (DOGMA) –a novel theory for the development of polycystic ovarian syndrome. Med Hypotheses, 79(1): 104-112.

Troen A M, Mitchell B, Sorensen B, et al. 2006. Unmetabolized folic acid in plasma is associated with reduced natural killer cell cytotoxicity among postmenopausal women. J Nutr, 136(1): 189-194.

Typas A, Banzhaf M, Gross C A, et al. 2012. From the regulation of peptidoglycan synthesis to bacterial growth and morphology. Nat Rev Microbiol, 10(2): 123-136.

Vollmer W, Bertsche U. 2008. Murein (peptidoglycan) structure, architecture and biosynthesis in *Escherichia coli*. Biochim Biophys Acta, 1778(9): 1714-1734.

Vollmer W, Joris B, Charlier P, et al. 2008. Bacterial peptidoglycan (murein) hydrolases. FEMS Microbiol Rev, 32(2): 259-286.

Wang J F, Fu S P, Li S N, et al. 2013. Short-chain fatty acids inhibit growth hormone and prolactin gene transcription via cAMP/PKA/CREB signaling pathway in dairy cow anterior pituitary cells. Int J Mol Sci, 14(11): 21474-21488.

Wang X X, Li X B, Zhao C X, et al. 2012. Correlation between composition of the bacterial community and concentration of volatile fatty acids in the rumen during the transition period and ketosis in dairy cows. Appl Environ Microbiol, 78(7): 2386-2392.

Wikoff W R, Anfora A T, Liu J, et al. 2009. Metabolomics analysis reveals large effects of gut microflora on mammalian blood metabolites. P Natl Acad Sci U S A, 106(10): 3698-3703.

Xia T A, Sriram N, Lee S A, et al. 2017. Glucose consumption in carbohydrate mixtures by phosphotransferase-system mutants of *Escherichia coli*. Microbiology, 163(6): 866-877.

Yadav H, Lee J H, Lloyd J, et al. 2013. Beneficial metabolic effects of a probiotic via butyrate-induced GLP-1 hormone secretion. J Biol Chem, 288(35): 25088-25097.

Zan X Y, Wu X H, Cui F J, et al. 2020. UDP-glucose pyrophosphorylase gene affects mycelia growth and polysaccharide synthesis of *Grifola frondosa*. Int J Biol Macromol, 161: 1161-1170.

Zhu H M, Sun B, Li Y J, et al. 2018. KfoA, the UDP-glucose-4-epimerase of *Escherichia coli* strain O5: K4: H4, shows preference for acetylated substrates. Appl Microbiol Biot, 102(2): 751-761.

Zimmerma J J, Karriker L A, Ramirez A, et al. 2012. Disease of Swine. 10th ed. New Jersey: Wiley-Blackwell: 723-747.

第四章 畜禽肠道微生物的调节

微生物与宿主之间在长期的进化与演变过程中形成了一种相互依赖、相互制约的微生态平衡。微生态平衡是正常微生物与其宿主生态环境在长期进化过程中形成的生理性组合的动态平衡（Ley et al., 2006）。微生态失衡是正常微生物群与宿主之间的平衡，在外界环境因素的影响下被破坏，由生理性组合转变为病理性组合状态。越来越多的研究证明，肠道微生物具有易变的特征，如宿主遗传因素、年龄、饲养环境、日粮类型、机体生理状态、应激和药物使用等因素均会长期或短期影响宿主肠道微生物区系的组成。肠道微生物的组成和变化可直接影响宿主对营养物质消化吸收及其健康状态。深入了解畜禽动物肠道微生物的影响因素，有利于制定相关措施合理调控其肠道菌群结构，提高消化代谢和生产性能，同时为预防疾病发生奠定重要的理论基础。

第一节 宿主和环境因素对肠道微生物的影响

一、宿主因素

（一）宿主基因型

近年来，国内外学者针对畜禽动物遗传背景对肠道微生物菌群结构影响的研究逐渐增多。大量研究证实，宿主的基因型是选择和塑造其肠道微生物菌群结构的重要内在因素，肠道微生物的改变与宿主表型、免疫及疾病治疗密切相关（Yang et al., 2022）。Bian等（2016）采用交互寄养的培养模式比较了约克夏猪和梅山猪不同品种对新生仔猪肠道细菌和古菌发育的影响，发现仔猪只接受母猪乳汁的早期哺乳期（14日龄），不同品种对仔猪肠道细菌群落组成的影响较大。与约克夏仔猪相比，梅山仔猪肠道中含有较高丰度的乳杆菌属 *Lactobacillus*，较低丰度的埃希氏菌-志贺氏菌属 *Escherichia-Shigella*，且品种的影响可持续到仔猪49日龄。相反，不同品种对古菌区系的影响较小，14日龄时不同品种仔猪粪样中古菌基本趋于稳定。研究人员对地方品种民猪和大白猪肠道菌群分析发现，大白猪肠道中厌氧弧菌属 *Anaerovibrio* 和梭菌属 *Clostridium* 细菌的丰度比民猪分别高4.5倍和3.5倍，民猪的纤维单胞菌属 *Cellulomonas*、螺菌属 *Spirillum* 和密螺旋体属 *Treponema* 细菌的丰度比大白猪分别高3.6倍、1.7倍和1.8倍（俞添贺等，2022）。另有学者发现，在门水平上，中国猪种藏猪和荣昌猪的厚壁菌门和螺旋菌门的丰度高于外来猪种约克夏猪，而拟杆菌门的丰度低于约克夏猪，同时上述三大品种猪肠道微生物在属水平上的组成也存在很大差异。研究人员分别将上述猪种粪便微生物移植到无菌小鼠体内后，这些在门或属水平上有差异的菌属也得到了验证（Diao et al., 2016）。Yang等（2014）比较了蓝塘猪、巴马香猪、二花脸猪、梅山猪、小梅山、杜洛克、长白猪和约克夏 8 种母猪粪便微生物组成，发现虽然不同品种猪来自同一养殖场，但其微生物组成不同。国外体脂含量较低的品种猪的肠道菌群类型接近，国内体脂含量高的品种猪肠道菌群多样性更高。遗传因素还会对动物肠道古菌区系造成影响，如二花脸猪和长白猪的古菌区系结构存在差异，且二花脸猪的古菌区系多样性低于长白猪（Luo et al.，2012）。

在家禽上的研究也表明，在保持生长环境相同的情况下，不同品种或品系鸡的肠道微生物组成也不同。例如，Ding 等（2017）研究发现，在相同饲养环境条件下，北京油鸡、仙居鸡和石岐杂鸡粪便中的微生物组成在属水平上仅有 94%的相似性。Pandit 等（2018）也发现罗斯肉鸡和科宝肉鸡与相同日龄的印度地方品种鸡在盲肠微生物菌群结构组成上存在显著的差异。上述研究均表明不同品种畜禽动物之间肠道微生物组成不同。造成肠道微生物组成不同的原因可能是畜禽动物的遗传背景和表型差异造成的，但其具体作用机制尚不清楚。此外，遗传因素是内在因素，其对肠道微生物组成的调控是持续不变的，但后期饲养环境、饲养方式、日粮营养物质组成等的影响会削弱或掩盖遗传因素本身的影响。

（二）肠道生理

宿主管腔环境决定了胃肠道动态微生物群落的空间分布，管腔内容物和黏液层调节微生物群沿着管道的空间分布。从近端十二指肠到回肠末端的绒毛长度变短，腔内容物的快速转运，以及胆汁酸和消化酶等化合物的存在使得近端小肠成为细菌定植的不利环境。近端小肠细菌为少量快速生长的兼性厌氧菌和从胃中携带的耐酸细菌，而回肠末端适合细菌定植。大肠明显比小肠短而宽，转运率降低，结肠最厚且最复杂，其中产生黏液的杯状细胞更丰富。在结肠中，黏液由两个确定的层组成：一个致密的内层是无菌的，一个较松散的外层被细菌定居。结肠外黏液层不仅是细菌的附着平台，而且是细菌（如某种肠道细菌）的营养源。正常菌群的维持机制也能保护肠道免受病原体的侵袭。胃里的胃酸杀死了大多数被吞食的微生物，胃酸减少或缺乏会导致小肠有较高的细菌定植率，从而使宿主更容易患细菌性腹泻疾病。胆汁具有抗菌特性，这可能是控制菌群的另一个因素。肠道蠕动是抑制前肠菌群的关键因素。肠道蠕动使得大量细菌向下端排移，肠道分泌物（如非结合性胆酸、溶菌酶等）可抑制细菌生长。微生物群通过产生自己的抗菌物质（如细菌素和脂肪酸），稳定正常的种群并防止病原体的植入。

菌群的特性不仅沿胃肠道纵向发生变化，而且也沿黏膜表面的横断面发生变化。细菌占据肠道管腔，覆盖在肠上皮细胞并黏附在黏膜上。黏液蛋白与分泌型 IgA 及细胞碎片、电解质、水等共同在肠上皮表面形成疏水的黏液凝胶层。黏液凝胶层为双分子层结构，其中结肠黏液层分层最为明显，而小肠内外黏液层界限相对比较模糊。外黏液层结构松散，是动物体内最大的储菌库，其中含有的细菌超过 500 种，专性厌氧菌可占 99%左右；内黏液层结构紧致，其中一般无微生物生存。

免疫系统通过肠上皮细胞分泌的多种抗菌肽调节肠道菌群结构。帕内特细胞合成并分泌 α-防御素，保护隐窝内上皮干细胞免受细菌侵袭，同时局部高浓度的防御素可冲洗隐窝中尚未被杀死的微生物，并将这些微生物向肠腔转运。尽管防御素在隐窝附近肠腔内浓度较低，但仍可抑制肠道细菌繁殖，维持肠道菌群的平衡。

(三) 年龄

早期研究认为,健康的动物在出生前其肠道是无菌的,幼龄动物在与外界环境接触后才逐渐建立起一个简单的微生物区系,之后经历由少到多,从简单到复杂和从不稳定到稳定的过程。但随着研究的深入,近期的一些研究发现,幼龄动物出生前其肠道并不是无菌的,由于母体因素影响已有部分菌群定植,如胎猪可通过吞饮母体羊水而获得大肠杆菌、变形杆菌、乳杆菌等肠道微生物(聂小燕等,2022);鸡胚肠道内也不是处于无菌环境,其在孵化期就已有微生物定植,可能是母体生殖道中的微生物在蛋清和蛋黄形成时就已定植在鸡蛋内部,泄殖腔中的微生物可在产蛋时附着在蛋壳表面,随后进入蛋内(Lee et al., 2019)。

对于猪而言,其肠道菌群的组成随着生长发育阶段的不同有很大的差别,随着日龄的不断增加,其肠道菌群也发生一定规律性的变化。仔猪刚出生时肠道的优势菌群主要以好氧菌和兼性厌氧菌(链球菌属 *Streptococcus* 和大肠杆菌 *Escherichia coli*)为主,随着氧气的耗尽,胃肠道内变为厌氧环境,开始大量定植乳杆菌属 *Lactobacillus*、梭菌属 *Clostridium*、拟杆菌属 *Bacteroides* 和双歧杆菌属 *Bifidobacterium* 等专性厌氧菌,高达90%以上(Isaacson and Kim, 2012)。从出生到21日龄断奶期间,仔猪粪便中的微生物丰度和多样性呈现显著增加的趋势,其中1~3日龄仔猪主要以志贺氏菌属 *Shigella*、链球菌属、肠球菌属 *Enterococcus* 和梭菌属为主;7日龄仔猪乳杆菌和乳杆菌科 Lactobacteriaceae 的丰度显著增加,而梭杆菌属 *Fusobacterium* 的丰度显著降低;14日龄时仔猪肠道中普雷沃氏菌属 *Prevotella* 和考拉杆菌属 *Phascolarctobacterium* 的丰度显著增加;而到21日龄时,仔猪肠道的菌群趋于稳定,主要以拟杆菌属、乳杆菌属和普雷沃氏菌属为主(Zhang et al., 2019)。仔猪断奶后,断奶应激以及固体日粮的摄入导致其肠道微生物的组成和功能发生很大改变,肠道中拟杆菌属细菌的丰度下降,而普雷沃氏菌属和梭菌属的丰度增加(Pajarillo et al., 2014)。Kim等(2011)分析10~22周龄生长猪粪样微生物组成发现,在门水平,粪样中的微生物主要以厚壁菌门 Firmicutes、拟杆菌门 Bacteroidetes、变形菌门 Proteobacteria、放线菌门 Actinobacteria 和螺旋体门 Spirochaetes 为主,其中厚壁菌门的相对丰度随着日龄的增长不断增加,而拟杆菌门的相对丰度随着日龄的增加逐渐减少。在属水平上,10周龄时,普雷沃氏菌属是优势菌属,相对丰度高达30%,而到22周龄时,普雷沃氏菌属的相对丰度降至3.5%~4.0%,而厌氧杆菌属 *Anaerobacter* 的相对丰度显著增加。陈宝剑等(2021)研究了猪不同生长发育阶段粪样微生物菌群结构特征,发现厚壁菌门的丰度呈现先升后降的变化趋势,从60日龄(76.22%)到120日龄(91.84%)逐渐上升,从120日龄(91.84%)到180日龄(72.05%)逐渐降低;而拟杆菌门 Bacteroidetes 的丰度呈现先下降后上升再下降的变化趋势,从60日龄(19.47%)到120日龄(5.34%)逐渐下降,从120日龄(5.34%)到180日龄(8.46%)呈现上升的趋势;螺旋体门 Spirochaetes 所占比例随着日龄的增长呈现先增加后降低再增加的趋势。猪从60日龄到180日龄粪样中微生物菌群的变化如表4-1所示。综上所述,猪肠道微生物随着日龄的变化而变化,其中断奶阶段的断奶应激对其肠道微生物组成的影响最大。

表 4-1　不同日龄猪粪样中优势菌门占比（%）（陈宝剑等，2021）

优势菌门	60 天	90 天	120 天	150 天	180 天
厚壁菌门 Firmicutes	76.22	82.03	91.84	78.17	72.05
拟杆菌门 Bacteroidetes	19.47	13.30	5.34	11.81	8.46
螺旋体门 Spirochaetes	0.21	1.49	0.93	7.40	17.84
放线菌门 Actinobacteria	3.33	1.38	0.32	0.48	0.56
软壁菌门 Tenericutes	0.38	1.05	1.12	1.16	0.64
其他	0.39	0.75	0.45	0.98	0.45

对于家禽而言，其肠道微生物也随着日龄的变化呈现显著的变化。以肉鸡为例，肉雏鸡肠道微生物定植的关键时期是出生后 1～14 日龄，在这期间肉雏鸡开始逐渐采食并消化饲料营养物质，此时期为过渡时期，肠道微生物的种类变化较大，之后随着日龄的增加，肠道中微生物的组成和多样性发生显著改变。肉鸡肌胃和盲肠中厚壁菌门为优势菌门，相对丰度高达 90% 以上，且在肉鸡 8～36 日龄呈现先增加后降低的变化趋势。同时，盲肠食糜中乳杆菌属、罗斯拜瑞氏菌属 *Roseburia* 和布劳特氏菌属 *Blautia* 的相对丰度随着日龄的递增呈现显著降低的趋势（Ranjitkar et al.，2016）。对于蛋鸡而言，其盲肠微生物从 1～3 日龄开始迅速发展，变形菌门为其优势菌门，丰度高达 85%，而厚壁菌门的丰度和分类多样性在 7 日龄后才开始增加，到 14 日龄时趋于稳定，丰度高达 85%以上（Ballou et al.，2016）。另有研究发现，1～51 周龄蛋鸡回肠食糜中的优势菌群均为乳杆菌属，且在 3 周龄后其相对丰度开始下降，25 周龄后才趋于稳定。此外，在种水平上，盲肠中 *Lactobacillus fritillaria*、约翰逊氏乳杆菌 *Lactobacillus johnsonii*、罗伊特氏黏液乳杆菌 *Limosilactobacillus reuteri* 的相对丰度随着产蛋初始逐渐增加（Ngunjiri et al.，2019）。由此可见，蛋鸡肠道优势菌门和菌属与肉鸡不完全相同，微生物定植种类和速度存在一定差异，肠道微生物的稳定速度较肉鸡缓慢，并且在育成期和产蛋初期肠道微生物组成种类波动较大。

综上所述，畜禽动物肠道内或粪样中微生物定植的种类和丰度随着日龄的变化而变化。在日常生产中，在不同畜禽动物肠道微生物菌群波动较大的关键日龄时期，需要制定更加精细化的饲养管理和营养水平调控方案，以避免肠道微生物菌群组成波动太大而造成畜禽生产性能和机体健康受到影响。

（四）性别

越来越多的研究证明，畜禽动物的性别和肠道微生物之间存在显著相关性，不同性别畜禽动物因其生理结构、生长速度和饲料转化率不同，其肠道微生物组成也不尽相同。有研究发现，公猪的粪便微生物菌群多样性比母猪的低，而阉割公猪的肠道微生物菌群结构与母猪更加相似，且阉割公猪粪样中有 13 个细菌属的相对丰度与公猪显著不同（He et al.，2019）。另有研究也证实，瘤胃球菌属 *Ruminococcus* 和链球菌属 *Streptococcus* 是猪的性别偏向菌，且与粪便中吲哚类化合物的浓度有关（Zhou et al.，2015）。在鸡上的研究也表明，肉公鸡回肠和盲肠中的微生物数量均显著高于母鸡，与母鸡相比，肉公鸡回肠中真细菌和鸟乳杆菌不解棉籽糖亚种 *Lactobacillus aviarius* subsp. *araffinosus* 的数量显著增加,而盲肠中卷曲乳杆菌 Lactobacillus crispatus 和大肠杆菌的数量显著增加(Torok et al., 2013)。在饲养条件相同的情况下,公鸡和母鸡回肠食糜中微生物菌群组成的相似性不足 30%,且在 0～21 日龄生长速度相近的情况下,其微生物在第 3 天就开始产生差异(Lumpkins et al., 2008)。在农华麻鸭上的研究也表明,两种性别农华麻鸭的肠道微生物组成和代谢功能也不相同,公鸭总的空肠微生物均匀度和多样性均高于母鸭;对微生物差异功能通路的进一步分析结果显示,公鸭在代谢和疾病方面的相关通路丰度更高,而母鸭基因折叠分类和降解通路及核苷酸代谢通路丰度更高(陈雪霏,2020)。相同饮食和饲养条件下的鸡肠道微生物:190 种微生物中,68 种受基因型(系)、性别和性别交互作用的影响;68 种细菌中有 15 种属于乳酸菌;受基因型(系)、性别和性别交互作用影响的物种分别为 29 种、48 种和 12 种。受性别影响的物种在 HW 系和 LW 系分别为 30 种和 17 种。

二、环境因素

畜禽肠道微生物菌群不仅受肠道内环境的影响,还受到所处饲养环境的影响,如针对新生仔猪肠道菌群的研究发现,其粪便微生物组成与母体粪便、乳头表面、乳汁和栏舍地板微生物最接近,且同栏饲养仔猪的肠道微生物组成相似度高于分栏饲养(Chen et al., 2018)。除此之外,温度、湿度、光照和通风等也是引起畜禽动物肠道微生物组成差异的重要因素,其中温度对畜禽肠道微生物组成和功能的影响最大。对于猪而言,育肥阶段其最适生长环境温度是 15～23℃,超过上限或下限的温度可导致猪出现各种应激反应,以及肠道微生态紊乱。Xia 等(2022)对比高温条件下(热应激)和最适温度条件下肥育猪回肠和盲肠微生物菌群结构发现,热应激导致猪回肠中微生物菌群结构显著改变,解黄酮菌属 Flavonifractor、硫单胞菌属 Thiomonas 和双歧杆菌属 Bifidobacterium 等有益菌的丰度显著降低,而劳森氏菌属 Lawsonia、放线杆菌属 Actinobacillus、毛螺菌科 Lachnospiraceae_UCG_001、蓝绿藻菌属 Lachnoclostridium、毛螺菌科 Lachnospiraceae_UCG_004 和衣原体属 Chlamydia 的相对丰度显著增加。针对肉鸡的肠道菌群研究也表明,热应激会导致肉鸡小肠中乳杆菌属 Lactobacillus 和双歧杆菌属的数量显著降低,而大肠杆菌、梭菌属 Clostridium 和沙门氏菌属 Salmonella 的数量显著增加,并伴随着肠道形态结构受损,生产性能降低的现象发生(Song et al., 2014;Burkholder et al., 2008)。此外,不同地理位置所造成的气候差异也会显著影响动物肠道微生物的组成结构。例如,生活在 5 个不同地区藏鸡的盲肠微生物菌群丰度有一定差异(Zhou et al., 2016);在保持其他条件相同的情况下,在不同地理位置饲养的科宝肉鸡的粪便、空肠和回肠中的微生物在丰度和多样性上同样存在一定的差异(Siegerstetter et al., 2017)。

另外,饲养方式也是影响畜禽动物肠道微生物菌群组成差异的重要因素之一(Bi et al., 2019)。与室内集约化养殖环境饲养的猪相比,室外环境散养的猪肠道中厚壁菌门的相对丰度显著增加,同时乳杆菌属的数量也显著增加,而潜在致病菌的数量显著降低(Mulder et al., 2009)。另有研究也发现,与饲养在水泥地板上的安庆六白猪相比,饲养在发酵床上的猪粪样中真杆菌属 Eubacterium、共养单胞菌属 Syntrophomonas、链

球菌属 *Streptococcus*、埃希氏菌属 *Escherichia*、大洋芽孢杆菌属 *Oceanobacillus* 和乳杆菌属的相对丰度显著增加（钱剑雄，2020）。

对于家禽而言，在养殖过程中，垫料是重要的环境因素，储存着家禽粪便和环境中的微生物，家禽在垫料上进行觅食时，垫料上的微生物随饲料进入肠道内，可为微生物的反复定植创造机会。有研究发现，垫料的重复使用可增加盲肠中耐盐、嗜碱细菌和产丁酸盐的普氏栖粪杆菌 *Faecalibacterium prausnitzii* 的相对丰度（Wang et al.，2016）。与此同时，垫料的质量、类型和管理方式均对肠道菌群的组成有影响，如用木屑、锯末、碎稻草和稻壳等不同垫料饲养肉鸡，其盲肠菌群结构存在显著差异（Torok et al.，2009）。此外，地面平养和笼养也会影响家禽动物的肠道微生物组成，相对地面平养而言，笼养减少了微生物的粪口传播和个体间微生物的交换。有研究发现地面平养的肉鸡盲肠微生物菌群多样性比笼养鸡丰富，优势菌群为梭菌属 *Clostridium* 相关的细菌，但可导致鸡肠道乳杆菌属的丰度降低，增加潜在致病菌弯曲杆菌属 *Campylobacter* 的定植（Gong et al.，2007；肖海蒂等，2015）。

第二节 日粮因素对肠道微生物的影响

微生物在消化道中的增殖主要依赖于利用日粮成分。因此，日粮结构是影响肠道菌群结构及代谢功能的主要因素（Louis et al.，2007）。日粮对肠道菌群的重塑效用要强于遗传因素，超过50%的肠道菌群变化与日粮结构的改变有关。畜禽的日粮变化是肠道菌群种群动态的主要驱动因素，它可能强烈地影响菌群与黏膜之间的相互作用，从而影响宿主的健康（Yang et al.，2020）。

一、日粮蛋白质

日粮蛋白质作为三大主要营养成分之一，其质量和数量对肠道微生物组成和代谢的影响已得到广泛的研究。蛋白质在消化道中经过宿主分泌的消化酶和细菌来源的多种蛋白酶等的作用下水解生成肽和氨基酸。而产生的肽和氨基酸能够被消化道的细菌利用，参与合成微生物蛋白质供宿主利用或进入分解代谢途径产生一些小分子物质（Lin et al.，2017）。因此，不同蛋白质水平以及不同来源的蛋白质日粮在肠道中消化代谢的程度不同，进而会影响肠道中微生物可利用的营养底物，进一步导致肠道微生物菌群的结构和代谢功能也不尽相同。

（一）蛋白质来源

日粮成分对宿主肠道微生物菌群结构的组成和代谢具有一定的选择性作用。氮源是非固氮微生物的重要营养成分，是构成微生物生命物质蛋白质和核酸的主要原料。不同蛋白质来源日粮，其蛋白质分子结构、氨基酸释放速率、饲料颗粒大小等之间存在差异，可能会影响蛋白质在肠道中的水解和被肠道微生物代谢利用的速率，进而会对动物肠道微生物的组成和代谢功能产生影响。21日龄仔猪被饲喂相同蛋白质水平但蛋白质来源不同的日粮14天后，易消化的酪蛋白组仔猪肠道中菌群总量，以及乳杆菌属 *Lactobacillus*、双歧杆菌属 *Bifidobacterium* 和芽孢杆菌属 *Bacillus* 的数量均显著高于玉米醇溶蛋白组，而大肠杆菌的数量低于玉米醇溶蛋白组（亓宏伟，2011）。另有研究发现，饲喂玉米-鱼粉型日粮和玉米-豆粕型日粮对仔猪空肠乳杆菌属与肠杆菌属 *Enterobacter* 无显著影响，同时对乳杆菌属与肠杆菌属的比例也无显著影响（Manzanilla et al., 2009）。Wellock 等（2006）研究发现，与饲喂豆粕型日粮相比，给刚断奶仔猪饲喂脱脂奶粉对回肠、结肠和粪样中大肠杆菌和乳杆菌属的数量无显著影响，但是显著增加了粪样中乳杆菌属和大肠杆菌的比例。综上所述，不同来源的蛋白质饲料能够改变动物肠道菌群结构，易被消化吸收的蛋白质来源日粮具有促进有益菌在肠道中增殖的作用，而不易被消化吸收的蛋白质饲料则可能促进肠道有害菌的增殖。

（二）蛋白质水平

相对于蛋白质来源，日粮蛋白质水平对肠道微生物的组成和蛋白质发酵的影响作用更大。饲粮粗蛋白质水平可通过提高氮利用率和食糜 pH 来影响肠道菌群，有利于蛋白质水解菌和潜在病原菌的增殖。当日粮蛋白质水平发生变化时，往往会伴随着以氮营养素为发酵底物的细菌数量的变化，进而导致肠道微生物区系发生改变。小肠中发酵蛋白质的主要细菌有克雷伯氏菌、大肠杆菌、链球菌、溶糊精琥珀酸弧菌、光岗氏菌和脂溶性厌氧菌。在单胃动物的大肠中，主要是拟杆菌属、丙酸杆菌属、链球菌属、梭杆菌属、梭菌属和乳杆菌属细菌具有蛋白质水解活性。增加蛋白质在小肠中的发酵可能会影响蛋白质被宿主吸收的有效性，从而降低氨基酸的消化率。研究者给育肥猪分别饲喂蛋白质水平为16%、13%和10%的日粮后发现，随着蛋白质浓度的降低，回肠食糜中难辨梭菌 *Clostridium_sensu_stricto_1* 的相对丰度显著降低，而埃希氏菌-志贺氏菌属 *Escherichia-Shigella* 的相对丰度显著增加，伴随着微生物菌群结构的改变，其微生物的代谢功能也发生相应的改变，食糜中乙酸和戊酸的浓度线性降低，生物胺（如甲胺、尸胺、腐胺、亚精胺和组胺）的浓度也显著降低（Fan et al., 2017）。研究者给仔猪饲喂比 NRC 推荐的蛋白质水平低6个百分点的日粮后，显著减少了盲肠中厚壁菌门和梭菌属 IV *Clostridium* cluster IV 的数量，并降低了食糜中氨氮、尸胺、支链脂肪酸和乙酸的浓度（Luo et al., 2015）。

对于反刍动物而言，其瘤胃内栖居着大量的微生物（包括细菌、原虫和真菌）。饲料蛋白质进入瘤胃后，微生物在降解饲料蛋白质的同时，在饲料发酵过程中产生的挥发性脂肪酸、能量和部分寡肽、氨基酸和氨，以及内源性的氨能合成微生物蛋白质。日粮蛋白质水平的变化会影响提供反刍动物氮源的数量，从而影响瘤胃微生物的组成及数量。研究者在肉牛上的研究发现，随着日粮蛋白质水平的升高，瘤胃内的白色瘤胃球菌 *Ruminococcus albus*、生黄瘤胃球菌 *Ruminococcus flavefaciens*、栖瘤胃普雷沃氏菌 *Prevotella ruminicola* 丰度升高，产琥珀酸丝状杆菌 *Fibrobacter succinogenes* 和嗜淀粉瘤胃杆菌 *Ruminobacter amylophilus* 丰度降低（Liu et al., 2017）。此外，肉牛日粮蛋白质水平升高还会增加瘤胃栖瘤胃普雷沃氏菌和嗜淀粉瘤胃杆菌的数量（梁艳，2016）。以上结果表明，日粮蛋白质水平能改变宿主动物肠道或瘤胃微生物的数量及组成，但是不同肠段微生物（小肠和大肠）和不同动物物种对日粮蛋白质水平变化的响应不同，但总体而言，饲喂较高蛋白质日粮可能导致肠道或瘤胃中有害代谢产物增加，而适当降低蛋白质水平则能缓解这种不利影响。因此，在平衡主要氨基酸的情况下，适量降低日粮蛋白质水平，可能促进畜禽动物有益菌在肠道的定植，抑制有害菌的增殖，并减少不良蛋白质代谢产物的产生，维护机体健康。

二、日粮脂肪

（一）脂肪来源

根据来源，脂肪分为植物脂肪和动物脂肪。植物来源的脂质大多为液态形式，脂肪酸组成因其不同的来源存在差别，但其主要成分均为单不饱和脂肪酸和多不饱和脂肪酸，常见的植物油脂有椰子油、豆油、玉米油、橄榄油、花生油、菜籽油、棕榈油、葵花籽油等；动物油脂除鱼油外其主要成分为饱和脂肪酸，在实际生产中常见的动物油脂有猪油、牛油、鱼油等。

1. 对反刍动物的影响

脂肪脂解后释放的脂肪酸可能在瘤胃中发挥抑菌作用。与饱和脂肪酸相比，不饱和脂肪酸具有更强的抑菌作用并更大程度地抑制瘤胃发酵，尤其是十八碳不饱和脂肪酸对纤维分解菌和原虫的抑制效应。因此在反刍动物日粮中添加脂肪时，对于其来源也要进行考虑，从而减少对瘤胃微生物稳态的影响。

日粮中添加脂肪对瘤胃细菌类型和数量的影响是不确定的，既可能显著提高微生物数量，又可能导致微生物数量减少。不同来源脂类对瘤胃细菌有不同程度的抑制作用，可能存在以下原因。①纤维素被脂肪包裹导致瘤胃微生物难以发挥其作用；②脂肪的毒性作用使瘤胃微生物区系发生改变；③细胞膜上脂肪酸的表面活性作用抑制了微生物的活动；④形成不溶性长链脂肪酸皂化物，导致阳离子利用率下降，瘤胃中脂肪浓度对微生物活动有明显的抑制作用。多不饱和脂肪酸对细菌的作用尤为明显，而且纤毛虫受脂肪的毒害作用比细菌更为显著。瘤胃是反刍动物特有的消化器官，瘤胃中微生物与宿主之间存在互惠共生的关系。日粮进入瘤胃中，在瘤胃微生物作用下会发生一系列化学反应；尤其是脂类，在瘤胃微生物作用下会发生巨大的变化，导致日粮中脂类的脂肪酸组成（主要是不饱和脂肪酸）和瘤胃内容物的脂肪酸（大多数是短链脂肪酸）之间存在差异。瘤胃中不饱和脂肪酸的氢化对微生物具有保护作用，随着多聚不饱和脂肪酸的氢化，其毒性也大幅下降。

瘤胃微生物区系主要由严格厌氧细菌、厌氧真菌和原虫组成，其中原虫主要为纤毛虫。长链脂肪酸和不饱和脂肪酸对许多瘤胃细菌都有抑制作用。日粮中添加豆油或棉籽油后，会导致瘤胃微生物数量减少，如溶纤维丁酸弧菌 *B. fibrisolvens* 和白色瘤胃球菌 *R. ablus* 数量，而 *B. fibrisolens* 和白色瘤胃球菌既是瘤胃氢化菌又是纤维分解菌，因此在日粮中添加含长链脂肪酸或多不饱和脂肪酸的脂肪类物质会抑制纤维菌的生长（赵玉华，2005）。而植物油主要成分为单不饱和脂肪酸和多不饱和脂肪酸，其种类影响瘤胃微生物发酵及微晶纤维素的降解。按照植物油对微晶纤维素降解的抑制作用大小，4种植物油处理的顺序为：亚麻油＞豆油＞棉籽油＞菜籽油，与其相应脂肪酸所含的不饱和度顺序一致。亚麻油会降低绵羊瘤胃消化水平、减少瘤胃原虫数量。亚麻油与棕榈油配比为6∶4时能提高绒山羊体外瘤胃液中脂肪代谢相关酶活性，改变相关微生物数量，减弱亚麻油添加对中性洗涤纤维（neutral detergent fiber，NDF）降解引起的抑制作用（张娟，2019）。大蒜油可以使湖羊瘤胃液体外发酵的原虫和真菌丰度降低。椰子油会直接抑制产甲烷菌的生成，并且可能改变它们的活性及瘤胃产甲烷菌种群的组成，使得甲烷的排放减少。

2. 对单胃动物的影响

在单胃动物饲料中添加脂肪不仅可为动物机体提供必需脂肪酸，而且能促进脂溶性维生素的消化吸收，还可以延长食糜在消化道中的停留时间，进而提高营养元素的吸收利用效率，同时对保护和支撑脏器及维持细胞膜正常生物学功能也具有重要意义。不同来源的脂肪其组成成分不同，在肠道微生态的调控中发挥的作用也有差异。中链脂肪酸单甘油酯（$C_8 \sim C_{12}$）能够阻止细菌性肠道病原体在肠道的定植，沙门氏菌、大肠杆菌、幽门螺杆菌等对其也有一定的敏感性。玉米油、棕榈油和椰子油能够抑制肠道中大肠杆菌的繁殖，调节肠道微生物环境，从而促进畜禽生长。

脂肪酸发挥抑菌效应是通过使细菌细胞膜失去稳定性或崩解来实现的，同时不同脂肪酸的抑菌效应有差异，脂肪酸在胃和小肠前部被直接吸收可能降低其作用效果。短链脂肪酸、中链脂肪酸及其衍生物具有抗菌活性。其中短链脂肪酸在抵抗病原菌方面扮演着重要的角色，挥发性脂肪酸和其他短链脂肪酸可以增强机体对包括胃肠道内大肠杆菌在内的异物的抵抗力。乙酸、丙酸和丁酸是碳水化合物在肠道发酵的主要产物，这些短链脂肪酸是大肠黏膜的主要能源，可以使肠道环境的pH适当降低而抑制病原菌滋生。短链脂肪酸（SCFA）中的丙酸和丁酸，中链脂肪酸中的辛酸和己酸在体外试验中都能够抑制鼠伤寒沙门氏菌。中链脂肪酸（己酸钠、辛酸钠、癸酸钠）能够使盲肠中大肠杆菌和沙门氏菌的数量降低。被包裹的丁酸能够降低粪中鼠伤寒沙门氏菌的数量，减少其在畜禽肠道中的定植。挥发性脂肪酸除了对病原菌的直接影响，还能通过提供能量和其他代谢物对肠道及整个动物体的健康起有益作用。此外，挥发性脂肪酸对于回肠菌群平衡也极为重要。

中性脂肪酸能够增加断奶仔猪胃肠道中真细菌、肠杆菌科、梭菌Ⅰ型及Ⅳ型、约翰逊氏乳杆菌、食淀粉乳杆菌的数量。同时，与猪油和鱼油相比，椰子油增加了猪盲肠内乳杆菌和双歧杆菌的含量，降低了大肠杆菌的含量，幼猪口服多不饱和脂肪酸也能够提高其肠道内微生物的含量，尤其是乳杆菌的含量，因此摄入一定量的单不饱和脂肪酸和多不饱和脂肪酸对维持机体健康具有积极作用。牛油对提高肉鸡小肠各所测部位的pH、提高空肠和回肠的球菌数、降低厌氧菌和肠杆菌的数量起着重要作用。同时豆油、牛油与猪油的混合油能够影响鸡回肠产气荚膜梭菌的数量。挥发性和非挥发性短链脂肪酸作为一些厌氧菌代谢的副产物遍布肠道，对许多细菌具有抑制作用。雏鸡出壳后前几天肠道内挥发性脂肪酸浓度较低，不足以抑制沙门氏菌增殖，很容易受到病菌感染。研究者用富含亚麻酸的鲜鱼油和亚麻籽油饲喂肉鸡能减轻柔嫩艾美耳球虫引发的盲肠病变。大多数脂肪酸在一定程度上都能起到维持单胃动物肠道健康的作用，其作用效果的发挥不仅与其类型相关，还与添加水平等各种因素紧密联系。

（二）脂肪水平

1. 对反刍动物的影响

反刍动物消化过程中，碳水化合物的发酵、蛋白质的降解和微生物蛋白质的合成，以及脂肪水解、脂肪酸生物氢化作用和脂肪酸的重新合成，都离不开瘤胃内微生物（细菌、真菌、古菌和原虫）的参与，这些过程为反刍动物提供了丰富的营养物质。反刍动物对脂肪消化的初级阶段以激烈的脂肪水解、脂肪生物氢化作用，以及微生物细胞内重新合成为主要特点，瘤胃内细菌和植物本身的脂解酶将脂肪水解。日粮脂肪进入瘤胃后，被瘤胃微生物和植物所释放的脂解酶水解成脂肪酸，其中的不饱和脂肪酸被瘤胃内一些细菌生物氢化，生成饱和脂肪酸。

日粮中添加过多油脂可能对瘤胃微生物具有抑制甚至毒害作用。日粮中添加过多脂肪会引起瘤胃 pH 下降，改变瘤胃微生物群落结构，从而降低微生物代谢活性、降低瘤胃纤维素消化率，这种干预瘤胃消化的限制因素在于不饱和脂肪酸对微生物生长有抑制作用。湖羊瘤胃液中添加 50mg/L 大蒜油进行体外发酵，结果显示其瘤胃中原虫和真菌数量减少。而 250mg/L 大蒜油对奶牛瘤胃液体外发酵的原虫影响不大，250mg/L 牛至油会使得其瘤胃原虫数量减少（Patra and Yu，2012；陆燕等，2010）。因此，在解析脂肪对反刍动物肠道微生物的影响机制时，除了考虑其添加水平，还需要系统考虑宿主的饲养环境、生理状况等。

2. 对单胃动物的影响

在单胃动物机体中，大肠杆菌、葡萄球菌、链球菌等致病菌在肠内的适宜生长环境为 pH 6.0～7.0，当 pH 低至 4 时基本失活。而乳酸菌等肠道有益微生物在肠内的最适宜生长环境为 pH 3.0～4.5。短链脂肪酸在肠道内的离子化过程中，可以释放出 H^+ 降低肠道酸碱度。酸性的肠道环境对乳酸菌等肠道有益微生物的生存具有促进作用，而对葡萄球菌、大肠杆菌、链球菌等致病菌的增殖具有抑制作用。在肠道酸性环境下，质子化形式的 SCFA 有弱亲脂性，可通过扩散作用进入病原微生物细胞内分解产生 H^+，使膜内外 pH 差值缩小，从而影响细菌细胞的正常生理活动。而丁酸可以通过解偶联转运电子来减少 ATP 的产生，从而抑制细菌正常生长。由此可知，短链脂肪酸主要是通过释放 H^+ 降低肠道 pH 抑制有害菌来促进肠道微生态平衡。

短链脂肪酸在体外对沙门氏菌属有直接的抗菌活性，能降低沙门氏菌的侵袭力与致病基因的表达。每千克日粮添加 2g 包被丁酸减少了 6 周龄仔猪粪便中的沙门氏菌脱落数，而未包被丁酸和己酸因被胃肠道上皮细胞迅速吸收而对粪便中沙门氏菌数量没有影响。断奶仔猪日粮中脂肪水平过高会导致肠道中大肠杆菌数量增加，从而损伤肠道健康。在断奶仔猪日粮中添加 2.5% 和 5% 不同水平的油脂，5% 油脂使得仔猪盲肠微生物的多样性降低，同时高脂日粮会使得猪肠道中厚壁菌门 Firmicutes 的相对丰度增加（张晓峰等，

2016)。中链脂肪酸对多种肠道微生物均有效，它们可通过减少肠道细菌（如弯曲杆菌属、梭菌属、沙门氏菌属和大肠杆菌）在鸡肠道的定植发挥作用，从而营造出更加健康和稳定的肠道环境，有利于肉鸡生长性能的提高。豆油中饱和脂肪酸含量较高，在肠道内具有较高的溶解度，能够降低回肠的 pH，抑制有害菌生长。饲喂大豆油的肉鸡回肠中产气荚膜梭菌的含量降低。高脂饮食能够影响小鼠大肠菌群结构，使益生菌（双歧杆菌、乳杆菌）及常规共生菌（肠球菌、拟杆菌）数量减少，而肠杆菌和梭菌的数量增加，从而导致健康小鼠肠道菌群结构失调。由此可见，单胃动物肠道菌群结构与脂肪水平密切相关。在日粮中要适量地添加脂肪，防止添加量过高导致肠道微生物体系平衡被打破。

三、日粮碳水化合物

碳水化合物在动物体内消化后以葡萄糖的形式供能，以糖蛋白和糖脂的形式参与机体构成。同时，在碳水化合物摄入充足的情况下，可以减少蛋白质的消耗。肠道微生物有一系列酶来利用不同的碳水化合物。碳水化合物活性酶包括糖苷水解酶（153 个亚家族）、糖基转移酶（106 个亚家族）、多糖裂解酶（28 个亚家族）和碳水化合物酯酶（16 个亚家族）。拟杆菌门和厚壁菌门的成员在其基因组中拥有最大的生长激素基因编码区，可利用不同的多糖作为碳源。非淀粉和抗性淀粉的膳食多糖通过小肠，并作为结肠微生物群的底物。作为动物饲粮中重要的能量物质之一，碳水化合物在调节和塑造肠道菌群中发挥着重要作用。快速发酵的碳水化合物在肠道前段完全发酵后，对大肠微生物区系影响不明显，而慢速发酵的碳水化合物能够促进有益菌在大肠中的定植。

（一）对反刍动物肠道微生物的影响

1. 对瘤胃原虫的影响

日粮碳水化合物结构比例在很大程度上影响反刍动物瘤胃中纤毛虫的组成和数量。随着日粮中精料水平的提高，日粮能量水平随之提高，反刍动物瘤胃内纤毛虫数量也进一步增多。饲喂全粗日粮的绵羊突然提高其日粮精料比例，瘤胃原虫浓度会出现升高的现象。但当日粮中精料百分比提高到 60%或更高时会引起瘤胃内 pH 的下降，瘤胃原虫浓度迅速下降甚至完全消失（Grubb and Dehority，1975）。一般情况下，当日粮中粗料含量为 40%~50%时，瘤胃原虫数量最多，种类也最丰富。日粮碳水化合物结构比例对内毛虫数量的变化影响尤其大，精料比例增大会增加奶牛内毛虫的数量。饲喂干草或牧草时，内毛虫数量占到整个纤毛虫总量的 40%~90%；日粮中添加精料时，内毛虫数量可达整个纤毛虫数量的 90%~98%（Ueda et al.，2003）。

2. 对瘤胃细菌的影响

日粮结构可影响瘤胃中不同细菌种群的数量。在高粗日粮条件下，溶纤维丁酸弧菌和栖瘤胃普雷沃氏菌是瘤胃中的优势种群，而在高精日粮条件下，反刍月形单胞菌、牛链球菌、乳杆菌及嗜淀粉瘤胃杆菌为优势种群。粗饲料条件下淀粉降解菌在细菌总数中的占比低于高精料时其在细菌总数中的占比，其中丁酸弧菌、反刍月形单胞菌、嗜淀粉瘤胃杆菌、链球菌为主要淀粉降解菌。日粮从粗饲料突然转变为高精料情况下，荷斯坦奶牛的瘤胃球菌消失（Tajima et al.，2000）。

3. 对瘤胃真菌的影响

厌氧真菌通常附着于细胞壁厚、木质化程度较高的组织上生长，当动物采食高粗纤维日粮时其瘤胃内常含有较多的厌氧真菌。含有较高粗纤维和中性洗涤纤维的全饲草日粮，以及以青贮玉米或秸秆为主的日粮有利于厌氧真菌生长。但即使全为饲草日粮时，如果茎秆含量较低，也不利于瘤胃内厌氧真菌的生长。底物的精粗比对共培养系统中纤维降解细菌和真菌数量均有很大的影响，适当的精粗比有利于瘤胃真菌和纤维降解细菌在发酵前期建立起相对稳定的共培养体系。发酵至 24h 时，精粗比为 3∶7 和 5∶5 组的瘤胃真菌和细菌数量与发酵 0h 相比均有较大幅度的增加（孙云章，2005）。采食高淀粉日粮或可溶性糖、乳清含量高的日粮的动物，其瘤胃中有时甚至检测不到厌氧真菌。原因在于，这些日粮在动物瘤胃内的快速发酵会引起瘤胃 pH 迅速下降，与瘤胃原虫情况相似，低 pH 也不利于厌氧真菌生长，所以瘤胃内厌氧真菌数量很少甚至完全消失。又因为木质化组织利于厌氧真菌的附着，所以瘤胃中大量可溶性糖的存在可能不利于游动孢子在植物颗粒上的附着及萌发。

（二）对单胃动物肠道微生物的影响

1. 纤维

纤维对改变宿主肠道菌群，并维持其丰度和稳定性具有重要的作用。高纤维饮食可以提高肠道菌群的丰度，而低纤维饮食则会降低肠道菌群丰度。随着大肠中日粮纤维含量的提升，整体微生物群落的活性也随之提升，但是，不同来源日粮纤维对单独种群的刺激则有选择作用（Castillo et al.，2007）。日粮纤维在肠道中发挥作用主要是通过竞争机制，防止大肠杆菌等病原微生物吸附于宿主肠道组织，纤维与肠道中的大肠杆菌互作，使其加速排出体外，这使得食糜中大肠杆菌数量减少，从而降低了大肠杆菌等病原微生物在肠道内黏附、增殖与易位的风险。

断奶仔猪肠道中细菌总量与日粮中性洗涤纤维（NDF）与酸性洗涤纤维（acid detergent fiber，ADF）的含量密切相关。饲喂大麦的仔猪肠道中乳杆菌的总量上升，而大肠杆菌的总量下降，并且在盲肠中双歧杆菌的总量也得到提升；同时仔猪饲粮中添加瓜儿胶或者纤维素，回肠食糜中双歧杆菌的含量会提高（Drew et al.，2002）。此外，对于母猪而言，富含阿拉伯木聚糖的日粮处理下粪便中乳杆菌和双歧杆菌等有益菌的含量提高（Nielsen et al.，2014）。纤维的发酵性能与微生物群落的改善之间存在着密切且重要的关联。仔猪饲喂含有小麦麸和甜菜粕的日粮，其肠道内大肠杆菌数量减少，乳杆菌与肠杆菌比值增大，且添加易发酵菊苣纤维的猪回肠末端乳杆菌为优势菌种，结肠中丁酸产生菌与普雷沃氏菌的相对丰度与菊苣纤维添加量呈线性相关（Gasa et al.，2010）。日粮中添加 34% 的抗性淀粉增加了公猪结肠前端产丁酸菌（如普氏栖粪杆菌和埃氏巨球形菌）的丰度，减少了潜在致病微生物（如钩端螺旋体属微生物）的丰度，促进了结肠上皮细胞三羧酸循环及脂肪酸 β-氧化的进程，但抑制了细胞分化、非特异性免疫和适应性免疫应答；在母猪中也会产生相同效果。此外，高纤维素和高不可溶性纤维含量的带壳大麦、燕麦促进了仔猪肠道中生黄瘤胃球菌和解木聚糖梭菌的增殖，乙酸产量增加而发酵活性降低；同时，无壳大麦中β-葡聚糖可促进多枝梭菌的生长，增加总SCFA的浓度（Haenen et al.，2013；Pieper et al.，2009）。

2. 寡糖

单胃动物的发酵主要发生在大肠（盲肠、结肠和直肠），寡糖可以改善单胃动物的肠道菌群，这一点在猪和鸡的饲养中均已得到证实。生长猪基础日粮中添加不同剂量的低聚木糖，可以增加乳杆菌的数量，减少沙门氏菌的数量（罗有文和扶国才，2009）。在断奶仔猪基础日粮中添加不同剂量的低聚木糖和甘露寡糖都能有效抑制肠道大肠杆菌的增殖，增加肠道中乳杆菌和双歧杆菌的数量。低聚异麦芽糖在仔猪肠道中也能起到相同的作用。同时在仔猪饲粮中添加寡聚糖能够达到抑制直肠中大肠杆菌生长、促进结肠中双歧杆菌及直肠中双歧杆菌增殖的效果。日粮中添加乳糖也能够减少仔猪肠杆菌数量，增加乳杆菌的数量，从而改善断奶仔猪肠道微生物区系；寡聚糖在哺乳仔猪日粮中对粪便中的大肠杆菌数量也起到减少的作用（谭碧娥等，2007）。在家禽养殖中添加寡糖也有一定的效果。日粮中添加0.05%和0.10%的啤酒酵母甘露寡糖可以增加21日龄肉鸡盲肠内双歧杆菌的数量，同时减少28日龄肉鸡盲肠内大肠杆菌和沙门氏菌的数量（阎桂玲等，2008）。在饮水中分别添加0.5%、1.0%和1.5%以壳聚糖为培养底物研制的壳聚糖饲用微生物制剂饲喂湘黄鸡，结果显示其盲肠中的大肠杆菌数目减少，乳杆菌数目增加（杨仕柳等，2006）。基础日粮中添加1.5%果寡糖粗制品（果寡糖含量为33%）可以增加肉鸡14、21日龄盲肠中双歧杆菌的数量（王岭和单安山，2003）。寡糖类碳水化合物能够完善动物肠道微生物区系，但其对于在单胃动物中添加不同种类碳水化合物的作用效果如何，还需通过大量实验验证。

四、日粮维生素

肠道菌群对维生素产生影响，而维生素和肠道菌群之间的作用是双向的，维生素也会影响肠道菌群。维生素K和维生素B族是由肠道微生物群合成的。饲料中维生素在消化道的吸收可以调节肠道微生物群的丰度和多样性。维生素A调节双歧杆菌属、乳杆菌属和阿克曼氏菌属，对微生物健康有益。一些复合B族维生素是由肠道共生体产生的，其中一些维生素参与增强潜在致病微生物的定植。适量补充维生素C、维生素D和维生素E可调节有益健康的微生物群，尤其是双歧杆菌属和乳杆菌属的有益菌群。维生素D和维生素E还能调节蔷薇属植物中有益健康的微生物。此外，维生素D和维生素E也可降低厚壁菌门与拟杆菌门的比值。

（一）对反刍动物肠道微生物的影响

虽然反刍动物对维生素的需要量很低，但它却对调节和控制机体新陈代谢有十分重要的作用，尤其对反刍动物的生长、健康、发育、繁殖、免疫均具有十分重要的意义。

反刍动物瘤胃微生物能够合成其自身所需的 B 族维生素，所以在反刍动物日粮中以添加脂溶性维生素为主。但是随着大量试验工作的进行，研究人员发现在反刍动物日粮中适当添加水溶性维生素也很有必要。因此人们在试图通过在日粮中添加维生素改善动物肠道健康时，也应该考虑到维生素的种类及机体所缺少的维生素类别。

反刍动物有两个生态系统，即瘤胃内的微生物生态系统和动物的外部环境。反刍动物的营养利用效率很大程度上取决于发酵产物的平衡，而这种平衡最终取决于瘤胃微生物的种类。在反刍动物日粮中适当添加维生素，对其健康状况具有积极的作用。高水平维生素 A 能促进纤维菌生长发育和繁殖，从而能更多地分解秸秆纤维素，产生更高的乙酸浓度。β-胡萝卜素进入机体后会转化为维生素 A，促进反刍动物瘤胃中纤维素分解菌生长，进而促进瘤胃内脂肪酸吸收，有利于瘤胃微生物的生长及瘤胃的健康发育。生长期山羊日粮中添加复合维生素 B，可使盲肠中普雷沃氏菌等有益菌相对丰度升高，大肠杆菌等有害菌的相对丰度降低，对山羊的肠道健康与生长具有积极作用（吴晨等，2021）。硫胺素（维生素 B_1）在降低山羊人工瘤胃内乳酸浓度和缓解瘤胃酸中毒中起重要作用，同时它还能够降低瘤胃液中牛链球菌的相对数量。此外，用高精料饲粮诱导奶牛瘤胃酸中毒后添加 180mg/kg 的硫胺素可以降低乳酸产生菌的相对丰度，提高瘤胃 pH，缓解瘤胃酸中毒（Wang et al.，2015）。

不同水平的维生素对反刍动物瘤胃微生物结构会产生不同的影响。高剂量的维生素 E 在纤维饲料上使用时会损害微生物活性，但在淀粉类饲料上使用时不会损害微生物活性。而无论使用何种饲料，维生素 C 都会对微生物活性产生积极影响。添加适量的维生素 E 具有保持微生物膜完整性的抗氧化作用，促进瘤胃原生动物和纤维素分解细菌生长。维生素 E 添加量过高时，纤维素消化率降低、瘤胃细菌生长受损，而低剂量的维生素 E 会提高瘤胃微生物的活性，增加瘤胃微生物的数量。维生素对反刍动物肠道健康具有一定的促进作用，但是其效果的发挥与其类型和添加水平也密切相关，因此，人们在饲喂动物时也要多方面考虑这些影响因素。

（二）对单胃动物肠道微生物的影响

单胃动物从胃肠道中吸收其合成的维生素的能力，因维生素和动物种类的不同而异。维生素 K 的合成和吸收效率非常高，因此，除家禽以外的动物几乎不可能缺乏维生素 K。而水溶性维生素是机体代谢所必需的，但是在单胃动物肠道内很难被吸收利用，因此需要由饲粮提供。维生素 B_{12} 被称为肠道微生物组的调节剂，维生素 B_{12} 和泛酸在小肠中被合成，但是它们只有很少量能被吸收，因此，在单胃动物饲粮中需要添加这两种维生素，同时根据动物实际的营养需要适当地补充机体合成不足的维生素。维生素的来源广泛，维生素 A 主要来源于动物的肝脏、鱼肝油等；维生素 D 主要存在于肝、奶及蛋黄等中；维生素 E 主要存在于植物油中；维生素 K 在绿色植物及动物肝中含量丰富；含维生素 B_1 的食物有谷类、硬壳果、动物肝肾、瘦肉及蛋类；维生素 B_2 来源于动物肝、肾、心及牛奶、鸡蛋、绿叶蔬菜和豆类；维生素 B_6 来源于酵母、动物肝、瘦肉、乳清、谷物及其副产物和蔬菜；维生素 B_{12} 和叶酸广泛存在于肝脏和绿叶蔬菜、豆类中，维生素 B_{12} 是一种重要的营养因子，适量添加到饲粮中可以起到调节肠道菌群的作用；

烟酸含量最多的是动物肝和酵母；维生素 C 含量较多的有芭蕉、番茄、柠檬、瓜类、柑橘，含量最高的是针叶樱桃。

日粮中添加维生素不仅可以影响肠道细菌群落的组成，还可以影响肠道细菌群落的活性。维生素 A 对肠道菌群具有平衡作用。饲喂 NRC 标准水平的日粮维生素的肉鸡比不饲喂日粮维生素的肉鸡具有更高的盲肠细菌多样性和更高比例的梭菌、粪肠杆菌和乳杆菌。同时在球虫和产气荚膜梭菌混合感染肉鸡的日粮中添加维生素 A，能够抑制产气荚膜梭菌在肉鸡小肠内的定植，降低肠道损伤（张元可，2020）。在被沙门氏菌感染的肉鸡日粮中添加维生素 C，肉鸡盲肠微生物丰富度增加，厚壁菌门与拟杆菌门的比值增加，肠杆菌科的相对丰度降低。而在热应激肉鸡日粮中添加 200mg/kg 维生素 E 对其肠道菌群数量及结构没有起到明显的保护作用（Gan et al.，2020；魏霖，2020）。维生素 D 与整体微生物群多样性有关，它能在微生物作用下产生丁酸盐从而维持肠道结构的完整，调节肠道微环境。被感染或未被感染的小鼠机体缺乏维生素 D 都会导致粪便微生物群组发生改变。对炎症性小鼠加以维生素 B_6 处理，小鼠肠道中沙门氏菌的定植减少，且促进了其肠道炎症的恢复。此外，在小鼠口服维生素 B_{12} 后，其后肠食糜中拟杆菌的相对丰度降低。综上所述，维生素在促进畜禽肠道健康方面发挥着一定作用，但是同种动物添加不同类别维生素时的作用效果存在差异。

饲养标准中列出的维生素需要量均为畜禽最低需要量，是在试验条件下，以不发生缺乏症标准制定的。考虑到加工、储藏过程中的损失及其他各种影响因素，饲粮维生素添加量必须根据畜禽健康状况、生产水平、饲料组成、环境温度、饲养方式及加工工艺等具体情况，参考推荐量，灵活调整，从而制定出适宜的维生素添加水平。一般情况下，维生素实际添加量应大于我国畜禽饲养标准及美国 NRC 饲养标准水平，才能带来较好的经济效益。维生素 D_3 的缺乏与过量都会影响肠道菌群的丰富度，而添加适量的维生素 D_3 可以增加肠道菌群的丰富度。在肉仔鸡的日粮中分别添加 1500IU/kg、5000IU/kg 的维生素 A，能够影响肉仔鸡盲肠内大肠杆菌、沙门氏菌、乳杆菌和双歧杆菌数量，且添加 5000IU/kg 维生素 A 的作用效果更佳。饲粮中添加 2.50mg/kg 叶酸和 0.009mg/kg 维生素 B_{12} 能够优化雏鹅盲肠菌群结构，增加有益菌的丰度，进而提高生长性能（张春善等，2009；程漫漫等，2018）。日粮中维生素添加水平也是决定维生素功效发挥的一个重要因素，添加量过多过少可能都会产生与预期相反的结果。

五、日粮微量元素

微量元素与肠道微生物发生主动的相互作用。微量元素可以调节肠道微生物群。然而，迄今为止发表的研究大多是评价微量营养素缺乏和补充后微生物组的变化。补钙可调节实验动物中双歧杆菌、瘤胃球菌及拟杆菌门与普雷沃氏菌的比例。目前尚不清楚缺乏或者补充镁（Mg）在调节肠道菌群中的作用，而在急性缺乏的动物模型中补充 Mg 似乎能调节有益健康的肠道微生物群。磷补充剂可以影响 SCFA。补充锌减少了肠道有害微生物，增加了肠道有益微生物。硒的添加增加了肠道微生物的多样性，正向调节有益健康的微生物（如阿克曼氏菌和苏黎世杆菌），负向调节有害微生物（如多雷亚菌和黏液菌）。碘的补充导致了肠道生态失调，也减少了健康有益微生物的丰度，如粪杆菌属 *Fecalibacterium*。许多肠道病原菌（如沙门氏菌、志贺氏菌和大肠杆菌）会在肠道中争夺未被吸收的铁。因此，肠道中合适的铁浓度会影响这些细菌在肠道定植的能力和它们的毒性。而乳杆菌属的肠道共生菌能够阻止肠道病原菌的定植，它们不需要铁来参与自身的代谢过程，而且缺乏从肠腔吸收铁所需的铁载体。日粮铁的摄入过量会导致肠道病原菌的大量生长，降低宿主肠道中铁的利用率。而缺铁会导致肠道中罗斯拜瑞氏菌属、拟杆菌属细菌和直肠真杆菌的减少，以及肠杆菌科细菌增加。铁失衡（缺乏或超载）会导致肠道菌群的改变，进而改变微生物多样性，增加病原体丰度并诱导肠道炎症的发生发展。

（一）对反刍动物肠道微生物的影响

微量元素添加剂预混料是动物补饲精料的重要组成成分，微量元素作为动物体内必需的营养元素，在生命活动中起着极其重要的作用，摄入过量或不足都会对动物机体产生不良影响。微量元素包括铁（Fe）、铜（Cu）、锰（Mn）、锌（Zn）、硒（Se）、钴（Co）等。在动物机体中，虽然微量元素含量很少，但它们具有极其重要的生物学功能，涉及几乎所有的生命活动过程，如发育、新陈代谢、神经活动、内分泌及免疫应答等。反刍动物的瘤胃内栖息着大量的微生物，瘤胃微生物能帮助宿主消化自身不能消化的纤维素、半纤维素等植物物质，为宿主提供能量和其他养分，而微量元素对瘤胃微生物有着重要的促生长作用。Fe、Zn、Co、Cu、钼（Mo）等参与了瘤胃微生物的代谢。如果反刍动物饲粮中含有的某种元素无法达到反刍动物机体的需求，则会影响反刍动物的生长发育，因此，对动物进行微量元素补饲至关重要。

微量元素是影响瘤胃微生物发酵的重要因素，各种微量元素与反刍动物瘤胃微生物的生长发育都有着一定的关联。在藏羊的日粮中添加富含硒元素的酵母对改变其瘤胃微生物群落结构和代谢功能起着积极作用。此外，饲粮中添加 0.3mg/kg 酵母硒提高了瘤胃微生物的生物活性，从而有助于促进育成湖羊的瘤胃发酵。硒还能同时提高乙酸、丙酸、丁酸的产量及总挥发性脂肪酸量，从而营造适宜于微生物生长的环境，维持机体肠道健康。钼元素在反刍动物营养代谢中具有特殊的作用，钼元素一方面作为反刍动物瘤胃微生物硝酸盐氧化酶的组成成分，直接参与瘤胃中饲料硝酸盐的转化；另一方面，作为硫酸盐氧化酶的辅助因子对瘤胃微生物代谢有刺激作用，使瘤胃内降解粗纤维类微生物增长。研究人员给瘤胃液中添加不同水平的铜进行体外培养试验，发现铜对纤维素降解起到了很大的促进作用。日粮中添加高于 NRC 标准的铜，可促进瘤胃微生物对纤维物质的降解作用。羔羊日粮中添加有机锌能够影响其瘤胃发酵和瘤胃微生物群（Petrič et al., 2020）。犊牛的日粮中分别添加 104mg/kg 氧化锌、457mg/kg 蛋氨酸锌，1 日龄犊牛变形菌门的相对丰度降低，7 日龄犊牛拟杆菌和乳杆菌的相对丰度增加；补充蛋氨酸锌，在第 2 周时增加了犊牛瘤胃球菌的相对丰度，促进了犊牛肠道及瘤胃发育，缓解了犊牛腹泻状况（Chang et al., 2020）。微量元素虽然是影响瘤胃微生物生长发育的一个重要因素，但并不是唯一因素，瘤胃微生物生长发育还受到添加量、饲养环境及动物生理状态的影响。因此应该通过体外与体内相结合的方式去探究如何高效地发挥微量元素添加剂的作用。

（二）对单胃动物肠道微生物的影响

单胃动物胃肠道微生物主要由细菌组成，特别是革兰氏阳性厌氧菌，是单胃动物胃肠道微生物主要的菌群种类。胃肠道微生物区系的稳定非常重要，可对机体生理、发育、营养和免疫等方面造成影响，进而可影响机体的健康与生产性能。肠道内的共生菌对动物组织和免疫功能的发育有重要作用，可达到多种营养成分的添加效果。因此维持肠道微生态平衡对于畜禽健康极为重要。微量元素在动物体内履行着重要的生理功能，如在新陈代谢中发挥着复杂的功能，并且它们的缺乏可导致动物机体生理功能的紊乱，因此需要通过饲料向动物提供适量的微量元素。目前大多数研究关注的都是微量元素在畜禽生长性能、机体免疫方面的作用，而其对肠道微生物的作用被关注较少。其实，畜禽日粮中适当添加微量元素对其肠道稳态可以起到重要作用，能够缓解应激等症状。

饲料高铜能够增加仔猪粪源肠球菌和乳杆菌的耐药性和铜抗性，并对抗性的维持有一定的作用。断奶仔猪日粮中添加 750mg/kg 多孔氧化锌后，其 Chao1 和 Ace 指数升高，同时厚壁菌门的相对丰度增加，变形菌门和放线菌门的相对丰度降低，有利于提高肠道菌群多样性并改善肠道微生态环境（彭鹏等，2018）。给患有肠炎的断奶仔猪日粮中添加低剂量的铁可以提高仔猪的生产性能和消化率，但对治疗腹泻效果不明显；而高剂量的铁易导致肠道黏膜的氧化损伤，加剧肠炎症状，致使消化率、日增重降低，肠道微生物菌群失衡。随着铁水平的增加，仔猪肠道中大肠杆菌数量也线性增加，因此铁含量过高可能引发仔猪腹泻。仔猪饲粮中添加半胱胺螯合锌，可以使其粪便中大肠杆菌的数量降低，起到抗菌和减少腹泻的作用，从而提高其生长性能。同时，在育肥猪中添加半胱胺螯合锌能够增加其肠道中有益菌厚壁菌门的相对丰度，降低有害菌变形菌门的相对丰度，但对肠道微生物区系结构无影响（于光辉等，2020）。同样微量元素与家禽肠道健康也密切相关。在肉仔鸡日粮中添加 Cu，能提高盲肠乳杆菌和双歧杆菌的数量，降低大肠杆菌的数量，有利于盲肠肠道菌群平衡。锌能够阻止感染鼠伤寒沙门氏菌的肉仔鸡肠道中沙门氏菌的定植，有利于稳定肉仔鸡肠道微生物区系，改善肉仔鸡生长性能。此外，在肉仔鸡日粮中分别添加 0.6mg/kg、1.2mg/kg 的有机硒能够改善肠道中细菌和真菌的多样性和丰富度（辛可启等，2020）。

六、微生态制剂

微生态制剂包括益生菌和益生元或它们的组合（也称为合生元）。大量研究已证实，益生菌和益生元可以改善畜禽的生长性能、提高饲料转化率、促进肠道屏障功能、抑制致病菌、降低腹泻时间和严重程度（Barba Vidal et al.，2019；Mu et al.，2018；Liao and Nyachoti，2017；Roselli et al.，2017）。

（一）微生态制剂对肠道微生物的调节机制

微生态制剂在畜禽肠道中发挥作用的重要机制是调节肠道微生物菌群（图 4-1）（Guevarra et al., 2019）。益生菌被定义为给予宿主足够数量的有益健康的活菌微生物，它也被扩展到包括酵母菌细胞、细菌细胞或两者的组合；它们通过调控胃肠道环境来改善宿主的健康。益生菌具有抗感染特性，如它可以减少沙门氏菌的定植。Pajarillo 等（2015）的研究发现，唾液乳杆菌 UC118 和屎肠球菌 NCIMB 11181 对肠道菌群有积极的影响，表现在细菌多样性和丰富度的增加，维持肠道菌群的稳定。Liu 等（2015）在断奶仔猪中补充益生菌同样发现其可以改善肠道微生物平衡、免疫力和生长性能。Shin 等（2019）证实了植物乳杆菌菌株 JDFM LP11 对断奶仔猪肠道菌群的调节和免疫应答的作用。JDFM LP11 增加了断奶仔猪肠道微生物群落的多样性和丰富度，增加了粪便中乳酸菌的数量，降低了肠道炎症相关基因的表达，促进了断奶仔猪肠道发育。

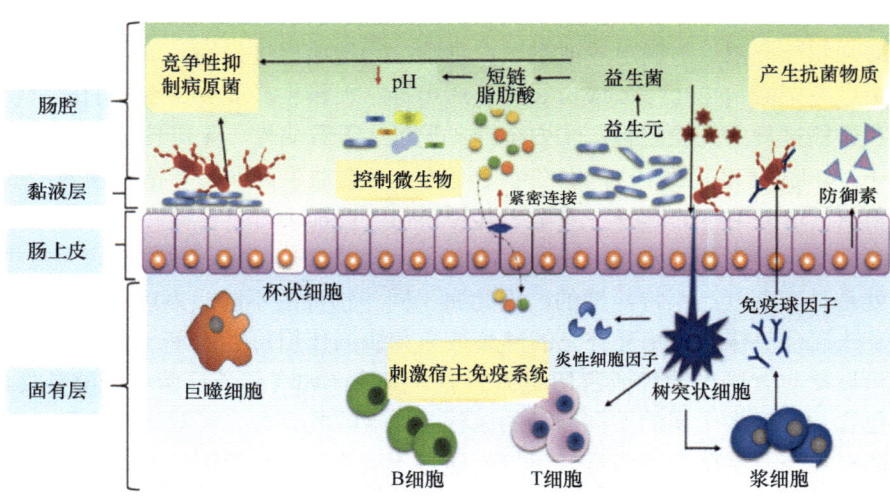

图 4-1　益生菌、益生元影响肠道微生物菌群的潜在机制（Guevarra et al., 2019）

益生元很容易被有益菌获得并作为发酵能源，促进有益菌菌株的生存。益生菌可以产生短链脂肪酸，降低肠道 pH，也可以刺激宿主免疫系统产生抗菌物质来调控肠道微生物群落（Mountzouris et al., 2006）。益生菌分泌的生物活性分子对许多肠道病原体都能发挥作用，包括大肠杆菌 O157:H7、沙门氏菌、弯曲杆菌和艰难梭菌。Nordeste 等（2017）发现，嗜酸乳杆菌产生的蛋白质生物分子，可以通过调节大肠杆菌的毒力来减轻仔猪感染 K88 大肠杆菌的影响。这些抗菌物质主要通过干扰细胞与细胞之间的通信，下调参与上皮细胞黏附和侵袭的基因表达等途径发挥作用。此外，益生菌通过竞争性抑制病原菌影响肠道微生物生态。

益生元是一种不可消化的食物成分，通过有选择地刺激结肠中一种或有限数量的细菌的生长和（或）活性，对宿主产生有益的影响。最常用的益生元是低聚半乳糖（galato-oligosaccharide, GOS）、菊粉和低聚果糖（FOS），其他具有益生潜力的物质（如抗性淀粉、果胶和其他纤维成分）也已被开发。不同的益生元复合物具有不同的益生特性，不同种类的益生元组合的复合物可能比单独的微生物种类对于促进生长性能和断奶后腹泻控制具有更为显著的益处（Lu et al., 2018）。

合生元被定义为一种同时含有益生菌和益生元的产品,这种组合被认为在肠道健康和功能方面比单独的益生菌和益生元更有效。合生元配方的选择可遵循两种不同的标准:①互补效应,根据宿主特定的期望效益选择单一或多菌株益生菌,独立选择益生元以刺激肠道有益菌群;②协同效应,选择特定的宿主有益菌,选择益生元成分特异性地提高所选摄入的益生菌菌株的生存、生长和活性。然而,一个理想的合生元制剂应该包括互补和协同作用,包含适当的单一或多菌株益生菌,以及适当的益生元混合物,后者既选择性地利于前者增殖,也有利于内源性有益细菌的繁殖和有害细菌的减少(Kolida and Gibson,2011)。

(二)微生态制剂生产中的实际应用

畜禽生产使用的益生菌必须具有4个主要属性。①在肠道内定植或具备代谢活性:抵抗胃酸和胆汁分泌、与肠上皮或黏蛋白黏附;②健康促进作用:能产生抗菌物质、抵抗病原菌以及刺激宿主免疫反应;③工业适用性:大量生产能力、良好的感官特性、生产储存和运输过程中的稳定性;④安全性:无毒、无致病性、无可传播的抗生素抗性基因(Barba Vidal et al.,2019)。生产中使用的大多数益生菌属于芽孢杆菌属、肠球菌属和酵母菌属。这类菌株的选择主要基于其规模化生产能力好,在储存和饲料制备过程中具有较高的生存能力和稳定性(Barba Vidal et al.,2019)。研究者普遍认为益生菌对健康的益处是具有高度品系特异性的,因此属于同一物种的不同品系可能有不同的作用。因此,多株混合菌株通过相互补充的健康效应和协同作用可能比单一菌株更有效。益生菌组合可以是包含同一菌种或密切相关的多个菌种(如嗜酸乳杆菌和干酪乳杆菌),也可以是包含一个或多个属的不同菌种的菌株(如嗜酸乳杆菌、长双歧杆菌和屎肠球菌)。但也有研究认为益生菌属的多样性可能会通过不同物种、抗菌物质的相互抑制或对营养物质或结合位点的竞争而降低其有效性(Chapman et al.,2011)。多菌种益生菌的联合效应也与更广泛的活性有关,比如抑制更广泛的致病菌,组合合理具有更大的协同作用和共生作用。未来的研究应着眼于获得共生或协同组合,以最大限度地发挥这些益生菌组合的积极效益。

益生菌的作用具有特异性,不仅取决于特定的菌株、剂量和环境,以及宿主特异性,还取决于宿主相关的生理参数(如健康状况和遗传)或环境(如卫生状况和饮食)。未来益生菌的选择应基于最新发表的科学文献,并应考虑宿主和环境特征。益生菌种类的选择应注重与所用菌有关的特定靶标。例如,以M细胞为目标开发促进肠道免疫和sIgA分泌的菌株,靶向下丘脑-垂体-肾上腺轴可以改善动物健康,减少常见应激源的影响。能适应结肠环境的益生菌菌株可能是优良选择,如具有抗炎特性可对抗肠道菌群失调,或者通过细菌酶解提高生产性能,或者作为氨基酸的生物合成途径。更好地了解益生菌的作用机制,以及遗传、微生物和环境之间的相互作用,将使营养学家能够建立更广泛的方法来获得理想的微生物菌种。此外,研究和开发的目标也应该是提供有效的益生菌,并改善它们的弱点。益生菌的作用可以通过调节日粮(如菌株的特定底物)来增强(Conlon and Bird,2014)。采用微胶囊化或微球化等工艺的保护膜可能使乳酸菌等非孢子菌避免饲料生产和储存的限制,完整地到达肠道部位(Haffner et al.,2016)。液体发酵饲料也被认为是可以有效提供益生菌的特定环境，猪能从液体发酵饲料获取较多的活菌，但是需要相对复杂而昂贵的发酵和输送系统。

参 考 文 献

陈宝剑, 吴永绍, 覃兆鲜, 等. 2021. 猪不同发育阶段肠道微生物菌群特征分析. 中国畜牧杂志, 57(1): 101-108.

陈雪霏. 2020. 不同性别农华麻鸭的肠道发育和微生物差异研究. 雅安: 四川农业大学硕士学位论文.

程漫漫, 张廷荣, 王宝维, 等. 2018. 饲粮中添加叶酸和维生素 B_{12} 对雏鹅盲肠菌群结构的影响. 动物营养学报, 30(8): 2987-2996.

黄俊文, 林映才, 冯定远, 等. 2005. 纳豆菌、甘露寡糖对仔猪肠道 pH、微生物区系及肠黏膜形态的影响. 畜牧兽医学报, 36(10): 1021-1027.

梁艳. 2016. 不同蛋白质日粮补充叶酸对牛瘤胃发酵和消化代谢的影响. 太原: 山西农业大学硕士学位论文.

陆燕, 林波, 王恬, 等. 2010. 大蒜油对体外瘤胃发酵、甲烷生成和微生物区系的影响. 动物营养学报, 22(2): 386-392.

罗有文, 扶国才. 2009. 低聚木糖对生长猪肠道菌群的影响. 江西农业学报, 21(11): 134-135.

聂小燕, 林师庆, 何应沛, 等. 2022. 猪在不同阶段肠道微生物的变化及其对营养物质代谢的影响. 黑龙江畜牧兽医, (11): 39-44.

彭鹏, 陈思佳, 蒋再慧, 等. 2018. 多孔氧化锌对断奶仔猪粪便中微量元素含量、盲肠内容物与粪便中短链脂肪酸含量及肠道菌群多样性的影响. 动物营养学报, 30(12): 5221-5229.

亓宏伟. 2011. 不同来源蛋白对断奶仔猪肠道微生态环境及肠道健康的影响. 雅安: 四川农业大学博士学位论文.

钱剑雄. 2020. 饲养环境及日龄对安庆六白猪肠道菌群结构的影响. 合肥: 安徽农业大学硕士学位论文.

孙云章. 2005. 不同底物下瘤胃微生物的发酵特性及细菌菌群变化的分子描述. 南京: 南京农业大学博士学位论文.

谭碧娥, 何兴国, 孔祥峰, 等. 2007. 不同碳水化合物对断奶仔公猪肠道微生物的影响. 动物营养学报, 19(4): 316-320.

王岭, 单安山. 2003. 果寡糖对肉仔鸡肠道菌群及生产性能的影响. 东北农业大学学报, 34(1): 43-47.

魏霖. 2020. 胆汁酸和维生素 E 对慢性热应激肉鸡生产性能、血清生化指标、抗氧化功能及肠道微生物的影响. 滁州: 安徽科技学院硕士学位论文.

吴晨, 姚志浩, 梅文晴, 等. 2021. 复合维生素 B 对生长期山羊后段肠道菌群组成及肠黏膜的影响. 草业学报, 30(11): 170-180.

肖海蒂, 许云贺, 张莉力, 等. 2015. 不同饲养方式对大骨鸡盲肠细菌区系影响的研究. 饲料研究, (23): 41-45.

辛可启, 聂泽健, 万敏艳, 等. 2020. 有机硒对肉仔鸡生长性能和肠道微生物区系的影响. 甘肃农业大学学报, 55(5): 31-38, 46.

阎桂玲, 袁建敏, 呙于明, 等. 2008. 啤酒酵母甘露寡糖对肉鸡肠道微生物及免疫机能的影响. 中国农业大学学报, 13(6): 85-90.

杨仕柳, 戴求仲, 蒋桂韬, 等. 2006. 壳聚糖饲用微生物制剂对湘黄鸡免疫指标和肠道菌群的影响. 湖南农业大学学报(自然科学版), 32(5): 529-532.

于光辉, 王煜琦, 刘正方, 等. 2020. 半胱胺螯合锌对育肥猪免疫性能、抗氧化能力、血清生化指标及肠道微生物的影响. 动物营养学报, 32(4): 1891-1898.

俞添贺, 李响, 宋战昀, 等. 2022. 仔猪肠道菌群演替规律及其影响因素研究进展. 中国兽医学报, 42(6):

1281-1286.

张春善, 蒋燕侠, 王博, 等. 2009. 铜、维生素 A 及互作效应对肉仔鸡肠壁组织结构、肠道微生物和血清生长激素的影响. 中国农业科学, 42(4): 1485-1493.

张娟. 2019. 亚麻油与棕榈油配比对绒山羊营养物质消化、脂肪代谢相关酶活性及瘤胃微生物数量的影响. 呼和浩特: 内蒙古农业大学硕士学位论文.

张晓峰, 管武太, 谌俊. 2016. 不同水平油脂和脂肪酶对断奶仔猪肠道形态及盲肠微生物的影响//侯永清. 中国畜牧兽医学会动物营养学分会第十二次动物营养学术研讨会论文集. 北京: 中国农业大学出版社: 123.

张元可. 2020. 维生素 A 对球虫和产气荚膜梭菌混合感染肉鸡肠道屏障和免疫功能的影响. 武汉: 武汉轻工大学硕士学位论文.

赵玉华. 2005. 瘤胃微生物 Real Time PCR 定量方法的建立及其应用. 北京: 中国农业科学院博士学位论文.

Ballou A L, Ali R A, Mendoza M A, et al. 2016. Development of the chick microbiome: how early exposure influences future microbial diversity. Front Vet Sci, 3: 2.

Barba Vidal E, Martín-Orúe S M, Castillejos L. 2019. Practical aspects of the use of probiotics in pig production: a review. Livest Sci, 223: 84-96.

Bi Y L, Cox M S, Zhang F, et al. 2019. Feeding modes shape the acquisition and structure of the initial gut microbiota in newborn lambs. Environ Microbiol, 21(7): 2333-2346.

Bian G R, Ma S Q, Zhu Z G, et al. 2016. Age, introduction of solid feed and weaning are more important determinants of gut bacterial succession in piglets than breed and nursing mother as revealed by a reciprocal cross-fostering model. Environ Microbiol, 18(5): 1566-1577.

Burkholder K M, Thompson K L, Einstein M E, et al. 2008. Influence of stressors on normal intestinal microbiota, intestinal morphology, and susceptibility to *Salmonella enteritidis* colonization in broilers. Poult Sci, 87(9): 1734-1741.

Castillo M, Martín-Orúe S M, Anguita M, et al. 2007. Adaptation of gut microbiota to corn physical structure and different types of dietary fibre. Livest Sci, 109(1-3): 149-152.

Chang M N, Wei J Y, Hao L Y, et al. 2020. Effects of different types of zinc supplement on the growth, incidence of diarrhea, immune function, and rectal microbiota of newborn dairy calves. J Dairy Sci, 103(7): 6100-6113.

Chapman C M, Gibson G R, Rowland I. 2011. Health benefits of probiotics: are mixtures more effective than single strains? Eur J Nutr, 50(1): 1-17.

Chen X, Xu J M, Ren E D, et al. 2018. Co-occurrence of early gut colonization in neonatal piglets with microbiota in the maternal and surrounding delivery environments. Anaerobe, 49: 30-40.

Conlon M A, Bird A R. 2014. The impact of diet and lifestyle on gut microbiota and human health. Nutrients, 7(1): 17-44.

Diao H L, Yan H, Xiao Y, et al. 2016. Intestinal microbiota could transfer host gut characteristics from pigs to mice. BMC Microbiol, 16(1): 238.

Ding J M, Dai R H, Yang L Y, et al. 2017. Inheritance and establishment of gut microbiota in chickens. Front Microbiol, 8: 1967.

Drew M D, Van Kessel A G, Estrada A E, et al. 2002. Effect of dietary cereal on intestinal bacterial populations in weaned pigs. Can J Anim Sci, 82(4): 607-609.

Fan P X, Liu P, Song P X, et al. 2017. Moderate dietary protein restriction alters the composition of gut microbiota and improves ileal barrier function in adult pig model. Sci Rep, 7: 43412.

Gan L P, Fan H, Mahmood T, et al. 2020. Dietary supplementation with vitamin C ameliorates the adverse effects of *Salmonella enteritidis*-challenge in broilers by shaping intestinal microbiota. Poult Sci, 99(7): 3663-3674.

Gasa F M, Ywazaki M, Segura Ugalde A G, et al. 2010. Administration of loperamide and addition of wheat bran to the diets of weaner pigs decrease the incidence of diarrhoea and enhance their gut maturation. Br

J Nutr, 103(6): 879-885.
Gong J H, Si W D, Forster R J, et al. 2007. 16S rRNA gene-based analysis of mucosa-associated bacterial community and phylogeny in the chicken gastrointestinal tracts: from crops to ceca. FEMS Microbiol Ecol, 59(1): 147-157.
Grubb J A, Dehority B A. 1975. Effects of an abrupt change in ration from all roughage to high concentrate upon rumen microbial numbers in sheep. Appl Microbiol, 30(3): 404-412.
Guevarra R B, Lee J H, Lee S H, et al. 2019. Piglet gut microbial shifts early in life: causes and effects. J Animal Sci Biotechnol, 10: 1.
Haenen D, Souza da Silva C, Zhang J, et al. 2013. Resistant starch induces catabolic but suppresses immune and cell division pathways and changes the microbiome in the proximal colon of male pigs. J Nutr, 143(12): 1889-1898.
Haffner F B, Diab R, Pasc A. 2016. Encapsulation of probiotics: insights into academic and industrial approaches. AIMS Mater Sci, 3(1): 114-136.
He M Z, Gao J, Wu J Y, et al. 2019. Host gender and androgen levels regulate gut bacterial taxa in pigs leading to sex-biased serum metabolite profiles. Front Microbiol, 10: 1359.
Isaacson R, Kim H B. 2012. The intestinal microbiome of the pig. Anim Health Res Rev, 13(1): 100-109.
Kim H B, Borewicz K, White B A, et al. 2011. Longitudinal investigation of the age-related bacterial diversity in the feces of commercial pigs. Vet Microbiol, 153(1-2): 124-133.
Kolida S, Gibson G R. 2011. Synbiotics in health and disease. Annu Rev Food Sci Technol, 2: 373-393.
Lee S, La T M, Lee H J, et al. 2019. Characterization of microbial communities in the chicken oviduct and the origin of chicken embryo gut microbiota. Sci Rep, 9: 6838.
Ley R E, Peterson D A, Gordon J I. 2006. Ecological and evolutionary forces shaping microbial diversity in the human intestine. Cell, 124(4): 837-848.
Liao S F, Nyachoti M. 2017. Using probiotics to improve swine gut health and nutrient utilization. Anim Nutr, 3(4): 331-343.
Lin R, Liu W T, Piao M Y, et al. 2017. A review of the relationship between the gut microbiota and amino acid metabolism. Amino Acids, 49(12): 2083-2090.
Liu H, Ji H F, Zhang D Y, et al. 2015. Effects of *Lactobacillus* brevis preparation on growth performance, fecal microflora and serum profile in weaned pigs. Livest Sci, 178: 251-254.
Liu Q, Wang C, Li H Q, et al. 2017. Effects of dietary protein levels and rumen-protected pantothenate on ruminal fermentation, microbial enzyme activity and bacteria population in Blonde *d'Aquitaine×Simmental* beef steers. Anim Feed Sci Technol, 232: 31-39.
Louis P, Scott K P, Duncan S H, et al. 2007. Understanding the effects of diet on bacterial metabolism in the large intestine. J Appl Microbiol, 102(5): 1197-1208.
Lu X H, Zhang M, Zhao L, et al. 2018. Growth performance and post-weaning diarrhea in piglets fed a diet supplemented with probiotic complexes. J Microbiol Biotechnol, 28(11): 1791-1799.
Lumpkins B S, Batal A B, Lee M. 2008. The effect of gender on the bacterial community in the gastrointestinal tract of broilers. Poult Sci, 87(5): 964-967.
Luo Y H, Su Y, Wright A D, et al. 2012. Lean breed Landrace pigs harbor fecal methanogens at higher diversity and density than obese breed Erhualian pigs. Archaea, 2012: 605289.
Luo Z, Li C B, Cheng Y F, et al. 2015. Effects of low dietary protein on the metabolites and microbial communities in the caecal digesta of piglets. Arch Anim Nutr, 69(3): 212-226.
Manzanilla E G, Pérez J F, Martín M, et al. 2009. Dietary protein modifies effect of plant extracts in the intestinal ecosystem of the pig at weaning. J Anim Sci, 87(6): 2029-2037.
Mountzouris K C, Balaskas C, Fava F, et al. 2006. Profiling of composition and metabolic activities of the colonic microflora of growing pigs fed diets supplemented with prebiotic oligosaccharides. Anaerobe, 12(4): 178-185.
Mu Q H, Tavella V J, Luo X M. 2018. Role of *Lactobacillus reuteri* in human health and diseases. Front Microbiol, 9: 757.
Mulder I E, Schmidt B, Stokes C R, et al. 2009. Environmentally-acquired bacteria influence microbial

diversity and natural innate immune responses at gut surfaces. BMC Biol, 7: 79.

Ngunjiri J M, Taylor K J M, Abundo M C, et al. 2019. Farm stage, bird age, and body site dominantly affect the quantity, taxonomic composition, and dynamics of respiratory and gut microbiota of commercial layer chickens. Appli Environ Microb, 85(9): e03137-18.

Nielsen T S, Lærke H N, Theil P K, et al. 2014. Diets high in resistant starch and arabinoxylan modulate digestion processes and SCFA pool size in the large intestine and faecal microbial composition in pigs. Br J Nutr, 2014, 112(11): 1837-1849.

Nordeste R, Tessema A, Sharma S, et al. 2017. Molecules produced by probiotics prevent enteric colibacillosis in pigs. BMC Vet Res, 13(1): 335.

Olivares M, Laparra J M, Sanz Y. 2013. Host genotype, intestinal microbiota and inflammatory disorders. Br J Nutr, 109(Suppl 2): S76-S80.

Pajarillo E A, Chae J P, Balolong M P, et al. 2014. Assessment of fecal bacterial diversity among healthy piglets during the weaning transition. J Gen Appl Microbiol, 60(4): 140-146.

Pajarillo E A, Chae J P, Balolong M P, et al. 2015. Effects of probiotic *Enterococcus faecium* NCIMB 11181 administration on swine fecal microbiota diversity and composition using barcoded pyrosequencing. Anim Feed Sci Tech, 201: 80-88.

Pandit R J, Hinsu A T, Patel N V, et al. 2018. Microbial diversity and community composition of caecal microbiota in commercial and indigenous Indian chickens determined using 16S rDNA amplicon sequencing. Microbiome, 6(1): 115.

Patra A K, Yu Z T. 2012. Effects of essential oils on methane production and fermentation by, and abundance and diversity of, rumen microbial populations. Appl Environ Microbiol, 78(12): 4271-4280.

Petrič D, Mravčáková D, Kucková K, et al. 2020. The effect of zinc and/or herbal nutraceuticals on rumen fermentation, microbiota and histopathology in lambs. Front Vet Sci, 8: 630971.

Pieper R, Bindelle J, Rossnagel B, et al. 2009. Effect of carbohydrate composition in barley and oat cultivars on microbial ecophysiology and proliferation of *Salmonella enterica* in an *in vitro* model of the porcine gastrointestinal tract. Appl Environ Microbiol, 75(22): 7006-7016.

Ranjitkar S, Lawley B, Tannock G, et al. 2016. Bacterial succession in the broiler gastrointestinal tract. Appl Environ Microbiol, 82(8): 2399-2410.

Roselli M, Pieper R, Rogel-Gaillard C, et al. 2017. Immunomodulating effects of probiotics for microbiota modulation, gut health and disease resistance in pigs. Anim Feed Sci Tech, 233: 104-119.

Shin D, Chang S Y, Bogere P, et al. 2019. Beneficial roles of probiotics on the modulation of gut microbiota and immune response in pigs. PLoS One, 14(8): e0220843.

Siegerstetter S C, Schmitz-Esser S, Magowan E, et al. 2017. Intestinal microbiota profiles associated with low and high residual feed intake in chickens across two geographical locations. PLoS One, 12(11): e0187766.

Song J, Xiao K, Ke Y L, et al. 2014. Effect of a probiotic mixture on intestinal microflora, morphology, and barrier integrity of broilers subjected to heat stress. Poult Sci, 93(3): 581-588.

Tajima K, Arai S, Ogata K, et al. 2000. Rumen bacterial community transition during adaptation to high-grain diet. Anaerobe, 6(5): 273-284.

Torok V A, Dyson C, McKay A, et al. 2013. Quantitative molecular assays for evaluating changes in broiler gut microbiota linked with diet and performance. Anim Prod Science, 53(12): 1260-1268.

Torok V A, Hughes R J, Ophel-Keller K, et al. 2009. Influence of different litter materials on cecal microbiota colonization in broiler chickens. Poult Sci, 88(12): 2474-2481.

Ueda K, Ferlay A, Chabrot J, et al. 2003. Effect of linseed oil supplementation on ruminal digestion in dairy cows fed diets with different forage: concentrate ratios. J Dairy Sci, 86(12): 3999-4007.

Wang H, Pan X, Wang C, et al. 2015. Effects of different dietary concentrate to forage ratio and thiamine supplementation on the rumen fermentation and ruminal bacterial community in dairy cows. Anim Prod Sci, 55(2): 189-193.

Wang L L, Lilburn M, Yu Z T. 2016. Intestinal microbiota of broiler chickens as affected by litter management regimens. Front Microbiol, 7: 593.

Wellock I, Fortomaris P D, Houdijk J G M, et al. 2006. The effect of dietary protein supply on the performance and risk of post-weaning enteric disorders in newly weaned pigs. Anim Sci, 82(3): 327-335.

Xia B, Wu W D, Fang W, et al. 2022. Heat stress-induced mucosal barrier dysfunction is potentially associated with gut microbiota dysbiosis in pigs. Anim Nutr, 8(1): 289-299.

Yang H, Wu J, Huang X, et al. 2022. ABO genotype alters the gut microbiota by regulating GalNAc levels in pigs. Nature, 606(7913): 358-367.

Yang L N, Bian G R, Su Y, et al. 2014. Comparison of faecal microbial community of Lantang, Bama, Erhualian, Meishan, Xiaomeishan, Duroc, Landrace, and Yorkshire sows. Asian Austral J Anim, 27(6): 898.

Yang Q, Liang Q, Balakrishnan B, et al. 2020. Role of dietary nutrients in the modulation of gut microbiota: a narrative review. Nutrients, 12(2): 381.

Zhang W, Ma C, Xie P, et al. 2019. Gut microbiota of newborn piglets with intrauterine growth restriction have lower diversity and different taxonomic abundances. J Appl Microbiol, 127(2): 354-369.

Zhou X Y, Jiang X S, Yang C W, et al. 2016. Cecal microbiota of Tibetan chickens from five geographic regions were determined by 16S rRNA sequencing. MicrobiologyOpen, 5(5): 753-762.

Zhou Z J, Zheng W J, Shang W W, et al. 2015. How host gender affects the bacterial community in pig feces and its correlation to skatole production. Ann Microbiol, 65(4): 2379-2386.

第五章　肠道微生物的研究方法

随着微生物学、分子生物学和基因工程的快速发展，研究肠道微生物的理论和方法不断创新和改进，从最初的实验室简单培养到研究自然环境微生物，再回归到研究微生物与动物和人类健康上，使得肠道微生物的研究方法有了较大的突破。本章主要介绍肠道微生物分离培养技术，现代生物学技术在微生物研究上的贡献，以及体外模拟技术的发展。

第一节　肠道微生物分离培养技术及其应用

肠道微生物群通过多种机制在宿主的健康中发挥关键作用，但迄今为止，仍有80%以上的微生物不为人知。不同的微生物具有不同的形态和生理特征，它们在自然界的作用和对人类的影响也必然有差异。为了充分阐明细菌功能，对细菌进行分离、表征和保存以进行实验至关重要。通过这种方式，候选微生物可以用于工业和医疗保健领域的创新发展。肠道中微生物的分离对于充分确定它们的功能是必要的，因此，把特定的微生物从肠道混杂存在的状态中分离、纯化出来的培养技术是进行微生物学研究的基础。

一、微生物分离培养技术概述

（一）微生物分离培养的研究进展

微生物分离培养的原理是选择适于待分离微生物的生长条件（如营养、酸碱度、温度和氧等）或加入某种抑制剂造成只适于该微生物生长，而抑制其他微生物生长的环境，从而淘汰一些不需要的微生物。微生物的分离培养从流程上大致可分为样品前处理、分离与培养、纯化、获得菌株的分类学鉴定和菌种保存。样品前处理的方法根据实验需求而有所不同，常用的前处理方法包括过滤、预培养、乙醇处理、热处理等。传统的微生物分离技术是根据微生物的特性和生长特点，模拟微生物的生态环境，将前处理样品进行不同浓度梯度的稀释，以不同的培养基和培养条件从混杂微生物群体中获得只含有某一种或某一株微生物的方法（杜梦璇等，2021）。Zou等（2019）利用传统分离培养的方法，使用多种培养条件，从人粪便样品中分离了6487种细菌。Liu等（2019）对小鼠盲肠内容物进行了大规模分离培养，利用不同的培养基组成及培养条件，分离了多种肠道微生物。随着发展，还有一种基于微流控高通量的分离培养方法，此方法能够实现对低丰度稀有菌株的有效分离。微流控高通量肠道微生物分离方法的优点是能够避免优势微生物快速生长抢占生态位而导致慢生长微生物无法形成肉眼可见菌落，甚至可以通过反向基因组学，设计筛选目的微生物特异性引物或者探针对其进行大批量筛选，获得更多的未培养肠道微生物（Cross et al.，2019）。由于微生物的分离培养受到多种因素的制约，包括复杂且不确定的分离培养条件，缺乏复苏休眠微生物的手段等。研究人员也一直在进行方法上的创新，如基于膜扩散的培养方法和基于细胞分选的培养方法等。分离的菌株在进行过纯化后获得纯培养菌株，研究者接下来需要对菌株的分类学地位进行鉴定。目前常用的鉴定方法是菌株的 16S rDNA 测序和内转录间隔区（internal transcribed spacer，ITS）测序，测序结果通过与美国国家生物技术信息中心（National Center for Biotechnology Information，NCBI）和 EzBioCloud 数据库进行序列比对，确定物种的分类信息。分离的菌株可以通过甘油法、冷冻干燥法和毛细管法进行保存，以待后续复苏和进行实验。肠道微生物组与人类健康密切相关，La Scola 等（2011）对人粪便中的厌氧菌进行分离培养，从中确定了 79 个物种，其中有 7 个新种。2016 年，国外研究者通过培养组学利用多种培养条件，培养以前未培养的人类肠道微生物成员，分离出了 247 个新物种，涉及厚壁菌门、放线菌门、变形菌门和拟杆菌门等。经过多年努力，研究人员通过对肠道微生物的分离培养、鉴定和命名，构建了多个肠道微生物资源库。虽然目前已经建立了丰富的微生物资源库，但仍有 50%~70% 的肠道微生物物种处于未培养状态，该方面的研究依然十分薄弱。

（二）微生物的分离培养

根据微生物分离培养时是否需要氧气，培养方法可分为好氧培养和厌氧培养两大类；而根据培养基的物理状态，培养方法可分为固体培养和液体培养两大类。

1. 需氧菌的分离培养

需氧菌指的是具有较完善的呼吸酶系统，需分子氧作受氢体，只能在有氧条件下生长繁殖的微生物。大多数微生物都属于这个类型。一些细菌（如肺炎链球菌等）初次分离必须置于 5%~10% 的二氧化碳环境中才能良好生长。这类菌在培养时常用二氧化碳培养箱、气袋法等。还有一些细菌（如弯曲杆菌）在大气及绝对无氧环境中均不能生长，但在微需氧环境中生长良好，这些细菌在培养时需要 5% 的氧气、10% 的二氧化碳和 85% 的氮气的气体环境。

2. 厌氧菌的分离培养

厌氧菌是指在无氧条件下生活的细菌，广泛分布于自然界和人及动物的体内。厌氧微生物，特别是细菌，在工业生物技术的兴起和发展中发挥了突出的作用。自 1920 年起，发酵工业中最早的工艺是使用乙酸丁酸梭菌生产乙醇和溶剂。目前，厌氧微生物因其独特的生物合成能力和基质柔韧性、耐毒性等优势重新受到人们的重视。然而，由于其复杂的代谢和特殊的培养条件，它们被开发得较少。随着近年来微生物学科的发展，人们对厌氧菌的研究和应用也越来越深入和广泛，对厌氧微生物的研究方法也有了不断改进。目前，在实验室进行厌氧菌培养的主要方法和技术有：亨盖特（Hungate）滚管技术、厌氧袋、厌氧罐、厌氧培养箱，此外还有摇床培养技术、培养基除氧技术、气袋厌氧系统和厌氧培养皿技术等。厌氧手套箱培养法主要用于要求严格的厌氧培养法的微生态的研究工作；厌氧袋结合其他厌氧培养方法适用于对氧极其敏感的厌氧菌，在临床细菌的检验工作中，可以充分使用此法分离厌氧病原菌。在进行未知菌的分离培养时，一般要同时进行需氧培养和厌氧培养。

3. 分离培养的新方法

目前能够被培养和分类的微生物只占很小的比例，有大量的微生物还没有对应的培养方法。微生物之间的关系复杂多样，影响其分离培养的原因还包括微生物之间的生态关系和"群体感应"。在对微生物进行分离培养时，往往很难保证微生物间的生态关系，这就导致了一部分微生物在普通的人工培养条件下难以生长。同时由于微生物间存在竞争性生长，因此在分离培养低丰度微生物时，常常难以被成功培养。除此之外，还有一些处于休眠状态的微生物存在难以复苏的情况。对于一些目前未培养微生物的分离培养技术，研究人员也在一直克服目前的限制条件，扩大可培养范围。新的分离培养方法是放弃传统的平板技术所采用的人工合成高浓度养料的培养基等，如细胞微胶囊和扩散小室两种（焦瑞身，2004）。在分离海水或土壤样品的微生物时，需加以浓缩，逐步稀释，再与琼脂（海水）混合，并制成微胶囊，再装入灭菌层析柱。扩散小室用于海洋微生物的分离培养。海洋沉积物的微生物经过浓缩，适当稀释，接种于海水制成的琼脂，注入垫圈，并加盖上膜，再进行培养。群体培养也是未培养微生物分离培养的一种新方法，如共培养和原位培养两种。共培养是一种培养兼性或互养微生物的有效方法。许多微生物在生长过程中有特殊的营养需求，有研究探究了不同成分和浓度的培养基对培养未培养微生物的影响，从而调整培养基，实现对微生物的高效培养。微生物在一个群体中往往会与其他微生物建立相互作用关系，它们一方面会竞争有限的资源，另一方面也会通过代谢物和信号分子的交流进行合作。利用生物膜和多细胞培养装置，可以实现单个物种培养不可能实现的多功能培养。原位培养是模拟自然环境进行培养和分离的一种方法。目前研究人员已经在模拟的自然环境中通过使用扩散生长盒测试了未培养微生物的培养条件并取得了一些成果。培养组学通过利用微生物基因组测序数据，获得目标微生物的最佳生存环境，从最佳环境中富集目标菌株/菌群细胞，通过多重培养方法对已富集的菌株/菌群进行分离培养，以获取培养物（邢磊等，2017）。培养组学技术包括膜扩散型培养技术、微流控型培养技术、细胞分选培养技术（米兰和王佳堃，2022）。虽然目前这些方法多用于土壤和环境微生物的分离培养，但仍为进一步研究肠道微生物提供了参考依据。

二、微生物富集及其在肠道微生物结构与功能研究中的应用

（一）微生物富集

微生物的纯培养对于人们认识微生物和利用微生物至关重要，但是自然界中有相当数量的微生物并不能在人工培养基上被纯培养，这也限制了人们对微生物资源的发掘与利用。这些物种通常被称为微生物"暗物质"。近几年随着全球各项微生物组计划的推进，未培养微生物的培养难题愈发凸显。为了培养出更多的微生物物种，研究人员也进

行了许多相关的研究,如培养基的改进、目标微生物的特殊富集、模拟自然环境条件、原位培养和单个细胞的分离培养等。与此同时,一些新的培养方法和培养装置不断被开发出来,这些新的培养方法大多基于一个基本原理——模拟微生物的原始生存环境。然而,生物圈中许多本来可以"培养"的微生物物种可能会因为它们在自然界中的生长状态而无法培养。例如,休眠会导致物种有活力但不可培养。有研究发现富集培养法在培养难培养物时具有很大的潜力。富集是一种长期使用的常见做法,可有效增加目标生物的数量。

微生物富集培养主要利用不同微生物间生命活动的不同,制定特定的环境条件,使仅适应该条件的微生物旺盛生长,从而使其在群落中的数量大大增加,使人们能够更容易地从自然界中分离到特定的微生物。富集条件可根据所需分离的微生物的特点从物理、化学、生物及综合多个方面进行选择,如温度、pH、紫外线、高压、光照、氧气和营养方面。富集培养是微生物学最强有力的技术手段之一,营养和生理条件的几乎无穷尽的组合形式可满足从自然界选择出各种特定微生物的需要。富集培养方法提供了按照人们意愿从自然界分离出特定已知微生物种类的有力手段,但前提是人们掌握了这种微生物的特殊需求。富集培养法也可用来分离培养由科学家设计的特定环境中能生长的微生物,尽管我们并不知道什么微生物能在这种特定的环境中生长。具体方法是通过创造一些条件只让所需的微生物生长,在这些条件下,所需要的微生物能有效地与其他微生物进行竞争,在生长能力等方面远远超过其他微生物。所创造的条件包括选择最适合碳源、温度、光照、pH、渗透压和氢受体等。在相同的培养条件下,经过多次重复移种,最后富集的菌株很容易在固体培养基上长出单菌落。

(二)微生物富集在肠道微生物结构与功能研究中的应用

微生物的富集培养有助于在混合培养物中精确培养微生物,并且对微生物结构和功能的研究具有重要的意义。通过使用富集培养方法,研究人员已经分离出几种属于不常被分离或最近才被描述的类群的稀有微生物,包括慢生单胞菌目 Bradymonadales(Wang et al.,2015)、海洋滑动菌目 Marinilabiliales(Wu et al.,2016)和龙细菌科 Draconibacteriaceae(Du et al.,2014)。研究人员通过构建富集培养系统分离海洋沉积物样本时发现,在富集培养的不同阶段,特定分离物的数量不同,在富集培养后,从相同的沉积物样品中可以获得 2~4 倍的不同物种。同时在富集培养期间的不同时间,样品中的变形菌最丰富,且富集培养后可培养的拟杆菌分离株的数量增加;同时发现一些新物种只有在富集培养后才能分离出来,包括海洋滑动菌目、ε-变形菌门 ε-Proteobacteria 和 δ-变形菌门 δ-Proteobacteria 的一些菌株(Mu et al.,2018)。在富集培养的过程中,微生物的细胞代谢变得活跃,新物种的生长速率也会增加。研究发现富集的微生物可能会在富集培养过程中产生生物素和钴胺素,并有助于微生物从不可培养状态中复苏。这为肠道微生物中"尚未培养"的菌株的分离纯化提供了新方法。微生物的富集培养在病原微生物的检测等应用中起着十分重要的作用。使用适当的培养基富集样品以确保准确诊断非常重要。Bording-Jorgensen 等(2021)通过比较产志贺氏毒素大肠埃希氏菌(*Shiga toxin-producing Escherichia coli*,STEC)的几种培养基,发现富集培养基会显著影响 STEC

的检测和进一步分析。由于检测的灵敏性，毒素水平可能不足以被检测到，因此选择合适的富集培养基对于病原微生物的诊断结果十分重要。

三、微生物分离纯化及其功能研究

（一）微生物的分离纯化

微生物通常是肉眼看不到的微小生物，而且无处不在。因此，在微生物的研究及应用中，不仅需要通过分离纯化技术从混杂的天然微生物群中分离出特定的微生物，而且还必须随时注意保持微生物纯培养物的"纯洁"，防止其他微生物的混入；所培养的微生物培养物也不应对环境造成污染。在微生物的分离纯化过程中，无菌技术是保证分离、转接及培养纯培养物时防止其被其他微生物污染的关键。

尽管对以前未培养的细菌初步成功培养的报道越来越频繁，但对新物种或候选物种的有效描述仍然非常少。成功的初步培养并不能保证随后能够被成功分离和鉴定为新类型的细菌。事实上，初始富集的很大一部分不能继代培养（Kenters et al.，2011）。人们可能需要几年甚至几十年的时间才能从共培养物中分离出一个新物种的单一菌株，并有效地描述它（Carini et al.，2013）。即使菌株被成功分离，对于培养条件苛刻的再培养仍然是不可预测的（Giebel et al.，2013）。这表明，微生物的分离培养工作还应该侧重于纯化技术。进行微生物的初代分离时常常会长出两种以上的菌落，因此需要进一步挑选菌落进行纯培养。平板分离法普遍用于微生物的分离与纯化。微生物在固体培养基上生长形成的单个菌落，通常是由一个细胞繁殖而成的集合体。因此可通过挑取单菌落而获得一种纯培养。获取单个菌落可通过稀释涂布平板或平板划线等技术完成。在进行菌种鉴定时，所用的微生物一般均要求为纯的培养物。

固体培养基是用琼脂或其他凝胶物质固化的培养基。分散的微生物在适宜的固体培养基表面或内部生长，繁殖到一定程度可以形成肉眼可见的、有一定形态结构的子细胞生长群体，称为菌落。当固体培养基表面众多菌落连成一片时，便成为菌苔。同一种微生物在特定培养基上生长形成的菌落或菌苔一般都具有稳定的特征，可以成为对该微生物进行分类、鉴定的重要依据。大多数细菌、酵母菌，以及许多真菌和单细胞藻类能在固体培养基上形成孤立的菌落，采用适宜的平板分离法很容易得到纯培养物。所谓平板，即培养平板的简称，是指将固体培养基倒入无菌平皿，冷却凝固后，盛固体培养基的平皿。平板培养法包括将单个微生物分离和固定在固体培养基表面或里面。固体培养基是用琼脂或其他凝胶物质固化的培养基，每个孤立的活微生物体可在其表面或内部生长、繁殖形成菌落，形成的菌落便于移植。最常用的分离、培养微生物的固体培养基是琼脂固体培养基平板。这种由科克（Kock）建立的、采用平板分离微生物纯培养物的技术简便易行，100多年来一直是各种菌种分离的最常用手段。

1. 固体培养基分离纯化

（1）稀释倒平板法

稀释倒平板法是将待分离的材料制作成一系列稀释的菌悬液（如 1∶10、1∶100、

1∶1000……），然后分别取不同稀释液少许，与已熔化并冷却至50℃左右的琼脂培养基混合，摇匀后，倾入灭过菌的培养皿中，待琼脂凝固后，制成含菌的琼脂平板，在适宜的条件下培养一定时间即可出现菌落。如果稀释得当，在平板表面或琼脂培养基中就可出现分散的单个菌落，这些单个菌落可能就是由一个微生物细胞繁殖形成的。随后挑取单个菌落，重复以上操作数次，便可得到纯培养物。

（2）涂布平板法

由于将含菌材料先加到还较烫的培养基中再倒入平板易造成某些热敏感菌的死亡，而且采用稀释倒平板法也会使一些严格好氧菌因被固定在琼脂中间缺乏氧气而影响其生长，因此在微生物学研究中涂布平板法是更常用的纯种分离方法。涂布平板法是将待分离的材料制作成一系列稀释的菌悬液，然后取一定量的样品菌悬液滴加至提前倒好的平板上，再用无菌的涂布棒将稀释液在平板上涂布均匀，培养后挑取单个菌落进行纯化。

（3）平板划线法

用接种环以无菌操作蘸取少许待分离的材料，在无菌平板表面进行连续划线，微生物细胞数量将随着划线次数的增加而减少，并逐步分散开来，如果划线适宜的话，微生物能一一分散，经培养后，可在平板表面得到单菌落。平板划线法通常有斜线法、曲线法、方格法、放射法和四格法。

（4）稀释摇管法

用固体培养基分离严格厌氧菌有其特殊之处。对于那些暴露于空气中不立即死亡的厌氧微生物，可以采用通常的方法制备平板，然后放置在封闭的容器中培养。容器中的氧气可采用化学、物理或生物的方法清除。对于对氧气更为敏感的厌氧性微生物，纯培养的分离则可采用稀释摇管法进行，它是稀释倒平板法的一种变通形式。先将一系列盛无菌琼脂培养基的试管加热，使琼脂熔化后冷却并保持在50℃左右，将待分离的材料用这些试管进行梯度稀释。研究人员将试管迅速摇匀、冷凝后，再在琼脂柱表面倾倒一层灭菌液体石蜡和固体石蜡的混合物，将培养基和空气隔开。培养后，菌落形成在琼脂柱的中间。进行单菌落的挑取和移植时，需先用一支无菌针将液体石蜡-石蜡盖取出，再用一支毛细管插入琼脂和管壁之间，吹入无菌无氧气体，然后将琼脂柱吸出，置于培养皿中，用无菌刀将琼脂柱切成薄片进行观察和菌落的移植。

2. 液体培养基分离纯化

平板法能够分离纯化大多数细菌和真菌，然而有一部分微生物不能在固体培养基上生长，对于这部分微生物，则需要用液体培养基来进行分离纯化。通常采用的液体培养基分离纯化法是稀释法。将接种物在液体培养基中进行顺序稀释，以达到高度稀释的效果，使一支试管中分配不到微生物。如果经稀释后的大多数平行试管中没有微生物生长，那么有微生物生长的试管中得到的培养物可能就是纯培养物。如果经稀释后的试管中有微生物生长的比例提高了，那么得到纯培养物的概率就会急剧下降。因此，采用液体培养基稀释法，获得纯培养物时必须是在同一稀释度的许多平行试管中，大多数试管（一般应超过95%）表现为没有微生物生长。稀释法的缺点是只能分离出混杂微生物群体中数量占优势的种类。

3. 单细胞（孢子）分离

单细胞（孢子）分离法是指从混杂群体中直接分离单个细胞或单个个体进行培养以获得纯培养物。单细胞分离法的难度与细胞或个体的大小成反比，较大的微生物（如藻类、原生动物）较容易，个体很小的细菌则较难。对于较大的微生物，可采用毛细管提取单个个体，并在大量的灭菌培养基中转移清洗几次，除去较小微生物的污染。这项操作可在低倍显微镜（如立体显微镜）下进行。对于个体相对较小的微生物，需采用显微操作仪，在显微镜下进行。

4. 选择培养分离

没有一种培养基或一种培养条件能够满足自然界中一切生物生长的要求，在一定程度上所有的培养基都是选择性的。在一种培养基上接种多种微生物，只有被满足生长条件的微生物才生长，其他的则被抑制。如果某种微生物的生长条件是已知的，就可以设计一种特定环境使之特别适合这种微生物的生长，进而从自然界混杂的微生物群体中把这种微生物选择培养出来。这种通过选择培养进行微生物纯培养分离的技术称为选择培养分离。选择条件可根据所需分离的微生物的特点，从物理、化学、生物及综合多个方面（如温度、pH、紫外线、高压、光照、氧气、营养等）进行选择。选择培养分离主要有选择平板培养和富集培养两种。选择平板培养是根据待分离微生物的特点选择不同的培养条件进行分离纯化，从而获得纯培养物。富集培养是一类使混合微生物群体中某种特定微生物比例激增的培养方法。富集培养通常有3种方法：①可用促进某特定微生物生长繁殖的选择性培养基或培养条件；②可用抑制其他微生物生长繁殖的选择性培养基或培养条件；③可用连续培养法，在一定的稀释率下，使比生长速率小的细胞溢出培养器，而比生长速率大的细胞留在培养器中。

（二）微生物的功能研究

肠道微生物群与宿主一起进化，是人体不可分割的一部分。出生时获得的微生物群随着宿主的发育而平行发展，并在成年期直至死亡保持其时间稳定性和多样性。基因组测序技术、生物信息学和组学的最新发展使研究人员能够比以前更深入地探索微生物群，特别是它们的功能。肠道中的微生物往往是不同种类的微生物混杂生活在一起的，且菌株的功能还具有宿主种的差异性和特异性，而当我们希望获得某一种微生物或研究某一种微生物的功能时，就必须从混杂的微生物类群中分离纯化该种微生物。因此微生物的分离纯化对于微生物的功能研究是必要的。

微生物分离纯化广泛应用于筛选具有特定功能的微生物。Sorde 和 Ananthanarayan（2019）利用微生物分离纯化技术，筛选出了具有分泌转谷氨酰胺酶的微生物，并研究了其特征，表明其在食品和其他行业未来应用中的潜在用途。栖息在哺乳动物肠道中的被视为宿主的"第二基因组"，可为宿主提供多种功能。而饮食毒素会影响肠道微生物群落的组成和功能。Miller 等（2014）通过分离纯化手段从野生动物肠道内容物中分离出能够降解草酸盐的细菌，并使用高通量测序来确定潜在的草酸盐降解类群沿胃肠道的分布。通过微生物分离纯化手段，能够从肠道样本中分离出多种微生物的纯培养物，这对于之后的测序、基因组组装、肠道微生物的分类描述及功能分析等十分重要。Wylensek 等（2020）成功从猪肠道分离出细菌纯培养物，并借助 MALDI-TOF-MS 生物分型技术和 16S rRNA 基因序列分析，为分离出的 117 个菌株构建了基因组。他们进一步对这些基因组进行分类描述和功能分析，包括抗生素耐药性基因的检测、生物分子的鉴定和最小菌群的预测。这一研究为猪肠道微生物群的功能研究开辟了新途径。Liu 等（2019）从健康大熊猫的粪便中分离出了在低 pH 和高胆汁盐浓度下表现出良好稳定性的乳杆菌，该菌株对与熊猫相关的病原体具有活性，并且对抗生素具有敏感性。这表明分离纯化为分离筛选益生菌候选物提供了必要的手段。

第二节 组学技术在肠道微生物菌群结构与功能研究中的应用

肠道微生物作为一个被广泛研究的领域，与人类疾病、代谢、免疫等密切相关。科学家试图通过微生物学探索和开发新型化学治疗药物，并深入进行微生物代谢的研究。随着微生物学和现代分子生物学的发展，微生物世界的大门被慢慢打开，从传统的实验室培养物研究走向自然，再回归到解决人类疾病上。多学科交叉使得微生物学有了长足发展，其中组学技术的发展大大促进了微生物学的发展，组学（omics）主要包括基因组学（genomics）、转录组学（transcriptomics）、全外显子组学测序（whole exome sequencing）、蛋白质组学（proteomics）、代谢组学（metabolomics）、免疫组学（immunomics）、糖组学（glycomics）等。本节主要介绍组学技术基本原理及在微生物菌群结构和功能上的应用。

一、分子生物学技术概述

（一）分子生物学发展史

分子生物学是从分子水平探讨生物大分子的结构及其在遗传信息和细胞信息传递中的作用，阐明遗传、生殖、生长和发育等生命基本特征的分子机制的学科。它是人类从分子水平上真正揭开生物世界的奥秘，由被动地适应自然界转向主动地改造和重组自然界的基础学科。当人们意识到同一生物不同世代之间的连续性是由生物体自身所携带的遗传物质所决定时，科学家为揭示这些遗传密码所进行的努力就成为人类征服自然的一部分，而以生物大分子为研究对象的分子生物学就迅速成为现代生物学领域里最具活力的科学。1838～1839 年施莱登（Schleiden）和施万（Schwann）提出"细胞学说"，证明动、植物都是由细胞组成的。孟德尔的遗传学规律最先使人们对性状遗传产生了理性认识，而摩尔根（Morgan）的基因学说则进一步将"性状"与"基因"相结合，成为现代遗传学的奠基石。随着核酸化学研究的发展，沃森（Watson）和克里克（Crick）又提出了脱氧核糖核酸（DNA）的双螺旋模型，为充分揭示遗传信息的传递规律铺平了道路。在蛋白质化学方面，继萨姆纳（Sumner）在 1926 年证实酶是蛋白质之后，桑格（Sanger）利用纸电泳及色谱技术于 1953 年首次阐明胰岛素的一级结构，开创了蛋白质序列分析的先河。而肯德鲁（Kendrew）和佩鲁茨（Perutz）利用 X 射线衍射技术解析了肌红蛋白（myoglobin）及血红蛋白（hemoglobin）的三维结构，论证了这些蛋白质在输送分子氧过程中的特殊作用，成为研究生物大分子空间构型的先驱。下面我们通过部分获得诺贝尔生理学或医学奖和诺贝尔化学奖的科学家的研究来了解一下分子生物学的发展简史。

1910 年，德国科学家科塞尔（Kossel）因为蛋白质、细胞及细胞核化学的研究而获得诺贝尔生理学或医学奖，他首先分离出腺嘌呤、胸腺嘧啶和组氨酸。

1959 年，美籍西班牙裔科学家塞韦罗·奥乔亚（Severo Ochoa）发现了细菌的多核苷酸磷酸化酶，成功地合成了核糖核酸，研究并重建了将基因内的遗传信息通过 RNA 中间体翻译成蛋白质的过程。他和科恩伯格（Kornberg）共享了当年的诺贝尔生理学或医学奖，而后者的主要贡献在于实现了 DNA 分子在细菌细胞和试管内的复制。

1962 年，美国科学家沃森（Watson）和英国科学家克里克（Crick）因为在 1953 年提出 DNA 的反向平行双螺旋模型而与威尔金森（Wilkins）共享诺贝尔生理学或医学奖，后者通过对 DNA 分子的 X 射线衍射研究证实了沃森和克里克的 DNA 模型。

1962 年，英国科学家肯德鲁（Kendrew）和佩鲁茨（Perutz）由于测定了肌红蛋白及血红蛋白的高级结构而荣获诺贝尔化学奖。

1965 年，法国科学家雅各布（Jacob）和莫诺（Monod）由于提出并证实了操纵子（operon）作为调节细菌细胞代谢的分子机制而与利沃夫（Lwoff）共享了诺贝尔生理学或医学奖。除了著名的操纵子模型，雅各布和莫诺还首次提出存在一种与染色体脱氧核糖核酸序列相互补，能将编码在染色体 DNA 上的遗传信息带到蛋白质合成场所（细胞质）并翻译产生蛋白质的信使核糖核酸，即 mRNA 分子。他们的这一研究成果对分子生物学的发展起了极其重要的指导作用。

1968 年，美国科学家尼伦伯格（Nirenberg）由于在破译 DNA 遗传密码方面的贡献，与霍利（Holly）和霍拉纳（Khorana）共享了诺贝尔生理学或医学奖。霍利的主要功绩在于阐明了酵母丙氨酸 tRNA 的核苷酸序列，并证实所有 tRNA 具有结构上的相似性。而霍拉纳第一个合成了核酸分子，并且人工复制了酵母基因。

1975 年，美国人特明（Temin）、杜尔贝科（Dulbecco）和巴尔的摩（Baltimore）由于发现在 RNA 肿瘤病毒中存在以 RNA 为模板，反转录生成 DNA 的反转录酶而共享诺贝尔生理学或医学奖。

1980 年，桑格（Sanger）因设计出一种测定 DNA 分子内核苷酸序列的方法，而与吉尔伯特（Gilbert）和伯格（Berg）共享诺贝尔化学奖。伯格是研究 DNA 重组技术的元老，他最早（1972 年）获得了含有编码哺乳动物激素基因的工程菌株。桑格与吉尔伯特发明的 DNA 序列分析法至今仍被广泛使用，是分子生物学最重要的研究手段之一。此外，桑格还因测定了牛胰岛素的一级结构而获得了 1958 年的诺贝尔化学奖。

1983 年，美国遗传学家麦克林托克（McClintock）因在 20 世纪 50 年代提出并发现了可移动的遗传因子（mobile element）（跳跃基因，jumping gene）而获得诺贝尔生理学或医学奖。

1984 年，德国人克勒（Kohler）、美国人米尔斯坦（Milstein）和丹麦科学家杰尼（Jerne）因发明了单克隆抗体技术，完善了极微量蛋白质的检测技术而共享了诺贝尔生理学或医学奖。

1989年，美国科学家奥尔特曼（Altman）和切赫（Cech）因发现某些RNA具有酶的功能（称为核酶）而共享诺贝尔化学奖。毕晓普（Bishop）和瓦默斯（Varmus）因发现正常细胞同样带有原癌基因而共享当年的诺贝尔生理学或医学奖。

1993年，英国科学家罗伯茨（Roberts）和美国科学家夏普（Sharp）因其在断裂基因方面的研究成果而荣获诺贝尔生理学或医学奖。美国科学家穆利斯（Mullis）由于发明聚合酶链反应（PCR）技术而与第一个设计基因定点突变的史密斯（Smith）共享诺贝尔化学奖。

1994年，美国科学家吉尔曼（Gilman）和罗德贝尔（Rodbell）因发现了G蛋白在细胞内信息转导中的作用而共享诺贝尔生理学或医学奖。

1995年，美国人路易斯（Lewis）、德国人纽斯林-福哈德（Nusslein-Volhard）和美国人威绍斯（Wieschaus）因在20世纪40年代至70年代先后独立鉴定了控制果蝇体节发育基因而共享诺贝尔生理学或医学奖。

1996年，澳大利亚科学家多尔蒂（Doherty）和瑞士人辛克纳吉（Zinkernagel）因阐明了T淋巴细胞的免疫机制而共享了当年的诺贝尔生理学或医学奖。他们发现，白细胞只有同时识别入侵病原物和与之相伴的主要组织不相容抗原，才能准确识别受病原侵害的细胞并将其清除掉。

1997年，美国科学家普鲁西纳（Prusiner）因发现朊病毒（prion）并在其致病机制研究方面取得重大突破而获得诺贝尔生理学或医学奖。

1999年，美国科学家布洛贝尔（Blobel）因阐述了蛋白质在细胞间的运转机制，明确了信号肽及信号识别颗粒（signal-recognition particle，SRP）在蛋白质跨膜运转过程中的主导作用而获得诺贝尔生理学或医学奖。

2001年，美国科学家哈特韦尔（Hartwell）、英国科学家亨特（Hunt）和纳斯（Nurse）因为对细胞周期调控因子的研究而共享诺贝尔生理学或医学奖。

2006年，美国科学家科恩伯格（Kornberg）因为在揭示真核细胞转录机制方面的杰出贡献而获得诺贝尔化学奖。美国科学家安德鲁·法尔（Andrew Fire）和梅洛（Mello）因在揭示控制遗传信息流动的基本机制——RNA干扰方面的杰出贡献而获得诺贝尔生理学或医学奖。

此外，艾弗里（Avery）等于1944年进行了关于强致病性光滑型（S型）肺炎链球菌DNA导致无毒株粗糙型（R型）细菌发生遗传转化的实验，米西尔逊（Meselson）和斯塔尔（Stahl）于1958年进行了关于DNA半保留复制的实验，克里克于1954年所提出的遗传信息传递规律（即中心法则），亚诺夫斯基（Yanofsky）和布雷纳（Brener）于1961年提出的关于遗传密码三联子的设想都对分子生物学的发展起了重大作用。

我国生物科学家吴宪于1920年回国后，在北京协和医科大学生化系与汪猷、张昌颖等一道完成了蛋白质变性理论、血液生化检测和免疫化学等一系列有重大影响的研究，成为我国生物化学界的先驱。20世纪60年代、70年代和80年代，我国科学家相继实现了人工全合成有生物学活性的结晶牛胰岛素，解出了三方二锌猪胰岛素的晶体结构，采用有机合成与酶促相结合的方法完成了酵母丙氨酸转移核糖核酸的人工全合成。

（二）分子生物学技术

现代生物学研究发现，所有生物体中的有机大分子都是以碳原子为核心，并以共价键的形式与氢、氧、氮及磷等以不同方式构成的。不仅如此，一切生物体中的各类有机大分子都是由完全相同的单体（如蛋白质分子中的 20 种氨基酸、DNA 及 RNA 中的 8 种碱基）所组合而成的，由此产生了分子生物学的 3 条基本原理：①构成生物体各类有机大分子的单体在不同生物中都是相同的；②生物体内一切有机大分子的构成都遵循共同的规则；③某一特定生物体所拥有的核酸及蛋白质分子决定了它的属性。比较生物体内各种大分子、亚细胞结构及原核、真核细胞的大小，了解并熟记它们的相对体积对于我们深入领会分子生物学所研究的生命过程有着不容忽视的作用（朱玉贤等，2007）。例如，在 B-DNA 中每个碱基对中心距离为 0.34nm，DNA 双螺旋的直径为 1.9nm，而一个相对分子质量为 $5.0×10^5$ 的球状蛋白的直径则为 5.0nm，仅相当于 15~20bp。核小体（nucleosome）由于外表面缠绕了 146 个碱基对，其相对分子质量则可达 $3.0×10^5$，直径为 11nm。负责蛋白质合成的核糖体，其相对分子质量高达数百万，直径为 20nm 以上。分子生物学研究的内容主要包括以下四个方面。

1. DNA 重组技术

DNA 重组技术又称基因工程，是 20 世纪 70 年代初兴起的技术科学，目的是将不同的 DNA 片段（如某个基因或基因的一部分）按照人们的设计定向连接起来，在特定的受体细胞中与载体同时复制并得到表达，产生影响受体细胞的新的遗传性状。严格地说，DNA 重组技术并不完全等于基因工程，因为后者还包括其他可能使生物细胞基因组结构得到改造的体系。DNA 重组技术是人们对核酸化学、蛋白质化学、酶工程及微生物学、遗传学、细胞学长期深入研究成果的结晶，而限制性内切酶、DNA 连接酶及其他工具酶的发现与应用则是这一技术得以建立的关键（朱玉贤等，2007）。

DNA 重组技术有着广阔的应用前景。首先，它可被用于大量生产某些在正常细胞代谢中产量很低的多肽（如激素、抗生素、酶类及抗体等），降低成本，使许多有价值的多肽类物质得到广泛应用。由于人类发现了根癌农杆菌，发明了植物基因的轰击转化法，用转基因模式大规模改良农作物的抗病、抗逆、抗虫性，提高产量、改善品质或用传统农作物产生特种资源已经成为世界农业发展的潮流。

其次，DNA 重组技术可用于定向改造某些生物的基因组结构，使它们所具备的特殊经济价值或功能得以成百上千倍地提高。例如，有一种含有分解各种石油成分的重组 DNA 的超级细菌，能快速分解石油，可用来恢复被石油污染的海域或土壤。美国科学家应用该技术构建了"工程沙门菌"，在研制避孕疫苗方面取得了重要进展。首先去掉沙门氏菌致病基因部分，再引入来自精子的某些遗传信息，将改造后的细菌送入雌鼠体内后，雌鼠能产生排斥精细胞的抗体，使精子不能与卵子结合，从而达到避孕目的。美国陆军工程研究与发展中心还从织网蜘蛛中分离出合成蜘蛛丝的基因，并利用该基因在实验室里生产蜘蛛丝。研究人员将这一基因转移到细菌内，生产出一种可溶性丝蛋白，经浓缩后纺成一种强度超过钢的特殊纤维。研究人员希望对该基因进行修饰，以生产出高性能纤维，从而用于生产防弹背心、帽子，降落伞绳索和其他高强度的轻型装备。

最后，DNA 重组技术还被用于基础研究。如果说，分子生物学研究的核心是遗传信息的传递和控制，那么根据中心法则，我们要研究的就是从 DNA 到 RNA，再到蛋白质的全过程，即基因的表达与调控。在这里，无论是对启动子的研究（包括调控元件或称顺式作用元件），还是对转录因子的克隆与分析，都离不开 DNA 重组技术的应用。

2. 基因表达调控研究

因为蛋白质分子参与并控制了细胞的一切代谢活动，便决定了蛋白质结构和合成时序的信息都由核酸（主要是脱氧核糖核酸）分子编码，表现为特定的核苷酸序列，所以基因表达实质上就是遗传信息的转录和翻译。在个体生长发育过程中，生物遗传信息的表达按一定的时序发生变化（时序调节），并随着内外环境的变化而不断加以修正（环境调控）。基因表达的调控主要发生在转录水平或翻译水平上。原核生物的基因组和染色体结构都比真核生物简单，转录和翻译在同一时间和空间内发生，基因表达的调控主要发生在转录水平。真核生物有细胞核结构，转录和翻译过程在时间和空间上都被分隔开，且在转录和翻译后都有复杂的信息加工过程，其基因表达的调控可以发生在各种不同的水平上。基因表达调控主要表现在信号转导研究、转录因子研究及 RNA 剪接三个方面。信号转导是指外部信号通过细胞膜上的受体蛋白传到细胞内部，并激发诸如离子通透性、细胞形状或其他细胞功能的应答过程。当信号分子（配体）与相应的受体作用后，可以激活受体分子的构型变化，使之形成专一性的离子通道，也可以激活受体分子的蛋白激酶或磷酸酯酶，还可以通过受体分子指导合成环磷酸鸟苷（cGMP）、环磷酸腺苷（cAMP）、肌醇三磷酸（inositol triphosphate，IP3）等第二信使分子。研究认为，信号转导之所以能引起细胞功能的改变，主要是因为信号最后活化了某些蛋白质分子，使之发生构型变化，直接作用于靶位点，打开或关闭某些基因。

转录因子（transcription factor，TF）直接结合或间接作用于基因启动子，形成具有 RNA 聚合酶活性动态转录复合体的蛋白质因子，有通用转录因子、序列转录因子、辅助转录因子等。研究人员在对植物的某些性状进行遗传分析时发现，某些基因的突变会影响其他基因的表达。例如，玉米花青素的生物合成过程有 20 多个基因参与，当其中的 *Cl*、*r*、*pl* 或 *b* 基因发生突变后，该代谢途径中的结构酶基因全部被关闭。在果蝇发育过程中，如果 *Antp*、*Flz* 或 *Ubx* 等基因发生突变，果蝇的体节发育就会受影响，身体的一部分就可能变成相似于另一部分的结构。因此，这些基因是控制果蝇胚胎早期体节分化与发育的主要调节基因，它们所编码的蛋白质是调节与发育有关的结构基因表达的总开关。

真核基因在结构上的不连续性是近 10 年来生物学上的重大发现之一。当基因转录成 Pre-mRNA 后，除了在 5′端加帽及 3′端加多腺苷酸［polyadenylic acid，poly(A)］，还要切去隔开各个相邻编码区的内含子，使外显子（编码区）相连后成为成熟 mRNA。研究发现，许多基因中的内含子并不是一次全部切去，而是在不同的细胞或不同的发育阶段选择性剪切其中部分内含子，生成不同的 mRNA 及蛋白质分子。例如，降钙素基因、肌原蛋白基因和参与果蝇体细胞分化的 *dsx* 基因等，都采用选择性剪切方式从而生成不同功能的蛋白质。RNA 的选择性剪切由于不涉及遗传信息的永久性改变，因此是真核基因表达调控中一种比较灵活的方式。

3. 生物大分子的结构功能研究——结构分子生物学

一个生物大分子，无论是核酸、蛋白质或多糖，在发挥生物学功能时，都必须具备两个前提。首先，它要拥有特定的空间结构（三维结构）；其次，在它发挥生物学功能的过程中必定存在着结构和构象的变化。结构分子生物学就是研究生物大分子特定的空间结构及结构的运动变化与其生物学功能关系的科学。它包括结构的测定、结构运动变化规律的探索及结构与功能相互关系的建立 3 个主要研究方向。目前，最常见的研究三维结构及其运动规律的手段是 X 射线衍射，其次是用二维或多维核磁共振研究液相结构，也有人用电镜三维重组、电子衍射、中子衍射和各种频谱学方法研究生物高分子的空间结构。

4. 基因组、功能基因组与生物信息学研究

2001 年 2 月，*Nature* 和 *Science* 同时发表了人类基因组全序列，为探索基因对人类生长发育和疾病的影响提供了平台和理论基础。最新的数据表明，已有数十种原核生物及酵母、线虫、果蝇和高等植物拟南芥等多种真核生物基因组被基本破译，极大地丰富了人类的知识宝库，加快了人类认识自然和改造自然的步伐。虽然完成某一生物的基因组计划就意味着该物种所有遗传密码已经为人类所掌握，但测定基因组序列只是了解基因的第一步，因为基因组计划不可能直接阐明基因的功能，更不能预测该基因所编码蛋白质的功能与活性，所以，并不能指导人们充分准确地利用这些基因的产物。于是，科学家又在基因组计划的基础上提出了"蛋白质组计划"，旨在快速、高效、大规模地鉴定基因的产物和功能。

巨大的基因组信息给科学家带来了前所未有的挑战。以人细胞中所带有的近 30 亿个碱基对为例，一个人即使每秒读 10 个碱基，每天工作 24h，一年工作 365 天，也得花 10 年时间才能把这些数据看一遍，更不用说数据分析了。依靠计算机快速高效运算并进行统计分类和结构功能预测的生物信息学就是在这样的背景下诞生的。没有生物信息学的知识，不借助于最先进的计算机科学，人类就不可能最大限度地开发和运用基因组学所产生的庞大数据。

从 20 世纪 50 年代初沃森和克里克提出 DNA 双螺旋模型至今，短短 70 多年间，生物学领域里的变化岂止"沧海桑田"所能形容。核苷酸序列测定技术的迅速进步，使人类基因组近 30 亿个碱基对全部被测定。20 年前，当人们第一次谈到这个巨大的项目时，不免有"谈虎色变"的感觉。X 射线衍射及其他高分子研究技术的相继问世，使建立生物大分子三维构象库的梦想成真。2022 年，人类利用人工智能（AI）系统 AlphaFold 预测出超过 100 万个物种的 2.14 亿个蛋白质结构，几乎涵盖了地球上所有已知蛋白质。DNA 重组技术的应用，使得基因克隆成为全世界生物科学工作者手中的"常规武器"。近来，每年都有上千个新的基因序列被存入各类基因文库。根据国际农业生物技术应用服务组织（International Service for the Acquisition of Agri-biotech Applications，ISAAA）

2022 年的统计，全球范围内已有 27 个国家种植转基因农作物，从 1996 年第一次进入大田种植以来的短短 26 年间，转基因农作物种植面积已经超过 2.022 亿 hm^2，创下了新的纪录。

20 世纪中期以来，生物学正在各个学科之间广泛渗透，各个学科相互促进，不断深入和发展，既从宏观和微观、最基本和最复杂等不同方向展开研究，也从分子水平、细胞水平、个体和群体等不同层次深入探索各种生物学现象，逐步揭开生命的奥秘。生物学革命也为数学、物理学、化学、信息、材料与工程科学提出了许多新概念、新问题和新思路，促使这些学科在理论和方法上得到发展和提高。生命世界的多样性和生命本质的一致性这个辩证的统一，已经被越来越多的人所接受。尽管生命过程在数以万计的不同生物中的表现形式可以是完全不同的，但生命活动的本质是高度一致的，如核酸与蛋白质一级结构的对应关系，在整个生命世界都是一致的。

除极少数生物体外，脱氧核糖核酸是地球上千百万生灵所共有的遗传密码。如果没有这个统一性，人们就不可能把某一个基因从 A 生物转移到 B 生物体内，使其得到表达并发挥相同的功能。从表面上看，动物和植物是两个完全不同的群体，它们以两种完全不同的方式摄取能量。动物靠的是氧化磷酸化，在食物的氧化过程中合成"生命通货"——腺苷三磷酸（ATP），而植物则通过光合作用，将光能转变成 ATP，以供生命活动之需。但是，动、植物细胞代谢活动的实质都是电子在一系列受体蛋白质之间传递，造成膜内外质子浓度差，以合成 ATP。生命活动的这种高度一致性，使分子生物学研究日益渗透到生物学的各个领域，产生了全面的影响。

分子生物学、细胞生物学和神经生物学被认为是当代生物学研究的三大主题，分子生物学的全面渗透推动了细胞生物学和神经生物学的发展。分子生物学研究技术的发展，几乎完全改变了科学家对膜内外信号转导、离子通道的分子结构、功能特性及运转方式的认识。研究人员在对突触部位神经递质的合成、维持、释放及其作用的分子机制的研究中，最近 10 年所取得的进展远远超过了以往几十年的总和。

遗传学是分子生物学发展以来受影响最大的学科。孟德尔著名的皱皮豌豆和圆粒豌豆子代分离实验，以及由此得到的遗传规律，先后在近 20 年内得到了分子水平上的解释。越来越多的遗传学原理正在被分子水平的实验所证实或否定，许多遗传病已经得到控制或治愈，许多经典遗传学无法解决的问题和无法破译的奥秘，也相继被攻克，分子遗传学已成为人类了解、阐明和改造自然界的重要武器。

分类和进化研究是生物学中最古老的领域，它们同样由于分子生物学的渗透而获得了新生。过去研究分类和进化主要依靠生物体的形态，并辅以生理特征，来探讨生物间亲缘关系的远近。现在，反映不同生命活动中更为本质的核酸、蛋白质序列间的比较，已被大量用于分类和进化的研究。由于核酸技术的进步，科学家已经可能从已灭绝的化石中提取极为微量的 DNA 分子，并进行深入的研究，以此确立这些生物在进化树中的地位。

分子生物学还对发育生物学研究产生了巨大的影响。人们早就知道，个体生长发育所需的全部信息都是储存在 DNA 序列中的，如果受精卵中的遗传信息不能按照一定的时空顺序表达，个体发育规律就会被打乱，高度有序的生物世界就不复存在。大量分子水平的实验证明，非编码 RNA［包括微 RNA（micro RNA，miRNA）和干扰小 RNA（small interfering RNA，siRNA）］在动植物个体发育过程中发挥了举足轻重的作用。专家估计，这个领域的研究将为发育生物学带来一场革命。

分子生物学的发展揭示了生命本质的高度有序性和一致性，是人类在认识论上的重大飞跃。生命活动的一致性，决定了 21 世纪的生物学将是真正的系统生物学（systems biology），是生物学范围内所有学科在分子水平上的统一。以基因组学、转录组学、蛋白质组学，以及代谢组学等不同层次"组学"的最新成果为基础的系统生物学，是研究一个生物系统中所有组成成分（基因、mRNA、蛋白质等）的变化规律，以及在特定遗传或环境条件下相互关系的学科。系统生物学研究通过整合各组分的信息，以图画或数学方式建立能描述系统结构和行为的模型。由于分子生物学、生物化学及生物物理学的影响，大量物理、化学工作者进入生物学领域，既有力地推动了生命科学的发展，也极大地促进了物理、化学两个学科的发展。因此，分子生物学不仅是目前自然科学中进展最迅速、最具活力和生气的领域，也是新世纪的带头学科。

二、分子印迹技术在微生物菌群结构研究中的应用

（一）分子印迹技术发展史

20 世纪 50 年代沃森和克里克提出的 DNA 双螺旋结构模型是现代分子生物学诞生的里程碑。20 世纪 60 年代操纵子学说的出现，以及 20 世纪 70 年代初期 DNA 限制性内切酶的发现和一整套 DNA 体外重组技术——基因工程技术的发展，推动了分子生物学空前高速的蓬勃发展。自此对于核酸和蛋白质生物大分子的研究进入了一个崭新的时代。进入 21 世纪后，随着人类基因组计划的完成，以及蛋白质组学研究的启动，生命科学研究进入了另一个新纪元。各种生物的 DNA 分子中所包含的遗传学信息正在逐渐被揭示，对 DNA、RNA 及蛋白质的检测和分析在很多领域都有着举足轻重的地位。在基础研究领域，如何解读这些浩如烟海的核苷酸序列中所包含的遗传学意义并使之为全人类所用，是摆在生物学家面前的一大难题。而分子印迹技术为这些工作提供了有力的工具。

所谓分子印迹技术是指将核酸、蛋白质等大分子物质通过凝胶电泳后印迹到固相支持物或直接将这些大分子物质印迹到固相支持物，然后通过探针测定这些大分子的性质和数量的技术。无论是寻找新基因，还是开展基因突变、多态性分析、基因组学等方面的研究，分子印迹技术都是不可或缺的工具。应用分子印迹技术进行的核酸和蛋白质检测将帮助我们理解遗传疾病、癌症和传染病等疾病发生的分子生物学机制，促进人类疾病诊断模式和治疗策略的革新。核酸印迹技术是将探针与靶序列在溶液中进行杂交，然后通过平衡密度梯度离心分离杂交体。该方法操作复杂、费时且不精确，但它开拓了核酸杂交技术的先河。之后博尔顿（Bolton）等于 1962 年设计了第一个简单的固相杂交方法，并将其命名为 DNA-琼脂技术。该技术将变性 DNA 固定在琼脂中，DNA 不能复性，但能与其他互补核酸序列杂交。基本过程是用放射性标记的短 DNA 或 RNA 分子与琼脂中 DNA 杂交过夜，然后将琼脂置于柱中进行冲洗以去除游离探针，再在高温、低盐条

件下将结合的探针洗脱，洗脱液的放射性与结合的探针量成正比。该法尤其适用于过量探针的饱和杂交实验。而另一种分析细胞基因组的方法研究液相中 DNA 的复性速度，以比较不同来源核酸的复杂度。具体操作是从不同生物体（细菌、酵母、鱼和哺乳动物等）内分离出 DNA，用水压器剪切成长约 450 个核苷酸的片段。剪切的 DNA 液经煮沸使双链 DNA（double-stranded DNA，dsDNA）热变性成单链 DNA（single-stranded DNA，ssDNA），然后冷却至 60℃左右，在此温度孵育过程中，测定溶液一定时间内的 UV 260nm 的吸光度（减色效应）来检测互补链的复性程度。通常该实验可比较不同来源生物 DNA 的复性速率，并可建立序列复杂度与动力学复杂度间的关系。进入 20 世纪 70 年代，许多重要技术的发展促进了核酸杂交技术的进展，固相化的多聚尿苷酸葡聚糖（poly U-sepharose）和寡（dT）-纤维素使人们能从总 RNA 中分离 Poly(A)+RNA，用 mRNA 的柱纯化技术可从网织红细胞总 RNA 中制备 α-珠蛋白和 β-珠蛋白 mRNA 混合物，这些珠蛋白 mRNA 首次被用于合成特异的探针以分析珠蛋白基因的表达。由于制备互补 DNA（complementary DNA，cDNA）探针很烦琐，所获得 cDNA 的长度和纯度也不稳定，因此阻碍了分子杂交技术的进一步推广。20 世纪 70 年代末到 80 年代初，分子生物学技术有了突破性进展，限制性内切酶的发现和应用使分子克隆成为可能；各种载体系统的诞生，尤其是质粒和噬菌体 DNA 载体的构建，使特异性 DNA 探针的来源变得丰富且可控。人们可以从基因组 DNA 文库和 cDNA 文库中获得特定基因克隆，只需培养细菌便可提取大量的可供合成探针的 DNA。1975 年，埃德温·迈勒·萨瑟恩（Edwin Mellor Southern）创造了将 DNA 区带原位转移到硝酸纤维素膜（nitrocellulose membrane，NC 膜）上再进行杂交的方法，被称为"Southern 印迹法"。恰巧"Southern"一词具有地理学含义，随后，阿尔文（Alwine）等将类似方法用于 RNA 印迹，并将这种方法称为"Northern 印迹法"。

核酸分子生物学的发展促进了人们对蛋白质的深入分析和研究。聚丙烯酰胺凝胶电泳（polyacrylamide gel electrophoresis，PAGE）是分析蛋白质的有效工具，随着奥法雷尔（O'Farrell）双向凝胶电泳技术的发展，PAGE 的分辨率大幅提高。利用 PAGE 双向电泳法可分辨出 1600 余种蛋白质。然而，由于方法学上的限制，不能对分布在凝胶基质中的蛋白质斑点或区带做进一步的研究。虽曾有研究者提出洗脱法、抗血清或其他蛋白质探针原位分析等方法，但这些方法灵敏度低、分辨率差、费时。在 DNA 印迹技术的启示下，科学家仿效 DNA 转移的方法，将蛋白质从凝胶转移到硝酸纤维素膜上，再与相应的抗体等配体反应，这种方法被称为"Western 印迹法"（刘朝奇等，2012）。这种装置将膜和凝胶、滤纸等制成夹心饼干状，用低电压高电流电泳将凝胶中的蛋白质转移到支持膜上。用电转移法将等电聚焦后的蛋白质区带从凝胶转移到特定膜上的方法称为"Eastern 印迹法"。这些技术的建立和发展使分子印迹技术广泛应用于分子生物学研究的各个领域，加速了生物技术的快速发展。

Western 印迹法是将 PAGE 凝胶中的蛋白质转移到固相载体表面，从而使经 PAGE 分离的蛋白质可以用生物化学探针进行分析和鉴定。其中最普通的一种方法是将蛋白质直接转移到载体纸上，然后与探针温育。与探针发生特异结合的蛋白质区带可通过不同的方法显示，而非特异结合的探针则可通过反复漂洗而去除。另一种方法是将探针预先结合到载体纸上，然后再将蛋白质结合上去，特定蛋白质被固定在纸上的探针所识别，这种方法称为易化主动转移（facilitated active transfer）。上述两种方法的结果基本一致，选择哪种方法应以实验方便为原则。如果实验需要同时应用数种不同的探针，而蛋白质样品的量又很少，则采用第一种方法为宜。如果仅用一种探针来筛选大量的蛋白质样品，则用第二种方法更方便。

目前，蛋白质印迹法在免疫学领域中应用十分广泛。该法在筛选特异性抗原和特异性抗体方面充分显示了快速、灵敏的特点。应用传统方法，需先纯化和标记抗原或抗体，但用蛋白质印迹技术，复合的抗原或未经纯化的抗血清均可直接使用。抗血清只要被适当稀释，即可与转移到载体纸上的相应蛋白质区带产生免疫复合物，然后再用125标记的金黄色葡萄球菌蛋白 A、^{125}I、辣根过氧化物酶或荧光标记的第二抗体显示特异的阳性区带。应用蛋白 A 可测出低于 0.1ng 的蛋白质。生物素（biotin）-第二抗体交联物，以及抗生物素（avidin）-辣根过氧化物酶交联物的使用，极大地提高了蛋白质印迹法的灵敏度，值得推广。蛋白质印迹法对研究 DNA 和 RNA 的特异性结合蛋白也发挥了重要作用，将蛋白质转移到载体纸上，然后用同位素或荧光素标记的 DNA 或 RNA 与之结合，产生的核酸-蛋白质复合物可用放射自显影及荧光法显示。应用此法，许多与 DNA 产生特异性结合的蛋白质及多肽已被发现，包括组蛋白与非组蛋白。由于蛋白质与 DNA 和 RNA 的结合需要蛋白质具有天然的分子构象，因而印迹过程中的蛋白质变性将严重影响结果的真实性和准确性。这一问题目前已通过非变性凝胶系统或转移前和转移后的复性步骤得到了部分解决。蛋白质印迹技术使聚丙烯酰胺凝胶电泳的用途大为扩展。近年来，它作为一种快速、灵敏的分析技术已经在分子生物学领域中成为一种重要的常规研究手段。尽管已经取得了上述重大进展，但分子印迹技术在实际应用中仍存在不少问题，未来应该进一步提高检测的敏感性、发展简单的高通量的杂交方式，旨在使实验过程更加简便快速、低廉和安全。

随着印迹技术的不断改进及人们对生物技术新需求的日益增长，一个崭新的技术应运而生——生物芯片技术。作为一种新型的生物检测技术，生物芯片技术是继 20 世纪 50 年代的半导体芯片之后微芯片技术的又一重大发展，也是 20 世纪 90 年代中期以来影响最深远的重大科技进展之一，是 21 世纪一项革命性的技术。生物芯片技术目前主要包括基因芯片（DNA 芯片）、蛋白质芯片及芯片实验室 3 个领域。

DNA 芯片的概念起始于 20 世纪 80 年代中期，1996 年底，美国昂飞（Affymetrix）公司史蒂文·弗尔多（Steven Fodor）等充分结合并灵活运用了照相干版印刷、计算机、半导机、激光共聚焦扫描、寡核苷酸 DNA 合成、荧光标记探针杂交及分子生物学的其他技术，创造了世界上第一块 DNA 芯片（DNA chip）或 DNA 微阵列，即基因芯片。基因芯片的原理是将特定序列的寡核苷酸片段以很高的密度有序地固定在一块玻璃或硅等固体基片上。它作为核酸信息的载体，通过与样品杂交反应来识别、提取信息。基因芯片从本质上讲与 Southern 印迹和 Northern 印迹相同，只是将大量探针（可以是同种分子或不同种分子）同时固定在同一芯片上，在相同的实验条件下，同时完成多种不同分子的检测。由于采用了微电子学的并行处理和高密度集成的概念，因此它与传统杂交法相比具有高效、高信息量的突出优点。目前每个芯片已达到能集成 40 万种不同的 DNA

片段的水平。DNA 芯片是生物芯片中最基础、研究开发最早、最为成熟和目前应用最广泛的产品。与传统检测技术相比，它的突出优点是整个检测过程快速高效。由于探针阵列具有高度的序列多样性，它可以同时对大量基因乃至整个基因组进行扫描分析，从而能够使人们从一个更高的层次来全面研究基因的功能，分析不同基因之间的生物相关性。

随着人类基因组计划的进一步深入和人类后基因组计划的开始，人们希望在更加宏观的层面上了解人类基因组所包含的完整生物信息，其解决方法之一就是直接研究基因的表达产物（蛋白质），于是蛋白质芯片技术应运而生。蛋白质芯片是将已知蛋白质点印在不同种类支持介质上，制成由高密度的蛋白质或多肽分子组成的微阵列，其中每个分子的位置及序列为已知。用荧光标记的蛋白质样品与该芯片进行孵育反应，当荧光标记的靶分子与芯片上的分子结合后，可以通过激光扫描系统或电荷耦合器件（charge coupled device，CCD）对荧光信号的强弱进行分析，以对杂交结果进行量化评估。该技术的出现对于生物学、临床检验医学、遗传学、肿瘤学、药理学和毒理学等多种学科的发展具有极大的推动作用。芯片实验室是当前生物芯片技术发展的最高阶段。它是高度集成化的集样品制备、基因扩增、核酸标记及检测于一体的便携式生物分析系统。它所需的设备、化验、检测，以及结果显示等都在一块芯片上完成，从而使现有烦琐的、不精确的生物分析过程自动化、连续化和微缩化，相对成本低廉，使用非常方便。

（二）分子印迹技术原理

分子印迹技术主要包括核酸分子杂交和蛋白质免疫印迹及进一步扩展的现代芯片技术。

1. 核酸分子杂交技术

核酸分子杂交（nucleic acid molecular hybridization）是指具有一定同源序列的两条核酸单链（DNA 或 RNA），在一定条件下按碱基互补配对原则经过退火处理，形成异质双链的过程。利用这一原理，可以使用已知序列的单链核酸片段作为探针，去查找各种不同来源的 DNA 或 RNA 分子中的同源基因或同源序列。应用该技术可对特定 DNA 和 RNA 分子进行定性或定量检测。

（1）DNA 变性

DNA 变性（denaturation）是指 DNA 双螺旋之间氢键断裂，双螺旋解开，形成单链无规则线团，因而发生性质改变（如黏度下降、紫外线吸收增加等）的现象。

DNA 变性的方法包括：①加热；②改变 DNA 溶液的 pH；③使用有机溶剂（如乙醇、尿素、甲酰胺及丙酰胺等）。

DNA 在 260nm 处有最大吸收值，这一特征是由于 DNA 含有碱基。在 DNA 双螺旋结构模型中碱基藏于内侧，变性时由于双螺旋解开，碱基外露，260nm 紫外线吸收值因而增加，这一现象称为增色效应（hyperchromic effect）。利用 DNA 变性后波长 260nm 处紫外线吸收的变化可追踪变性过程。

升高温度使 DNA 变性，以温度对 A_{260} 紫外线吸收作图，可得到一条曲线，称为熔解曲线。

通常人们把50% DNA 分子发生变性的温度称为变性温度（即熔解曲线中点对应的温度），由于这一现象和结晶的熔解相类似，故又称熔点或解链温度（melting temperature，Tm）。因此，Tm 是指吸光值上升到最大吸光值的50%时的温度。

Tm 不是一个固定的数值，与很多因素有关。外部影响因素包括溶液 pH 和离子强度。随着溶剂内离子强度上升，Tm 值也随之增大。内部影响因素包括 DNA 的碱基比例和 DNA 的均一性。在相同条件下，DNA 内 G-C 配对含量高，其 Tm 值也高。DNA 分子的 Tm 值可用如下经验公式进行估算：Tm=69.3+0.41×(G+C)%；对于小片段的寡核苷酸，Tm=4(G+C)+2(A+T)。

（2）DNA 的复性变性

只要消除变性条件，DNA 的两条互补链还可以重新结合，恢复原来的双螺旋结构，这一过程称为复性（renaturation）。通常 DNA 热变性后，将温度缓慢冷却，并维持在比 Tm 低 25~30℃时，变性后的单链 DNA 即可恢复双螺旋结构，这一过程又称为退火。复性后的 DNA 的理化性质都能得到恢复。但倘若 DNA 热变性后快速冷却，则不能复性。

影响 DNA 复性速度的因素包括以下 5 项。①DNA 浓度。浓度越高，复性速度也越快。②DNA 片段的大小。DNA 片段愈大，复性速度愈慢，这是由于 DNA 分子越长，扩散速度越慢，使 DNA 线状单链互相发现互补的机会越少。因此，在复性实验中，有时需要将 DNA 切成小片段再进行复性。③温度。过高不利于复性。④溶液的离子强度。通常盐浓度较高时，复性速度较快。⑤DNA 顺序的复杂性。简单的分子复性很快，如 poly(dT) 和 poly(dA) 由于彼此互补识别很快，故能迅速复性，但顺序较复杂的 DNA 分子复性则较慢。因此通过变性速率的研究，可以了解 DNA 分子的复杂性。

2. 蛋白质印迹技术

蛋白质印迹是继 DNA 印迹和 RNA 印迹之后发展起来的集电泳、转印和免疫检测于一体的一项蛋白质分离检测技术。该技术利用 SDS-聚丙烯酰胺凝胶电泳（SDS-PAGE）分离蛋白质样品并将其转移到固相载体（如硝酸纤维素膜）上，固相载体以非共价键形式吸附蛋白质，且能保持多肽类型及其生物学活性不变。以吸附在固相载体上的蛋白质或多肽作为抗原，与对应的抗体进行免疫反应，再与酶或同位素等标记的第二抗体反应，经过底物显色或放射自显影以检测特异性目的蛋白的成分。该技术也广泛应用于检测基因在蛋白质水平的表达，是应用最广泛的蛋白质免疫分析技术。

3. 生物芯片技术

生物芯片（biochip）是指采用光导原位合成或微量点样等方法，将大量生物大分子（如核酸片段、多肽分子）甚至组织切片、细胞等生物样品有序地固化于支持物（如玻片、硅片、聚丙烯酰胺凝胶、尼龙膜等载体）的表面，组成密集二维分子排列，然后与已标记的待测生物样品中的靶分子杂交，通过特定的仪器（如激光扫描共聚焦显微镜或电荷耦合摄影像机）对杂交信号的强度进行快速、并行、高效地检测分析，从而判断样品中靶分子的数量。由于该技术常用玻片或硅片作为固相支持物，且制备过程模拟计算机芯片的制备技术，因此被称为生物芯片技术。根据芯片上固定的材料不同，生物芯片包括基因芯片、蛋白质芯片、细胞芯片、组织芯片。另外根据不同原理还有元件型微阵列芯片、通道型微阵列芯片、生物传感芯片等新型生物芯片。

（1）基因芯片（gene chip）

利用核酸的反向杂交原理，将许多已知的寡聚核苷酸或 DNA 片段（称为探针）固定在芯片的每个预先设置的区域内；将待测样本进行同位素或荧光标记后，利用碱基互补配对原则与芯片上的探针分子进行杂交；检测芯片上的杂交信号并进行计算机分析，检测对应片段是否存在及存在量的多少。该技术可用于基因的功能研究和基因组研究、疾病的临床诊断和检测等众多方面。运用缩微技术，基因芯片能同时分析成千上万个生物样本，将许多不连续的分析过程集成于玻璃介质上，使这些分析过程连续化、微型化、集成化和自动化。其中最成功的基因芯片是在介质表面有序地点阵排列 DNA，因此基因芯片又称为 DNA 微阵列（DNA microarray）。

（2）蛋白质芯片或蛋白质微阵列

蛋白质芯片（protein microarray）技术是一种快捷、高效、并行、高通量的蛋白质分析技术。与基因芯片的基本原理相同，蛋白质芯片技术是指把制备好的已知蛋白质样品（如酶、抗原、抗体、受体、配体、细胞因子等）固定于经化学修饰的玻璃片、硅片等载体上，蛋白质与载体表面结合，同时仍保留蛋白质的物理和化学性质。由于蛋白质之间的相互作用，可利用蛋白质芯片对样本中存在的特定蛋白质进行检测。通过蛋白质芯片技术可以高效大规模俘获能与芯片上蛋白质特异性结合的待测蛋白质，经洗涤、纯化后，再进行确认和生化分析，从而判断样本中靶分子的性质和数量，以达到一次实验同时检测多种蛋白质的目的。蛋白质芯片可分为无活性和有活性两种形式。无活性芯片是将已合成好的蛋白质点在芯片上，有活性芯片则是在芯片上点生物体（如细菌），在芯片上原位表达蛋白质。活性芯片可以提供模拟的机体内环境，对于蛋白质功能分析更有利。生物蛋白质芯片按支持物不同可分为两种类型：①在固相支持物表面高密集排列的探针蛋白质点阵；②微型化凝胶电泳板，即样品的待测蛋白质在电场作用下通过芯片上的微孔道进行分离，然后经喷射进入质谱仪中以检测待测蛋白质的相对分子质量及种类。蛋白质芯片还可按其密度分为高、中、低密度芯片。低密度芯片一般是指一块芯片上放置 400 个以下的生物信息。密度的高低将决定芯片的技术难易、价格高低、应用范围及商业化普及的程度等。

（3）糖芯片

将微生物多糖以非化学结合方式固定在表面修饰的玻璃片上，一张玻片上可固定大量的微生物含糖抗原（20 000 个点）。含不同糖结构的糖结合物可以用于微阵列的制造，经空气干燥的微阵列可以稳定地长期保存。以微生物多糖为靶点的糖芯片可用于研究糖基介导的分子识别及抗感染反应，在生物医学研究领域中具有重要意义。随着芯片技术的不断发展及生物研究的需要，新的芯片及技术也不断出现，如细胞芯片、微流控芯片、芯片实验室、悬浮式生物芯片等，这些技术将促使生命科学研究以更快的速度向前发展。

三、克隆测序技术在微生物菌群结构研究中的应用

（一）克隆测序技术原理

克隆测序就是将要测序的片段插入到克隆载体中，获取含有待测片段的质粒，然后进行测序。蓝白斑筛选是一种基因工程常用的重组菌筛选方法。利用野生型大肠杆菌产生的 β-半乳糖苷酶可以将无色化合物 X-Gal（5-溴-4-氯-3-吲哚-β-D-半乳糖苷）切割成半乳糖和深蓝色的物质 5-溴-4-靛蓝。有色物质可以使整个培养菌落产生颜色变化，而颜色变化是鉴定和筛选的最直观有效的方法。

设计适用于蓝白斑筛选的基因工程菌为 β-半乳糖苷酶缺陷型菌株。这种宿主菌的染色体基因组中编码 β-半乳糖苷酶的基因突变，造成其编码的 β-半乳糖苷酶失去正常 N 端一个 146 个氨基酸的短肽（即 α 肽链），已不具有生物活性，即无法作用于 X-Gal 产生蓝色物质。用于蓝白斑筛选的载体具有一段称为 lacz' 的基因，lacz' 中包括一段 β-半乳糖苷酶的启动子，编码 α 肽链的区段，一个多克隆位点（multiple cloning site，MCS）。MCS 位于编码 α 肽链的区段中，是外源 DNA 的选择性插入位点，但其本身不影响载体编码 α 肽链的功能活性。虽然上述缺陷株基因组无法单独编码有活性的 β-半乳糖苷酶，但当菌体中含有带 lacz' 的质粒后，质粒 lacz' 基因编码的 α 肽链和菌株基因组表达的 N 端缺陷的 β-半乳糖苷酶突变体互补，具有与完整 β-半乳糖苷酶相同的可以使 X-Gal 生成蓝色物质的能力，这种现象即 α 互补。

操作中，添加异丙基-β-D-硫代半乳糖苷（isopropyl-beta-D-thiogalactopyranoside，IPTG）以激活 lacz' 中的 β-半乳糖苷酶的启动子，在含有 X-Gal 的固体平板培养基中菌落呈现蓝色。以上是携带空载体的菌株产生的表型。当外源 DNA（即目的片段）与含 lacz' 的载体连接时，会插入 MCS，使 α 肽链读码框破坏，这种重组质粒不再表达 α 肽链，将它导入宿主缺陷菌株则无 α 互补作用，不产生活性 β-半乳糖苷酶，即不可分解培养基中的 X-Gal 产生蓝色，培养表型即呈现白色菌落。

实验中，通常蓝白斑筛选是与抗性筛选一同使用的。含 X-Gal 的平板培养基中同时含有一种或多种载体所携带抗性相对应的抗生素，这样，次筛选可以判断出：未转化的菌不具有抗性，不生长；转化空载体，即未重组质粒的菌，长成蓝色菌落；转化了重组质粒的菌，即目的重组菌，长成白色菌落。

TA 克隆方法（T's and A's method）是把聚合酶链反应（polymerase chain reaction，PCR）片段与一个具有 3′-T 突出的载体 DNA 连接起来的方法。因为 PCR 反应中所使用的聚合酶具有末端转移的活性，通常在 3′ 端加上 A。例如，*Taq* 聚合酶同时具有的末端连接酶的功能，PCR 反应时在每条 PCR 扩增产物的 3′ 端自动添加一个 3′-A 突出端。只有用经过特殊处理的具有 3′-T 突出末端的 DNA 片段才能通过 T/A 配对进行连接。

所以 TA 克隆不需使用含限制酶序列的引物，不需将 PCR 产物进行优化，不需把 PCR 产物做平端处理，不需在 PCR 扩增产物上加接头，即可直接进行克隆。

（二）克隆测序操作方法

（1）基因组 DNA 的制备与检测

将裂解的冻全血加入蛋白酶 K 至终浓度为 100μg/ml，混匀，55℃水浴消化。在消化好的血液中加入等体积 Tris 饱和酚，缓慢颠倒后离心，收集上清液，重复一次。于上清液中加入等体积的酚：氯仿：异戊醇（25：24：1）混合液，缓慢颠倒后离心，收集上清液于新管，重复一次。在收集的上清液中加入 1/10 体积的 3mol/L 乙酸钠（NaAc）（pH 5.2）和 2.5 倍体积的冰乙醇沉淀 DNA。然后用 70%乙醇洗涤沉淀 2 次。最后将 DNA 晾干后加入适量 TE 缓冲液，于–20℃储存。用琼脂糖凝胶电泳和紫外分光光度法双重检测 DNA 的纯度和浓度，然后稀释成 50ng/μL 备用。

设计原则：引物最好在模板 cDNA 的保守区内设计。DNA 序列的保守区是通过物种间相似序列的比较确定的。在 NCBI 上搜索不同物种的同一基因，通过序列分析软件（如 DNAMAN）比对（alignment），各基因相同的序列就是该基因的保守区。

引物长度（primer length）一般在 15～30bp。引物长度常用的是 18～27bp，但不应大于 38bp，因为过长会导致其延伸温度大于 74℃，不适于 Taq DNA 聚合酶进行反应。

引物 GC 含量为 40%～60%时，Tm 值最好接近 72℃。GC 含量过高或过低都不利于引发反应。上下游引物的 GC 含量不能相差太大。另外，上下游引物的 Tm 值是寡核苷酸的解链温度，即在一定盐浓度条件下，50%寡核苷酸双链解链的温度。有效启动温度一般高于 Tm 值 5～10℃。若按公式 Tm=4(G+C)+2(A+T)估计引物的 Tm 值，则有效引物的 Tm 值为 55～80℃，其 Tm 值最好接近 72℃以使复性条件最佳。

引物 3′端要避开密码子的第 3 位。例如，扩增编码区域，引物 3′端不要终止于密码子的第 3 位，因密码子的第 3 位易发生简并（生物学上，简并是指遗传密码子的简并性，即同一种氨基酸具有两个或更多个密码子的现象，许多氨基酸密码子的第 1 和第 2 个碱基相同，只有第 3 个碱基不同），会影响扩增的特异性与效率。

引物 3′端不能选择 A，最好选择 T。许多氨基酸的密码引物 3′端错配时，不同碱基引发效率存在着很大的差异，当末位的碱基为 A 时，即使在错配的情况下，也能引发链的合成，而当末位碱基为 T 时，错配的引发效率大大降低，G、C 错配的引发效率介于 A、T 之间，所以 3′端最好选择 T。

碱基要随机分布。引物序列在模板内应当没有相似性较高，尤其是 3′端相似性较高的序列，否则容易导致错误引发。降低引物与模板相似性的一种方法是，引物中 4 种碱基的分布最好是随机的，不要有聚嘌呤或聚嘧啶的存在。尤其 3′端不应超过 3 个连续的 G 或 C，因为这样会使引物在 GC 富集序列区错误引发。

引物自身及引物之间不应存在互补序列。引物自身不应存在互补序列，否则引物自身会折叠成发夹结构（hairpin structure）使引物本身复性。这种二级结构会因空间位阻而影响引物与模板的复性结合。引物自身不能有连续 4 个碱基的互补。两引物之间也不应具有互补性，尤其应避免 3′端的互补重叠以防止引物二聚体（dimer）的形成。引物之间不能有连续 4 个碱基的互补。引物二聚体及发夹结构如果不可避免的话，应尽量使其 ΔG 值不要过高（应小于 18.8kJ/mol）。

引物5'端和中间ΔG值应该相对较高，而3'端ΔG值较低。ΔG值是指DNA双链形成所需的自由能，ΔG值越大，则双链越稳定。应当选用5'端和中间ΔG值相对较高，而3'端ΔG值较低（绝对值不超过9）的引物。引物3'端的ΔG值过高，容易在错配位点形成双链结构并引发DNA聚合反应。

引物的5'端可以修饰，而3'端不可修饰。引物的5'端决定着PCR产物的长度，它对扩增特异性影响不大。因此，可以被修饰而不影响扩增的特异性。引物5'端修饰包括：加酶切位点；标记生物素、荧光、地高辛、Eu^{3+}等；引入蛋白质结合DNA序列；引入点突变、插入突变、缺失突变序列；引入启动子序列等。引物的延伸是从3'端开始的，不能进行任何修饰。3'端也不能有形成任何二级结构的可能。

扩增产物的单链不能形成二级结构。某些引物无效的主要原因是扩增产物单链二级结构的影响，选择扩增片段时最好避开二级结构区域。用软件预测估计mRNA的稳定二级结构，有助于选择模板。待扩区域自由能（ΔG）小于58.61kJ/mol时，扩增往往不能成功。若不能避开这一区域时，用7-δ-2'-脱氧GTP取代dGTP对扩增的成功是有帮助的。

引物应具有特异性。引物设计完成以后，应对其进行基于局部比对算法的搜索工具（basic local alignment search tool，BLAST）检测。如果与其他基因不具有互补性，就可以进行下一步的实验了。

（2）质粒的提取

接种单菌落于3ml含Amp的LB培养基中，37℃剧烈振荡过夜。

取过夜培养物1～1.5ml于离心管中，4℃、12 000g离心50s。

吸去上层培养液，使细菌沉淀干燥。

加入100μL冰预冷的溶液Ⅰ[50mmol/L 葡萄糖、10mmol/L 乙二胺四乙酸（ethylenediaminetetraacetic acid，EDTA）、25mmol/L Tris-HCl，pH 8.0]，剧烈振荡，使细菌细胞充分悬浮。

加入200μL新配制的溶液Ⅱ（0.2mol/L NaOH、1% SDS），盖紧管口，缓慢颠倒离心管数次，以混合内容物。

加入150μL冰预冷的溶液Ⅲ（3mmol/L 乙酸钾、2mmol/L 乙酸），盖紧管口，将管温和地倒置数秒，使溶液在黏稠的混合液中分散均匀，冰上放置3～5min。

用离心机4℃、12 000g离心10min，将上清液转移到另一离心管中。

加入等体积的酚：氯仿，振荡混匀，4℃、12 000g离心5min，将上清液转移到另一离心管中。

加入等体积的氯仿振荡混匀，4℃、12 000g离心5min，将上清液转移到另一离心管中。

加入1/10体积的3mol/L NaAc（pH 5.2）和两倍体积的乙醇于室温沉淀双链DNA，振荡混匀后于–20℃放置30min。

4℃、2000g离心10min。

小心弃上清液，将离心管倒置于一张纸巾上使液体流失干净。

加入1ml 70%的乙醇于4℃洗涤双链DNA沉淀，除去上清液，干燥DNA，用20μL

不含 DNA 酶的 TE 缓冲液重新溶解核酸，混匀，储存于-20℃。

（3）PCR 产物的回收纯化、连接和转化

将 PCR 产物按照胶回收试剂盒说明书进行回收纯化后，与 PMD18-T 载体充分混匀，在 16℃恒温金属浴中连接 20h，再将连接产物加入到大肠杆菌 *E. coli* JM109 感受态细胞中，涂布于含有 X-Gal 底物、IPTG 诱导物和 Amp 的固体板上，放入 37℃恒温培养箱中培养过夜（12～16h），利用蓝白斑选法筛选阳性克隆。重组质粒的提取及酶切鉴定重组质粒的提取参照《分子克隆实验指南》（原书第四版）中的方法进行。将重组质粒用 *Kpn* I 限制性内切酶在 37℃酶切 4h，琼脂糖凝胶电泳检测。

（4）DH5α 感受态细胞的制备

1）受体菌的培养如下。

制备新的大肠杆菌 *E. coli* DH5α 菌落平板。

从 LB 平板上挑出新活化的 *E. coli* DH5α 单菌落，接种于 100ml LB 培养基中，37℃培养 3h 左右，至 OD_{600}=0.5 左右。

2）感受态细胞的制备如下。

将培养液转入 10ml 离心管中，冰上放置 10min。

于 4℃下 4000g 离心 10min。

弃去上清液，用预冷的 0.1mol/L 的 $CaCl_2$ 溶液 10ml 轻轻悬浮细胞，冰上放置 15～30min。

于 4℃下 4000g 离心 10min。

弃去上清液，加入 4ml 预冷的含 15%甘油的 0.05mol/L 的 $CaCl_2$ 溶液，轻轻悬浮细胞，冰上放置数分钟，即成感受态细胞悬液。

将感受态细胞分装成 200μL 的小份，储存于-70℃备用，可保存半年。

（5）连接产物转化 DH5α 感受态细胞

1）将连接产物加入感受态细胞中，使总含量<5%，轻轻地旋转几次以混匀内容物，冰上放置 30min。

2）将细胞管放入 42℃水浴中，精确计时 45s。

3）将细胞管转移至冰浴中 1～2min。

4）加入 800μL 不加 Amp 的 LB 培养基，在振荡培养箱 37℃轻微振荡培养 1h。

5）取 200μL，涂布于 AIX（含 Amp、IPTG 和 X-Gal）LB 固体培养基平板，放入生化培养箱中于 37℃培养 12h 左右。

（6）克隆的鉴定与测序

挑取转化后生长的白色菌落分别接种于 800μL 含 100μg/ml 氨苄青霉素的 LB 培养基中，37℃振荡培养 10～12h，按照提取质粒的操作方法提取质粒 DNA，0.7%琼脂糖凝胶电泳检测。对 PSP-II 5′-T 取质粒大小接近 6.6kb（PSP-II 5′为 4kb，pMD18-T 载体为 2.6kb 左右，而环状质粒在电泳时所显示的条带比实际要小）的及对 PSP-II 3′-T 取质粒大小接近 5.6kb（3.0kb+2.6kb）的进行鉴定。最终挑出阳性克隆，提取质粒以备后用，并按照常规方法进行保种等操作。

（7）测序与序列分析及比对

将重组质粒 DNA 送往生物工程公司测定序列。测序结果用 DNA star 软件进行序列比对、分析。接着提取阳性重组质粒进行序列测定及其分析，测序结果用 DNAMAN 4.0、Bioedit 4.8.10 等生物软件进行序列比对分析；用 MEGA 6.0 生物软件构建不同物种间系统进化树。

四、高通量测序技术在微生物菌群结构研究中的应用

无论是重组质粒、单个基因还是整个基因组，分析 DNA 结构的最基本方法就是测定出这些 DNA 分子的一级结构——DNA 序列。DNA 自动测序仪的出现使得 DNA 测序过程变得快捷而稳定，计算机处理能力的迅速提高则使得大量 DNA 小片段很容易被拼接成较大的片段甚至整条染色体。高效快捷的 DNA 测序方法是 20 世纪 70 年代中期发展起来的。当时有两种不同的测序方法，一种是桑格（Sanger）的双脱氧链终止法，一种是马克萨姆-吉尔伯特（Maxam-Gilbert）的化学修饰法。在基因组测序的过程中双脱氧链终止法逐渐占据了显著的优势，因为该方法更适合序列分析的自动化。

剑桥大学的弗雷德里克·桑格（Frederick Sanger）等于 1977 年发明了利用 DNA 聚合酶的双脱氧链终止原理测定核苷酸序列的方法。由于这种方法要求使用一种单链 DNA 模板和一种适当的 DNA 引物，因此也称为引物合成法或酶催化引物合成法。它利用了 DNA 聚合酶所具有的两种酶催化反应的特性：①该酶能以单链 DNA 为模板，合成出准确的 DNA 互补链序列；②如果以 2′,3′-双脱氧核苷三磷酸为底物，掺入到新合成的寡核苷酸链的 3′端后，DNA 链的延伸就会被终止。

在 DNA 测序反应中，加入模板 DNA、特异性引物、DNA 聚合酶、脱氧腺苷三磷酸（deoxyadenosine triphosphate，dATP）、脱氧胸苷三磷酸（deoxythymidine triphosphate，dTTP）、脱氧鸟苷三磷酸（deoxyguanosine triphosphate，dGTP）、脱氧胞苷三磷酸（deoxycytidine triphosphate，dCTP）和一种双脱氧核苷三磷酸（dideoxyribonucleoside triphosphate，ddNTP），当这种 2′,3′-双脱氧 ddTTP 插入寡核苷酸链的 3′端，取代了常规的脱氧核苷三磷酸（deoxyribonucleoside triphosphate，dNTP）之后，由于 ddTTP 没有 3′—OH 基团，寡核苷酸链不再继续延长，在本该由 dTTP 掺入的位置上发生了特异性的链终止效应。如果在同一个反应中，加入带 ^{32}P 放射性标记的 dNTP，经过适当的温育之后，就会生出不同长度的 DNA 片段混合物。它们都具有同样的 5′端，并在 3′端的 ddTTP 处终止。将这种混合物加到变性凝胶上进行电泳分离，就可以获得一系列全部以 3′端 ddTTP 为终止残基的 DNA 片段的电泳谱带模式。分别加入 ddATP、ddGTP 和 ddCTP，在不同试管中温育后，点样于同一变性凝胶上做电泳分离，再通过放射自显影的方法检测单链 DNA 片段的放射性带，就可以直接读出 DNA 的核苷酸顺序。在 DNA 合成反应中，一般用去掉 5′→3′核酸外切酶活性的 DNA 聚合酶 I 的克列诺片段（Klenow fragment）来催化合成单链 DNA 模板序列的互补链。

除 DNA 序列测定技术进步外，20 世纪 80 年代后期发展起来的酵母人工染色体（yeast artificial chromosome，YAC）技术为创制基因组物理图，以及最终的基因组序列

测定提供了一个极为方便的平台。1983年，美国丹娜-法伯（Dana-Farber）癌症研究所和哈佛大学医学院的科学家首次报道了构建YAC库的过程。1987年，科学家发现，仅带有自主复制序列（autonomously replicating sequence，ARS）的载体虽然能够被复制，但极易在有丝分裂时丢失。即使在选择培养基上，也只有5%~20%的子代细胞带有ARS类载体。若在YAC载体上加入着丝粒（centromeric，CEN）序列，就能显著提高有丝分裂时的稳定性，保证90%以上的子代细胞带有该载体。CEN还能显著降低拷贝数，使每个细胞所带的载体数从20~50个降为1~2个。

YAC是迄今容量最大的克隆载体，插入片段平均长度为200~1000kb，最大的可以达到2Mb。YAC含有三种必需成分：着丝粒、端粒和复制起点。着丝粒（CEN）位于染色体中央，呈纽扣状结构，在有丝分裂时结合微管并调控染色体的运动，也是姐妹染色单体配对时的最后位点，接收细胞信号而使姐妹染色单体分开。端粒（telomere，TEL）的主要功能是防止染色体融合、降解并确保其完整复制。但是，YAC载体也存在不少缺点，特别是其嵌合体比例较高，一个YAC克隆中可能含有两个或多个本来不相连的独立的DNA片段。部分克隆子不稳定，在继代培养过程中可能会发生缺失或重排。由于YAC与酵母染色体具有相似的结构，实验操作中很难与酵母染色体区分开，操作时也容易发生染色体机械切割和断裂。为了克服上述缺点，科学家用细菌的F质粒及其调控基因构建了细菌人工染色体（bacterial artificial chromosome，BAC），其克隆能力为125~150kb，F质粒主要包括oriS、repE（控制F质粒复制）和parA、parB（控制拷贝数）等成分。以BAC为基础的克隆载体形成嵌合体的频率较低，转化效率高，而且以环状结构存在于细菌体内，易于分辨和分离纯化，已被科学界广泛接受。

高通量测序（high-throughput sequencing）技术又称下一代测序技术（next-generation sequencing technique），以能一次并行对几十万到几百万条DNA分子进行序列测定和一般读长较短等为特征（沈萍和陈向东，2016）。根据发展历史、影响力、测序原理和技术不同等，主要有以下几种：大规模平行标签测序（massively parallel signature sequencing，MPSS）技术、聚合酶菌落克隆（polony sequencing）、454焦磷酸测序（454 pyrosequencing）、边合成边测序（sequencing by synthesis，SBS）、寡核苷酸连接检测测序（sequencing by oligonucleotide ligation and detection，SOLiD）、离子半导体测序（ion semiconductor sequencing）、DNA纳米球测序（DNA nanoball sequencing）等。

高通量测序技术是对传统测序一次革命性的改变，同时高通量测序使得人类对一个物种的转录组和基因组进行细致全貌的分析成为可能，所以又被称为深度测序（deep sequencing）。

测序过程主要包括样本准备（sample preparation）、文库构建（library preparation）、测序反应（sequencing reaction）、数据分析（data analysis）等。自从2005年454生命科学（Life Science）公司［2007年该公司被罗氏公司（Roche）正式收购］推出了454 FLX焦磷酸测序平台（454 FLX pyrosequencing platform）以来，曾推出过3730XL DNA测序仪（3730XL DNA Analyzer）并一直占据着测序市场最大份额的美国应用生物系统公司（ABI）的领先地位就开始动摇了，因为他们的拳头产品毛细管阵列电泳测序仪系列遇到了两个强有力的竞争对手，一个是罗氏公司（Roche）的454测序仪，另一个就是2006

年美国因美纳（Illumina）公司推出的 Solexa 基因组分析平台。为此，2007 年 ABI 公司推出了自主研发的 SOLiD 测序仪。这三个测序平台即为目前高通量测序平台的代表。因美纳（Illumina）公司的新一代测序仪 Hiseq 2000 和 Hiseq 2500 具有高准确性、高通量、高灵敏度和低运行成本等突出优势，可以同时完成传统基因组学研究（测序和注释）和功能基因组学（基因表达及调控、基因功能、蛋白质/核酸相互作用）研究。Hiseq 是一种基于单分子簇的边合成边测序技术，基于专有的可逆终止化学反应原理。测序时将基因组 DNA 的随机片段附着到光学透明的玻璃表面，即流动池（flow cell），这些 DNA 片段经过延伸和桥式扩增后，在流动池上形成了数以亿计的群组（cluster），每个群组是具有数千份相同模板的单分子簇。然后利用带荧光基团的 4 种特殊脱氧核糖核苷酸，通过可逆性终止的边合成边测序（SBS）技术对待测的模板 DNA 进行测序。

测序技术推进科学研究的发展。随着第二代测序技术的迅猛发展，科学界也开始越来越多地应用第二代测序技术来解决生物学问题。例如，在基因组水平上对还没有参考序列的物种进行从头测序（de novo sequencing），获得该物种的参考序列，为后续研究和分子育种奠定基础；对有参考序列的物种，进行全基因组重测序（resequencing），在全基因组水平上扫描并检测突变位点，发现个体差异的分子基础。在转录组水平上进行全转录组测序（whole transcriptome resequencing），从而开展可变剪接、编码区内单核苷酸多态性（coding single nucleotide polymorphism，cSNP）等研究；或者进行小分子 RNA 测序（small RNA sequencing），通过分离特定大小的 RNA 分子进行测序，从而发现新的微 RNA 分子。在转录组水平上，与染色质免疫沉淀（chromatin immunoprecipitation，ChIP）和甲基化 DNA 免疫沉淀（methyl-DNA immunoprecipitation，MeDIP）技术相结合，从而检测出与特定转录因子结合的 DNA 区域和基因组上的甲基化位点。需要特别指出的是，第二代测序结合微阵列技术而衍生出来的应用——目标序列捕获测序技术（targeted resequencing）。这项技术首先利用微阵列技术合成大量寡核苷酸探针，这些寡核苷酸探针能够与基因组上的特定区域互补结合，从而富集到特定区段，然后用第二代测序技术对这些区段进行测序。目前能提供目标序列捕获测序技术的厂家有安捷伦（Agilent）和罗氏（Roche），应用最多的是人全外显子组捕获测序。科学家目前认为全外显子组捕获测序比全基因组重测序更有优势，不仅费用较低，而且外显子组测序的数据分析计算量较小，与生物学表型结合更为直接。

目前，高通量测序广泛应用于寻找疾病的候选基因上。荷兰内梅亨大学的研究人员使用这种方法鉴定出申策尔-吉迪翁综合征（Schinzel-Giedion syndrome）中的致病突变，申策尔-吉迪翁综合征是一种导致严重的智力缺陷、肿瘤高发，以及多种先天性畸形的罕见病。他们使用 Agilent SureSelect 序列捕获和寡核苷酸连接检测测序（SOLiD）对 4 位患者的外显子组进行测序，平均覆盖度为 43 倍，读长为 50nt，每个个体产生了 2.7～3GB 可作图的序列数据。他们聚焦于 4 位患者都携带变异体的 12 个基因，最终将候选基因缩小至 1 个。而贝勒医学院人类基因组测序中心也计划对 15 种 Science 杂志年度十大科学突破上的疾病进行研究，包括脑癌、肝癌、胰腺癌、结肠癌、卵巢癌、膀胱癌、心脏病、糖尿病、孤独症（又称自闭症）及其他遗传疾病，以更好地理解致病突变，以及突变对疾病的影响。

高通量测序技术的诞生可以说是基因组学研究领域一个具有里程碑意义的事件。该技术使得核酸测序的单碱基成本与第一代测序技术相比大幅下降，以人类基因组测序为例，20世纪末进行的人类基因组计划花费30亿美元解码了人类生命密码，而随着第二代测序技术的迅猛发展，使得花费数万（美）元便可获得人类基因组。如此低廉的单碱基测序成本使得我们可以实施更多物种的基因组计划，从而解密更多生物物种的基因组遗传密码。同时在已完成基因组序列测定的物种中，对该物种的其他品种进行大规模的全基因组重测序也成为可能。

五、基因组、转录组测序技术在微生物功能研究中的应用

（一）基因组测序

1995年流感嗜血杆菌的基因组序列测定由克雷格·文特尔（J. Craig Venter）和汉密尔顿·史密斯（Hamilton Smith）领导的研究组完成。他们是采用了一种称为"全基因组鸟枪测序"（whole genome shotgun sequencing）的方法进行的，详细阐述这个过程相当复杂，而且还有许多为确保结果精确的程序。因此，这里只简述美国国家人类基因组研究所（National Human Genome Research Institute，NHGRI）所采用的技术方法的一般概念。①用超声波将基因组随机打断成相当小的片段（约一个基因大小或更小）；这些片段与质粒载体结合，产生质粒克隆文库。②制备这些克隆和提纯DNA以后，数千个细菌DNA片段被自动测序，通常是用特殊的染料标记引物。这个程序的特点是几乎基因组的所有片段都被测序几次，以增加最后结果的精确性。③用专门的计算机程序将已测序的DNA片段通过片段之间核苷酸序列重叠的比较，将其装配成比较长的DNA序列。如果这些序列在其末端重叠（或有相同的末端），那么两个片段连在一起形成更长的一段DNA。这种重叠比较过程形成一系列大的相邻核苷酸序列或重叠群（contig）。④最后，将这些重叠群按合适的顺序排列，填补两个重叠群之间可能留下的缺口（gap）从而形成完整的基因组序列。

近年来，DNA测序技术有了飞速发展，目前广泛应用的454、Solexa和SOLiD测序技术在原有的基础上进行了大量改进，省去了一些费时的程序（如构建基因组文库），采用了PCR扩增等技术和新的策略，从而极大地提高了测序速度，大大降低了所需费用，已逐渐成为实验室的常规技术和手段（朱玉贤等，2007）。

一旦基因组序列测定完成后，紧接着就是注释。所谓基因组注释（genome annotation），就是利用生物信息学的方法和技术对基因组序列进行生物学特征的分析和解释，并与该生物体的生物过程（如代谢、调控等）相联系。注释的目标是确定特定基因在基因组图谱中的位置，每一个大于100个密码子的可读框（open reading frame，ORF）被看作一个潜在的蛋白质编码序列，用计算机程序将其与含有已知酶或其他蛋白质的核苷酸和氨基酸序列的庞大数据库进行比较。如果一种细菌的序列与数据库中的某一个相同，那么可推断它编码同样的蛋白质。此外，基因组序列还能提供一些关于转座因子、操纵子、重复序列及其他基因组特征的某些信息。

随着测序技术更加进步、高效和廉价，更多种微生物的测序正在进行中，其中许多

是人类的致病菌，对这些病原微生物基因组的全序列分析不仅可使人们更好地了解其致病机制，以及它们与宿主的相互关系，推动人们寻找更灵敏及特异的病原微生物的诊断、分型手段，而且对临床筛选和设计有效的药物具有指导意义。通过基因组比较分析，人们可以寻找出对于致病菌而言，共有的且是生死攸关的基因，但对于包括人在内的高级生物来说却不是十分重要的，这样就可按照这些基因为靶标设计药物，这种药物既能杀死病菌又不致引起毒性反应。此外，微生物作为一种结构简单的模式生物，在生物化学上与人类具有相似性。因此，其基因组信息也将帮助研究人类的基因功能，例如，从模式微生物基因组中分离出基因并验明其功能后，回到人体基因组中去克隆其同源基因，验证其有无类似的功能；从人体基因组中克隆到基因后，回到模式生物中克隆其同源基因，并以模式生物为模型研究这种基因的生物功能，这可为了解人体基因的功能提供线索。不同细菌基因组的比较研究对理解进化、遗传调节及基因组组织结构都具有十分重要的意义，也是发现微生物的特殊基因、开发其功能以达到充分利用微生物资源的重要途径。

对微生物基因组进行测序的早期，研究人员通常用一种"类型"的基因组来描述物种，其测序对象须是自然界或实验室容易获得的某一菌种的典型或模式菌株（如第一个完成全基因组测序的大肠杆菌用的是实验室菌株 K-12 MG1655），并将所得到的测序结果视为该物种的全部遗传信息。随着基因组测序技术的迅速发展，大量细菌和古菌的全基因组序列不断被报道，在此过程中，美国国家人类基因组研究所（NHGRI）的科学家得到了一个令人吃惊的结果——基因组数量可能是无限的。在一些种中，甚至在几个菌株的基因组测序后，还会有新的基因被发现。数学模型预测，每一个种即使在测序几百个基因组后，还会有新的基因被发现，因此该研究所的泰特兰（Tettelin）等提出了微生物泛基因组（pan-genome，pan 源自希腊语"παν"，全部的意思）概念。所谓泛基因组是指一个种的全部基因，即一个种的所有菌株中所有基因的总和。这一概念主要应用于细菌和古菌，因为在它们的某一个种中，其不同菌株的基因含量内容有很大的变化，显示出广泛的多样性。研究表明，这主要是由细菌和古菌存在着广泛的水平基因转移所致。对 60 多株已测序的大肠杆菌基因组比较发现，该菌种显示出极大的多样性：每一个基因组中只有约 20%的序列是在每一个分株中都有的，而每一个基因组中约 80%的序列是彼此不同的，每一个单独株含有 4000 和 5500 个基因，但是在所有已测序的大肠杆菌菌株中，不同基因的总数超过 16 000 个。因此，泛基因组包括核心基因组（core genome）和非必要基因组（dispensable genome），前者是指存在于所有菌株中的基因，后者是指只存在于两个或多个菌株中的基因，以及单个菌株特有的"独特基因（strains-specific gene）"。

根据菌种的泛基因组大小与菌株数目的关系，菌种的泛基因组分为开放型泛基因组和闭合型泛基因组。开放型泛基因组是指随着测序的基因组数目的增加，菌种的泛基因组大小也不断增加；闭合型泛基因组是指随着测序的基因组数目增加，菌种的泛基因组大小增加到一定的程度后收敛于某一值。泛基因组概念的提出，突破了对基因组传统认识的局限性，即不能只用一种"类型"的基因组来描述物种，细菌种可以用泛基因组来描述其遗传多样性和生态分布的广泛性，具开放型泛基因组的细菌种必然具有较高的遗传多样性和广泛的生态分布,也反映它们具有较强的获取外源基因的能力。泛基因组中的核心基因组在流行病学的疫苗或抗微生物制剂的研制方面具有重要意义,特别是对具有高度遗传变异株的致病菌[如引起婴儿严重感染的 B 组链球菌(group B *Streptococcus*,GBS)]尤为重要。通过对 GBS 核心基因组的分析比较、选定靶标,制备的疫苗或抗微生物制剂对该菌种的所有临床分离株均有效。

微生物因其微小,所以人们必须借助于显微镜和纯培养技术才能对它们进行研究。但是在现有技术条件下,自然界存在的微生物 95%以上是不能被培养的,所以采用传统的分离培养技术所获得的微生物信息是极其有限的,也就是说,我们只认识或利用了不到 5%的微生物。所谓宏基因组(metagenome),是指生境中全部微生物遗传物质的总和。它包含了可培养的和未可培养的微生物的基因,所以也称微生物环境基因组(microbial environmental genome)。而宏基因组学(metagenomics)是在微生物基因组学的基础上发展起来的一种研究微生物多样性,开发新的生理活性物质(或获得新基因)的一门新兴的学科领域。它的主要研究内容是对特定环境中全部微生物的总 DNA(即宏基因组)进行克隆,并通过构建宏基因组库和筛选等手段获得新的生理活性物质;或者根据重组 DNA(recombinant DNA,rDNA)数据库序列设计引物,通过 PCR 技术从提纯的宏基因组中扩增细菌 rDNA,从而获得特定环境中的各种细菌的 rDNA。测定序列后,通过系统学分析获得环境中微生物的遗传多样性和分子生态学信息。因此,宏基因组学研究的对象是特定环境中的总 DNA,不是某特定的微生物或其细胞中的总 DNA,不需要对微生物进行分离培养和纯化,这对我们认识和利用 95%以上的未培养微生物提供了一条新的途径,因此有学者称宏基因组学是通向"微生物宇宙的窗口"。已有研究表明,利用宏基因组学对人体口腔微生物区系进行研究,人们发现了 50 多种新的细菌,这些未培养细菌很可能与口腔疾病有关(沈萍和陈向东,2016)。此外,在土壤、海洋和一些极端环境中也发现了许多新的微生物种群和新的基因或基因簇,通过克隆和筛选,获得了新的生理活性物质,包括抗生素、酶及新的药物等。目前利用宏基因组学研究人体微生物已成为一个新的研究领域——人体微生物组学。

(二)转录组测序

研究表明,生物的性状,包括疾病,都是由结构或功能蛋白质决定的,而所有已知蛋白质都是由 RNA 聚合酶 II 指导的带有多聚腺苷酸"尾巴"的 mRNA 按照遗传密码三联子的规律产生的。因此,分离纯化 mRNA(或 cDNA),就是抓住了基因组的主要成分(可转录部分)。人类的基因转录图谱(gene transcription map)(cDNA 图),或者基因的 cDNA 片段图,即表达序列标签(expressed sequence tag,EST)是人类基因组图的雏形。整个人类基因组中,只有 1%~5%的序列编码了蛋白质,最多可能有 5 万~7 万个蛋白质编码基因。在成年个体的每一特定组织中,一般只有 10%~20%的结构基因(1 万~2 万个不同类型的 mRNA)表达。从研究的角度看,一段 cDNA 或一个 EST 都能被用于筛选全长的转录本,并将该基因准确地定位于基因组上,所以,基因转录图是基因组计划的重要组成部分。

大规模生产 EST 的主要程序如下:分离特定组织在某一发展阶段或某种生理条件下

的总 mRNA，合成 cDNA 并进行序列分析。任何一段长度达到几百个核苷酸的 cDNA 序列都具有转录本的特异性，代表了不同基因的信息。一般说来，按照功能和亚细胞定位，基因表达谱中的已知基因可分成若干类，主要包括合成相关蛋白质、细胞骨架蛋白、细胞质蛋白、核蛋白、膜蛋白、分泌蛋白、未定位或功能未知蛋白。研究中，往往再根据不同的细胞表型把各类蛋白分成若干亚类，如胞质蛋白就被分为与能量代谢相关蛋白、溶酶体蛋白、信号转导相关蛋白等。

收集各种细胞或组织的基因表达谱数据进行两两（两个样本之间）或多重（多个样本之间）比较进行消减杂交（subtractive hybridization），筛选差异表达基因，能较全面地了解哪些基因是特异性表达的、哪些是上调的、哪些是下调的，哪些是持家基因。在某一细胞或组织中特异性表达的基因可能与该组织或细胞类型的生理功能有关，这是表达谱比较研究的理论基础。收集各类组织或细胞的基因表达谱并把每个基因都标记到所表达的组织中，就可以绘出由 200 余种人体基本组织或不同细胞组成的人体基因图（body genetic map）。转录图或基因表达谱研究所提供的信息，使人们有可能系统、全面地从 mRNA 水平了解特定细胞、组织或器官的基因表达模式并解释其生理属性，深入认识细胞生长、发育、分化、衰老和疾病发生的机制。

转录物组（transcriptome）广义上指某一生理条件下，细胞内所有转录产物的集合，包括信使 RNA、核糖体 RNA、转运 RNA 及非编码 RNA；狭义上指所有 mRNA 的集合。蛋白质是行使细胞功能的主要承担者，蛋白质组是细胞功能和状态的最直接描述。转录组成为研究基因表达的主要手段，转录组是连接基因组遗传信息与行使生物功能的蛋白质组的必然纽带，转录水平的调控是研究最多的，也是生物体最重要的调控方式。转录组测序的研究对象为特定细胞在某一功能状态下所能转录出来的所有 RNA 的总和，主要包括 mRNA 和非编码 RNA（non-coding RNA，ncRNA）。转录物组研究是基因功能及结构研究的基础和出发点，通过新一代高通量测序，能够全面快速地获得某一物种特定组织或器官在某一状态下的几乎所有转录本序列信息，已广泛应用于基础研究、临床诊断和药物研发等领域。转录物组研究能够从整体水平研究基因功能及基因结构，揭示特定的生物学过程，已广泛应用于植物候选基因发掘、功能鉴定及遗传改良等领域。随着新一代测序平台的市场化，RNA 测序（RNA sequencing，RNA-Seq）技术，即转录组测序技术，已成为了转录组学研究的重要手段之一。该技术利用新一代高通量测序平台对基因组 cDNA 测序，通过统计相关测序片段（reads）数计算出不同 mRNA 的表达量，分析转录本的结构和表达水平，同时发现未知转录本和稀有转录本，精确地识别可变剪接位点，以及编码序列单核苷酸多态性，提供最全面的转录物组信息。转录组测序技术流程主要包括样品制备、文库构建、DNA 成簇扩增、高通量测序和数据分析，相对于传统的芯片杂交平台，RNA-Seq 技术具有诸多独特优势，转录组测序无须预先针对已知序列设计探针，即可对任意物种的整体转录活动进行检测，提供更精确的数字化信号、更高的检测通量，以及更广泛的检测范围，是目前深入研究转录物组的强大工具。

RNA-Seq 是最新发展起来的利用新一代测序技术进行转录组分析的技术，可以全面快速地获得特定细胞或组织在某一状态下几乎所有转录本的序列信息和表达信息，包括编码蛋白质的 mRNA 和各种非编码 RNA，以及基因选择性剪接产生的不同转录本的表达丰度等（朱玉贤等，2007）。在分析转录本的结构和表达水平的过程中，我们还识别出未知转录本和稀有转录本，从而准确地分析基因表达差异、基因结构变异、筛选分子标记等生命科学的重要问题。此外，RNA-Seq 可以直接对大多数生物体的转录组进行分析，因其不需要知道目标物种的基因信息，从而表现出了特别的优势。在 RNA-Seq 出现以前，人们对转录物组的认识有限。RNA-Seq 表现得既高效又快捷，很大程度上改变了人们对转录物组的认识。

第三节　体外模拟技术在肠道微生物研究中的应用

肠道在消化、吸收、疾病调节和免疫功能方面起着重要作用，也是与宿主共存的大量微生物的栖居场所。肠道微生物不仅参与营养吸收、物质代谢、免疫防御等重要生理过程，还参与腹泻、肥胖、糖尿病、肝病、心脑血管疾病等的发生（杨立娜等，2018）。因此，研究人员建立了许多体外模型来研究肠道病理学或肠道微生物与宿主之间的相互作用。肠道微环境的体外模拟不仅为研究营养物质的消化和吸收提供了便利，对于药物开发和疾病治疗也具有重要意义。

一、体外模拟技术概述

（一）肠道微生物体外发酵模型概述

肠道微生物对宿主健康和疾病发生发展至关重要，目前主要利用人体实验、动物模型和体外发酵模型研究肠道微生物对宿主的调节作用。虽然动物模型和人体实验对研究肠道微生物作用具有重要意义，但是实验成本高昂，并存在伦理问题，所以越来越多的体外模型被开发出来。体外发酵模型是研究肠道微生物的实用方法，其在高度控制的环境中受宿主的影响较小。此外，体外发酵模型允许定量测量特定底物发酵后微生物产生的代谢物，这对研究特定底物对宿主健康的影响具有重要意义。

随着接种技术的发展，体外发酵模型的设计和复杂度不断升级，由最初的单相静置/分批发酵模型转变到多相连续发酵模型。单相静置/分批发酵模型是最原始、最简单的模拟肠道发酵的模型，通常是密封管或反应器，并置于封闭厌氧环境中。该模型接种纯培养物或在封闭系统中使用粪便悬浮液，在有或没有 pH 控制下操作，并且没有额外的营养物供应。在连续发酵理论的指导下，一种单相连续发酵模型出现了，该模型可持续不断为微生物提供新鲜的培养基，并能通过控制温度、pH 等模拟条件来控制发酵系统的稳定性。这种单相恒化模型是一种可靠的体外肠道模拟系统，具有良好的可重复性。在此基础上，三相肠道模拟系统和人体肠道微生物生态系统模拟器（the simulator of the human intestinal microbial ecosystem，SHIME）五相肠道模拟系统被相继开发出来；这种多相系统优化了菌群在结肠不同区域的特定生长条件。此外，为了克服系统细菌细胞密度降低等缺点，开发了一种带有固定化粪便微生物的发酵模型（新型多发酵罐肠道模型，novel polyfermentor intestinal model）。随着科技的不断进步，带有计算机控制系统的自动化发酵模型相继出现，如 TIM-2（TNO intestinal model-2）、胃肠道模拟器（simulator of the gastrointestinal tract，SIMGI）等，该类模型能够在线实时监测模型参数并高度模拟肠道微生态环境。

总的来说，体外模型克服了肠道细菌研究中取样困难的问题，同时排除了宿主的因素，并且实现了对肠道菌群的动态监测，但又由于局限于细菌本身的研究，缺少了肠道细菌和宿主相互作用的研究，可应用于肠道细菌的培养、药敏试验、细菌代谢的分析，以及微生态制剂的生产等。

（二）肠道菌群与宿主细胞相互作用模型

近年来，一些肠道微生物-肠上皮细胞相互作用的体外肠道模型发展迅速，比如需氧人体细胞和厌氧细菌共培养系统、Transwell "肠上皮屏障的顶端厌氧模型"、宿主-微生物相互作用舱模型、人体-微生物互作微液滴装置和肠道芯片（Von Martels et al.，2017）。这些生物反应器不仅可以模拟出肠腔内复杂的微生物群落，也可以研究定植在黏液层上的微生物群落，以及它们与上皮细胞之间的相互作用。基于体外活细胞培养的体外肠道模型可以模拟出人体肠道的生理结构、物质转运、食物运输及物理特性等，从而可以完整、真实地模拟肠道生态系统，这种体外肠道模型的最大优点就是能直接反映出肠道微生物在肠道健康和疾病中扮演的角色。下面是对一些厌氧肠道微生物和需氧肠上皮细胞共培养模型的概述。

1. 需氧人体细胞和厌氧细菌共培养系统

HoxBan 系统的优势在于其应用时不需要专业的设备。这是一个相对简单的模型（图 5-1），一个 50mL 的离心管被分为有氧区和无氧区两个部分。厌氧细菌（如普氏栖粪杆菌）培养在底部含有 1%琼脂的特殊 YCFAG 培养基（含有酵母膏、酪蛋白、脂肪酸和葡萄糖的培养基）中，需氧肠上皮细胞（如人结直肠腺癌 Caco-2 细胞）培养在上部的玻片上，玻片被 DMEM 培养基（一种含各种氨基酸和葡萄糖的培养基）覆盖。氧气渗透到下方的琼脂培养基，并由上而下形成了一个氧浓度梯度，类似人体内肠道上

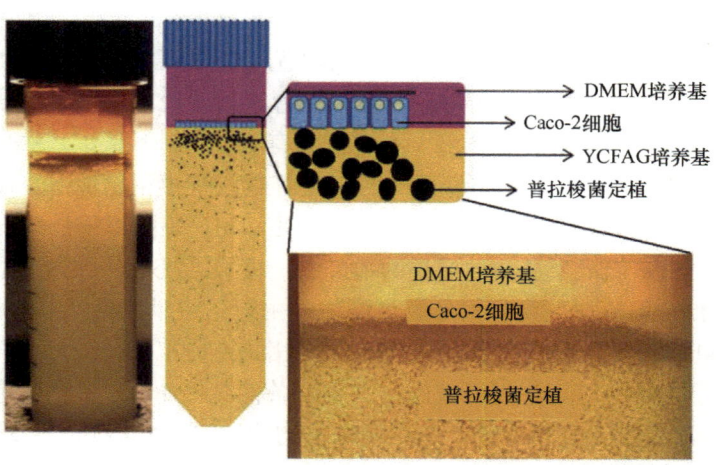

图 5-1 HoxBan 系统模型

皮细胞所形成的特殊氧环境。由于琼脂的保护可以隔绝氧气，使细菌生活在一个相对低氧的环境。

HoxBan 系统模型的简单之处在于其使用固体培养基供厌氧肠道细菌生长，并且可以直接用暴露在空气中的细胞培养基进行覆盖。它可以在任何仅具有厌氧设备和组织培养箱的生物实验室中应用。在 18~36h 的共培养期间，HoxBan 系统不仅可以用来分析普氏栖粪杆菌菌落的形成、Caco-2 细胞的转录调节和培养基中的物质代谢等，也用于对其他细胞的作用，如人结直肠腺癌上皮细胞 DLD-1 和人类肝癌细胞株（HepG2 细胞），同时也可以对其他厌氧菌或复杂混合菌群进行培养。另外，HoxBan 系统还可以用于研究益生元和维生素对宿主-微生物相互作用的影响，或者应用在炎症性肠病模型中，也可以用来了解肠道微生物和宿主细胞之间的交流等。

2. Transwell"肠上皮屏障的顶端厌氧模型"

Transwell"肠上皮屏障的顶端厌氧模型"是一个可以用于研究厌氧环境中宿主-微生物相互作用的模型。在该装置的中间插有一个杯状的膜滤器，杯子底部是一张半透膜，而杯子四壁的材料与普通的孔板材质一样。这样的一个膜滤器将整个装置分为两个基室：膜滤器的内部盛有厌氧培养基，称为厌氧介质；外部含有氧培养基，称为溶氧室。该装置的上下两端装有上皮电阻电极，以便随时监测上皮电阻值（图 5-2）。

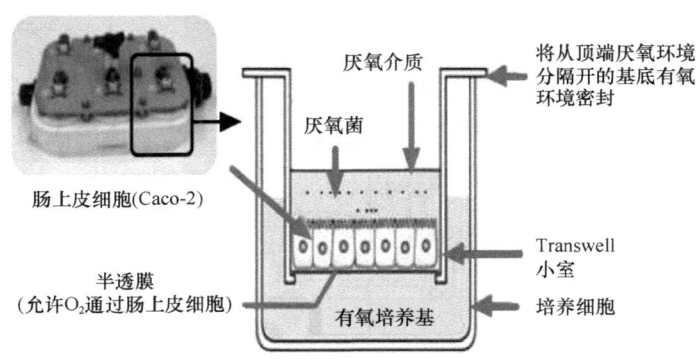

图 5-2　Transwell"肠上皮屏障的顶端厌氧模型"

3. 宿主-微生物相互作用舱模型

宿主-微生物相互作用舱模型可以分析需要氧气的 Caco-2 细胞和厌氧菌普氏栖粪杆菌之间长达 8h 的宿主-微生物相互作用。具体操作是首先将预培养的 Caco-2 细胞定植在位于膜滤器底部的半透膜上，待槽内加入溶氧的 M199 细胞培养基后再将膜滤器插入到装置上，接着把无氧的细菌培养基注入顶部厌氧舱内，使 Caco-2 细胞能充分和培养基接触，无氧培养基里也可以混有普氏栖粪杆菌，最后把整个装置放到厌氧工作站中培养。在培养周期内，底部间隔室中的培养基能维持很高的溶氧水平，且底部溶氧培养基中的氧气可以透过半透膜被细胞吸收，相反，顶部氧含量较低。此模型相比传统的体外模型可以更好地模拟肠道在厌氧环境下的生理条件，且增强 Caco-2 细胞和普氏栖粪杆菌在体外的存活能力。此外，这个模型不仅简单易操作并且具有肠道屏障完整性的自动检测功能。正因为如此，这个模型才可以用于研究专性厌氧菌普氏栖粪杆菌对肠上皮细胞的完整性（肠道屏障）和基因表达的影响。利用这个肠道模型可以进一步研究改善肠道屏障的策略，进而保护那些敏感人群的肠道屏障和预防系统性疾病。

宿主-微生物相互作用舱是一个定制的共培养系统，它的培养室被一个功能性的双层膜分为两个腔室，上层腔室里培养的是肠道微生物，下层腔室培养的是宿主细胞，如 Caco-2 细胞等。这种功能性的双层膜由上层的黏液层和下层的半透聚酰胺膜组成（图 5-3），这种结构使它具有多种功能：①提供一个较大的黏液层面积供肠道微生物定植；②允许双向转运低分子量的代谢产物；③允许氧气从膜的下层向上层扩散以便在下层腔室内形成微需氧环境；④避免宿主细胞直接暴露在复杂的微生物群落及其毒素的环境中。这个模型一般和简化的人体肠道微生物生态系统的模拟系统 SHIME 连用。将健康人的粪便样品接种到 SHIME 系统后，样品流经三个反应容器（胃、小肠和升结肠三部分）后进入 HMITM 的肠道微生物腔室内，同时下层宿主细胞腔室内的半连续流动的 DMEM 向相反的方向流动。

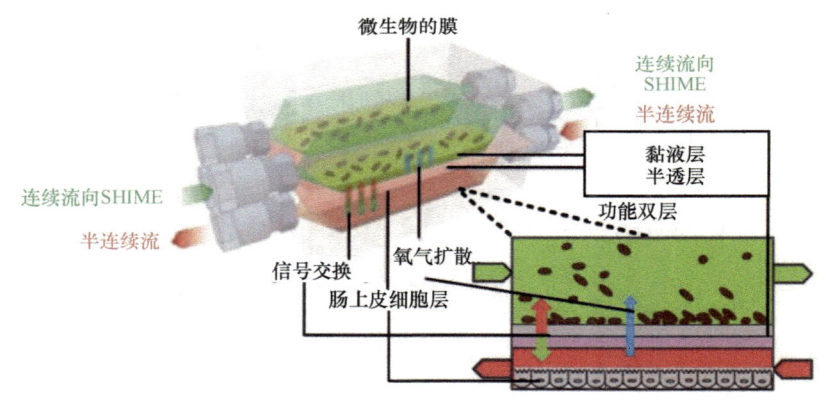

图 5-3 宿主-微生物相互作用舱（HMITM）
图中棕色椭圆形物质代表肠道微生物

HMITM 模型可以在体外模拟复杂的肠道环境，并且可以模拟特定的肠道部位。它可以对定植于肠道黏液层的微生物进行功能研究，也可以研究肠道固有菌对宿主的影响，还可以进行一些肠道微生物的干预性研究。这个新模型具有三个优势：①可以模拟出肠道微生物定植黏液层的能力，以及肠道微生物间接影响肠上皮细胞的情况；②可以使复杂的微生物和肠上皮细胞共培养超过 48h；③和 SHIME 系统结合形成一个连续的动态发酵系统。

4. 人体-微生物互作微液滴装置

人体-微生物互作微液滴装置由两个聚碳酸酯外壳和被夹在中间的弹性橡胶垫圈组成，且每一个垫圈都有一个明显的螺旋形微孔道（图5-4）。这个模型共有3层微通道：上层是一个微生物培养室，中间是一个肠上皮细胞培养室，底层是一个介质灌注通道。上层微生物培养室和中层肠上皮细胞培养室由一个纳米多孔膜（孔隙直径50nm）隔开。细胞培养室内培养的 Caco-2 细胞可以在底部形成肠上皮屏障。另外，底层的介质灌注通道和中层的细胞培养室被一张微孔膜（孔隙直径1μm）隔开。每一个微管通道都有专门的入口和出口，入口可以进行细胞的接种和理化参数的控制，专用的出口可以用来收集单个微室的洗脱液。细胞培养基从灌注室通过微孔膜渗透进细胞培养室，这样可以模拟肠道血液供应并且提供剪应力，从而加速肠道细胞的生长。通过不断地向微生物培养室内灌注无氧培养基，再加上 Caco-2 细胞和兼性厌氧菌对氧气的消耗共同形成了 HuMiX 模型中的氧浓度梯度。通过对氧气的消耗，无氧环境逐渐形成，专性厌氧菌才得以生长和定植。HuMiX 模型具有以下功能：①可以模拟出一个健康完整的肠道上皮屏障；②模型内集成的氧气传感器可以实时监测装置内的氧气扩散浓度；③在装置内通过检测 Caco-2 细胞层的跨膜上皮电阻来评估细胞的分化情况；④可以通过显微镜观察到紧密结合蛋白的表达。

总之，HuMiX 模型是模拟人体肠道-微生物界面的典型代表，特别是在证明肠道微生物和人体疾病因果关系方面可发挥重要作用。此外，它还可以应用于药物筛选、药物发现、药物动力学和营养学方面的研究。

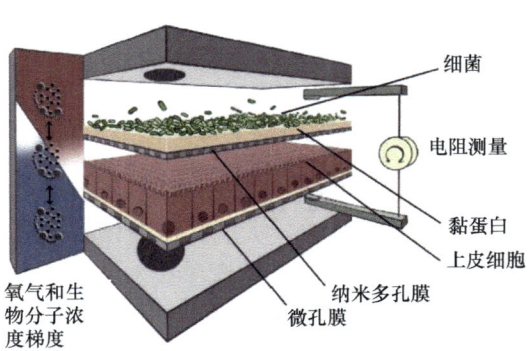

图 5-4　人体-微生物互作微液滴装置（HuMiX）

5. 肠道芯片

肠道微环境是模拟肠道正常生理学的关键，而现存的肠道模型除了 HMITM 模型几乎都不能模拟出肠道的机械微环境，但是 HMITM 模型的缺点是培养周期较短。体外肠道模型的另一个限制就是在长期培养的过程中，一些模型不能将微生物培养在细胞培养腔的内表面，这些都是限制体外模型发展的重要因素。人体肠道芯片相较于以上几种模型具有许多肠道的生理特点，包括肠道蠕动、液体流动等，并在不损害人体细胞生存能力的同时可长期培养微生物。该装置包含了上下两个微腔室（图5-5），分别模拟肠腔和血腔，这两个微腔室被一张富有弹性的多孔膜隔开，且 Caco-2 细胞排列在涂有细胞外基质（extracellular matrix，ECM）的多孔膜上。除了连续的介质流给细胞提供低的剪应力，微腔室两侧各有一个连接着多孔膜的真空室，通过培养基的流动和循环真空气流共同做出有规律的机械运动，从而可以对膜进行拉伸和放松以模拟出肠道蠕动的功能。缓慢流动的培养基和剪应力可以加速肠道上皮细胞的分化、3D 绒毛状结构的形成和肠道屏障功能的提升。

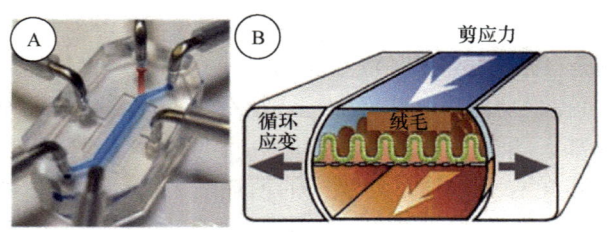

图 5-5　肠道芯片模型

与以上其他模型相比，人体肠道芯片模型能很好地模拟出肠道的理化特点，且大大延长了体外肠道微生物和肠上皮细胞的共培养时间（1~2 周）。它主要用于鼠李糖乳杆菌 *Lactobacillus rhamnosus* 等肠道益生菌和肠道宿主细胞共培养，益生菌的存在不仅可以提供一个正常的肠道微生物环境，同时也可以增强肠上皮细胞的功能。人体肠道芯片模型有效地模拟了正常人体肠道许多复杂的功能，可以用来研究宿主-微生物的共生和进化，也可以成为药物筛选和毒理学测试的重要平台。

（三）体外肠道模型未来发展

1. 高通量测序技术对体外肠道模型研究的促进作用

人体内共生的微生物多达 1000 多种，它们的基因总和称为"微生物组"，也称为"人类元基因组"。随着测序技术的高速发展，人们发现人体肠道微生物的基因数量是人类自身总基因数量（2 万多）的 150 倍。高通量测序技术可应用于体外肠道模型的稳定性和可重复性评估，进一步证明了体外肠道模型的可靠性。高通量测序技术和体外肠道模型研究的结合能够使深入研究肠道复合菌群的代谢功能成为可能。

2. 利用体外肠道模型进行微生物的分离和克隆新的功能基因

元基因组测序研究结果表明，人体肠道内存在大量未培养细菌。而这些未培养细菌虽然不能在体外被单独分离培养出来，却可以在体外模型中生长。体外模型可能解决未培养细菌由于体内数量过于稀少而无法测序的难题，为研究这些未培养细菌的生理、生化特性，以及下一步的纯化培养提供了更多的可能。

国际上许多学者已经利用体外肠道模型研究肠道菌群结构和功能，在食品药品的利用方面已经取得了许多成果，并且这些体外肠道模型已经应用到生产上。国内对此领域的研究还存在很多空白，体外肠道模型在国内还有待进一步开发利用。

二、体外分批培养技术在肠道微生物研究中的应用

（一）分批培养

分批培养（batch culture）是指在一个密闭反应器内投入一定数量的培养基后，接种微生物菌种进行培养的一种培养方式。

（二）分批培养特点

分批培养的特征是在培养开始时一次性装入培养基和接入菌种，在培养过程中保持培养基体积和培养温度，在培养结束后一次性收获产物。分批培养的优点是：培养基一次灭菌，一次投料，容易实现无菌状态；易于操作控制，产品质量稳定；培养浓度较高，易于产品分离。但是分批培养的辅助时间较多，设备生产能力低。目前在国内外发酵生产中，绝大多数都是采用分批培养的方法。

（三）分批培养的生长曲线

由于分批培养中底物不断消耗、代谢废物不断积累，微生物生长具有明显的延迟期、指数期、稳定期和衰亡期（图 5-6，各时期细菌特征见表 5-1）。

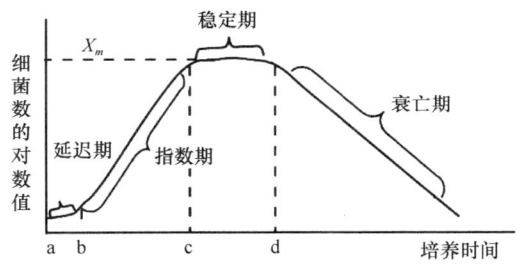

图 5-6 分批培养的细菌生长曲线

X_m 为菌体浓度最大值

表 5-1 分批培养的生长曲线四个时期细菌特征（Osborne et al., 2021）

生长阶段	细菌特征
延迟期	为适应新环境的过程，细胞个体增大，合成新的酶和物质；细胞数量很少，微生物对不良环境的抵抗力降低
指数期	细胞活力很强，生长速率达到最大值且保持稳定；速率大小取决于培养基的环境
稳定期	微生物的生成速率下降，并且等于死亡速率，系统中的活菌数量保持稳定
衰亡期	由于自溶酶的作用或者有害物质的影响，微生物细胞破裂死亡

1. 延迟期

细菌接种到新鲜培养基后处于一个新的生长环境，在一段时间里并不马上分裂，细菌的数量维持恒定，或增加很少，这一时期即延迟期（lag phase）。此时胞内的 RNA、

蛋白质等物质含量有所增加，细胞体积相对最大，说明细菌并不是处于完全静止的状态。产生延迟期的原因，是微生物接种到一个新的环境，暂时缺乏足够的能量和必需的生长因子、"种子"老化或未充分活化、接种时造成损伤等。

在发酵过程中，要尽可能缩短生产的周期，其中包括缩短每批培养时所耗用的延迟时间，一般应遵循以下规则：①接种菌应尽可能活力强，用处于指数生长期的菌种进行接种；②用于"种子"培养的介质和条件，应尽可能地接近生产上使用的发酵液的组成和培养条件；③适当扩大接种量，以避免生长素和激活剂等因素扩散而引起过大的损失。

2. 指数期

指数期（exponential phase）又称为对数期（log phase）。细菌经过延迟期进入指数期，并以最大的速率生长和分裂，由于细菌繁殖方式是二分裂，因此细菌数量呈2的指数增加，此时细菌生长呈平衡生长，即细胞内各成分按比例有规律地增加，所有细胞组分呈相对稳定速率合成（Vyawahare et al.，2014）。指数期细菌的代谢活性及酶活性高而稳定，细胞大小比较一致，活力强，因而在生产上常被用作"种子"。

3. 稳定期

由于营养物质消耗、代谢产物积累和pH等环境变化，环境条件逐步不适宜细菌生长，细菌分裂增加的数量等于细菌死亡的数量，指数期结束，进入稳定期（stationary phase）。稳定期的活细菌数量最高并维持稳定。如果及时采取措施，补充营养物质或取走代谢产物或改善培养条件，如对好氧菌进行通气、搅拌或振荡可以延长稳定期，获得更多的菌体物质或代谢产物。

4. 衰亡期

营养物质耗尽和有毒代谢产物的大量积累，细菌死亡速率逐步增大、活细菌逐步减少，标志着细菌的群体生长进入衰亡期（decline phase）。该时期细菌代谢活性降低，细菌衰老并出现自溶。

（四）分批培养的分类

1. 一般分批培养

一般分批培养是指一次性投料和一次性回收产品的操作。在这种操作方法中还包括下面两种情况。

第一种情况是在有些发酵操作中，微生物生长和代谢所需的某些营养成分可能需连续供应。例如，好氧培养中微生物所需的氧气就必须连续供应，这是因为氧气在培养液中的溶解度很小，不可能在发酵开始时一次供足。

第二种情况是重复批式培养。所谓重复批式培养就是当培养成熟后，只分出一部分成熟醪液，在原反应器中，留一部分成熟醪液作为种子，接入新鲜培养基后继续培养。这种操作方法多见于种子培养阶段，如我国大多数酒精厂的酒母车间一般都采用这种操作。这种培养方法省去了前几级种子培养，节约了人力物力，但长期的重复批式培养会使菌种产生退化变异,影响后面工段的生产。因此,重复一定的次数后,就必须重新从菌种开始培养。

2. 流加培养

流加培养亦是一种批式操作,与一般分批培养的不同点在于营养物不是一次加入,而是在培养过程中按预定速率或根据培养过程的检测连续流加营养物。流加培养一般出现在下列两种情况中:一种情况是培养过程中的主要底物是气体;另一种情况是存在底物抑制。若底物是气体,如甲烷发酵,则不可能将底物一次加入,只能在培养过程中,连续不断地通入。对于存在底物抑制的培养系统,采用连续流加培养基的方法,可使发酵液中一直保持较低的底物浓度,从而解除底物抑制。目前国内外的酵母生产行业大多采用这种操作方法。

酵母的生产与代谢不仅取决于是否有足够的氧,而且与糖的含量有关。当糖含量很低时(0.028%),在有氧条件下,酵母不产生乙醇,其生长得率可达50%;当糖含量较高时,酵母菌在生长的同时,产生部分乙醇,酵母得率低于50%;而当培养液中的糖含量达5%时,即使在有足够氧的条件下,酵母的生长也会受到抑制,且产生大量乙醇,酵母得率很低。因此,为了获取较高的生长速率和较高的酵母得率,必须使培养液中糖的含量保持在较低的水平。显然,采用一次投料的方法是不行的。这样在发酵的初始阶段将会产生大量乙醇,影响酵母的生长和收得率。采用流加的方法可获得满意的结果,在整个发酵过程中,培养液中的糖含量都保持在较低的水平(一般为0.1%~0.5%),酵母利用多少就流加多少,流加速率等于酵母的耗糖速率。这样酵母处在较低糖含量的培养条件下,以较快的速度生长,其酵母的收得率也能取得令人满意的结果,这就是酵母培养采用流加培养的原因。

(五)分批培养的应用

分批培养常用于扩繁微生物及废水处理、发酵等不连续的培养系统,适用于短期发酵,以及底物对肠道微生物生理和生物多样性的影响的相关研究。例如,抗性淀粉和果聚糖等碳水化合物是否具有益生元潜力,以及食物组分被肠道微生物作用时短链脂肪酸短期代谢情况等方面的研究。

三、体外连续培养技术在肠道微生物研究中的应用

(一)连续培养

连续培养(continuous culture)就是在发酵过程中,连续或定时地以一定速度向发酵罐内流加新的培养基,同时以相同的速度等量排出已培养结束的发酵液,从而使培养物在发酵罐内以近似恒定状态连续不断地发酵(沈萍和陈向东,2016)。

(二)连续培养特点

连续培养模型克服了分批培养模型的一些弱点,通过连续补充营养底物,同时转移

有毒代谢产物,达到延长微生物发酵时间的目的。它的优点是:①简化了装料、灭菌、出料、清洗发酵罐等许多单元操作,从而减少了非生产时间、提高了设备的利用率;②便于利用各种仪表进行自动控制;③产品质量较稳定;④节约了大量动力、人力、水和蒸汽,且使水、汽、电的负荷均匀合理。它的缺点是:①菌种易于退化;②易遭杂菌污染;③新加入的培养基与原有的培养基不易完全混合,影响培养基和营养物质的利用。

(三)连续培养的类型

连续培养器的类型很多,按控制方式分,可分恒浊器[内控制(控制菌体密度)]和恒化器[外控制(控制培养液流速,以控制生长速率)];按培养器的级数分,可分为单级连续培养器和多级连续培养器;按细胞状态分,可分为一般连续培养器和固定化细胞连续培养器;按实验用途分,可分为连续性培养器(实验室科研用)和连续发酵罐(发酵生产用)。

1. 按控制方式分

(1)恒浊器连续培养

恒浊器(turbidostat)连续培养是通过连续培养装置中的光电管监测来保持培养基中菌体浓度(即浊度)恒定,使细菌生长连续进行的一种培养方式(图5-7)。它根据光电效应产生的电信号的强弱变化,自动调节稀释率来维持菌数恒定。恒浊器使用时稀释率是不断变化的,并且培养基中各种营养成分均是过量的,不存在限制因子。恒浊器连续培养一般用于菌体,以及与菌体生长平行的代谢产物生产的发酵工业,以获得更好的经济效益。

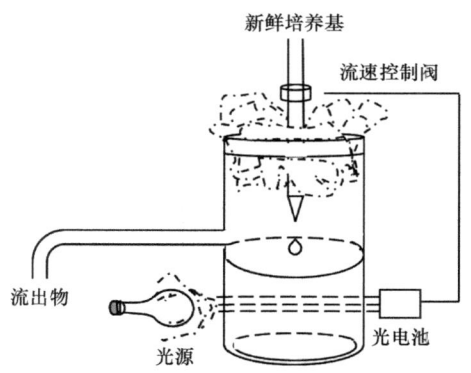

图5-7 恒浊器装置结构示意图

(2)恒化器连续培养

恒化器(chemostat)连续培养是以恒定流速使营养物质浓度恒定而保持细菌生长速率恒定的方法,这种培养方式使微生物始终在低于其最高生长速率的条件下达到连续培养。恒化器中动态平衡的稳定性,是以某种生长限制因子(如碳源、氮源、生长因子、无机盐等)的浓度来控制菌的生长速率。

恒化器由三个主要部件组成(图5-8):①和②供液系统,以恒定速率向培养容器内连续供应含有微生物生长所需全部营养物质的营养液,其中一种主要成分是有限的(通常被称为限制性营养);③培养容器,其中包含营养物质、微生物及其代谢产物的混合液,并装有搅拌和供氧装置;④溢流装置,以相同的速率排出培养容器中的混合液,使培养容器内混合液的体积保持不变。恒化器可以通过控制限制性营养的浓度和营养液的输入速率来调整培养容器中微生物的生长过程,因此也被作为外控式连续培养装置。在实验室中,恒化器不但可以用来分析某一种微生物的生长规律,而且可以进行多种微生物的混合培养,进而选出对限制性营养具有竞争优势的物种。另外,细胞的长时间培养可能会发生变异,而恒化器可以为细胞提供无限多次的分裂机会,该特点可用于研究重组DNA质粒的稳定性和微生物的遗传稳定性。恒化器具有操作性强、参数可测的特点。因此,对恒化器中微生物的连续培养过程进行分析和预测吸引了许多科研工作者的兴趣,也成为目前国内外十分活跃的研究课题之一。

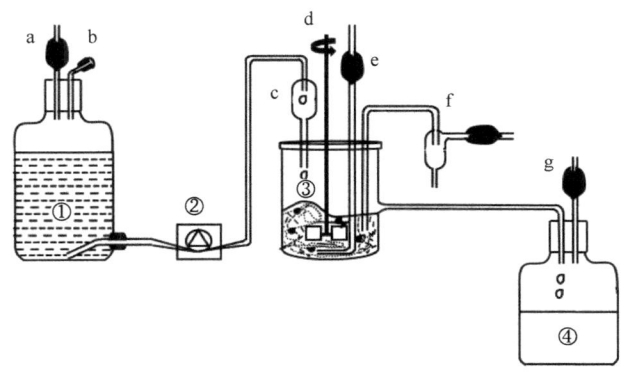

图 5-8　恒化器装置结构示意图

①培养液储备瓶,其上有过滤器(a)和培养基进口(b);②蠕动泵;③恒化器,其上有培养基入口(c)、搅拌器(d)、空气过滤装置(e)和取样口(f);④收集瓶,其上有过滤器(g)

(3)恒浊器连续培养和恒化器连续培养的比较

恒浊器连续培养和恒化器连续培养的比较见表5-2。

表 5-2　恒浊器连续培养和恒化器连续培养的比较

装置	控制对象	生长限制因子	培养液流速	生长速率	产物	应用范围
恒浊器	菌体浓度	无	不恒定	最高生长速率	大量菌体以及与菌体平行的代谢产物	生产为主
恒化器	培养流速	有	恒定	低于最高生长速率	不同生长速率的菌体	实验室为主

2. 按培养器级数分

(1)单级连续培养

某微生物代谢产物的产生速率与菌体生长速率平行,用单级恒浊连续发酵器进行研究与生产。

（2）多级连续培养

若生产的产物与菌体生长速率不平行，则根据两者的产生规律，设计与其相适应的多级连续培养装置。

3. 单相连续培养和多相连续培养

连续发酵模型较分批发酵模型能更好地模拟肠道环境。该模型是一个动态的开放系统，通过周期或连续补充新鲜的培养基，同时排出用过的培养基，达到延长微生物发酵时间的目的。常用的连续发酵模型有单相和多相连续培养模型，它们可以根据肠道不同解剖位置的特点进行组合，模拟肠道不同解剖位置的生理环境，包括pH、温度、体积、发酵底物和转运时间等因素。

（1）单相连续培养

单相连续培养模型能够较好地模拟盲肠和升结肠的消化情况，因此常被用于阐明近端结肠功能和代谢活力。

（2）多相连续培养

多相连续培养模型设置不同反应器模拟结肠不同阶段，能更准确地模拟肠道生态环境。1998年麦克法兰（Macfarlane）等开发出三相连续培养模型（图5-9），这种模型由三个恒化器串联模拟升结肠、横结肠和降结肠区域，其体积分别为0.22L、0.32L和0.32L，pH分别为5.5、6.6和6.8，系统温度维持在37℃，且充入CO_2保持厌氧环境。整体系统参数按照人体生理情况进行设定，实现发酵在空间、时间、营养和理化特性上的准确性和合理性。此外，微生物接种液转移至发酵模型过程中的适应、生长和增殖均要依靠环境参数，如pH、保留时间、温度、厌氧环境和介质流速。因此，实验过程中严格控制参数是构建微生物组成和代谢活力稳态的关键。

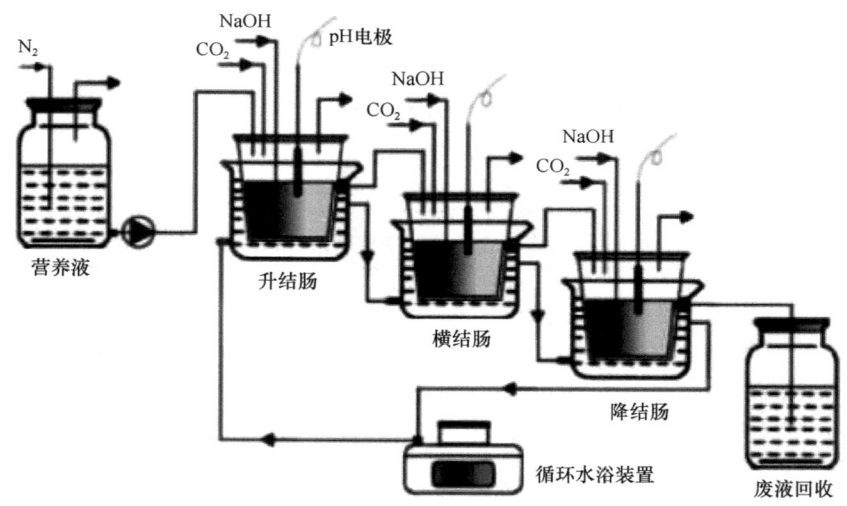

图5-9 三相连续培养模型示意图（支梓鉴等，2016）

SHIME模型是一个五相发酵模型（图5-10），由5个反应器组成，分别模拟了食物经过上消化道（胃、小肠）和下消化道（升结肠、横结肠和降结肠）的整个过程（Van de

Wiele et al.，2015；支梓鉴等，2016）。整个 SHIME 反应器应在 37℃运行，反应器均为双层夹套的玻璃容器，且通过磁力搅拌进行溶液的混合。每天添加 3 次营养液至胃室，添加胰液和胆汁至小肠室。在胃和小肠室内消化的基础上，悬浮液在泵作用下抽入升结肠容器进行结肠消化。消化液在反应器中的保留时间可根据研究目的通过改变流速进行调整，胃室、小肠室、升结肠室、横结肠室、降结肠室反应体积分别为 0.2L、0.3L、0.7L、1.3L、0.8L，保留时间分别为 2h、6h、18h、36h、22h，pH 分别为 2、6.8、5.6~5.9、6.1~6.4 和 6.6~6.9。同时，整个模型通过顶端空间充入氮气或 N_2 与 CO_2 混合气体（9∶1）来维持厌氧环境。

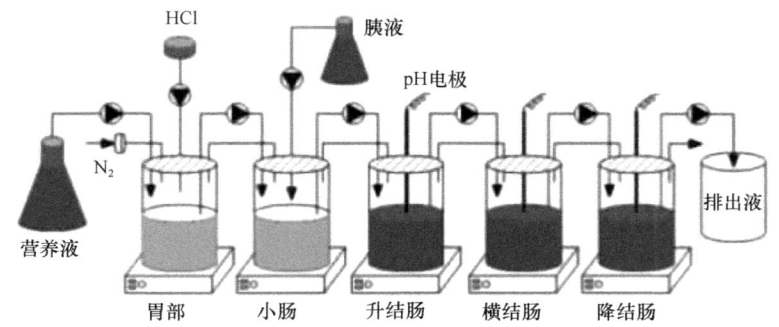

图 5-10　SHIME 模型示意图（Van de Wiele et al.，2015；支梓鉴等，2016）

四、体外肠道模型在肠道微生物研究中的应用

（一）肠道微生态内细菌功能和多样性的研究

体外肠道模型对于研究微生物对底物的反应过程非常有用。例如，研究肠道细菌对碳水化合物和蛋白质的发酵利用、对类固醇和胆汁酸的代谢机制、氢的产生和去除、突变物的形成与降解，以及异型代谢产物的转化等均有重要的意义。另外通过体外模型，研究人员可以进行单一或几种纯菌的培养研究，即把几种已知的细菌混合培养，研究细菌之间的相互关系。根据需要，研究者可以选择单相或者多相连续发酵系统。

（二）微生态制剂生产研究

常规的微生态制剂生产都采用单一菌株、批量发酵的工艺。区别于传统发酵工艺，连续发酵采用连续补料不断出料的工艺，可以有效地避免频繁上罐，减少污染，降低生产成本，产品更加稳定可靠。而且体外模拟系统可以模拟肠道内环境，这样培养出的微生态制剂的生理生化特性更接近于细菌在动物体肠道内的状态，更易于在体内定植。目前，国内已有个别企业运用这项技术进行微生态制剂的生产。影响微生态制剂发挥其功效的因素很多，包括制剂的制备方法、储藏条件、污染情况（如杂菌）、细菌的存活率、产品的菌种组合方式、肠内土著菌群的状态、微生态制剂的使用剂量和次数、动物（宿主）的年龄、饲料的组分等。连续发酵工艺在提高产品稳定性方面有很大的改进，实验表明，由此模型发酵得到的混合菌群能很好地在动物肠道内定植（陈波等，2012）。

（三）多功能食品组分或者抗菌类药物

随着大量的体外模拟系统的出现，人们开始利用体外肠道发酵模型研究不同食物成分对肠道菌群的不同调节作用，包括发酵条件的详细信息，如研究类型、食物成分、持续时间和剂量、使用的微生物技术，以及对细菌群的主要影响（如种群的增加和减少）。目前，已经有研究使用分批和连续模型研究了果寡糖、半乳糖、木糖、异麦芽糖、阿拉伯寡糖、菊糖、葡聚糖、阿拉伯多糖、植物化学物质和多酚化合物（如没食子酸及其衍生物）等的益生元效应。此外，复杂的食物，包括大豆胚芽粉、红茶提取物、红酒和葡萄汁，已被用于研究对大肠微生物群的影响（Moon et al., 2016）。另外，体外模拟系统在抗菌类药物的研究中至关重要。例如，通过连续发酵系统评估四环素对肠道菌群的影响时，研究人员从该系统中筛选出一株耐药性乳杆菌。在哌拉西林三唑巴坦研究中，研究人员采用三相连续发酵系统发现了这种抗生素可以抑制艰难梭菌的定植。

参 考 文 献

陈波, 王宇, 雷芳, 等. 2012. 肠道微生物体外模型研究进展. 中国微生态学杂志, 24(8): 766-769.
杜梦璇, 姜民志, 刘畅, 等. 2021. 肠道微生物菌株资源库的构建与应用开发. 微生物学报, 61(4): 875-890.
格林 M R, 萨姆布鲁克 J. 2017. 分子克隆实验指南（原书第四版）. 贺福初, 陈薇, 杨晓明, 译. 北京: 科学出版社.
焦瑞身. 2004. 新世纪微生物学者的一项重要任务: 未培养微生物的分离培养. 生物工程学报, 20(5): 641-645.
刘朝奇, 王艳林, 刘淼. 2012. 分子印迹技术. 北京: 化学工业出版社.
米兰, 王佳堃. 2022. 动物消化道微生物培养组学研究进展. 中国畜牧杂志, 58(5): 39-45.
沈萍, 陈向东. 2016. 微生物学. 8版. 北京: 高等教育出版社: 1-467.
邢磊, 赵圣国, 郑楠, 等. 2017. 未培养微生物分离培养技术研究进展. 微生物学通报, 44(12): 3053-3066.
杨立娜, 黄靖航, 赵亚凡, 等. 2018. 胃肠道体外模拟系统在调控肠道菌群研究中的应用进展. 渤海大学学报(自然科学版), 39(4): 320-329.
张令仪, 秦咏梅. 2021. 学习中国生化发展史, 培养学生的爱国情怀: 回顾中国科学家人工合成牛胰岛素的历程. 生命的化学, 41(7): 1370-1374.
支梓鉴, 俞邱豪, 程焕, 等. 2016. 肠道微生物体外发酵模型研究进展及其在食品中的应用. 食品工业科技, 37(14): 353-358.
朱玉贤, 李毅, 郑晓峰. 2007. 现代分子生物学. 3版. 北京: 高等教育出版社: 1-476.
Akhtar A, Fuchs E, Mitchison T, et al. 2011. A decade of molecular cell biology: achievements and challenges. Nat Rev Mol Cell Biol, 12: 669-674.
Bording-Jorgensen M, Tyrrell H, Lloyd C, et al. 2021. Comparison of common enrichment broths used in diagnostic laboratories for shiga toxin-producing *Escherichia coli*. Microorganisms, 9(3): 503.
Carini P, Steindler L, Beszteri S, et al. 2013. Nutrient requirements for growth of the extreme oligotroph '*Candidatus* Pelagibacter ubique' HTCC1062 on a defined medium. ISME J, 7(3): 592-602.

Couzin J. 2006. Method to silence genes earns loud praise. Science, 314(5796): 34.

Cross K L, Campbell J H, Balachandran M, et al. 2019. Targeted isolation and cultivation of uncultivated bacteria by reverse genomics. Nat Biotechnol, 37(11): 1314-1321.

Du Z J, Wang Y, Dunlap C, et al. 2014. *Draconibacterium orientale* gen. nov., sp. nov., isolated from two distinct marine environments, and proposal of Draconibacteriaceae fam. nov. Int J Syst Evol Microbiol, 64(Pt 5): 1690-1696.

El Kaoutari A, Armougom F, Gordon J I, et al. 2013. The abundance and variety of carbohydrate-active enzymes in the human gut microbiota. Nat Rev Microbiol, 11(7): 497-504.

Giebel H A, Kalhoefer D, Gahl-Janssen R, et al. 2013. *Planktomarina temperata* gen. nov., sp. nov., belonging to the globally distributed RCA cluster of the marine *Roseobacter* clade, isolated from the German Wadden Sea. Int J Syst Evol Microbiol, 63(Pt 11): 4207-4217.

Kenters N, Henderson G, Jeyanathan J, et al. 2011. Isolation of previously uncultured rumen bacteria by dilution to extinction using a new liquid culture medium. J Microbiol Methods, 84(1): 52-60.

La Scola B, Fournier P E, Raoult D. 2011. Burden of emerging anaerobes in the MALDI-TOF and 16S rRNA gene sequencing era. Anaerobe, 17(3): 106-112.

Liu C, Zhou N, Du M X, et al. 2020. The Mouse Gut Microbial Biobank expands the coverage of cultured bacteria. Nat Commun, 11(1): 79.

Liu Q, Ni X, Wang Q, et al. 2019. Investigation of lactic acid bacteria isolated from giant panda feces for potential probiotics *in vitro*. Probiotics Antimicrob Proteins, 11(1): 85-91.

Marx J L. 1908. 1980 Nobel prize in physiology or medicine. Science, 210(4470): 621-623.

Miller A W, Kohl K D, Dearing M D. 2014. The gastrointestinal tract of the white-throated Woodrat (*Neotoma albigula*) harbors distinct consortia of oxalate-degrading bacteria. Appl Environ Microbiol, 80(5): 1595-1601.

Moon J S, Li L, Bang J, et al. 2016. Application of *in vitro* gut fermentation models to food components: a review. Food Sci Biotechnol, 25(Supp l1)): 1-7.

Mu D S, Liang Q Y, Wang X M, et al. 2018. Metatranscriptomic and comparative genomic insights into resuscitation mechanisms during enrichment culturing. Microbiome, 6(1): 230.

Osborne M G, Geiger C J, Corzett C H, et al. 2021. Removal of toxic volatile compounds in batch culture prolongs stationary phase and delays death of *Escherichia coli*. Appl Environ Microbiol, 87(2): e0186021.

Royer H D. 2001. Centenary Nobel Prize in physiology or medicine for the cell cycle. J Mol Med, 79(12): 683-685.

Schultz G. 1995. Nobel Prize 1994 for medicine/physiology. J Mol Med, 73(3): 121-122.

Seeman N C. 2003. DNA in a material world. Nature, 421: 427-431.

Sender R, Fuchs S, Milo R. 2016. Are we really vastly outnumbered? Revisiting the ratio of bacterial to host cells in humans. Cell, 164(3): 337-340.

Sorde K L, Ananthanarayan L. 2019. Isolation, screening, and optimization of bacterial strains for novel transglutaminase production. Prep Biochem Biotechnol, 49(1): 64-73.

Van de Wiele T, Van den Abbeele P, Ossieur W, et al. 2015. The simulator of the human intestinal microbial ecosystem (SHIME®)//Verhoeckx K, Cotter P, Lopez-Exposito I, et al. The Impact of Food Bioactives on Health: *in vitro* and *ex vivo* models. Cham: Springer: 305-317.

Von Martels J Z H, Sadaghian Sadabad M, Bourgonje A R, et al. 2017. The role of gut microbiota in health and disease: *in vitro* modeling of host-microbe interactions at the aerobe-anaerobe interphase of the human gut. Anaerobe, 44: 3-12.

Vyawahare S, Zhang Q C, Lau A, et al. 2014. *In vitro* microbial culture models and their application in drug development. Adv Drug Deliv Rev, 69-70: 217-224.

Wang Z J, Liu Q Q, Zhao L H, et al. 2015. *Bradymonas sediminis* gen. nov., sp. nov., isolated from coastal sediment, and description of Bradymonadaceae fam. nov. and Bradymonadales ord. nov. Int J Syst Evol Microbiol, 65(Pt 5): 1542-1549.

Wu W J, Zhao J X, Chen G J, et al. 2016. Description of *Ancylomarina subtilis* gen. nov., sp. nov., isolated from coastal sediment, proposal of Marinilabiliales ord. nov. and transfer of Marinilabiliaceae, Prolixibacteraceae and Marinifilaceae to the order Marinilabiliales. Int J Syst Evol Microbiol, 66(10): 4243-4249.

Wylensek D, Hitch T C A, Riedel T, et al. 2020. A collection of bacterial isolates from the pig intestine reveals functional and taxonomic diversity. Nat Commun, 11(1): 6389.

Zeevi D, Korem T, Godneva A, et al. 2019. Structural variation in the gut microbiome associates with host health. Nature, 568(7750): 43-48.

Zou Y Q, Xue W B, Luo G W, et al. 2019. 1,520 reference genomes from cultivated human gut bacteria enable functional microbiome analyses. Nat Biotechnol, 37(2): 179-185.

第六章 牛胃肠道微生物与营养

反刍动物为全世界数十亿人提供必需的肉、奶等重要营养。肉牛是优质蛋白质和人类经济发展的重要来源。据估计，目前存在的 39 亿反刍动物对可持续的农业实践非常重要，因为它们不仅可以通过放牧使非耕地变得有用，而且可以利用工业副产品（如酒糟）作为食物来源，并从低质量的牧草中合成能量以生产牛奶和肉类（O'Hara et al.，2020b）。胃肠道（GIT）微生物在牛营养中起着至关重要的作用。反刍动物的生产和健康的核心是胃肠道微生物群，即存在于反刍动物 GIT 中的复杂微生物群落。目前，GIT 菌群被公认为是维持肠道稳态、黏膜和淋巴结构发展，以及宿主免疫细胞库激活的关键贡献者（Malmuthuge and Guan，2017）。瘤胃微生物的研究是反刍动物营养领域一个永恒的课题，发现瘤胃中的主要微生物或促进肉牛增重的微生物群落可能是提高动物生产性能和减少环境破坏的重要环节。

目前，畜牧业生产体系面临诸多挑战。为不断增长的全球人口（估计到 2050 年将达到 97 亿人）提供足够的营养将需要发达国家的粮食产量比 2007 年增长 70%，发展中国家的粮食产量可能是 2007 年的两倍（Gerber et al.，2013）。雪上加霜的是，人们对畜牧业生产的环境足迹的担忧也在增加。最近基于全生命周期评估的研究表明，全球大约 14.5%的人为温室气体（greenhouse gas，GHG）排放来自农业，其中将近 5%是由牲畜直接排放的。整个牛肉和奶制品生产链会产生一系列温室气体，牲畜本身也会通过粪便排出其肠道中产生的甲烷（CH_4）和氧化亚氮（N_2O）。甲烷是一种与反刍动物生产相关性特别显著的温室气体，由产甲烷古菌在瘤胃和下消化道合成，其全球变暖潜力约为二氧化碳（CO_2）的 28 倍（Lynch and Pierrehumbert，2019）。除了对环境的负面影响，畜禽通过肠道生成 CH_4 对动物日粮总能量的损失估计为 2%~12%，是降低宿主饲料效率（FE）的主要因素。目前相关研究多集中于瘤胃内微生物的分类概况和瘤胃之间的联系，而瘤胃微生物的代谢功能和饲料效率方面的研究尚处于起步阶段。研究表明，瘤胃微生物组与宿主共同作用会影响牛的 CH_4 排放量和饲料效率。但是这些代谢物的变化与瘤胃微生物之间是否存在相关性，二者是否共同作用影响牛的生产性能，微生物代谢物和宿主代谢物是否对乳蛋白产量（milk protein yield，MPY）有贡献，以及具体有什么影响等，这些问题尚需要深入研究。随着组学技术的发展，从多组学的角度对牛的瘤胃和宿主代谢情况进行分析，研究瘤胃微生物组、瘤胃代谢组和宿主代谢组对肉（奶）牛生产性能的影响及贡献已成为新的研究热点。

鉴于宿主动物及其肠道微生物群落之间的复杂关系，对这些微生物群落作为一种提高牛生产效率，同时减少/消除其对环境影响的手段的研究已经进行了几十年。近年来，高通量测序技术的出现产生了大量关于不同宿主和环境下瘤胃微生物群组成和功能的数据（Zhou et al.，2018）。然而，越来越多的证据表明，大肠内常驻菌群也对牛的健康和生产做出了重要贡献，这一点迄今尚未得到广泛研究（O'Hara et al.，2018）。了解整个 GIT 中宿主和微生物之间的复杂相互作用是制定策略以最大化反刍动物生产效率和应对上述挑战的关键。

展望未来，至关重要的是将更多的 GIT 细菌和古菌带入培养物中，以更好地研究 GIT 微生物组的功能。特别是，如果我们要设计合理的干预措施来调控瘤胃饲料转化或 CH_4 排放，那么我们将需要了解微生物组结构、微生物群利用的底物，以及微生物群与彼此及其宿主间的相互作用。对 GIT 微生物基因组进行测序和组装，是优化培养物（culture，指在人为规定的条件下培养、繁殖得到的微生物群体）收集工作的重要一步，并为将来改造 GIT 微生物组奠定基础，这将极大地促进人们更好地理解肠道微生物组在牛生产中的作用。

第一节　牛胃肠道微生物组

反刍动物大约在 5000 万年前便进化成型，是地球上适应性最为广泛的大型哺乳动物之一，现今有约 200 种不同种类的反刍动物生活在从北极到热带的环境中。它们在家畜中是独特的，因为它们可以有效地利用牧草、食物副产品和非蛋白氮来生产牛奶和肉，从而避免与人竞争更适合人类消费的植物材料。像所有哺乳类食草动物一样，反刍动物不产生纤维素分解酶或半纤维素分解酶来降解摄入的植物物质；相反，它们依靠与瘤胃内的细菌（bacteria）、真菌（fungus）和原生动物（protozoa）的共生关系来实现这一功能（Gruninger et al.，2019）。随着世界人口的持续增长，如何进一步提高奶牛和肉牛的生产效率和环境可持续性成为当前紧迫的任务。近年来的研究发现，胃肠道微生物组对牛的健康和生产效率具有一定的影响。因此，研究并了解牛胃肠道微生物组具有非常重要的意义。

一、瘤胃和瘤胃微生物组

瘤胃的微生物组是动物界中迄今为止最多样化的肠道生态系统之一（Weimer，2015），瘤胃微生物组包括细菌（高达 10^{11} 个细胞/ml）、原生动物（$10^4 \sim 10^6$ 个细胞/ml）、厌氧真菌（$10^3 \sim 10^6$ 个动物孢子/ml）、古菌（$10^8 \sim 10^9$ 个细胞/ml）、噬菌体/古菌噬菌体（$10^7 \sim 10^{10}$ 个颗粒/ml）和一个至今尚未确定特征的病毒体（Morgavi et al.，2013）。图 6-1 详细介绍了该群落的主要微生物组成（O'Hara et al.，2020b）。该微生物群包含纤维素水解、半纤维素水解、淀粉水解、蛋白质水解和生物氢化（脂）物种，表现出高度的功能冗余，并能够有效降解宿主不消化的植物纤维（Firkins and Yu，2015）。挥发性脂肪酸（VFA）主要为乙酸、丙酸和丁酸，是瘤胃微生物发酵的主要产物，被宿主吸收并用作能量来源。瘤胃来源的 VFA 可以满足宿主高达 70% 的能量需求，因此它们的生产对动物性能至关重要。瘤胃微生物区系对含氮化合物（包括肽、氨和尿素）的代谢向宿主提供用于合成肌肉和牛奶的微生物蛋白质也至关重要。摄入的纤维、碳水化合物、蛋白质和脂类首先被微生物群落的主要成员水解成短链（或低聚体）和单体（如葡萄糖、氨基酸），随后被微生物群落的各种成员用作底物（Millen et al.，2016）。对瘤胃微生物群暂时定植的研究表明，初级和二级定植菌在分类和功能上存在差异，表明它们的作用和底物特异性存在差异（Wilkinson et al.，2018）。饮食、遗传、年龄、性别和地理是影响瘤胃微生物组成和功能的决定因素（Li et al.，2019；Difford et al.，2018）。迄今为止，饮食对瘤胃微生物的影响是研究得最深入的。近年来，研究者对不同生产系统和生命阶段下的瘤胃微生物区系的组成也进行了系统的总结和阐述（Huws et al.，2018；Yáñez-Ruiz et al.，2015）。

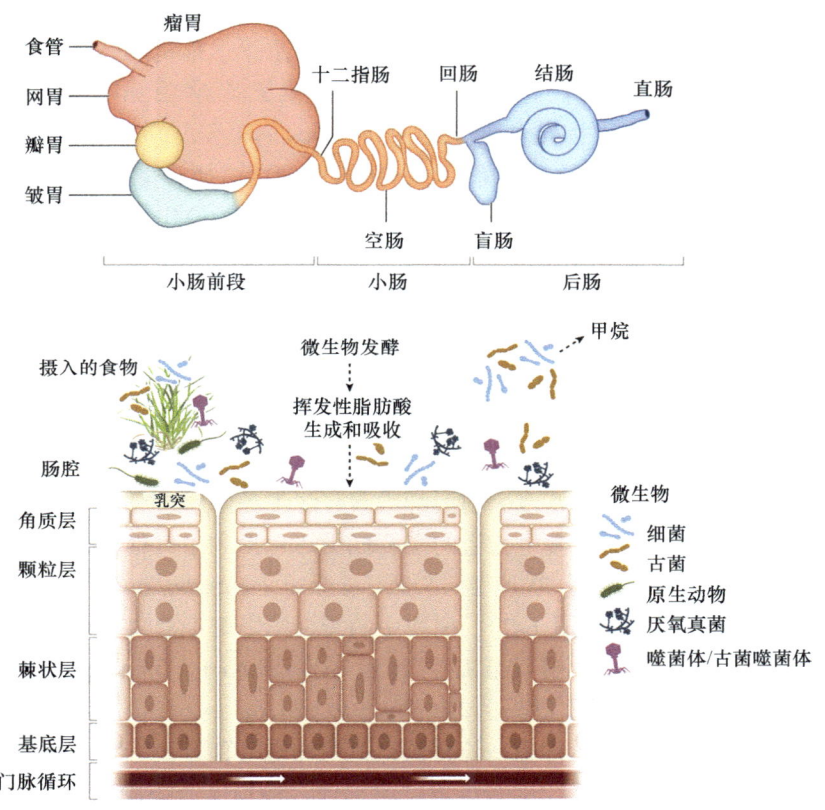

图 6-1 牛胃肠道示意图与瘤胃壁结构、微生物多样性和功能描绘（O'Hara et al.，2020b）

（一）瘤胃细菌

传统上，微生物学家主要依靠培养的方法来分离瘤胃细菌群落成员，这一方法主要基于 Hungate 及其同事的原始创新性工作（Krause et al.，2013）。人们认为，这些培养技术在当时使研究人员能够描述瘤胃生态系统中 200 种最丰富多样的细菌的情况。事实上，通过下一代测序技术获得的 16S rRNA 基因扩增测序结果在门水平上与此基本一致，并允许基于已知培养细菌活性的研究进行讨论（Wilkinson et al.，2018）。Stewart 等（2018a）通过瘤胃宏基因组测序从 42 头牛中组装了 913 个新的微生物基因组。随后，同一研究团队进一步扩展了这一工作，基于 282 头牛的瘤胃样本组装了超过 4900 个新的微生物基因组。为了提高可培养瘤胃微生物的能力，该团队正在采取一系列系统性措施。作为国际协作项目之一的 Hungate 1000 项目已成功生成了 501 个瘤胃微生物基因组（包括 480 个细菌和 21 个古菌）。该项目覆盖了瘤胃中约 75%的属级分类群，并实现了对主要代谢途径相关微生物的功能分配（Wilkinson et al., 2018）。然而，根据 Stewart 等（2018b）的研究，Hungate 1000 项目的样本仅代表了其通过宏基因组测序所组装的新微生物基因组多样性的很小一部分。因此，将更多此类菌株引入培养环境显得尤为重要，这不仅有助于深入研究这些微生物在体内和体外的功能，还能进一步揭示瘤胃微生物组结构与功能的机制。

与真核域不同，古菌域和细菌域对反刍动物宿主的生存能力至关重要。厚壁菌门 Firmicutes 和拟杆菌门 Bacteroidetes 在 DNA 和蛋白质水平上都是反刍动物宿主内丰度最高的成员，其中有关键的纤维降解物，包括纤维素降解菌如产琥珀酸丝状杆菌 *Fibrobacter succinogenes*、生黄瘤胃球菌 *Ruminococcus flavefaciens*、白色瘤胃球菌 *Ruminococcus albus*，以及几种高效降解半纤维素的细菌，如普雷沃氏菌属 *Prevotella*、丁酸弧菌属 *Butyrivibrio* 和假丁酸弧菌属 *Pseudobutyrivibrio*（Mizrahi et al., 2021）。在许多研究中发现所有这些细菌都属于核心属，几乎在所有反刍动物中存在，而最近一项由 1000 头奶牛组成的大型队列调查发现，80%~100%的动物中都存在这些细菌（Wallace et al., 2019）。因此，它们可能在瘤胃微生物群的代谢和功能中起着至关重要的作用（图 6-2）。普雷沃氏菌属、丁酸弧菌属和瘤胃球菌属 *Ruminococcus* 的成员作为纤维素、半纤维素部分定植和降解的优势种受到了特别的关注和研究，因为它们包含更广泛的纤维相关酶库，使它们能够消化可用的纤维（Jin et al., 2018）。在队列研究中分析的 1000 头奶牛中，人们也发现了利用纤维素分解细菌降解产物的细菌，如布氏密螺旋体 *Treponema bryantii*。瘤胃微生物组的主要成员还包括利用其他微生物的二次发酵产物的微生物，如反刍月形单胞菌 *Selenomonas ruminantium* 和琥珀酸弧菌科 Succinivibrionaceae 的成员（图 6-2）。瘤胃中的蛋白质降解细菌主要包括栖瘤胃普雷沃氏菌 *Prevotella ruminicola*、嗜淀粉瘤胃杆菌 *Ruminobacter amylophilus*、牛链球菌 *Streptococcus bovis* 和溶纤维丁酸弧菌 *Butyrivibrio fibrisolvens* 等。此外，按形态结构来分，瘤胃细菌可分为球菌、短杆菌、长杆菌、弧菌和螺旋菌等；根据生理功能来分，瘤胃细菌主要有纤维素降解细菌、半纤维素降解细菌、淀粉降解细菌、蛋白质降解细菌、脂肪降解细菌、酸利用菌和乳酸生产菌等（司丽炜和韩红燕，2020）。

（二）瘤胃真菌

自 Orpin（1975）首次在反刍动物瘤胃内发现厌氧真菌存在后，迄今为止，研究发现瘤胃真菌的数量超过瘤胃微生物总数量的 8%，数量可达 10^6 个/ml。瘤胃真菌为严格厌氧菌，很难通过体外培养分离出来。目前从瘤胃中分离得到的真菌约有 6 属 16 种，根据菌丝的形成方式及其游离孢子的形态来划分，瘤胃真菌可分为单中心类型真菌和多中心类型真菌两种（马晨等，2014）。分离上的困难导致人们对瘤胃真菌功能的研究也非常困难，对其具体功能还有待深入探究。近年来研究表明，瘤胃真菌不仅可以以机械方式通过假根刺穿植物细胞壁，还在饲粮中植物纤维的降解过程中起着非常重要的作用。它们可以分泌高活性纤维素酶、半纤维素酶等多种酶，以化学方式作用于坚固的后壁组织和维管束组织等一些很难降解的植物组织（Kumar et al., 2013）。利用瘤胃真菌

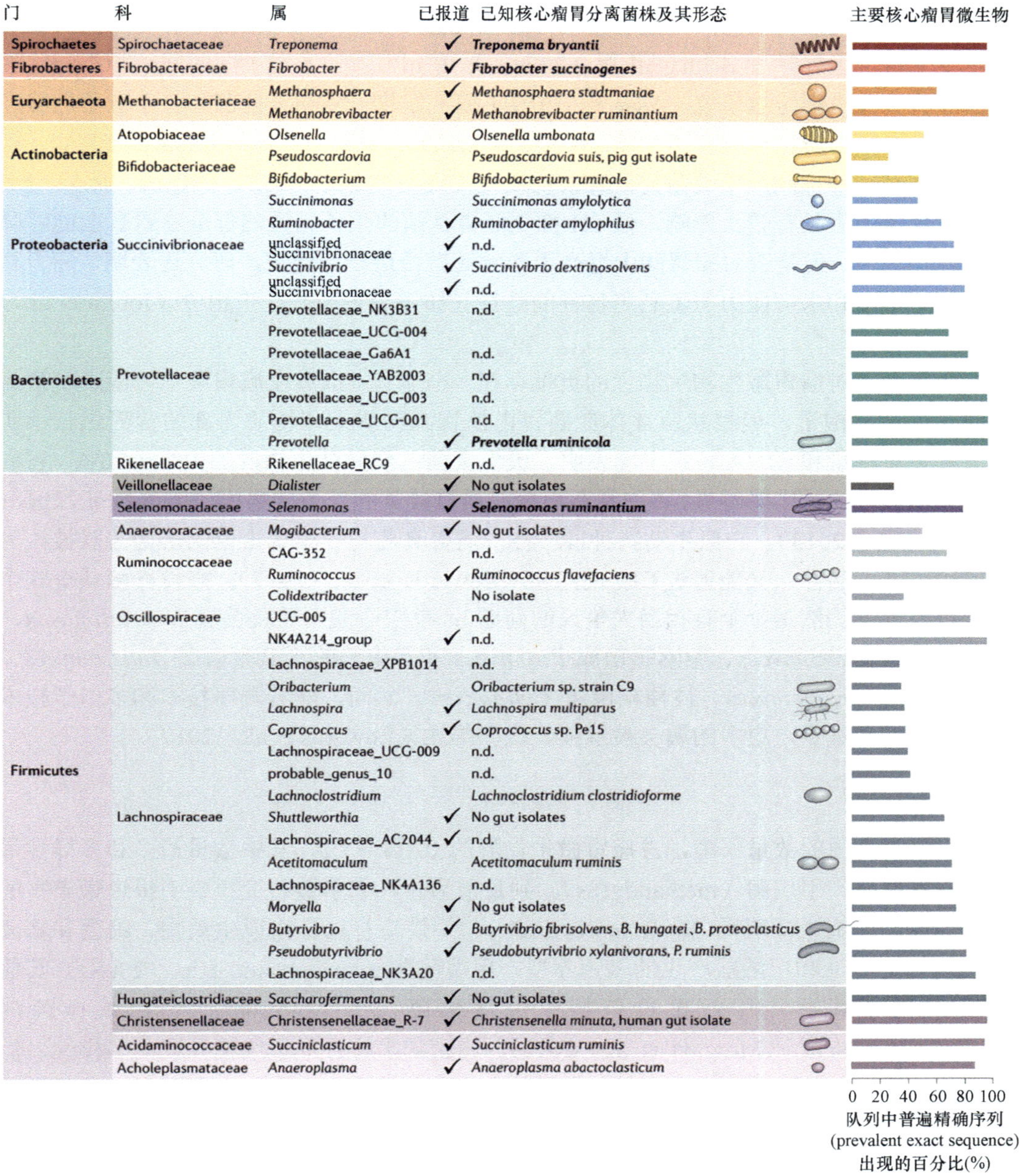

门	科	属	已报道	已知核心瘤胃分离菌株及其形态	主要核心瘤胃微生物
Spirochaetes	Spirochaetaceae	Treponema	✓	**Treponema bryantii**	
Fibrobacteres	Fibrobacteraceae	Fibrobacter	✓	**Fibrobacter succinogenes**	
Euryarchaeota	Methanobacteriaceae	Methanosphaera	✓	Methanosphaera stadtmaniae	
		Methanobrevibacter	✓	Methanobrevibacter ruminantium	
Actinobacteria	Atopobiaceae	Olsenella		Olsenella umbonata	
	Bifidobacteriaceae	Pseudoscardovia		Pseudoscardovia suis, pig gut isolate	
		Bifidobacterium		Bifidobacterium ruminale	
Proteobacteria	Succinivibrionaceae	Succinimonas		Succinimonas amylolytica	
		Ruminobacter	✓	Ruminobacter amylophilus	
		unclassified Succinivibrionaceae	✓	n.d.	
		Succinivibrio	✓	Succinivibrio dextrinosolvens	
		unclassified Succinivibrionaceae	✓	n.d.	
Bacteroidetes	Prevotellaceae	Prevotellaceae_NK3B31		n.d.	
		Prevotellaceae_UCG-004			
		Prevotellaceae_Ga6A1		n.d.	
		Prevotellaceae_YAB2003			
		Prevotellaceae_UCG-003		n.d.	
		Prevotellaceae_UCG-001			
		Prevotella	✓	**Prevotella ruminicola**	
	Rikenellaceae	Rikenellaceae_RC9	✓		
Firmicutes	Veillonellaceae	Dialister	✓	No gut isolates	
	Selenomonadaceae	Selenomonas	✓	**Selenomonas ruminantium**	
	Anaerovoracaceae	Mogibacterium		No gut isolates	
	Ruminococcaceae	CAG-352		n.d.	
		Ruminococcus	✓	Ruminococcus flavefaciens	
		Colidextribacter		No isolate	
	Oscillospiraceae	UCG-005		n.d.	
		NK4A214_group	✓	n.d.	
	Lachnospiraceae	Lachnospiraceae_XPB1014		n.d.	
		Oribacterium		Oribacterium sp. strain C9	
		Lachnospira		Lachnospira multiparus	
		Coprococcus	✓	Coprococcus sp. Pe15	
		Lachnospiraceae_UCG-009		n.d.	
		probable_genus_10		n.d.	
		Lachnoclostridium		Lachnoclostridium clostridioforme	
		Shuttleworthia	✓	No gut isolates	
		Lachnospiraceae_AC2044_	✓		
		Acetitomaculum		Acetitomaculum ruminis	
		Lachnospiraceae_NK4A136		n.d.	
		Moryella		No gut isolates	
		Butyrivibrio	✓	Butyrivibrio fibrisolvens, B. hungatei, B. proteoclasticus	
		Pseudobutyrivibrio	✓	Pseudobutyrivibrio xylanivorans, P. ruminis	
		Lachnospiraceae_NK3A20			
	Hungateiclostridiaceae	Saccharofermentans	✓	No gut isolates	
	Christensenellaceae	Christensenellaceae_R-7	✓	Christensenella minuta, human gut isolate	
	Acidaminococcaceae	Succiniclasticum	✓	Succiniclasticum ruminis	
	Acholeplasmataceae	Anaeroplasma	✓	Anaeroplasma abactoclasticum	

0 20 40 60 80 100
队列中普遍精确序列
(prevalent exact sequence)
出现的百分比(%)

图 6-2　最常见的瘤胃微生物组核心成员（Mizrahi et al.，2021）

n.d.表示未确定；No gut isolates 表示无肠道分离菌株；No isolate 示无分离菌株；human gut isolate 表示人肠道分离菌株；pig gut isolate 表示猪肠道分离菌株

降解纤维素已成为目前研究的热点之一，一些高效降解纤维素的厌氧真菌被开发为饲料添加剂进行利用。我国学者刘起丽等（2014）通过常规分离、刚果红纤维素培养基培养、羧甲基纤维素（carboxymethyl cellulose，CMC）酶活和滤纸酶活测定等一系列方法，筛选出了一株新的能够降解玉米秸秆的高产纤维素酶真菌 MC-1。此外，瘤胃真菌还与瘤胃细菌有着良好的互利共生的合作关系。真菌更偏好于利用木质素而非饲粮中的纤维素类物质，从而对瘤胃发酵产生显著影响。通过定量 PCR（qPCR）技术可对瘤胃真菌进行定量分析。国外学者 Sekhavati 等（2009）采用 qPCR 技术对不同时间点和不同饮食下的瘤胃真菌进行定量研究。Asar 等（2010）研究发现，植物乳杆菌和明串珠菌能够产生一种具有蛋白酶抗性的抑菌物质（protease-resistant antimicrobial substance，PRA）。该物质可能是一种抑制产甲烷菌的抗真菌物质，被证明能够减少 CH_4 的生成。此外，pH 对瘤胃真菌的生长有较大影响，低 pH 抑制瘤胃真菌的生长。虽然部分瘤胃真菌能够降解纤维类物质，但是否对瘤胃酸中毒产生影响还有待进一步研究。研究还表明，瘤胃真菌的相对丰度和水解能力与氢利用物种的数量（如甲烷古菌）呈正相关（Joblin et al.，1990）。

厌氧真菌对瘤胃微生物生物量的贡献存在一些争论。虽然在瘤胃液中可清晰观察到有鞭毛的游动孢子，但根状菌丝体在瘤胃内植物源物质上和物质内部的营养生长不明显。几丁质测量和 rRNA 转录丰度表明，厌氧真菌占瘤胃微生物群的 10%～20%，它们被认为是关键的纤维降解者，特别是在当饲料质量较差的反刍动物中（Huws et al.，2018；Krause et al.，2013）。与原生动物种群一样，瘤胃真菌与产甲烷古菌的密切关联被认为既能增强真菌活性，又能促进 CH_4 的产生（Edwards et al.，2017）。瘤胃真菌共有 6 个属（目前分类仍然是一个有相当大争议的问题）：单中心的新美鞭菌属 *Neocallimastix*、盲肠鞭菌属 *Caecomyces*、梨囊鞭菌属 *Piromyces* 和多中心的厌氧鞭菌属 *Anaeromyces*、根囊鞭菌属 *Orpinomyces*、枝梗鞭菌属 *Cyllamyces*。然而，随着测序技术和多组学技术的不断发展和进步，更多的属会被继续发现和描述（Edwards et al.，2017）。

（三）瘤胃古菌

瘤胃中古菌的数量不多，占瘤胃微生物群的 0.3%～3%，其中数量最多和多样性最复杂的古菌是产甲烷菌（methanogens）。到目前为止，大多数研究报告中报道最丰富的产甲烷菌是甲烷短杆菌属 *Methanobrevibacter*。甲烷短杆菌是由原生动物、细菌和真菌产生的 H_2、CO_2 和甲酸盐产生的氢营养型产甲烷菌群（Janssen and Kirs，2008）。其他重要的氢营养型产甲烷菌群包括甲烷氧化菌（methanotrophs）、甲烷微菌属 *Methanomicrobium*（Morgavi et al.，2010）。古菌的多样性低于细菌种群的多样性，但与细菌一样，它们同样需要人类付出大量的努力才能被分离和鉴定出新物种；最近通过 Hungate 1000 项目成功从瘤胃中鉴定出 21 种古菌（Seshadri et al.，2018）。然而，古菌数量和 CH_4 产量之间的关系仍不明确。Wallace 等（2014）提出古菌丰度与 CH_4 产量之间可能存在直接关联，而 Danielsson 等（2017）的研究表明，瘤胃 CH_4 产量与瘤胃产甲烷菌和细菌群落结构均存在相关性。最有可能的是，瘤胃产 CH_4 是瘤胃发酵的产物，因此与 H_2 供应和古菌数量也有关系（Belanche et al.，2015）。如上所述，原生动物的内外表面均存在活跃的古菌群落。研究表明，这种附着型古菌群落与自由生活的古菌群落存在显著差异，并且不同原生动物种属间的古菌群落可能也存在差异，这对其在整体 CH_4 生产中的相对贡献具有重要影响。（Belanche et al.，2015）。Das 等（2010）认为 CH_4 的产量可作为衡量瘤胃对日粮消化率和利用率的有效指标。目前已知的瘤胃古菌主要分为广古菌门 Euryarchaeota 和泉古菌门 Crenarchaeota 两种类型，其中已分离得到的有甲酸甲烷杆菌 Methanobacterium formicicum、甲烷短杆菌属、反刍兽甲烷短杆菌 Methanobacterium ruminantium、甲烷杆菌属 Methanobacterium、甲烷微菌属、可活动甲烷微菌属 Methanomicrobium mobile、甲烷八叠球菌属 Methanosarcina、甲烷囊菌属 Methanoculleus 和普雷沃氏菌属 Prevotella 等，其中研究较多的有可活动甲烷微菌属、反刍兽甲烷短杆菌、巴氏甲烷八叠球菌 Methanosarcina barkeri、甲酸甲烷杆菌等。CH_4 主要由产甲烷菌产生，是瘤胃微生态系统中相关微生物以植物性物质为底物发酵后生成的终产物之一。因此，反刍动物对温室效应应负有一定的责任。CH_4 被公认为是一种温室气体，促使全球气候变暖。正常的瘤胃发酵过程中需要低 H_2 压环境，而产甲烷菌可以维持瘤胃中正常的 H_2 分压，以保障瘤胃发酵的顺利进行。目前已成功从瘤胃中分离到一些产甲烷菌（Zhou et al.，2011）。产甲烷菌属于广古菌门的严格厌氧菌，瘤胃中主要以甲烷古菌为主。瘤胃中甲烷古菌的数量可达 $10^7 \sim 10^9$ CFU/ml，其数量变化在很大程度上受到日粮类型的影响。甲烷的生产过程是一个消耗能量的过程，甲烷生产消耗的能量约占总能量的 8%。在反刍动物生产中，胃肠道 CH_4 排放的 87%～90%来自瘤胃，其余 10%～13%来自大肠。对畜禽生产者和动物营养学者来说，瘤胃和大肠 CH_4 的排放是造成饲料资源浪费的一种主要形式，CH_4 排放量的多少直接反映饲料瘤胃发酵能量损失的大小。因此，控制胃肠道 CH_4 的排放在经济和环境两个方面均具有非常重要的意义。

（四）瘤胃原生动物

反刍动物瘤胃微生物的另一主要类群是瘤胃原虫，数量为 $10^5 \sim 10^6$ CFU/ml，数量上虽然比其他种类要少，但因其体积大，所以在瘤胃微生态总量中占的比例相当大，可达瘤胃内生物量的 50%左右。研究表明，瘤胃原虫可对饲料中碳水化合物、含氮物质、矿物质和维生素的消化和利用产生直接影响（Koenig et al.，2000）。纤毛虫可清除瘤胃内的氧气，有利于瘤胃细菌和真菌的生长与代谢，从而调节瘤胃微环境和微生物区系，同时可传递微生物氮以供宿主利用（赵向辉，2012）。此外，纤毛虫与产甲烷菌能够互利合作，促进 CH_4 的生成，通过消除纤毛虫可降低产甲烷菌 CH_4 产量的 9%～40%。原虫对酸性洗涤纤维的消化率也会产生较大影响，研究发现瘤胃原虫可以提高植物细胞壁的消化率（约 15%）（Zhang et al.，2017）。瘤胃原虫还可以降解饲料中 25%～30%的纤维总量，但其主要以淀粉和可溶性糖类物质为发酵底物，从而对瘤胃微生物的多样性产生影响。

瘤胃原生动物具有引人注目的外观，被认为对其宿主的作用很重要。然而，尽管原生动物可以贡献多达 50%的瘤胃生物量，但原生动物在瘤胃微生物生态系统中的作用尚不清楚（Newbold et al.，2015）。瘤胃原生动物以纤毛虫为主，鞭毛虫种类较少；反刍动物通常从出生起就拥有独特的原生动物种群，且在一生中不会发生大的改变。原生动物的鉴定和分类通常依赖于光学显微镜的形态学鉴定。最近，对 18S rRNA 基因的测序不仅有助于阐明瘤胃纤毛虫的系统发育，而且表明其多样性明显高于传统形态学方法的估计（Kittelmann et al.，2015）。然而，有研究表明，核糖体 RNA 基因在不同属间的拷贝数差异可能限制了 18S rRNA 扩增子测序在生态研究中的应用（Newbold et al.，2015）。

尽管经过多次尝试，在无菌培养条件下维持瘤胃原生动物的生长被证明是不可行的（Newbold et al., 2015）。因此，大多数研究集中于描述细菌和原生动物混合共培养体系的活性，这些体系通常在体外或体内条件下维持。尽管在阐明瘤胃中原生动物的功能方面已取得显著进展，但仍难以明确区分其活性是由原生动物本身还是由与其共生的细菌所引起。通过将纤毛虫基因克隆至噬菌体并进行表达的技术，已成功表达了多种瘤胃原生动物的基因。由此，大量纤维分解酶已被鉴定，表明瘤胃纤毛虫具有高度进化的纤维分解能力。最近，一份关于瘤胃纤毛虫尖尾内毛虫 *Entodinium caudatum* 的大核基因组序列草案已经发布，通过这份草案人们有望进一步了解瘤胃原生动物的代谢（Park et al., 2018）。原生动物可通过一种称为"失活"的过程从瘤胃中去除，而宿主动物仍可存活。最近的一项荟萃分析（Meta-analysis，Meta 分析）表明，原生动物的缺失会导致有机物降解效率下降，这表明原生动物在瘤胃功能中具有重要作用（Newbold et al., 2015）。此外，脱氮作用会增加瘤胃微生物蛋白质的流出量，并降低 CH_4 产量。这些观察结果与以下证据相一致：纤毛虫通过消化瘤胃细菌维持生存，从而在反刍动物对膳食蛋白质的低效利用中发挥关键作用；同时，原生动物间接参与 CH_4 的生产，因为其内外表面均存在活跃的产甲烷古菌群落（Morgavi et al., 2010）。最近的一项荟萃分析进一步探索了去除原生动物的时间依赖效应，得出如下结论：随着产甲烷菌、真菌和纤维素分解细菌数量的增加，可能抵消去除原生动物对瘤胃发酵的影响，这表明去除原生动物并不必然导致 CH_4 产量的降低（Li et al., 2018）。此外，原生动物似乎能够稳定瘤胃发酵过程并提高瘤胃 pH，这可能是由于原生动物消耗乳酸的速度快于细菌。显然，未来需要更多长期研究来深入理解去除原生动物对瘤胃微生物群落和发酵过程的影响。然而，去除原生动物可能并非研究瘤胃原生动物功能的理想模型。

（五）瘤胃病毒

到目前为止，瘤胃病毒组仍然是瘤胃微生物组中最具特征的部分。科研人员已从瘤胃中分离出溶解性噬菌体，并报道了对其多样性的研究（Gilbert and Klieve, 2015），包括表明能量摄入可能是瘤胃病毒群的主要驱动因素的证据（Anderson et al., 2017）。然而，直到最近才有关于溶解性噬菌体基因组序列的报道（Gilbert et al., 2017），而关于瘤胃病毒组的宏基因组研究也开始出现（Namonyo et al., 2018），这表明我们可能很快就会对瘤胃病毒介导的过程有更深入的了解。最近的研究证据表明，存在感染真菌的 RNA 病毒（mycovirus）（Hitch et al., 2019），但其对瘤胃真菌群落动态和纤维降解效率的具体影响有待进一步深入研究。

（六）瘤胃微生物代谢与生理功能

由于瘤胃微生物代谢对宿主健康的重要性，人们对瘤胃微生物群对动物生产的贡献产生了兴趣。研究表明，瘤胃微生物组成与饲料效率（FE）、CH_4 排放强度、健康状况以及牛奶成分的变化密切相关（O'Hara et al., 2020b）。近期研究发现，肉牛和奶牛中某些瘤胃细菌群落表现出一定的遗传力，但这些微生物物种对宿主性状的具体贡献程度仍需进一步阐明（Sasson et al.，2017）。如果能够明确宿主基因组与瘤胃微生物组之间的相互作用关系，以及微生物组可遗传部分与理想宿主性状之间的关联，则有望通过选择育种策略优化瘤胃微生物组结构。此外，通过饲粮干预调控瘤胃微生物组以提升宿主生产性能，特别是在减少 CH_4 排放方面，具有重要的应用潜力（O'Hara et al.，2020b）。

瘤胃微生物群对宿主的生理机能至关重要，因为它能产生动物充分运转所需的能量底物和其他营养物质。瘤胃中产生和释放的营养物质可以通过瘤胃上皮细胞或下消化道被吸收，然后进入反刍动物的循环系统。虽然这些代谢物、营养物质和底物对动物至关重要，但大多数瘤胃微生物组研究未能纳入微生物活动产生的大量发酵产物和生理因素。不幸的是，只有几种产物是常规测量的，如挥发性脂肪酸（VFA）、氮（几种形式）和葡萄糖。这些缺点必须在未来的研究中加以解决。在评估瘤胃微生物组活性时，采用附加的技术手段（如蛋白质组学分析微生物粗蛋白、微量矿物元素检测以及转录组学研究）能够更深入地探究宿主生理和瘤胃微生物组之间的相互关系。尽管这需要研究人员处理和分析大量复杂数据，但通过结合系统生物学方法，整合胃肠道微生物宏基因组学及宿主-微生物相互作用机制的研究，将有助于全面解析胃肠道微生物组稳定性、弹性和构建背后的调控机制（Clemmons et al.，2019）。

VFA 是瘤胃微生物发酵的重要副产物，因其作为主要糖原和脂肪前体（特别是丙酸和乙酸）在宿主代谢中具有关键作用。此外，VFA 的生成对瘤胃 pH 的调节起着重要作用，而瘤胃 pH 是评估瘤胃整体健康状况的关键指标。这一过程通过选择性影响或抑制特定微生物种群，进一步塑造了瘤胃微生物群落结构。与瘤胃微生物组类似，VFA 的产生与饲粮组成密切相关，这主要是由底物的变化和瘤胃微生物活性的差异所致。例如，玉米、甜菜粕和大麦等不同饲粮成分会导致总 VFA 浓度和瘤胃 pH 的变化，但通常不会显著影响反刍动物的干物质采食量（Carey et al.，1993）。许多其他研究也表明，不同类型饲料与 VFA 浓度及 pH 之间存在显著关联。宿主、VFA 和瘤胃微生物区系之间的相互关系已被广泛探讨（Clemmons et al.，2019）。尽管牛的 VFA 生产和 pH 调控机制已得到较为深入的研究，但关于如何通过操作微生物组来影响这些因素，以及这种变化将如何改变能量底物和营养物质的生产效率，目前仍需进一步探索。

代谢组学自诞生以来，为研究人员提供了大量的信息。血清代谢组能够在样本采集时提供关于动物生理状态的详细视图，其信息量远超以往方法。通常情况下，单个样本中可鉴定出 100 多种已知代谢物，同时还有数百种未鉴定代谢物。血清代谢组学已被广泛应用于疾病状态的研究（Fontanesi，2016）。因此，血清代谢组学是一个强有力的工具，能够帮助研究人员深入理解各种条件对宿主整体生理的影响。近年来，血清代谢组学技术开始被应用于反刍动物系统研究，因其不仅可以捕获从环境（如瘤胃）吸收的外源性代谢信息，还能反映内源性代谢产物的生成过程。通过核磁共振成像（nuclear magnetic resonance imaging，NMRI），剩余采食量（residual feed intake，RFI）不同的动物在血浆中也表现出不同的代谢谱（metabolite profiling）。研究发现，低 RFI 和高 RFI 动物之间存在 10 种差异代谢物，这些代谢物解释了 RFI 一半以上的变异（Karisa et al.，2014）。其中，主要差异来源于几种关键代谢物，包括谷氨酸、柠檬酸、乙酸和肉碱，它们直接或间接参与中间代谢过程。尽管这项研究提供了关于肉牛表型差异的丰富信息，但仍需进一步研究以明确如何通过调控这些差异来优化肉牛生产，并探讨微生物组与动物血清代谢谱之间的关联机制。最近的一项研究采用液相色谱-质谱法（liquid chromatography-mass spectroscopy，LC-MS）对饲料效率不同的阉牛血清进行了非靶向代谢组学分析（Clemmons et al.，2017）。结果显示，RFI 较低的阉牛血清中几种代谢物（如泛酸盐和肉碱）的丰度较高，这些代谢物直接参与脂肪和碳水化合物代谢等中间代谢过程。该研究不仅验证了 Karisa 等（2014）的早期发现，还通过使用 LC-MS 而非核磁共振（nuclear magnetic resonance，NMR）技术扩展了先前的工作，从而提高了代谢物检测的灵敏度和覆盖范围。然而，目前针对反刍动物的非靶向血清代谢组学研究仍处于关联性分析阶段，尚未超越对宿主表型变异的解释层面。将血清代谢组学技术与其他多组学方法（如基因组学、转录组学和微量矿物分析）相结合，有望为揭示宿主与瘤胃微生物群之间的全面关系提供新的研究方向和更深入的理解。

与血清代谢组一样，瘤胃代谢组可以为研究人员提供收集时动物状态的信息。瘤胃代谢组学几乎只应用于奶牛，很少有研究评估瘤胃代谢组学在肉牛中的应用，尤其是非靶向代谢组学。一项研究使用核磁共振和气相色谱分析了奶牛的 4 种生物体液（牛奶、尿液、瘤胃液和血清），在 4 种液体中都发现了几种代谢物，而许多代谢物仅在瘤胃液中发现。不同饲粮奶牛的体液中也发现了代谢物的差异。这项研究强调了代谢组学多系统方法的重要性，以及不同水平（系统）的代谢物变化如何与宿主表型相关联（Sun et al.，2015）。

在肉牛中，蛋白质是人类所需的主要产品，肉牛需要有效地将饲料转化为质量。因此，了解微生物组与这种转化以及宿主生理之间的关系，最终将有助于优化反刍动物生产的各个方面，以最小的投入实现产量最大化。不同饲料效率的阉牛瘤胃液代谢组也不同。高效和低效动物之间有 90 种代谢物存在差异，其中大部分涉及脂肪酸和氨基酸代谢。在饲料效率不同的动物之间也观察到血浆代谢物的差异，特别是脂肪酸。然而，瘤胃和血浆代谢组中脂肪酸的浓度不同，说明代谢产物从瘤胃向血液的运输还涉及其他一些因素。该研究是首次使用非靶向代谢组学技术检测肉牛瘤胃代谢组与宿主表型（如饲料效率）的关系的研究之一（Artegoitia et al.，2017）。代谢组学的应用有助于我们理解肉牛表型差异背后的机制，但我们需要更多的信息，以充分理解表型差异的促成因素，以及了解如何操纵这些不同因素以优化生产。

二、下肠菌群对宿主肠道健康的贡献

下肠被定义为胃后肠道，因此包括小肠和后肠区域。与瘤胃相比，人们对下肠微生物群的基本作用及其对牛健康和生产的贡献知之甚少。因此，下肠微生物组被认为是有待开发的改善动物健康与性能的潜力区（O'Hara et al.，2020a）。

与瘤胃不同，瘤胃中是否存在能够有效促进肠道健康的强大宿主免疫机制仍存在争议，而下肠区域在免疫功能方面表现出高度活跃性。其黏膜免疫系统由物理屏障（黏膜/上皮层）和化学屏障（抗菌肽、分泌型 IgA）以及模式识别受体（如 Toll 样受体，TLR）组成，并包含大量参与宿主防御的免疫细胞（Malmuthuge and Guan，2017；Hooper et al.，2012）。众所周知，在单胃动物中，下肠区域对免疫系统的发育起着至关重要的作用。越来越多的证据表明，肉牛下肠道的微生物群落不仅在饲料消化和能量生产中发挥重要作用，还直接参与宿主肠道健康的调控，并有助于免疫系统的建立与稳态（Malmuthuge and Guan，2017）。例如，在犊牛早期管理中，开食饲喂料显著影响了细菌多样性以及与宿主下肠黏膜免疫反应相关基因（*TLR10* 和 *TLR2*）的表达（Malmuthuge et al.，2013）。随后的一项研究表明，断奶前犊牛小肠黏膜相关细菌及肠道细菌总数与编码宿主免疫应答的基因表达之间存在密切关联。此外，共生肠道微生物与特定宿主微 RNA 表达之间的相互作用可能促进新生犊牛肠道免疫系统的发育（Liang et al.，2015，2016）。最近，一项基于乳杆菌优势犊牛回肠组织的功能宏基因组研究发现，与"白细胞和淋巴细胞趋化"及"细胞因子/趋化因子介导"的信号通路相关基因表达显著升高（Malmuthuge et al.，2019）。综上所述，这些研究结果表明犊牛下肠道菌群在犊牛免疫系统发育中的关键作用，为通过营养调控策略改善犊牛健康奠定了基础。此外，肠道微生物扰动或生态失调与反刍动物健康之间存在密切关系。例如，后肠酸中毒的发生通常与可快速消化的碳水化合物溢出至后肠发酵有关。短链脂肪酸等酸性发酵产物的积累可能导致腔内 pH 下降，从而引发微生物组成的变化以及肠道上皮损伤，进而对动物的生产力和健康产生不利影响。尽管瘤胃微生物与酸中毒之间的明确关系已被证实，但反刍动物后肠酸中毒与下肠菌群变化之间的具体关系仍需进一步研究（Nagata et al.，2018；Plaizier et al.，2017）。未来的研究若能评估这一关系，将有望为通过操纵下肠菌群来改善牛肠道健康提供新的途径。

总的来说，关于下肠菌群及其在成年牛（尤其是肉牛）中的作用的研究仍然很少。维持宿主免疫功能和肠道健康需要能量消耗，因此，应激和疾病会降低动物的生长和生产效率。目前人类仍需要进一步的研究来充分了解下肠菌群及其对动物健康和生产的贡献。

三、影响牛胃肠道微生物群落的因素

瘤胃微生物群是一个多样化的生态系统，具有许多功能和系统发育上的差异。许多外部因素和生理因素有助于反刍动物微生物组的建立和组成（图 6-3）。然而，瘤胃微生物群落组成的差异主要归因于饮食。由液体饲料为主转为固体饲料的变化也可能是造成犊牛断奶后瘤胃微生物群变化的原因。品种也可能影响瘤胃微生物群，这提出了一个有趣的未来研究领域。然而，除了这些因素，宿主似乎在一定程度上调节微生物组的建立和组成。反刍动物在其瘤胃中进化出多种共生微生物菌群，主要包括细菌、古菌、纤毛原生动物、真菌和病毒。这些瘤胃微生物能降解复杂的植物纤维和多糖，产生 VFA、微生物蛋白质和维生素。研究表明，瘤胃微生物菌群的差异与牛的饲养方式及健康状况有关，而且人们普遍认为饮食在肠道微生物菌群的形成中起主要作用。但遗传学证据表明，宿主遗传也是影响肠道微生物菌群组成的一个重要因素。

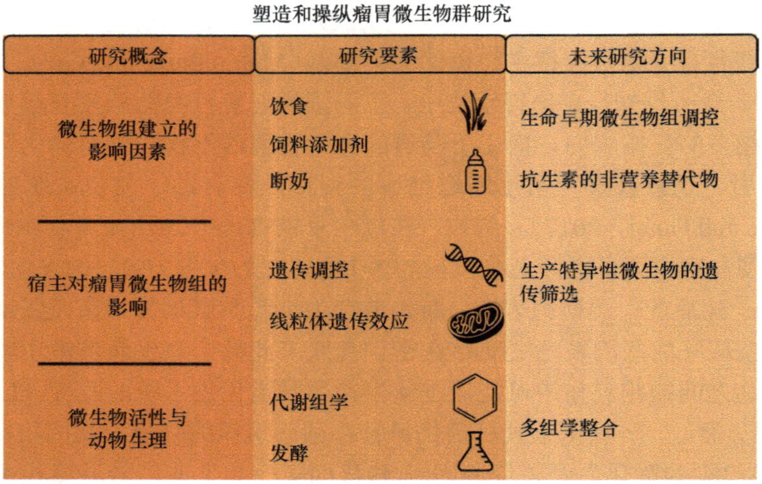

塑造和操纵瘤胃微生物群研究

研究概念	研究要素	未来研究方向
微生物组建立的影响因素	饮食 饲料添加剂 断奶	生命早期微生物组调控 抗生素的非营养替代物
宿主对瘤胃微生物组的影响	遗传调控 线粒体遗传效应	生产特异性微生物的遗传筛选
微生物活性与动物生理	代谢组学 发酵	多组学整合

图 6-3　瘤胃微生物组建立的贡献因素及潜在的研究领域（Clemmons et al., 2019）

（一）饮食

对 35 个国家 32 种动物 742 份样本的瘤胃微生物群进行的全球比较研究发现，尽管几乎所有样本中都以共同的细菌和古菌为核心，但微生物群落组成的差异主要归因于饮食（Henderson et al., 2015）。在饲粮干预措施中，可以区分旨在改善饲料品质和改变饲粮比例的干预措施及旨在使用饲料添加剂补充饲粮的干预措施。基于核糖体基因扩增子测序或宏基因组测序的分子技术使我们越来越能够探索进入瘤胃的膳食纤维定植和降解相关的瘤胃微生物种群的时空发展（Huws et al., 2018）。已经证明，所摄入饲粮中碳水化合物和蛋白质含量的变化（Belanche et al., 2012），以及不太明显的变化，如饲料保存方法和饲料类型（Huws et al., 2018），会影响瘤胃微生物对饲料的定植和随后的消化。然而，有必要确保研究中考虑的是整个微生物组而不仅仅是细菌组，以及微生物组组成的变化与发酵和宿主代谢的变化有关。

营养策略能够显著影响微生物群之间的相互作用，从而进一步影响生产效率和产品质量。其中最具代表性的领域之一是反刍动物衍生产品的脂肪酸含量调控。通过补充特定脂肪酸，可以改变瘤胃微生物群结构并影响脂肪酸的生物氢化过程，从而调节脂肪酸的吸收及其在肉类及牛奶中的含量（Carreño et al., 2019）。众所周知，细菌是瘤胃中脂肪酸生物氢化的关键参与者。尽管原生动物本身并不直接参与生物氢化，但它们通过影响瘤胃细菌种群的组成间接参与了这一过程（Newbold et al., 2015）。此外，原生动物能够直接摄取不饱和脂肪酸，并将其保护免受生物氢化作用的影响，从而使这些脂肪酸直接转移到牛奶和肉类中（Lourenco et al., 2010）。这表明，微生物间的相互作用可能在多个层面上对产品质量产生重要影响。鉴于饲粮对瘤胃微生物群落结构的显著影响，广泛使用饲粮添加剂来操纵瘤胃发酵已成为一种常见策略（图 6-4）。瘤胃操纵的主要目标可概括如下：①提高纤维的微生物降解效率：增加宿主可吸收的 VFA 产量，同时促进动物对草料的摄入量。②降低瘤胃蛋白质降解和氨产量：降低反刍动物饲粮蛋白质低效利用的经济和环境成本。③优化 VFA 生产：确保 VFA 的生产与宿主生产需求相匹配。

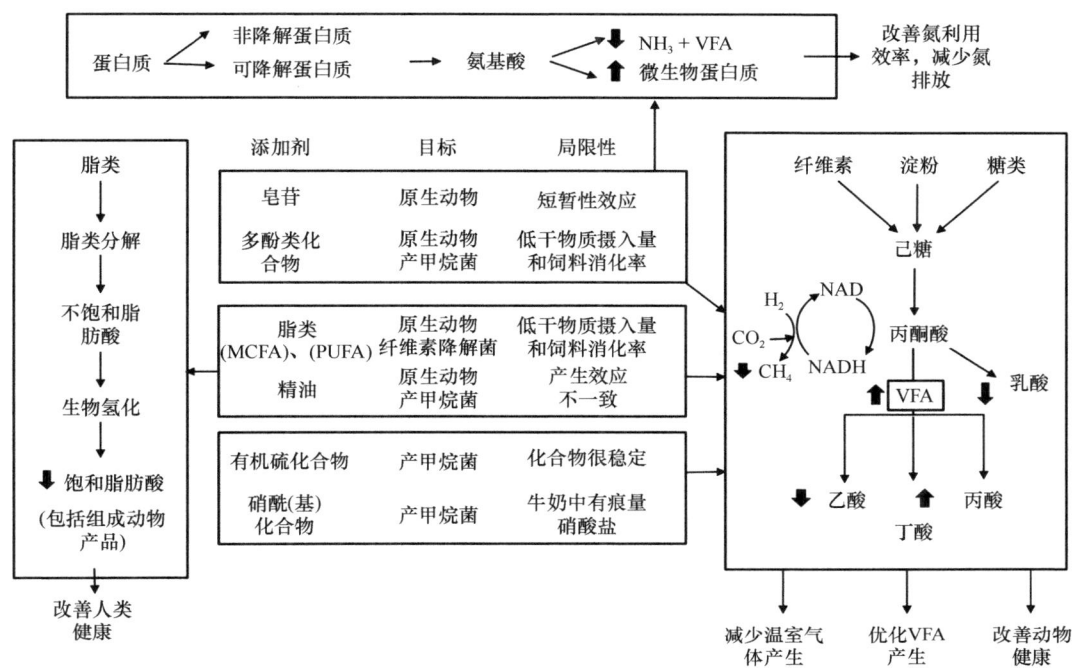

图 6-4 添加剂对瘤胃微生物群和发酵的潜在影响及其在动物饲养中的使用限制（Newbold and Ramos-Morales，2020）

MCFA. 中链脂肪酸；PUFA. 多不饱和脂肪酸；VFA. 挥发性脂肪酸；NAD. 烟酰胺腺嘌呤二核苷酸；NADH. 还原型烟酰胺腺嘌呤二核苷酸

④改善动物健康状况：防止有害发酵中间体在瘤胃中的积累，并最大限度地降解饲粮中的毒素。⑤减少温室气体产量：降低反刍动物农业中的温室气体排放量，这是反刍动物产业长期以来面临的主要挑战之一。⑥提升人类健康水平：改善反刍动物产品的营养成分，特别是脂肪和脂肪酸的含量与组成，同时防止病原体通过食品供应链传播。

（二）品种与宿主基因型

虽然品种可以在牛的生理表型中发挥很大的作用，但人们对品种间，特别是肉牛瘤胃微生物区系的差异了解仍然有限。一项研究探讨了不同父系和饲粮对肉牛瘤胃细菌及古菌种群的影响（Hernandez-Sanabria et al.，2013）。在低能量（low energy，LE）饲粮中，研究人员发现不同父系之间存在多种细菌种群的差异，包括 24 种细菌系统类型，其中有 4 种与安格斯（Angus）肉牛相关。而在饲喂高能量（high energy，HE）饲粮条件下，共检测到 37 种不同的细菌系统类型，其中 6 种与安格斯肉牛相关，1 种与夏洛来（Charolais）牛相关，而 Angus×Charolais（杂交）牛未检测到相关系统类型。尽管观察到细菌系统类型因父系差异而产生的变化，但在产甲烷古菌系统类型中并未发现与品种相关的显著差异。该项研究是较早分析品种对瘤胃微生物组影响的研究之一，表明瘤胃微生物组的建立可能受到宿主调控或优先选择的作用。然而，这些发现可能具有品种特异性。此外，品种变异可能在一定程度上影响宿主对肠道微生物群建立的调控能力，但宿主遗传调控中的个体变异可能比品种变异发挥更大的作用（Henderson et al.，2015）。

瘤胃微生物群是一个复杂的生态系统，其构建和动态平衡受到多种混杂因素的影响。某些宿主性状（如饲料效率）与牛瘤胃和下消化道细菌群落的差异显著相关，这在一定程度上表明关键宿主表型与微生物群结构密切相关。尽管一些外部因素（如饮食）对微生物组成的波动起着重要作用，但在控制这些外部变量后，驱动微生物群变化的内在机制仍需进一步探究。目前研究表明，部分机制可能由宿主遗传或生理特性决定，但这些机制的具体作用方式及其调控途径仍知之甚少。

许多性状，如胴体品质和产奶量，都与数量性状位点（quantitative trait loci，QTL）或单核苷酸多态性（single nucleotide polymorphism，SNP）有关，通常表明动物体至少有适度的能力从遗传上选择这些性状。研究发现，不同的肠道菌群分类群表现出不同的遗传力，现已发现了 37 个可能参与肠道微生物组建立的潜在 SNP，这表明微生物组的建立可能是一个复杂的、可以选择的表型性状（Clemmons et al.，2019）。目前，人们已经开始尝试将肠道菌群与生产者、研究人员或其他可以选择的遗传因素联系起来。与反刍动物宿主基因型相关的一个重要生产性状是甲烷排放。甲烷的产生直接导致反刍动物的饲料效率降低 2%～12%，全球反刍动物的甲烷产量约为全球牲畜排放量的 80%。已确定甲烷产量和甲烷生产率之间的基因型关联，而这些性状与干物质摄取量的遗传关联性较弱（Donoghue et al.，2016）。不同甲烷产量和产量性状之间的遗传关系与干物质采食量之间的遗传关系较小，或没有遗传关系是理想的选择，在不影响干物质采食量的情况下可以选择低甲烷产量。由于甲烷的产生主要来源于瘤胃中的产甲烷古菌，因此宿主遗传可能在选择或反对产甲烷古菌群落或其他微生物种群中发挥重要作用。但甲烷产量与断奶体重具有较强的遗传相关性，因此选择低甲烷产量可能会导致断奶体重也下降（Donoghue et al.，2016）。

在一定程度上，微生物群与宿主基因组之间确实存在关联，这可能对养牛业产生深远影响。研究表明，某些 SNP 与奶牛瘤胃中普雷沃氏菌的丰度相关。具体而言，瘤胃普雷沃氏菌的丰度与 *DGAT1* 基因上的 SNP 显著相关，而该 SNP 与乳脂组成密切相关（Mohammed et al.，2014）。此外，其他微生物种群也与脂肪酸或细胞代谢相关的宿主基因 SNP 相关，包括 *ACSF3*、*AGPAT3* 和 *STC2*（Gonzalez-Recio et al.，2017）。这是首次针对牛的研究，旨在探索与瘤胃微生物组相关的 SNP 及其与重要表型性状之间的潜在联系。越来越多的证据表明，宿主可能通过遗传机制影响瘤胃微生物的组成。例如，研究发现奶牛中多个细菌操作分类单元（operational taxonomic unit，OTU）具有较高的遗传力。此外，瘤胃食糜中的古菌丰度受宿主遗传因素调控。然而，尽管某些细菌和古菌类群的丰度受宿主基因型的影响，但宿主基因对瘤胃微生物群和甲烷产量的影响在很大程度上是独立的。目前，宿主控制瘤胃微生物种群的机制尚不明确，但已提出一些可能的因素，如瘤胃上皮基因表达的变化、瘤胃流出量或容积的调整等可能起到一定的作用。近年来，关于宿主对瘤胃微生物组的影响的研究迅速增加，这些研究试图将瘤胃微生物种群与动物表型及生产效应联系起来，并综合考虑微生物丰度和基因丰度及表达水平（Huws et al.，2018）。然而，这种关系在多大程度上是因果关系而不是偶然关系仍未确定。人们还需要对肉牛进行更多的研究，以确定对肉牛业重要的生产参数是否也与瘤胃微生物组存在遗传相关性。

线粒体 DNA（mitochondrial DNA，mtDNA）被认为是 SNP 的来源之一。而在寻找与 SNP 相关的性状时，mtDNA 是一个经常被遗忘或被排除的遗传变异来源。研究推测，肠道微生物群可能受到 mtDNA 中突变的影响，这种影响可能是通过炎症反应引发活性氧水平变化以及关键氧化还原途径的改变所介导的。尽管 mtDNA 与肠道微生物组之间的相关机制尚未完全明确，但这一发现为 mtDNA 在控制宿主肠道微生物组中的潜在作用提供了新的基础信息。因此，在评估宿主对微生物组的建立和调控的影响时，应充分考虑 mtDNA 的作用（Clemmons et al.，2019）。此外，宿主微生物组的重建过程也值得关注。为了测量干扰后宿主对微生物组重建的影响，研究人员开展了多项研究。其中，对瘤胃微生物群最极端的干扰之一是瘤胃内容物的排出或交换。实验表明，当动物间瘤胃内容物几乎全部交换时，动物个体对瘤胃微生物群落的重建表现出显著影响，这进一步证明了宿主动物对瘤胃微生物种群的强大调控作用（Newbold and Ramos-Morales，2020）。随后的一项研究评估了微生物组重建与产奶量之间的关系。研究中选用的奶牛根据产奶量的差异分为低产奶量（low production，LP）和高产奶量（high production，HP）两组。结果显示，当 LP 奶牛摄入 HP 奶牛瘤胃内容物时，其产奶量显著增加。有趣的是，当细菌群落逐渐恢复到原来的组成时，牛奶产量也随之恢复。尽管并非所有奶牛都能完全恢复其原有的细菌群落组成，但重建后的菌群相较于捐赠菌群更接近于本地菌群（Weimer et al.，2017）。该研究揭示了宿主及其微生物组稳定性之间的关系，以及瘤胃微生物组的变化对宿主生理和重要生产参数的影响。

虽然这些研究表明，反刍动物宿主基因调控可能影响微生物组的建立和群落组成，这些关系可能对肉牛和奶牛工业的重要生产性状负责，但人们对这些影响的机制仍然知之甚少。瘤胃和下消化道微生物群对饲料的有效分解有显著贡献，并与肉牛的饲料效率相关。在未来的研究中，有可能将瘤胃微生物组与宿主，以及其他重要生产参数进行遗传关联，以提高肉牛产业的整体效率和可持续性。

（三）日龄

日龄也是影响宿主瘤胃微生物组成的因素之一（Rey et al.，2014；Jami et al.，2013）。刚出生时犊牛瘤胃发育并不完全，伴随食物的摄入和接触环境微生物，瘤胃功能逐渐发育完全。随着年龄的增长，瘤胃微生物群落多样性和丰度指数变高。但有研究表明，在犊牛 7 日龄时已经在瘤胃内发现了常见于成熟瘤胃中的古菌、细菌和真菌，表明瘤胃菌群的形成与饲料摄入无关（Dias et al.，2017）。但反刍前阶段微生物区系的变化可能会影响成熟后微生物的演替和宿主表型。

断奶年龄是影响瘤胃微生态组成的关键因素。拟杆菌门 Bacteroidetes 和厚壁菌门 Firmicutes 分别是断奶前后犊牛瘤胃最丰富的门类（Meale et al.，2017）。当饲喂代乳粉后，6 周龄犊牛与 2 周龄相比较，瘤胃拟杆菌门和普雷沃氏菌属 Prevotella 相对丰度指数变高，而厚壁菌门、变形菌门 Proteobacteria 和拟杆菌门相对丰度指数变低；与饲喂以干草为主日粮的 12 月龄牛相比，后者瘤胃普雷沃氏菌属相对丰度更高；与饲喂混合饲料哺乳母牛相比，普雷沃氏菌属相对丰度前者更高，但拟杆菌属 Bacteroides 相对丰度较低。对比突然被断奶犊牛与逐渐断奶犊牛瘤胃液菌群发现，逐渐断奶有利于犊牛肠胃适应能力的提高（Steele et al.，2017）。刚断奶犊牛（6 周龄）瘤胃菌群的 β 多样性变化迅速，而在完全断奶犊牛（8 周龄）瘤胃菌群变化更为缓慢。结合更早的研究发现，犊牛开始使用固体饲料越早，越有利于瘤胃发育成熟并建立更稳定的微生物群落。然而，有一些菌种不能适应断奶时肠胃复杂的变化，为了探究这些菌种功能，需要结合断奶后瘤胃的功能，调整断奶时间及代乳品比例。

断奶期是肉牛发生重大变化的时期。在大多数肉牛养殖场中，犊牛在母牛舍中哺乳饲养 7~8 个月，而在奶牛养殖系统中，犊牛通常在 48h 内离开母牛进行人工奶饲喂。在断奶之前，无论饮食如何，在犊牛开始反刍前，随着时间的推移，细菌群落都会发生演替（Clemmons et al.，2019）。然而，在断奶时，微生物群落组成的变化，部分是由于宿主的生理变化，但也可能是由于引入固体饲料，因为饲粮是微生物群落组成和调节的主要驱动因素。Rey 等（2014）分析了奶牛体内细菌的演替。在出生的头几天，瘤胃内主要由来自变形菌门的厌氧细菌、乳糖消耗细菌控制。然而，一旦在出生后第 4 天加入固体饲料，拟杆菌门的丰度显著增加。在属的水平上，许多在成年牛内起重要作用的微生物的相对丰度也发生了变化。普雷沃氏菌的丰度翻了两番，从平均丰度约 11% 上升到 40%。然而，在引入固体饮食后，巴斯德氏菌属 *Pasteurella* 含量下降，并在 3 周龄后检测不到（Rey et al.，2014）。瘤胃细菌丰度的变化表明，瘤胃细菌功能的变化可能与饲粮调整、瘤胃发育和整个发酵环境有关。

由于瘤胃发育的重要性，影响瘤胃微生物形成的因素是幼年反刍动物需要特别关注的。影响瘤胃微生物群的一个因素是动物的运输。犊牛断奶后和在运输到饲养场的过程中，细菌总量不受运输、断奶或采食量变化的影响。然而，原生动物种群受到影响，内毛虫属 *Entodinium* 的相对丰度在断奶后增加，而双毛虫属 *Diplodinium* 和前毛虫属 *Epidinium* 随着时间的推移，相对丰度呈下降趋势，厚毛虫属 *Dasytricha* 则在断奶后第 7 天完全消失。关于古菌群落，研究证明其在犊牛出生后不久就稳定下来。从细菌种群中可以看出，断奶时瘤胃中古菌群落的建立也受年龄和饲粮的影响（Clemmons et al.，2019）。

断奶日龄和断奶方式也会改变瘤胃或胃肠道微生物群的建立和群落结构。然而，与肉牛行业相比，奶牛断奶是一个更加劳动密集型的过程。目前人们关于断奶对瘤胃微生物群的影响的了解主要来自奶牛，还有来自小型反刍动物系统的额外信息。犊牛断奶后，下消化道会产生免疫反应，但在替代乳的基础上添加固体饲料会导致免疫反应和肠道细菌的改变，固体饲料的增加导致胃肠道细菌总数的增加（Malmuthuge et al.，2013）。2016 年，一项研究探讨了断奶和断奶策略对瘤胃微生物组建立的影响。预断奶犊牛 α 多样性高于断奶犊牛，但断奶策略对微生物 α 多样性无显著影响；通过主坐标分析（principal co-ordinates analysis，PCoA）显示，可操作分类单元（OTU）在断奶前和断奶后的动物中呈现聚集现象，但在不同断奶策略之间未观察到显著差异；此外，断奶前后特定细菌的丰度也发生了变化，包括拟杆菌门减少、变形菌门增加和厚壁菌门数量增加（Meale et al.，2017）。此外，断奶年龄同样对微生物群落的建立具有重要影响。与逐渐适应断奶后饲粮的犊牛相比，早期断奶犊牛瘤胃微生物组变化更为迅速；然而，一旦微生物组的 OTU 建立起来，其组成在断奶后将保持相对稳定（Meale et al.，2017）。此外，早期断奶犊牛和逐渐断奶犊牛之间的微生物群落多样性指标差异不大；虽然早期断奶和逐渐断奶犊牛的 OTU 丰度变化不同，但优势菌门（如拟杆菌门、厚壁菌门的丰度变化或两者的比例）在犊牛完全断奶后无明显差异。然而，优势度较低的门，包括蓝细菌门 Cyanobacteria、螺旋体门 Spirochaetes、互养菌门 Synergistetes 和疣微菌门 Verrucomicrobia 在早期断奶的犊牛中随着时间的推移而减少，而在逐渐断奶的犊牛中，只有迷踪菌门 Elusimicrobia 和纤维杆菌门 Fibrobacteres 随着断奶而减少（Meale et al.，2017）。尽管在不同断奶年龄的犊牛瘤胃微生物组中观察到许多相似之处，但同时也发现了一些差异菌群，表明这可能是未来优化瘤胃微生物区系以提高生产性能的一个重要研究领域。

（四）饲料添加剂及环境压力

饲料添加剂也可用于控制宿主表型和瘤胃微生物组。生产者使用饲料添加剂来改变宿主的表型，这可能会不经意地改变瘤胃微生物群落结构。此外，添加剂还可以直接改变瘤胃微生物区系，从而操纵宿主的表型。常用的饲料添加剂包括抗生素、补充剂和益生菌，这些饲料添加剂已被用于改变瘤胃微生物区系和（或）宿主生理。这些不同的饲料添加剂以各种方式发挥作用，以提高反刍动物的饲料效率或改变宿主的表型（Clemmons et al.，2019）。

在日粮中添加非营养补充品，如精油（essential oil，EO）、皂苷和单宁，不仅可以改变瘤胃微生物群落结构，还可以改变宿主表型（如饲料效率）。由于公众对抗生素的负面看法，以及全球抗生素耐药性的不断增加，加上我国的全面禁抗，非营养补充剂可能是一种可取的替代方法。这些非营养补充剂多数是基于植物的来源，因此可以提供更"天然"的方法，用于操作瘤胃微生物组，以改善非理想的表型，并减少牲畜农业的消极方面，比如甲烷的产生。

益生菌是近年来人们越来越感兴趣的领域。益生菌，或称为直接饲喂微生物（direct-fed microorganisms，DFM），是添加到饲料中以调节消化、发酵或微生物群落组成的活微生物。某些益生菌还包含其代谢产物或有益的生长促进因子，用于调节动物机体微生态平衡，增强动物对肠内有害微生物的抑制作用或通过增强非特异性免疫功能来预防疾病，从而促进动物生长，提高生产性能或提高饲料效率。酵母，尤其是酿酒酵母一直是应用和被研究最广泛的益生菌之一。补充真菌，如米曲霉 Aspergillus oryzae，可增加细菌浓度，特别是与纤维溶解活性相关的细菌浓度。除改变细菌种群外，补充米曲霉还能改变生理参数，包括瘤胃挥发性脂肪酸的增加和断奶时间提前。此外，关于酿酒酵母的研究也得到了类似的结果（Chaucheyras-Durand et al.，2008）。Kawakami 等（2010）通过给刚出生的荷斯坦小牛饲喂添加植物乳杆菌 Lactobacillus plantarum Chikuso-1 和假丝酵母属 Candida sp. CO119 两种益生菌饲料，发现小牛瘤胃中乳酸菌含量及乳酸菌与梭菌属 Clostridium 的比值显著提高，并有效抑制腹泻。徐海燕等（2017）采用第三代测序技术测定奶牛粪便样品 16S rRNA 基因序列全长发现，复合益生菌制剂干酪乳杆菌 Lactobacillus casei 和植物乳杆菌 Lactobacillus plantarum P-8 的补充，虽然没有显著改变奶牛肠道菌群的丰度和多样性，但一些有益细菌如普氏栖粪杆菌和大部分瘤胃发酵细菌如拟杆菌属、罗斯拜瑞氏菌属、瘤胃球菌属、梭菌属、粪球菌属和多尔氏菌属 Dorea 的含量显著高于对照组，而一些机会致病菌如蜡样芽孢杆菌 *Bacillus cereus*、克罗诺杆菌 *Cronobacter sakazakii* 和阿克阿里福里额斯菌 *Alkaliphilus oremlandii* 的丰度明显低于对照组。可见，在基础日粮中添加微生物添加剂可以提高牛生长性能和饲料利用率。然而，益生菌的使用产生了混合或不一致的结果。益生菌似乎对瘤胃微生物区系的生产和宿主生理有潜在的预期效果；可结果也是喜忧参半，研究人员并没有观察到益生菌使用的延长或永久影响。

环境因素可影响牛羊等反刍动物消化道微生态分布，其中内环境对瘤胃微生态的影响很显著，而外界环境的改变也影响着瘤胃微生态结构的变化。季节变化和饲养方式的改变是影响瘤胃微生态两种重要的外界因素。研究发现，夏季瘤胃内细菌和产甲烷菌数量明显高于其他三个季节；瘤胃真菌数量在春季高于其他三个季节，而瘤胃产琥珀酸丝状杆菌数量在春季低于其他三季。不同季节产甲烷菌数量变化较大，夏季瘤胃可培养微生物显著高于冬季。因为春季草地上生物量很容易因风和暴风雪破坏而受到损失，瘤胃细菌在春季数量最低。冬季寒冷影响采食量，进而影响瘤胃微生物数量及活性（司丽炜和韩红燕，2020）。

总之，影响反刍动物效率表型的因素有很多，包括瘤胃微生物组、动物的物理和遗传差异、宿主生理，以及饮食和管理等外部因素。瘤胃微生物组是牛的营养生产的关键调节者，但人们对微生物组的操纵能力、影响其建立的因素，以及这些操纵对宿主的生理影响仍知之甚少。宿主遗传学似乎在微生物组的建立中发挥了重要作用，尽管这可以通过其他因素（如饮食或抗生素）在短期内克服。然而，目前还不清楚如何利用和控制所有这些因素来优化肉牛生产，包括提高饲料效率、减少甲烷排放和改善其他效率指标。

几十年来，研究人员一直在研究瘤胃微生物组的作用。研究表明，影响瘤胃微生物组成和功能的因素有多种，包括饮食、遗传、年龄、性别、地理位置、健康状况、生活环境，以及环境中共生微生物之间的群体效应等。此外，肠道黏膜也是影响微生物群落的一个重要原因。肠道黏膜会分泌一种特殊的黏蛋白，并分布在整个肠管内表皮上，形成一层黏蛋白层。它被认为是肠道内容物和肠上皮细胞之间的一张物理化学屏障，以保护肠道黏膜免受外界损伤，同时黏蛋白层也可以与共生菌或致病菌细胞膜上的受体相结合，为这些微生物提供定植的场所。然而，这一领域还需要更多的研究。

第二节　牛胃肠道微生物的营养调控

一、饮食与瘤胃系统的相互作用

（一）饲粮对瘤胃微生物群的营养调控

日粮是已知对反刍动物瘤胃微生物组组成影响最大的外部因素。虽然在大多数研究中动物间瘤胃微生物组成差异很大，但饲粮对瘤胃微生物区系有显著影响。然而，这些变化主要发生在细菌群落和产甲烷古菌群落上（Henderson et al.，2015）。

断奶后，反刍动物的日粮主要由高纤维牧草和谷物组成。反刍动物消化高纤维饲料的能力取决于瘤胃微生物组的酶活性。通过改变饲料化学成分、添加精料或添加其他添加剂，可改变瘤胃微生物组组成。一项研究考察了牧草成分的差异对奶牛瘤胃微生物群的影响，发现用牧草或其他饲料喂养的动物瘤胃微生物群在门水平上差异不明显。厚壁菌门和拟杆菌门约占瘤胃微生物组总序列的80%，但在较高的分类学分辨率下则不成立，因为在牧草和TMR饲粮中拟杆菌门、厚壁菌门、纤维杆菌门和变形菌门存在明显差异（Menezes et al.，2011）。有趣的是，在饲喂TMR饲粮的牛的固体瘤胃内容物中，纤维杆菌科Fibrobacteraceae占近10%，而在饲喂牧草的牛中约占3%。纤维杆菌科的增加被认为是由于添加稻草［3%日粮干物质（dry matter，DM）］增加了日粮中的木质纤维素水平。这一假设得到了Ribeiro等（2016）的支持，他们发现饲喂70%大麦秸秆饲粮的小母牛瘤胃固体物中，纤维杆菌科占总OTU的25%。在其他研究中，纤维杆菌科仅是饲喂TMR饲料的牛中很小的组成部分，这表明动物之间可能存在差异。

　　Kong等（2010）特别关注饲料来源对饮食的影响，他观察到以苜蓿草料为基础饲粮的奶牛与以小黑麦秸秆为基础饲粮的奶牛有不同的细菌群落，并且有更丰富的物种。这似乎与苜蓿干草对于瘤胃微生物群体有更大的营养可用性有关，而小黑麦秸秆的营养含量有限。普雷沃氏菌属是最丰富的属（14%~22%），表明该属在瘤胃生态系统中起重要作用（Kong et al.，2010）。全年牧草质量的季节性变化也促进了从放牧黑麦草/三叶草牧场的奶牛收集的固体饲料上附着的瘤胃细菌群落的变化。整体来看，以梭菌无特征属最多，占OTU总数的22.9%，其次是毛螺菌科Lachnospiraceae无特征属（12.2%）和丁酸弧菌属（*Butyrivibrio*，10.2%），以及瘤胃球菌属（*Ruminococcus*，7.6%）和普雷沃氏菌属（*Prevotella*，6.7%）。本研究表明，瘤胃细菌群落能够适应相对较小的饲粮品质变化和饲粮配比变化。尽管在瘤胃细菌群落中观察到小的季节性变化，但群落的主要成员保持不变，表明无论牧草质量如何变化，它们都在饲料降解中发挥着核心作用（Noel et al.，2017）。

　　碳水化合物是反刍动物的主要能量来源，其降解生成的瘤胃挥发性脂肪酸和小肠葡萄糖是牛羊等反刍动物的主要供能形式。研究发现，淀粉在小肠降解生成葡萄糖的供能效率明显优于瘤胃挥发性脂肪酸，可见瘤胃中降解的淀粉转移到小肠消化可有效改善能量利用效率，并降低瘤胃酸中毒的风险（姚军虎，2013）。因此，了解碳水化合物营养与胃肠道微生物及其代谢调控对提高牛碳水化合物的利用效率，改善牛健康和促进牛产业高效可持续发展具有非常重要的意义。在牛从以牧草为主的饲料转向以谷物为主的饲料的过渡时期，细菌群的相对丰度发生了很大的变化。在Fernando等（2010）的一项研究中，从以干草为基础的饮食向高谷物饮食（80%谷物）的转变导致了菌群的几项变化，包括厚壁菌门与拟杆菌门的比例的变化，纤维溶解细菌（如纤维杆菌）的减少，以及普雷沃氏菌属物种的增加等。特别是厚壁菌门与拟杆菌门的比例与其他表型特征有关，如脂肪代谢（Turnbaugh et al.，2009）。拟杆菌门和变形菌门的丰度随着谷物在日粮中所占比例的增加而增加，这可能更有效地发酵了谷物日粮中容易消化的碳水化合物，当产生更多的VFA和乳酸时，pH就会降低（Rodríguez，2003）。

　　某些物种与以谷物为基础的饮食有关，如牛链球菌。牛链球菌是一种产乳酸的细菌，通常伴随高谷物、快速发酵的饲料而出现在较低的pH下。牛链球菌产生的酶pH范围为5~6，主要发生在食用高谷物日粮的动物瘤胃中。在向高谷物饲粮过渡期间，牛链球菌的数量增加了 67 倍。此外，其他产乳酸的细菌，如在高谷物饲粮下，瘤胃内乳酸菌的丰度也增加，进而促进乳酸的积累和瘤胃 pH 的降低（Tajima et al.，2000）。

尽管某些微生物群落往往与特定饮食相关，其相对丰度可能因外部因素而发生很大的变化，但其他微生物及其活动则相对稳定，不受日粮改变的影响。无论日粮如何调整，普雷沃氏菌属始终是瘤胃中最常见的微生物之一。普雷沃氏菌在瘤胃中的高丰度进一步证明了其对不同饲粮的适应性，因为该属占瘤胃细菌总数的约 60%。Bekele 等（2010）通过变性梯度凝胶电泳（denaturing gradient gel electrophoresis，DGGE）技术分析了不同饲粮对瘤胃普雷沃氏菌种群的影响。研究结果显示，目标细菌群体在不同饮食条件下表现出显著差异；然而，未鉴定的普雷沃氏菌种类之间在饮食间的相似性较高，这可能表明普雷沃氏菌，尤其是未培养的成员，具有很丰富的功能多样性。普雷沃氏菌科（Prevotellaceae）是瘤胃中最丰富的微生物之一，已知其具有广泛的代谢系统，能够利用多种底物进行代谢活动。事实上，普雷沃氏菌的不同菌种表现出多样化的功能特性，包括纤维素分解、淀粉分解和纤维分解能力。为进一步揭示普雷沃氏菌在瘤胃微生物群落中的多方面作用，未来需要对其进行进一步的研究。

当饲料主要为粗饲料时，生黄瘤胃球菌 *Ruminococcus flavefaciens*、白色瘤胃球菌 *Ruminococcus albus* 和产琥珀酸丝状杆菌 *Fibrobacter succinogenes* 等纤维素分解瘤胃细菌最为丰富，但饲料类型的变化似乎不会改变这些细菌的相对丰度（Deusch et al.，2017）。在 48%粗饲粮中改变饲料来源（如玉米青贮、青贮草或干草）：52%精料饲粮改变了泽西奶牛瘤胃细菌数量。在饲喂玉米青贮饲料的奶牛瘤胃中，属于变形菌门的琥珀酸弧菌科 Succinivibrionaceae 的丰度较高，与非纤维碳水化合物含量高于草饲粮一致。与以往的研究一致，普雷沃氏菌科是检测到的最丰富的科（Deusch et al.，2017）。有人认为，这些纤维溶解细菌可能被视为关键物种，它们的数量本身并不能清楚地代表它们对瘤胃纤维消化的贡献。最近对饲喂 50∶50 饲料精料的牛瘤胃内容物的转录组分析支持这些特征明确的纤维溶解细菌如普雷沃氏菌属、瘤胃球菌属和纤维杆菌属 *Fibrobacter* 等在纤维素降解中的关键作用（Comtet-Marre et al.，2017）。几项研究也发现，在饲喂高草料饲粮的牛体内，这些众所周知的纤维素分解细菌水平较低。有趣的是，研究者观察到粗饲料含量的增加导致了饲料中许多非特征的梭菌科 Clostridiaceae 和毛螺菌科 Lachnospiraceae 细菌的丰度增加，这表明在瘤胃中存在大量未被描述的细菌，这些细菌可能在纤维素降解中发挥重要作用。研究人员需要使用超深测序、单细胞基因组学或加大瘤胃微生物培养等方法对这些未知细菌进行进一步研究，以获得对瘤胃纤维素消化的更全面的了解（Huws et al.，2018）。

饲粮还会影响瘤胃微生物区系的整体 α 多样性和 β 多样性。在 Pitta 等（2010）的一项研究中，当动物从百慕大草转向冬小麦饮食时，细菌的 α 多样性指数，如香农-维纳多样性指数（Shannon-Wiener's diversity index）和 Chao1 指数减少。上述从一种饲料类型转变为另一种饲料类型时所出现的瘤胃微生物的变化，在饲料类型转变为谷物饲料以及其他草料转变为青贮饲料时也观察到了相同的变化趋势（Anderson et al.，2016）。虽然能量利用与瘤胃微生物群落多样性之间的关系尚不完全清楚，但是已完成的其他物种的研究表明，微生物多样性也可能影响反刍动物的饲料效率。

由于饮食的差异,产甲烷古菌群落发生了变化。研究发现,将动物分别喂食低能(LE)和高能(HE)饲料,并根据 RFI 进行分层。在 LE 饮食和 HE 饮食之间发现了几个明显的差异,LE 饲粮的产甲烷物种多样性高于 HE 饲粮(Zhou et al.,2010)。此外,在另一项研究中,饲喂纤维饲粮的牛比饲喂淀粉饲粮的牛具有更大的产甲烷物种 α 多样性(Popova et al.,2011)。以纤维为基础的膳食可能为产甲烷菌提供更广泛的基质,导致古菌群落更大的多样性。此外,动物中甲烷产量更高,这可能是由饲粮引起的瘤胃古菌群落更多样化的结果。然而,草料饲粮甲烷产量也与乙酸/丙酸比例的增加有关,这在草料饲粮中很常见,因为乙酸与甲烷生成密切相关(Hindrichsen et al.,2004)。某些种类,如戈氏甲烷短杆菌 *Methanobrevibacter gottschalkii*,只在 LE 饲料样品中被发现,而某些菌株如甲烷短杆菌 *Methanobrevibacter* sp. AbM4 和史密斯产甲烷短杆菌 *Methanobrevibacter smithii* 仅在 HE 饲料样品中被观察到(Zhou et al.,2010)。然而,虽然发现不同的物种与饮食或其他有关,但在总产甲烷菌中没有观察到差异。这与 Wallace 等(2015)进行的一项研究结果不一致,该研究中,与高谷物饮食相比,中谷物饮食中古菌的含量更高。饮食可能不是产甲烷古菌群落最大的影响,因为它们使用次生资源(比如氢)作为主要的能源来源。这可能导致它们更容易被瘤胃中其他微生物的种群决定,而这些微生物本身也受饲料的影响。因此,古菌群落受到饲料的间接影响可能比直接影响更大,就像细菌和原生动物一样。

原生动物和真菌也是瘤胃微生物生态系统的重要参与者,但研究者对其种群与饲粮之间关系的研究较少。当动物的饮食从主要由草料构成的饮食转移到以谷物为基础的饮食时,原生动物种群可能会遵循一些细菌种群中看到的相同趋势。赫里斯托夫(Hristov)和他的同事在 2001 年进行的一项研究中发现,谷物的增加导致原生动物总量的减少。一些原生动物种群在高精料(大麦)饲料中含量较低,有几个属在中精料日粮中存在,但在高精料中不存在,包括真双毛虫属 *Eudiplodinium*、厚毛虫属 *Dasytricha*、双毛虫属 *Diplodinium*、后毛虫属 *Metadinium*、头毛虫属 *Ophryoscolex* 和硬甲虫属 *Ostracodinium*,这些研究已经证明,原生动物的数量在精料比例为 40%~60%的日粮中达到顶峰(Dehority and Orpin,1997)。在研究精料基于牧草饲粮的长期影响中,研究人员发现 75%精料日粮中原生动物总丰度显著高于饲草饲粮,而 50%精料日粮中原生动物数量与饲草饲粮和 75%精料饲粮无显著差异。此外,在肉牛从 50%精料日粮过渡到 75%精料日粮时,双毛虫属减少。尽管原生动物种群会随饮食变化而调整,尤其是在高谷物日粮条件下,但与细菌相比,它们的适应性和抗变能力可能相对较弱(Franzolin and Dehority,1996)。

瘤胃真菌是瘤胃微生物群落中特征描述最少且研究最为不足的一类微生物。瘤胃真菌在分解其他微生物难以分解的纤维物质方面具有显著优势,这可能与其能够更有效地穿透坚硬的植物细胞壁有关。Grenet 等(1989)的研究表明,与其他底物相比,瘤胃真菌更倾向于选择多梗的牧草作为作用对象,而在谷物中几乎完全不存在。此外,瘤胃真菌对 pH 变化极为敏感,在高谷物日粮条件下,由于易发酵碳水化合物的快速代谢,瘤胃 pH 会迅速下降,从而抑制真菌的生长和繁殖;同时,谷物颗粒较小,可能导致真菌无法有效附着于其表面。Fonty 等(1987)进一步发现,瘤胃真菌更偏好细胞壁较厚的老化植物,而非更容易消化的新嫩牧草,这可能与真菌难以附着在较薄的植物细胞壁上有关。总体而言，瘤胃真菌种群在富含纤维、细胞壁较厚的牧草环境表现出更强的适应性，而在高谷物饮食条件下则生存能力较差。

（二）瘤胃内的饲料定植

当饲料进入瘤胃时，瘤胃微生物迅速定植，植物细胞壁在几分钟内开始被消化（Edwards et al.，2008）。细菌优先附着在植物表面的受损部位，而真菌则能够通过根状体的生长来破坏摄入的物质。微生物附着对于瘤胃中饲料消化所需的复杂微生物种群的发展是绝对必要的，并通过一个多步骤过程发生：①瘤胃微生物对附生微生物的迁移（时间<1h）；②建立一个常见微生物的初级定植区主要代谢易利用的碳水化合物（时间为 1~4h）；③部分初级定植者损失和专门消化半纤维素和纤维素的次级定植者的选择（时间>4h）（图 6-5）（Huws et al.，2018）。在这个群落中丁酸弧菌属 *Butyrivibrio*、纤维杆菌属 *Fibrobacter*、欧陆森氏菌属 *Olsenella* 和普雷沃氏菌属 *Prevotella* 在初级和次级定植期间丰度没有显著变化。普雷沃氏菌属的数量在瘤胃 1h 内在纤维表面出现高峰（Huws et al.，2018）。普雷沃氏菌 *Prevotella* sp.已被发现在瘤胃环境中普遍存在，并具有广泛的代谢能力（Rubino et al.，2017）。这种代谢灵活性可能解释了普雷沃氏菌 *Prevotella* sp.参与饲料的初级和次级定植，因为它可以利用可溶性碳水化合物、果胶、蛋白质和半纤维素（Huws et al.，2018）。假丁酸弧菌属 *Pseudobutyrivibrio*、罗斯拜瑞氏菌属 *Roseburia* 和瘤胃球菌 *Ruminococcus* sp.的峰值在普雷沃氏菌属之后，这可能与它们靶向利用纤维素的作用有关（Rubino et al.，2017）。根据该模型，我们观察到，在初级定植过程中，有很少生物量被降解，大部分降解发生在此之后（Huws et al.，2018）。也有假设认为，在从初级定植到次级定植的转变过程中，微生物丰富度的下降是由于梭菌属 *Clostridium* 和拟杆菌属 *Bacteroides* 的生态位专门化，它们在次级定植期间的木质纤维素降解中发挥了特定的作用（Huws et al.，2018；Rubino et al.，2017）。饲料的物理结构和化学组成是决定瘤胃微生物参与饲料降解及有序定植的关键因素。随着饲料消化过程中菌群组成的动态变化，动物需要适应饮食结构的改变，尤其是从以草饲料为主的低精料日粮转向以谷物为主的高精料日粮过渡。据报道，这一转变过程通常需要约 14 天，并伴随瘤胃微生物种群的显著调整（Kittelmann et al.，2015）。多项研究表明，在从草料为主转向高精料日粮的过程中，拟杆菌门的相对丰度显著增加，而厚壁菌门和变形菌门的丰度则呈现下降趋势（Kittelmann et al.，2015）。饲粮中添加谷物可提高瘤胃淀粉水平，促进瘤胃杆菌属 *Ruminobacter* 和琥珀酸弧菌属 *Succinivibrio* 等淀粉分解菌的生长（Kittelmann et al.，2015）。在草料饲粮中，纤维素溶解微生物有显著的增加，包括厌氧真菌、瘤胃球菌科 Ruminococcaceae，以及非纤维素溶解细菌，如解琥珀酸菌 *Succiniclasticum* sp.（Kumar et al.，2015）。厌氧真菌对精料浓度的增加高度敏感，它们的丰度随饲料中淀粉含量的增加而降低。然而，饮食的改变似乎对产甲烷古菌的丰度影响较小（Kumar et al.，2015），这可能是因为它们在瘤胃中可更均匀地获得还原性物质，以及具有通过类似于原生动物的物理关联避免冲刷的能力（Levy and Jami，2018）。

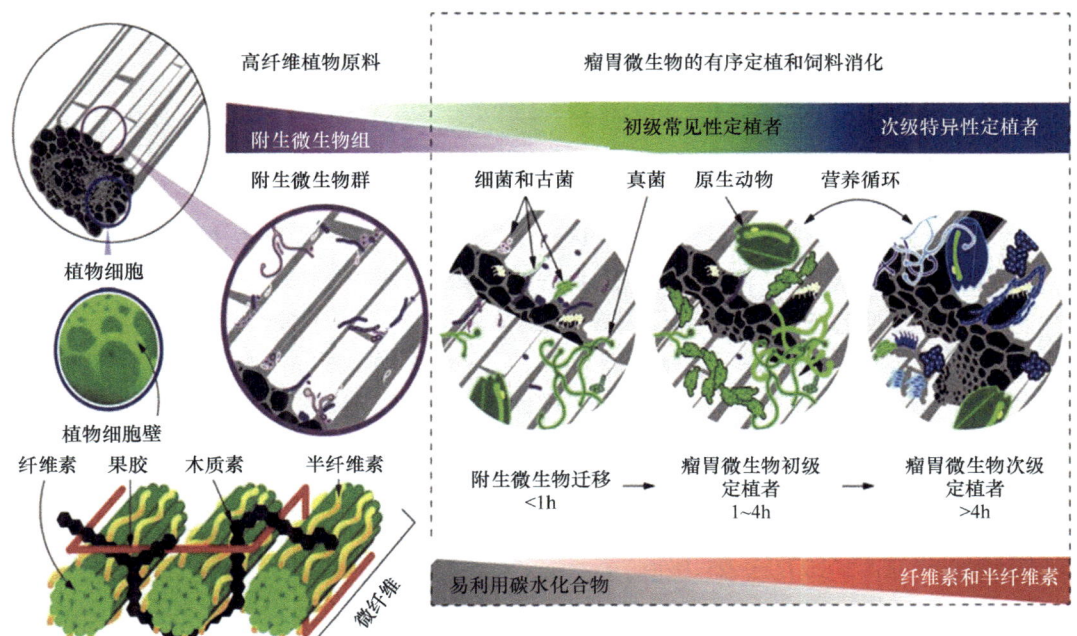

图 6-5 牧草上天然附生微生物群落定植（Gruninger et al.，2019）

如果在食用前将植物青贮，微生物群会发生改变。在消耗时，这种附生菌群被主要发酵糖和可溶性蛋白质的主要定植细菌取代。这些初级定植者又被次级定植者所取代，次级定植者在植物细胞壁结构碳水化合物的消化过程中起着更积极的作用

（三）脂肪营养

高产奶牛通常在饮食中摄入高达 5%～6% 的脂肪。与单胃动物相比，这是一种相对低脂肪的饮食；然而，膳食脂肪对奶牛而言具有重要意义，这从为奶牛补充各种脂肪酸（FA）所带来的益处中可以得到证明。关于瘤胃微生物对 FA 的利用和奶牛对 FA 的肠道吸收的研究进展，大多是在 20 世纪末之前取得的，此后相关研究较少（Bionaz et al.，2020）。然而，在过去 20 年中，针对单胃动物肠道吸收和细胞吸收 FA 的分子机制研究取得了显著进展。FA 在机体代谢中表现出高度活性，从影响瘤胃微生物群、调节肠道吸收，到影响周围组织的细胞摄取和利用，因此可以预测 FA 可能具有体内营养基因组效应。从反刍动物的营养角度来看，需要强调的是，牧草中的油脂含量在 2% 左右，主要以单半乳糖二酰甘油和磷脂的形式存在，三酰甘油（TAG）和二酰甘油含量较少。饲料中最丰富的 FA 是十八碳三烯酸（C18:3，60%～70%）和亚油酸（C18:2，大约 20%）。当用种子类原料喂养奶牛时，三酰甘油是最丰富的脂类形式（Lourenco et al.，2010）。脂质在瘤胃中通过咀嚼和微生物活性释放时，主要经历两个过程：脂质分解和生物氢化（Jarvis and Moore，2010）。

酯化 FA 在瘤胃内的脂质分解主要通过瘤胃细菌释放的脂肪酶完成。其中解脂厌氧弧菌 *Anaerovibrio lipolyticus* 负责 TAG 的分解（Harfoot and Hazlewood，1997），而丁酸弧菌 *Butyrivibrio* spp.则参与磷酸酯和半乳糖脂的水解过程。此外，新鲜植物材料中天然存在的脂肪酶也在瘤胃脂质分解过程中发挥作用。这些脂肪酶在瘤胃中的活性可维持约

5h（Lourenco et al.，2010）。通过基因组学方法和重组蛋白表达技术，研究人员对细菌中的脂肪酶进行了表征，并鉴定出三种脂肪酶对中链脂肪酸具有高活性，主要是辛酸/羊脂酸（C8:0）、癸酸（C10:0）和月桂酸（C12:0）（Privé et al.，2013）。有趣的是，在饲粮中添加大量的脂肪（如棉籽和瘤胃惰性脂肪）时，解脂厌氧弧菌和丁酸弧菌的相对丰度在牛产后早期有所增加（Abdelmegeid et al.，2018）。此外，植物来源的半乳糖苷酶和磷脂酶也参与了脂肪酸的释放过程。然而，瘤胃微生物利用脂肪酸生产能量的情况较少，脂肪酸的主要代谢与利用由原生动物完成（Jenkins，1993）。

脂解释放的 FA 在细菌异构酶，其次是还原酶的活性作用下被快速且几乎完全氢化，FA 与瘤胃内食物颗粒的附着增加了瘤胃的生物氢化作用，而黏附在颗粒上的细菌则倾向于积累更多的不饱和脂肪酸（unsaturated fatty acid，UFA）并保护其免受生物氢化作用（Harfoot and Hazlewood，1997）。60%以上的游离 FA 吸附在瘤胃颗粒表面。瘤胃内的原生动物在其细胞内以脂滴形式参与饲料脂肪酸的积累。原生动物似乎也在瘤胃中积累并提供 30%~40%的生物氢化中间产物，如共轭亚油酸（CLA）和异油酸（C18:1）（Lourenco et al.，2010）。正如其他研究者综述所言，有几种类型的细菌可以诱导瘤胃中 UFA 的生物氢化。UFA 的生物氢化需要存在一个游离羧基。最近的一项研究表明，与在种子和衍生油中大量存在的被酯化成更复杂的脂类（如磷脂和胆固醇酯）的多不饱和脂肪酸（PUFA）相比，在饲料中比例丰富的 PUFA 更不容易发生生物氢化（Lashkari et al.，2020）。该研究结果对奶牛饲喂及提高牛奶中多不饱和脂肪酸含量具有重要意义。不饱和脂肪酸在瘤胃内的大规模生物氢化作用是制约牛产品富集 UFA 的主要障碍，尤其是 PUFA（Lourenco et al.，2010）。目前已经开发了几种技术来保护 FA 不受瘤胃生物氢化的影响，包括将 FA 包封在经过甲醛处理的蛋白质基质中、生产钙皂、热处理或转化脂肪酸为脂肪酰基酰胺（Palmquist and Jenkins，2017）。但 FA 对瘤胃微生物群仅有部分的保护作用（Jenkins and Bridges，2007）。

脂肪酸能够对瘤胃微生物区系产生影响。细菌通过从头合成途径生成的脂肪酸中，约有 20%为单不饱和脂肪酸。然而，当饲料中的脂肪酸含量增加时，尤其是通过添加外源性脂肪时，细菌脂肪酸的从头合成能力以及细菌的整体发酵活性均会显著下降。有报道称，日粮中添加 10%的脂肪可使发酵量降低 50%，特别是在添加不饱和脂肪酸的情况下。对发酵的抑制似乎是由于 FA 对饲料颗粒的包衣作用，但也由于 FA 破坏菌膜的毒性作用（Jenkins，1993）。不饱和脂肪酸对瘤胃微生物的负面影响已被发现超过 50 年。先进的微生物群分析结果显示，膳食 FA 对微生物群组成有很强的影响（Enjalbert et al.，2017）。与不饱和脂肪酸相比，多不饱和脂肪酸对细菌的毒性更大。最近的研究表明，添加富含 PUFA 的亚麻籽显著降低了山羊体内微生物群落的生物多样性（Cremonesi et al.，2018）。考虑到 UFA 对细菌的负面影响，有人提出生物氢化是细菌降低这类 FA 毒性的主要过程（Enjalbert et al.，2017）。

饱和脂肪酸对瘤胃细菌有一定的毒性。在纯化的细菌培养物中添加棕榈酸和硬脂酸对瘤胃普雷沃氏菌（丙酸生产者）和溶纤维丁酸弧菌（乙酸和丁酸生产者）有一定的毒性，但毒性小于油酸。在饱和脂肪酸（saturated fatty acid，SFA）中，月桂酸（C12:0）对瘤胃微生物群落的生物活性最强。早期研究发现，添加月桂酸能够抑制瘤胃原生动物的活性，从而提高瘤胃微生物的利用效率，尤其是氮素的利用率，并显著提升奶牛的产奶量（Enjalbert et al.，2017）。然而，近期研究表明，尽管添加月桂酸可导致原生动物数量减少，但将月桂酸添加量提高至 540g/d 时，仍不足以提高瘤胃微生物的利用效率。此外，已有研究表明，月桂酸在肉鸡和猪的饲喂中表现出一定的抗菌特性，但其对瘤胃细菌的影响仍有待进一步明确（López -Colom et al.，2019；Hankel et al.，2018）。近年来研究发现月桂酸和肉豆蔻酸（C14:0）对瘤胃产 CH_4 具有抑制作用（Hristov et al.，2012）。中链脂肪酸（medium-chain fatty acid，MCFA）在减少瘤胃生物氢化方面也有重要作用，尤其是癸酸（C10:0）（Lourenco et al.，2010）。

瘤胃内的微生物群落对膳食脂质的代谢具有重要影响，决定了 FA 到达肠道的类型及其存在形式。不同类型的不饱和脂肪酸（特别是多不饱和脂肪酸）可能对瘤胃微生物群落产生显著的抑制作用，而生物氢化过程可被视为降低不饱和脂肪酸对细菌毒性的一种适应机制。随着高通量测序技术及相关生物信息学工具的快速发展，未来 10 年内关于 FA 和瘤胃微生物群之间的相互作用将取得重要进展。奶牛生产中的环境问题，如甲烷排放和氮素浸出，均与瘤胃微生物群的活动密切相关。因此，深入探究饲料中脂肪酸与瘤胃微生物群之间的相互作用，有助于开发更高效的饲料添加剂策略。此外，瘤胃微生物群对奶牛饲粮中脂肪酸的复杂调控作用，包括挥发性脂肪酸的合成与代谢，进一步增加了脂肪酸在奶牛营养基因组学领域应用的复杂性。

二、饲料效率与微生物组

（一）饲料效率与瘤胃微生物组

饲料效率可定义为按生产的蛋白质和脂肪浓度计算的标准化成分牛奶的千克数与消耗的每千克干物质的比值。它是衡量农场饲养系统性能的重要指标。剩余采食量（RFI）是一种衡量饲料效率的指标，定义为动物的实际采食量与根据维持能量需求和生长速度预测的采食量之差。许多因素影响饲料效率，其中牧草影响最大，因为牧草在日粮中占可消化部分的最大比例。饲喂量和日粮中所含的营养成分会影响饲料效率。优质饲料也能提高饲料效率，对农场盈利至关重要。在草料系统中补饲是必要的，因为在一年中当草的数量和质量都不是最佳时，单靠草饲无法满足动物营养需求。提高饲料效率将降低农场成本，并提高生产系统效率。在饲料中添加谷物等精料，可以提高饲料效率，因为谷物及其副产品在消化道中分解得更有效。随着我们对瘤胃微生物群及其对宿主影响的了解的加深，我们有可能在微生物群落和宿主表型之间建立联系，其中之一就是饲料效率。

据预计，未来几十年全球粮食需求量将大幅上升，提高动物的生产效率势在必行。饲料效率（FE）用于衡量饲料转化为可用产品的效能，在牛中属于中度遗传性状（Berry and Crowley，2013）。考虑到饲料投入占牛肉生产可变成本的 75%，占奶制品系统可变成本的 40%~60%，改善饲料利用效率是降低成本的同时提高产量的重要手段。目前，在牛中已经使用了多种 FE 的测量方法，如饲料效率和生长效率，但 RFI 已成为最常用的衡量指标。RFI 最早于 1963 年提出，基于该指标，与生长相关的动物可被划分为低

RFI（高效）或高 RFI（低效）两类，其目标是选择能够在保持相同或更高产出（如肉类产量/品质）的情况下降低投入成本（如饲料消耗）的动物（O'Hara et al.，2020b）。

尽管一系列生理过程导致了群体 FE 的差异，但饲料向能量底物（如 VFA）的转化依赖于瘤胃微生物的作用。这一事实表明，瘤胃微生物组可能在决定动物 FE 中发挥重要作用。在一项具有里程碑意义的研究中，古安（Guan）及其同事证明，高效（低 RFI）牛与低效（高 RFI）牛的瘤胃微生物生态存在显著差异，并且高效动物之间的微生物谱表现出更高的相似性。最近，基于高通量测序的研究进一步表明，无论是奶牛还是肉牛，高效牛的瘤胃微生物多样性和丰富度都较低，无论是微生物种类、基因含量还是代谢谱（Ben-Shabat et al.，2016；Roehe et al.，2016）。这表明高效动物的瘤胃中可能含有较少的非必需微生物，尽管目前尚不清楚这是效率表型的原因还是结果。此外，根据 RFI 分类的牛瘤胃液中 VFA 浓度变化也有报道，但这些差异似乎受到饮食组成的显著影响（Ben-Shabat et al.，2016）。

在文献中，从门到种的一系列微生物群都与 FE 有关，包括改善 FE 与毛螺菌科 Lachnospiraceae 和韦荣氏球菌科 Veillonellaceae 的丰度之间的联系，以及几个古菌类群，如甲烷短杆菌 *Methanobrevibacter* sp. AbM4 和斯氏甲烷球形菌 *Methanosphaera stadtmanae*（Carberry et al.，2014a，2014b）。然而，这些报告中有一些不一致之处，例如，在肉牛中，戴阿利斯特菌属 *Dialister* 的瘤胃丰度与 FE 的改善有关（Myer et al.，2015a）。由于瘤胃微生物群受饲粮组成的影响，而且不同饲粮中 FE 的分类并不总是一致的，因此，瘤胃微生物群和 FE 之间的关联可能至少部分是由饲粮驱动的。然而，一些研究表明，FE 对瘤胃微生物区系的影响与日粮无关（Carberry et al.，2012），这表明与 FE 变化相关的一组核心微生物可以用于识别不论饮食如何的高效（低 RFI）动物。此外，选择改良饲料也可能有助于减少瘤胃 CH_4 生成（Basarab et al.，2013），这将在第四节中讨论。

（二）饲料效率和下肠微生物

关于牛体内微生物群落与宿主饲料效率之间关系的研究主要集中在瘤胃。然而，整个胃肠道内的各种微生物种群作为一个整体对宿主的整体健康至关重要。因此，在探讨影响饲料效率的宿主和非宿主因素之间相互作用时，需要全面考虑胃肠道各部位微生物的作用。

牛后肠（盲肠、结肠、直肠）食糜中的细菌浓度可达 $10^{12} \sim 10^{14}$ 个/ml。反刍动物后肠的微生物发酵可能导致高达 30%的纤维素和半纤维素降解，但也有研究提出了更低的降解率（Gressley et al.，2011）。较低的后肠膳食能量生产可能是多种因素共同作用的结果，包括食糜在后肠的停留时间较短（相对于瘤胃），以及进入盲肠和结肠的底物已被瘤胃（微生物作用）和小肠（宿主及微生物酶作用）部分消化。然而，从后肠中获得的日粮能量可能是牛整个生产阶段可用能量的重要贡献者，特别是在犊牛出生后的头几天和几周内，由于瘤胃尚未完全发育，后肠发酵对犊牛的能量供应具有更高的重要性（Castro et al.，2016）。

下肠菌群根据肠段的不同而分化，这可能反映了每个腔室的物理、化学和生物条件的不同。空肠是瘤胃后蛋白质和碳水化合物消化和吸收的主要场所，其中厚壁菌门占主导地位，其比例可高达 90%（Myer et al.，2016）。而后肠区域（盲肠和结肠）则以厚壁菌门和拟杆菌门为主导，二者共同塑造了该区域的微生物群落结构。为了进一步探讨下肠微生物对动物性能的重要性，研究发现小肠和大肠中存在多个与饲料效率相关的微生物类群。具体而言，在后肠中，丁酸弧菌属 *Butyrivibrio*、假丁酸弧菌属 *Pseudobutyrivibrio*、普雷沃氏菌属 *Prevotella*、厌氧支原体菌属 *Anaeroplasma*、栖泥沼杆菌属 *Paludibacter*、栖粪杆菌属 *Faecalibacterium* 和琥珀酸弧菌属 *Succinivibrio* 的丰度在不同 FE 表型之间存在显著差异；而在空肠中，丁酸弧菌属的丰度同样与 FE 表型密切相关（Myer et al.，2017）。这些结果表明，牛的小肠和后肠微生物群落确实与牛的生产效率密切关联。未来的研究应更加关注这些关系，并将下肠微生物群分析纳入研究框架，以深入揭示其潜在机制。

1. 不同饲料效率的牛空肠微生物群落特征

饲料成本仍然是与肉牛生产相关的最大可变投入费用。因此，深入探究与饲料效率相关的微生物机制，有助于提升饲料利用效率，从而增强畜牧生产企业的盈利能力。在空肠中，关键功能包括营养物质的酶促分解与吸收。鉴于此，研究人员需要全面理解肉牛胃肠道微生物群落与饲料效率、平均日增重（average daily gain，ADG）和平均日采食量（average daily feed intake，ADFI）之间的关系。因此，对不同饲料效率肉牛的空肠微生物群落特征进行研究具有重要意义。

采用新一代测序技术从空肠内容物中对细菌 16S rRNA 基因扩增子进行测序（Myer et al.，2016）。在所有样本中，厚壁菌门占 90%，梭菌科 Clostridiaceae 和瘤胃球菌科占主导地位。基于饲料效率表型，UniFrac 主坐标分析未发现空肠内微生物群落的分离，细菌多样性或丰富度指标也未发现显著变化。饲料效率组间微生物种群相对丰度和运算分类单元差异显著，其中变形菌门 Proteobacteria，毛螺菌科 Lachnospiraceae、红蜻菌科 Coriobacteriaceae、鞘脂单胞菌科 Sphingomonadaceae、丁酸弧菌属 *Butyrivibrio*、氨基酸球菌属 *Acidaminococcus* 和嗜氨菌属 *Ammoniphilus* 差异显著。该研究确定了空肠微生物与饲料效率、ADG 和 ADFI 之间的潜在关联。结果表明，在 16S rRNA 基因水平上，空肠微生物群落可能是影响饲料效率的重要因素之一。

微生物-胃肠道之间的相互作用对动物宿主的整体健康至关重要。在牛的研究中，许多研究集中在瘤胃微生物群及其为动物提供能量和蛋白质的特殊作用上。近年来，瘤胃-微生物间的相互作用特别强调饲料效率，但这种观点是有局限性的。基于其他哺乳动物消化道研究获得的知识，有必要全面评估整个牛 GIT 中微生物对宿主营养和健康的影响。胃肠道中包含多个具有特定功能的区域，研究表明，不同节段的微生物种群之间存在显著差异（Oliveira et al.，2013）。因此，我们不能通过远端食糜样本推断 GIT 更上游的宿主-微生物关联，例如，粪便样本不足以反映整个 GIT 的功能特性。空肠微生物对宿主营养物质的消化和吸收非常重要，与 GIT 沿线的其他部分相比，空肠内的微生物丰度和多样性急剧下降（Myer et al.，2015a，2015b，2015c；Oliveira et al.，2013）。Myer 等（2015a，2015b，2015c）对不同饲料利用效率［高 ADG 和高 ADFI（$ADG_{Greater}$-$ADFI_{Greater}$）、高 ADG 和低 ADFI（$ADG_{Greater}$-$ADFI_{Less}$）、低 ADG 和低 ADFI（ADG_{Less}-$ADFI_{Less}$）、低 ADG 和高 ADFI（ADG_{Less}-$ADFI_{Greater}$）］的牛后肠微生物进行了系统研究。

尽管观察到的 OTU 总数有所增加，但在多样性分析中，4 个饲料效率组的 OTU 数量、丰富度（Chao1 指数）和多样性（香农多样性指数）均无显著差异，在门和亚门水平上有明显的差异，其中 ADG$_{Greater}$–ADFI$_{Less}$ 组在门和亚门水平上的差异尤为明显。在门水平上，厚壁菌门、软壁菌门 Tenericutes 和变形菌门在饲料效率组间的相对比例变化明显。在 ADG$_{Greater}$–ADFI$_{Less}$ 组中厚壁菌门下降，软壁菌门上升，仅变形菌门相对丰度的变化有统计学意义。有趣的是，瘤胃中厚壁菌门丰度的增加与能量收获和脂肪增加相关，但在空肠中这种作用尚不清楚。门以下的分类学水平以梭菌科和瘤胃球菌科为主，此外还有丁酸弧菌属和乳杆菌属 Lactobacillus。这与以前关于评估整个 GIT 微生物群落的研究一致，其中梭菌科和瘤胃球菌科成员在牛的小肠中占主导地位（Oliveira et al., 2013）。此外，在犊牛胃肠道空肠消化系统相关的细菌群落中也发现了类似的情况（Malmuthuge et al., 2014）。同样，在 ADG$_{Greater}$–ADFI$_{Less}$ 组中存在明显的可观察到的差异。

瘤胃和空肠在重要微生物类群及其相对丰度方面几乎没有相似之处，这是由瘤胃和空肠内功能组织和环境条件的变化所导致的（Myer et al., 2015a）。这一观察也有助于继续支持微生物种群在 GIT 远端节段与瘤胃不同。此外，空肠的微生物群落与盲肠和结肠的微生物群落是不同的（Myer et al., 2015b, 2015c），显示了每个生态位的微生物特异性，证实了每个 GIT 节段及其各自微生物群落的功能联系。然而，总的来说，盲肠和结肠微生物群落的系统，相比瘤胃，更类似于空肠（Myer et al., 2016），也可能由瘤胃与 GIT 更多远端部分之间功能的巨大差异所导致的。纤维的消化不仅发生在瘤胃，也发生在肠道，丁酸弧菌属的半纤维素水解活性及其丰度在纤维消化中起重要作用。然而，纤维在空肠停留的时间可能不够长，因此看不到显著的纤维消化。研究表明，在反刍动物中，高生产性能、高能量密度和高 ADFI 的动物有降低瘤胃纤维消化率的趋势。在瘤胃中不被降解或在瘤胃中不被消化的可消化纤维可以在下部 GIT 被消化。

此前，牛瘤胃微生物组与饲料效率之间的关系已经有报道，但很少有研究对 GIT 远端部分微生物群落与饲料效率之间的关系进行研究。与瘤胃相比，空肠中的 OTU 数量显著减少，系统发育多样性降低（Myer et al., 2015a；Oliveira et al., 2013），然而，随着对 GIT 远端部分的检测工作的不断推进，以及 OTU 数量和多样性的急剧增加，研究可能需要更深入的测序技术来揭示微生物类群和 OTU 丰度的变化。此外，这种复杂性可能导致饲料效率相关的影响变得不那么显著。无论如何，对整个后肠微生物群落进行分析有助于全面了解牛肠道微生物种群与饲料效率之间的关系。

2. 不同饲料效率的牛结肠微生物群落特征

牛的结肠是纤维素和淀粉在瘤胃后降解的部位，被认为在动物消化中具有重要意义，特别是在饲粮消化中。因此，仅从一个地点的食糜取样来确定整个 GIT 中的宿主-微生物关联并不能准确地代表宿主的营养和能量状态。在瘤胃以外（如结肠）检测微生物与饲料效率的联系，将有助于全面了解肉牛的饲料效率。与 GIT 中的其他部分相比，结肠内容物的微生物丰度和多样性要大得多（Myer et al., 2015c；Oliveira et al., 2013）。研究发现，结肠样本中的 16S 序列主要属于厚壁菌门、拟杆菌门、螺旋体门、软壁菌门、变形菌门、放线菌门和纤维杆菌门，这些门存在于各种哺乳动物的大多数肠道相关系统中（Shanks et al.，2011）。然而，这些门的变异在肉牛结肠中的作用尚不清楚。此外，在类似的研究中发现，结肠中厚壁菌门的丰度与盲肠和粪便中丰度相当，其中瘤胃球菌科 Ruminococcaceae、毛螺菌科 Lachnospiraceae 和梭菌科的成员占主导地位（Oliveira et al.，2013）。这些类群很可能参与了大肠中未消化饲料成分的进一步发酵过程。在不同分类水平上，结肠内容物样本主要由梭菌目 Clostridiales、拟杆菌目 Bacteroidales、瘤胃球菌科、毛螺菌科、拟杆菌科 Bacteroidaceae、梭菌科，以及其他属如普雷沃氏菌属 *Prevotella*、瘤胃球菌属 *Ruminococcus* 和粪球菌属 *Coprococcus* 组成。这些微生物类群不仅存在于整个 GIT 的微生物群落中，也在牛的大肠中被检测到（Oliveira et al.，2013）。此外，这些特征与牛粪便微生物群落的组成表现出相似性（Kim et al.，2014）。值得注意的是，不同饲料效率组的结肠食糜在特定类群的相对丰度上存在显著差异。已鉴定生物体的假定功能可能为揭示其与肉牛饲料效率之间的潜在联系提供重要线索。

  普雷沃氏菌属通常在牛的粪便中被发现，并与饮食的差异有关（Durso et al.，2012）。它的丰度与玉米基础饲粮呈正相关，而在饲喂青贮/饲料（70%玉米青贮和30%紫花苜蓿干草）的牛中几乎不存在（Kim et al.，2014）。普雷沃氏菌可能在饲喂精料饲粮的圈养育肥牛粪便微生物中发挥重要作用。研究人员在牛的粪便中发现了艰难杆菌科 Mogibacteriaceae 菌群，但目前人们对这个家族的菌群在肠道中的功能还知之甚少。为了更好地确定艰难杆菌科与牛饲料效率的关系，未来有必要进一步研究。断奶前乳牛中栖粪杆菌属的存在与体重增加和腹泻的发生率有关，丰度越大，体重增加越高，腹泻越少。在断奶前犊牛大肠中观察到的较大丰度的栖粪杆菌属可能对维持其适当的体重和在生命早期减少肠道感染很重要，表明了该菌在牛的健康和性能方面的潜在功能（Oikonomou et al.，2013）。琥珀酸弧菌属 *Succinivibrio* 在生态学中扮演着重要的角色，其主要功能包括淀粉的消化以及葡萄糖的发酵，并在此过程中产生乙酸和琥珀酸。这些菌种通常在饲喂了含有高水平快速发酵碳水化合物的饲粮的牛的瘤胃中被发现。最后，丁酸生产菌假丁酸弧菌属 *Pseudobutyrivibrio* 是在牛 GIT 中普遍存在的核心菌属。不仅其丁酸产量被认为是肠细胞的主要代谢燃料，而且丁酸弧菌属 *Butyrivibrio* 和假丁酸弧菌属也因其强大的木聚糖降解能力而获得了更多的关注（Morgavi et al.，2013）。

  在末端结肠内容物中，OTU 的相对丰度存在显著差异揭示了之前在分类学评估中提到的许多关联，然而，一些额外的鉴定是有趣的。瘤胃球菌科 Ruminococcaceae 含有已知的纤维素分解生物，以及在乙酸盐、甲酸盐和氢生产中具有活性（Biddle et al.，2013）。纤维素消化菌的作用预计来自瘤胃的剩余饲料，因此也可能促进下游饲料在大肠内的发酵。理化所菌科 Rikenellaceae 家族的发酵产物为乙酸酯、琥珀酸酯和丙酸酯，其在牛的大肠和粪便中丰度很高，这个家族此前已被发现与饲料有关（Petri et al.，2013）。在以百慕大草干草为组分的饮食中，发现理化所菌科与其他属（如纤维杆菌属 *Fibrobacter*）聚集在一起，这暗示了理化所菌科可能参与结构性碳水化合物的降解过程（Pitta et al.，2010）。此外，有研究进一步揭示了粪球菌与高颗粒饲料之间的关联（Kim et al.，2014），其产生的丁酸盐可能为肠道细胞提供能量支持，类似于丁酸弧菌属、假丁酸弧菌属和栖粪杆菌属 *Faecalibacterium*。高谷物饲粮中也检测到了颤螺菌属 *Oscillospira*，而饲喂高淀粉饲粮的牛瘤胃中旁路淀粉含量较高。饲料效率组之间结肠中颤螺菌属的丰度和变异性可能与旁路淀粉的不同水平有关（Kim et al.，2014）。最后，布劳特氏菌属的 *Blautia* spp.是 GIT 和牛羊粪便的常见居民，在人类和其他哺乳动物中普遍存在，但丰度较低（Eren et al.，2015）。作为毛螺菌科的一员，布劳特氏菌属能通过降解其他肠道微生物无法利用的多糖为宿主提供能量（Biddle et al.，2013），因此可能对宿主代谢能力具有重要意义。

三、饲料添加剂与胃肠道微生物

（一）抗生素

数十年来，抗生素在畜牧业中被广泛应用。其主要功能包括减少动物感染风险，但在作为饲料添加剂使用时，通常针对特定微生物群体，以降低这些微生物可能带来的不利影响，如因瘤胃酸中毒导致的 pH 急剧下降。在牛生产中，莫能菌素是一种常用的抗生素。作为一种离子载体，莫能菌素通过破坏微生物膜上的离子通道，干扰细胞内离子平衡，从而导致细胞死亡。在反刍动物系统中，莫能菌素的主要作用之一是限制瘤胃酸中毒的影响，即减少在引入高谷物或高精料日粮后 pH 急剧下降的负面影响，从而为微生物提供更稳定的适应时间。莫能菌素还被证明可以提高饲料效率并减少甲烷排放。莫能菌素干扰细胞内蛋白质的运输，破坏细胞膜上的离子交换。当在反刍动物的饲料中添加莫能菌素时，它会破坏 VFA 和乳酸的产生。研究发现，饲喂莫能菌素背景饲粮的阉牛与未饲喂莫能菌素的阉牛体重增加速度相同，但所需饲料明显少于对照组，莫能菌素降低了产甲烷古菌，降低了甲烷产量和动物的干物质摄取量（Clemmons et al.，2019）。此外，研究人员对 15 头犊牛进行不经肠道的青霉素注射，发现青霉素虽不经过肠道，但仍旧对肠道微生物的构成产生了很大影响，对粪便中大肠杆菌的耐药性也产生了影响。这些改变，导致宿主表型的改善，也改变了瘤胃微生物组。然而，尽管抗生素的使用可以通过改变瘤胃微生物区系改善宿主表型，但这些改变往往是短暂的，不会产生持久的改变。随着我国全面禁抗的实施，抗生素已基本被禁止在饲料中添加使用。

（二）益生菌与益生元

益生菌/益生元具有调节胃肠道（GIT）微生物群平衡和活动的能力，因此被认为对宿主动物有益，并被用作功能食品。许多因素，如饮食和管理限制，已被证明显著影响牲畜肠道微生物群落的结构和活动（Uyeno et al.，2013）。在一般健康的犊牛体内，益生元的显著益处可能也微乎其微，因为犊牛体内的微生物群落相对稳定。益生菌是通过调节微生物发酵途径来提高瘤胃发酵效率。益生菌/益生元对反刍动物胃肠道微生物生态系统平衡有益处，对动物的营养和健康有着重要的影响。

"益生菌"一词已由联合国粮食及农业组织（Food and Agriculture Organization of the United Nations，FAO）和世界卫生组织（World Health Organization，WHO）定义为"活的微生物，当给予足够的剂量时，对宿主的健康有益"（Fuller，1989）。益生菌可通过刺激健康微生物群（以有益细菌为主）的生长，抑制肠道病原体定植，增强消化能力，降低肠道环境 pH，并改善黏膜免疫功能，从而增强肠道健康。重要的是，引入的微生物不应干扰本地种群，因为后者已适应胃肠道环境，并为宿主提供功能性支持。此外，外来益生菌菌株还需具备适应动物肠道环境的能力，如胆汁酸耐受性和对肠道黏膜及糖蛋白的亲和性。在瘤胃中，情况类似。摄入的微生物必须找到一个合适的生存环境，如附着于瘤胃上皮细胞、分布于瘤胃液或定植于纤维性饲料，并通过清除有毒分子和分解碳水化合物聚合物等方式对宿主健康产生积极影响。

益生元是不可消化的食物成分，当摄入足够量时，会选择性地刺激肠道内一种或有限数量的微生物的生长和（或）活动。口服益生菌（在这种情况下称为共生菌）和胃肠道内有益细菌的影响可以通过益生元的使用增强（Gibson et al.，2004）。最常用的有益于健康的益生元是碳水化合物底物，如低聚糖或低消化率的膳食纤维。益生菌和益生元的研究已经发展成为食品和饲料领域与医药和制剂之间的合作研究领域。目前在牛的应用研究上也取得了很好的进展。探讨益生菌和益生元的应用对反刍动物特异性胃肠道微生物群落的可能影响，从而优化益生菌和益生元利用策略，以期提高反刍动物的生产性能。

1. 益生菌在犊牛中的应用现状

新生小牛的肠道是无菌的，在出生后微生物立即就开始在胃肠道定居。此后，随着动物生长成熟，大肠中建立了一个复杂和动态的、具有高密度活菌的微生物生态系统。对犊牛肠道细菌群落的分子监测显示，在出生后的前 12 周，肠道细菌群落发生动态变化，而一些益生菌（如乳酸菌和双歧杆菌）随着动物年龄的增长而减少。犊牛胃肠道菌群的变化与胃肠道的代谢和生理发育是一致的。这种不成熟和波动的肠道微生物群不得不面对饮食的突然变化，这导致年轻动物对病原体定植和随后的腹泻及呼吸道疾病的易感性增加。

在幼小反刍动物中，乳酸菌或芽孢杆菌通常以肠道下部为目标区域，被认为是稳定肠道微生物群落、降低病原菌定植风险的有效策略。乳酸菌作为已知的幼龄犊牛益生菌补充剂，已被广泛应用于常规喂养实践，并被证明对平衡胃肠道微生物群以及改善动物营养和健康具有积极作用（Hill et al.，2005）。然而，腹泻是犊牛早期发病和死亡的主要原因之一，因此预防措施对于促进犊牛生长至关重要。传统上，抗生素治疗被用于维持犊牛生产性能并减少腹泻发生率。然而，由于抗生素残留可能释放到环境中，以及人们对动物产品中化学残留物的持久性所带来的抗生素耐药性风险的安全担忧日益增加，益生菌添加剂已被开发成为改善动物健康和生产力的替代品。尽管如此，病原体与整个肠道菌群之间的相互作用机制仍需进一步研究。已有研究证明，乳酸菌和双歧杆菌的数量在生命早期阶段可能会减少（Uyeno et al.，2010）。通过优化肠道菌群结构，可以有效增加这些有益微生物的数量，从而提高犊牛的健康水平。从小牛出生开始，以预防性方式引入特定微生物和饲料，有助于这些益生菌菌株与犊牛自身的微生物群结合并协同进化。此外，乳酸菌在肠道生态系统中的早期定植可能会降低病原菌对肠道黏膜的黏附。研究表明，稳定的乳酸菌负荷能够显著提高犊牛的增重和免疫功能（Al-Saiady，2010）。值得注意的是，益生菌菌株的功效可能受到犊牛饲养条件的影响。例如，在以前的研究中，当对照组（未经处理）犊牛健康状况较差时，益生菌菌株的功效往往更为显著（Bayatkouhsar et al.，2013）。在应激条件下，直接喂养的微生物可用于减轻因正常肠道环境破坏而导致的肠道损伤或严重程度。未来，研究人员需要深入探讨乳酸菌和双歧杆菌菌株如何通过拮抗致病性和/或调节宿主对感染的免疫反应来克服病原体带来的影响（Al-Saiady，2010）。

2. 益生元在犊牛中的应用现状

几种类型的低聚糖已被认为对犊牛有特定的功能。甘露寡糖（mannooligosaccharide，MOS），又称甘露低聚糖，是一种复杂的甘露糖，被认为可以阻止病原体在消化道的定植。以前的一项研究表明，将低聚果糖（FOS）与喷雾干燥牛血清联合使用可降低犊牛肠道疾病的发生率和严重程度（Quigley et al.，2002）。有研究表明，这种糖可以防止肠杆菌科细菌（尤其是大肠杆菌和沙门氏菌）黏附在肠上皮上（Hartemink et al.，1997）。半乳糖寡糖（galacto-oligosaccharide，GOS）是一种寡糖（半乳糖加乳糖），也是一种益生元，由乳清经 β 半乳糖苷酶酶促处理产生。以前有研究发现代乳剂（milk replacer，MR）中添加 GOS 对奶牛场犊牛的生长和健康有积极的影响（Quigley et al.，1997）。研究证明，补充 MOS、FOS 和 GOS 均可改善犊牛断奶前后的生长性能。然而，这些糖类对微生物发酵活性的具体修饰作用尚未得到深入研究。此外，与益生菌类似，益生元的显著效益可能相对有限。大多数益生元可能并不会对体重增加、饲料转化效率或健康指标产生明显的积极影响。

Uyeno 等（2013）评估了在 MR 或全脂牛奶中添加纤维寡糖（cello-oligosaccharide，CE）对荷斯坦犊牛生产性能和肠道微生态的影响。纤维寡糖是一种商业可用的低聚糖，由 β-1,4 糖苷键连接的葡萄糖组成。研究发现 MR 组的粪便细菌群落组成和有机酸谱无显著差异。然而，补充 CE 可以有效地调节犊牛肠道中球形梭菌 *Clostridium coccoides*（现 CCTCC 使用 *Blautia coccoides*）-直肠真杆菌 *Eubacterium rectale*（现 CCTCC 使用 *Agathobacter rectalis*）的比例，在全乳喂养试验组中，*C. coccoides-E. rectale* 在益生元组中较高。可见，CE 对犊牛肠道菌群有显著的调节作用。从这些结果看，液体饲料的类型（MR 或全脂牛奶）对断奶前犊牛的不同反应可能是 CE 造成的。CE 被认为是被寄生在犊牛小肠内的特定微生物所利用，导致属于 *C. coccoides-E. rectale* 的丁酸生产菌的数量增加，因而粪中丁酸盐浓度也较高。除了作为能量来源，丁酸还参与大肠中肠道细胞的生长和分化，从而改善其上皮结构，提高消化和吸收效率，这也可能有助于优化营养捕获能力。用液体饲料（全脂牛奶或 MR）喂养的 CE 可以通过食管沟反射到达下消化道，并使用与单胃动物类似的机制发挥益生元效应。

一项体内研究表明，饲喂 CE 能提高犊牛断奶后的日增重和饲料效率，但不能提高断奶前的日增重（Hasunuma et al.，2011）。这可能主要是由于瘤胃发酵丙酸和总短链脂肪酸（TSCFA）水平的提高，这表明 CE 通过提供碳和能量来源影响了发酵模式。断奶后，固体饲料直接到达瘤胃进行微生物处理。瘤胃 CE 最终可能成为各种本地微生物的营养来源。除了非常年轻的反刍动物，反刍动物口服的益生元会被瘤胃微生物消耗，除非受到瘤胃消化的保护，否则无法到达下肠。在断奶犊牛饲粮中添加寡糖似乎仍然是有利的,因为通过添加益生元可以在犊牛体内形成一个理想的胃肠道[瘤胃和(或)下肠]群落,这可能有助于进一步提高犊牛的生长性能。

3. 益生菌/益生元对小母牛、泌乳母牛和肉牛生产的影响

用于成年反刍动物的益生菌主要用来改善瘤胃微生物对纤维的消化。这些益生菌对各种消化过程都有积极的影响,特别是纤维素水解和微生物蛋白质的合成。

奶牛常用益生菌的主要形式是各种酵母菌株(主要是酿酒酵母)。对于成年反刍动物的益生菌,如乳酸生产细菌(肠球菌、乳杆菌),维持乳酸菌在比牛链球菌更稳定的水平,可能是限制高浓度喂养防止动物酸中毒的一种可能手段(Nocek and Kautz,2006),特别是对于饲养场牛。利用乳酸的埃氏巨球形菌 *Megasphaera elsdenii* 或丙酸杆菌属 *Propionibacterium* 菌种也被用来直接饲喂牛,以避免瘤胃乳酸的积累(Stein et al.,2006;Klieve et al.,2003)。

在饲料中添加酵母培养物后,最一致的效果包括提高哺乳动物和生长动物的生产率。酵母产品的作用方式尚未被详细阐明,但一般认为涉及瘤胃发酵速率和模式的变化。某些活性干酵母菌株在提高和稳定瘤胃 pH 方面特别有效,它们通过刺激某些纤毛虫原生动物种群,使纤毛虫迅速吞噬淀粉,从而有效地与产淀粉酶乳酸菌竞争(Uyeno et al.,2013)。较低酸性的瘤胃环境有利于纤维素降解微生物的生长和纤维降解活性(Chung et al.,2011)。酵母还具有改变瘤胃发酵过程的潜力,以减少甲烷(CH_4)气体的形成。在之前的一项研究中,商业酵母产品略微降低了生长肉牛中的 CH_4,而 SCFA 的数量和谱型都没有改变。酿酒酵母为瘤胃微生物提供生长因子,包括有机酸、寡糖、B 族维生素和氨基酸,刺激瘤胃微生物生长,从而间接稳定瘤胃 pH(McDonald et al.,2011)。酵母在瘤胃的另一个功能是清除氧气,这为瘤胃微生物创造了更多的厌氧环境。在这种情况下,酵母本身不仅是一种益生菌,而且还帮助其他瘤胃群体成员生长,因此,酵母常被作为一种益生元。最近,利用焦磷酸测序技术通过 16S rRNA 基因聚类确定了活性干酵母对瘤胃微生物群落结构的影响(Pinloche et al.,2013)。针对酵母菌对微生物群影响的评估显示,某些细菌类群受到的影响显著大于其他细菌。具体而言,乳酸利用菌如巨球形菌属 *Megasphaera* 和月形单胞菌属 *Selenomonas*,以及纤维降解菌纤维杆菌属 *Fibrobacter* 和瘤胃球菌属 *Ruminococcus* 的相对丰度在补充酵母后呈现增加趋势。这一结果进一步验证了酵母通过改善纤维素降解活性作为其潜在作用机制的假设。

研究人员使用定量 Meta 分析评估了酵母添加对采食量、产奶量和瘤胃发酵特性的影响。随着日粮精料的增加和采食量的增加,添加酵母对瘤胃 pH 的增加和乳酸含量的降低具有显著的正效应。有争议的是,添加酵母对有机物消化率的正效应随饲粮中纤维含量的增加而增加,表明添加酵母可以改善瘤胃发酵。

在肉牛饲养中,当其饲喂易发酵饲料时,稳定瘤胃 pH 可能是一种有效的策略,因为这类饲料会增加酸中毒的风险。已有研究表明,连续添加活酵母可改善生长参数(平均日增重、末重、采食量和料重比)(Chaucheyras-Durand and Durand,2010);而在其他研究中,研究人员没有或几乎没有观察到对生产性能的影响。这种结果的差异可能是由于瘤胃微生物组成的原始差异,其各自的成员具有不同的 pH 耐受性。例如,纤维溶

解细菌一般比糖化细菌更不耐低 pH（Uyeno et al., 2013）。

虽然以前的研究结果支持酵母补充剂的功效，但还没有确凿的证据表明补充剂在任何时候都是有益的。应该注意的是，这种功效随产品的不同而显著变化。盈利能力通常是可变的，特别是考虑到这些产品饲养成本的增加。其中一些差异可能归因于使用的酵母类型和菌株的差异，以及细胞是活的还是死的。此外，某些商业产品的相关数据是在体外条件下获得的，或者来源于单胃动物或小型反刍动物的研究，这些结果未必能够直接适用于实际的乳制品和牛肉生产场景。

总的来说，GIT 健康可以被定义为维持 GIT 生态系统平衡的能力。理想的菌群变化可能归因于益生菌和益生元的作用，而不是自主变化。益生菌和益生元在畜牧业生产和人类健康方面都有很大的潜力。纤维寡糖是一个例子，因为许多瘤胃细菌可以使用它，但是，当给断奶前的犊牛用纤维寡糖时，*C. coccoides-E. rectale* 的比例在小肠下部明显增加。像 CE 一样，使用对瘤胃和下肠起作用或同时起作用的强力材料成为可能。虽然对照研究表明，益生菌和益生元在牛胃肠道微生物区系中实现了正平衡，但瘤胃微生物群落的动态和功能还需要更详细的研究。进一步研究肠道菌群的结构和活性、肠道菌群之间的功能相互作用，以及微生物与宿主细胞之间的关系，是未来益生菌/益生元研究的基础。元组学方法（元基因组学、元转录组学、元蛋白质组学和元代谢组学分析）是分析胃肠道微生物群落和宿主代谢之间关系的强大工具（Uyeno et al., 2013）。未来以元组学为基础的研究，以及迄今为止所获得的研究成果将提供更深入的见解。通过更好地描述和理解益生菌在胃肠道微生物群平衡中的功能，我们可以为动物制定并提供"促进健康"的饮食方案。

（三）植物提取物

植物提取物中含有植物精油、生物碱、单宁、皂苷、生物碱及多糖等多种活性成分，这些成分对牛的胃肠道功能具有显著的调控作用。具体而言，植物提取物能够有效调节瘤胃发酵过程、优化过瘤胃蛋白水平及降低 CH_4 排放量等。

植物精油已被用作抗生素（如离子载体）的替代品，以减少甲烷的产生；然而，其在降低甲烷产量方面的效果尚存在争议，研究结果呈现出喜忧参半的局面。Macheboeuf 等（2008）利用增加剂量的精油对几种精油在瘤胃发酵和甲烷生成中的作用进行了体外分析，以测定剂量反应。虽然与对照样品相比，精油减少了 48% 的气体产量，但许多剂量导致的气体产量下降也降低了 VFA 产量总量，这可能会否定降低产气的积极结果。然而，在体内，这些结果往往是观察不到的。在一项补充精油对瘤胃微生物群落影响的研究中发现，与莫能菌素相比，添加精油并没有改变 CH_4 产量或古菌群落，但确实导致瘤胃真菌丰度降低（Tomkins et al., 2015）。这表明它可能不会对瘤胃微生物群和瘤胃生产产生足够显著的影响。Beauchemin 和 McGinn（2006）研究了精油对瘤胃发酵参数和 CH_4 产量的影响。通过 VFA 浓度测定，精油没有改变瘤胃发酵特性，也没有影响 CH_4 产量。利用精油作为减少 CH_4 生成的替代手段可能不是一个可行的选择，但必须进行进一步的分析。

单宁是动物营养中研究最广泛的次生植物代谢物之一。单宁是植物多酚类次级代谢物，通过影响微生物活性，进而影响反刍动物瘤胃发酵、蛋白质降解、CH_4产量等。研究发现，这些化合物有望通过促进瘤胃发酵、改变瘤胃微生物生态系统以减少产甲烷微生物、减少饲粮蛋白质的过度降解和诱导微生物蛋白质的生产对动物性能产生积极影响（Cobellis et al., 2016）。这些化合物能够形成不溶性单宁-蛋白质复合物，减少日粮蛋白质的分解，从而保护日粮蛋白质不受瘤胃快速和过度降解的影响。因此，添加单宁可以通过增加氨基酸到小肠的流量来提高饲粮蛋白质的利用效率。当在动物饲料中添加单宁时，瘤胃内蛋白质降解的降低是由于瘤胃蛋白质水解细菌解朊丁酸弧菌 *Butyrivibrio proteoclasticus*、溶纤维丁酸弧菌 *Butyrivibrio fibrisolvens*、真杆菌 *Eubacterium* sp.和牛链球菌 *Streptococcus bovis* 数量的减少（Anantasook et al., 2013）。单宁可以通过减少优势产甲烷细菌、原生动物和古菌的生长来减少CH_4排放（Saminathan et al., 2016；Yang et al., 2017）。这种效果将减少能量损失，并允许更多的可用能量和蛋白质供动物使用。此外，在体外观察到单宁补充对瘤胃多不饱和脂肪酸生物氢化的刺激使其产生更多的脂肪酸，如反-11-油酸（*trans*-11 18:1）和顺9,反11-共轭亚油酸（*cis*-9, *trans*-11 18:2），这两种脂肪酸都被认为对人类健康有益（Costa et al., 2017）。因此，单宁在反刍动物饲粮中的作用超出了瘤胃蛋白质代谢的范围。综上所述，饲粮中添加单宁对瘤胃微生物及其代谢有直接影响。此外，膳食单宁能够防止腹胀，腹胀是一种严重的消化紊乱，当膳食蛋白质在瘤胃中迅速降解时，会形成稳定的泡沫，困住瘤胃气体，抑制嗳气，引起剧烈疼痛，降低生产效率，并可能导致动物死亡（Wang et al., 2012）。由于单宁能有效地形成单宁-蛋白质复合物，减少瘤胃蛋白质的过度降解和CH_4的产生，因此添加单宁在预防反刍动物腹胀的发生中起着关键作用。

另一种越来越引起人们兴趣的补充剂是干酒糟（distillers dried drains, DDG）。以前的一项研究测量了添加不同水平 DDG 后细菌群落的变化。厚壁菌门 Firmicutes 与拟杆菌门 Bacteroidetes 在 DDG 为 25%和 50%时发生变化，与拟杆菌门相比，厚壁菌门的丰度较低。这些变化也导致了瘤胃 pH 的降低（Clemmons et al., 2019）。这些变化可能是易消化淀粉含量的增加通常导致拟杆菌门细菌的增加。拟杆菌门细菌具有更多的淀粉溶解能力，而瘤胃中的厚壁菌门细菌具有主要的纤维溶解能力。由补充剂引起的瘤胃微生物组的变化是重要的，因为它们会影响消化率、有效营养物质吸收和其他生理因素。然而，关于补充剂对瘤胃微生物组和随后的生理变化的持续影响，目前仍知之甚少。

第三节　瘤胃酸中毒及其营养调控

瘤胃健康对保证牛的健康高效生产至关重要。目前的牛饲养方案推荐高精料饲粮，以满足奶牛在泌乳期和肉牛的高营养需求，并提高成本效益。然而，这些饮食会损害瘤胃健康。"亚急性瘤胃酸中毒（subacute ruminal acidosis, SARA）"一词常被用作不良瘤胃健康的同义词。例如，奶牛在哺乳期有很高的营养需求，为了满足这些对能量和乳蛋白（milk protein, MP）的高要求，一种常见的做法是饲喂大量的精料，特别是在泌乳期的早期和中期。通常，以谷物为基础的高淀粉浓缩饲料是以牺牲高纤维饲料为代价的，从而提高了饲粮的能量密度，但也影响了泌乳饲粮的物理有效中性洗涤纤维（physically effective neutral detergent fiber，peNDF）含量。牛饲粮中需要有效的物理纤维，以刺激咀嚼活动和唾液缓冲供给、瘤胃运动和混合，并维持瘤胃生态系统的适当功能。此外，富含谷粒的精料美味可口，易于在瘤胃发酵。快速发酵刺激微生物生长，但也产生大量短链脂肪酸（SCFA），特别是生糖前体，这些前体被宿主用作代谢燃料和合成多种代谢化合物。相对于缓冲供给，短链脂肪酸的快速生产破坏了瘤胃内的酸碱调节。瘤胃 pH 的间歇性下降逐渐影响瘤胃功能，如果严重、时间长、频率高，则称为 SARA。目前的指南是，当瘤胃 pH 低于 5.6 且持续时间超过 3h/d 或 pH 低于 5.8，超过 5～6h/d，发生 SARA 的风险增加。现有的研究表明，患有 SARA 的奶牛有更大的风险发展为严重的代谢紊乱，如皱胃移位、脂肪肝、蹄叶炎、肝脓肿和母牛不能起立综合征等（Humer et al.，2018）。总体而言，可以预计二次干扰对牛的健康和生产力产生深远的影响。

一、瘤胃酸中毒的影响因素

快速的饮食变化如果不能使瘤胃微生物适应，就会导致消化紊乱和其他健康问题。例如，反刍动物在饮食中摄入大量可快速消化的可溶性蛋白质和碳水化合物时，会出现泡沫性腹胀（Grilli et al.，2016）。反刍动物饲料突然转向富含蛋白质的豆科牧草，以及快速转向极高浓度的精料，都可能导致腹胀。由于嗳气障碍，动物无法释放瘤胃发酵产生的气体，可阻止横膈膜收缩，如果不能缓解，将导致窒息。放牧小麦牧场的牛的腹胀与瘤胃中生物膜相关黏多糖产量的增加有关，这是由饲粮诱导的瘤胃细菌种群的变化造成的。

临床急性瘤胃酸中毒（瘤胃 pH<5.2）和亚急性瘤胃酸中毒（瘤胃 pH 为 5.2～5.6 至少持续 3h）也与瘤胃微生物组的变化有关。酸中毒的经典观点是，饲料的快速发酵导致 VFA 的产生速度大于其通过瘤胃壁吸收的速度，或通过瘤胃进入下消化道的速度。因此，瘤胃的 pH 降低到一定程度，纤维素分解菌被抑制，耐酸的乳酸产生菌，特别是牛链球菌和牛乳酸菌占主导地位。这些条件与瘤胃微生物区系物种丰富度和多样性的降低相关（Plaizier et al.，2017）。然而，这可以被乳酸利用细菌埃氏巨球形菌 *Megasphaera elsdenii* 和反刍月形单胞菌 *Selenomonas ruminantium* 所调节。在高乳酸浓度下，这些细菌的活性会增加，因此，乳酸浓度通常不会达到急性酸中毒水平（McCann et al.，2016）。酸中毒也与瘤胃中较高水平的大肠杆菌和瘤胃脂多糖（LPS）的生产有关，这些物质可导致患有急性酸中毒的谷物喂养牛的全身炎症（Plaizier et al.，2017）。事实上，对酸性瘤胃内容物中大肠杆菌种群的分析表明，这些种群中含有能够触发炎症反应的独特毒力因子的大肠杆菌分离株。尽管酸中毒引起了瘤胃微生物组变化，但是核心微生物群落似乎没有被改变，急性或亚急性瘤胃酸中毒后约 1 周瘤胃微生物组即可恢复（Petri et al.，2013）。

二、缓解瘤胃酸中毒的营养调控策略

（一）足够的饮食适应

奶农、兽医和营养学家必须仔细考虑现代乳制品营养战略的主要挑战，该策略旨在

满足高产奶牛的高营养需求，同时确保瘤胃生态系统的健康平衡。缓解 SARA 的饲养管理原则应以减轻瘤胃高酸性负荷为目标，帮助瘤胃维持酸碱调节，避免 SCFA 的生产过程中产生过多质子，从而有效预防瘤胃酸化及 SARA 的发生。在这种情况下，高产奶牛的饲养应以瘤胃复层鳞状上皮（stratified squamous epithelium，SSE）完整和微生物群适应大量瘤胃可降解淀粉（rumen degradable starch，RDS）为目标，以便维持短链脂肪酸（SCFA）生产和吸收之间的平衡。这种适应在奶牛从接近泌乳饲粮过渡到泌乳早期和泌乳中期采食量增加阶段尤为重要。

目前认为，瘤胃 SSE 需要 4～6 周才能适应高精料饲粮，这种适应主要是通过增加其吸收面积，及提高其应对短链脂肪酸水平突然增加的能力完成的（Dieho et al., 2016）。而研究发现微生物的变化，如纤维素降解菌纤维杆菌属 *Fibrobacter* 和瘤胃球菌属 *Ruminococcus* 向主要淀粉发酵类群如普雷沃氏菌属的转移，在 3 周内就会发生（Wetzels et al., 2017; Dieho et al., 2016）。最近进行的研究表明，一方面，瘤胃对高精料饲粮的适应导致了 SCFA 吸收的增加，这一效果在高精料饲粮中 pH 动态的改善中得到了连续 4～5 周的反映。另一方面，第 2 周后中断集中喂养会停止这些适应性过程（Humer et al., 2018）。因此，适应期至少为 4～5 周，精料喂养和饲喂一致性似乎在瘤胃适应和 SARA 预防方面至关重要。

（二）饲料添加剂的添加

在过去的几十年里，人们对通过添加饲料添加剂来减轻牛 SARA 的风险越来越感兴趣。一种常用的方法是刺激瘤胃利用乳酸的微生物，通常通过添加直接饲喂的微生物，如酿酒酵母 *Saccharomyces cerevisiae*、植物乳杆菌 *Lactobacillus plantarum*、反刍月形单胞菌、埃氏巨球形菌或屎肠球菌 *Enterococcus faecium*（Humer et al., 2018）。其中，生产动物饲粮中普遍含有酵母产品，可作为活酵母、死酵母或酵母培养产品提供。添加活酵母和酵母培养物提高了瘤胃 pH（+0.03），同时增加了 SCFA 浓度（+2.17mmol/L），而乳酸浓度平均降低了 0.9mmol/L。假定酵母产品的积极作用并非直接通过调节 pH 实现，而是通过调节影响发酵过程和瘤胃微生物完成（Calsamiglia et al., 2012）。在这方面，Marden 等（2008）观察到在饲粮中添加活酵母或碳酸氢盐会增加瘤胃 pH；然而，只有饲粮中添加酵母可以降低乳酸浓度，提高纤维消化率。此外，Kröger 等（2017）最近进行的一项研究发现，饲喂自溶酵母对改善饲喂牛瘤胃 pH 动态具有积极作用，且这种作用用 65%集中在饮食中。在添加活酵母和自溶酵母的饲粮中，发酵曲线向提高丙酸产量的方向转变，进一步强化了乳酸向丙酸转化的增强假说，这可能解释了酵母产品的 pH 稳定作用（Neubauer et al., 2018；Marden et al., 2008）。

除了直接饲喂微生物，植物源性化合物也被认为是降低 SARA 风险的管理工具。潜在原因可能是淀粉降解率的降低及反刍活动的增加（Kröger et al., 2017），或对瘤胃发酵特性的调节作用，以提高丁酸盐的产量（Neubauer et al., 2018）。在这方面，饲喂添加肉桂醛和丁香酚混合物的饲粮的母牛的乳酸浓度降低。饲喂添加辣椒的饲粮的小母牛瘤胃液中丁酸盐的比例有所提高，干物质采食量（dry matter intake，DMI）也有所增加，但对瘤胃 pH 没有影响。最近，在间歇性饲喂高精料饲粮的奶牛中观察到一种植物性饲料添加剂的 pH 增强效果，当瘤胃 pH 处于最低水平时，这种效果尤其显著（Kröger et al.，2017）。这些变化伴随着反刍活动的增强时，瘤胃发酵的调节朝向丁酸产量的提高，瘤胃微生物群的变化朝向淀粉利用率的减少（Neubauer et al.，2018）。因此，在短链脂肪酸发酵开始的延迟与同时减少短链脂肪酸的积累可能是饲喂高谷物饲粮后植物源性化合物阻止 pH 持续下降的机制。

此外，缓冲物质，特别是碳酸氢盐，已常规用于反刍动物饲粮的瘤胃缓冲剂超过 40 年，并被广泛提倡用于急性瘤胃酸中毒的治疗（Humer et al.，2018）。碳酸氢盐通常用作外源性缓冲液，因为它们的酸度常数（pK_a）=6.25 接近正常瘤胃 pH，所以具有较高的酸消耗能力。碳酸氢盐可以防止耐酸乳酸菌在高精料饲料中的过度生长，从而防止进一步降低 pH。尽管一旦出现第一个症状就使用缓冲液可能对治疗严重酸中毒有效，但在科学文献中，饲喂碳酸氢盐对瘤胃 pH 的影响报道并不一致。有报道称，$NaHCO_3$ 使瘤胃 pH 平均提高 0.13 个 pH 单位（Humer et al.，2018）。然而，这些效应只在一定的条件下发现，例如，在泌乳期的早期和中期，当饲粮中含有 50%以上的谷粒和以玉米青贮为饲料来源时（Calsamiglia et al.，2012；Hu and Murphy，2005）。使用 $NaHCO_3$ 的另一个关键问题是增加尿钠排泄量，对环境造成负面影响，特别是在钠污染问题严重的国家。总的来说，缓冲剂（如内源性尿素、膳食蛋白质来源，或补充缓冲剂如碳酸氢钠、尿素和通常在商品乳饲粮中添加的氧化物）对瘤胃 pH 的总体影响相对较小，大多只在高产奶牛瘤胃酸碱平衡中发挥支持作用。

乳酸浓度是瘤胃酸中毒发生的重要指标。烟酸（nicotinic acid，NA）作为辅酶 NAD^+/NADH 和 $NADP^+$/NADPH 的直接前体，在动物脂类代谢、组织氧化呼吸及糖酵解等生化过程中起着重要调控作用。研究发现，高精料日粮添加烟酸及其拮抗物，对瘤胃内 NAD(H)水平、乳酸脱氢酶活性及酶谱、瘤胃微生物菌群结构、主要乳酸产生菌牛链球菌的代谢，以及瘤胃内乳酸发酵产生影响。结果表明烟酸可能通过提供更多的辅酶 NAD^+（最终都被还原为 NADH 而表现为 NADH 提高）调控乳酸脱氢酶活性来减少乳酸的生成。烟酸还刺激了瘤胃原虫的增殖，增加对淀粉颗粒的吞噬，改变瘤胃细菌菌群结构，抑制乳酸产生菌牛链球菌 *S. bovis* 的增殖，抑制丁酸产生菌增殖，减少瘤胃丁酸、乳酸的过度产生，避免瘤胃 pH 过度下降。烟酸拮抗物也有降低乳酸浓度的作用，但其机制不明。同时，通过体内和体外试验验证了在肥育肉牛高精料日粮中添加烟酸，可提高瘤胃内微生物蛋白质（microbial crude protein，MCP）含量，促进氨氮的产生和总挥发性脂肪酸（TVFA）的生成，减少乳酸的生成，减缓瘤胃 pH 的下降，稳定瘤胃内环境。烟酸可提高养分在瘤胃的降解率和表观消化率，提高血清中非酯化脂肪酸（non-esterified fatty acid，NEFA）浓度及生长激素（growth hormone，GH）浓度，促进肉牛生长。此外，研究还提出了在肉牛高精料日粮中（精料比例 80%以上），烟酸的适宜添加量为 800mg/kg，且效果主要体现在试验前期。研究结果有助于我们进一步了解瘤胃酸中毒等疾病发生的机制并提出有效防治措施，为寻找安全的饲料添加剂提供参考，对促进我国现代反刍动物生产具有一定的理论价值和实践意义。

总体而言，研究主要关注通过增加饲料添加剂的使用来提升瘤胃健康的牛群管理策略。尽管部分研究结果存在矛盾，且许多情况下其作用机制尚不明确，但添加饲料添加剂（包括但不限于酵母产品、缓冲液或植物性化合物）可能有助于应对亚急性瘤胃酸中毒（SARA）的急性问题，或减轻其对牛奶成分的影响，尤其是在具有挑战性的生产阶段（如早期哺乳）。然而，需要注意的是，饲料添加剂虽能提供一定帮助，但无法弥补低水平饲养管理所带来的负面影响，而合理的饲养管理可以帮助动物减少对饲料添加剂的依赖。未来，仍需进一步开展研究以阐明饲料添加剂的作用机制，特别是其在瘤胃中的具体作用方式。

总之，确保有效和近乎最大化的营养利用，同时最大限度地降低消化紊乱的风险，是可持续和有利可图的牛奶生产等式中的重要变量，并对乳制品营养学家提出了持续的挑战。总体而言，提供足够的物理有效纤维，同时饲喂足够数量的可发酵营养素，对于满足健康瘤胃生态系统的需求，并确保最大的生产性能和饲料效率是至关重要的。为了预防 SARA 及其后遗症，必须考虑在泌乳期早期瘤胃微生物群落和瘤胃 SSE 对高能量饲粮的适当适应。综上所述，饲养管理在 SARA 的预防和管理中起着重要作用，不仅要考虑初产和经产奶牛的差异及泌乳期的长短，还要考虑不同规模农场饲养的具体情况。

第四节　温室气体排放及其营养调控

一、牛生产中胃肠道微生物对环境的影响

（一）瘤胃甲烷生成

畜牧业是对环境有害的温室气体的一个重要来源，二氧化碳（CO_2）、甲烷（CH_4）和氧化亚氮（N_2O）是粮食和农业生产链排放的主要温室气体。CH_4 具有强大的使全球变暖的潜力，意味着在反刍动物气体排放方面，它是被研究最广泛的温室气体。从提高动物生产力和环境稳定性方面来说，降低肠道产 CH_4 速率是可取的。如前所述，CH_4 古菌在瘤胃中产生 CH_4，根据 16S rRNA 基因分析，其占瘤胃微生物种群的 0.3%～3.3%（Janssen and Kirs，2008）。

瘤胃 CH_4 生成主要有三种途径：①氢营养，其中 H_2 作为电子供体将 CO_2 还原为 CH_4（甲酸也可以作为电子供体，可能有助于产生高达 18% 的瘤胃 CH_4）；②甲基营养化，涉及使用甲胺或甲醇；③乙酸碎屑，包括使用乙酸和 H_2 生成 CH_4。氢营养产 CH_4 是瘤胃中的主要途径，主要由甲烷短杆菌属 *Methanobrevibacter* 进行，它们通常占古菌 16S rRNA 基因的 90% 以上，在瘤胃中也发现了其他一些数量较少的产甲烷菌物种（Tapio et al.，2017）。瘤胃古菌在 CH_4 生成中的作用已被密切关注和研究，有趣的是，它们的总丰度似乎与 CH_4 释放强度没有直接关系。

影响瘤胃产 CH_4 速率和强度的因素有很多。饲粮组成对可测瘤胃 CH_4 体积有重要影响；高粗饲粮有利于瘤胃微生物乙酸合成，导致 H_2 的增加，进而导致 CH_4 的产生，而在高浓度饲粮中，淀粉主要代谢为丙酸。尽管饲喂高精料似乎有利可图，但在高淀粉日粮下降低瘤胃 pH 可能会导致微生物群落和发酵的失衡，并导致亚急性瘤胃酸中毒（Plaizier et al.，2008）。此外，考虑到全球大多数牲畜的生长依赖于饲料来源，人们需要

在各种饲料中采取不同的策略来减少 CH_4 的形成。

（二）下肠微生物群对环境的负面影响

下肠菌群在增加瘤胃中 CH_4 和其他温室气体的产生方面也发挥着重要作用。已有的研究表明，产甲烷菌存在于犊牛出生时的胃肠道中，其丰度在 0 和 3 日龄犊牛之间存在差异（Guzman et al.，2015）；甲烷短杆菌属被证明是 3～4 周龄犊牛回肠中主要产 CH_4 菌群（Zhou et al.，2014）。新生小牛肠道中产甲烷菌的存在表明，这些古菌及其代谢物可能在肠道发育的早期阶段发挥重要作用，也可能在后肠道中释放 CH_4。虽然没有瘤胃产 CH_4 量大得那么可怕，但牛肠道中高达 10%的 CH_4 生成发生在盲肠，导致日粮能量损失可达 12%（Freetly et al.，2015）。因此，减少后肠区域的 CH_4 合成也可能减少肠道整体温室气体的产生，提高生产效率。因此，人们对后肠产 CH_4 群落的组成和功能动态也越来越感兴趣。从组成的角度来看，后肠古菌与瘤胃古菌不同，据报道，在盲肠中甲烷杆菌目是优势群（Freetly et al.，2015）。人们虽然已经深入研究了营养管理策略与瘤胃总 CH_4 产量之间的关系，但对下肠产 CH_4 与宿主生产之间的关系的认识仍然有限。因此，进一步研究营养操作、肠道产甲烷菌定植与 CH_4 释放之间的关系将对反刍动物生产具有重要意义。

除 CH_4 外，粪便和尿液中的其他废物成分［包括尿素、硝酸盐（NO_3^-）、亚硝酸盐（NO_2^-）、氨和硫化氢］也引起生产者和消费者的关注。在人体研究中，膳食中 NO_3^- 的很大比例通常是在上消化道被吸收的，每天大约 1/3 的硝酸盐吸收发生在下肠。肠道微生物群在硝酸盐的利用和转化中扮演着重要的角色，因为之前有研究表明大肠杆菌具有编码 NO_3^- 和亚硝酸盐还原酶的基因（O'Hara et al.，2020a）。此外，大肠杆菌可将 NO_3^- 转化为亚硝酸盐，进而转化为氨，嗜酸乳杆菌、植物乳杆菌和婴儿长双歧杆菌亚种被证明能产生大量的乳酸，为亚硝酸盐在体外与 NO 歧化提供了合适的条件（Tiso and Schechter，2015）。尽管迄今为止的大多数研究都来自体外研究，但肠道微生物组在 NO_3^- 转化中的重要作用是毫无疑问的。然而，对牛粪便中后肠微生物组和氮化合物组成的研究还很有限，研究人员应开展此类研究，以充分确定后肠微生物组对反刍动物生产环境影响的贡献。

二、减少温室气体排放的营养调控策略

研究人员已对多种降低瘤胃 CH_4 排放的方法进行了深入研究。这些方法既可以直接针对产甲烷菌群落，也可以通过减少或重新定向瘤胃中的 H_2 流量，从而降低 CH_4 生产所需的底物供应。相关缓解策略已在现有文献中得到全面阐述，包括但不限于以下饮食调控措施：使用海藻提取物、植物脂类补充剂、合成甲烷原抑制剂，以及通过遗传选择培育低排放动物等（Knapp et al.，2014）。产甲烷菌也可以通过中间氢转移获得 H_2，特别是在原生动物种群，因为一些产甲烷菌与原生动物细胞共生（Janssen and Kirs，2008）。所以，一些研究检验了驱除原虫对 CH_4 生产的重要性，发现驱除原虫平均减少了 11%的肠道 CH_4 生成（Newbold et al.，2015）。然而，迄今为止，由于缺乏可

靠的农场层面的去除方法，阻碍了它的广泛采用。迄今证明的最有效的缓解策略之一是在基础日粮中补充 3-硝基氧基丙醇（3-NOP）。研究发现，3-NOP 通过抑制甲基辅酶 M 还原酶(methyl-coenzyme M reductase，MCR)在 CH_4 生成的最后一步发挥作用(Duval and Kindermann，2012)。研究表明，添加 3-NOP 可显著降低泌乳奶牛瘤胃 CH_4 产量，且对产奶量没有任何不利影响，但有报道称添加 3-NOP 可增加乳脂含量(Lopes et al.，2016)。此外，3-NOP 也被证明是肉牛中一种有效的 CH_4 抑制剂。值得注意的是，目前还没有证据表明微生物对这种添加剂具有适应性。然而，由于全球范围内大量家养反刍动物饲养于开阔牧场，持续补充 3-NOP（或任何饲粮添加剂）的实际可行性和经济性仍需进一步评估，且其对瘤胃微生物组成和功能的长期影响尚未得到深入研究。此外，该化合物已于 2022 年 4 月 7 日被欧盟批准作为奶牛和繁殖用牛的饲料添加剂，市场需求空间广阔。

有效地减少 CH_4 策略或任何旨在引起瘤胃微生物组成或功能变化（如改善动物 FE）的干预措施的关键是这种变化的长期持续性。然而，事实证明，在成熟的动物中，很难永久改变已建立的微生物群，在停止治疗或补充后，微生物群通常会恢复到原来的组成（Weimer，2015）。然而，在生命的最初几周，当瘤胃群落在个体之间高度动态变化时，这种现象就不那么明显了。这些观察结果产生了瘤胃微生物规划的原则，即在微生物群完全建立之前，在瘤胃上留下理想和持久的微生物模式的早期饮食或管理干预，这种干预可以作为提高反刍动物产量的一种手段。因此，近年来人们对瘤胃微生物在生命最初几天和几周内的定植模式有了新的兴趣。有证据表明，生命早期的膳食干预可能对瘤胃微生物组成有长期的影响（Veneman et al.，2015），但迄今为止很少进行长期研究。为了有效地确定操作/干预的最佳时间，必须充分确定瘤胃微生物定植的时间顺序及其影响因素。最近的数据表明，生命的前三周可能是控制瘤胃微生物群定植的关键窗口期（O'Hara et al.，2020b）。然而，有必要对动物的整个生命周期进行研究，以确定什么是最有效提高宿主性能的操作的理想时间框架。许多饲料添加剂，如抗生素、离子载体和消融剂已被用于介导瘤胃发酵，以提高反刍动物的生产力和减少 CH_4 生成。然而，大多数化学添加剂要么对宿主动物有害，要么对甲烷生成产生暂时的影响，因此，营养学家和微生物学家一直在努力探索一些具有抗产甲烷活性的天然物质，通过减少 CH_4 的排放来实现生态友好型动物生产。

我们需要加强对饮食-微生物相互作用的理解，从而设计膳食干预措施，调节瘤胃微生物群，以提高生产效率，减少温室气体排放形式的能量损失。此外，我们需要探索对瘤胃发酵影响有限或无不良影响的天然饲料添加剂，以提高饲料的消化率和利用率。植物次生代谢产物是具有改变瘤胃发酵而不引起微生物耐药性的潜在能力的天然物质，其残留效应可对动物最终产物产生正向影响。由于植物化学物质具有良好的抑菌活性，因此被认为是改变瘤胃生理机能的潜在瘤胃微生物组调节剂。为了探索植物化学物质在瘤胃发酵中提高饲料消化率和减少甲烷生成的潜力，研究人员进行了许多体外和体内试验，其中许多研究已显示出良好的效果，但在有效动物生产方面的适用性还有待商榷。因此，研究人员仍在努力寻找一种合适的饲料添加剂，以减少瘤胃甲烷产量，同时提高牲畜产量，减少对环境的温室效应。在深入了解瘤胃发育、微生物定植、瘤胃微生物组与宿主的相互作用及饲粮影响的基础上，研究人员需要继续深入研究不同植物源和饲粮干预对瘤胃微生物调节瘤胃发酵和甲烷生成的影响，以提高饲料的整体效率，使畜牧业生产更加可持续，并实现经济价值（Hassan et al.，2020）。

Newbold 和 Ramos-Morales（2020）总结了一系列膳食添加剂的潜在好处和限制。然而，由于欧盟立法禁止在动物生产系统中使用抗菌生长促进剂，研究人员对使用植物提取物来控制瘤胃发酵、促进动物生产和减少温室气体排放越来越感兴趣。最近，许多植物提取物已经被研究其操纵肠道生理和抗菌活性的能力。一些植物代谢物，如皂苷、单宁和精油（EO），已显示出减少动物 CH_4 排放的潜力。它们对产甲烷菌、原生动物，以及饲料降解/吸收和发酵参数有显著影响。

皂苷是一类具有多种化学成分和生物活性的植物次生化合物。紫花苜蓿和大豆等富含皂苷的植物被广泛用于反刍动物饲养。研究发现，皂苷降低了原生动物和与原生动物相关的部分产甲烷菌的数量，但皂苷对产甲烷菌的影响并不一定与对原生动物的影响相关，但它已显示出作为抗原生动物制剂的潜力，最终可增加宿主的微生物供应并减少甲烷产量（Newbold et al.，2015）。近年来，在苜蓿干草和大豆皮纤维饲粮中添加的茶皂素，可以通过降低毛螺菌科 Lachnospiraceae 的相对丰度改变牛瘤胃脂肪代谢。但据报道，这种效应是暂时的，随着瘤胃微生物的适应性进化，茶皂素的活性会出现波动和下降，因为瘤胃细菌将皂苷脱糖基化为皂苷元（Hassan et al.，2020）。研究表明，常春藤果实中主要的皂苷 B 的衍生物的抗原生动物作用因其与皂苷元的取代基的组成和连接而不同（Ramos-Morales et al.，2017）。此外，研究结果还表明，抗原生动物活性并不是所有皂苷的固有特征，化合物结构的微小变化会对其生物活性产生重大影响（Ramos-Morales et al.，2019）。因此，有必要进一步研究皂苷的脱糖基化作用及其抗原生动物活性的性质，从而设计出有效的皂苷缓解反刍动物产 CH_4 的方法。

多酚类化合物，如单宁和黄酮类化合物，也被证明可以减少瘤胃甲烷的产生。我们最近发现，从甘草中提取的一种富含异黄酮的提取物减少了氨和 CH_4 的产生，这是由于原生动物数量和细菌多样性的减少，以及细菌和古菌的结构的变化（Ramos-Morales et al.，2018）。以该天然生物碱为原料合成 9 种化合物，并对其对瘤胃原生动物和发酵参数的影响进行了体外试验（Ramos-Morales et al.，2019）。很明显，了解化合物的结构特征对植物提取物的生物活性的影响程度是必要的。据报道，植物提取物对瘤胃发酵的影响是高度可变的（Newbold and Ramos-Morales，2020），但考虑到生长阶段、收获和储存条件都可以改变植物生物活性分子的结构，研究是否进行了同类比较有些值得怀疑。

单宁是一种多酚类化合物，分子质量在 500～5000Da，有两大类——缩合单宁（condensed tannin，CT）和水解单宁（hydrolysable tannin，HT）。单宁可以与膳食蛋白质、淀粉和糖结合，在 pH 3.5～7 时形成强大的复合物。单宁在瘤胃中的作用尚未完全清楚。虽然它们都具有抑菌作用，但不同单宁与瘤胃微生物的关系是不同的，水解单宁比浓缩单宁更容易被微生物水解。它们可以限制微生物的水解程度，并直接抑制产甲烷菌。此外，它们还可以通过减少纤维消化来降低 H_2 的利用率，从而间接降低产甲烷量。单宁能修饰瘤胃微生物群，减少蛋白质降解，减少 CH_4 生成，抑制脂肪酸生物加氢。然而，单宁对瘤胃微生物群作用的确切机制和作用程度尚不完全清楚。研究发现，不同来源的单宁对微生物种群和瘤胃发酵参数的变化均有显著影响。有研究报告称，补充不同来源的单宁对减少 CH_4 生成有截然不同的影响。研究表明，饲粮中添加单宁酸可降低肉牛的粗蛋白质消化率和 CH_4 产量，饲粮中添加 CT 提取物降低了产甲烷古菌和部分纤维素降解菌；一些研究也表明，单宁间接地阻碍了纤维的降解；研究还发现，饮食来源的 HT 和 CT 由于结构差异对瘤胃微生物组的影响差异较大。不同来源的单宁已被用于减少 CH_4 排放，同时提高动物生产性能（Hassan et al.，2020）。没食子酸是一种酚类单体，是单宁酸在瘤胃中的分解代谢产物之一，它是改善瘤胃发酵的重要生物活性成分。作为 HT 的一个亚基，没食子酸具有降低反刍动物对环境影响的潜力（通过降低 CH_4 和 NH_3 排放）而不降低动物生产性能。HT（塔拉，又名刺云实）和 CT（含笑草和甘草叶）提取物能抑制产甲烷菌和原虫的活性，但不影响瘤胃发酵和动物产量；栗子单宁对中性洗涤纤维（NDF）消化率具有中性影响，它具有足够的潜力减少 CH_4 生成，而不影响饲料效率和动物生产性能（Salami et al.，2018）。单宁酸（0~1.25mg/ml）可改变反刍动物体内微生物活性，提高饲料效率。干草中的单宁已被证明可以减少肉牛 CH_4 排放和尿素氮排泄（Stewart et al.，2019）。水解单宁被认为比 CT 更适合缓解 CH_4 产生。与丽锥美合欢 *Calliandra calothyrsus* 和银合欢 *Leucaena leucocephala* 的 CT 相比，金合欢 *Acacia farnesiana* 的 HT 对 CH_4 的产生具有更强的抑制作用（Hassan et al.，2020）。这可能是由于 HT（如没食子酸亚基）直接抑制产甲烷菌，但 CT 对瘤胃甲烷生成的作用是可变的。然而，需要进行长期试验来评估瘤胃微生物对适宜水平的 HT 及其亚基没食子酸的适应能力，以避免它们对动物生产性能的不利影响。

添加植物或动物来源脂肪是一种被广泛接受的用于缓解 CH_4 排放的策略。然而，是否考虑添加脂肪来减少肠道 CH_4 排放取决于成本和对采食量和消化率的预期不利影响。研究表明，添加亚麻油后，主要原生动物属的数量减少或无显著变化，特别是在高精料饲粮条件下。此外，随着脂肪不饱和程度的增加会减少原生动物数量，但由于个体间高随机性和动物群落多样性的影响，这种变化可能难以准确评估，这也可能是导致实验数据不一致的原因之一。进一步研究发现，饲粮中添加亚麻荠油对瘤胃原虫数量没有显著影响，但在饲粮中添加 8%的脂肪时，则可显著降低瘤胃原虫的细菌氮含量及纤维素分解菌数量。然而，也有研究报道指出，在饲粮中添加亚麻荠油对原生动物、总细菌、产甲烷菌、真菌以及纤维降解菌的相对丰度均未产生显著影响。

瘤胃保护油脂（来源于油籽、植物油和植物精油）通常被用作奶牛的能量来源。油籽是减少肠道微生物 CH_4 生成的有效途径之一，可用于降低反刍动物 CH_4 排放量。植物油通过直接抑制瘤胃原生动物和产甲烷菌的代谢活性，同时促进多不饱和脂肪酸（PUFA）在瘤胃中的生物氢化过程，进而通过这一途径形成氢的缓冲系统，有效调控瘤胃微生物产氢的代谢通量。与抗生素和离子载体类添加剂（如莫能菌素）相比，利用脂类来减少肠道 CH_4 的产生是一个更好的策略。一些研究报道了 FA，尤其是多不饱和脂肪酸对瘤胃产甲烷的不利影响。PUFA 的抗产甲烷作用一般随着其双键数的增加而增强。研究表明，在反刍动物中补充脂肪可以持续减少甲烷排放。然而，脂肪来源、脂肪酸谱、基础饲粮中的脂肪类型等多种因素都会影响饲粮脂肪的抗产甲烷效率。饲粮脂肪减少甲烷排放主要是通过抑制瘤胃中的纤维消化。报告称，饲喂添加葵花籽油的低精料日粮的泌乳奶牛的日 CH_4 排放有所下降。近年来，辣木油和亚麻荠油通过调节瘤胃微生物和改变瘤胃动力学，在不同全混合日粮（TMR）条件下可有效降低肠道体外 CH_4 产量。植物油和不饱和脂肪酸对 CH_4 的释放可能与每个 FA 的双键数、油的类型（游离油或全籽）和饲粮组成有关（粗精比）（Hassan et al.，2020）。一项体外研究表明，在高精料 TMR 中添加 6%的植物油（葵花籽和亚麻籽）具有降低 CH_4 排放（高达 21%~28%）、丁酸浓度，同时增加丙酸浓度的效果。最近，一项荟萃分析表明，在牛的饲料中添加硝酸盐和植物油能够减少 CH_4 排放高达 6%~20%（Belanche et al.，2020）。考虑到关于减少 CH_4 排放的不同研究，在反刍动物日粮中添加植物油是一种可行的、对环境影响更小更清洁的营养策略。

精油（EO）是由不同的植物形成的具有独特风味和气味的萜类化合物（单萜类和倍半萜类）和苯丙类化合物（香草和香料）。它们含有许多化学物质，如醇、碳氢化合物、酮、醛、醚和酯，大多数 EO 是亲脂性复合物。研究人员已经进行了各种研究来评估 EO 对瘤胃发酵和饲料降解率的影响。大量体外和体内试验已经证明 EO 在减少 CH_4 产生和改变微生物种群方面具有良好的效果。EO 对瘤胃发酵和甲烷生成的潜在影响主要是通过其抗菌活性实现，这种活性是通过与微生物细胞膜的相互作用（通过破坏脂质双分子层的膜稳定性）而介导的。EO 对革兰氏阳性菌最有效，对革兰氏阴性菌几乎没有活性（因为它们的亲水双分子层），但百里香酚和香芹酚除外。研究表明，大蒜油可通过抑制 3-羟基-3-甲基戊二酸单酰辅酶 A 还原酶（HMG-CoA 还原酶）的活性，导致产甲烷古菌细胞膜不稳定，最终引发细胞死亡。最近，有研究人员揭示了 EO 的化学组成，特别是含氧化合物的比例，结果显示其与发酵模式具有正相互作用，并在缓解 CH_4 产生方面显示出良好的潜力。饲粮中添加 EO（香菜、香叶醇和丁香酚）可使每头奶牛每天的 CH_4 产量减少 6%，每千克牛奶的 CH_4 产量减少 20%（Belanche et al.，2020）。可以推测，通过减少 CH_4 生产节省的能量可能会转移到生产牛奶。添加混合 EO（香芹酚、石竹烯、伞花烃、桉树脑、萜烯和百里香酚）可以选择性地促进犊牛瘤胃细菌的生长（减少厚壁菌门，增加拟杆菌门），从而改变犊牛的瘤胃功能。最近，一项荟萃分析表明，奶牛饲粮中添加 EO（香菜、丁香酚和香叶醇）的混合物，产奶量提高了 3.6%，乳脂和蛋白质提高了 4.1%，饲料效率提高了 4.4%，但同时降低了长期试验奶牛 DM 采食量（12.9%）和 CH_4 产量（8.8%）（Belanche et al.，2020）。成熟反刍动物饲粮中添加牛至 EO（52mg/L）可改善瘤胃体外发酵，通过介导瘤胃细菌（普雷沃氏菌属和戴阿利斯特菌属）减轻瘤胃发酵产生 CH_4。研究表明，与单独使用 EO 相比，使用不同 EO 的组合或混合调节瘤胃微生物组是一种更好的操纵瘤胃发酵的策略（Hassan et al.，2020）。这主要是因为每一种 EO 都具有复杂的植物化学物质混合物，它们的协同作用可以导致合成具有完全不同生物活性的新化合物，而单个化合物无法收获这些化合物。此外，利用植物化学物质的组合也有利于宿主从不同的植物组合中提供各种植物营养素。同时，这种组合的好处是其最终效用可以作为商业饲料添加剂在动物行业大规模使用，对改善全球动物生产产生整体影响，同时减轻温室气体排放。

瘤胃微生物组在瘤胃 N_2 利用、瘤胃饲料发酵和 CH_4 产生中起着至关重要的作用，最终影响反刍动物的生产、健康和福利。瘤胃微生物是高度活跃的，可以适应广泛的膳食波动或宿主生理条件。大量文献支持添加植物源性饲料添加剂（如皂苷、单宁和精油）来操纵瘤胃微生物群，从而调节瘤胃发酵以增加 VFA，减少 NH_3 和 CH_4 的产生。以减少 VFA 产量为代价的膳食干预降低甲烷生成在营养上是不利的，也是不可取的。利用植物活性化合物抑制反刍动物肠道 CH_4 排放是可能的；然而，研究这些化合物对减少甲烷生成的长期影响是必要的。现有研究清楚地表明，尽管植物化学物质在体外具有调节瘤胃微生物群和减少甲烷生成的能力，但在体内观察到的影响差异很大。多因素，包括由于植物来源、生长条件和加工方法的差异，以及不同的应用方法、饲养条件和微生物对特定植物化学物质的逐步适应而导致的化合物化学成分的变化，都造成了这种巨大的可变性。由于这些问题的复杂性，很难对这些化合物在动物工业中的商业应用进行系统而全面的有效性和安全性评价。因此，控制这种变异性是开发植物源性物质作为天然饲料添加剂的关键。理想情况下，这应该包括从生产、提取、加工和应用的所有过程。在这些步骤中对不同条件进行优化，有助于解决植物源性饲料添加剂在反刍动物中的不一致性、短暂性和不良影响等问题。近年来，植物化学物质的分子对接分析和三维结构数据库的发展，为评估其与微生物（特别是产甲烷古菌）的功能蛋白之间的结构亲和关系开辟了新领域。通过分子对接分析，结合体外和体内实验，可筛选出具有抗菌和抗甲烷活性的有效植物化学物质。该方法不仅有助于发现强活性化合物，还能揭示其作用机制，并探索与其他化合物的协同作用。此外，还有一个迫切需要，即利用先进的分子化学与封装技术避免瘤胃降解植物化学物质和使用纳米结构以提高植物化学物质生物活性和生物利用度，这是一个探索植物化学物质对瘤胃微生物群的潜在影响的令人兴奋的领域。

参 考 文 献

刘起丽, 张建新, 葛文娇, 等. 2014. 一株产纤维素酶真菌的筛选及其对秸秆的降解效果研究. 现代食品科技, 30(6): 82-86, 35.

马晨, 张和平, 刘彩虹, 等. 2014. 牛瘤胃与肠道微生物多样性的研究进展. 动物营养学报, 26(4): 852-862.

司丽炜, 韩红燕. 2020. 牛羊瘤胃微生物多样性及其影响因素. 中国饲料, (21): 8-14.

徐海燕, 黄卫强, 侯强川, 等. 2017. 复合益生菌制剂对奶牛产奶量、牛奶成分和奶牛肠道菌群的影响//中国食品科学技术学会. 益生菌: 技术及产业化——第十二届益生菌与健康国际研讨会摘要集. 呼和浩特.

姚军虎. 2013. 反刍动物碳水化合物高效利用的综合调控. 饲料工业, 34(17): 1-12.

赵向辉. 2012. 日粮非纤维性碳水化合物对人工瘤胃发酵、微生物合成和纤维分解菌菌群的影响. 杨凌: 西北农林科技大学博士学位论文.

Abdelmegeid M K, Elolimy A A, Zhou Z, et al. 2018. Rumen-protected methionine during the peripartal period in dairy cows and its effects on abundance of major species of ruminal bacteria. J Anim Sci Biotechnol, 9: 17.

Al-Saiady M Y. 2010. Effect of probiotic bacteria on immunoglobulin G concentration and other blood components of newborn calves. J Anim Vet Adv, 9(3): 604-609.

Anantasook N, Wanapat M, Cherdthong A, et al. 2013. Changes of microbial population in the rumen of dairy steers as influenced by plant containing tannins and saponins and roughage to concentrate ratio. Asian-Australas J Anim Sci, 26(11): 1583-1591.

Anderson C L, Schneider C J, Erickson G E, et al. 2016. Rumen bacterial communities can be acclimated faster to high concentrate diets than currently implemented feedlot programs. J Appl Microbiol, 120(3): 588-599.

Anderson C L, Sullivan M B, Fernando S C. 2017. Dietary energy drives the dynamic response of bovine rumen viral communities. Microbiome, 5(1): 155.

Artegoitia V M, Foote A P, Lewis R M, et al. 2017. Rumen fluid metabolomics analysis associated with feed efficiency on crossbred steers. Sci Rep, 7(1): 2864.

Asa R, Tanaka A, Uehara A, et al. 2010. Effects of protease-resistant antimicrobial substances produced by lactic acid bacteria on rumen methanogenesis. Asian-Australas J Anim Sci, 23(6): 700-707.

Basarab J A, Beauchemin K A, Baron V S, et al. 2013. Reducing GHG emissions through genetic improvement for feed efficiency: effects on economically important traits and enteric methane production. Animal, 7(Suppl 2): 303-315.

Bauman D E, Lock A L. 2006. Conjugated linoleic acid: biosynthesis and nutritional significance//Fox P F, McSweeney P L H. Advanced Dairy Chemistry, Volume 2 Lipids. Boston: Springer US: 93-136.

Bayatkouhsar J, Tahmasebi A M, Naserian A A, et al. 2013. Effects of supplementation of lactic acid bacteria on growth performance, blood metabolites and fecal coliform and lactobacilli of young dairy calves. Anim Feed Sci Technol, 186(1-2): 1-11.

Beauchemin K A, McGinn S M. 2006. Methane emissions from beef cattle: effects of fumaric acid, essential oil, and canola oil. J Anim Sci, 84(6): 1489-1496.

Bekele A Z, Koike S, Kobayashi Y. 2010. Genetic diversity and diet specificity of ruminal *Prevotella* revealed by 16S rRNA gene-based analysis. FEMS Microbiol Lett, 305(1): 49-57.

Belanche A, De La Fuente G, Newbold C J. 2015. Effect of progressive inoculation of fauna-free sheep with holotrich protozoa and total-fauna on rumen fermentation, microbial diversity and methane emissions. FEMS Microbiol Ecol, 91(3): fiu026.

Belanche A, Doreau M, Edwards J E, et al. 2012. Shifts in the rumen microbiota due to the type of carbohydrate and level of protein ingested by dairy cattle are associated with changes in rumen fermentation. J Nutr, 142(9): 1684-1692.

Belanche A, Newbold C J, Morgavi D P, et al. 2020. A meta-analysis describing the effects of the essential oils blend agolin ruminant on performance, rumen fermentation and methane emissions in dairy cows. Animals, 10: 620.

Ben-Shabat S K, Sasson G, Doron-Faigenboim A, et al. 2016. Specific microbiome-dependent mechanisms underlie the energy harvest efficiency of ruminants. ISME J, 10(12): 2958-2972.

Berry D P, Crowley J J. 2013. Cell biology symposium: genetics of feed efficiency in dairy and beef cattle. J Anim Sci, 91(4): 1594-1613.

Biddle A, Stewart L, Blanchard J, et al. 2013. Untangling the genetic basis of fibrolytic specialization by Lachnospiraceae and Ruminococcaceae in diverse gut communities. Diversity, 5(3): 627-640.

Bionaz M, Vargas-Bello-Pérez E, Busato S. 2020. Advances in fatty acids nutrition in dairy cows: from gut to cells and effects on performance. J Anim Sci Biotechnol, 11(1): 110.

Calsamiglia S, Blanch M, Ferret A, et al. 2012. Is subacute ruminal acidosis a pH related problem? Causes and tools for its control. Anim Feed Sci Technol, 172(1-2): 42-50.

Carberry C A, Kenny D A, Han S, et al. 2012. Effect of phenotypic residual feed intake and dietary forage content on the rumen microbial community of beef cattle. Appl Environ Microbiol, 78(14): 4949-4958.

Carberry C A, Kenny D A, Kelly A K, et al. 2014a. Quantitative analysis of ruminal methanogenic microbial populations in beef cattle divergent in phenotypic residual feed intake (RFI) offered contrasting diets. J Anim Sci Biotechnol, 5(1): 41.

Carberry C A, Waters S M, Kenny D A, et al. 2014b. Rumen methanogenic genotypes differ in abundance according to host residual feed intake phenotype and diet type. Appl Environ Microbiol, 80(2): 586-594.

Carey D A, Caton J S, Biondini M. 1993. Influence of energy source on forage intake, digestibility, *in situ* forage degradation, and ruminal fermentation in beef steers fed medium-quality brome hay. J Anim Sci, 71(8): 2260-2269.

Carreño D, Toral P G, Pinloche E, et al. 2019. Rumen bacterial community responses to DPA, EPA and DHA in cattle and sheep: a comparative *in vitro* study. Sci Rep, 9(1): 11857.

Castro J J, Gomez A, White B, et al. 2016. Changes in the intestinal bacterial community, short-chain fatty acid profile, and intestinal development of preweaned Holstein calves. 2. Effects of gastrointestinal site and age. J Dairy Sci, 99(12): 9703-9715.

Chaucheyras-Durand F, Durand H. 2010. Probiotics in animal nutrition and health. Benef Microbes, 1(1): 3-9.

Chaucheyras-Durand F, Walker N D, Bach A. 2008. Effects of active dry yeasts on the rumen microbial ecosystem: past, present and future. Anim Feed Sci Technol, 145(1-4): 5-26.

Chung Y H, Walker N D, McGinn S M, et al. 2011. Differing effects of 2 active dried yeast (*Saccharomyces cerevisiae*) strains on ruminal acidosis and methane production in nonlactating dairy cows. J Dairy Sci, 94(5): 2431-2439.

Clemmons B A, Mihelic R I, Beckford R C, et al. 2017. Serum metabolites associated with feed efficiency in black Angus steers. Metabolomics, 13(12): 147.

Clemmons B A, Voy B H, Myer P R. 2019. Altering the gut microbiome of cattle: considerations of host-microbiome interactions for persistent microbiome manipulation. Microb Ecol, 77(2): 523-536.

Cobellis G, Trabalza-Marinucci M, Yu Z T. 2016. Critical evaluation of essential oils as rumen modifiers in ruminant nutrition: a review. Sci Total Environ, 545-546: 556-568.

Comtet-Marre S, Parisot N, Lepercq P, et al. 2017. Metatranscriptomics reveals the active bacterial and eukaryotic fibrolytic communities in the rumen of dairy cow fed a mixed diet. Front Microbiol, 8: 67.

Costa M, Alves S P, Cabo A, et al. 2017. Modulation of *in vitro* rumen biohydrogenation by *Cistus ladanifer* tannins compared with other tannin sources. J Sci Food Agric, 97(2): 629-635.

Cremonesi P, Conte G, Severgnini M, et al. 2018. Evaluation of the effects of different diets on microbiome diversity and fatty acid composition of rumen liquor in dairy goat. Animal, 12(9): 1856-1866.

Danielsson R, Dicksved J, Sun L, et al. 2017. Methane production in dairy cows correlates with rumen methanogenic and bacterial community structure. Front Microbiol, 8: 226.

Das K C, Hundal J, Mahapatra P S, et al. 2010. Chemical composition and *in vitro* gas production of fodder tree leaves and shrubs. Indian Vet J, 87(9): 899-901.

Dehority B A, Orpin C G. 1997. Development of, and natural fluctuations in, rumen microbial populations//Hobson P N, Stewart C S. The Rumen Microbial Ecosystem. Dordrecht: Springer: 196-245.

Desnoyers M, Giger-Reverdin S, Bertin G, et al. 2009. Meta-analysis of the influence of *Saccharomyces cerevisiae* supplementation on ruminal parameters and milk production of ruminants. J Dairy Sci, 92(4): 1620-1632.

Deusch S, Camarinha-Silva A, Conrad J, et al. 2017. A structural and functional elucidation of the rumen microbiome influenced by various diets and microenvironments. Front Microbiol, 8: 1605.

Dias J, Marcondes M I, Noronha M, et al. 2017. Effect of pre-weaning diet on the ruminal archaeal, bacterial, and fungal communities of dairy calves. Front Microbiol, 8: 1553.

Dieho K, Bannink A, Geurts I A L, et al. 2016. Morphological adaptation of rumen papillae during the dry period and early lactation as affected by rate of increase of concentrate allowance. J Dairy Sci, 99(3): 2339-2352.

Difford G F, Plichta D R, Løvendahl P, et al. 2018. Host genetics and the rumen microbiome jointly associate with methane emissions in dairy cows. PLoS Genet, 14(10): e1007580.

Donoghue K A, Bird-Gardiner T, Arthur P F, et al. 2016. Genetic and phenotypic variance and covariance components for methane emission and postweaning traits in Angus cattle. J Anim Sci, 94(4): 1438-1445.

Durso L M, Wells J E, Harhay G P, et al. 2012. Comparison of bacterial communities in faeces of beef cattle fed diets containing corn and wet distillers' grain with solubles. Lett Appl Microbiol, 55(2): 109-114.

Duval S, Kindermann M. 2012. Use of nitrooxy organic molecules in feed for reducing enteric methane emissions in ruminants, and/or to improve ruminant performance: WIPO (PCT), WO-2012085629-A1.

Edwards J E, Forster R J, Callaghan T M, et al. 2017. PCR and omics based techniques to study the diversity, ecology and biology of anaerobic fungi: insights, challenges and opportunities. Front Microbiol, 8: 1657.

Edwards J E, Kingston-Smith A H, Jimenez H R, et al. 2008. Dynamics of initial colonization of nonconserved perennial ryegrass by anaerobic fungi in the bovine rumen. FEMS Microbiol Ecol, 66(3): 537-545.

Enjalbert F, Combes S, Zened A, et al. 2017. Rumen microbiota and dietary fat: a mutual shaping. J Appl Microbiol, 123(4): 782-797.

Eren A M, Sogin M L, Morrison H G, et al. 2015. A single genus in the gut microbiome reflects host preference and specificity. ISME J, 9(1): 90-100.

Fernando S C, Purvis H T, Najar F Z, et al. 2010. Rumen microbial population dynamics during adaptation to a high-grain diet. Appl Environ Microbiol, 76(22): 7482-7490.

Firkins J L, Yu Z. 2015. Ruminant nutrition symposium: how to use data on the rumen microbiome to improve our understanding of ruminant nutrition. J Anim Sci, 93(4): 1450-1470.

Fontanesi L. 2016. Merging metabolomics, genetics, and genomics in livestock to dissect complex production traits//Kadarmideen H N. Systems Biology in Animal Production and Health. Vol. 1. Cham: Springer International Publishing: 43-62.

Fonty G, Gouet P, Jouany J P, et al. 1987. Establishment of the microflora and anaerobic fungi in the rumen of lambs. Microbiology, 133(7): 1835-1843.

Franzolin R, Dehority B A. 1996. Effect of prolonged high-concentrate feeding on ruminal protozoa concentrations. J Anim Sci, 74(11): 2803-2809.

Freetly H C, Lindholm-Perry A K, Hales K E, et al. 2015. Methane production and methanogen levels in steers that differ in residual gain. J Anim Sci, 93(5): 2375-2381.

Fuller R. 1989. Probiotics in man and animals: a review. J Appl Bacteriol, 66(5): 365-378.

Gerber P J, Hristov A N, Henderson B, et al. 2013. Technical options for the mitigation of direct methane and nitrous oxide emissions from livestock: a review. Animal, 7(Suppl 2): 220-234.

Gibson G R, Probert H M, Loo J V, et al. 2004. Dietary modulation of the human colonic microbiota: updating the concept of prebiotics. Nutr Res Rev, 17(2): 259-275.

Gilbert R A, Kelly W J, Altermann E, et al. 2017. Toward understanding phage: host interactions in the rumen; complete genome sequences of lytic phages infecting rumen bacteria. Front Microbiol, 8: 2340.

Gilbert R A, Klieve A V. 2015. Ruminal viruses (bacteriophages, archaeaphages)//Puniya A, Singh R, Kamra D. Rumen Microbiology: from Evolution to Revolution. New Delhi: Springer: 121-141.

Gonzalez-Recio O, Zubiria I, García-Rodríguez A, et al. 2017. Signs of host genetic regulation in the microbiome composition in cattle. bioRxiv.

Grenet E, Breton A, Barry P, et al. 1989. Rumen anaerobic fungi and plant substrate colonization as affected by diet composition. Anim Feed Sci Technol, 26(1-2): 55-70.

Gressley T F, Hall M B, Armentano L E. 2011. Ruminant nutrition symposium: productivity, digestion, and health responses to hindgut acidosis in ruminants. J Anim Sci, 89(4): 1120-1130.

Grilli D J, Mrázek J, Fliegerová K, et al. 2016. Ruminal bacterial community changes during adaptation of goats to fresh alfalfa forage. Livest Sci, 191: 191-195.

Gruninger R J, Ribeiro G O, Cameron A, et al. 2019. Invited review: application of meta-omics to understand the dynamic nature of the rumen microbiome and how it responds to diet in ruminants. Animal, 13(9): 1843-1854.

Guan L L, Nkrumah J D, Basarab J A, et al. 2008. Linkage of microbial ecology to phenotype: correlation of rumen microbial ecology to cattle's feed efficiency. FEMS Microbiol Lett, 288(1): 85-91.

Guzman C E, Bereza-Malcolm L T, De Groef B, et al. 2015. Presence of selected methanogens, fibrolytic bacteria, and proteobacteria in the gastrointestinal tract of neonatal dairy calves from birth to 72 hours. PLoS One, 10(7): e0133048.

Hankel J, Popp J, Meemken D, et al. 2018. Influence of lauric acid on the susceptibility of chickens to an experimental *Campylobacter jejuni* colonisation. PLoS One, 13(9): e0204483.

Harfoot C G, Hazlewood G P. 1997. Lipid metabolism in the rumen//Hobson P N, Stewart C S. The Rumen Microbial Ecosystem. Dordrecht: Springer Netherlands: 382-426.

Hartemink R, Van Laere K M J, Rombouts F M. 1997. Growth of enterobacteria on fructo-oligosaccharides. J Appl Microbiol, 83(3): 367-374.

Hassan F U, Arshad M A, Ebeid H M, et al. 2020. Phytogenic additives can modulate rumen microbiome to mediate fermentation kinetics and methanogenesis through exploiting diet-microbe interaction. Front Vet Sci, 7: 575801.

Hasunuma T, Kawashima K, Nakayama H, et al. 2011. Effect of cellooligosaccharide or synbiotic feeding on growth performance, fecal condition and hormone concentrations in Holstein calves. Anim Sci J, 82(4): 543-548.

Henderson G, Cox F, Ganesh S, et al. 2015. Rumen microbial community composition varies with diet and host, but a core microbiome is found across a wide geographical range. Sci Rep, 5: 14567.

Hernandez-Sanabria E, Goonewardene L A, Wang Z Q, et al. 2013. Influence of sire breed on the interplay among rumen microbial populations inhabiting the rumen liquid of the progeny in beef cattle. PLoS One, 8(3): e58461.

Hill T M, Aldrich J M, Schlotterbeck R L, et al. 2005. Nutrient Sources for Solid Feeds and Factors Affecting Their Intake by Calves. Nottingham: Nottingham University Press: 113-134.

Hindrichsen I K, Wettstein H R, Machmüller A, et al. 2004. Effects of feed carbohydrates with contrasting properties on rumen fermentation and methane release *in vitro*. Can J Anim Sci, 84(2): 265-276.

Hitch T C A, Edwards J E, Gilbert R A. 2019. Metatranscriptomics reveals mycoviral populations in the ovine rumen. FEMS Microbiol Lett, 366(13): fnz161.

Hooper L V, Littman D R, Macpherson A J. 2012. Interactions between the microbiota and the immune system. Science, 336(6086): 1268-1273.

Hristov A N, Callaway T R, Lee C, et al. 2012. Rumen bacterial, archaeal, and fungal diversity of dairy cows in response to ingestion of lauric or myristic acid. J Anim Sci, 90(12): 4449-4457.

Hristov A N, Ivan M, Rode L M, et al. 2001. Fermentation characteristics and ruminal ciliate protozoal populations in cattle fed medium- or high-concentrate barley-based diets. J Anim Sci, 79(2): 515-524.

Hu W P, Murphy M R. 2005. Statistical evaluation of early- and mid-lactation dairy cow responses to dietary sodium bicarbonate addition. Anim Feed Sci Technol, 119(1-2): 43-54.

Humer E, Petri R M, Aschenbach J R, et al. 2018. Invited review: practical feeding management recommendations to mitigate the risk of subacute ruminal acidosis in dairy cattle. J Dairy Sci, 101(2): 872-888.

Huws S A, Creevey C J, Oyama L B, et al. 2018. Addressing global ruminant agricultural challenges through understanding the rumen microbiome: past, present, and future. Front Microbiol, 9: 2161.

Jami E, Israel A, Kotser A, et al. 2013. Exploring the bovine rumen bacterial community from birth to adulthood. ISME J, 7(6): 1069-1079.

Janssen P H, Kirs M. 2008. Structure of the archaeal community of the rumen. App Environ Microb, 74(12): 3619-3625.

Jarvis G N, Moore E R B. 2010. Lipid metabolism and the rumen microbial ecosystem//Timmis K N. Handbook of Hydrocarbon and Lipid Microbiology. Berlin: Springer: 2245-2257.

Jenkins T C, Bridges W C. 2007. Protection of fatty acids against ruminal biohydrogenation in cattle. Eur J Lipid Sci Technol, 109(8): 778-789.

Jenkins T C, Wallace R J, Moate P J, et al. 2008. Board-invited review: recent advances in biohydrogenation of unsaturated fatty acids within the rumen microbial ecosystem. J Anim Sci, 86(2): 397-412.

Jenkins T C. 1993. Lipid metabolism in the rumen. J Dairy Sci, 76(12): 3851-3863.

Jin W, Wang Y, Li Y F, et al. 2018. Temporal changes of the bacterial community colonizing wheat straw in the cow rumen. Anaerobe, 50: 1-8.

Joblin K N, Naylor G E, Williams A G. 1990. Effect of *Methanobrevibacter smithii* on xylanolytic activity of anaerobic ruminal fungi. Appl Environ Microbiol, 56(8): 2287-2295.

Karisa B K, Thomson J, Wang Z, et al. 2014. Plasma metabolites associated with residual feed intake and other productivity performance traits in beef cattle. Livest Sci, 165: 200-211.

Kawakami S I, Yamada T, Nakanishi N, et al. 2010. Effect of probiotics on bacterial flora of various gastrointestinal regions in Holstein calves. J Anim Vet Adv, 9(11): 1556-1559.

Kim M, Kim J, Kuehn L A, et al. 2014. Investigation of bacterial diversity in the feces of cattle fed different diets. J Anim Sci, 92(2): 683-694.

Kittelmann S, Devente S R, Kirk M R, et al. 2015. Phylogeny of intestinal ciliates, including *Charonina ventriculi* and comparison of microscopy and 18S rRNA gene pyrosequencing for rumen ciliate community structure analysis. App Environ Microb, 81(7): 2433-2444.

Klieve A V, Hennessy D, Ouwerkerk D, et al. 2003. Establishing populations of *Megasphaera elsdenii* YE34 and *Butyrivibrio fibrisolvens* YE44 in the rumen of cattle fed high grain diets. J Appl Microbiol, 95(3): 621-630.

Knapp J R, Laur G L, Vadas P A, et al. 2014. Invited review: enteric methane in dairy cattle production: quantifying the opportunities and impact of reducing emissions. J Dairy Sci, 97(6): 3231-3261.

Koch R M, Swiger L A, Chambers D, et al. 1963. Efficiency of feed use in beef cattle. J Anim Sci, 22(2): 486-494.

Koenig K M, Newbold C J, McIntosh F M, et al. 2000. Effects of protozoa on bacterial nitrogen recycling in the rumen. J Anim Sci, 78(9): 2431-2445.

Kong Y H, Teather R, Forster R. 2010. Composition, spatial distribution, and diversity of the bacterial communities in the rumen of cows fed different forages. FEMS Microbiol Ecol, 74(3): 612-622.

Krause D O, Nagaraja T G, Wright A D G, et al. 2013. Board-invited review: rumen microbiology: leading the way in microbial ecology. J Anim Sci, 91(1): 331-341.

Kröger I, Humer E, Neubauer V. et al. 2017. Modulation of chewing behavior and reticular pH in nonlactating cows challenged with concentrate-rich diets supplemented with phytogenic compounds and autolyzed yeast. J Dairy Sci, 100(12): 9702-9714.

Kumar S, Dagar S S, Puniya A K, et al. 2013. Changes in methane emission, rumen fermentation in response to diet and microbial interactions. Res Vet Sci, 94(2): 263-268.

Kumar S, Indugu N, Vecchiarelli B, et al. 2015. Associative patterns among anaerobic fungi, methanogenic archaea, and bacterial communities in response to changes in diet and age in the rumen of dairy cows. Front Microbiol, 6: 781.

Lashkari S, Bonefeld Petersen M, Krogh Jensen S. 2020. Rumen biohydrogenation of linoleic and linolenic acids is reduced when esterified to phospholipids or steroids. Food Sci Nutr, 8(1): 79-87.

Levy B, Jami E. 2018. Exploring the prokaryotic community associated with the rumen ciliate protozoa population. Front Microbiol, 9: 2526.

Li F Y, Li C X, Chen Y H, et al. 2019. Host genetics influence the rumen microbiota and heritable rumen microbial features associate with feed efficiency in cattle. Microbiome, 7(1): 92.

Li Z, Deng Q, Liu Y, et al. 2018. Dynamics of methanogenesis, ruminal fermentation and fiber digestibility in ruminants following elimination of protozoa: a meta-analysis. J Anim Sci Biotechnol, 9: 89.

Liang G X, Malmathuge N, Bao H, et al. 2016. Transcriptome analysis reveals regional and temporal differences in mucosal immune system development in the small intestine of neonatal calves. BMC Genomics, 17(1): 602.

Liang G X, Malmuthuge N, Guan L L, et al. 2015. Model systems to analyze the role of miRNAs and commensal microflora in bovine mucosal immune system development. Mol Immunol, 66(1): 57-67.

Lopes J C, De Matos L F, Harper M T, et al. 2016. Effect of 3-nitrooxypropanol on methane and hydrogen emissions, methane isotopic signature, and ruminal fermentation in dairy cows. J Dairy Sci, 99(7): 5335-5344.

López-Colom P, Castillejos L, Rodríguez-Sorrento A, et al. 2019. Efficacy of medium-chain fatty acid salts distilled from coconut oil against two enteric pathogen challenges in weanling piglets. J Anim Sci Biotechnol, 10: 89.

Lourenco M, Ramos-Morales E, Wallace R J. 2010. The role of microbes in rumen lipolysis and biohydrogenation and their manipulation. Animal, 4(7): 1008-1023.

Lynch J, Pierrehumbert R. 2019. Climate impacts of cultured meat and beef cattle. Front Sustain Food Syst, 3: 5.

Macheboeuf D, Morgavi D P, Papon Y, et al. 2008. Dose-response effects of essential oils on *in vitro* fermentation activity of the rumen microbial population. Anim Feed Sci Technol, 145(1-4): 335-350.

Malmuthuge N, Griebel P J, Guan L L. 2014. Taxonomic identification of commensal bacteria associated with the mucosa and digesta throughout the gastrointestinal tracts of preweaned calves. Appl Environ Microbiol, 80(6): 2021-2028.

Malmuthuge N, Guan L L. 2017. Understanding host-microbial interactions in rumen: searching the best opportunity for microbiota manipulation. J Anim Sci Biotechnol, 8: 8.

Malmuthuge N, Li M, Goonewardene L A, et al. 2013. Effect of calf starter feeding on gut microbial diversity and expression of genes involved in host immune responses and tight junctions in dairy calves during weaning transition. J Dairy Sci, 96(5): 3189-3200.

Malmuthuge N, Liang G X, Griebel P J, et al. 2019. Taxonomic and functional compositions of the small intestinal microbiome in neonatal calves provide a framework for understanding early life gut health. Appl Environ Microbiol, 85(6): e02534-18.

Marden J P, Julien C, Monteils V, et al. 2008. How does live yeast differ from sodium bicarbonate to stabilize ruminal pH in high-yielding dairy cows? J Dairy Sci, 91(9): 3528-3535.

McCann J C, Luan S Y, Cardoso F C, et al. 2016. Induction of subacute ruminal acidosis affects the ruminal microbiome and epithelium. Front Microbiol, 7: 701.

McDonald P, Edwards R A, Greenhalgh J F D, et al. 2011. Food additives//Greenhalgh J F D, Morgan C A, Sinclair L A, et al. Animal Nutrition. 7th ed. Harlow: Pearson Education Ltd: 594-607.

Meale S J, Li S C, Azevedo P, et al. 2016. Development of ruminal and fecal microbiomes are affected by weaning but not weaning strategy in dairy calves. Front Microbiol, 7: 582.

Meale S J, Li S C, Azevedo P, et al. 2017. Weaning age influences the severity of gastrointestinal microbiome shifts in dairy calves. Sci Rep, 7(1): 198.

Menezes A B, Lewis E, O'Donovan M, et al. 2011. Microbiome analysis of dairy cows fed pasture or total mixed ration diets. FEMS Microbiol Ecol, 78(2): 256-265.

Millen D D, De Beni Arrigoni M, Pacheco R D L. 2016. Rumenology. Cham: Springer Int.

Mizrahi I, Wallace R J, Moraïs S. 2021. The rumen microbiome: balancing food security and environmental impacts. Nat Rev Microbiol, 19(9): 553-566.

Mohammed S A, Rahamtalla S, Ahmed S, et al. 2014. *DGAT1* gene in dairy cattle: a review. Global J Anim Sci Res, 3(1): 191-198.

Morgavi D P, Forano E, Martin C, et al. 2010. Microbial ecosystem and methanogenesis in ruminants. Animal, 4(7): 1024-1036.

Morgavi D P, Kelly W J, Janssen P H, et al. 2013. Rumen microbial (meta) genomics and its application to ruminant production. Animal, 7(Suppl 1): 184-201.

Myer P R, Freetly H C, Wells J E, et al. 2017. Analysis of the gut bacterial communities in beef cattle and their association with feed intake, growth, and efficiency. J Anim Sci, 95(7): 3215-3224.

Myer P R, Smith T P, Wells J E, et al. 2015a. Rumen microbiome from steers differing in feed efficiency. PLoS One, 10(6): e0129174.

Myer P R, Wells J E, Smith T P, et al. 2015b. Cecum microbial communities from steers differing in feed efficiency. J Anim Sci, 93(11): 5327-5340.

Myer P R, Wells J E, Smith T P, et al. 2015c. Microbial community profiles of the colon from steers differing in feed efficiency. Springer Plus, 4: 454.

Myer P R, Wells J E, Smith T P, et al. 2016. Microbial community profiles of the jejunum from steers differing in feed efficiency. J Anim Sci, 94(1): 327-338.

Nagata R, Kim Y H, Ohkubo A, et al. 2018. Effects of repeated subacute ruminal acidosis challenges on the adaptation of the rumen bacterial community in Holstein bulls. J Dairy Sci, 101(5): 4424-4436.

Namonyo S, Wagacha M, Maina S, et al. 2018. A metagenomic study of the rumen virome in domestic caprids. Arch Virol, 163(12): 3415-3419.

Neubauer V, Petri R, Humer E I, et al. 2018. High-grain diets supplemented with phytogenic compounds or autolyzed yeast modulate ruminal bacterial community and fermentation in dry cows. J Dairy Sci, 101(3):

2335-2349.

Noble R C. 1978. Digestion, absorption and transport of lipids in ruminant animals. Prog Lipid Res, 17(1): 55-91.

Newbold C J, De La Fuente G, Belanche A, et al. 2015. The role of ciliate protozoa in the rumen. Front Microbiol, 6: 1313.

Newbold C J, Ramos-Morales E. 2020. Review: ruminal microbiome and microbial metabolome: effects of diet and ruminant host. Animal, 14(S1): s78-s86.

Nocek J E, Kautz W P. 2006. Direct-fed microbial supplementation on ruminal digestion, health, and performance of pre- and postpartum dairy cattle. J Dairy Sci, 89(1): 260-266.

Noel S J, Attwood G T, Rakonjac J, et al. 2017. Seasonal changes in the digesta-adherent rumen bacterial communities of dairy cattle grazing pasture. PLoS One, 12(3): e0173819.

O'Hara E, Kelly A, McCabe M S, et al. 2018. Effect of a butyrate-fortified milk replacer on gastrointestinal microbiota and products of fermentation in artificially reared dairy calves at weaning. Sci Rep, 8(1): 14901.

O'Hara E, Kenny D A, McGovern E, et al. 2020a. Investigating temporal microbial dynamics in the rumen of beef calves raised on two farms during early life. FEMS Microbiol Ecol, 96(2): fiz203.

O'Hara E, Neves A L A, Song Y, et al. 2020b. The role of the gut microbiome in cattle production and health: driver or passenger? Annu Rev Anim Biosci, 8: 199-220.

Oikonomou G, Teixeira A G, Foditsch C, et al. 2013. Fecal microbial diversity in pre-weaned dairy calves as described by pyrosequencing of metagenomic 16S rDNA. Associations of *Faecalibacterium* species with health and growth. PLoS One, 8(4): e63157.

Oliveira M N V, Jewell K A, Freitas F S, et al. 2013. Characterizing the microbiota across the gastrointestinal tract of a Brazilian Nelore steer. Vet Microbiol, 164(3-4): 307-314.

Orpin C G. 1975. Studies on the rumen flagellate *Neocallimastix frontalis*. Microbiol Soc, 91(2): 249-262.

Palmquist D L, Jenkins T C. 2017. A 100-year review: fat feeding of dairy cows. J Dairy Sci, 100(12): 10061-10077.

Park T, Wijeratne S, Meulia T, et al. 2018. Draft macro nuclear genome sequence of the ruminal ciliate *Entodinium caudatum*. Microbiol Res Ann, 7: e00826-18.

Petri R M, Schwaiger T, Penner G B, et al. 2013. Characterization of the core rumen microbiome in cattle during transition from forage to concentrate as well as during and after an acidotic challenge. PLoS One, 8(12): e83424.

Pinloche E, McEwan N, Marden J P, et al. 2013. The effects of a probiotic yeast on the bacterial diversity and population structure in the rumen of cattle. PLoS One, 8(7): e67824.

Pitta D W, Pinchak W E, Dowd S E, et al. 2010. Rumen bacterial diversity dynamics associated with changing from bermudagrass hay to grazed winter wheat diets. Microb Ecol, 59(3): 511-522.

Plaizier J C, Krauze D O, Gozho G N, et al. 2008. Subacute ruminal acidosis in dairy cows: the physiological causes, incidence and consequences. Vet J, 176(1): 21-31.

Plaizier J C, Li S C, Danscher A M, et al. 2017. Changes in microbiota in rumen digesta and feces due to a grain-based subacute ruminal acidosis (SARA) challenge. Microb Ecol, 74(2): 485-495.

Popova M, Martin C, Eugène M, et al. 2011. Effect of fibre- and starch-rich finishing diets on methanogenic archaea diversity and activity in the rumen of feedlot bulls. Anim Feed Sci Technol, 166-167: 113-121.

Privé F, Kaderbhai N N, Girdwood S, et al. 2013. Identification and characterization of three novel lipases belonging to families II and V from *Anaerovibrio lipolyticus* 5ST. PLoS One, 8(8): e69076.

Quigley J D, Drewry J J, Murray L M, et al. 1997. Body weight gain, feed efficiency, and fecal scores of dairy calves in response to galactosyl-lactose or antibiotics in milk replacers. J Dairy Sci, 80(8): 1751-1754.

Quigley J D, Kost C J, Wolfe T A. 2002. Effects of spray-dried animal plasma in milk replacers or additives containing serum and oligosaccharides on growth and health of calves. J Dairy Sci, 85(2): 413-421.

Ramos-Morales E, De La Fuente G, Nash R J, et al. 2017. Improving the antiprotozoal effect of saponins in the rumen by combination with glycosidase inhibiting iminosugars or by modification of their chemical structure. PLoS One, 12(9): e0184517.

Ramos-Morales E, Lyons L, De La Fuente G, et al. 2019. Not all saponins have a greater antiprotozoal activity than their related sapogenins. FEMS Microbiol Lett, 366(13): fnz144.

Ramos-Morales E, Rossi G, Cattin M, et al. 2018. The effect of an isoflavonid-rich liquorice extract on fermentation, methanogenesis and the microbiome in the rumen simulation technique. FEMS Microbiol Ecol, 94(3): fiy009.

Rey M, Enjalbert F, Combes S, et al. 2014. Establishment of ruminal bacterial community in dairy calves from birth to weaning is sequential. J Appl Microbiol, 116(2): 245-257.

Ribeiro G O, Gruninger R J, Badhan A, et al. 2016. Mining the rumen for fibrolytic feed enzymes. Anim Front, 6(2): 20-26.

Rodríguez F. 2003. Control of lactate accumulation in ruminants using *Prevotella bryantii*. Ames: Iowa State University Doctoral dissertation.

Roehe R, Dewhurst R J, Duthie C A, et al. 2016. Bovine host genetic variation influences rumen microbial methane production with best selection criterion for low methane emitting and efficiently feed converting hosts based on metagenomic gene abundance. PLoS Genet, 12(2): e1005846.

Rubino F, Carberry C, Waters S M, et al. 2017. Divergent functional isoforms drive niche specialisation for nutrient acquisition and use in rumen microbiome. ISME J, 11(4): 932-944.

Salami S A, Valenti B, Bella M, et al. 2018. Characterisation of the ruminal fermentation and microbiome in lambs supplemented with hydrolysable and condensed tannins. FEMS Microbiol Ecol, 94(5): fiy061.

Saminathan M, Sieo C C, Gan H M, et al. 2016. Effects of condensed tannin fractions of different molecular weights on population and diversity of bovine rumen methanogenic archaea *in vitro*, as determined by high-throughput sequencing. Anim Feed Sci Technol, 216: 146-160.

Sasson G, Ben-Shabat S K, Seroussi E, et al. 2017. Heritable bovine rumen bacteria are phylogenetically related and correlated with the cow's capacity to harvest energy from its feed. mBio, 8(4): e00703-e00717.

Sekhavati M H, Mesgaran M D, Nassiri M R, et al. 2009. Development and use of quantitative competitive PCR assays for relative quantifying rumen anaerobic fungal populations in both *in vitro* and *in vivo* systems. Mycol Res, 113(Pt 10): 1146-1153.

Seshadri R, Leahy S C, Attwood G T, et al. 2018. Cultivation and sequencing of rumen microbiome members from the Hungate1000 Collection. Nat Biotechnol, 36(4): 359-367.

Shanks O C, Kelty C A, Archibeque S, et al. 2011. Community structures of fecal bacteria in cattle from different animal feeding operations. Appl Environ Microbiol, 77(9): 2992-3001.

Steele M A, Doelman J H, Leal L N. et al. 2017. Abrupt weaning reduces postweaning growth and is associated with alterations in gastrointestinal markers of development in dairy calves fed an elevated plane of nutrition during the preweaning period. J Dairy Sci, 100(7): 5390-5399.

Stein D R, Allen D T, Perry E B, et al. 2006. Effects of feeding propionibacteria to dairy cows on milk yield, milk components, and reproduction. J Dairy Sci, 89(1): 111-125.

Stewart E K, Beauchemin K A, Dai X, et al. 2019. Effect of tannin-containing hays on enteric methane emissions and nitrogen partitioning in beef cattle. J Anim Sci, 97: 3286-3299.

Stewart R D, Auffret M D, Warr A, et al. 2018a. Assembly of 913 microbial genomes from metagenomic sequencing of the cow rumen. Nat Commun, 9(1): 870.

Stewart R D, Auffret M D, Warr A, et al. 2018b. The genomic and proteomic landscape of the rumen microbiome revealed by comprehensive genome-resolved metagenomics. www. biorxiv. org/content/10.1101/489443v1.full.pdf [2018-12-8].

Sun H Z, Wang D M, Wang B, et al. 2015. Metabolomics of four biofluids from dairy cows: potential biomarkers for milk production and quality. J Proteome Res, 14(2): 1287-1298.

Tajima K, Arai S, Ogata K, et al. 2000. Rumen bacterial community transition during adaptation to high-grain diet. Anaerobe, 6(5): 273-284.

Tapio I, Snelling T J, Strozzi F, et al. 2017. The ruminal microbiome associated with methane emissions from ruminant livestock. J Anim Sci Biotechnol, 8: 7.

Tiso M, Schechter A N. 2015. Nitrate reduction to nitrite, nitric oxide and ammonia by gut bacteria under physiological conditions. PLoS One, 10(3): e0119712.

Tomkins N W, Denman S E, Pilajun R, et al. 2015. Manipulating rumen fermentation and methanogenesis using an essential oil and monensin in beef cattle fed a tropical grass hay. Anim Feed Sci Technol, 200: 25-34.

Turnbaugh P J, Hamady M, Yatsunenko T, et al. 2009. A core gut microbiome in obese and lean twins. Nature, 457(7228): 480-484.

Uyeno Y, Kawashima K, Hasunuma T, et al. 2013. Effects of cellooligosaccharide or a combination of cellooligosaccharide and live *Clostridium butyricum* culture on performance and intestinal ecology in Holstein calves fed milk or milk replacer. Livest Sci, 153(1-3): 88-93.

Uyeno Y, Sekiguchi Y, Kamagata Y. 2010. rRNA-based analysis to monitor succession of faecal bacterial communities in Holstein calves. Lett Appl Microbiol, 51(5): 570-577.

Veneman J B, Muetzel S, Hart K J, et al. 2015. Does dietary mitigation of enteric methane production affect rumen function and animal productivity in dairy cows? PLoS One, 10(10): e0140282.

Wallace R J, Rooke J A, Duthie C A, et al. 2014. Archaeal abundance in post-mortem ruminal digesta may help predict methane emissions from beef cattle. Sci Rep, 4: 5892.

Wallace R J, Rooke J A, McKain N, et al. 2015. The rumen microbial metagenome associated with high methane production in cattle. BMC Genomics, 16: 839.

Wallace R J, Sasson G, Garnsworthy P C, et al. 2019. A heritable subset of the core rumen microbiome dictates dairy cow productivity and emissions. Sci Adv, 5(7): eaav8391.

Wang Y X, Majak W, McAllister T A. 2012. Frothy bloat in ruminants: cause, occurrence, and mitigation strategies. Anim Feed Sci Technol, 172(1-2): 103-114.

Weimer P J, Cox M S, De Paula T V, et al. 2017. Transient changes in milk production efficiency and bacterial community composition resulting from near-total exchange of ruminal contents between high- and low-efficiency Holstein cows. J Dairy Sci, 100(9): 7165-7182.

Weimer P J. 2015. Redundancy, resilience, and host specificity of the ruminal microbiota: implications for engineering improved ruminal fermentations. Front Microbiol, 6: 296.

Wetzels S U, Mann E, Pourazad P, et al. 2017. Epimural bacterial community structure in the rumen of Holstein cows with different responses to a long-term subacute ruminal acidosis diet challenge. J Dairy Sci. 100(3): 1829-1844.

Wilkinson T J, Huws S A, Edwards J E, et al. 2018. CowPI: a rumen microbiome focussed version of the PICRUSt functional inference software. Front Microbiol, 9: 1095.

Yáñez-Ruiz D R, Abecia L, Newbold C J. 2015. Manipulating rumen microbiome and fermentation through interventions during early life: a review. Front Microbiol, 6: 1133.

Yang K, Wei C, Zhao G Y, et al. 2017. Effects of dietary supplementing tannic acid in the ration of beef cattle on rumen fermentation, methane emission, microbial flora and nutrient digestibility. J Anim Physiol Anim Nutr (Berl), 101(2): 302-310.

Zhang J, Shi H T, Wang Y, et al. 2017. Effect of dietary forage to concentrate ratios on dynamic profile changes and interactions of ruminal microbiota and metabolites in Holstein heifers. Front Microbiol, 8: 2206.

Zhou M, Chen Y H, Griebel P J, et al. 2014. Methanogen prevalence throughout the gastrointestinal tract of pre-weaned dairy calves. Gut Microbes, 5(5): 628-638.

Zhou M, Hernandez-Sanabria E, Guan L L. 2010. Characterization of variation in rumen methanogenic communities under different dietary and host feed efficiency conditions, as determined by PCR-denaturing gradient gel electrophoresis analysis. Appl Environ Microbiol, 76(12): 3776-3786.

Zhou M, McAllister T A, Guan L L. 2011. Molecular identification of rumen methanogens: technologies, advances and prospects. Anim Feed Sci Technol, 166-167: 76-86.

Zhou M, Peng Y J, Chen Y H, et al. 2018. Assessment of microbiome changes after rumen transfaunation: implications on improving feed efficiency in beef cattle. Microbiome, 6(1): 62.

Zou X A, Liu G B, Meng F M, et al. 2020. Exploring the rumen and cecum microbial community from fetus to adulthood in goat. Animals, 10(9): 1639.

第七章　羊胃肠道微生物与营养

第一节　羊胃肠道微生物菌群结构与功能

羊胃肠道内栖息的微生物对宿主的生长、代谢和免疫起着重要作用,尤其是胃肠道微生物群结构的组成与稳定(包括菌群的时空分布)与宿主的健康和动物生产性能密不可分。羊胃肠道内微生物通过其分泌的纤维素酶、半纤维素酶、果胶降解酶及淀粉酶能够高效降解植物性多糖,日粮组成、环境变化和宿主遗传因素是维持和影响羊胃肠道微生物群结构的重要因素。因此全面阐述羊胃肠道内微生物菌群结构的组成对于维持其健康状态及生产性能至关重要。本节分别从羊的瘤胃、小肠及大肠三个角度阐述微生物菌群结构及功能。

一、瘤胃微生物菌群结构与功能

羊瘤胃微生物生态系统由多种微生物组成,其中宿主摄入的饲料主要依赖于瘤胃微生物的发酵为宿主提供生长所必需的能量,因此宿主和瘤胃微生物具有共生关系。在羊瘤胃中,微生物将饲料原料代谢成挥发性脂肪酸(VFA)、氢气、甲烷、二氧化碳及其他物质。羊瘤胃微生物生态系统由多种共生体组成,包括细菌、厌氧真菌、产甲烷菌、原虫及噬菌体,然而目前仅有5%~15%的微生物被体外分离培养。细菌是羊瘤胃微生物群的主要成分,占整个瘤胃微生物群落数量的95%以上,每克瘤胃内容物含有10^{11}个细菌,共包括200种不同的细菌(McSweeney et al., 2005)。瘤胃细菌又细分为四大亚群:①液相细菌,一般为瘤胃液体中的浮游细菌;②固相细菌,包括松散或紧密黏附在饲料颗粒上的细菌,约占瘤胃细菌总数的75%;③瘤胃上皮细菌,一般附着在瘤胃上皮,仅占瘤胃细菌种群的1%,相较于其他细菌亚群,被认为与宿主代谢活动最为密切;④真核生物相关细菌群体,通常会黏附在原虫或真菌孢子囊的表面。

羊瘤胃细菌一般能够降解纤维素、半纤维素及果胶等,并为宿主提供生长所必需的能量和营养。纤维素是瘤胃细菌重要的降解底物之一,三种主要的纤维降解细菌为产琥珀酸丝状杆菌 *Fibrobacter succinogenes*、生黄瘤胃球菌 *Ruminococcus flavefaciens* 及白色瘤胃球菌 *Ruminococcus albus*。产琥珀酸丝状杆菌只能在纤维素、纤维二糖和葡萄糖中生长,主要产生乙酸和琥珀酸;生黄瘤胃球菌可以利用纤维素和纤维二糖,有些菌株也可以利用葡萄糖或麦芽糖,不降解乳糖、木糖和淀粉,主要代谢产物为甲酸和琥珀酸,以及少量的氢和乳酸;白色瘤胃球菌可以利用纤维素和纤维二糖产生氢气、二氧化碳、乙醇、乙酸、甲酸和乳酸,但是不可以利用葡萄糖。溶纤维丁酸弧菌 *Butyrivibrio fibrisolvens*、栖瘤胃普雷沃氏菌 *Prevotella ruminicola*、生黄瘤胃球菌及白色瘤胃球菌是羊瘤胃内主要的半纤维素降解细菌。果胶与纤维素及半纤维素相比,更易被降解生成乙酸、丁酸和乳酸。羊瘤胃中主要的果胶降解菌包括溶纤维丁酸弧菌、栖瘤胃普雷沃氏菌、多对毛螺菌 Lachnospira multiparus 和产琥珀酸丝状杆菌。其中多对毛螺菌具有很强的降解纯化果胶的能力，但其降解植物细胞壁中的果胶能力较差。

不同日粮结构下，羊瘤胃细菌多样性已经被广泛研究。当羊的日粮结构发生改变后，共生细菌群落会转变到更合适的菌群结构用于降解日粮中的碳水化合物。一般饲喂羊的日粮包括干草/草料（草或豆类）和（或）谷物（玉米、大麦、小麦、燕麦和高粱）。成年羊的日粮主要以粗饲料为主，粗饲料在羊的日粮中起着至关重要的作用，能刺激反刍动物咀嚼和唾液分泌，并被代谢生成 VFA 及其他有机酸。然而为了满足实际生产需要，通常会饲喂羊高精料日粮，因为高精料（高谷物）日粮更易于发酵生成 VFA，从而增加动物的总代谢能，进而促进动物生产性能。然而易于发酵的高谷物日粮在短时间内产生的酸浓度较高会降低瘤胃 pH，进而导致亚急性瘤胃酸中毒。Ye 等（2016）饲喂山羊高谷物日粮探究其对瘤胃发酵参数及瘤胃微生物菌群组成的影响，结果表明，高谷物日粮导致山羊瘤胃 pH 降低、瘤胃内容物中总 VFA 和脂多糖（LPS）的浓度升高、瘤胃上皮微生物菌群的组成发生显著变化。与干草组相比，高谷物组山羊瘤胃上皮中普雷沃氏菌属 Prevotella 和未分类梭菌目 unclassified Clostridiales 的相对丰度显著提高，沙特尔沃思氏菌属 Shuttleworthia、未分类瘤胃球菌科 unclassified Ruminococcaceae、未分类奈瑟氏菌科 unclassified Neisseriaceae 的相对丰度显著降低。以上结果说明，饲喂高谷物日粮导致山羊瘤胃过度发酵和瘤胃上皮微生物菌群结构紊乱。

甲壳素是瘤胃厌氧真菌细胞壁的主要成分之一，绵羊瘤胃内厌氧真菌源性的甲壳素量为 20~25g（Orpin，1981），而总微生物量为 120g，因此得出厌氧真菌约占瘤胃微生物总量的 20%（Rezaeian et al.，2004），高于通常认为的 8%（Orpin，1981）。尽管一些研究表明厌氧真菌对木质纤维素的降解贡献大于瘤胃细菌（Lee et al.，2000），然而它们对植物纤维组织的降解贡献并未完全确定。厌氧真菌利用自身分泌的酶包括纤维素酶、木聚糖酶、甘露聚糖酶、酯酶、葡萄糖苷酶和葡聚糖酶来共同降解植物纤维组织。厌氧真菌在其假根及其分泌的各种植物多糖降解酶（主要为纤维素酶及半纤维素酶）的帮助下能够穿透植物细胞壁，降解瘤胃细菌难以降解的木质纤维素。Youssef 等（2013）对根囊鞭菌属基因序列的研究发现，在这些多糖降解酶中相当一部分可以从瘤胃细菌菌群的基因转移中获得。Thareja 等（2006）以绵羊和山羊瘤胃及粪便中分离出的 16 种厌氧真菌菌株为接种物，通过体外试验评估厌氧真菌对麦秸的降解效果，结果表明厌氧真菌能够提高秸秆的干物质（DM）和中性洗涤纤维（NDF）降解率。目前瘤胃内厌氧真菌已被大量研究报道，而少有人研究其他胃肠道部位厌氧真菌的组成和功能。Davies 等（1993）发现厌氧真菌在山羊瘤胃和瓣胃里的数量最多，从皱胃到大肠末端以指数的形式骤减。另有研究表明瘤胃、十二指肠和直肠内真菌的组成存在高度一致性（Orpin and Joblin，1997），但关于其在后肠的组成仍需进一步探索。

厌氧真菌和产甲烷菌的菌群结构都会受到日粮、宿主和地域等因素的影响，因此厌氧真菌和产甲烷菌组成的共培养体系同样会受到这些因素的影响。已有大量报道表明，当产甲烷菌和厌氧真菌共存时，可以显著提高厌氧真菌对粗纤维的降解。Jin 等（2011）从山羊瘤胃液中分离出厌氧真菌 Pecoramyces sp. F1 和甲烷短杆菌的共培养物，并发现共培养的产气量显著高于纯培养。Joblin 等（1990）发现产甲烷菌的存在不仅提高了厌氧真菌分泌的木聚糖酶酶活（比纯培养的木聚糖酶酶活高 5 倍多），也提高了对木聚糖的利用率。此外，Wei 等（2016）报道，相比于厌氧真菌纯培养，共培养提高了一系列植物细胞壁降解酶的活性，如木聚糖酶、阿魏酸酯酶及乙酰酯酶等，同时也提高了微生物对底物的降解。近期，Li 等（2019a）在基因和转录水平揭示了厌氧真菌 *Pecoramyces* sp. F1 在以葡萄糖为底物进行生长时也能产生大量的粗纤维降解酶基因的转录本。另外有研究者发现厌氧真菌与细菌之间会建立一种拮抗关系。Swift 等（2021）从绵羊粪便中分离出两株厌氧真菌 *Anaeromyces robustus* 和 *Caecomyces churrovis*，并将两株厌氧真菌分别与产琥珀酸丝状杆菌 *F. succinogenes* UWB7 建立培养体系。转录组结果表明，*A. robustus* 和 *C. churrovis* 与产琥珀酸丝状杆菌共培养后能显著上调 *S*-腺苷-L-蛋氨酸依赖性甲基转移酶、组蛋白甲基转移酶和乙酰转移酶的基因表达。这些发现表明当 *A. robustus* 和 *C. churrovis* 在接触瘤胃细菌时就会产生抗生素，这暗示厌氧真菌可能是新型抗生素的来源。

羊瘤胃原虫在瘤胃发酵中起着至关重要的作用。原虫在瘤胃内具有饲料发酵的一般功能，能够将木质纤维素代谢为 VFA 为宿主提供生长所必需的能量。瘤胃原虫虽然只占据微生物的一小部分，但是在整个瘤胃生态系统中发挥了非常重要的作用。水牛、牛、绵羊和山羊瘤胃内原虫的数量是不同的，一般为 $1.135×10^5$～$2.813×10^5$ 个/ml，目前这些反刍动物瘤胃内分别有 9、12、6、7 个属和 22、38、14、19 个种（表 7-1）的原虫被发现。在这 4 种动物瘤胃内的优势原虫为厚毛虫 *Dasytricha ruminantium*、尖尾内毛虫 *Entodinium caudatum*、*Entodinium exiguum*、前毛虫 *Epidinium caudatum* 及双尾前毛虫 *Epidinium bicaudatum*（Baraka，2012）。

表 7-1　水牛、牛、绵羊和山羊瘤胃原虫的数量和种类组成（Baraka，2012）

原虫名称	水牛（n=35）	牛（n=48）	绵羊（n=32）	山羊（n=35）
Entodinium（%）	89.0 ± 2.62	90.40 ± 1.87	89.40	93.00 ± 2.35
Diplodinium（%）	3.70 ± 0.14	2.30 ± 1.32	2.80 ± 1.40	2.00 ± 0.07
Epidinium（%）	2.00 ± 0.34	0.70 ± 0.51	3.60 ± 1.62	0.50 ± 0.03
Holotricha[a]（%）	2.80 ± 0.41	5.90 ± 1.34	4.20 ± 1.94	3.50 ± 1.72
Ophryoscolex（%）	2.00 ± 1.80	0.80 ± 0.14	0.00 ± 0.00	1.00 ± 0.91
Holotrichs				
Buetschlia parva	+	−	+	−
Isotricha prostoma	+	+	−	+
Isotricha intestinalis	+	+	+	+
Dasytricha ruminantium	+	+	+	+
Spirotrichs				
Ent. caudatum f. caudatum	+	+	+	+
Ent. caudatum f. dubardi		+	+	+
Ent. longinucleatum	+	+	+	+
Diplodinium monocanthum	+	+		

续表

原虫名称	水牛（$n=35$）	牛（$n=48$）	绵羊（$n=32$）	山羊（$n=35$）
Eudiplodinium maggii	+	+	−	−
Ostrachodinium gracile	+	−	−	−
Metadinium medium	−	+	−	−
Elytroplastron bubali	−	+	−	−
Epidinium caudatum	+	+	+	+
Epidinium ecaudatum	−	+	+	+
总原虫数量（$\times 10^4$ 个/ml）	16.02 ± 3.41	11.35 ± 2.53	28.13 ± 4.13	13.38 ± 2.26

注："+"表示存在，"−"表示不存在。n 表示不同动物源的样品数量，a 表示现已不再作为有效分类单元

研究者为了更加全面地探究原虫对宿主瘤胃发酵和代谢的作用，利用一系列物理和化学的手段去除瘤胃原虫进而建立无瘤胃原虫动物模型，以此更加深入地了解瘤胃原虫对整个瘤胃生态系统和宿主代谢的作用。Newbold 等（2015）对近期的去原虫研究进行了汇总，发现在 23 项瘤胃去原虫试验中，87%的研究对象为绵羊，13%的为牛。将新生胎儿与母亲隔离，使用洗涤剂和其他化学品［十二烷基硫酸、钠、烷烃、过氧化钙及硫酸铜等］及瘤胃物理处理（清空和清洗）分别占据去原虫手段的 40%、35%及 25%。研究发现，去原虫不影响瘤胃体积和瘤胃固相周转率，但是液相周转率下降；显著降低了瘤胃有机物（organic matter，OM）消化率，尤其是 NDF 和酸性洗涤纤维（ADF）消化率；显著降低了 VFA 的浓度（Newbold et al.，2015）。瘤胃内原虫表面会共生一些产甲烷菌（主要为甲烷短杆菌），原虫从其氢体（线粒体样细胞器）中生成的氢气被产甲烷菌利用生成甲烷，从而减少氢压力过高对原虫生长的抑制作用，一般去原虫会导致瘤胃甲烷产量降低 10.5%～13%（Newbold et al.，2015）。

产甲烷菌是一种独特的产生甲烷的微生物群，是羊瘤胃微生态系统的主要菌群之一。在瘤胃中，产甲烷菌的数量为 $10^8 \sim 10^9$ 个/g。最初产甲烷菌被归为细菌，后来基于其特殊的细胞壁结构和 16S rRNA 基因序列测序分析结果，它们被归为古菌。通常情况下，羔羊出生 1～3 天，产甲烷菌会在胃肠道逐步定植，在 3 周龄左右时产甲烷菌数量达到最大（Skillman et al.，2004）。产甲烷菌是严格的厌氧菌，难以在体外生长，甲烷杆菌目 Methanobacteriales、甲烷球菌目 Methanococcales、甲烷微菌目 Methanomicrobiales、甲烷八叠球菌目 Methanosarcinales 和甲烷火菌目 Methanopyrales。甲烷杆菌目（甲烷短杆菌 *Methanobrevibacter* spp.、甲烷杆菌 *Methanobacterium* spp.和甲烷球形菌 *Methanosphaera* spp.）是羊瘤胃内优势菌属，随后是甲烷微菌目（包括甲烷微菌 *Methanomicrobium* spp.）、甲烷八叠球菌目和甲烷球菌目。大部分产甲烷菌可以利用氢气发酵满足自己的生长需求，也有部分产甲烷菌利用氢气电离出的离子与氢气反应生成甲烷；还有一些产甲烷菌利用甲基团来满足自己的营养需求，它们通过氧化二氧化碳产生离子与甲基团反应生成甲烷；还有一小部分利用乙酸生成甲烷和二氧化碳。研究表明，山羊和绵羊通过微生物瘤胃和大肠发酵产生的甲烷分别占总生命活动甲烷产量的 4.7%和 1.8%（Singhal et al.，2005）。肉牛和水牛每天排放 200～250L 甲烷，而绵羊和山羊每天排放 30～40L 甲烷。一般认为宿主的地理分布及日粮组成会影响产甲烷菌的菌群多样性。畜牧养殖类的生产性动

物比非生产性动物产生更多的甲烷。甲烷的产生会造成饲料能量的浪费，造成经济损失。但是甲烷的产生取决于多种因素，包括动物种类、动物的年龄、日粮类型及饲喂频率等。

二、小肠微生物菌群结构与功能

反刍动物在瘤胃内初步降解饲料，而营养物质消化吸收的场所主要是肠道，栖居在肠道内的微生物在这一过程中具有重要作用。目前国内外已有大量关于反刍动物肠道内微生物多样性的研究。反刍动物的小肠（十二指肠、空肠和回肠）的微生物群落组成类似，而与大肠（盲肠、结肠及直肠）存在显著差异，表明肠道细菌群落的差异以小肠和盲肠为分界点。小肠是食糜消化及吸收营养、水和电解质的主要场所，而栖居在小肠内的微生物发挥重要作用。Wang 等（2017）发现绵羊中小肠最主要的三个属是埃希氏菌属 *Escherichia*、未分类毛螺菌科 unclassified Lachnospiraceae 所含菌属及瘤胃球菌属 *Ruminococcus*。而在大肠中，绵羊中最主要的三个属是瘤胃球菌属、未分类瘤胃球菌科 unclassified Ruminococcaceae 所含菌属和普雷沃氏菌属 *Prevotella*，证明小肠和大肠的微生物菌群存在显著差异。Zhang 等（2018a）揭示了小尾寒羊不同肠段的细菌菌群的丰度和多样性，在门水平上，小尾寒羊的肠道菌群结构与蒙古羊的类似（Zeng et al.，2017），与盲肠和直肠相比，空肠的细菌具有较低的多样性和相对丰度。厚壁菌门 Firmicutes 和蓝细菌门 Cyanobacteria 是小尾寒羊空肠内容物中的优势菌群。厚壁菌门在反刍动物降解纤维素和半纤维素的过程中发挥重要作用。蓝细菌门有很多特殊功能，包括专性厌氧发酵、产氢、固氮和合成维生素 B 和维生素 K_{21}。除此之外，变形菌门 Proteobacteria 的相对丰度在小尾寒羊的空肠内容物中较高。类似地，牛的小肠中也栖息着高丰度的变形菌门微生物（Mao et al.，2015）。乳杆菌属 *Lactobacillus* 和瘤胃球菌属在小尾寒羊的空肠中丰度较高。乳杆菌属的丰度有明显的动态变化，它沿着空肠到直肠不断减少，而拟杆菌属 *Bacteroides* 的丰度变化则完全相反（Zhang et al.，2018a）。乳杆菌属是众所周知的产生乳酸的益生菌，被广泛用于改善动物消化率。瘤胃球菌属是高效的纤维素降解菌，通过分泌纤维素酶和半纤维素酶进而高效降解木质纤维素。小尾寒羊空肠内容物中丰度较高的瘤胃球菌属可能表明其肠膜中碳水化合物代谢比较活跃。此外，一些瘤胃球菌属参与不饱和脂肪酸的生物氢化并能够降解芳香族化合物（包括肉桂酸和巴豆酸酯）。作为栖息在肠道内的细菌，拟杆菌属可以破坏植物性多糖的细胞壁结构，提高养分利用率，促进肠道的形成并维持肠道微生态。空肠中较高丰度的醋香肠菌属 *Acetitomaculum* 可能来自瘤胃，并参与小肠的营养消化。此外小尾寒羊空肠内容物中也存在较高丰度的梭菌纲 Clostridia（Zhang et al.，2018a），梭菌纲中的破伤风梭菌 *Clostridium tetani*、肉毒梭菌 *C. botulinum* 及艰难梭菌 *C. difficile* 对宿主健康产生负面影响（Songer，2004）；某些种类的梭菌属 *Clostridium* 可能有利于改善复杂有机物的消化（Ozutsumi et al.，2005）。解琥珀酸菌属 *Succiniclasticum* 和链球菌属 *Streptococcus* 在空肠内容物中丰度较高。研究表明，解琥珀酸菌属专注于发酵琥珀酸并将其转化为丙酸盐。琥珀酸是反刍动物重要的葡萄糖前体，对于宿主能量的获取至关重要。小肠是主要的吸收营养的场所，因此空肠中存在大量的琥珀酸是正常的。对于绵羊或山羊，几乎所有关于解琥珀酸菌属的研究都集中在瘤胃上，而 Zhang 等（2018a）的研究结果暗示小肠中的丙酸发酵主要是解琥珀酸菌属参与。此外，链球菌属也是空肠中的主要细菌群。

肠道内容物中菌群的结构不是一成不变的，其会随着时间的变化呈现出不同的丰度变化。Jiao 等（2016）以放牧山羊为研究对象揭示回肠微生物菌群在非反刍期、过渡期及反刍稳定期之间的变化，选用 18 只放牧山羊分别在第 0、7、28、42 和 70 天随机屠宰，结果发现每个年龄组都有其独特的细菌，随着时间的增长总细菌的拷贝数及多样性指数逐步增长。在门水平上蓝细菌门及 TM7 菌属相对丰度逐渐增长，拟杆菌门 Bacteroidetes 及纤维杆菌门有线性增长的趋势；在属水平上肠球菌属 Enterococcus （30.9%）、乳杆菌属 Lactobacillus（32.8%）及埃希氏菌属 Escherichia（2.0%）为第 0 天回肠优势菌；普雷沃氏菌属、丁酸弧菌属、瘤胃球菌属、SMB53 菌属及纤维杆菌属 Fibrobacter 的丰度在第 20 天后激增。回肠内容物的淀粉酶活性在第 42 天最高，而木聚糖酶活性从第 28 天到第 70 天逐渐增加。日粮中的精料比例也会影响菌群结构的组成，Mao 等（2013a）报道，山羊日粮中谷物的占比提高（0%、25%及 50%）导致回肠醋香肠菌属 Acetitomaculum、肠球菌属、奇异菌属 Atopobium、未分类的红蟾菌科 unclassified Coriobacteriaceae 及未分类的浮霉状菌科 unclassified Planctomycetaceae 的相对丰度逐渐降低，表明回肠的菌群组成易于受到日粮成分的影响。

三、大肠微生物菌群结构与功能

大部分在羊瘤胃内未被降解的碳水化合物可在盲肠中继续发酵产生中间代谢物如单糖、低聚糖和有机酸，这些中间体继续发酵生成 VFA，主要包括乙酸、丙酸和丁酸。此外，未被前肠降解消化的蛋白质可在盲肠中被分解产生肽和氨基酸，进而被盲肠微生物群进一步代谢产生 VFA，在盲肠中被吸收和利用。研究者对山羊的远端肠道细菌微生物区系进行了宏基因组学研究，发现盲肠和直肠内容物细菌多样性及丰度高于小肠内容物，且盲肠和直肠微生物分泌的木聚糖酶活性高于小肠内容物，证明盲肠是未被瘤胃发酵的碳水化合物再次消化降解的场所。

在放牧和舍饲条件下，一些哺乳动物（牛、长颈鹿、食蚁兽和土豚）宿主中的某些细菌类群，如厚壁菌门和拟杆菌门的相对丰度发生了较大的变化（Mckenzie et al.，2017；Kohl et al.，2014；Wienemann et al.，2011）。研究还表明，很大一部分变化（10%）是由舍饲环境本身造成的。此外，抗生素耐药性的存在日益广泛，使得有必要将反刍动物肠道在内的各种环境视为新出现耐药性的来源；在抗生素被广泛应用于临床和农业生产之前，微生物群落中就存在耐药性。在放牧和舍饲两种饲养模式下，抗生素抗性基因（ARGs）是否在组成和丰度上存在差异尚不清楚，针对在极端环境条件下生存的动物，这一问题尚未进行过研究。目前就不同饲喂方式对反刍动物肠道微生物影响的研究较多围绕牛和绵羊进行，而山羊研究较少，但是山羊与前两种物种代表的反刍动物类型截然不同，其具有更强的选择行为（Hitch et al.，2018）。Zhang 等（2021a）在高海拔（4800m）极端条件下，深入研究放牧和舍饲两种不同喂养方式对瘤胃及山羊后肠（盲肠和结肠）微生物菌群结构及功能的影响。结果表明，旱地圈养显著提高了瘤胃发酵参数，降低了瘤胃乙酸/丙酸的比值,瘤胃平均 pH 降低至 5.04。此外,后肠微生物的适应似乎在旱地圈养组更多样化,表明从瘤胃中摄入了更多的未降解的复合非淀粉多糖。尽管饲粮中纤维含量较高,但放牧山羊的甲烷短杆菌和甲烷生成相关的基因数量较低,这可能反映了在极端高山环境下放牧山羊饲草的短缺,但这却似乎促进了杆菌肽基因的相关丰度(Zhang et al.,2021a)。同时,研究者发现旱地圈养动物消化道中抗生素抗性基因的丰度显著增加。这为深入了解在高海拔旱地圈养和自由放牧条件下山羊肠道微生物的变化和功能适应性提供了依据(Zhang et al.,2021a)。

研究表明,普雷沃氏菌属 *Prevotella*、拟杆菌属 *Bacteroides*、瘤胃球菌属 *Ruminococcus*、颤螺菌属 *Oscillospira*、密螺旋体属 *Treponema* 及脱硫弧菌属 *Desulfovibrio* 是山羊直肠粪便的优势菌群,这些优势菌属源于拟杆菌门、厚壁菌门及变形菌门(Zeng et al.,2017)。普雷沃氏菌属可与纤维降解菌产琥珀酸丝状杆菌 *F. succinogenes* 共同作用提高半纤维素的降解率。瘤胃球菌属及密螺旋体属在反刍动物植物纤维的代谢过程中发挥重要作用。脱硫弧菌属在瘤胃内硫酸盐还原反应中发挥了重要作用。弯曲杆菌属 *Campylobacter* 在大肠中丰度较高,尤其是在盲肠,目前从一些牛盲肠中分离出来的弯曲杆菌属对多种抗生素有很强的抵抗力,包括环丙沙星、庆大霉素和红霉素(Sanad et al.,2013)。但是人们对底物和抗生素选择性如何影响动物肠道菌群的结构、生长活性及其对木质纤维素的降解研究较少。因此近期 Peng 等(2021)对山羊直肠粪便进行了 400 多次平行富集试验,以确定肠道微生物对底物和抗生素的适应性。Peng 等(2021)组装了 719 个高质量的宏基因组组装基因组(metagenome-assembled genome,MAG),在物种层面上 90%以上 MAG 来自以前未被发现的草食动物肠道微生物。此外,与厌氧真菌共生长的共生体的甲烷产量高于细菌共生体,表明厌氧真菌在木质纤维素的降解及甲烷的生成过程中具有重要作用。研究者进一步对 MAG 代谢途径进行重建,从基因层面确认厌氧真菌和产甲烷菌之间的共生体主要代谢底物生成乙酸、甲酸和甲烷,而细菌共生体主要生成丙酸和丁酸。另外,对 MAG 中存在的碳水化合物活性酶结构域的分析证实了厌氧真菌和细菌是通过协作互补的方式来高效降解木质纤维素的。

幼龄反刍动物肠道菌群的早期定植状态会影响其生长性能和机体发育。随着日龄的增长,羔羊饲喂方式、断奶应激等因素都会对其肠道菌群结构造成影响。Zou 等(2020)探究山羊从胎儿到成年时期:保守阶段(妊娠晚期胎儿)、过渡阶段(新生小羊直至断奶)及稳定阶段(从断奶至成年)其盲肠内容物菌群结构的变化。研究结果证实了山羊胎儿体内存在微生物,并揭示了山羊从胎儿到成年其盲肠微生物群存在动态变化。此外,Zhuang 等(2020)对山羊羔羊从出生到断奶后的结肠内容物菌群进行了深入研究,选取 1、7、14、28、42、56、70 与 84 日龄山羊羔羊结肠内容物微生物区系进行分析,研究发现,羔羊肠道微生物菌群随着年龄的增长而逐步成熟,羔羊哺乳期肠道菌群定植可影响断奶后肠道微生物区系结构与组成,不同肠段标志性微生物均与饲喂方式、断奶时间、日粮组成及肠道环境有关。

近期部分研究者探究了不同品种绵羊和山羊直肠粪便的菌群组成。Chang 等(2020)探究了不同绵羊品种直肠粪便中的菌群结构,研究者对青藏高原的 4 个不同绵羊品种(藏羊、多塞特羊、杜泊羊及小尾寒羊)的直肠粪便进行 16S rRNA 高通量测序。结果表明藏羊直肠粪便细菌群落多样性指数显著低于其他三个品种的绵羊，主坐标分析和非度量多维测度（non-metric multidimensional scaling，NMDS）分析表明，藏羊的微生物组组成与其他三个绵羊品种的微生物组有显著差异。厚壁菌门 Firmicutes 是直肠粪便中最主要的微生物门，其次是拟杆菌门 Bacteroidetes。在门水平上藏羊直肠粪便中螺旋体门 Spirochaetes、变形菌门 Proteobacteria 及疣微菌门 Verrucomicrobia 的丰度显著高于其他三个品种绵羊，但是不存在脱铁杆菌门 Deferribacteres。在属水平上藏羊直肠粪便中密螺旋体属、琥珀酸弧菌属 Succinivibrio、拟杆菌科 5-7N15 属及普雷沃氏菌属的丰度显著高于其他三个绵羊品种。Jiang 等（2020）揭示了海南黑山羊和萨能奶山羊直肠粪便内容物中的菌群结构，结果表明，在属水平上拟杆菌属 Bacteroides、颤螺菌属 Oscillospira、别样杆菌属 Alistipes、瘤胃球菌属 Ruminococcus、梭菌属 Clostridium 及震颤杆菌属 Oscillibacter 是两个品种山羊的优势菌，在属和种水平上海南黑山羊和萨能奶山羊直肠粪便内容物中的菌群结构非常相似，只有拟杆菌属和拟杆菌科 5-7N15 属的丰度在两品种间存在差异。

充足的中性洗涤纤维（NDF）是反刍动物维持唾液分泌、反刍、瘤胃缓冲和瘤胃健康所必需的营养物质。对于生长和育肥期的羊来说，NDF 的最低需要量占日粮干物质采食量的 15%，并且肥育日粮至少应含有 7% 的粗饲料。但当前我国的优质牧草资源缺乏，在现代集约化生产中，为提高羊生产性能，养殖者普遍使用高精料饲粮，以最大限度地提高其生长速度和经济效益。比较而言，反刍动物后肠中易发酵碳水化合物的数量远低于瘤胃。当大量的淀粉进入后肠后，反刍动物结肠的微生物菌群平衡被打破。Ye 等（2016）的研究指出，饲喂高精料日粮改变了山羊结肠黏膜细菌群落，使布劳特氏菌属 Blautia 的微生物的相对丰度增加，而芽孢杆菌属 Bacillus、肠球菌属 Enterococcus 和乳球菌属 Lactococcus 的相对丰度下降。Liu 等（2014）研究发现，与粗饲料组相比，高精料日粮会导致盲肠内容物和黏膜中苏黎世杆菌属 Turicibacter 和梭菌属的微生物的相对丰度增加，并导致盲肠内容物中拟杆菌属和盲肠黏膜中黏螺菌属 Mucispirillum 的比例下降。关于高精料对羊肠道微生物结构与功能的影响在第二节会详细阐述，在此不再赘述。

第二节　高精料对羊胃肠道微生物结构与功能的影响

一、高精料对动物机体健康的影响

由于我国牧草资源匮乏，低产量的牧草与大规模的养殖业难以达到平衡，为了满足反刍动物对营养的需要，同时满足人们日益增长的对肉产品和奶产品的需求，提高畜牧产业整体的生产效率和经济效益，在现代反刍动物养殖的过程中，通常以提高精饲料在日粮中的占比作为应对策略。通过饲喂高精料日粮，不仅可以提高反刍动物的生长速度，提高奶畜的产奶性能，还能在一定程度上改善畜产品品质，加快畜产品产业链的流动速度。但是在一系列指数提高的同时，高精料饲粮带来的还有越来越高的代谢性疾病的发生率，特别是瘤胃亚急性瘤胃酸中毒（SARA）、炎症反应、酮病、脂肪肝，以及部分动物繁殖性能的降低等。

脂多糖（LPS）是革兰氏阴性菌细胞壁的组成成分。当瘤胃处于低 pH 环境时，革兰氏阴性菌会裂解死亡，致使瘤胃内 LPS 的浓度显著升高。反刍动物体内的 LPS 过多会导致动物发生一系列的疾病，对反刍动物的健康产生严重的危害。瘤胃酸中毒引起瘤胃上皮组织损伤，LPS 能够通过瘤胃壁进入血液，引起全身性的免疫反应。研究显示，反刍动物发生瘤胃酸中毒、瘤胃炎、乳腺炎等疾病都与 LPS 的浓度升高有密切联系。章森（2013）报道，血浆中 LPS 的浓度主要受反刍动物日粮中精料比例的影响，而血浆代谢产物与奶牛的免疫变化及生长性能变化有紧密的联系。

（一）瘤胃酸中毒

瘤胃酸中毒分为急性瘤胃酸中毒（acute rumen acidosis，ARA）和亚急性瘤胃酸中毒（SARA）。急性瘤胃酸中毒是反刍动物食用了过多的易发酵碳水化合物，瘤胃内 pH 骤然下降并持续降低至 5.0 以下，并且自身不能复原的现象。急性瘤胃酸中毒会带来一系列的疾病，其主要原因是动物食用了过量的自身不能消化利用的高精料日粮（Radostits et al.，1994）。瘤胃微生物分解日粮产生大量挥发性脂肪酸（VFA），从而使瘤胃内 pH 下降，低 pH 的瘤胃内环境有利于乳酸产生菌生长，乳酸浓度因此而升高，pH 进一步下降。其他微生物在低 pH 的环境下生长受到抑制，长期瘤胃酸中毒导致其上皮结构受损，瘤胃内中长乳头变短甚至缺失，最终影响反刍动物的健康。

瘤胃 SARA 与 ARA 发生原因基本类似。动物发生瘤胃 ARA 时的表现明显，有利于饲养人员尽快采取处理措施，而瘤胃 SARA 则是一个长期的过程。当给反刍动物饲喂高精料日粮，瘤胃中产生的 VFA 超出了机体的负荷能力，VFA 在瘤胃内累积过量，直接导致瘤胃液 pH 降低，一般认为当瘤胃中的 pH 连续 4h 低于 5.8，则称该动物发生了亚急性瘤胃酸中毒（张文文等，2017）。SARA 是一种严重的多发代谢性疾病，常发生在现代化的养殖场，特别是在高产奶牛和快速育肥牛羊中，易影响动物的采食量、产奶量，并引起反刍动物瘤胃微生物区系紊乱、瘤胃黏膜受损、腹泻、炎症反应、蹄叶炎、肝脏胀肿及乳成分结构改变等一系列问题，严重影响动物的健康及生产性能。

干物质采食量是临床上进行 SARA 诊断时一个常用的参考指标，干物质采食量减少是 SARA 的一个重要特征（王绍庆，2013）。有报告显示，给产后奶牛饲喂高精料日粮，其采食量比饲喂低精料日粮的奶牛低。在 SARA 状态的奶牛，对全混合日粮（TMR）的摄入量也会大幅度减少，与此同时，动物对饲料的消化降解能力也会出现一定程度的降低（Krajcarski-Hunt et al.，2002）。王绍庆（2013）研究发现，饲喂高精料日粮三周后就会造成干乳期山羊发生 SARA，血液中的 LPS 浓度会随之升高，从而引起全身的炎症反应，进而是血液中相关的细胞因子水平升高。有研究也证明，当反刍动物发生亚急性瘤胃酸中毒时，血浆中的 LPS 含量会逐渐递增，进而引发全身的炎症反应。张文文等（2017）报道，长期高精料饲喂能激活萨能奶山羊乳腺组织的核苷酸结合寡聚结构域 1（nucleotide oligomerisation domain 1，NOD1）-核因子 κB（nuclear factor κB，NF-κB）炎症信号通路，诱发乳腺炎症的应答。在马属动物上的研究表明，饲喂高精料日粮可导致马后肠生物发酵异常、组胺浓度升高，诱发马蹄叶炎。但高精料日粮对山羊后肠生物胺生成的影响并不清楚。

ARA 与 SARA 对粪便的影响已经有所报道，粪便的浓稠程度与成分的差异取决于瘤胃内微生物种类及活性。当出现明亮微黄色粪便时，其酸度较平时低，表现为弱酸性（Bergner et al.，1984）。有研究表明，反刍动物 SARA 状态下会出现酸味粪便，但酸味不会持续，只是一个短暂的过程。推测出现粪便气味发酸的原因可能是瘤胃中大量的碳水化合物没有被降解完全，流到后段肠道出现异常发酵，导致了这种情况的发生。简言之，瘤胃功能受损、胃肠道菌群失调后，引起了反刍动物粪便气味的改变。

反刍动物发生 SARA 时，瘤胃环境中的低 pH 会引发瘤胃炎、破坏瘤胃内黏膜，从而导致瘤胃黏膜的屏障功能受损（Nocek，1997）。瘤胃黏膜功能受损之后，瘤胃内的化脓隐秘杆菌和坏死梭杆菌等会通过受损的瘤胃黏膜进入血液，跟随血液循环到达肝脏后导致肝脓肿（Nocek，1997）。除此之外，这些破坏性病菌还会从肝脏流动到心脏、肾脏和肺脏等其他器官（Nocek，1997）。

孙燕勇等（2017）通过逐步递增饲粮中非纤维性碳水化合物（non-fiber carbohydrates，NFC）/NDF 的比值的方式诱导奶山羊发生 SARA，并观察由此带来的对奶山羊的影响。实验结果表明，随着饲粮中 NFC/NDF 的递增，血液中 LPS 和组胺的含量都呈现显著增加，进而诱发机体的炎症反应。在这个诱导产生 SARA 的过程中，山羊的血浆生化指标也表现出了不同程度的变化，提示我们 SARA 期间的奶山羊处于应激状态，并且引发了肝功能的损伤。

(二) 后肠酸中毒

奶牛的后肠食糜占其整体体重的 2%，瘤胃中的食糜占其体重的 14%。后肠与瘤胃中食糜质量的不同也反映出反刍动物的后肠微生物发酵大约是瘤胃微生物的 14%。据报道，反刍动物后肠微生物对碳水化合物的发酵作用占整体消化道微生物发酵作用的 5%~10%（Gressley et al.，2011）。当动物健康或者日粮及动物所处环境等因素出现异常时，可能会引起过量的可发酵碳水化合物经过瘤胃从小肠到达后肠，加快发酵速度，从而导致后肠酸中毒的产生。肠道中的 VFA 生成速率加快，乳酸的含量升高，导致食糜中的 pH 下降，微生物菌群的组成发生改变，同时使肠道上皮形态的完整性遭到破坏（Ye et al.，2016；Liu et al.，2014）。有统计数据表明，后肠酸中毒通常发生在饲喂高精料日粮的动物当中，在这种饲喂模式下，饲粮在瘤胃中停留的时间较短，进入到后肠的碳水化合物数量增多（Van Soest，1994），导致后肠的微生物发酵过多，引起反刍动物腹泻、粪便呈现泡沫状并且伴有少量的黏蛋白（Plaizier et al.，2012）。

瘤胃发生酸中毒后，小肠内未完全消化吸收的有机物，如淀粉、寡聚糖等，进入后肠会剧烈发酵。Gressley 等（2011）的研究表明，后肠微生物可利用日粮中超过 10%的碳水化合物，并且对于增加的有机物质，后肠能产生适应性应答并促进其发酵。有报道称，虽然瘤胃可消化大量的纤维素，但是高达 10%~30%的半纤维素在动物后肠中被微生物消化。据报道，整个消化道微生物发酵产生的总 VFA 在后肠的吸收率高达 8%~17%，可以满足肉牛 5%~12%的代谢能需要，满足绵羊 10%的消化能需要。后肠微生物还可合成蛋白质、B 族维生素和维生素 K。因此后肠的生理稳态及微生物菌群稳态对于动物的健康和生产至关重要。当反刍动物发生 SARA 时，常常会伴随着后肠酸中毒

(Gressley et al., 2011)。叶慧敏（2016）研究发现，山羊饲喂 65%的高谷物日粮 56 天后，于晨饲后 4h 时，山羊瘤胃 pH 低至 5.68，结肠 pH 由对照组的 7.44 降至 6.66，均发生酸中毒。后肠酸中毒常常发生在以高精料日粮为主或者以粉料或颗粒料饲喂高产动物的过程中，此时瘤胃排空速度快，消化不完全，进入后肠的易发酵碳水化合物数量增加（Van Soest，1994）。

比较而言，反刍动物后肠中易发酵碳水化合物的数量远低于瘤胃。研究表明，绵羊饲喂含 70%精料的日粮后，后肠食糜中的可消化葡聚糖（淀粉和纤维）数量在 2%左右；绵羊饲喂含 80%精料的日粮后，后肠的可消化葡聚糖数量为 11.3%（冯仰廉，2004）。但后肠自身的生理特点决定了其对 VFA 积累所引起的肠腔 pH 变化的缓冲能力同样远低于瘤胃，从而使后肠发生酸中毒的概率大大增加。后肠生理特点包括如下四点。①相较于瘤胃的复层上皮结构，后肠由单层柱状上皮细胞组成，因此抵御消化道 pH 变动及肠道中致病菌和内毒素等有害物质入侵的能力较为薄弱。②后肠缺少唾液作为天然的酸度缓冲剂。含有大量碳酸氢盐的唾液进入瘤胃后会中和瘤胃中的 H^+，有利于维持瘤胃 pH 的稳定。绵羊和牛每天的唾液分泌量分别在 3~16L 和 110~178L 波动。③反刍动物后肠中没有原虫存在。瘤胃中纤毛虫总质量约占瘤胃内容物总质量的 20%，纤毛虫可利用植物纤维素和淀粉，以缓解碳水化合物发酵引起的瘤胃 pH 下降。④在一定范围内，pH 降低会促进上皮对 VFA 的吸收。而后肠黏膜表面覆盖的黏液层使黏膜表面的 pH 在短时间内稳定在中性水平，因此肠腔内 pH 降低不能及时有效地刺激后肠上皮，从而造成了 VFA 在肠腔中积累，易于促进后肠酸中毒的发生。与 SARA 类似，后肠酸中毒会导致动物饲料消化率、采食量及乳脂率下降，影响动物的健康和生产（Gressley et al.，2011）。

二、高精料对胃肠道微生物结构与功能的影响

反刍动物出生时消化道为无菌状态，随着与外界环境的接触，反刍动物胃肠道开始逐渐形成特定的微生物区系。反刍动物胃肠道微生物的结构和组成因动物年龄、动物种类和饲料而异，同一动物的不同消化道部位的微生物分布也存在着显著差异。消化道微生物菌群的稳定对宿主健康和胃肠道稳态尤为重要，一旦菌群稳态失衡，就会导致胃肠道功能紊乱、疾病感染，严重时导致动物死亡（Ohland and Jobin，2015）。精料日粮可导致反刍动物诱发瘤胃和后肠酸中毒，当未经瘤胃消化的过量的精料进入小肠后，可能会加快小肠中微生物发酵，造成微生物的组成和结构发生改变，影响小肠正常的生理功能。

（一）对瘤胃内容物及黏膜微生物区系的影响

当反刍动物发生 SARA 时，瘤胃内的微生物数量和结构都会发生明显的变化，这些变化包括纤维分解菌数量明显降低、原虫大量死亡、瘤胃内的革兰氏阳性菌数量显著升高，同时革兰氏阴性菌大量死亡。羊发生 SARA 时对瘤胃微生物的影响主要表现在乳酸产生菌、乳酸利用菌及瘤胃原虫上。瘤胃内乳酸产生菌主要包括牛链球菌和乳杆菌，当发生 SARA 时，瘤胃内牛链球菌数量激增，产生大量乳酸，从而使瘤胃内 pH 下降，进

而导致瘤胃内的不耐酸细菌（如纤维分解菌）的生长受到抑制，此时耐酸菌牛链球菌则成为瘤胃环境中的优势菌，乳酸产生的速率因而持续上升，导致反刍动物发生瘤胃酸中毒。乳酸利用菌随着日粮中的精料比例提高而发生相应的变化，乳酸利用菌主要包括丙酸杆菌属 Propionibacterium、韦荣氏球菌属 Veillonella、消化链球菌属 Peptostreptococcus、巨大球菌属 Macrococcus、弧菌属 Vibrio 和梭菌属等，其中的反刍月形单胞菌和埃氏巨球形菌是主要的乳酸利用菌。埃氏巨球形菌主要能量来源是葡萄糖和麦芽糖，而并非将淀粉作为其发酵底物。由于埃氏巨球形菌是一种酸性耐受菌，可以分解60%～80%的乳酸，对缓解反刍动物 SARA 具有一定的意义（王洪荣，2020）。

瘤胃微生态系统中还有一类重要的微生物，即原虫，其中纤毛虫占据绝大部分，并且纤毛虫和其他细菌的数量都会随着瘤胃中的可发酵底物数量的增多而增加。在一定范围内调高日粮中的精料比例时纤毛虫的数量会显著增加，但是当精料比过高时则会导致瘤胃内原虫数量的急剧下降，甚至全部死亡，这是由于纤毛虫对 pH 的改变特别敏感，因此当瘤胃内 pH 改变或者日粮结构发生变化时，纤毛虫数量的改变会首先显示出来。所以，原虫对于缓解反刍动物瘤胃酸中毒和因饲粮结构改变带来 pH 的剧烈变化具有重要的意义。

（二）对小肠微生物区系的影响

小肠中所含有的细菌数量相对结肠来说较少，每克食糜含有的细菌的数量为 10^3～10^5 个，主要是与小肠中低 pH 和快速的食糜流动速度有关，不利于微生物的定植和生长。小肠前段的主要优势菌属是耐酸的乳杆菌和链球菌。回肠与小肠前段相比，具有更加多样化的微生物的组成，同时细菌的数量也保持在每克食糜 10^8 个以上，被认为是进入后肠之前的过渡区域，因此回肠中微生物的数量较多。小肠是营养物质消化的主要位点，其微生物的主要作用更趋向于与宿主竞争能量和氨基酸的利用和吸收。细菌能够利用葡萄糖产生乳酸，继而减少宿主动物的能量获得（Savage，1977），改变宿主代谢，直接破坏黏膜，造成肠道疾病，减少动物的采食量。有关报道显示，大多数种类哺乳动物空肠的主要优势菌门为厚壁菌门 Firmicutes、变形菌门 Proteobacteria、放线菌门 Actinobacteria、软壁菌门 Tenericutes 和拟杆菌门 Bacteroidetes。而回肠中的主要优势菌门是厚壁菌门、放线菌门、软壁菌门、绿弯菌门 Chloroflexi、浮霉菌门 Planctomycetes、拟杆菌门和蓝藻菌（Mao et al.，2013b）。

反刍动物是经放牧的草食动物进化而来，在其天然状态下采食淀粉量较少，因此这些动物瘤胃中缺少淀粉消化酶（Russell and Rychlik，2001）。当反刍动物采食高精料日粮时，日粮中所含有的淀粉可能会从瘤胃流出到达肠道，淀粉经小肠中的淀粉酶消化，提供能量物质使得小肠细菌出现过度生长的现象（Russell and Rychlik，2001）。在日粮中分别添加 0%、25%和50%的玉米精料后，结果发现，随着精料比例的增加，回肠食糜中醋香肠菌属 Acetitomaculum、肠球菌属 Enterococcus、奇异菌属 Atopobium、未分类红蟠菌科 unclassified Coriobacteriaceae 和未分类浮霉状菌科 unclassified Planctomycetaceae 的细菌菌属相对丰度线性下降（Mao et al.，2013b）。结果表明，高精料日粮改变了回肠食糜中细菌菌群的组成与结构。小肠黏膜中同样栖居着大量的微生物，能够起到重要的生物屏障功能，但目前，关于高精料日粮对小肠黏膜微生物影响的研究尚未有十分完整和细致的报道。

（三）对结肠内容物及黏膜微生物区系的影响

瘤胃中未消化的食糜快速通过动物小肠，在后肠大量滞留。后肠营养丰富且环境适宜，因此栖息着大量的细菌，进入后肠的碳水化合物和蛋白质在微生物的作用下被消化分解。据统计，在哺乳动物的后肠中，每克食糜存在的细菌种类高达 400 多种，数量在 $10^{10}\sim 10^{11}$ 个。目前，人们对反刍动物后肠微生物菌群的研究非常有限，对后肠微生物的了解主要来自对人、猪、啮齿类及马等动物的研究。

饲喂全混合日粮的 5 周龄荷斯坦奶牛，其后肠内容物中的优势菌门是厚壁菌门和变形菌门，而后肠黏膜中的优势菌门是厚壁菌门和拟杆菌门，并且后肠黏膜中的密螺旋体属 *Treponema* 的相对丰度显著高于其他肠段（Mao et al.，2015）。Malmuthuge 等（2014）对断奶前犊牛进行研究发现，拟杆菌门是后肠的最优势菌门（盲肠黏膜，56.8%；盲肠内容物，47.6%；结肠黏膜，52.8%；结肠内容物，49.8%），厚壁菌门的相对丰度紧随其后（盲肠黏膜，21.1%；盲肠内容物，38.2%；结肠黏膜，32.1%；结肠内容物，25.4%）。在属水平上，后肠的优势菌属包括普雷沃氏菌属、拟杆菌属、栖粪杆菌属和梭菌属等。

宿主与肠道微生态系统之间存在相互选择，从而维持共同进化的环境，实现互利共生（Blaser and Kirschner，2007；O'hara et al.，2006）。正常状态下，肠道微生物菌群处于相对平衡状态，排列有序、结合紧密并且具有自我修复的功能。当大量的易发酵碳水化合物进入后肠后，该平衡被打破，菌群结构和功能失调。当大量的淀粉进入后肠后，反刍动物结肠的微生物菌群平衡被打破。Diez-Gonzalez 等（1998）的研究显示，采食粗饲料的奶牛结肠内容物中的大肠杆菌数量只有 2×10^4 个/g；饲喂精粗比为 60∶40 的高谷物日粮（干物质水平）后，奶牛结肠中大肠杆菌的数量达到 6.3×10^6 个/g，而饲喂精粗比为 80∶20 甚至更高比例的高谷物日粮时，大肠杆菌的数量进一步增加，因此，高精料日粮可能有利于革兰氏阴性菌的生长与繁殖；另外，精粗比为 90∶10 的高谷物日粮饲喂水平使奶牛结肠内容物中厌氧菌的数量增加了 1000 倍。此外，饲喂高精料日粮同样可影响山羊结肠、盲肠黏膜细菌群落组成，例如，高精料显著提高结肠黏膜布劳特氏菌属 *Blautia* 的相对丰度（Ye et al.，2016），并增加盲肠黏膜苏黎世杆菌属 *Turicibacter* 和梭菌属的相对丰度（Liu et al.，2014）。但是相比于瘤胃，高精料日粮对反刍动物后肠微生物区系的影响的相关报道仍较为匮乏，而有关后肠微生物区系的适应性应答过程的研究更是少之又少。

三、高精料对胃肠道组织形态与结构的影响

在反刍动物的消化道内，与瘤胃的复层上皮结构相比，由单层上皮细胞构成的小肠上皮的屏障功能更容易受到影响（Plaizier et al.，2012）。Wang 等（2009）发现，日粮中添加 35%的淀粉可提高山羊空肠的绒毛高度，但在十二指肠和回肠中没有显著性变化。与前者研究不同，Zitnan 等（2003）发现饲喂高精料日粮能够显著提高十二指肠和

空肠的绒毛高度及十二指肠的隐窝深度。导致小肠中形态结构变化的原因，可能与瘤胃相似，肠道中的可消化淀粉量随着日粮中淀粉含量的升高而增加，促进了肠道能源物质 VFA 的生成（Lane and Jesse，1997）。在增强肠道消化吸收功能的同时，饲喂过量的可发酵碳水化合物会增加瘤胃中有机酸的累积，导致 SARA 的发生（Liu et al.，2013；Li et al.，2012a）。有报道指出，山羊饲喂高精料日粮可导致其结肠和盲肠表层上皮脱落、细胞间紧密连接蛋白 mRNA 表达量下降、缝隙变宽、细胞核降解、线粒体凹陷等形态结构的变化，从而影响上皮的屏障功能（Ye et al.，2016；Tao et al.，2014a，2014b）。同时，饲喂高精料日粮会提高山羊肠道中 VFA 的含量，降低肠道内的 pH，由于 VFA 具有较高的脂溶性，当肠道内的酸度降低到临界值以下，VFA 会进入非腺体的黏膜细胞中酸化细胞并且破坏 Na^+ 运输，导致细胞的坏死（Nadeau，2001）。研究报道指出，饲喂高精料日粮会导致革兰氏阴性菌因不适应低 pH 而裂解死亡，释放 LPS，肠道中 LPS 可能会引起局部炎症反应，同时引发免疫级联反应，进而促进肠道上皮结构损伤的修复（Thibault et al.，2010）。低 pH 和高浓度 LPS 可破坏肠道黏膜的正常结构，表现为明显的上皮脱落、炎症细胞浸润和细胞凋亡的激活，最终导致黏膜屏障严重损伤（Tao et al.，2014a，2015）。与后肠相似，小肠也是由单层上皮细胞构成，同样易受到肠道中内环境中 pH 和微生物的有毒有害代谢产物的损伤，但是目前关于高精料日粮在小肠形态结构变化方面的研究还较少，没有太多具体的描述。

在上皮组织中，紧密连接的破坏或者中断通常是细胞凋亡过程中含半胱氨酸基天冬氨酸特异性蛋白酶（cysteinyl aspartate specific proteinase，Caspase）裂解引起的下游效应（Beeman et al.，2012）。细胞凋亡过程与 *caspase-3*、*caspase-8*、*caspase-9* 和 *caspase-10* 等基因的表达上调有关，而 *caspase-3* 或者 *caspase-10* 表达的抑制足以阻断这一途径的细胞凋亡（Yue et al.，2012）。研究发现，高精料日粮会导致山羊盲肠和结肠上皮促凋亡基因 *caspase-3* 和 *caspase-8* 的表达量上调，后肠上皮出现明显的上皮细胞脱落和黏膜损伤，并且上皮细胞间隙明显增大，暗示后肠组织的紧密连接中断或者扩张，影响后肠上皮的通透性（Tao et al.，2014a；Yue et al.，2012）。有研究表明，乙酸诱导的 pH 降低（范围 6.0~7.0）会导致结肠上皮细胞凋亡，而 pH 低至 5.5 时，则会导致结肠上皮细胞坏死（Plaizier et al.，2012）。

LPS 可通过促进宿主 Toll 样受体-4（TLR-4）的表达，诱导促炎细胞因子的产生和肠上皮细胞凋亡，诱发促炎细胞因子介导的黏膜组织损伤，从而导致黏膜屏障受损（Liu and Wang，2011）。有报道指出，山羊饲喂高精料日粮 6 周后，其结肠组织 TLR-4 信号通路被激活，通过下游信号基因髓样分化因子 88（myeloid differentiation factor 88，MyD88）和核因子-κB（NF-κB）的调控，提高促炎基因肿瘤坏死因子（TNF-α）的表达，因此高精料日粮会诱发结肠炎性反应（Tao et al.，2014b）。高精料日粮可显著上调山羊瘤胃上皮中 TNF-α 和 γ 干扰素（IFN-γ）的表达量（Liu et al.，2013），同时结肠黏膜中促炎因子白细胞介素-2（IL-2）及 IFN-γ 的表达量显著上调（Ye et al.，2016）。Liu 等（2014）的研究发现，高精料日粮使盲肠上皮细胞的炎性细胞因子（如 IL-1β、IL-6、IL-12 和 IFN-γ）的 mRNA 表达量上调，并且高精料组山羊盲肠上皮细胞的损伤与盲肠上皮局部炎症反应的发生有关。

四、高精料条件下日粮调控策略与作用

高精料日粮的饲喂条件对畜群的影响表现在采食量降低、蹄叶炎发病率升高、胃肠道微生物结构功能被破坏、胃肠道组织与结构发生改变等各个方面,这势必会造成牛羊的淘汰率升高。为了减少这一情况的发生,畜牧工作者也在为之不懈努力。首先需要明确的是,高精料日粮对反刍动物造成的各种负面影响并不是同时出现的,这就需要饲养人员在日常工作中注意观察,当动物出现异常行为及表现后,及时采取相应措施。另外,日粮组成及结构的详细信息也是需要随时掌握的,日粮中 NDF 的占比是影响瘤胃液 pH 的一个重要因素,因此可以将其作为瘤胃内酸性程度的一个衡量指标,进而可知,控制反刍动物对日粮中 NDF 的摄食对于降低 SARA 的发生率具有重要意义。

对 SARA 的防治需要注意以下两个方面。一方面,需要让反刍动物体内的瘤胃微生物在采食后适应一个短时间内高 VFA 浓度的状态;另一方面,需要让瘤胃维持 pH 在一个正常的生理范围之内。在实际生产活动中,可以通过向瘤胃中人为添加益生菌来保持瘤胃正常的微生物消化过程,还可以通过添加抗生素抑制乳酸菌的活性从而减少产酸,或者通过人工 pH 缓冲剂来维持瘤胃 pH 的正常范围。除了这些常规的预防调控措施,还应根据反刍动物的特殊生理状况采取灵活的应对策略。张文文等(2017)发现,日粮中添加丁酸钠可以一定程度地缓解由高精料日粮饲喂引起的乳腺组织的炎症反应。

植物提取物具有调节瘤胃微生物区系、改善瘤胃发酵和代谢的作用。植物提取物是指从植物中获取的具有一种或多种生物学功能的物质。植物提取物的出现可以在一定程度上缓解因限制抗生素的使用给畜牧养殖业带来的尴尬局面。植物提取物中含有多种生物活性物质,不同的活性物质使得它具有抗菌、抗氧化、提高动物机体抗病力等作用,将其添加到饲粮中能够提高畜禽免疫力、增强畜产品品质、减少畜产品中抗生素残留。有研究发现,饲粮中添加植物提取物可以在一定程度上升高瘤胃 pH。还有研究发现,反刍动物饲粮中添加植物提取物可以调控 SCFA 的组成。

乙酸是反刍动物代谢所需能量的主要来源。丙酸则是反刍动物重要的葡萄糖前体,丙酸型发酵能为机体提供更多的能量,因而乙酸丙酸比(乙丙比)影响能量的利用率。因此,调整乙丙比可提高能量利用率。VFA 既是碳水化合物在瘤胃的终产物,也是瘤胃微生物生长所需的重要碳架和能量来源。乙酸和丙酸通过不同的代谢途径提供瘤胃微生物生长所需要的营养物质和能量,乙丙比不同,瘤胃微生物的群体结构也可能不同。瘤胃微生物结构不同又导致瘤胃发酵模式不同,从而改变发酵产物乙丙比。由此可见,底物与微生物间存在复杂的互作关系。例如,在饲喂高精料的奶牛日粮中添加 0.4%的茴香粉能够提高瘤胃液的丙酸浓度,还可以降低乙丙比。Karamnejad 等(2019)发现,按照 DM 基础在绵羊的高精料日粮中添加 21%的石榴皮可以增加瘤胃液中的丙酸浓度,降低乙酸浓度,并且还能降低乙丙比。诸如此类的研究结果还有很多,实验结果证实,以薄荷、丁香、百里香和迷迭香等为活性物质的植物提取物均能降低反刍动物的瘤胃液乙丙比。

而反刍动物因为采食高精料而造成的炎症反应也可以通过植物提取物进行调节。例

如，De Nardi 等（2014）曾证实，给处于非妊娠期的荷斯坦奶牛的高精料日粮中加入富含多酚的植物精油（其主要成分是黄酮类），能够降低瘤胃液中的 LPS 浓度，从而减弱荷斯坦奶牛的炎症反应。还有研究发现，在精料占比 80%的母牛日粮中添加丁香酚能够降低血浆中的幽门螺杆菌浓度，并且在安格斯奶牛的高精料日粮中添加肉桂醛可以降低其血液中的血清淀粉样蛋白 A 浓度。在反刍动物生产中，高精料饲粮的使用会导致反刍动物瘤胃发酵异常和微生物区系紊乱，进而发生炎症反应和一系列营养代谢疾病。饲粮中添加植物提取物可以调节瘤胃内 VFA 组成、微生物区系，降低血液中 LPS 浓度与炎症反应发生率，增加瘤胃内的缓冲作用，缓解高精料饲粮所带来的副作用。由于植物提取物种类繁多，作用机制也不尽相同，今后尚需进一步研究植物提取物配合使用效果和适宜添加量，以便更好地在实际生产中加以推广应用。

第三节 幼龄羊胃肠道微生物的发育与调控

一、幼龄羊生长与代谢特征

幼龄反刍动物的生长时期可分为初乳期、断奶前期、断奶期和断奶后期。初乳对反刍动物的健康发育至关重要，它是新生羔羊肠胃激活功能最佳营养剂，并带有一定免疫功能。这就是人们常说饲喂牛奶的羔羊健康状况较差的原因，羔羊应在半小时内吃到羊初乳。如果羔羊体质弱，可先将母羊奶挤入口中一些，这样可有助于羔羊体力上升。在断奶前期，人工饲养的羔羊会采食母（常）乳或代乳粉，但是这些液体饲料的饲喂量、饲喂方式等会直接影响反刍动物对固体开食料的适应性、胃肠道发育及生长性能。柴建民等（2015）研究发现，羔羊在出生后第 10 天、20 天、30 天断母乳，均出现了明显的断奶应激，大约持续 10 天，随后 10 天恢复，之后进入正常生长速度。整个试验阶段早期断奶组羔羊的日增重可以保持在 200g 以上，而随母哺乳组羔羊生长速度缓慢，平均日增重仅为 178g。羔羊从出生开始就要吃乳、多吃初乳，吃得越早、越多，长得越快，体质越好，抗病力越强，成活率越高。饲养人员从羔羊 1 周龄后开始适当添加嫩饲草，20 日龄左右开始训练吃料，同时应在光照充足、气流较小的羊舍内引导其活动，留给羔羊足够的运动空间，以促使羔羊正常生长发育。欧阳靖等（2010）在探讨饲粮中添喂不同水平的赖氨酸对羔羊消化代谢的影响时，结果表明 60～85 日龄和 120～145 日龄的羔羊干物质采食量分别在赖氨酸的添加水平为 1.2%和 0.4%时最高，分别比对照组增加了 6%和 15%。在采食液体饲料的同时，固体饲料的供应时间、供应量等也会影响反刍动物的生长和瘤胃发育。早期开食料采食会提高瘤胃中的 VFA 浓度，促进胃肠道免疫系统的基因表达，加快瘤胃上皮发育。相比于精料，能量密度较低的粗饲料在幼龄反刍动物中的饲喂效果受到液体饲料饲喂量的影响。当饲草的质量比较好时，例如，在羔羊生长早期补饲切短苜蓿，能促进纤维消化菌等成年瘤胃微生物在其瘤胃中的定植，从而提高其对固体饲料的消化能力。固液饲料的平缓过渡，是断奶前期饲喂的重点，直接影响断奶期间反刍动物的生长性能和健康状况。在断奶后期，当幼龄反刍动物采食足够的开食料并断奶后，幼龄反刍动物的死亡率相比于断奶前大大降低。

二、幼龄羊胃肠道发育规律

幼龄羊胃肠道的发育主要分成三个不同阶段：0～21 日龄是非反刍阶段；22～56 日龄是过渡阶段；56 日龄之后属于反刍阶段。羔羊在 21 日龄之前主要从母乳中摄取营养物质，母乳经过食管沟反射直接进入皱胃被机体消化吸收，这一阶段复胃器官中皱胃的生长发育较其他前胃更为明显（Sangild et al., 2000）。肠道中十二指肠和空肠由于在出生前就已得到相当程度的发育，此阶段的发育速率明显下降；而回肠、盲肠和结肠此时发育速率较为迟缓（郭江鹏等, 2011）。过渡阶段（22～56 日龄），由于采食的饲粮从液态的母乳过渡到固态的饲草料，前胃（瘤胃、网胃、瓣胃）容积和质量迅速增长，特别是瘤胃发育受到采食饲草的影响后，其组织质量和厚度不断增加，容积也随之增大，其消化粗纤维的功能也在快速完善。反刍阶段的幼龄羊胃肠道发育主要受到摄食的固体饲草组成及其发酵产生挥发性脂肪酸的调控，遗传因素所致的发育较弱。相关研究表明，肠道的相对质量随日龄的增加而增大，但不及胃的增速。回肠、盲肠和结肠段等具有发酵功能的肠段相对质量增加较多，十二指肠、空肠等没有发酵功能的肠段相对质量增加较少（陈鼎等, 2009）。郭江鹏等（2011）研究了舍饲并始于 7 日龄补饲条件下羔羊胃肠道的发育特点，结果表明，0 日龄全胃的相对质量约占活体质量的 1%，56 日龄是 0 日龄的 2.33 倍；皱胃的相对质量（%活体质量）随日龄的增长而下降（56 日龄是 0 日龄的 79.86%）。瘤胃与网胃的相对容积在 7 日龄后大幅增长，同期内皱胃相对容积则大幅下降；全肠段的相对质量亦随日龄增长而增大，56 日龄是 0 日龄的 1.43 倍；大肠的增速略大于小肠，其 56 日龄是 0 日龄的 1.71 倍，小肠为 1.36 倍。小肠中，仅回肠的增长略大，而大肠中盲肠、结肠、直肠的增速相近。幼龄羊胃肠道组织形态的发育也表现出明显的日龄差异，张科等（2017）发现 28 日龄是复胃发育的重要临界点，瘤胃背囊乳头高度随着日龄的增加逐步增高，特别是从 28 日龄开始增速迅猛，而 7 日龄之前，瘤胃背囊乳头高度之间差异不显著。乳头宽度也呈现逐渐增宽的趋势，瘤胃肌层厚随着日龄的增加逐步增厚，且从 28 日龄开始采食粗饲料后显著增厚。固有层同样呈现逐步增宽的趋势，但在 42 日龄之前增速较慢，之后迅速增宽。羔羊的角化层是从 14 日龄开始，随着饲草的进食，逐步增厚，网胃颈部组织各项指标随着日龄的增加而逐步增大。初级皱襞高度从 28 日龄开始增速变快，0、21、42、56 日龄的初级皱襞高度差异显著；皱襞宽度 0～14 日龄不断下降，14 日龄后逐渐增加，但未达到初始水平；固有层在 0～3 日龄开始增高。瓣胃的中央肌层随着日龄增加逐步增宽，0、14、21、42、56 日龄的中央肌层宽度依次增大，但皱胃黏膜层厚和皱胃肌层没有明显变化规律，各日龄之间差异不显著。肠段上，十二指肠绒毛高度随日龄增长呈现增高的趋势，在 42 日龄出现绒毛高度降低的现象，绒毛宽度随日龄的增加逐步增宽。隐窝深度、肌层厚度也随日龄逐步增加，绒毛高度与隐窝深度的比值随日龄降低。回肠绒毛高度随日龄呈现增高的趋势，21 日龄之后绒毛高度出现降低的现象，从 42 日龄开始又逐步增高，绒毛宽度随日龄的增加逐步增宽。对大肠而言，大肠各段黏膜层厚度、肌层厚度，0 日龄时均为盲肠＞直肠＞结肠，28 日龄时为盲肠＞结肠＞直肠，而到 56 日龄时为结肠＞盲肠＞直肠，结肠在整个阶段发育中是最快的。

三、幼龄羊胃肠道微生物定植规律与调控

（一）羊胃肠道微生物的来源及组成

对于反刍动物胃肠道微生物而言，瘤胃微生物区系是其研究的热点。瘤胃微生物与宿主经过协同进化后存在稳定的共生关系及互作效应，对瘤胃功能的维持及正常发挥有重要作用。反刍动物早期瘤胃微生物的来源有多种，一般认为，哺乳动物刚出生时胃肠道是无菌环境，但通过分娩、吸吮等行为与外界环境接触，逐渐建立了细菌、真菌等多种微生物群体（Rey et al.，2014）。出生仅几分钟的反刍动物在未摄入初乳的情况下，其瘤胃内就能检测到活菌，这表明微生物在瘤胃的定植可能首先源于分娩过程（Malmuthuge et al.，2019）。母体在分娩过程中通过产道向初生反刍动物消化道植入有益微生物，如纤维分解菌、产甲烷菌等。初生反刍动物对母体的舔舐是其获取瘤胃菌群的又一主要方式。Yeoman 等（2018）的研究表明反刍动物从初生到 2 周龄能通过舔舐向瘤胃内植入原虫。此外，反刍动物出生后可通过摄取初乳使母体菌群和发酵基质进入其瘤胃。有研究显示，刚出生的山羊羔羊在哺乳前的优势菌门是厚壁菌门，在属水平上芽孢杆菌属 *Bacillus*、乳球菌属 *Lactococcus* 及假单胞菌属 *Pseudomonas* 丰度最高；在哺乳后，拟杆菌门变为优势菌门，而芽孢杆菌属和乳球菌属的比例很低（Arshad et al.，2021）。

瘤胃生态系统由数量巨大且种类繁多的微生物组成，这些微生物之间存在共生关系。瘤胃微生物群由古菌、原生动物、细菌和真菌组成，其中，细菌最易受到瘤胃理化性质的影响（Ozutsumi et al.，2005）。此外，少数噬菌体和古菌作为微生物种群的关键调控因子和水平基因转移的启动子而存在于瘤胃中（O'Hara et al.，2020）。在门水平上，瘤胃微生物的组成大致呈现出以下规律：随日龄增加，瘤胃的拟杆菌门和厚壁菌门数量逐渐增加，而变形菌门数量逐渐降低，最终形成稳定的瘤胃微生物区系（张科等，2017）。按照在瘤胃内存在的位置不同，可将微生物分为 3 类：黏附在饲料纤维上的微生物、悬浮在瘤胃液中的微生物和附着在瘤胃上皮的微生物。Jiao 等（2015）研究发现，瘤胃上皮黏膜微生物与上述瘤胃微生物的组成及演变规律类似，优势菌群为厚壁菌门、拟杆菌门和变形菌门，且随着日龄增加其多样性也逐渐增加，厚壁菌门和拟杆菌门的数量也随日龄逐渐增多，而变形菌门数量逐渐降低。盲肠的优势微生物群属为未分类瘤胃球菌科 unclassified Ruminococcaceae 所含菌属、未分类梭菌目 unclassified Clostridiales 所含菌属和未分类拟杆菌目 unclassified Bacteroidales 所含菌属（Zou et al.，2020）。

（二）羊胃肠道微生物的功能

1. 微生物与消化代谢

胃肠道微生物可以调节反刍动物的消化代谢。瘤胃中的拟杆菌门具有较强的蛋白质和多糖降解能力（Huo et al.，2014）。纤维黏附菌群约占瘤胃中总菌数量的 70%，主要

由纤维分解菌组成，能够降解植物纤维，促进宿主对纤维的消化利用（Flint et al., 2008）。此外，Wallace 等（2015）研究表明，瘤胃球菌属和纤维杆菌属具有可遗传性，其在瘤胃发酵过程中起着降解植物纤维的作用。张科等（2017）对 0～56 日龄陕北白绒山羊瘤胃微生物进行 16S rRNA 测序与功能预测。研究发现，"氨基酸运输与代谢""转录""碳水化合物运输与代谢"等代谢相关通路在整个发育过程中相对丰度较高。这与瘤胃微生物通过分解和利用摄入的碳水化合物和蛋白质来维持自身生长和增殖的过程是一致的。同时，该研究结果表明，"氨基酸运输与代谢""辅酶运输与代谢""能量生成与转化""转录"等几种代谢途径的相对丰度在瘤胃发育过程中均有显著波动。

2. 微生物与生产性能

研究表明，瘤胃微生物的核心菌群中成员之间的关系要比非核心菌群成员之间更密切，它们有共同的功能，契合所处的环境，为宿主提供功能需求；微生物群在种水平上，不同个体间的丰度几乎保持一致（Martiny et al., 2013）。Wallace 等（2019）对来自英国、意大利、瑞典和芬兰 7 个牧场的 1016 头奶牛进行研究，鉴定出含 512 种瘤胃菌群成员的核心菌群，富含拟杆菌目、螺旋体目和 WCHB1-41 目，具有保守的层级结构，与甲烷排放、产奶量及瘤胃发酵相关。Zhong 等（2014）给羔羊移植成年瘤胃微生物，增加了羔羊 0～56 日龄的平均日增重，并且提高了饲料效率。郭云霞等（2015）研究初步确定羊源芽孢杆菌能促进 3 月龄断奶羔羊胃肠道营养物质的吸收，促进有益菌的增殖，抑制有害菌的生长，进而提高羔羊的生长性能，降低腹泻率。

（三）羊瘤胃微生物定植的时空特征

随着消化系统的发育，羔羊瘤胃的微生物区系逐渐形成并发生演替。现代微生物技术（如 16S 扩增子测序、宏基因组等高通量测序手段）的应用能够更加全面且准确地解析瘤胃发育进程中微生物的时空演变。大量研究表明，反刍动物瘤胃微生态系统为厌氧环境，其中的微生物也全为厌氧菌，而早期瘤胃微生物却并非全为厌氧微生物，但随着幼龄反刍动物瘤胃的发育，瘤胃微生物以一种特定的、渐进的顺序进行定植，逐渐形成一个全为厌氧微生物组成的厌氧环境。大多数动物的胃肠道在出生后被认为是无菌的，但随着哺乳行为、接触周围环境及同伴使相应微生物逐渐开始定植，最终形成复杂多样的微生态系统。Zhang 等（2019）采用高通量测序技术对 0～56 日龄山羊瘤胃细菌和真菌群落的组成和相对丰度进行了研究。在 0 日龄时，研究人员观察到厚壁菌门 Firmicutes 的比例高达 80%，芽孢杆菌属 *Bacillus* 和乳球菌属 *Lactococcus* 在属水平上占优势，芽孢杆菌属所占比例最高，达 55.55%，而拟杆菌属 *Bacteroides* 的相对丰度约为 8%。0 日龄后，拟杆菌属迅速成为优势菌群，约占全部菌群的 50%，而芽孢杆菌属和乳杆菌属的比例很低，并在整个研究期间基本保持稳定。研究表明，乳酸菌可以降解糖和碳水化合物，并对其宿主做出重要的代谢贡献，芽孢杆菌和乳酸菌可以增强上皮屏障功能，增强黏膜 IgA 反应，促进抗炎细胞因子的产生和促炎途径的下调（Hsu et al., 2019）。母乳喂养提供了营养素、益生菌和抗生素的混合物，导致了瘤胃微生物群的主要变化，并选择性地塑造了其他优势微生物的生长和定植，所以饲喂母乳后芽孢杆菌和乳酸菌比例较低（O'Sullivan et al.，2015）。Pan 等（2021）研究表明山羊在第 1～28 日龄时，瘤胃微生物群落多样性逐渐增加，微生物群落具有异质性，功能多样，能够满足后期的需求。第 42～56 日龄时，在饲喂苜蓿颗粒饲料以及强化瘤胃免疫功能调控的作用下，瘤胃微生物群落的多样性和功能发生了改变。Zou 等（2020）研究表明断奶之后在门水平上，瘤胃和盲肠中变形菌门 Proteobacteria 显著减少，拟杆菌门 Bacteroidetes 显著增加，后一种变化是由断奶引起的，特别是在瘤胃。在一项比较牛从出生到成年的瘤胃细菌群落的研究中，变形菌门和拟杆菌门的组成也发生了类似的变化（Pitta et al.，2016）。在山羊断奶前发育的盲肠中也有类似的观察报道，胎儿和新生小羊瘤胃和盲肠微生物在门水平上无显著差异，然而从变形菌门、拟杆菌门、厚壁菌门 Firmicutes 和梭杆菌门 Fusobacteria 等菌门水平动态波动可以看出，在新生小羊接受母乳喂养后，这种情况开始发生变化；在门和属水平上的微生物群落组成在断奶后发生了根本变化，3 月龄和 6 月龄两个阶段的微生物群落与怀孕山羊相似，表明微生物群落从出生第 3 个月开始稳定（Zou et al.，2020）。在属水平上，一些微生物很容易消失或被取代。未分类丛毛单胞菌科 unclassified Comamonadaceae 的主导地位和未分类伯克霍尔德氏菌目 unclassified Burkholderiales 数量在胎儿出生后的瘤胃中大幅下降，其中未分类的丛毛单胞菌科的相对丰度从 32.08% 下降到 2.58%，而未分类伯克霍尔德氏菌目从 19.89% 下降到 3.13%；而它们在盲肠则略有下降，未分类的丛毛单胞菌科从 29.83% 下降至 16.08%，未分类的伯克霍尔德氏菌目从 18.17% 下降至 16.28%。在接受母乳喂养后，新生小羊体内这两种优势菌在瘤胃和盲肠均急剧下降至 0，但在后期均未被检测到。在胎儿出生后，病原微生物曼海姆氏菌属 *Mannheimia*（18.33%）和比贝尔施泰因氏菌属 *Bibersteinia*（13.63%）两种优势菌在瘤胃中被检测到。解血曼海姆氏菌 *Mannheimia haemolytica* 和海藻比贝尔施泰因氏菌 *Bibersteinia trehalosi* 是引起所有年龄段绵羊和山羊肺炎的主要原因，并可在羔羊中诱发败血症（Rawat et al.，2019）。羔羊在接受母乳喂养后瘤胃内已不存在解血曼海姆氏菌，而海藻比贝尔施泰因氏菌在断奶前仍保持较高的丰度（10.73%），说明初乳中存在一些抗体和免疫因子可以抵抗解血曼海姆氏菌（Zou et al.，2020）。在盲肠中，拟杆菌属 *Bacteroides* 和未分类肠杆菌科 unclassified Enterobacteriaceae 的相对丰度在接受母乳后分别迅速增加到 37.53% 和 28.20%，但它们在断奶后无法被检测到。由此可见，不同时期山羊胃肠道微生物群落具有明显的差异性，且与环境和饮食密切相关。

核心菌群在成年反刍动物瘤胃中呈现种类不丰富但丰度很大的特点，而在幼龄反刍动物中，核心菌群在瘤胃微生物类群中所占比例较大。研究人员将对羔羊在 20、30、40、50、70、90 日龄所测得的 16S rRNA 基因序列在美国国家生物技术信息中心（NCBI）建立的 DNA 序列数据库（Genebank 数据库）中进行序列比对，并在数据库中参考序列构建系统进化树，结果表明，20 日龄羔羊瘤胃内已形成微生物区系，出现了栖瘤胃普雷沃氏菌 *Prevotella ruminicola*、厚壁菌门及拟杆菌门的细菌，不同日龄的差异性逐步增加，并且在门水平上出现特异性。整个实验期，拟杆菌门和厚壁菌门是瘤胃微生物优势菌群（刁其玉和张蓉，2017）。在门水平上，新生反刍动物瘤胃内厚壁菌门、拟杆菌门和变形菌门为主要的优势菌群；在属水平上，宏基因组测序检测到新生反刍动物瘤胃内不存在古菌和原虫，但有少量真菌和病毒定植（Li et al.，2019b）。一项针对断奶前山羊羔羊的研究显示，瘤胃的核心菌群在羔羊出生后不久就出现了，但是其丰度与成年山羊的瘤胃核心菌群大不相同（Li et al.，2012b）。这可能意味着核心菌群在幼龄反刍动物瘤胃微生物定植之初具有先定植的优势，或者核心菌群在瘤胃中发挥了某些重要的基础生物学功能。

研究人员除了关注瘤胃内不同菌群的定植模式，还应注意与胃壁相关的微生物群落的定植（张剑搏等，2021）。Stewart 等（1988）指出，胃壁细菌群落在出生后不久便已建立并快速达到成年体内的浓度，而且该群落的多样性似乎随着年龄而改变。Mueller 等（1984a）使用扫描电镜描述了 1~10 周龄羔羊胃壁 24 种类型细菌的形态学特征，尽管在羔羊和成年羊中仅发现 7 种共有类型，但是它们被认为是胃壁细菌群落的土著成员；同时，这个群落遵循一种典型的演替规律，其属水平组成在生命前 10 周发生显著变化。此外，依据 Mueller 等（1984b）的研究，从瘤胃内容物的细菌群落来看，由于大多数分离菌株可归为普通瘤胃菌属，胃壁细菌群落并未出现明显不同。然而，Sadet 等（2007）使用聚合酶链反应-变性梯度凝胶电泳（polymerase chain reaction-denaturing gradient gel electrophoresis，PCR-DGGE）发现胃壁细菌群落与瘤胃内细菌群落有所不同，且从液体饲料到固体饲料的转换影响了瘤胃细菌群落结构，但胃壁细菌群落结构并未受影响，表明该细菌群落具有很强的宿主效应。

此外，黏膜细菌群落的发育与黏膜组织中一些关键免疫相关基因的表达之间存在明显的相关性，表明未来瘤胃微生物定植的研究应包括瘤胃壁细菌群落。在瘤胃尚未发育成熟时，瘤胃内的微生物易受外界因素的影响而产生较大的变化，而随着瘤胃的发育和微生物区系的完善，瘤胃微生物表现出相对的稳定性；虽然饲粮等因素会带来一些改变，但这些改变往往不具有长期性（张剑搏等，2021）。无论是产奶还是产肉，幼龄反刍动物的早期生长性能可能对该动物个体整个生产周期的生产性状都产生长期影响。

（四）羊胃肠道微生物的调控技术

微生物群落的定植和建立在幼龄反刍动物的发育和功能中发挥着关键作用，有许多因素直接或间接地调控反刍动物的微生物定植和胃肠道发育。

1. 饲喂初乳

出生后的饮食基本上介导了农场动物胃肠道菌群的定植。初乳喂养被推荐用于反刍动物，以确保适当的早期营养和黏膜免疫反应的发生。它可以有效地防止病原微生物在胃肠道中定植，同时减少炎症反应。牛奶含有 40 余种低聚糖和乳铁蛋白，具有抗菌、抗炎作用，还能作为铁螯合剂，因此牛奶有可能阻止潜在病原体与胃肠道上皮结合（Pacheco et al.，2015）。在初乳摄入后第 2 天，研究人员在新生羔羊瘤胃 pH 较低（小于 4）的情况下观察到乳球菌丰度增加（Wang et al.，2019）。有研究表明，生命早期的饮食干预可以改变胃肠道菌群的定植，并产生理想的结果，并且干预效果可持续至断奶后（De Barbieri et al.，2015）。因此，建议将有效控制胃肠道微生物群的重点放在断奶过渡期。这主要是因为断奶或断奶后立即进行的饮食干预可能最有效，对瘤胃微生物生态和功能具有长期影响（Belanche et al.，2019）。目前，关于母乳喂养的羔羊在瘤胃功能发育之前的微生物群落的遗传和动态的研究数据是非常有限的，因此需要进一步研究胃肠道菌群定植的机制，以及不同因素影响微生物生态建立的确切作用，特别是宿主遗传和微生物相互作用。

2. 开食料

胃肠道微生物的定植与饲料类型高度相关，饲料作为微生物发酵的底物，能够直接影响微生物的定植过程。固体饲料不同于液体饲料，饲喂固体饲料能够快速改变瘤胃环境，促进成熟瘤胃微生物定植。早期研究报道，在断奶前后饲喂饲草或浓缩料将决定一些厌氧菌的浓度，加速瘤胃微生物群落的定植（Anderson et al., 1987）。Yáñez-Ruiz 等（2010）发现不同日粮组成影响了羔羊瘤胃细菌群落的定植，这种影响持续了 4 个月，提示进一步探索利用日粮或食用添加剂调控成年动物体内微生物种群的可行性。Abecia 等（2018）发现，人工喂养和母羊喂养的羔羊表现出了不同的瘤胃原生动物定植模式，与喂养代乳品的羔羊相比，母羊喂养的羔羊瘤胃在不断发育过程中 pH 持续降低，推测由于群体行为学习，母羊喂养的羔羊容易消耗更多的体能去学习某些行为。因此，在瘤胃发育过程中不断变化的 pH 环境对特定微生物群落的定植更有利，也可能形成不同的微生物群落。除了在断奶前后引入固体饲料，早期阶段的营养干预还有直接接种特定的微生物，以及使用抑制（或促进）某些微生物群落定植的化合物等。在开食料饲喂的基础上，在反刍动物生长早期补饲粗饲料，能够促进瘤胃中纤维分解菌的定植。Kim 等（2014）报道，断奶前饲喂粗饲料促进瘤胃中生黄瘤胃球菌和白色瘤胃球菌等纤维降解菌的定植。Yáñez-Ruiz 等（2010）报道，羔羊断奶期间补饲精料能提高瘤胃中总菌的数量，而只饲喂干草的羔羊瘤胃中则具有更高的产琥珀酸丝状杆菌 *Fibrobacter succinogenes* 和古菌数量，末端限制性片段长度多态性分析（terminal restriction fragment length polymorphism，T-RFLP）的结果进一步显示饲喂两种饲料的羔羊在 20 周龄时的瘤胃微生物组成显著不同。因此，尽管断奶前瘤胃消化纤维素的能力较弱，早期补饲粗饲料仍能够促进纤维消化菌的定植，调控瘤胃微生物组成。Mao 等（2016）对山羊的研究表明，基于高含量谷物（主要是玉米）的饮食显著影响瘤胃细菌的多样性和组成，并使原生动物（纤毛虫）和产甲烷菌的水平增加，厌氧真菌的密度降低，古菌及有毒和促炎化合物的水平也有所增加。

3. 饲料添加剂

饲料采食过程中添加适当的饲料添加剂能够调节瘤胃微生物的定植过程。开食料中添加 40g/kg 的亚麻籽油，能够促进瘤胃中琥珀酸弧菌科 Succinivibrionaceae 和韦荣氏球菌科 Veillonellaceae 的定植，并在停止亚麻籽油添加后依然保持调控的效果（Lyons et al., 2017）。16 周龄的绵羊羔羊开食料中添加大蒜油和亚麻籽油的混合添加剂 4 周后，瘤胃中的普雷沃氏菌科 Prevotellaceae 相对丰度高于对照组（Saro et al., 2018）。Abecia 等（2018）研究表明小山羊出生后开食料中添加甲烷抑制剂溴氯甲烷后，断奶后一个月时瘤胃中普雷沃氏菌属 *Prevotella* 丰度增加，丁酸弧菌属 *Butyrivibrio* 丰度下降，当溴氯甲烷处理停止后，瘤胃微生物的变化消退。孙施杰等（2019）的研究发现 5 日龄的羔羊开食料中添加 1.33g/d 的亮氨酸提高了 30 日龄时瘤胃中普雷沃氏菌属的相对丰度，降低了 30 日龄时瘤胃中巨球形菌属 *Megasphaera* 和梭菌属 *Clostridium* 的相对丰度。直接饲用微生物是一类无致病性、可直接饲喂的活性微生物，其本身或者其代谢产物对动物机体有积极调控作用（McAllister et al.，2011）。适宜反刍动物使用的微生态制剂可以是瘤胃源的微生物，也可以是非瘤胃源的微生物。瘤胃源的微生物主要有分离自瘤胃的乳酸利用菌和纤维利用菌等，这类微生态制剂添加到饲料中，可以通过提高瘤胃对纤维的利用率或者降低瘤胃乳酸浓度来预防酸中毒（Chiquette et al.，2007）。非瘤胃来源的微生物主要有酿酒酵母和乳酸菌等。以酿酒酵母为代表的酵母类微生态制剂，能够消耗氧气改善瘤胃发酵环境，提高饲料有机物消化率（Desnoyers et al.，2009）。然而无论是哪一类型的微生态制剂，其在动物胃肠道内有效定植并且保持代谢活力都是其发挥作用的前提。

第四节　羊甲烷排放及其营养调控

一、羊甲烷排放概况

大气中的温室气体导致全球变暖是备受瞩目的世界难题，温室气体主要包括二氧化碳（CO_2）、甲烷（CH_4）及氧化亚氮（N_2O）。世界气象组织（World Meteorological Organization，WMO）2022 年发布的《世界温室气体公报》显示，2021 年大气中的 CO_2、CH_4、N_2O 平均浓度分别为 417.9ppm[①]，1923.0ppb[②] 和 335.8ppb，分别是工业化前水平的 149%、262% 和 124%。CH_4 是《京都议定书》要求采取国际措施的六种气体之一，占总温室气体排放量的 14%，其全球变暖潜力是 CO_2 的 28 倍。Maasakkers 等（2019）通过卫星观测，2010～2015 年全球 CH_4 排放总量估测值为 548Tg/年（$1Tg=10^9 kg$）。与其他温室气体相比，大气内 CH_4 浓度提升比例巨大。2021 年联合国粮食及农业组织（FAO）公布的 CH_4 排放数据显示（图 7-1），2019 年印度肠内发酵造成的 CH_4 排放量为 1405.4 万 t，远高于我国（654.9 万 t），但我国肠内发酵造成的 CH_4 排放仍高于美国、澳大利亚、新西兰以及欧盟。早期报道认为，人为温室气体排放组成中，家畜养殖造成的 CH_4 排放占人为排放量的 35%～40%（Steinfeld et al.，2006）。从 2021 年 FAO 公布的数据可以看出，家畜肠内发酵造成的 CH_4 排放比例进一步提高，2019 年美国、澳大利亚、新西兰以及欧盟的肠内发酵 CH_4 排放量占农业总排放的 73% 以上，印度为 70.2%，而我国由于大面积的水稻种植，肠内 CH_4 排放仅占农业总排放的 50.05%（图 7-1）。上述结果表明，家畜养殖造成的 CH_4 排放量是人为排放的一个重要来源，因此，如何有效调控至关重要。

---

① $1ppm=1\times10^{-6}$
② $1ppb=1\times10^{-9}$

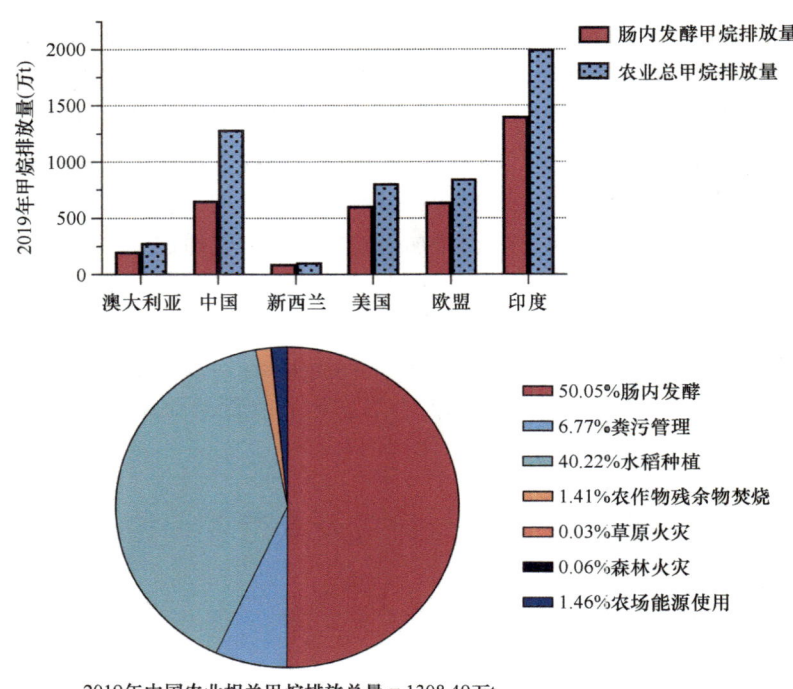

图 7-1　2019 年全球主要农业国家与地区肠内发酵甲烷排放量和农业总甲烷排放量及中国农业相关甲烷排放源的比例

数据来源：FAO，数据更新截至 2021 年 10 月 20 日

家畜养殖造成的肠内 CH_4 排放主要来自草食家畜胃肠道微生物的发酵过程，不同草食家畜 CH_4 排放量的比例也有所区别，其中羊占 13%、水牛占 8%、其他牛占 74%。2020 年 FAO 公布，2017 年全球约有 15 亿头牛、10 亿只绵羊和近 10 亿只山羊（http://www.fao.org/faostat/en/#data/GE，2020 年 7 月 29 日）。随着羊产业在国内的蓬勃发展，我国肉羊养殖数量的大大增加，从 1980 年到 2013 年我国山羊和绵羊的存量分别从近 1 亿只和近 1.3 亿只增长至近 3 亿只（Yu et al.，2018），占全球肉羊总量的比例较大，而大规模的肉羊养殖势必会造成更多的 CH_4 等温室气体排放。据报道，在发达国家牛、水牛、绵羊和山羊的估测 CH_4 排放率分别为每天 150.7g/只、137.0g/只、21.9g/只和 13.7g/只，而在发展中国家牛和绵羊的 CH_4 排放率显著低于发达国家，分别为每天 95.9g/只和 13.7g/只（Sejian et al.，2011）。Yu 等（2018）报道，1980～2013 年我国绵羊和山羊的平均 CH_4 排放率分别上升 33% 和 20%，约为每天 22.7g/只和 19.7g/只，表明我国绵羊和山羊的 CH_4 排放率在 2013 年高于发达国家的排放水平，这可能是由近些年国内养羊业生产力和动物生产性能提高造成的。CH_4 排放不仅造成环境问题，还降低反刍动物对饲料能量的利用效率。据报道，反刍动物胃肠道 CH_4 生成主要在瘤胃发酵过程（占 87%），其余的 CH_4 在大肠发酵过程中产生（Lascano and Cárdenas，2010），瘤胃 CH_4 造成的能量损失占采食能量的 2%～12%（Moss et al.，2000），而肉羊生产中，饲料总能的约 8% 以 CH_4 的形式浪费（赵一广等，2012）。因此，有必要解析瘤胃内 CH_4 排放的机制，以及如何通过日粮调控瘤胃发酵，从而减少羊的瘤胃 CH_4 排放，提高羊对饲料能量的利用效率。

二、瘤胃甲烷排放形成机制

(一) 瘤胃产甲烷菌

产甲烷菌是瘤胃 CH_4 产生的主要微生物,产甲烷菌均为严格厌氧细菌,属于古菌的广古菌门,其中分为 6 个菌目、13 个菌科、35 个菌属。常见的产甲烷菌包括甲烷杆菌、甲烷球菌、甲烷微菌、甲烷八叠球菌、甲烷火菌等,不同产甲烷菌生成甲烷的底物存在差异。甲烷杆菌通常以 CO_2 作为电子受体,氢作为电子供体生成 CH_4;甲烷球菌能利用氢和甲酸作为电子受体;而甲烷微菌则可以利用更多底物(高健等,2016)。瘤胃内主要的产甲烷菌属为甲烷短杆菌属 Methanobrevibacter。St-Pierre 和 Wright(2013)综述了不同反刍动物瘤胃和粪便中产甲烷菌的组成,显示澳洲美利奴羊、牦牛、荷斯坦奶牛的瘤胃甲烷短杆菌属丰度占产甲烷菌丰度可达 90% 以上,而肉牛受品种影响较大,海福特牛产甲烷菌的组成中 49.1%~51.2% 属于甲烷短杆菌属,而我国的晋南牛为 79.7%。因此,甲烷短杆菌对羊瘤胃甲烷排放贡献最大。

(二) 瘤胃甲烷产生机制

日粮中的碳水化合物作为反刍动物主要的能量来源,主要包括纤维素、半纤维素、淀粉等多糖。在瘤胃内,这些多糖能够被水解成单糖,如葡萄糖、己糖和戊糖。葡萄糖在瘤胃内的代谢过程见图 7-2,单糖在瘤胃微生物的作用下最终被代谢生成 VFA 和 CO_2,在葡萄糖转化成丙酮酸,以及丙酮酸转化成乙酰辅酶 A 的过程中产生代谢氢,这些代谢氢能够在产生 VFA 的过程中被利用,也可能产生氢气(H_2)。Wang 等(2014)报道,瘤胃内的 H_2 包含两种形式,一种为气态的 H_2,另一种为溶解的 H_2,仅溶解的 H_2 能够被瘤胃微生物利用。产甲烷菌能利用其他瘤胃微生物产生的 CO_2 和 H_2 生成 CH_4,这点在瘤胃厌氧真菌和产甲烷菌体外共培养研究中已经得到广泛证实(Ma et al., 2020; Cheng et al., 2009)。

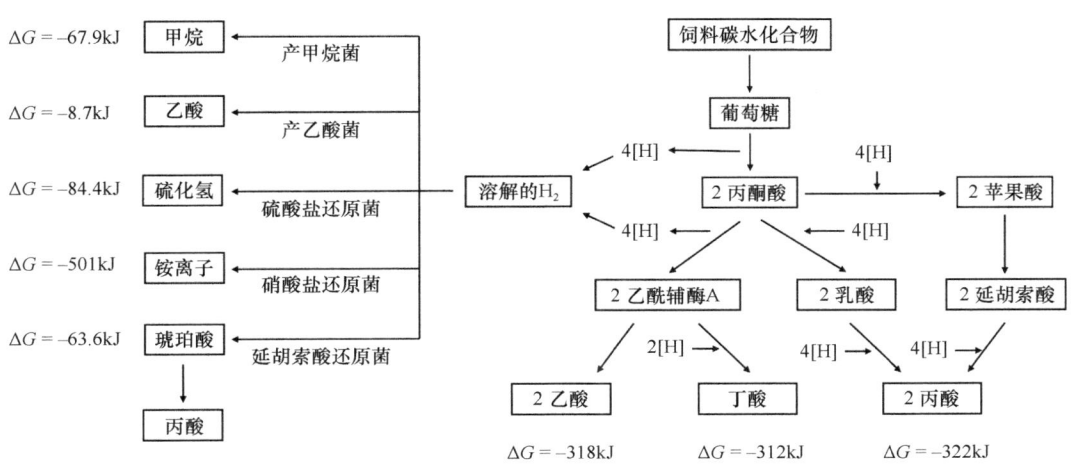

图 7-2 瘤胃发酵中包含代谢氢和氢气产生和利用的主要通路(修改自 Beauchemin et al., 2020)

瘤胃产甲烷菌本身无法直接利用饲料中的碳水化合物生成CH_4，而是以其他微生物的代谢产物如CO_2、甲酸、乙酸和甲醇作为底物生成CH_4。产甲烷菌的CH_4合成过程存在4条可能通路，包括CO_2还原通路、乙酸异化通路、甲酸氧化通路和甲醇不成比例的分化通路（乔升民等，2014），具体代谢通路如下（周怿和刁其玉，2008）。

（1）CO_2还原通路：$4H_2 + H^+ + HCO_3^- \rightarrow CH_4 + 3H_2O$

（2）乙酸异化通路：$CH_3COO^- + H_2O \rightarrow CH_4 + HCO_3^-$

（3）甲酸氧化通路：$HCOO^- + H_2O \rightarrow CH_4 + HCO_3^-$

（4）甲醇不成比例的分化通路：$4CH_3OH \rightarrow 3CH_4 + HCO_3^-$

上述通路中H_2和CO_2是瘤胃产甲烷菌的主要发酵底物，约82%的CH_4由产甲烷菌经CO_2还原通路产生，而以甲酸为底物产生的CH_4很少，仅3%~5%（冯仰廉，2004；Rouvière and Wolfe，1988）。瘤胃产甲烷菌还原CO_2生成CH_4的过程包括以下7步酶促反应（图7-3），在一系列的酶作用下，CO_2的碳原子先后传递给中间体甲酰基甲烷呋喃、甲酰基四氢甲烷蝶呤、次甲基四氢甲烷蝶呤、亚甲基四氢甲烷蝶呤、甲基四氢甲烷蝶呤、甲基辅酶M，最终在甲基辅酶M还原酶Ⅰ和Ⅱ的作用下形成CH_4（Rouvière and Wolfe，1988）。

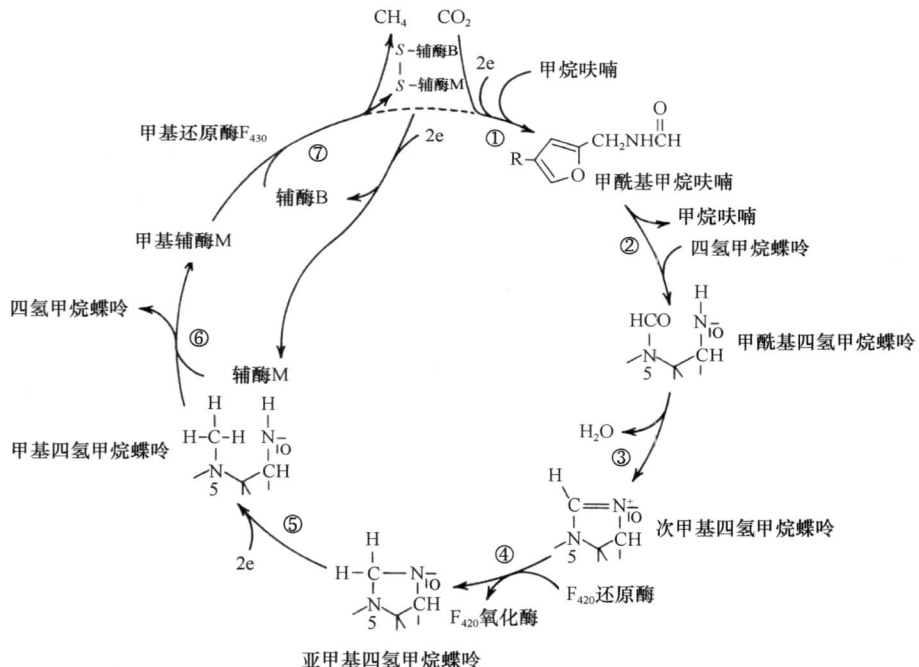

图7-3 瘤胃产甲烷菌的主要甲烷生成通路（修改自Rouvière and Wolfe，1988）

（三）瘤胃产甲烷菌与其他微生物的相互关系

瘤胃发酵过程中，微生物大量产生H_2，从而提高瘤胃内的H_2分压。较高的H_2分压抑制部分瘤胃微生物的生长与活性，产甲烷菌的存在能够消耗瘤胃内的H_2，从而降低瘤胃的H_2分压，维持瘤胃微生态的平衡。因此，瘤胃内产甲烷菌与其他微生物间存在广泛的互作关系。瘤胃细菌的代谢产物、发酵类型与产甲烷菌的CH_4生成过程密切相关。

Kittelmann 等（2014）报道，CH_4 排放高的绵羊瘤胃微生物组成中多种瘤胃细菌丰度较高，包括瘤胃球菌属 *Ruminococcus*、粪球菌属 *Coprococcus*、毛螺菌科 Lachnospiraceae 等。Maman 等（2020）通过共丰度分析，比较高产 CH_4 和低产 CH_4 绵羊的瘤胃细菌和产甲烷菌的关系，其结果显示，高产 CH_4 绵羊瘤胃内参与纤维消化的细菌如毛螺菌科、瘤胃球菌属、丁酸弧菌属 *Butyrivibrio* 和月形单胞菌属 *Selenomonas* 丰度较高，且与产甲烷菌具有强相关性。从上述结果可知，绵羊瘤胃内的细菌与产甲烷菌互作，纤维分解菌对瘤胃 CH_4 生成的促进作用可能因为纤维降解过程主要产生乙酸，在乙酸的生成过程中伴随着代谢氢的生成（图 7-2），为产甲烷菌提供合成 CH_4 的底物，从而提高 CH_4 排放。目前，关于瘤胃细菌与产甲烷菌互作关系的研究较少，在未来仍需要进一步细化研究，从而比较不同瘤胃细菌对 CH_4 生成过程的贡献程度。

原虫是瘤胃中重要的产 H_2 的微生物，其浓度为 $10^5 \sim 10^6$ 个/ml。产甲烷菌能够附着在原虫表面，并将原虫产生的 H_2 快速转化为 CH_4（Belanche et al.，2014）。早期研究报道，瘤胃内 9%～25% 的产甲烷菌与原虫相关（Newbold et al.，1995），约 37% 的瘤胃 CH_4 由这些与原虫相关的产甲烷菌产生（Finlay et al.，1994），因此，驱除瘤胃原虫能够有效减少瘤胃 CH_4 的生成。Li 等（2018a）通过荟萃分析发现，驱除原虫可以显著减少反刍动物瘤胃 CH_4 产量，提高瘤胃丙酸比例，但是会导致总 VFA 浓度和日粮纤维消化率的降低，且驱除原虫减少瘤胃 CH_4 排放的效果持续时间较短（11 周内）。由于产甲烷菌附着在原虫的表面，驱除原虫同时能够减少瘤胃内产甲烷菌的数量（Morgavi et al.，2010），此外驱除原虫可能造成与原虫相关的产甲烷菌数量减少，从而改变产甲烷菌群落组成和产甲烷活性（Zhou et al.，2009），最终达到抑制瘤胃 CH_4 生成的效果。

厌氧真菌（新丽鞭毛菌门 Neocallimastigomycota）是瘤胃内重要的纤维分解微生物，能产生多种降解植物细胞壁的碳水化合物酶，在降解饲料纤维成分的同时产生大量的 H_2（Li et al.，2021）。体外试验报道，产甲烷菌能够黏附在厌氧真菌的假根上，并且以真菌产生的 H_2 为底物合成甲烷（Jin et al.，2011），该种间的 H_2 转移过程能够提高厌氧真菌的生长及其对粗纤维的降解能力（Jin et al.，2011；Li et al.，2019a）。此外，厌氧真菌和产甲烷菌在体外共存时，厌氧真菌的抗逆性提高。体外共培养试验报道，甲烷短杆菌 *Methanobrevibacter thaueri* F1 能够提高瘤胃厌氧真菌梨囊鞭菌 *Piromyces* sp. F1 对抗真菌药物硝呋烯腙的耐受性（李袁飞等，2018）。目前，瘤胃产甲烷菌与厌氧真菌多围绕体外试验进行，但是瘤胃内微生物之间的关系复杂，因此针对它们之间的关系仍需要更多的试验进行进一步研究。

三、甲烷排放的营养调控策略

（一）日粮组成

1. 精粗比

瘤胃内碳水化合物类型影响 VFA 生成通路，从而影响 CH_4 合成，因此改变日粮精粗比能够影响瘤胃 CH_4 的排放（樊霞等，2006）。Aguerre 等（2011）报道，奶牛日粮精料比例从32%提高到53%，CH_4产量随着精料比例提高而降低。Olijhoek等（2018）报道，剩余采食量不会影响荷斯坦奶牛或者娟姗奶牛CH_4排放，而精料比例从32%提高到61%，两个品种的奶牛瘤胃乙丙比和CH_4排放量均显著降低。高精料不仅能减少奶牛CH_4产量，对犊牛、绵羊、山羊也有类似的效果（Shibata and Terada，2010）。早期研究报道，日粮中含有90%精料时，以CH_4形式损失的能量占总能量摄入的2%～3%（Johnson and Johnson，1995）。日粮中精料比例提高造成非结构性碳水化合物如淀粉和糖含量提高，相比于非结构性碳水化合物，粗饲料中的结构物质如细胞壁在瘤胃内的消化会导致乙丙比和CH_4排放更高（Johnson and Johnson，1995）。瘤胃内高精料发酵能够产生更多的VFA，特别是丙酸，从而降低瘤胃pH，显著抑制瘤胃原虫生长（Morgavi et al.，2010），部分瘤胃产甲烷菌能够附着在原虫表面，约37%的瘤胃CH_4由与原虫相关的产甲烷菌产生（Finlay et al.，1994），因此高精料可以通过抑制原虫生长，间接减少产甲烷菌的数量，达到CH_4减排的效果。此外，丙酸发酵过程造成代谢氢的沉积，而粗饲料中的结构性碳水化合物在瘤胃内发酵以乙酸发酵为主，产生大量的CO_2和H_2，并提高瘤胃氢分压，促进CH_4生成（武斌等，2020）。

2. 日粮脂肪

反刍动物日粮中添加油脂或者脂肪不仅能够增加日粮的能量密度，还能调节瘤胃发酵类型，减少CH_4生成。油脂或脂肪由脂肪酸组成，其中不饱和脂肪酸对瘤胃部分微生物存在毒性，因而瘤胃微生物通过生物氢化作用，将不饱和脂肪酸转化成饱和脂肪酸，从而削弱其对自身的毒性（Buccioni et al.，2012）。目前，已经有大量的试验报道不同油脂对体外瘤胃CH_4排放的抑制作用，由于不同油脂的脂肪酸组成存在差异，因此对CH_4生成的抑制作用略有差异。体外试验报道，日粮中添加向日葵油（Vargas et al.，2017）、大豆油（Wang et al.，2018）、亚麻籽油（谭健等，2021）等油脂均能够有效减少瘤胃CH_4产量。Wang等（2018）进一步发现，大豆油能够通过减少发酵液中CH_4生成通路中的辅酶F_{420}，从而抑制体外发酵过程中CH_4的生成。谭健等（2021）使用体外产气法研究亚麻籽油对绵羊瘤胃发酵的影响，其结果显示添加1%、2%、3%、4%、5%的亚麻籽油分别减少单位底物CH_4产量的4.57%、12.50%、13.50%、17.40%和23.60%，表明日粮中添加亚麻籽油能够有效抑制体外瘤胃微生物的CH_4生成，但是亚麻籽油的添加量超过1%不仅会减少CH_4产量，也会造成饲料干物质降解率降低。

体内试验报道，日粮中添加3%大豆油可以通过减少育肥羔羊瘤胃产甲烷菌、原虫，以及纤维分解菌的相对丰度，从而抑制瘤胃CH_4生成（Mao et al.，2010）。一项荟萃分析报道，脂肪添加线性减少羊瘤胃CH_4排放（$R^2=0.49$～0.78），且提高日粮脂肪含量线性提高瘤胃丙酸比例，降低瘤胃乙酸比例，降低日粮DM和NDF的消化率，而日粮中低水平的脂肪对瘤胃发酵没有不利的影响，并且能有效减少绵羊瘤胃CH_4产量，而高水平的脂肪不仅抑制瘤胃发酵，也会降低绵羊的纤维消化率（Patra，2014）。Patra（2014）进一步用日粮中非纤维碳水化合物和粗脂肪的比例预测绵羊瘤胃CH_4排放量（$R^2=0.95$），结果显示这两个指标均与CH_4排放量呈负相关，表明提高日粮粗脂肪水平具有较好的CH_4减排效果。因此，日粮中补充脂肪主要通过两种方式减少瘤胃CH_4排放：一方面脂肪酸抑制瘤胃微生物的活性，特别是纤维分解菌、原虫等氢产生菌；另一方面不饱和脂肪酸的生物氢化过程需要代谢氢的参与，从而减少产甲烷菌对代谢氢的获取，以及 CH_4 生成的底物。

（二）饲用微生物

瘤胃内丙酸发酵通路与乙酸、丁酸发酵通路不同，在丙酸生成过程不会释放氢（图 7-2）。早期研究发现，瘤胃 CH_4 产量与瘤胃乙丙比存在显著的正相关（Russell，1998），因此，通过促进瘤胃内丙酸发酵通路具有减少 CH_4 产生的潜力。Chen 等（2020）通过体外发酵试验研究 31 种丙酸菌菌株对瘤胃发酵的影响，结果显示，7 种丙酸菌菌株能够显著提高 VFA 浓度，其中梢氏丙酸菌 Acidipropionibacterium thoenii T159 能够减少 CH_4 产量的 20%，同时提高底物降解率的 8% 和总 VFA 产量的 21%，表明该菌株具有良好的 CH_4 减排效果。其他体外试验报道，3 种丙酸菌菌株费氏丙酸杆菌 Acidipropionibacterium freudenreichii T114、梢氏丙酸菌 T159、梢氏丙酸菌 ATCC4874 能够减少 CH_4 产量的 7%～15%，但是对丙酸产量的结果并不统一（Alazzeh et al.，2013），而产丙酸丙酸菌 Acidipropionibacterium acidipropionici P169 不影响 CH_4 产量或者 VFA 的组成（Alazzeh et al.，2014）。上述结果表明，理论上通过添加丙酸菌能够改变瘤胃发酵通路，从而有效减少 CH_4 排放，但是实际体外发酵的效果显示，不同丙酸菌菌株的减排效果差异较大。体内试验显示，日粮中添加产丙酸丙酸菌 P169、产丙酸丙酸菌 P5 和延森氏丙酸菌 P54 分别减少育肥母牛 CH_4 排放强度的 12%、8% 和 13%，但是对养分消化率没有影响，且该减排效果非常短暂，瘤胃内总丙酸杆菌属 Propionibacterium 的相对丰度在 9h 内恢复初始水平（Vyas et al.，2014）。尽管有研究报道，饲喂丙酸杆菌属后 5 天内奶牛瘤胃内该菌属的丰度能维持较高水平（Chen et al.，2020），但是也有学者发现，饲喂丙酸杆菌属对瘤胃丙酸浓度或者 CH_4 排放没有显著影响，而这些丙酸杆菌属可能并没有成功定植在瘤胃内（Vyas et al.，2016）。

由于瘤胃氢可以作为电子供体参与瘤胃延胡索酸还原过程，该过程能够维持瘤胃内较低的 H_2 分压，因此延胡索酸还原菌能够与产甲烷菌竞争代谢氢（Mamuad et al.，2012），具有减少反刍动物瘤胃 CH_4 排放的潜力。Mamuad 等（2014）报道，贾氏光岗氏菌 Mitsuokella jalaludinii 作为延胡索酸还原细菌，在体外能够通过提高发酵液中琥珀酸浓度、减少产甲烷菌拷贝数，从而达到减少 CH_4 排放的效果，而另一株延胡索酸还原菌小韦荣氏球菌 Veillonella parvula KCTC 5019 则没有相同效果。Kim 等（2016）报道，两株具有延胡索酸还原能力的肠球菌属 Enterococcus 菌株屎肠球菌 Enterococcus faecium SROD 和粪肠球菌 Enterococcus faecalis SROD5 在体外甚至能减少总 CH_4 排放的 80%，而不影响总产气量、总 VFA 和各类 VFA 的浓度。但延胡索酸还原菌在反刍动物体内研究的报道较少，仍需要进行进一步的研究验证。与丙酸杆菌相比，延胡索酸还原菌利用的前体物延胡索酸是瘤胃代谢过程中的重要中间代谢物，延胡索酸还原菌的底物相对稳定，而丙酸杆菌生成丙酸的底物为乳酸（Luo et al.，2017）。健康牛瘤胃内乳酸的浓度通常低于 5mmol/L（Dawson et al.，1997），所以通过延胡索酸还原菌减少瘤胃 CH_4 排放可能更具备应用前景。饲用微生物减少 CH_4 排放的关键问题在于这些微生物能否成功定植在瘤胃内,且发挥其代谢功能,可能存在其他能够利用氢或者与产甲烷菌竞争的微生物,但仍需要进一步的研究结果验证。

(三)植物次级代谢物

1. 单宁

单宁是植物中的一类多酚物质,根据其结构可以分为缩合单宁和水解单宁。由于单宁能够与饲料、微生物、纤维素、半纤维素等物质形成复合物,因此它能够有效调控瘤胃代谢(McSweeney et al.,2001)。丽丽等(2020)报道,日粮中添加4%柠条缩合单宁显著降低了绵羊瘤胃总细菌和产甲烷菌的数量,以及瘤胃古菌菌群丰度和多样性,表明缩合单宁具有抑制羊瘤胃 CH_4 生成的潜力。体外试验发现,日粮中添加白坚木缩合单宁(25~75g/kg)对瘤胃 CH_4 产量没有显著的影响(Pinski et al.,2016);而添加金合欢属缩合单宁(50g/kg)显著减少了5种不同反刍动物的体外 CH_4 产量(44.67ml/g vs. 17.40ml/g 体外降解饲料DM),同时也大幅度减少了总VFA产量和总产气量,表明该浓度的金合欢属缩合单宁对瘤胃发酵存在抑制作用(Bueno et al.,2015)。体内试验发现,日粮中添加金合欢属缩合单宁提取物或者油脂包被的缩合单宁提取物均能有效减少绵羊 CH_4 排放量,包被处理能够减弱缩合单宁对绵羊养分消化率的不利作用(Adejoro et al.,2019)。单宁酸是一种典型的水解单宁,由8~10个没食子酸分子组成。由于瘤胃微生物能够降解单宁酸,生成没食子酸、焦掊酸、间苯二酚等产物,因此通过添加单宁酸调控瘤胃发酵需要考虑添加剂量的问题。体外试验发现,每毫升发酵液中含有0.2~0.4mg 单宁酸时,绵羊瘤胃 CH_4 产量和原虫数量显著降低,而微生物蛋白质产量显著提高(王慧玲等,2013)。王敬尧等(2020)报道,在底物中添加不同水平的单宁酸(0.5%~3.0%)均能显著降低体外粗蛋白降解率和总VFA浓度,而仅添加2.0%和3.0%只能显著降低24h CH_4 产量。富含水解单宁的栗树提取物和橡椀提取物在体外试验中也具有较好的 CH_4 减排潜力,但是体内试验发现,日粮中添加2个水平的栗树单宁(26g/kg和42g/kg)或者2个水平的橡椀单宁(15g/kg和45g/kg)对绵羊的 CH_4 排放均没有显著的影响。该结果与肉牛体内试验的结果一致,即日粮中添加水解单宁(如栗树单宁和单宁酸)对总 CH_4 产量没有显著的影响(Aboagye et al.,2019)。但是Aboagye等(2019)也进一步发现,没食子酸具有减少瘤胃 CH_4 的潜力,表明水解单宁调节瘤胃 CH_4 排放的效果可能是通过其在瘤胃内的水解产物,即没食子酸而实现的。

2. 皂苷

皂苷是一种植物次级代谢物,能够通过调控瘤胃微生物菌群结构,特别是破坏原虫细胞膜的完整性(Wu et al.,2019),从而减少瘤胃 CH_4 产生和氨态氮浓度(Kang et al.,2016)。体外试验发现,苜蓿皂苷提取物显著减少了发酵液中原虫和产甲烷菌的数量,且减少了48h CH_4 产量占总产气量的比例(Kozłowska et al.,2020)。徐晨晨等(2019)发现,日粮中添加0mg/g、22mg/g、44mg/g 苜蓿皂苷提取物(纯度60%)具有线性降低体外 CH_4 产量的趋势,且与酵母培养物存在显著的互作效应。一项荟萃分析发现,随着日粮中皂苷水平的提高,单位底物的体外 CH_4 产量显著降低,丙酸摩尔比例线性升高,不同皂苷种类（皂皮树皂苷、茶皂苷、丝兰皂苷）均能减少 CH_4 占总产气量的比例（Jayanegara et al.，2014）。但是体内试验结果并不一致，据报道，日粮中每天添加 3g 茶皂苷通过减少瘤胃液原虫的丰度或者多样性，减少乙丙比，从而减少育肥羔羊的 CH_4 排放（Zhou et al.，2011；Mao et al.，2010）。但是，Liu 等（2019）报道，杜泊杂交母羊日粮中每天添加 2g 茶皂苷对净 CH_4 产量没有显著的影响，但是能显著降低 CH_4 排放量占代谢体重比例（8.80%），这可能是因为茶皂苷能够提高母羊的饲料养分消化率和氮沉积，而养分利用提高造成瘤胃内更多的 H_2 被释放。Canul-Solis 等（2014）报道，不同水平的丝兰皂苷（0~6g/d）对绵羊采食量、瘤胃发酵、养分消化率和 CH_4 排放均没有显著的影响。Zhang 等（2021b）报道，随着日粮中茶皂苷水平提高（0~20g/kg）线性降低每日 CH_4 产量，添加量为 10g/kg 或者 20g/kg 时 CH_4 产量分别减少 37.7%和 36.4%，而添加量为 5g/kg 时尽管 CH_4 产量减少 28.9%，但是差异并不显著。综上，瘤胃原虫表面能够黏附产甲烷菌，且通过种间氢转移为产甲烷菌提供产 CH_4 的底物，日粮中添加皂苷能通过抑制瘤胃原虫，从而减少原虫与产甲烷菌的相互作用，同时抑制原虫能够有效减少其对细菌的吞噬作用，进而促进瘤胃细菌生长，并使得瘤胃内发酵模式向丙酸发酵转变，促进瘤胃内更多的代谢氢沉积，最终减少瘤胃 CH_4 生成与排放，但是具体添加剂量直接影响皂苷的 CH_4 减排效果。

3. 植物精油

植物精油是一类存在于植物中的活性成分，是不溶于水的挥发性油状物质。据报道，日粮中添加植物精油能够调控瘤胃发酵，抑制瘤胃 CH_4 生成（Calsamiglia et al.，2007），但是植物精油的种类繁多，不同植物精油对瘤胃发酵的影响也存在较大的差异（石宁等，2019）。体外试验发现，牛至精油线性降低绵羊瘤胃 CH_4 产量，同时减少总 VFA 浓度（Zhou et al.，2020），张然等（2018）等也发现类似的结果，即较高水平的牛至精油（300mg/L 以上）既抑制 CH_4 产生，又降低总产气量和总 VFA 浓度，表明牛至精油能够通过抑制绵羊瘤胃发酵功能，从而减少 CH_4 排放。肉桂精油在体外也具有相似的效果，但是添加 500mg/L 没药精油、桉树精油、鼠尾草精油或迷迭香精油对体外瘤胃 CH_4 排放量均没有显著的抑制作用（Pinski et al.，2016）。但是，有研究发现，添加 400mg/L 肉桂精油对体外绵羊瘤胃发酵的 CH_4 产量没有显著影响，而桉树精油、茴香精油、山苍子精油通过抑制瘤胃发酵，从而减少 CH_4 产量（石宁等，2019）。Ahmed 等（2014）结合体内和体外试验发现，日粮中添加低剂量的混合植物精油（400μl/kg 或 800μl/kg）对瘤胃发酵参数和 CH_4 生成均没有显著的影响。体外试验报道，大蒜精油及其主要活性成分（二烯丙基二硫）均能抑制瘤胃 CH_4 生成（Busquet et al.，2005）。但是体内试验发现，日粮中添加 5g/kg 大蒜精油或 2g/kg 二烯丙基二硫对绵羊瘤胃 CH_4 排放均没有显著的影响（Klevenhusen et al.，2011）。Wang 等（2018）结合体内和体外试验发现，日粮添加桉树精油或者茴香精油均线性减少体外总 CH_4 产量和 CH_4 占总产气量的比例，但是两种精油均线性降低体外饲料 DM 消化率，分别添加 400mg/L 两种精油时，DM 消化率甚至分别下降了 25.8%和 39.0%；而体内试验显示，日粮中添加 0.5g/d 茴香精油具有降低绵羊 CH_4 排放的趋势，而桉树精油对绵羊 CH_4 排放无显著影响（Wang et al.，2018）。植物精油种类不同，其主要成分也存在较大的差异，现有结果显示，部分植物精油在体外能够显著减少羊瘤胃 CH_4 产生，但是较高的剂量不仅减少 CH_4 排放，同时抑制瘤胃发酵或者体外饲料消化，以这种方法减排在实际生产上是无法应用的。而在体内试验中，植物精油对绵羊 CH_4 减排的效果并不理想，这可能受精油种类、添加剂量、羊日粮组成等多方面的因素影响，未来仍需要大量体内试验进行验证。

（四）其他添加剂

1. 硝酸盐和硝基化合物

据报道，相比于 CO_2，硝酸盐在瘤胃内与 H_2 有更强的亲和力，因此当瘤胃内存在硝酸盐时，硝酸盐还原菌利用 H_2 产生亚硝酸盐和氨的过程比 CH_4 生成更加容易（Ungerfeld and Kohn，2006）。Van Zijderveld 等（2010）报道，每千克日粮中添加 26g 硝酸盐能够显著减少绵羊瘤胃 CH_4 产量、产甲烷菌的数量，而对 DM 采食量、瘤胃总细菌、原虫，以及 VFA 的浓度无显著影响。Nolan 等（2010）报道，日粮中添加 4%硝酸钾能够有效减少绵羊 CH_4 排放的 23%，且使用硝酸钾替代尿素能够提高绵羊瘤胃总 VFA 的浓度，而对微生物蛋白质流量和瘤胃氨态氮浓度没有显著的影响，表明低剂量的硝酸盐能够作为非蛋白氮饲料替代尿素在绵羊日粮中使用。

近年来，硝基化合物对瘤胃 CH_4 的调控效果越来越受到学者的关注。据报道，多种硝基化合物能够在体外最高减少 CH_4 产量的 90%，而在体内可以减少 69%（Zhang and Yang，2012；Anderson et al.，2010，2006），其中效果最好的且研究最广泛的硝基化合物为 3-硝基氧基丙醇（3-NOP）。Zhang 等（2018b）综述了硝基化合物在反刍动物的可能作用机制，包括：①抑制瘤胃氢氧化、作为电子受体，或者消耗用于 CH_4 产生的还原当量；②选择性抑制产甲烷菌；③抑制甲酸氧化。Xie 等（2019）报道，日粮中每天添加 100mg 硝化甘油显著减少湖羊单位采食量的 CH_4 排放（19.0g/kg vs. 23.8g/kg），而对湖羊瘤胃发酵参数没有显著影响。

2. 海藻

近期研究报道，红藻紫杉状海门冬 *Asparagopsis taxiformis* 和刺海门冬 *Asparagopsis armata* 中存在某些卤代化合物能够有效减少瘤胃 CH_4 排放（Min et al.，2021a）。Li 等（2018b）报道，在绵羊高纤维日粮有机物基础上添加 1%、2%、3% 的紫杉状海门冬能够显著减少 CH_4 排放，其中 3%水平减排可达 80%以上，但是添加 1%以上同样减少总 VFA 浓度。Min 等（2021b）综述了不同种属海藻作为饲料添加剂减少瘤胃 CH_4 排放的效果和机制，不同种属的绿藻、红藻、棕藻都具有一定的 CH_4 减排效果，其中红藻海门冬属 *Asparagopsis* 和棕藻网地藻属 *Dictyota* 的体外减排效果甚至可达 90%以上。但是根据目前报道，反刍动物日粮中添加海藻在减少瘤胃 CH_4 排放的同时，抑制瘤胃发酵，因此使用海藻可能导致反刍动物生产性能的下降，需要通过饲养试验进一步研究其效果。此外，海藻中可能存在诸如重金属等有害物质，其安全性仍有待观察，使用海藻提取物可能是一种更为安全有效的添加方式（Choi et al.，2021）。

四、展望

随着全球畜牧业的发展和人类对肉类食品需求的提高,反刍动物养殖数量逐年攀升。由于 CH_4 是温室气体,能够导致全球的温室效应和全球变暖问题,而反刍动物胃肠道内 CH_4 排放为主要的人为排放源头,因此如何调控瘤胃 CH_4 排放一直是研究者关心的重要问题。羊的个体较小,每日采食量远低于牛,因而造成羊个体每日 CH_4 排放量远低于牛,但是随着养殖数量的快速增加,羊 CH_4 排放也成为一个不可忽视的问题。近几十年里,研究者通过不同的方式调控羊瘤胃 CH_4 的排放,其中部分植物活性物质如单宁、植物精油,以及海藻中的活性成分具有抑制瘤胃 CH_4 排放的作用,但是同时可能抑制瘤胃发酵,导致育肥羊养分消化和生长性能降低,因此合理的添加水平是未来需要明确的。体外添加皂苷或者部分种属的饲用微生物能够减少瘤胃 CH_4 的排放,但是在体内其减排效果的结果并不统一。当前,硝基化合物成为一个较为理想的 CH_4 抑制剂,其中 3-NOP 效果较好,且在牛上已有广泛的研究。日粮中添加 3-NOP 可以有效减少瘤胃 CH_4 排放,而对牛的瘤胃发酵和生产性能没有副作用,但该物质在羊上研究较少,未来仍需要进一步在育肥羊上验证其效果。随着人们对环境问题和食品安全的日益重视,未来对于瘤胃 CH_4 排放的研究也将围绕无毒、无残留,且对生产没有不利作用的日粮调控方式进行。

参 考 文 献

柴建民, 王海超, 刁其玉, 等. 2015. 断奶时间对羔羊生长性能和器官发育及血清学指标的影响. 中国农业科学, 48(24): 4979-4988.

陈鼎, 张宁, 陈泽光, 等. 2009. 不同日龄小尾寒羊和滩羊小肠 pH 及其主要消化酶活性的变化. 西北农林科技大学学报(自然科学版), 37(3): 20-24.

刁其玉, 张蓉. 2017. 我国幼龄反刍动物生长与消化生理发育特点. 中国畜牧杂志, 53(7): 4-8.

樊霞, 董红敏, 韩鲁佳, 等. 2006. 肉牛甲烷排放影响因素的试验研究. 农业工程学报, 22(8): 179-183.

冯仰廉. 2004. 反刍动物营养学. 北京: 科学出版社: 1-616.

高健, 冯丹, 王梦芝, 等. 2016. 3-硝基酯-1-丙醇抑制反刍动物瘤胃甲烷排放的机理及对动物的影响. 动物营养学报, 28(5): 1353-1360.

郭江鹏, 张元兴, 李发弟, 等. 2011. 0～56 日龄舍饲肉用羔羊胃肠道发育特点研究. 畜牧兽医学报, 42(4): 513-520.

郭云霞, 刘月琴, 藏金萍, 等. 2015. 羊源微生态制剂对断奶羔羊生长性能的影响. 饲料研究, (7): 39-43.

李袁飞, 成艳芬, 朱伟云. 2018. 共存甲烷短杆菌 Methanobrevibacter thaueri F1 提高梨囊鞭菌 Piromyces sp. F1 对硝呋烯腙的耐受性. 微生物学通报, 45(1): 111-119.

丽丽, 李大彪, 王敬尧, 等. 2020. 饲粮中不同水平单宁对绵羊瘤胃细菌、产甲烷菌数量和古菌多样性的影响. 动物营养学报, 32(6): 2722-2729.

欧阳靖, 雏秋江, 付清茂, 等. 2010. 饲粮添喂赖氨酸对羔羊消化代谢的影响. 动物营养学报, 22(4): 943-950.

乔升民, 乔君毅, 谭支良. 2014. 反刍动物瘤胃甲烷生成机制及调控措施研究进展. 中国草食动物科学, 34(1): 44-48.

石宁, 贾淼, 李艳玲. 2019. 体外产气法研究植物精油对肉羊体外瘤胃发酵参数及甲烷产量的影响. 动物营养学报, 31(1): 274-284.

孙施杰, 王羽中, 茅慧玲. 2019. 亮氨酸对早期断奶湖羊瘤胃发育及细菌菌群的影响. 中国畜牧杂志,

55(3): 66-71.

孙燕勇, 胡红莲, 高民, 等. 2017. 亚急性瘤胃酸中毒对奶山羊血浆异常代谢产物及生化指标的影响. 动物营养学报, 29(3): 1046-1055.

谭健, 王荣, 张秀敏, 等. 2021. 体外法研究亚麻籽油对瘤胃甲烷、氢气产量和脂肪酸组成的影响. 动物营养学报, 33(11): 6492-6500.

王洪荣. 2020. 反刍动物碳水化合物代谢利用机制和消化道健康的系统营养调控研究进展. 动物营养学报, 32(10): 4686-4696.

王慧玲, 王小平, 尕藏桑智, 等. 2013. 单宁酸对绵羊瘤胃体外发酵和甲烷产量的影响. 中国草食动物科学, 33(6): 46-48.

王敬尧, 解湧芳, 丽丽, 等. 2020. 添加不同水平单宁酸对绵羊体外发酵参数和甲烷产量的影响. 中国畜牧兽医, 47(5): 1428-1435.

王绍庆. 2013. 亚急性瘤胃酸中毒 (SARA) 对山羊肝脏免疫机能的影响. 南京: 南京农业大学硕士学位论文.

武斌, 王新, 闫秋良, 等. 2020. 肉羊甲烷排放调控研究进展. 畜牧业环境, (10): 9-12, 26.

徐晨晨, 郭娉婷, 刘策, 等. 2019. 苜蓿皂苷和酵母培养物对肉羊体外瘤胃发酵特性和甲烷产量的影响. 动物营养学报, 31(9): 4226-4234.

叶慧敏. 2016. 高谷物日粮对山羊瘤胃和结肠微生物发酵、微生物区系及上皮形态结构的影响. 南京: 南京农业大学硕士学位论文.

张剑搏, 丁考仁青, 梁泽毅, 等. 2021. 早期营养干预对幼龄反刍动物瘤胃微生物区系发育的影响. 草业学报, 30(2): 199-211.

张科, 李碧波, 杨雨鑫, 等. 2017. 0～56 日龄陕北白绒山羊胃肠道组织形态发育探究. 中国畜牧杂志, 53(7): 72-76, 80.

张然, 郑琛, 闫晓刚, 等. 2018. 体外产气法研究牛至油对绵羊瘤胃发酵特性和甲烷产量的影响. 动物营养学报, 30(8): 3168-3175.

张文文, 王来来, 代宏宇, 等. 2017. 高精料日粮对奶山羊乳腺组织 NOD1 炎性信号通路的影响. 畜牧与兽医, 49(9): 101-106.

章淼. 2013. 不同日粮模式对奶牛血浆内毒素、代谢产物和激素含量的影响. 重庆: 西南大学硕士学位论文.

赵一广, 刁其玉, 刘洁, 等. 2012. 肉羊甲烷排放测定与模型估测. 中国农业科学, 45(13): 2718-2727.

周怿, 刁其玉. 2008. 反刍动物瘤胃甲烷气体生成的调控. 草食家畜, (4): 21-24.

Abecia L, Martínez-Fernandez G, Waddams K, et al. 2018. Analysis of the rumen microbiome and metabolome to study the effect of an antimethanogenic treatment applied in early life of kid goats. Front Microbiol, 9: 2227.

Aboagye I A, Oba M, Koenig K M, et al. 2019. Use of gallic acid and hydrolyzable tannins to reduce methane emission and nitrogen excretion in beef cattle fed a diet containing alfalfa silage. J Anim Sci, 97(5): 2230-2244.

Adejoro F A, Hassen A, Akanmu A M. 2019. Effect of lipid-encapsulated acacia tannin extract on feed intake, nutrient digestibility and methane emission in sheep. Animals, 9(11): 863.

Aguerre M J, Wattiaux M A, Powell J M, et al. 2011. Effect of forage-to-concentrate ratio in dairy cow diets on emission of methane, carbon dioxide, and ammonia, lactation performance, and manure excretion. J Dairy Sci, 94(6): 3081-3093.

Ahmed M G, El-Zarkouny S Z, El-Shazly K A, et al. 2014. Impact of essential oils blend on methane emission, rumen fermentation characteristics and nutrient digestibility in Barki sheep. J Agr Sci, 6(7): 144-156.

Alazzeh A Y, Smith A H, Beauchemin K A, et al. 2014. Supple menting *Propionibacterium acidipropionici* P169 does not affect methane production or volatile fatty acid profiles of different diets in *in vitro* rumen cultures from heifers. Acta Agr Scand A-An, 64(3): 170-177.

Alazzeh A Y, Sultana H, Beauchemin K A, et al. 2013. Using strains of *Propionibacteria* to mitigate methane emissions *in vitro*. Acta Agr Scand A-An, 62(4): 263-272.

Anderson K L, Nagaraja T G, Morrill J L. 1987. Ruminal metabolic development in calves weaned conventionally or early. J Dairy Sci, 70(5): 1000-1005.

Anderson R C, Carstens G E, Miller R K, et al. 2006. Effect of oral nitroethane and 2-nitropropanol administration on methane-producing activity and volatile fatty acid production in the ovine rumen. Bioresour Technol, 97(18): 2421-2426.

Anderson R C, Huwe J K, Smith D J, et al. 2010. Effect of nitroethane, dimethyl-2-nitroglutarate and 2-nitro-methyl-propionate on ruminal methane production and hydrogen balance *in vitro*. Bioresour Technol, 101(14): 5345-5349.

Arshad M A, Hassan F U, Rehman M S, et al. 2021. Gut microbiome colonization and development in neonatal ruminants: strategies, prospects, and opportunities. Anim Nutr, 7(3): 883-895.

Baraka T A. 2012. Comparative studies of rumen pH, total protozoa count, generic and species composition of ciliates in camel, buffalo, cattle, sheep and goat in Egypt. J American Sci, 8(2): 448-462.

Beauchemin K A, Ungerfeld E M, Eckard R J, et al. 2020. Review: fifty years of research on rumen methanogenesis: lessons learned and future challenges for mitigation. Animal, 14(S1): s2-s16.

Beeman N, Webb P G, Baumgartner H K. 2012. Occludin is required for apoptosis when claudin-claudin interactions are disrupted. Cell Death Dis, 3(2): e273.

Belanche A, De La Fuente G, Newbold C J. 2014. Study of methanogen communities associated with different rumen protozoal populations. FEMS Microbiol Ecol, 90(3): 663-677.

Belanche A, Yáñez-Ruiz D R, Detheridge A P, et al. 2019. Maternal versus artificial rearing shapes the rumen microbiome having minor long-term physiological implications. Environ Microbiol, 21(11): 4360-4377.

Bergner U, Uecker E, Rossow N, et al. 1984. Endogenous excretion of ^{15}N- and ^{14}C- labeled secretions following a ^{14}C-leucine injection. Arch Tierernahr. 34(9): 593-605.

Blaser M J, Kirschner D. 2007. The equilibria that allow bacterial persistence in human hosts. Nature, 449(7164): 843-849.

Buccioni A, Decandia M, Minieri S, et al. 2012. Lipid metabolism in the rumen: new insights on lipolysis and biohydrogenation with an emphasis on the role of endogenous plant factors. Anim Feed Sci Technol, 174(1-2): 1-25.

Bueno I C S, Brandi R A, Franzolin R, et al. 2015. *In vitro* methane production and tolerance to condensed tannins in five ruminant species. Anim Feed Sci Tech, 205: 1-9.

Busquet M, Calsamiglia S, Ferret A, et al. 2005. Effect of garlic oil and four of its compounds on rumen microbial fermentation. J Dairy Sci, 88(12): 4393-4404.

Calsamiglia S, Busquet M, Cardozo P W, et al. 2007. Invited review: essential oils as modifiers of rumen microbial fermentation. J Dairy Sci, 90(6): 2580-2595.

Canul-Solis J R, Piñeiro-Vázquez A T, Briceño-Poot E G, et al. 2014. Effect of supplementation with saponins from *Yucca schidigera* on ruminal methane production by Pelibuey sheep fed *Pennisetum purpureum* grass. Anim Prod Sci, 54(10): 1834-1837.

Chang J J, Yao X T, Zuo C X, et al. 2020. The gut bacterial diversity of sheep associated with different breeds in Qinghai province. BMC Vet Res, 16(1): 254.

Chen J K, Harstad O M, McAllister T, et al. 2020. Propionic acid bacteria enhance ruminal feed degradation and reduce methane production *in vitro*. Acta Agr Scand A-An, 69(3): 169-175.

Cheng Y F, Edwards J E, Allison G G, et al. 2009. Diversity and activity of enriched ruminal cultures of anaerobic fungi and methanogens grown together on lignocellulose in consecutive batch culture. Bioresour Technol, 100(20): 4821-4828.

Chiquette J, Talbot G, Markwell F, et al. 2007. Repeated ruminal dosing of *Ruminococcus flavefaciens* NJ along with a probiotic mixture in forage or concentrate-fed dairy cows: effect on ruminal fermentation, cellulolytic populations and in sacco digestibility. Can J Anim Sci, 87(2): 237-249.

Choi Y, Lee S J, Kim H S, et al. 2021. Effects of seaweed extracts on *in vitro* rumen fermentation characteristics, methane production, and microbial abundance. Sci Rep, 11(1): 24092.

Davies D R, Theodorou M K, Brooks A E, et al. 1993. Influence of drying on the survival of anaerobic fungi in rumen digesta and faeces of cattle. FEMS Microbiol Lett, 106(1): 59-63.

Dawson K A, Rasmussen M A, Allison M J. 1997. Digestive disorders and nutritional toxicity//Hobson P N, Stewart C S. The Rumen Microbial Ecosystem. Dordrecht: Springer: 633-660.

De Barbieri I, Hegarty R S, Silveira C, et al. 2015. Programming rumen bacterial communities in newborn Merino lambs. Small Ruminant Res, 129: 48-59.

De Nardi R, Marchesini G, Plaizier J C, et al. 2014. Use of dicarboxylic acids and polyphenols to attenuate reticular pH drop and acute phase response in dairy heifers fed a high grain diet. BMC Vet Res, 10: 277.

Desnoyers M, Giger-Reverdin S, Bertin G, et al. 2009. Meta-analysis of the influence of *Saccharomyces cerevisiae* supplementation on ruminal parameters and milk production of ruminants. J Dairy Sci, 92(4): 1620-1632.

Diez-Gonzalez F, Callaway T R, Kizoulis M G, et al. 1998. Grain feeding and the dissemination of acid-resistant *Escherichia coli* from cattle. Science, 281(5383): 1666-1668.

Finlay B J, Esteban G, Clarke K J, et al. 1994. Some rumen ciliates have endosymbiotic methanogens. FEMS Microbiol Lett, 117(2): 157-161.

Flint H J, Bayer E A, Rincon M T, et al. 2008. Polysaccharide utilization by gut bacteria: potential for new insights from genomic analysis. Nat Rev Microbiol, 6(2): 121-131.

Gressley T F, Hall M B, Armentano L E. 2011. Ruminant Nutrition Symposium: productivity, digestion, and health responses to hindgut acidosis in ruminants. J Anim Sci, 89(4): 1120-1130.

Hitch T C A, Thomas B J, Friedersdorff J C A, et al. 2018. Deep sequence analysis reveals the ovine rumen as a reservoir of antibiotic resistance genes. Environ Pollut, 235: 571-575.

Hsu B B, Gibson T E, Yeliseyev V, et al. 2019. Dynamic modulation of the gut microbiota and metabolome by bacteriophages in a mouse model. Cell Host Microbe, 25(6): 803-814.

Huo W J, Zhu W Y, Mao S Y. 2014. Impact of subacute ruminal acidosis on the diversity of liquid and solid-associated bacteria in the rumen of goats. World J Microbiol Biotechnol, 30(2): 669-680.

Jayanegara A, Wina E, Takahashi J. 2014. Meta-analysis on methane mitigating properties of saponin-rich sources in the rumen: influence of addition levels and plant source. Asian-Australasian J Anim Sci, 27(10): 1426-1435.

Jiang S M, Huo D X, You Z K, et al. 2020. The distal intestinal microbiome of hybrids of Hainan black goats and Saanen goats. PLoS One, 15(1): e0228496.

Jiao J Z, Huang J Y, Zhou C S, et al. 2015. Taxonomic identification of ruminal epithelial bacterial diversity during rumen development in goats. Appl Environ Microbiol, 81(10): 3502-3509.

Jiao J, Wu J, Zhou C S, et al. 2016. Composition of ileal bacterial community in grazing goats varies across non-rumination, transition and rumination stages of life. Front Microbiol, 7: 1364.

Jin W, Cheng Y F, Mao S Y, et al. 2011. Isolation of natural cultures of anaerobic fungi and indigenously associated methanogens from herbivores and their bioconversion of lignocellulosic materials to methane. Bioresour Technol, 102(17): 7925-7931.

Joblin K N, Naylor G E, Williams A G. 1990. Effect of *Methanobrevibacter smithii* on xylanolytic activity of anaerobic ruminal fungi. Appl Environ Microbiol, 56(8): 2287-2295.

Johnson K A, Johnson D E. 1995. Methane emissions from cattle. J Anim Sci, 73(8): 2483-2492.

Kang J H, Zeng B, Tang S X, et al. 2016. Effects of *Momordica charantia* saponins on *in vitro* ruminal fermentation and microbial population. Asian-Australas J Anim Sci, 29(4): 500-508.

Karamnejad K, Sari M, Salari S, et al. 2019. Effects of nitrogen source on the performance and feeding behavior of lambs fed a high concentrate diet containing pomegranate peel. Small Ruminant Res, 173: 9-16.

Kim M, Wang L, Morrison M, et al. 2014. Development of a phylogenetic microarray for comprehensive analysis of ruminal bacterial communities. J Appl Microbiol, 117(4): 949-960.

Kim S H, Mamuad L L, Kim D W, et al. 2016. Fumarate reductase-producing enterococci reduce methane production in rumen fermentation *in vitro*. J Microbiol and Biotechnol, 26(3): 558-566.

Kittelmann S, Pinares-Patiño C S, Seedorf H, et al. 2014. Two different bacterial community types are linked with the low-methane emission trait in sheep. PLoS One, 9(7): e103171.

Klevenhusen F, Zeitz J O, Duval S, et al. 2011. Garlic oil and its principal component diallyl disulfide fail to mitigate methane, but improve digestibility in sheep. Anim Feed Sci Tech, 166-167: 356-363.

Kohl K D, Skopec M M, Dearing M D. 2014. Captivity results in disparate loss of gut microbial diversity in closely related hosts. Conserv Physiol, 2(1): cou009.

Kozłowska M, Cieślak A, Jóźwik A, et al. 2020. The effect of total and individual alfalfa saponins on rumen methane production. J Sci Food Agric, 100(5): 1922-1930.

Krajcarski-Hunt H, Plaizier J C, Walton J P, et al. 2002. Short communication: effect of subacute ruminal acidosis on *in situ* fiber digestion in lactating dairy cows. J Dairy Sci, 85(3): 570-573.

Lane M A, Jesse B W. 1997. Effect of volatile fatty acid infusion on development of the rumen epithelium in neonatal sheep. J Dairy Sci, 80(4): 740-746.

Lascano C E, Cárdenas E. 2010. Alternatives for methane emission mitigation in livestock systems. Rev Bras Zootecn, 39: 175-182.

Lee S S, Ha J K, Cheng K J. 2000. Relative contributions of bacteria, Protozoa, and fungi to *in vitro* degradation of orchard grass cell walls and their interactions. Appl Environ Microbiol, 66(9): 3807-3813.

Li B, Zhang K, Li C, et al. 2019b. Characterization and comparison of microbiota in the gastrointestinal tracts of the goat (*Capra hircus*) during preweaning development. Front Microbiol, 10: 2125.

Li R W, Connor E E, Li C, et al. 2012b. Characterization of the rumen microbiota of pre-ruminant calves using metagenomic tools. Environ Microbiol, 14(1): 129-139.

Li S, Khafipour E, Krause D O, et al. 2012a. Effects of subacute ruminal acidosis challenges on fermentation and endotoxins in the rumen and hindgut of dairy cows. J Dairy Sci, 95(1): 294-303.

Li X X, Norman H C, Kinley R D, et al. 2018b. Asparagopsis taxiformis decreases enteric methane production from sheep. Anim Prod Sci, 58: 681-688.

Li Y F, Li Y Q, Jin W, et al. 2019a. Combined genomic, transcriptomic, proteomic, and physiological characterization of the growth of *Pecoramyces* sp. F1 in monoculture and co-culture with a syntrophic methanogen. Front Microbiol, 10: 435.

Li Y Q, Meng Z X, Xu Y, et al. 2021. Interactions between anaerobic fungi and methanogens in the rumen and their biotechnological potential in biogas production from lignocellulosic materials. Microorganisms, 9(1): 190.

Li Z J, Deng Q, Liu Y F, et al. 2018a. Dynamics of methanogenesis, ruminal fermentation and fiber digestibility in ruminants following elimination of protozoa: a meta-analysis. J Anim Sci Biotechnol, 9: 89.

Liu J H, Xu T T, Liu Y J, et al. 2013. A high-grain diet causes massive disruption of ruminal epithelial tight junctions in goats. Am J Physiol Regul Integr Comp Physiol, 305(3): R232-R241.

Liu J H, Xu T T, Zhu W Y, et al. 2014. High-grain feeding alters caecal bacterial microbiota composition and fermentation and results in caecal mucosal injury in goats. Br J Nutr, 112(3): 416-427.

Liu X, Wang J M. 2011. Iridoid glycosides fraction of *Folium syringae* leaves modulates NF-κB signal pathway and intestinal epithelial cells apoptosis in experimental colitis. PLoS One, 6(9): e24740.

Liu Y L, Ma T, Chen D D, et al. 2019. Effects of tea saponin supplementation on nutrient digestibility, methanogenesis, and ruminal microbial flora in Dorper crossbred ewe. Animals, 9(1): 29.

Luo J, Ranadheera C S, King S, et al. 2017. *In vitro* investigation of the effect of dairy propionibacteria on rumen pH, lactic acid and volatile fatty acids. J Integr Agr, 16(7): 1566-1575.

Lyons T, Boland T, Storey S, et al. 2017. Linseed oil supplementation of lambs' diet in early life leads to persistent changes in rumen microbiome structure. Front Microbiol, 8: 1656.

Ma Y P, Li Y F, Li Y Q, et al. 2020. The enrichment of anaerobic fungi and methanogens showed higher lignocellulose degrading and methane producing ability than that of bacteria and methanogens. World J Microbiol Biotechnol, 36(9): 125.

Maasakkers J D, Jacob D J, Sulprizio M P, et al. 2019. Global distribution of methane emissions, emission trends, and OH concentrations and trends inferred from an inversion of GOSAT satellite data for

2010–2015. Atmos Chem Phys, 19(11): 7859-7881.

Malmuthuge N, Griebel P J, Guan L L. 2014. Taxonomic identification of commensal bacteria associated with the mucosa and digesta throughout the gastrointestinal tracts of preweaned calves. Appl and Environ Microbiol, 80(6): 2021-2028.

Malmuthuge N, Liang G X, Guan L L. 2019. Regulation of rumen development in neonatal ruminants through microbial metagenomes and host transcriptomes. Genome Biol, 20(1): 172.

Maman L G, Palizban F, Atanaki F F, et al. 2020. Co-abundance analysis reveals hidden players associated with high methane yield phenotype in sheep rumen microbiome. Sci Rep, 10: 4995.

Mamuad L L, Kim S H, Lee S S, et al. 2012. Characterization, metabolites and gas formation of fumarate reducing bacteria isolated from Korean native goat (*Capra hircus coreanae*). J Microbiol, 50(6): 925-931.

Mamuad L, Kim S H, Jeong C D, et al. 2014. Effect of fumarate reducing bacteria on *in vitro* rumen fermentation, methane mitigation and microbial diversity. J Microbiol, 52(2): 120-128.

Mao H L, Wang J K, Zhou Y Y, et al. 2010. Effects of addition of tea saponins and soybean oil on methane production fermentation and microbial population in the rumen of growing lambs. Livest Sci, 129(1-3): 56-62.

Mao S Y, Huo W J, Zhu W Y. 2013a. Use of pyrosequencing to characterize the microbiota in the ileum of goats fed with increasing proportion of dietary grain. Curr Microbiol, 67(3): 341-350.

Mao S Y, Huo W J, Zhu W Y. 2016. Microbiome-metabolome analysis reveals unhealthy alterations in the composition and metabolism of ruminal microbiota with increasing dietary grain in a goat model. Environ Microbiol, 18(2): 525-541.

Mao S Y, Zhang M L, Liu J H, et al. 2015. Characterising the bacterial microbiota across the gastrointestinal tracts of dairy cattle: membership and potential function. Sci Rep, 5: 16116.

Mao S Y, Zhang R Y, Wang D S, et al. 2013b. Impact of subacute ruminal acidosis (SARA) adaptation on rumen microbiota in dairy cattle using pyrosequencing. Anaerobe, 24: 12-19.

Martiny A C, Treseder K, Pusch G. 2013. Phylogenetic conservatism of functional traits in microorganisms. ISME J, 7(4): 830-838.

McAllister T A, Beauchemin K A, Alazzeh A Y, et al. 2011. Review: the use of direct fed microbials to mitigate pathogens and enhance production in cattle. Can J Anim Sci, 91(2): 193-211.

McKenzie V J, Song S J, Delsuc F, et al. 2017. The effects of captivity on the mammalian gut microbiome. Integr Comp Biol, 57(4): 690-704.

McSweeney C S, Blackall L L, Collins E, et al. 2005. Enrichment, isolation and characterisation of ruminal bacteria that degrade non-protein amino acids from the tropical legume *Acacia angustissima*. Anim Feed Sci Tech, 121(1-2): 191-204.

McSweeney C S, Palmer B, McNeill D M, et al. 2001. Microbial interactions with tannins: nutritional consequences for ruminants. Anim Feed Sci Tech, 91(1-2): 83-93.

Min B R, Genovese G, Castleberry L, et al. 2021a. The potential role of two red seaweeds that promote anti-methanogenic activity and rumen fermentation profiles under laboratory conditions. J Anim Sci, 99(S3): 183.

Min B R, Parker D, Brauer D, et al. 2021b. The role of seaweed as a potential dietary supplementation for enteric methane mitigation in ruminants: challenges and opportunities. Anim Nutr, 7(4): 1371-1387.

Morgavi D P, Forano E, Martin C, et al. 2010. Microbial ecosystem and methanogenesis in ruminants. Animal, 4(7): 1024-1036.

Moss A R, Jouany J P, Newbold J. 2000. Methane production by ruminants: its contribution to global warming. Annales de Zootechnie, 49(3): 231-253.

Mueller R E, Asplund J M, Iannotti E L. 1984a. Successive changes in the epimural bacterial community of young lambs as revealed by scanning electron microscopy. Appl Environ Microbiol, 47(4): 715-723.

Mueller R E, Iannotti E L, Asplund J M. 1984b. Isolation and identification of adherent epimural bacteria during succession in young lambs. Appl Environ Microbiol, 47(4): 724-730.

Nadeau J A. 2001. Pathogenesis of acid injury in the non-glandular region of the equine stomach:

implications in gastric ulcer disease. Knoxville: Doctoral dissertation from University of Tennessee.

Newbold C J, De La Fuente G, Belanche A, et al. 2015. The role of ciliate protozoa in the rumen. Front Microbiol, 6: 1313.

Newbold C J, Lassalas B, Jouany J P. 1995. The importance of methanogens associated with ciliate protozoa in ruminal methane production *in vitro*. Lett Appl Microbiol, 21(4): 230-234.

Nocek J E. 1997. Bovine acidosis: implications on laminitis. J Dairy Sci. 80(5): 1005-1028.

Nolan J V, Hegarty R S, Hegarty J, et al. 2010. Effects of dietary nitrate on fermentation, methane production and digesta kinetics in sheep. Anim Prod Sci, 50(8): 801-806.

O'Hara A M, Shanahan F. 2006. The gut flora as a forgotten organ. EmboRep, 7(7): 688-693.

O'Hara E, Neves A L A, Song Y, et al. 2020. The role of the gut microbiome in cattle production and health: driver or passenger. Annu Rev of Anim Biosci, 8: 199-220.

O'Sullivan A, Farver M, Smilowitz J T. 2015. The influence of early infant-feeding practices on the intestinal microbiome and body composition in infants. Nutr Metab Insights, 8(Suppl 1): 1-9.

Ohland C L, Jobin C. 2015. Microbial activities and intestinal homeostasis: a delicate balance between health and disease. Cell Mol Gastroenterol Hepatol, 1(1): 28-40.

Olijhoek D W, Løvendahl P, Lassen J, et al. 2018. Methane production, rumen fermentation, and diet digestibility of Holstein and Jersey dairy cows being divergent in residual feed intake and fed at 2 forage-to-concentrate ratios. J Dairy Sci, 101(11): 9926-9940.

Orpin C G. 1981. Fungi in ruminant degradation//Agricultural Science Seminar: Degradation of Plant Cell Wall Material. London: Agricultural Research Council: 129-150.

Orpin C G, Joblin K N. 1997. The rumen anaerobic fungi//Hobson P N, Stewart C S. The Rumen Microbial Ecosystem. Dordrecht: Springer: 140-195.

Ozutsumi Y, Hayashi H, Sakamoto M, et al. 2005. Culture-independent analysis of fecal microbiota in cattle. Biosci Biotechnol Biochem, 69(9): 1793-1797.

Pacheco A R, Barile D, Underwood M A, et al. 2015. The impact of the milk glycobiome on the neonate gut microbiota. Annu Rev Anim Biosci, 3: 419-445.

Pan X, Li Z, Li B, et al. 2021. Dynamics of rumen gene expression, microbiome colonization, and their interplay in goats. BMC Genomics, 22(1): 288.

Patra A K. 2014. A meta-analysis of the effect of dietary fat on enteric methane production digestibility and rumen fermentation in sheep, and a comparison of these responses between cattle and sheep. Livest Sci, 162(4): 97-103.

Peng X F, Wilken S E, Lankiewicz T S, et al. 2021. Genomic and functional analyses of fungal and bacterial consortia that enable lignocellulose breakdown in goat gut microbiomes. Nat Microbiol, 6(4): 499-511.

Pinski B, Günal M, AbuGhazaleh A A. 2016. The effects of essential oil and condensed tannin on fermentation and methane production under *in vitro* conditions. Anim Prod Sci, 56(10): 1707-1713.

Pitta D W, Pinchak W E, Indugu N, et al. 2016. Metagenomic analysis of the rumen microbiome of steers with wheat-induced frothy bloat. Front Microbiol, 7: 689.

Plaizier J C, Khafipour E, Li S, et al. 2012. Subacute ruminal acidosis (SARA), endotoxins and health consequences. Anim Feed Sci Tech, 172(1-2): 9-21.

Radostits O, Blood D, Gay C. 1994. Acute carbohydrate engorgement of ruminants (rumen overload)//Radostits O, Blood D, Gay C. Veterinary Medicine A Textbook of the Diseases of Cattle, Sheep, Pigs, Goats and Horses. 8th ed. London: Baillirre Tindall: 262-269.

Rawat N, Gilhare V R, Kushwaha K K, et al. 2019. Isolation and molecular characterization of *Mannheimia haemolytica* and *Pasteurella multocida* associated with pneumonia of goats in Chhattisgarh. Vet World, 12(2): 331-336.

Rey M, Enjalbert F, Combes S, et al. 2014. Establishment of ruminal bacterial community in dairy calves from birth to weaning is sequential. J Appl Microbiol, 116(2): 245-257.

Rezaeian M, Beakes G W, Parker D S. 2004. Distribution and estimation of anaerobic zoosporic fungi along the digestive tracts of sheep. Mycol Res, 108(10): 1227-1233.

Rouvière P E, Wolfe R S. 1988. Novel biochemistry of methanogenesis. J Biol Chem, 263(17): 7913-7916.

Russell J B. 1998. The importance of pH in the regulation of ruminal acetate to propionate ratio and methane production *in vitro*. J Dairy Sci, 81(12): 3222-3230.

Russell J B, Rychlik J L. 2001. Factors that alter rumen microbial ecology. Science. 292(5519): 1119-1122.

Sadet S, Martin C, Meunier B, et al. 2007. PCR-DGGE analysis reveals a distinct diversity in the bacterial population attached to the rumen epithelium. Animal, 1(7): 939-944.

Sanad Y M, Closs Jr G, Kumar A, et al. 2013. Molecular epidemiology and public health relevance of *Campylobacter* isolated from dairy cattle and European starlings in Ohio, USA. Foodborne Pathog Dis, 10(3): 229-236.

Sangild P T, Fowden A L, Trahair J F. 2000. How does the foetal gastrointestinal tract develop in preparation for enteral nutrition after birth? Livest Prod Sci, 66(2): 141-150.

Saro C, Hohenester U M, Bernard M, et al. 2018. Effectiveness of interventions to modulate the rumen microbiota composition and function in pre-ruminant and ruminant lambs. Front Microbiol, 9: 1273.

Savage D C. 1977. Microbial ecology of the gastrointestinal tract. Annual Reviews in Microbiology, 31: 107-133.

Sejian V, Lal R, Lakritz J, et al. 2011. Measurement and prediction of enteric methane emission. Int J Biometeorol, 55(1): 1-16.

Shibata M, Terada F. 2010. Factors affecting methane production and mitigation in ruminants. Anim Sci J, 81(1): 2-10.

Singhal K K, Mohini M, Jha A K, et al. 2005. Methane emission estimates from enteric fermentation in Indian livestock: dry matter intake approach. Curr Sci, 88: 119-127.

Skillman L C, Evans P N, Naylor G E, et al. 2004. 16S ribosomal DNA-directed PCR primers for ruminal methanogens and identification of methanogens colonising young lambs. Anaerobe, 10(5): 277-285.

Songer J G. 2004. The emergence of *Clostridium difficile* as a pathogen of food animals. Anim Health Res Rev, 5(2): 321-326.

Steinfeld H, Gerber P, Wassenaar T, et al. 2006. Livestock's long shadow: environmental issues and options. Rome: Food and Agriculture Organization of the United Nations.

Stewart C S, Fonty G, Gouet P. 1988. The establishment of rumen microbial communities. Anim Feed Sci Tech, 21(2-4): 69-97.

St-Pierre B, Wright A D G. 2013. Diversity of gut methanogens in herbivorous animals. Animal, 7(S1): 49-56.

Swift C L, Louie K B, Bowen B P, et al. 2021. Cocultivation of anaerobic fungi with rumen bacteria establishes an antagonistic relationship. mBio, 12(4): e0144221.

Tao S Y, Duanmu Y Q, Dong H B, et al. 2014a. A high-concentrate diet induced colonic epithelial barrier disruption is associated with the activating of cell apoptosis in lactating goats. BMC Vet Res, 10(1): 235.

Tao S Y, Duanmu Y Q, Dong H B, et al. 2014b. High concentrate diet induced mucosal injuries by enhancing epithelial apoptosis and inflammatory response in the hindgut of goats. PLoS One, 9(10): e111596.

Tao S Y, Tian J, Cong R H, et al. 2015. Activation of cellular apoptosis in the caecal epithelium is associated with increased oxidative reactions in lactating goats after feeding a high-concentrate diet. Exp Physiol, 100(3): 278-287.

Thareja A, Puniya A K, Goel G, et al. 2006. *In vitro* degradation of wheat straw by anaerobic fungi from small ruminants. Arch Anim Nutr, 60(5): 412-417.

Thibault R, Blachier F, Darcy-Vrillon B, et al. 2010. Butyrate utilization by the colonic mucosa in inflammatory bowel diseases: a transport deficiency. Inflamm Bowel Dis, 16(4): 684-695.

Ungerfeld E M, Kohn R A. 2006. The role of thermodynamics in the control of ruminal fermentation//Sejrsen K, Hvelplund T, Nielsen M O. Ruminant Physiology. Wageningen: Wageningen Academic Publishers: 55-85.

Van Soest P J. 1994. Nutritional Ecology of the Ruminant. Ithaca: Cornell University Press: 1-488.

Van Zijderveld S M, Gerrits W J J, Apajalahti J A, et al. 2010. Nitrate and sulfate: effective alternative hydrogen sinks for mitigation of ruminal methane production in sheep. J Dairy Sci, 93(12): 5856-5866.

Vargas J E, Andrés S, Snelling T J, et al. 2017. Effect of sunflower and marine oils on ruminal microbiota, *in vitro* fermentation and digesta fatty acid profile. Front Microbiol, 8: 1124.

Vyas D, Alazzeh A, McGinn S M, et al. 2016. Enteric methane emissions in response to ruminal inoculation of *Propionibacterium* strains in beef cattle fed a mixed diet. Anim Prod Sci, 56(7): 1035-1040.

Vyas D, McGeough E J, McGinn S M, et al. 2014. Effect of *Propionibacterium* spp. on ruminal fermentation, nutrient digestibility, and methane emissions in beef heifers fed a high-forage diet. J Anim Sci, 92(5): 2192-2201.

Wallace R J, Rooke J A, McKain N, et al. 2015. The rumen microbial metagenome associated with high methane production in cattle. BMC Genomics, 16: 839.

Wallace R J, Sasson G, Garnsworthy P C, et al. 2019. A heritable subset of the core rumen microbiome dictates dairy cow productivity and emissions. Sci Adv, 5(7): 8391.

Wang B, Jia M, Fang L Y, et al. 2018. Effects of eucalyptus oil and anise oil supplementation on rumen fermentation characteristics, methane emission, and digestibility in sheep. J Anim Sci, 96(8): 3460-3470.

Wang J, Fan H A, Han Y, et al. 2017. Characterization of the microbial communities along the gastrointestinal tract of sheep by 454 pyrosequencing analysis. Asian-Australasian J Anim Sci, 30(1): 100-110.

Wang L, Zhang K, Zhang C G, et al. 2019. Dynamics and stabilization of the rumen microbiome in yearling Tibetan sheep. Sci Rep, 9: 19620.

Wang M, Sun X Z, Janssen P H, et al. 2014. Responses of methane production and fermentation pathways to the increased dissolved hydrogen concentration generated by eight substrates in *in vitro* ruminal cultures. Anim Feed Sci Tech, 194: 1-11.

Wang Y H, Xu M, Wang F N, et al. 2009. Effect of dietary starch on rumen and small intestine morphology and digesta pH in goats. Livest Sci, 122(1): 48-52.

Wei Y Q, Long R J, Yang H, et al. 2016. Fiber degradation potential of natural co-cultures of *Neocallimastix frontalis* and *Methanobrevibacter ruminantium* isolated from yaks (*Bos grunniens*) grazing on the Qinghai Tibetan Plateau. Anaerobe, 39: 158-164.

Wienemann T, Schmitt-Wagner D, Meuser K, et al. 2011. The bacterial microbiota in the ceca of *Capercaillie* (*Tetrao urogallus*) differs between wild and captive birds. Syst Appl Microbiol, 34(7): 542-551.

Wu H, Meng Q, Zhou Z, et al. 2019. Ferric citrate, nitrate, saponin and their combinations affect *in vitro* ruminal fermentation, production of sulphide and methane and abundance of select microbial population. J Appl Microbiol, 127(1): 150-158.

Xie F, Zhang L L, Jin W, et al. 2019. Methane emission, rumen fermentation, and microbial community response to a nitrooxy compound in low-quality forage fed Hu sheep. Curr Microbiol, 76(4): 435-441.

Yáñez-Ruiz D R, Macías B, Pinloche E, et al. 2010. The persistence of bacterial and methanogenic archaeal communities residing in the rumen of young lambs. FFMS Microbiol Ecol, 72(2): 272-278.

Ye H M, Liu J H, Feng P F, et al. 2016. Grain-rich diets altered the colonic fermentation and mucosa-associated bacterial communities and induced mucosal injuries in goats. Sci Rep, 6: 20329.

Yeoman C J, Ishaq S L, Bichi E, et al. 2018. Biogeographical differences in the influence of maternal microbial sources on the early successional development of the bovine neonatal gastrointestinal tract. Sci Rep, 8: 3197.

Youssef N H, Couger M B, Struchtemeyer C G, et al. 2013. The genome of the anaerobic fungus *Orpinomyces* sp. strain C1A reveals the unique evolutionary history of a remarkable plant biomass degrader. Appl Environ Microbiol, 79(15): 4620-4634.

Yu J S, Peng S S, Chang J F, et al. 2018. Inventory of methane emissions from livestock in China from 1980 to 2013. Atmos Environ, 184: 69-76.

Yue C, Ma B Q, Zhao Y Z, et al. 2012. Lipopolysaccharide-induced bacterial translocation is intestine site-specific and associates with intestinal mucosal inflammation. Inflammation, 35(6): 1880-1888.

Zeng Y, Zeng D, Ni X Q, et al. 2017. Microbial community compositions in the gastrointestinal tract of Chinese Mongolian sheep using Illumina MiSeq sequencing revealed high microbial diversity. AMB Express, 7(1): 75.

Zhang D F, Yang H J. 2012. Combination effects of nitrocompounds, pyromellitic diimide, and 2-bromoethanesulfonate on *in vitro* ruminal methane production and fermentation of a grain-rich feed. J Agric Food Chem, 60(1): 364-371.

Zhang F Y, Li B H, Ban Z B, et al. 2021b. Evaluation of origanum oil, hydrolysable tannins and tea saponin in mitigating ruminant methane: *in vitro* and *in vivo* methods. J Anim Physiol Anim Nutr, 105(4): 630-638.

Zhang H, Shao M X, Huang H, et al. 2018a. The dynamic distribution of small-tail Han sheep microbiota across different intestinal segments. Front Microbiol, 9: 32.

Zhang K, He C, Xu Y B, et al. 2021a. Taxonomic and functional adaption of the gastrointestinal microbiome of goats kept at high altitude (4800m) under intensive or extensive rearing conditions. FEMS Microbiol Ecol, 97(3): fiab009.

Zhang K, Li B B, Guo M M, et al. 2019. Maturation of the goat rumen microbiota involves three stages of microbial colonization. Animals, 9(12): 1028.

Zhang Z W, Cao Z J, Wang Y L, et al. 2018b. Nitrocompounds as potential methanogenic inhibitors in ruminant animals: a review. Anim Feed Sci Tech, 236: 107-114.

Zhong R Z, Sun H X, Li G D, et al. 2014. Effects of inoculation with rumen fluid on nutrient digestibility, growth performance and rumen fermentation of early weaned lambs. Livest Sci, 162: 154-158.

Zhou M, Hernandez-Sanabria E, Guan L L. 2009. Assessment of the microbial ecology of ruminal methanogens in cattle with different feed efficiencies. Appl Environ Microbiol, 75(20): 6524-6533.

Zhou R, Wu J P, Lang X, et al. 2020. Effects of oregano essential oil on *in vitro* ruminal fermentation, methane production, and ruminal microbial community. J Dairy Sci, 103(3): 2303-2314.

Zhou Y Y, Mao H L, Jiang F, et al. 2011. Inhibition of rumen methanogenesis by tea saponins with reference to fermentation pattern and microbial communities in Hu sheep. Anim Feed Sci Tech, 166-167: 93-100.

Zhuang Y M, Chai J M, Cui K, et al. 2020. Longitudinal investigation of the gut microbiota in goat kids from birth to postweaning. Microorganisms, 8(8): 1111.

Zitnan R, Kuhla S, Nürnberg K, et al. 2003. Influence of the diet on the morphology of ruminal and intestinal mucosa and on intestinal carbohydrase levels in cattle. Vet Med-Czech, 48(7): 177-182.

Zou X A, Liu G B, Meng F M, et al. 2020. Exploring the rumen and cecum microbial community from fetus to adulthood in goat. Animals, 10(9): 1639.

第八章 猪肠道微生物与营养

第一节 猪肠道微生物菌群结构与功能

猪作为单胃动物，其肠道食糜内充满着稠密的且具有各类代谢活力的微生物，肠道菌群的结构与组成可以反映宿主与微生物之间的自然选择，这种自然选择过程促进了这一复杂生态系统内部的相互合作与功能的相对稳定。在猪肠道微生物中，细菌虽然占主导地位，但也存在一定比例的真菌、古菌及病毒。猪肠道内微生物种类丰富，可多达25个门，16S rRNA 测序结果表明，在门这一分类水平上，优势菌群为厚壁菌门 Firmicutes、拟杆菌门 Bacteroidetes、变形菌门 Proteobacteria 和螺旋体门 Spirochaetes，而纤维杆菌门 Fibrobacteres、放线菌门 Actinobacteria、软壁菌门 Tenericutes、互养菌门 Synergistetes 与浮霉菌门 Planctomycetes 的占比不到1%（Looft et al., 2014）。

一、猪肠道微生物的区域分布

猪的消化道与人的消化道高度相似，主要由胃、小肠和大肠组成，不同的优势菌在肠道内的分布呈现区域性（图8-1）。粪便微生物组成与后肠和小肠微生物相似度分别为 0.75 和 0.38。90 日龄仔猪的前肠（十二指肠、空肠、回肠）微生物组成与后肠（盲肠、结肠、直肠）微生物组成有很大的差异。在胃和近端小肠处，胃酸、胆汁和胰腺分泌物阻碍着许多细菌的定植。然而，在远端小肠处，细菌的密度相对增加，在大肠

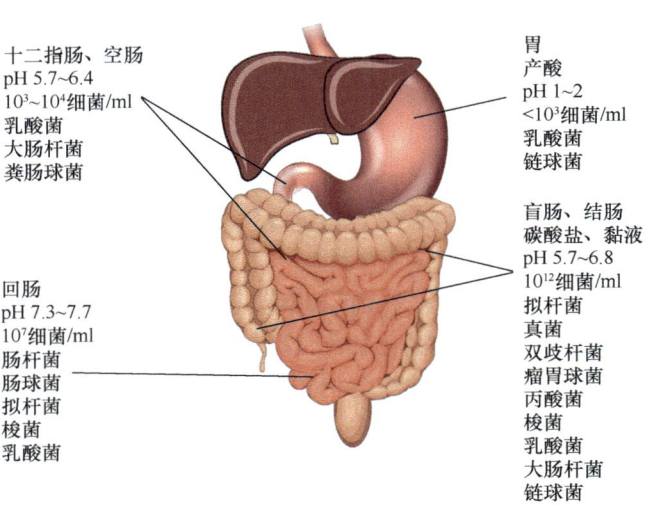

图 8-1 不同肠段微生物结构

处的细菌密度更高。结肠中每克内容物细菌含量为 $10^{11}\sim 10^{12}$ 个，这些细菌的质量占粪便质量的 60%（O'Hara and Shanahan，2006）。回肠内容物中厚壁菌门占到回肠所有微生物总量的 95%以上，而后肠三个肠段微生物结构相似，优势菌为厚壁菌门和拟杆菌门，占微生物总数的 90%以上。在属水平上，回肠微生物主要以厌氧杆菌属（*Clostridium*）和苏黎世杆菌属 *Turicibacter* 为主，而后肠中普雷沃氏菌属 *Prevotella*、颤螺菌属 *Oscillospira* 和琥珀酸弧菌属 *Succinivibrio* 丰富度较高（Looft et al.，2014）。与肠道内容物相比，前肠黏膜微生物的多样性较高，但在盲肠和结肠黏膜中则没有差异。

各个肠段中不同的化学、营养与免疫微环境的特征，促进了肠道微生物的空间异质性结构与功能的形成（Liu et al.，2019a）。菌群组成和功能的差异，与不同肠段供给微生物发酵利用的营养物质种类和总量有关。前肠微生物主要为兼性厌氧菌，其分泌的蛋白质酶可以分解日粮中摄入的蛋白质，与赖氨酸、精氨酸或谷氨酸的代谢有密切关系。后肠微生物主要参与纤维降解和能量代谢。未被前肠消化吸收的碳水化合物等营养底物是后肠微生物的能量来源，在猪体内主要是乙酸、丙酸和丁酸。丁酸是结肠上皮细胞主要的能量来源，而乙酸和丙酸可以通过血液循环进入肝脏，参与宿主脂质代谢从而为宿主提供能量。后肠微生物中含有 81 种碳水化合物酶，其中大部分都是微生物特有的。

（一）胃微生物菌群结构

胃通常被认为是储存和预处理食物的系统。该系统受神经、激素与旁分泌信号分子的统一调控。胃占消化道总体积约 30%，主要可以分成三个解剖部位，即胃底、胃体和胃窦。猪胃中一般含有 30～80ml 内容物，胃会分泌胃酸和胃泌素来促进胃肠道的蠕动。作为食物在体内停滞的第一个场所，胃中氧气浓度相对较高。但由于它会分泌各类消化酶及胃酸，导致 pH 降低，使其不适合大量微生物繁殖，然而乳杆菌 *Lactobacillus* spp. 对酸耐受，故猪胃中存在一定比例的乳杆菌（Holman et al.，2017）。值得注意的是，刚出生的仔猪中胃酸产量较低，胃内容物 pH 为 5.3～5.9。出生 1 天后，pH 迅速下降至 2.0～4.9，并且胃中细菌数量迅速减少（Zheng et al.，2020）。

（二）小肠微生物菌群结构

小肠包括十二指肠、空肠与回肠，是动物体吸收蛋白质和碳水化合物等营养物质的主要部位。小肠也参与机体的免疫调节。与更远端部位相比，近端小肠中微生物数量较少。猪具有较长的小肠，其 pH 基本为中性。

猪消化道不同解剖部位的微生物数量和种类存在巨大差异性，在仔猪早期生长阶段，小肠和大肠中优势菌群随时间的推移而变化。刚出生时，小肠微生物和大肠微生物的组分类似。而第 7 天时，微生物的组分相较第 1 天发生了明显的变化，进而导致小肠微生物和大肠微生物的组分存在明显差异。小肠中较丰富的属为乳杆菌属 *Lactobacillus* 和梭菌属 *Clostridium*（Crespo-Piazuelo et al.，2018；Yang et al.，2020）。此外，回肠中还存在着一些兼性厌氧菌，它们常常能够耐受胆汁酸并分泌抗菌肽（Liu et al.，2019a；Donaldson et al.，2016）。

（三）大肠微生物菌群结构

大肠为消化道的后端，可以通过吸收水和电解质来调节猪体内水和电解质的平衡（Bajagai et al.，2016）。大肠蠕动速度较慢，并且含有丰富的营养底物和挥发性脂肪酸，这为微生物的发酵和大量繁殖提供了便利条件。大肠中分布着复杂多样的菌群，如拟杆菌科 Bacteroidaceae、普雷沃氏菌科 Prevotellaceae、理化所菌科 Rikenellaceae、毛螺菌科 Lachnospiraceae 和瘤胃球菌科 Ruminococcaceae 等（Donaldson et al.，2016）。在属水平上，大肠内主要存在着普雷沃氏菌属、栖粪杆菌属 *Faecalibacterium*、拟杆菌属 *Bacteroides*、副拟杆菌属 *Parabacteroides*、考拉杆菌属 *Phascolarctobacterium*、粪球菌属 *Coprococcus*、瘤胃球菌科 Ruminococcaceae_UCG-002 属、克里斯滕森氏菌科 Christensenellaceae_R-7_group 属、密螺旋体属 *Treponema*、布劳特氏菌属 *Blautia*、异普雷沃氏菌属 *Alloprevotella*、瘤胃球菌属 *Ruminococcus* 和乳杆菌属等。总体而言，相较于小肠菌群，大肠菌群的丰度和多样性更高（Tropini et al.，2017）。大肠可以利用丰富的菌群对体内难消化的粗纤维进行发酵和代谢，为机体提供丰富的短链脂肪酸和维生素等营养物质（Tropini et al.，2017）。猪后肠中的某些微生物能产生内切葡聚糖酶、外切葡聚糖酶和β-葡萄糖苷酶等水解酶，对纤维素进行分解。

我国地方猪种遗传资源丰富，许多品种能够大量利用青粗饲料。苏太猪粪便中存在可与粗纤维消化率呈正相关的菌属，如厌氧菌属 *Anaeroplasma*、梭菌属和亚硝化螺菌属 *Nitrosospira*（Niu et al.，2015）。在门水平上，盲肠中厚壁菌门为优势菌门。在属水平上，盲肠中存在着大量的普雷沃氏菌属、密螺旋体属、瘤胃球菌属和粪杆菌属（Yang et al.，2016）。结肠中除了兼性厌氧菌，还存在着大量专性厌氧菌，如震颤杆菌属 *Oscillibacter* 和琥珀酸弧菌属 *Succinivibrio*（Tan et al.，2018；Lagier et al.，2016）。

（四）黏膜相关微生物群

在评价动物模型中微生物菌群结构变化的研究中，大多数采用的是肠道食糜或粪便样本。然而微生物与宿主的相互作用，再加上肠道食糜中内容物的物理化学性质，导致在哺乳动物肠道的横向和纵向都有不同的微生物菌群分布。仔猪断奶后饮食干预证明其对黏膜相关微生物区系有长期影响，但对小肠消化无影响。

猪的黏膜微生物菌群与肠腔微生物菌群有明显的不同，肠腔内微生物更多地与消化物相互作用，从而影响营养物质的消化及代谢物的分泌，而黏膜相关微生物则与肠道免疫细胞相互作用，并且更容易受到小肠中的饮食影响。黏膜相关微生物菌群可能具有更强的免疫调节能力，它们有能力附着在肠上皮细胞中的黏结蛋白聚糖上，以进一步进行增殖并与宿主相互作用。黏膜和微生物之间的相互作用可以通过防止致病菌定植来有效地调节免疫系统，为宿主提供一道防线。

黏膜相关微生物群的变化可能对宿主的生长发育产生显著影响。不同肠段及其黏膜和管腔并不是完全独立的，微生物群可以在肠腔内和黏膜环境中共存。此外，肠道微生物在肠腔和黏膜中可受到同一因素不同程度的影响。饲料中添加木聚糖酶的猪回肠腔内毛螺菌科、放线菌属、双歧杆菌属和乳杆菌属增加，链球菌减少，双歧杆菌、巨噬菌和衣原体增加，但是回肠黏膜中的梭菌、埃希氏菌和志贺氏菌减少。当给猪饲喂高纤维饲粮并添加阿拉伯木聚糖低聚糖时，回肠腔内毛螺菌增加，放线菌属减少，而回肠黏膜巨噬菌和链球菌增加，念珠菌属和螺杆菌减少。这些微生物菌群区系的不同观察结果可以归因于肠腔和黏膜的理化特性不同，这些理化特性包括氧气和养分的有效性。

大多数黏膜相关微生物的功能与免疫系统有关，表明免疫系统对肠道微生物群施加选择性压力，以促进优势群落生长繁殖，但是黏膜相关微生物群对肠道免疫功能的调节有很大作用。肠黏膜由上皮细胞、肠相关淋巴组织和黏液层组成，黏膜相关微生物群、肠上皮细胞和肠免疫细胞参与复杂的相互作用，形成一种动态而微妙的相互作用，对肠道的营养和免疫功能至关重要。

二、猪肠道微生物定植与发育

肠道微生物群在生命的不同时期具有其独特的组成和功能特征。肠道微生物是一个复杂且处于动态变化的系统，可以通过调控宿主代谢、肠道吸收、免疫功能及神经系统的发育，最终影响宿主的生长发育。肠道微生物的早期发育表现为微生物丰富度、多样性和功能的迅速变化，受到包括母体营养和孕期、出生方式、宿主遗传、环境应激等多种因素的影响。根据发育过程中的特征，肠道微生物发育可以分为四个时期：分娩时微生物的获取时期、母乳喂养时期、固体饮食至断奶时期和完全断奶时期。

（一）猪肠道微生物定植发育规律

肠道菌群的早期建立能促进猪肠道免疫系统的成熟和屏障功能的发育，进而促进猪的健康和生长发育。肠道菌群还可以通过增加对生长激素的敏感性来促进新生仔猪生长。关于肠道微生物的早期定植的时间还存在争议。过去一直认为胎盘是无菌的，肠道微生物的发育起始于子代出生的时候，即由无菌的胎盘环境进入微生物丰富的外界环境中的过程。但相继在人类、猪、小鼠和羊母体的胎盘、羊水和婴儿的胎粪都检测出了微生物，说明子代在母体子宫里可能就存在微生物的定植。无论子宫内是否存在微生物，子代的生长发育都与母体的营养、孕期、感染、遗传背景等因素密切相关。

在出生时，仔猪暴露于产道和母猪粪便微生物中。已有研究证明阴道微生物在子代肠道菌群的早期定植中发挥重要作用，阴道微生物也受母猪粪便的影响。因此，母猪粪便菌群对后代出生后几天内的菌群发育有很大的影响。新生仔猪肠道内主要存在的微生物有拟杆菌科 Bacteroidaceae、梭菌科 Clostridiaceae、毛螺菌科 Lachnospiraceae、乳杆菌科 Lactobacillaceae 和肠杆菌科 Enterobacteriaceae（Frese et al., 2015）。这些微生物有助于猪肠道建立免疫球蛋白 A（IgA）的应答反应，并促进新生仔猪肠道黏膜免疫的发育。小肠是猪消化和吸收营养物质的主要场所，其功能的发挥与其生理结构密切相关。小肠中菌群的多样性较低，其中主要含有肠杆菌科和乳杆菌科等。这些兼性厌氧菌往往对胆汁酸和抗菌肽的耐受性更强（Liu et al., 2019a）。

仔猪出生后立即通过哺乳获得初乳和乳汁，为仔猪肠道提供营养。母乳为仔猪提供能量和营养，包括乳糖、乳寡糖、氨基酸和脂肪，它们能够激活仔猪消化功能，进而改变肠道菌群定植的环境。与体重较轻的仔猪相比，体重较重的仔猪具有更丰富的拟杆菌和瘤胃球菌，而放线菌和嗜淀粉乳杆菌的比例较低。哺乳期间摄入的乳汁可能通过调节肠道菌群而潜在地影响宿主的健康和性能。母乳的营养成分包括对肠道菌群发育有很大贡献的低聚糖，乳猪口服低聚果糖可增加结肠食糜中乳酸菌和双歧杆菌的相对丰度，增强肠道屏障功能，降低空肠黏膜细胞因子的表达。

除初乳和乳汁中的营养物质外，免疫球蛋白、抑菌剂、抗炎因子和菌群等生物活性化合物也有助于肠道菌群的建立和发展，特别是在免疫系统尚未成熟的新生仔猪肠道中。初乳的成分与乳汁有明显的不同，分娩 18h 后，IgA 浓度从 21.2mg/ml 降至 6.7mg/ml，IgA 浓度的降低可能与哺乳期间肠道菌群的变化有关。IgA 是母猪初乳和乳汁中最丰富的免疫球蛋白，它能与病原体结合，破坏病原体的复制，有助于防止细菌黏附肠上皮细胞。仔猪的微生物多样性在哺乳期第 11 天急剧下降。

研究人员进行了 16S rRNA 测序，发现在哺乳期，小肠微生物和大肠微生物区系逐渐分化。小肠中乳杆菌属、普雷沃氏菌属和埃希氏菌-志贺氏菌属 *Escherichia-Shigella* 含量丰富，而大肠肠道内容物中普雷沃氏菌属几乎占总量的一半（Liu et al.，2019b），并且哺乳仔猪肠道微生物组成由以葡萄球菌属 *Staphylococcus*、链球菌属 *Streptococcus* 和大肠杆菌 *Escherichia coli* 为代表的需氧微生物逐步过渡到以拟杆菌门、乳杆菌属和普雷沃氏菌属为代表的严格厌氧微生物。

（二）母体微生物对仔猪微生物发育的影响

子代肠道微生物中 50.7%来源于母体肠道、阴道、口腔或皮肤，其中来源于母体肠道的比例最高，且影响时间更长，主要属于放线菌门 Actinobacteria 和拟杆菌纲 Bacteroidia。怀孕期间母体肠道微生物的组成发生动态变化，尤其是妊娠晚期，其特定的适应性功能有利于母体或子代的生长发育。从妊娠早期到晚期，母体肠道中兼性厌氧菌肠杆菌科 Enterobacteriaceae 和链球菌属显著增加。它们也是子代早期的优势菌，为子代肠道创造适合厌氧菌生长的环境。相比于妊娠早期，妊娠晚期肠道微生物可增加母体的能量蓄积，促进分解代谢途径，为子代最大限度地传递能量，维持子代生长发育。阴道微生物对正常分娩的子代（通过阴道分娩）的微生物定植有重要作用。通过阴道分娩的子代肠道微生物与母体阴道微生物组成相似，主要由乳杆菌属、普雷沃氏菌属、奇异菌属 *Atopobium* 或斯尼思氏菌属 *Sneathia* 组成，占刚出生子代肠道微生物种类的 16.3%，但是这种微生物传递的影响时间较短，随着年龄增长，阴道来源的微生物丰度降低。在规模化猪场中，哺乳仔猪出生时，会从母猪生殖道和粪便接触到大量微生物。尽管阴道微生物在子代微生物的早期定植中扮演重要角色，但是母猪粪便微生物对子代出生后的微生物发育影响很大。

母乳微生物除了直接影响子代微生物发育，还能为子代提供能量、营养和活性物质，如母乳低聚糖（human milk oligosaccharide，HMO）、免疫球蛋白、细胞因子、趋化因子、生长因子、激素和抗体等，其具有抗菌活性，可以调节子代肠道免疫功能，促进有益菌（如双歧杆菌属 *Bifidobacterium*）的定植和子代生长发育。初乳不仅为仔猪提供能量和营养物质，还帮助仔猪建立健康的微生物群。母乳中的低聚糖可以促进子代肠道微生物的发育，显著增加结肠内容物中乳杆菌科 Lactobacillaceae 和双歧杆菌科 Bifidobacteriaceae

丰度，提高空肠黏膜屏障功能，降低炎症因子表达。母乳中活性物质（如免疫球蛋白和抗炎因子）可以促进免疫功能不全的哺乳仔猪肠道微生物的定植和发育。初乳在成分上与常乳有显著差异。分娩后 18h 内，母乳中 IgA 含量从 21.2mg/ml 降低到 6.7mg/ml，IgA 含量的降低与哺乳期子代肠道微生物变化相关。子代肠道微生物多样性在哺乳期第 11 天大幅降低，断奶前第 20 天显著增加。

母猪肠道菌群的营养调控可以影响子代肠道内的菌群。妊娠期间母体营养（如总能量摄入、常量营养素和微量营养素等）会影响子代肠道微生物的定植。给妊娠母猪补充益生元和合生元可显著提高子代出生重量，促进免疫系统的发育和肠道有益菌的富集。日粮中补充苜蓿来源的粗纤维可改善母猪肠道微生物组成，降低母体和子代的炎症水平，并提高子代生产性能。对哺乳期母猪进行营养干预，例如，日粮补充枯草芽孢杆菌 *Bacillus subtilis* 可显著增加子代回肠中乳杆菌 *Lactobacillus* spp.丰度，降低致病菌产气荚膜梭菌 *Clostridium perfringens* 丰度。添加枯草芽孢杆菌的母猪后代回肠中乳酸菌的数量增加，产气荚膜梭菌数量减少。饲粮中添加了共生菌的仔猪结肠腔内菌群发生了显著变化，进一步降低了系统免疫和氧化应激状态。相反，考虑到母猪的饮食与仔猪不同，母猪的肠道菌群的变化与其后代不同。饲喂含益生菌饲料的乳猪可调节结肠食糜中瘤胃球菌、长螺旋菌、罗斯拜瑞氏菌、乳头杆菌、真杆菌和普雷沃氏菌的数量，从而影响断奶仔猪肠道发育，这表明肠道菌群能在早期被调控，并且产生持久的影响。仔猪肠道菌群的调节在很大程度上取决于环境，可以在妊娠期和哺乳期通过母猪的肠道菌群和乳汁成分进行调节。

三、猪肠道微生物菌群功能

（一）营养物质消化吸收

动物机体和肠道微生物之间可形成互惠互利的共生关系，机体为肠道微生物提供它们生长所需的营养，而肠道微生物可帮助猪分解饲粮中难以消化的营养物质，并产生有利于机体消化吸收的小分子物质和维生素，增强肠道上皮细胞对能量的吸收和储存能力。

肠道菌群代谢过程产生的维生素及胞外酶可以被动物机体吸收，例如，猪盲肠中的微生物菌群通过发酵产生大量有机酸，激活多种消化酶的表达和分泌，提高能量利用率。另外，肠道微生物发酵产生的短链脂肪酸是当前研究认为对猪机体健康影响最为广泛的一类物质之一。

微生物的外源酶还可以参与氨基酸代谢中的一个或多个步骤。饲料类型和猪日龄会影响肠道微生物菌群结构，进而影响氨基酸代谢和平衡。肠道内对氨基酸的利用具有肠段特异性，体外培养的结果表明，十二指肠可能是日粮谷氨酸盐和组氨酸代谢的重要部位；而空肠和回肠可能是赖氨酸、缬氨酸、苏氨酸、精氨酸、亮氨酸和异亮氨酸代谢的重要部位。越来越多的证据表明，胃肠道微生物可能在蛋白质和氨基酸代谢中发挥着重要作用（Yin et al.，2009）。通过日粮补充特定的氨基酸或其他补充剂，在不同水平上调节小肠腔中的蛋白质和氨基酸代谢，可以调节微生物的组成与活性。

猪肠道微生物从头合成的氨基酸对宿主体内氨基酸的平衡也发挥着一定的调节作

用。例如，肠道细菌生成的赖氨酸能被宿主吸收并合成宿主蛋白质。此外，部分微生物还能自身合成蛋白质，从而为宿主提供能量。细菌代谢产生的氨基酸也能作为信号分子，促进育肥猪中蛋白质的沉淀。

（二）免疫和屏障功能

具有多样性的肠道微生物菌群与宿主免疫系统共同进化，微生物的获取、刺激和维持可以调节多种免疫反应（Hooper and MacPherson，2010）。例如，Th17 细胞是存在于肠道固有层中的 T 细胞中的重要群体，日粮抗原和肠道共生菌群的变化影响着 Th17 细胞的发育。分段丝状细菌（segmented filamentous bacteria，SFB）在肠道中被发现的频率很低，但其为肠道中 Th17 的有效诱导剂。SFB 诱导肠道固有层中的 Th17 细胞可以刺激 RegⅢγ 防御素的产生来降低柠檬酸杆菌感染（Ivanov et al.，2009）。在无菌动物的胃肠道中没有发现 Th17 细胞，这表明 Th17 细胞的分化可能依赖于肠道微生物群的刺激（Sawa et al.，2010）。

细菌代谢物也是肠道免疫系统不可忽视的一部分，吲哚、吲哚酸、粪甾醇和色胺等色氨酸代谢物对宿主的免疫系统、宿主-微生物组层面，以及宿主免疫系统-肠道微生物群相互作用具有深远的影响（Gao et al.，2018）。细菌来源的短链脂肪酸可以减少宿主炎症反应并促进结肠健康（Yang et al.，2020）。有研究表明，在育肥猪饲粮玉米原料中添加含有发酵乳杆菌 *Lactobacillus fermentum*、酿酒酵母 *Saccharomyces cerevisiae* 和枯草芽孢杆菌 *Bacillus subtilis* 复合益生菌菌剂和非淀粉多糖进行发酵，饲喂后发现其可以提高育肥猪的生长性能和屠宰性能，sIgA、IL-8 和 TNF-α 的细胞因子含量和基因表达量显著增加，并且肠道和粪便中大肠杆菌的含量降低（Lin et al.，2020）。

第二节　断奶对仔猪肠道微生物的影响及营养调控

一、仔猪断奶后肠道微生物的变化

断奶时，猪面临营养、环境、生理和心理方面的挑战，造成断奶压力。断奶应激可能造成肠道菌群的破坏或失调，这是导致断奶后感染的主要因素。此外，断奶后引入植物性日粮后，断奶仔猪中普雷沃氏菌的相对丰度增加。肠道菌群分布的变化主要是由于从液体的乳汁到固体植物性饮食的突然转变，这影响了肠道的理化条件和底物可利用性，除此之外，乳汁中免疫球蛋白也减少了。由于断奶应激引起的肠道菌群变化也改变了生物活性化合物和营养代谢相关基因的表达，同时断奶引起的心理应激可能在肠道菌群中也发挥作用。人们可以利用营养手段去刺激有益菌群的增殖，并提供一个对病原体有害的环境。由牛初乳、蔓越莓提取物、卡枯醇、酵母甘露聚糖和葡聚糖组成的混合物，可以增加有益细菌如罗伊氏乳杆菌的丰度，并降低回肠黏膜幽门螺杆菌的丰度，进而增强育肥猪的健康状况和生长性能。

断奶过渡期间，母乳中的营养成分和各类生物活性因子突然缺失，迅速改变了仔猪肠道菌群的结构。断奶前后仔猪肠道的微生物门基本相同，但是相对丰度发生了显著变化，主要包括拟杆菌门（59.6%）、厚壁菌门（35.8%）和变形菌门（1%）。属水平上，断奶后瘤胃球菌属 Ruminococcus、梭菌 Clostridium Ⅳ、罗斯拜瑞氏菌属 Roseburia、粪球菌属 Coprococcus 和消化球菌属 Peptococcus 的相对丰度增加，而梭杆菌属 Fusobacterium、拟杆菌属 Bacteroides 和弯曲杆菌属 Campylobacter 等菌属的相对丰度降低。科水平上，断奶后乳杆菌科 Lactobacillaceae、梭菌科 Clostridiaceae 和肠杆菌科 Enterobacteriaceae 的相对丰度降低（Beaumont et al.，2021）。真菌和古菌群落在哺乳和断奶期间表现出较高的活力，也受断奶的显著影响，参与对断奶后日粮的适应。断奶后 2 周内，甲烷短杆菌 Methanobrevibacter A smithii 显著减少，并被甲烷短杆菌 Methanobrevibacter A sp900769095 取代，淀粉和蔗糖代谢途径显著富集。

哺乳期仔猪与育肥猪的肠道菌群存在显著差异，而在断奶应激恢复后，肠道菌群逐渐向成熟状态转变。在植物性饲粮阶段，菌群差异较小，这可能与断奶后基础饲粮的相似性有关。一些微生物在定植后，可从哺乳期一直存在于肠道中，肠道菌群的稳定性是其逐渐成熟的重要标志。但肠道菌群何时成熟是不明确的，因为肠道菌群受到多种因素的动态影响，包括饮食和宿主免疫系统的成熟。所以，肠道菌群的成熟可能发生在猪接受植物性基础饲粮的断奶期到肥育期的早期，这也与免疫系统的成熟有关。

二、调控肠道菌群缓解仔猪断奶应激的营养策略

（一）微生态制剂与仔猪断奶应激的调控

微生态制剂是指将益生菌或其相应的代谢产物通过特殊处理，如活化、发酵和烘干，而制成的具有生物活性的制剂，常用于调节仔猪肠道菌群平衡。

1. 缓解断奶应激仔猪生长受阻

病原体常在断奶期间感染仔猪，从而引起仔猪的高发病率和低增长率。在日粮中添加微生态制剂可以缓解断奶应激仔猪生长受阻的问题，从而提高平均日增重和降低料重比。微生态制剂进入仔猪体内后可在肠道内增殖，产生多种营养因子和消化酶等生物活性物质，这些物质可以促进仔猪消化、减少致病菌的定植、维持肠道内环境的稳态，从而达到促使断奶仔猪健康生长的目的。

在仔猪日粮中添加酸汤微生态制剂，以及复合益生菌都能提高仔猪的平均日增重、平均日采食量，且降低整体仔猪的料重比与腹泻率，说明酸汤微生态制剂与复合益生菌对提高断奶仔猪生长性能具有一定功效，此外，在饲料中添加丁酸梭菌 Clostridium butyricum，可以提高益生菌的定植率，调节宿主代谢并促进肠道发育（Liang et al.，2021）。

2. 缓解断奶应激仔猪腹泻

在日粮中添加布拉氏酵母菌 Saccharomyces boulardii mafic-1701 的断奶仔猪，其腹泻率降低，而抗氧化活性和抗炎反应增强，这与肠道微生物生态的改善有关（Zhang et al.，2020c）。在母猪日粮中添加马铃薯杆菌 Bacillus mesentericus TO-A 菌株和粪肠球菌 Enterococcus faecalis T-110 菌株，其后代仔猪断奶后腹泻发生率降低（Hayakawa et al.，2016）。

3. 提高断奶应激仔猪免疫功能

早期仔猪断奶时免疫系统还没有完全发育，抗体分泌能力不足，缺乏主动免疫的能力，进而表现为免疫抑制。早期断奶引起的仔猪采食量降低、营养吸收不良、饲养环境应激和饲养密度改变等问题会使仔猪免疫机能受到抑制和损害。

有研究表明，罗伊特氏黏液乳杆菌 *Limosilactobacillus reuteri* 和唾液宿主关联乳杆菌 *Ligilactobacillus salivarius* 可优化哺乳动物胃肠道微生物菌群的组成，抑制病原体增殖，增强肠道屏障功能和提高宿主免疫力（Yang et al.，2018）。此外，日粮中添加酵母培养物和酵母产品也可以提高断奶仔猪的免疫功能（Broadway et al.，2015）。

（二）膳食蛋白质和肠道菌群的相互作用

饲粮是影响猪从哺乳期到育肥期肠道菌群的最重要因素。大多数膳食蛋白质在小肠内被消化和吸收，而未被消化的蛋白质则到达大肠并由微生物群发酵。值得注意的是，小肠中的微生物群也具有发酵蛋白质的能力，但发酵程度较低。饲粮中粗蛋白质的水平可以通过提高氮利用率和食糜的 pH 来影响肠道微生物群，有利于蛋白质水解细菌和潜在病原体增殖。小肠中发酵蛋白质的主要细菌包括克雷伯氏菌属、大肠杆菌、链球菌属、琥珀酸弧菌属、光岗氏菌属 *Mitsuokella* 和解脂厌氧弧菌。然而，在单胃动物的大肠中，蛋白质水解活性主要归因于拟杆菌属、丙酸杆菌属、链球菌属、梭菌属和乳杆菌属。有趣的是，将饲粮粗蛋白质从 18% 调低到 15%，生长猪回肠食糜中有害细菌（包括链球菌）的丰度降低，有益的乳酸菌和双歧杆菌的丰度增加。除了对微生物群的调节，蛋白质水平还可以影响发酵过程中产生的代谢物谱。肠道中的蛋白质发酵会产生影响肠道健康的氨基酸、短链脂肪酸和多胺。此外，增加蛋白质在小肠中的发酵可能会影响其被宿主吸收的可用性，从而降低氨基酸的消化率。

使用可消化的蛋白质补充剂可能会减少用于微生物发酵的蛋白质可用性，而微生物发酵可调节肠道微生物群。酵母替代了饲粮中 40% 的粗蛋白质，重塑了仔猪回肠和结肠食糜中的微生物群。不同的蛋白质补充剂可调节断奶仔猪回肠食糜中的微生物群，这可能与成分中的抗营养因子有关。此外，大肠中的微生物代谢物受不同蛋白质来源的影响，与饲粮中的粗蛋白质水平相关。

氨基酸的可用性也会影响微生物群的发酵，例如，色氨酸可以通过肠道菌群代谢产生芳香烃受体（AHR）配体吲哚-3-乙酸（indole-3-acetic acid，IAA）。芳香烃受体诱导肠道免疫细胞表达白细胞介素-22（IL-22），并进一步抑制肠道炎症，增强屏障功能。

（三）膳食纤维和肠道菌群的相互作用

膳食纤维是与肠道菌群最相关的膳食化合物之一，断奶后，饲粮中纤维含量是影响仔猪健康的重要抗营养因子之一。纤维的抗营养效应在保育猪中更高，因为未成熟的肠道不能正确地消化纤维。猪不能产生能够降解非淀粉多糖（NSP）的酶，然而，肠道菌群中有广泛的与非淀粉多糖水解相关的酶。非淀粉多糖的可溶性部分可以增加食糜的黏度，降低消化率，改变肠腔内的环境。这种变化会影响传代率、养分可利用性和氧气扩散，为潜在病原体创造有利环境。此外，非淀粉多糖聚合物的大小影响微生物群，如长双歧杆菌、普雷沃氏菌、拟杆菌和类杆菌属，主要利用可溶性阿拉伯木聚糖生产寡糖、短链脂肪酸和乳酸。纤维可被肠道微生物群利用，补充单一酶可能影响那些利用寡糖的细菌。因此，饲料配方是调控肠道微生物群以促进猪的健康和生产性能的重要工具。

（四）低蛋白质日粮与仔猪断奶应激的调控

在生猪养殖过程中，限制其蛋白质的摄入可以降低饲料成本及猪舍内氨气和硫化氢等有毒有害气体的浓度，并且改变肠道微生物群的组成。随着饲料中蛋白质含量的降低，回肠中软壁菌门的相对丰度降低，蓝细菌门 Cyanobacteria 的相对丰度增加；在属水平上，威克斯氏菌属 *Weeksella*、史雷克氏菌属 *Slackia*、氧化硫单胞菌属 *Sulfurimonas* 和气球菌属 *Aerococcus* 等发生了显著变化。此外，有研究发现，高粗蛋白质水平日粮可显著降低微生物胞内酶水平，包括乳酸脱氢酶、谷草转氨酶、谷丙转氨酶、尿素酶和蛋白酶。

蛋白质限制可通过调节动物的营养信号通路和肠道屏障功能来预防疾病。低蛋白质氨基酸平衡日粮是指根据理想蛋白质理论，在不影响动物生长性能的前提下，将饲料中的粗蛋白质水平按 NRC 推荐标准降低一定程度，同时按照理想蛋白质氨基酸模型，添加适宜种类和数量的工业氨基酸来满足动物对蛋白质的需求，并改善动物肠道健康和环境（图 8-2）。

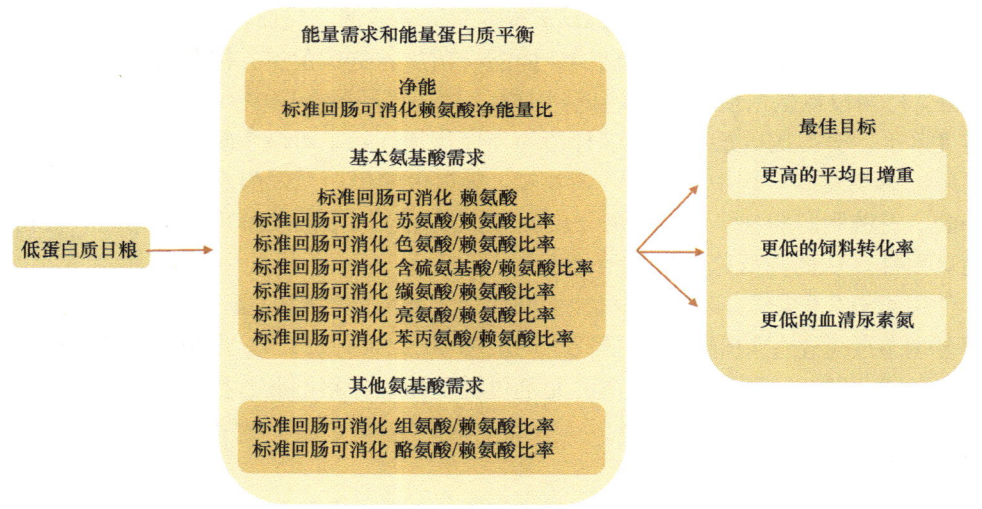

图 8-2　蛋白质限制饮食的氨基酸和能量需求（Kim et al., 2019）

1. 低蛋白质日粮策略对断奶仔猪生长性能的影响

生猪对饲粮中蛋白质的需求本质上是对氨基酸的需求，在低蛋白质日粮中，一般必须补充赖氨酸和蛋氨酸，大多数情况下，还必须考虑补充苏氨酸和色氨酸。日粮蛋白质水平降低越多，补充的限制性氨基酸种类和数量也就越多。

适当降低断奶仔猪饲料粗蛋白质（crude protein, CP）水平，并补充晶体氨基酸，不会影响断奶仔猪的生长性能，甚至可以提高其生长性能。例如，将 28 日龄断奶仔猪日粮 CP 水平由 19.6% 降到 16.8%，日采食量、平均日增重无显著差异，却保留了 71.0% 的摄入氮和 83.8% 的吸收氮，氮排泄减少了 29%。

若 CP 水平过度降低，则可能会使一些必需氨基酸，甚至非必需氨基酸严重缺乏，影响动物生长性能。研究发现，当日粮蛋白质浓度从 16% 下降至 10% 时，回肠细菌丰富度趋于下降，回肠中梭菌 *Clostridium*_sensu_stricto_1 的比例显著下降，埃希氏-志贺氏菌属的比例显著上升；结肠微生物中梭菌 *Clostridium*_sensu_stricto_1 和苏黎世杆菌属 *Turicibacter* 的比例显著上升。值得注意的是，在 13% 粗蛋白质组，回肠和结肠中消化链球菌科 Peptostreptococcaceae 的比例较高，且紧密连接蛋白 Occludin 和 Claudin 的表达量均高于其他两组。

2. 低蛋白质日粮策略对断奶仔猪腹泻的影响

与碳水化合物发酵相比，肠道中蛋白质的微生物代谢会促进亚硝胺等有害代谢物的形成。此外，氨基酸和肽的脱羧反应会促进梭菌属 *Clostridium*、双歧杆菌属 *Bifidobacterium* 和拟杆菌属 *Bacteroides* 大量产生胺，增加肠道疾病的风险。而未消化的蛋白质会导致肠道中病原菌的增殖，从而增加腹泻的风险。

有研究报道，将 21 日龄杜长大三元杂交断奶仔猪的日粮 CP 水平由 23.7% 降至 17%，饲喂 2 周后，仔猪的腹泻率下降，且结肠食糜中微生物代谢产物氨氮、组胺和腐胺的水平下降（Wen et al.，2018）。对 28 日龄断奶体重为（6.92±0.61）kg 的公猪进行饲喂，将日粮（CP）水平由 20% 降到 17%，同时添加 0.13% 异亮氨酸，发现仔猪尿液氮排泄减少，腹泻率下降（Lordelo et al.，2008）。

3. 低蛋白质日粮策略的展望

在生猪中，蛋白质限制能够调节机体内氧化还原平衡和代谢，它增加了蛋白质水解和自噬活性，并改善了回肠氨基酸的消化率（He et al.，2016）。适当降低日粮粗蛋白质比例，再添加平衡氨基酸能够增强细菌脱羧反应，增加菌群多样性。但当降低饲料粗蛋白质超过一定阈值，即使补充平衡氨基酸，也会影响肠道菌群结构的稳定，降低猪肠道的免疫力。适度降低猪饲粮中氮营养是一种有前途和有吸引力的策略，但如何精准地降低粗蛋白质比例，以及机体内的代谢调节系统如何应对蛋白质限制等相关研究仍有待进一步深入开展。

第三节 肠道微生物对猪生产性能及产品品质的影响

一、肠道微生物对猪生长的影响

（一）对平均日增重的影响

平均日增重是评价生猪生长性能的重要指标。仔猪在哺乳期间及断奶期间灌服酿酒酵母，其平均日增重增加。29 日龄杜长大三元杂交断奶仔猪饲喂 74 天后，在门水平，螺旋体门 Spirochaetes 和变形菌门 Proteobacteria 与平均日增重呈负相关；在科水平上，乳杆菌科 Lactobacillaceae 与平均日增重呈正相关，而瘤胃球菌科、克里斯滕森菌科 Christensenellaceae、螺旋体科 Spirochaetaceae 和副普雷沃氏菌科 Paraprevotellaceae 与平均日增重呈负相关，这些数据表明肠道微生物与生猪生长有强相关性。

将体重较重的猪与体重较轻的猪的粪便微生物进行比较，研究发现体重较重的猪有更高的微生物多样性。同时在较重的猪中，拟杆菌属和厌氧菌属微生物在粪便中相对丰度较低，这两个属含有致病物种，并且与人类的肥胖有关。PICRUSt 功能预测显示，与核苷酸结合寡聚化结构域样受体（NLR）信号通路相关的基因同时减少，该信号通路与宿主免疫反应的诱导有关，而宿主免疫反应需要能量。因此，在较重的猪中由于病原体水平降低，拟杆菌属和厌氧菌属微生物数量减少，这样更有利于猪的生长发育。

潜在的病原体（条件致病的大肠杆菌、梭菌、志贺氏菌和布氏菌）在瘦肉猪的回肠和盲肠中含量较低，而且这些病原菌与平均日增重和胴体重呈负相关。通过宏组学测序发现，瘦肉型猪中炎症相关的信号通路和生物学过程［丝裂原活化蛋白激酶（mitogen-activated protein kinase，MAPK）信号通路、内吞作用、抗原提呈］的表达量较低，这可能与瘦肉型猪肠道中条件致病菌含量较低有关系。

瘦肉型猪的回肠和盲肠中富集拟杆菌属细菌，拟杆菌具有一定的益生作用，这可能是由于它们能够降解复杂的膳食碳水化合物，同时也降解肠道黏膜黏液中发现的宿主 N-聚糖，这些功能可为宿主提供低采食量下的生长优势。但是，粪便中拟杆菌丰度与猪日增重呈负相关，这可能是由于拟杆菌属细菌也包含条件致病菌，从而导致能量和营养物质转移到免疫反应，而不是用于猪的生长。

普雷沃氏菌属（猪肠道菌群核心成员）在体重较重的猪粪便中含量较低，但也有研究发现该菌属与猪体重呈正相关。普雷沃氏菌在动物断奶后的体重和平均日增重中发挥重要的作用，因为普雷沃氏菌能够分解复杂的膳食植物源多糖，从而使宿主能够获得难以消化的底物，产生短链脂肪酸，并将其作为能量来源被吸收。通过基因组测序发现，与背膘水平高的猪相比，瘦肉猪的回肠和盲肠中富集更多普雷沃氏菌，并伴随着糖苷水解酶和多糖降解途径的增多。

肠道微生物代谢途径的丰度差异可以进一步证明宿主表型的差异，例如，降解二噁英、二甲苯和苯甲酸等有毒物质的相关基因在体重较重的猪粪便微生物中更为丰富。但是，与此相反，瘦肉型猪盲肠菌群中苯甲酸酯降解途径相关基因含量较低。瘦肉型猪与细菌营养物质代谢（丙酮酸、丙酸、半胱氨酸和蛋氨酸代谢）及营养感（鞭毛组装、趋化性、双组分系统和转运体）相关的低丰度途径，以及与蛋白质消化和吸收相关基因的高丰度有密切联系。同时，碳水化合物代谢、能量代谢和氨基酸代谢、细胞运动和膜运输相关的细菌代谢途径与肌肉内脂肪含量也密切相关。

猪体重增加和减少还与盲肠和粪便中的罗斯氏菌属（猪肠道中的另一核心成员）密切相关，该菌属在碳水化合物降解和丁酸盐生成中发挥重要作用。另外，粪便中的光岗氏菌属也与猪生长呈正相关，但也有研究证实盲肠中的光岗氏菌属细菌与日增重和胴体质量呈负相关。

（二）对饲料转化率的影响

采食量和剩余采食量是评价饲料转化率的两个常用指标。饲料转化率可用采食量与增重的比值来表示，其中品系遗传基础对猪肠道菌群结构和饲料转化率有重要影响。在约克夏猪中，*TPH2*、*GRIP1*、*FRS2*、*TRHDE* 和 *CNOT2* 基因被证明与饲料转化率有关。许多研究表明，在肥育期饲料转化率较高的猪中，回肠、盲肠和结肠的细菌多样性更高。大多数与饲料转化率相关的微生物类群在饲料转化率更高的猪中含量更丰富，这些类群包括在宿主的营养处理和能量获取中发挥作用的细菌。这些细菌大部分参与碳水化合物的降解，特别是植物源多糖的分解，由此产生的短链脂肪酸被用作猪的能量来源，还有一些能够发挥抗炎作用。这些多糖降解微生物包括克里斯滕森菌科，它们在饲料转化率更高的猪的粪便、回肠和盲肠中显著富集，在消瘦的人群体内也检测到了其更高的含量。密螺旋体属细菌也与饲料转化率密切相关，因为它们与猪的粗纤维消化率有关。尽管该属成员可以致病，也可以共生，但它们在饲料转化率较高的猪的回肠、粪便、盲肠和结肠中更为丰富。已有研究证实，以密螺旋体属为优势菌群的肠型的猪往往比以普雷沃氏菌为优势菌群的肠型的猪有更好的饲料转化率。

甲烷短杆菌是一种产甲烷菌，与猪的纤维消化率呈正相关，在饲料转化率较高的猪的回肠、粪便和盲肠中含量较高。它是在两个地理位置或在一个位置的两批猪中发现的与饲料转化率相关的仅有的 7 个属之一。放线菌也是这一类碳水化合物的降解微生物，在饲料转化率较高的猪的盲肠和回肠中含量增加，其在盲肠中含量高与多糖发酵有关。

研究人员通过 16S rRNA 扩增子测序评估高和低饲料转化率的雌性长白猪肠道及粪便中的微生物群落，发现相较于低饲料转化率组，在十二指肠中，高饲料转化率组的乳杆菌属 *Lactobacillus*、链球菌属 *Streptococcus*、普雷沃氏菌属 *Prevotella*、弯曲杆菌属 *Campylobacter* 和球形发丝菌属 *Sphaerochaeta* 的相对丰度更高；在空肠中，高饲料转化率组的乳杆菌属和链球菌属相对丰度更高；在回肠中，高饲料转化率组的金氏菌属 *Kingella* 和 SMB53 相对丰度更高；在盲肠中，高饲料转化率组的黄单胞杆菌属 *Xanthomonas*、阿克曼氏菌属 *Akkermansia*、双歧杆菌属 *Bifidobacterium*、衣原体属 *Chlamydia*、丁酸球菌属 *Butyricicoccus* 和弯曲杆菌属相对丰度更高；在结肠中，高饲料转化率组的拟杆菌属 *Bacteroides*、栖泥沼杆菌属 *Paludibacter*、丙酸杆菌属 *Propionibacterium* 和类固醇杆菌属 *Steroidobacter* 相对丰度更高；在直肠中，高饲料转化率组的鞘氨醇盒菌属 *Sphingopyxis*、厌氧贪食菌属 *Anaerovorax* 和丁酸单胞菌属 *Butyricimonas* 相对丰度更高（Tan et al.，2018），这些数据表明，肠道微生物与饲料转化率有强相关性。

三元杂交断奶仔猪被饲喂 138 天后，在低剩余采食量的猪中，克里斯滕森菌科、震颤杆菌属 *Oscillibacter* 和解纤维素菌属 *Cellulosilyticum* 更为丰富，而在高剩余采食量的猪中诺卡氏菌科 Nocardiaceae 更为丰富。法国大白猪在高剩余采食量组中乳杆菌属、普雷沃氏菌 *Prevotella_9* 和链球菌属的丰度更高，在低剩余采食量组中梭菌 *Clostridium_sensu_stricto_1*、普雷沃氏菌 *Prevotella_7* 和土孢杆菌 *Terrisporobacter* 的丰度更高。杜长大三元杂交仔猪从断奶至 140 日龄，在盲肠微生物种群中，高饲料转化率组中密螺旋体属 *Treponema*、梭菌属 *Clostridium*、纤维杆菌属 *Fibrobacter*、瘤胃球菌属 *Ruminococcus* 和乳杆菌属的丰度更高，而低饲料转化率组中普雷沃氏菌属的丰度更高。但是，筛选单个微生物组分来提高猪生长性能并不可取，研究人员推测高饲料转化率猪的丰富菌群可能促进了肠道对饲料变化过程中更强的适应力。

一些与较好饲料转化率相关的细菌可以发酵一系列基质，特别是与丁酸盐的生产有关，其中包括瘤胃球菌（猪肠道微生物群的核心成员），它们富集于盲肠和结肠。盲肠内的丁酸球菌，粪便和盲肠中的罗斯氏菌属（也是核心成员），还有盲肠中的毛螺菌属均与饲料转化率密切相关。其他与饲养转化率相关的肠道微生物也与肠道健康和疾病预防有关，例如，颤螺菌能产生抗炎代谢物，并被用作益生菌，它们在回肠和粪便中含量更丰富，猪的饲养效率更高。嗜黏蛋白阿克曼氏菌也在饲料转化率更高的猪中富集，该菌被认为是"下一代有益微生物"。它能够影响葡萄糖和脂质代谢并减少肠道炎症，并且能够维持/恢复肠道屏障功能。乳杆菌属被认为是健康猪的核心属之一，通常被用作益生菌，它们也在饲养转化率更高的猪的盲肠和粪便中含量丰富。盲肠食糜中的乳酸菌也与低剩余采食量（较好的饲养转化率）相关。

低饲料转化率与高饲料转化率的猪盲肠内的肠道菌群种属表明，普雷沃氏菌可被认为是低饲料转化率组的潜在生物标志物。由于饲料转化率低的猪不能有效消化摄入的饲料，盲肠中可获得更多的底物。随着更多的可发酵底物进入盲肠，普雷沃氏菌逐渐具有生长优势。粪肠杆菌在饲料转化率更高的猪粪便中的丰度也较低，它是一种丁酸盐生产者，具有抗炎活性并参与能量代谢，但它与饲料转化率呈负相关。在饲料转化率更高的猪中，链球菌通常含量较低，它们在猪粪便、盲肠和结肠中存在。链球菌一些种属具有条件致病性，可能与肠道黏膜的炎症有关。但是，研究人员发现，在饲料转化率更高的猪中，回肠和粪便中富含链球菌。

参与营养加工、能量代谢、抗炎和改善肠道健康相关的肠道微生物在饲料转化率更高的猪中丰度更高，而潜在病原体的丰度较低。例如，参与碳水化合物和脂质代谢的细菌途径通常在饲料转化率更高的猪中富集。另外，PICRUSt预测的与蛋白质代谢相关的信号通路在饲料转化率较低的猪结肠中富集，相比之下，在饲料转化率较高的猪中，核苷酸、辅因子、维生素、单糖以及抗生素抗性基因（ARG）的丰度增加，同时能量运输相关过程的活性增强。

肠道微生物主要通过一系列底物的转运途径影响宿主饲料转化率，包括用于蛋白质合成的赖氨酸、聚糖和鸟氨酸。另外，氮和氨基酸代谢，还有它们转运系统相关的通路也与饲料转化率相关。在饲料转化率更高的猪中，参与氨基酸（苯丙氨酸、酪氨酸、色氨酸、缬氨酸、亮氨酸、异亮氨酸）生物合成和C5支链二元酸、萜类和聚酮代谢的途径的基因丰度增加。但是，在饲料转化率较低的猪回肠中，编码磷酸转移酶系统（phosphotransferase system，PTS）（一种细菌糖转运系统）的基因丰度增加，这可能是因为细菌能量摄取较高，可用于动物生长的糖较少。由于较高摄食量引起的消化能力较低或底物可用性提高，更多的底物（即蛋白质和碳水化合物）进入大肠，导致这些肠段更大程度地发酵和各自的功能性细菌基因丰度产生差异。在饲料转化率更高的组中，与细菌趋化和鞭毛组装相关的途径也增加。

宿主饮食是消化相关肠道微生物群的主要营养物质来源，因此在肠道微生物组内饲料转化率和生长相关因素发生变异时，营养流动是需要考虑的重要因素。目前，为了达到最大的体重增加，肥育猪的饲料富含能量和营养，而纤维含量较低。因此，大多数饲料被消化，营养物质在小肠中被吸收，而少量饲料残留物进入大肠。由于整个猪肠道中定植了复杂且多样化的微生物群，微生物在胃近端与宿主动物竞争营养物质，它们会表达大量外源性和内源性酶及转运系统，用于降解和摄取主要和次要的膳食营养组分。肠道菌群对降解易消化部分物质的贡献，如淀粉、糖和蛋白质，不能使用基于消化率标记或平衡的方法与其他消化方式分离。膳食纤维组分（如中性洗涤纤维）的消化率系数是衡量饲料转化率相关微生物活性差异更好的指标。但是，它们仅涵盖半纤维素和纤维素的分解活性，在很大程度上忽略了饲料转化率和生长相关的糖分解和蛋白质水解等物质代谢活性差异。在这方面，与高剩余采食量品系猪相比，低剩余采食量品系猪在饲喂高纤维饲料时表现出更高的回肠中性洗涤纤维表观消化率，表明纤维利用率提高和上消化道发酵活性增强有相关性。同时，与高剩余采食量品系猪相比，低剩余采食量品系猪盲肠食糜中初级发酵代谢物（即总 SCFA、乙酸盐和丁酸盐）的浓度较低，低剩余采食量品系猪盲肠和结肠内容物中乙酸盐与丙酸盐的摩尔比例向更多丙酸盐方向移动。

　　研究人员发现，低剩余采食量猪在屠宰时，可以发酵膳食纤维的肠道微生物，如罗斯氏菌属 *Rothia*、罕见小球菌属 *Subdoligranulum*、李氏菌属 *Leeia*、解纤维素菌属 *Cellulosilyticum* 和瘤胃细菌的丰度增加，这些细菌可以在回肠和盲肠段更有效地利用膳食纤维。虽然低剩余采食量猪与高剩余采食量猪的回肠干物质表观消化率相似，但低剩余采食量猪的干物质表观总肠道消化率更高，表明干物质在大肠中的发酵作用高于高剩余采食量猪。肠黏膜摄取纤维后，吸收的短链脂肪酸（主要是丙酸盐和乙酸盐）有助于能量平衡和肝脏新生脂肪生成。然而，由于动物个体短链脂肪酸的代谢终产物不同，可能对宿主健康和饲料转化率产生不同影响。在低剩余采食量猪的大肠内容物中发现的较小的乙酸盐丙酸盐比率可能促成了较瘦的胴体，因为乙酸盐是肝脏脂肪生成的前体。

　　与高剩余采食量猪相比，低剩余采食量猪结肠内容物中的乙酸盐较少。丙酸盐在肝细胞中转化为葡萄糖，可立即作为可用的能量来源或在肝脏和肌肉中以糖原形式储存。根据这一推测，与高剩余采食量的猪相比，低剩余采食量猪的背部脂肪和腹部脂肪较少。此外，丙酸盐通过 G 蛋白偶联受体（GPCR）-41 的信号强度在肠黏膜处、免疫细胞和脂肪细胞上也高于乙酸盐。在小鼠中，短链脂肪酸介导的脂肪细胞释放瘦素需要 GPCR-41，该受体在形成饱腹感中发挥作用。饲料转化率更高的猪中血清瘦素水平更高，这与低剩余采食量猪中观察到的胴体脂肪更低结论相矛盾，这可能是由通过 GPCR 信号介导肠道短链脂肪酸代谢途径改变所导致。低剩余采食量和高剩余采食量猪盲肠中短链脂肪酸与黏膜基因表达数据的分析表明，管腔短链脂肪酸存在某种信号转导途径，它们通过激活 GPCR 潜在信号进行转导。作为 GPCR 信号转导的结果，短链脂肪酸可通过促进胰高血糖素样肽-1 分泌来增强宿主胰岛素敏感性，并通过刺激肽 YY 分泌来增强饱腹感，从而可能减少低剩余采食量猪的摄食量。与此推测相反，低剩余采食量猪和高剩余采食量猪盲肠黏膜的基因表达结果表现出相反的效应，低剩余采食量猪中胰高血糖素样肽-1 和刺激肽 YY 的表达低于高剩余采食量猪。同样，血清中胰高血糖素样肽-1 和刺激肽 YY 的水平也会导致饲料转化率产生差异，但低剩余采食量猪的瘦素、胰岛素和胃抑制多肽较高，这些物质可以改善营养素利用率，使饲料转化率更高。

二、肠道微生物对猪繁殖力的影响

(一) 对母猪繁殖力的影响

肝肠循环与肠道微生物之间存在密切的相互交流,同时肠道微生物能够直接或间接参与生殖激素的代谢(图 8-3)。在肝代谢中雌激素可发生偶联,偶联后的雌激素,除经尿液或粪便排出体外的部分外,最终大部分会进入肠道。来自饮食或肠道微生物分泌的大量水解酶偶联葡萄糖苷酶或 β-葡萄糖醛酸酶,将雌激素去偶联,新形成的自由态雌激素在肠道被吸收进入体液循环。采用液相色谱/串联质谱法对尿液雌激素及雌激素代谢物进行高灵敏度检测,发现罕见小球菌属等与激素水平呈显著正相关,这些微生物可能有助于调节雌激素的水平。

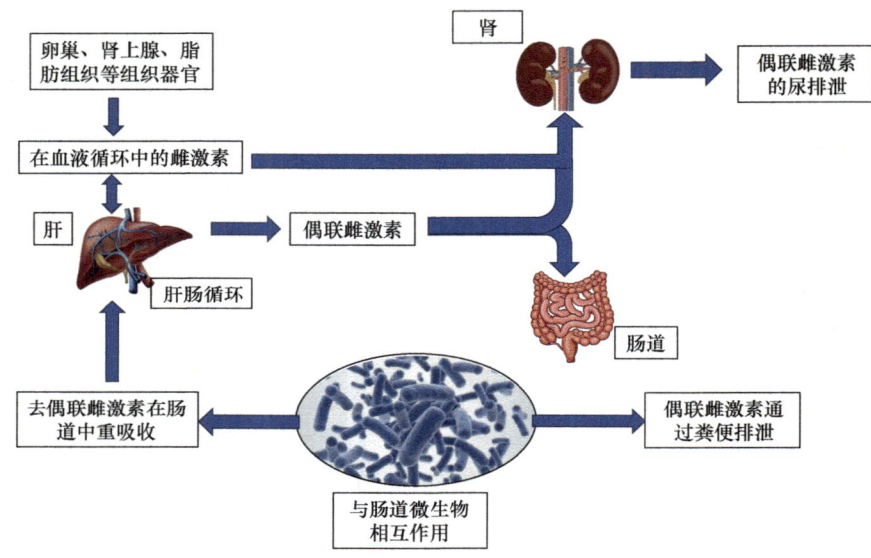

图 8-3 肠道微生物与雌激素肝肠循环

母猪肠道菌群组成具有一定的时空异质性。在母猪妊娠期间生殖激素刺激下,肠道微生物的群落和肠道内容物中的代谢产物会相互作用,改变母猪摄食量。肠道微生物的代谢作用可以将大分子的营养物质转化为小分子营养物质,从而改善母猪营养吸收。此外,肠道微生物还可以通过影响母体妊娠阶段的免疫系统发育和肠道屏障功能来调节其子代的发育。相比于非妊娠期的母猪,妊娠期母猪肠道中与黏膜降解有关的菌群增多,肠道渗透性增加,易出现低度炎症和代谢紊乱。在这期间,母猪围产期血浆中的内毒素水平上升,而肠道中产丁酸细菌的数量下降。采用粪菌移植技术将日龄相近的梅山母猪粪菌移植至商品母猪中,发现粪菌移植可能通过影响受体母猪中生殖激素的分泌及机体类固醇激素的代谢来调控子宫和卵泡的发育,其中筛选出了 4 种与母猪繁殖性能相关的关键差异菌:肠道丝状杆菌 *Fibrobacter intestinalis*、黏膜乳杆菌 *Lactobacillus mucosae*、嗜热双歧杆菌 *Bifidobacterium thermophilum* 和生黄瘤胃球菌 *Ruminococcus flavefaciens*。口服单种或 4 种繁殖相关差异菌的混合物可以促进性腺白色脂肪组织发育并分泌瘦素,进而调控小鼠生殖激素的分泌，最终促进小鼠卵泡发育。此外，肠道微生物也与母猪产仔数相关，同一品种的高产母猪与低产母猪在微生物多样性、组成、代谢功能等方面也会存在显著差异。

在正常的妊娠和泌乳过程中，除了激素和代谢出现变化，母体肠道菌群的结构和组成也会发生显著变化。有研究发现，长白母猪的肠道微生物群及其代谢物在妊娠和泌乳期间显著不同。泌乳期的肠道微生物 α 多样性高于妊娠期的肠道微生物。此外，在泌乳早期变形菌门 Proteobacteria 和梭杆菌门 Fusobacteria 的相对丰度更高，产丁酸菌如瘤胃球菌 Ruminococcus_1 和毛螺菌科 Lachnospiraceae_XPB1014 的相对丰度较低。研究人员对怀孕后第 45 天、第 75 天和第 110 天的环江香猪肠道菌群进行测序，发现其共有的优势菌属有乳杆菌属、密螺旋体属、瘤胃球菌属、梭菌属和普雷沃氏菌属。不仅如此，随着妊娠日龄的增加，近端结肠支链脂肪酸含量下降，菌群 α 多样性降低，同时在妊娠第 45~75 天内高营养日粮使得妊娠母猪回肠中乳杆菌属丰度显著升高，且变形菌门丰度随妊娠日龄增加有增加的趋势。

（二）对公猪繁殖力的影响

与夏季精液相比，公猪冬季精液的细菌多样性较高，乳杆菌属丰度更高，且精子质量更高。褐藻寡糖可以提高受体小鼠的精子活力和精子浓度，增加拟杆菌目 Bacteroidales 和乳杆菌科 Lactobacillaceae 的相对丰度。相比于基础日粮组，在发酵益生菌添加组中，公猪拥有更高的免疫功能，且其精液中的有效精子数、精子活率和精子的运动性能都显著增加和提升。公猪精浆果糖是精子的主要能量来源，通过相关性分析发现公猪粪便中芽孢杆菌纲 Bacilli 和拟杆菌纲 Bacteroidia 的丰度与精浆果糖浓度呈正相关。总的来说，目前人们对公猪精液中的细菌群落的变化，以及其对繁殖力的影响仍缺乏全面的了解。

三、肠道微生物对猪常见疾病的调控

（一）非洲猪瘟

非洲猪瘟是由非洲猪瘟病毒（African swine fever virus，ASFV）感染生猪引起的一种急性、接触性传染病，死亡率极高。该病毒是非洲猪瘟病毒科 Asfarviridae Asfivirus 属的唯一成员，它是一种大型的双链 DNA 病毒，主要在巨噬细胞的细胞质中复制。非洲猪瘟病状类似于猪瘟，但致病病原体不同，不能交互免疫。发病猪、康复猪和隐性感染猪是其主要的传染源。研究人员以 48 头长白断奶仔猪为研究对象，收集了 11 头非洲疣猪的粪便进行菌群移植试验，并给受体猪在进行菌群移植试验前一天口服抗生素。结果表明，非洲疣猪的菌群移植可改变受体断奶仔猪的肠道微生物群结构，使其富集支原体属 Mycoplasma、衣原体属 Chlamydia、肠杆菌科 Enterobacteriaceae 和变形菌门 Proteobacteria。移植后，研究人员对受体猪进行 ASFV 减毒株攻毒试验，接着检测其血清病毒载量，并对其临床症状进行评分，发现移植了菌群的受体猪对 ASFV 侵染具有部分保护作用，然而具体是由哪类细菌介导的保护作用仍需后续进一步的鉴定。

（二）细菌性腹泻

在集约化生产条件下，引起仔猪细菌性腹泻的细菌有十余种，如大肠杆菌 *Escherichia coli*、沙门氏菌属 *Salmonella*、产气荚膜梭菌 *Clostridium perfringens*、志贺氏菌属 *Shigella* 等。以 84 头 21 日龄大白×长白断奶公猪为研究对象，试验组饲喂有机酸型饲料添加剂，在断奶后第 5 天和第 6 天用大肠杆菌进行攻毒。结果表明，饲喂有机酸型饲料添加剂可改善断奶后仔猪腹泻的情况和提高其饲料转化率，仔猪粪便中瘤胃球菌科 Ruminococcaceae、毛螺菌科 Lachnospiraceae、乳杆菌科 Lactobacillaceae、丹毒丝菌科 Erysipelotrichaceae 和克里斯滕森菌科相对丰度上升，而肠杆菌科 Enterobacteriaceae 相对丰度降低，说明有机酸型饲料可以通过调解肠道菌群缓解仔猪腹泻和提高饲料转化率。沙门氏菌主要通过 T3SS 等毒力因子，经黏附于肠道及侵染肠黏膜感染仔猪等步骤后，造成仔猪发热、胃肠炎、食欲不振、腹泻、肠道黏膜充血、中性粒细胞浸润等多种症状。有研究显示，一类含有罗伊特氏黏液乳杆菌 *Limosilactobacillus reuteri*、鼠李糖乳杆菌 *Lactobacillus rhamnosus*、嗜酸乳杆菌 *Lactobacillus acidophilus*、奶酪乳酪杆菌 *Lacticaseibacillus casei*、加氏乳杆菌 *Lactobacillus gasseri*、嗜热双歧杆菌 *Bifidobacterium thermophilum*、长双歧杆菌 *Bifidobacterium longum* 和青春双歧杆菌 *Bifidobacterium adolescentis* 的商业益生菌混合制剂对预防肠沙门氏菌 *Salmonella enterica* 感染有一定效果。此外，以 26 头早产无菌仔猪为研究对象，试验组口服浓度为 10^8 CFU/ml 的鼠李糖乳杆菌 *Lactobacillus rhamnosus* GG，并在鼠李糖乳杆菌定植一周后使用浓度为 10^8 CFU/ml 的鼠伤寒沙门氏菌 *S. typhimurium* 进行攻毒，结果表明鼠李糖乳杆菌降低了空肠和血浆中的 IL-8 水平和空肠中的 IL-12/23p40 水平，缓解了鼠伤寒沙门氏菌给仔猪带来的负面影响。

（三）寄生虫病

寄生虫可以寄生在猪的体表或体内，吸取血液和其他营养物质，不断消耗患病猪能量，使患病猪的饲料利用率降低、体重下降，或者使生猪抵抗力下降从而诱发其他疾病，严重时能够引起死亡。以 48 头 8~10 周龄的约克×长白猪为研究对象，在饲粮中分组添加解淀粉芽孢杆菌 *Bacillus amyloliquefaciens* 516、枯草芽孢杆菌 *B. subtilis* 541 和屎肠球菌 *Enterococcus faecium* 669、鼠李糖乳杆菌，接着用食道口线虫 *Oesophagostomum dentatum* L3 攻毒，试验共持续 4 周，结果表明益生菌并不直接影响蠕虫的生长和发育，但在食道口线虫感染过程中，可调节宿主肠道功能和炎症反应，这说明益生菌在肠道定植可以缓解生猪寄生虫病，提高生猪抵抗力。

四、肠道微生物对猪抗应激能力的影响

肠道是自由基主要攻击的靶器官，这会破坏猪肠道屏障结构、扰乱微生态平衡，最终导致猪采食量减少，增重减慢，甚至负增长。生猪养殖者可通过在日粮中添加抗氧化物质，改善机体肠道菌群，缓解机体的氧化应激。

（一）出生时氧化应激

在胎生动物分娩过程中，外界环境条件发生了强烈的改变，导致体内产生大量氧自由基。新生仔猪抗氧化系统非常薄弱，难以及时清除过多的自由基，最终引起新生仔猪出现氧化应激反应。测定即将分娩母猪胎盘中氧化损伤标志物与相关微生物群丰度，发现 Christensenellaceae_R-7_group 与 norank_f_Bacteroidales_S24-7_group 与仔猪出生时的氧化应激有关，该研究表明了母猪肥胖可以通过调节肠道菌群组成来调控仔猪的氧化和炎症反应。

（二）断奶时氧化应激

仔猪断奶后的饲料和环境变化会使仔猪神经内分泌系统异常，皮质醇、儿茶酚胺类激素在断奶初期都有增加。儿茶酚胺含量升高促进了机体能量代谢，基础代谢速率提高意味着线粒体有氧代谢增加，导致仔猪体内产生大量自由基，引起氧化应激。氧化应激对断奶仔猪的影响主要体现在四方面。①生长性能：破坏细胞之间的紧密连接，引起水和大量离子由肠黏膜进入肠腔内，诱发仔猪腹泻，显著降低仔猪的平均日采食量和平均日增重。②肠道发育：使空肠绒毛高度以及空肠绒毛高度与隐窝深度的比值显著降低，肠上皮细胞变性坏死，肠绒毛显著变短，毛细血管有充血现象。③免疫功能：生成的自由基会促使炎性因子过度表达，引起炎症反应和组织损伤，从而降低断奶仔猪的免疫能力。④肝功能：肝细胞含有多达上千个线粒体，是生物体氧化还原反应的主要场所，它既产生大量的活性氧也是受活性氧攻击的主要器官。大量的氧自由基在肝细胞内蓄积，会损伤生物大分子物质、破坏肝细胞结构、影响细胞器功能、诱发肝细胞凋亡等。

（三）运输时氧化应激

运输过程常常会引起机体产生大量自由基以及丙二醛等过氧化产物，进而导致肠道的氧化应激反应。运输应激还会改变肠道菌群平衡，使病原菌数量增加。以 180 头 49 日龄杜长大三元杂交生长猪为研究对象，试验组给予 2h 运输应激，结果表明，运输应激增加了粪便中大肠杆菌的数量。但是，在育肥猪饲料中添加止痢草油可缓解运输应激，平衡肠道菌群，提高肠道的抗氧化能力。

五、肠道微生物对猪肉品质的影响

猪肉品质有多项评价指标，包括肉色、嫩度、系水力、pH、口感、肌内脂肪等，其中系水力、肉色和 pH 是判断猪肉是否正常的指标，嫩度和肌内脂肪是口感的首选判断指标。

肉色是一块猪肉最直观的表现，可以受多种因素影响。金华火腿中含有唾液宿主关联乳杆菌 Lactobacillus salivarius H，该菌株对常见的肉类污染和腐败细菌有明显的抑菌活性。用该菌株细胞提取液处理新鲜猪肉样品 1min，在 4℃环境下保存 6 天后，检测肉样表面新鲜程度，发现 Lactobacillus salivarius H 菌株有助于提高猪肉品质，保持猪肉颜色。

肌内脂肪含量则是影响猪肉品质的关键因素。近年的研究证明，肠道微生物可作为环境因子来调控机体脂肪代谢。在育肥猪日粮中添加 0.1%德氏乳杆菌 *Lactobacillus delbrueckii*（活菌数≥$1.01×10^9$CFU/g）42 天，发现其有降低育肥猪背最长肌肌内脂肪含量的趋势，并且显著增加了背最长肌中风味氨基酸的含量（侯改凤，2015）。日粮添加罗伊特氏黏液乳杆菌 *Limosilactobacillus reuteri* 同样可以促进猪体重的增长，通过影响支链氨基酸代谢调控肌内脂肪沉积，从而改善肉质。

肠道微生物与机体脂肪沉积之间也可以相互影响，脂肪沉积程度不同，肠道微生物的结构也会有差异。采用粪菌移植技术，将荣昌猪和约克猪的粪便菌群移植到无菌白变种实验室小鼠 BALB/c 肠道内，结果显示供体猪中存在的一些菌属差异在受体小鼠中保留了下来。当小鼠移植脂肪型地方猪——荣昌猪的肠道菌群时，移植后的受体小鼠表现出较高的三酰甘油浓度和脂蛋白脂肪酶活性，脂质沉积能力增强。脂肪型猪的肠道微生物群倾向于促进脂肪沉积。研究人员在 250 日龄金华猪中发现高脂猪中产甲烷的古菌相对丰度更高，而在低脂猪中产丁酸细菌相对丰度更高，短链脂肪酸的浓度更高，特别是丁酸盐浓度。猪肠道微生物影响生猪脂肪沉积主要有如下三种方式：一是微生物可以帮助生猪降解体内难消化的多糖类物质，产生短链脂肪酸和单糖，进而刺激猪的脂肪沉积；二是微生物能够通过消化利用脂类物质，调节脂质代谢，影响猪脂肪沉积；三是微生物可以调节脂肪代谢相关基因的表达，进而调控脂肪沉积。

第四节　调控猪肠道微生物的添加剂的应用

一、酸化剂

酸化剂主要包括无机酸、有机酸、脂肪酸及其盐类。这些酸化剂可以以多种方式作为饲料添加剂联合使用。在饲料中添加酸化剂能促进乳酸菌等益生菌在肠道中的定植和生长。另外，某些有机酸的抗菌特性已被用于抑制病原菌的定植和生长。酸化剂可以掩盖不良气味，提高饲料适口性，刺激仔猪的味蕾，提高采食量。生猪饲料中添加酸化剂会使胃内 pH 降低，激活胃蛋白酶原转变为胃蛋白酶，在十二指肠中，可进一步刺激分泌更多的胰蛋白酶，促进营养物质的分解，有助于机体抗应激及免疫力的提升。然而酸化剂发挥功效可能与剂量、胃肠道 pH 和微生物有关。文献报道表明，酸化剂在生猪不同生理阶段的使用效果存在差异，甚至在同一阶段内也可能表现出不一致性。

（一）无机酸

猪饲料添加剂中常见的无机酸有盐酸、硫酸和磷酸（表 8-1）。无机酸化剂价格低，使用过程中易解离。盐酸和硫酸酸性较强，腐蚀性强，不利于设备的维护。此外，盐酸在使用中会因为日粮的不同电解状况而影响其效果。补充硫酸有时可能会降低饲料效率，这可能是由于电解质平衡的改变。磷酸酸性相对较弱，在饲粮中添加磷酸还能够为动物体提供磷元素，因此磷酸在实际生产中应用较广泛。在断奶仔猪日粮中添加磷酸可提高日增重和日采食量，也有报道称磷酸的添加不会提高营养效率。

表 8-1 生猪养殖中最常用的无机酸

酸化剂	猪的类别	剂量	影响	参考文献
盐酸	断奶仔猪	0.10%	平均日增重提高 13%、平均日采食量提高 12%和氮利用率提高。与有机酸相比，平均日增重、平均日采食量更高，料肉比下降	Kil et al., 2006
	断奶仔猪	0.06%	提高氮的消化率和仔猪生长性能	Mahan et al., 1996；1999
磷酸	断奶仔猪	0.20%	对猪的生长性能没有影响	Che et al., 2012
无机酸混合物	断奶仔猪	2.00%	减少大肠杆菌脱落	Walsh et al., 2007
	断奶仔猪	0.40%的有机酸 0.20%的无机酸	平均日增重提高	Walsh et al., 2007

（二）有机酸

在生猪生产中，有机酸已成为一种兼顾成本效益和提高生产性能的抗生素的重要替代品。常用的有机酸化剂有富马酸（fumaric acid，FUA）、柠檬酸（citric acid，CA）、乳酸、苹果酸、酒石酸、山梨酸、甲酸（formic acid，FA）、乙酸和丙酸等及其盐类。富马酸和柠檬酸是研究最广泛的有机酸。由于化学性质和剂量不同，这些有机酸的效果在不同试验中有一定的差异。

1. 富马酸

富马酸是一种无色无臭的晶体粉末。在畜牧业中，因其相对较低的使用成本而被广泛使用。研究表明，在 10 周龄仔猪饲料中添加 1.8%的富马酸时，十二指肠和空肠中肠球菌属 *Enterococcus* 的丰度显著降低，空肠中大肠杆菌 *E. coli* 的丰度显著降低。在育肥猪饲粮中添加 0.2%的含有富马酸、柠檬酸、苹果酸的混合有机酸可以使粪便中大肠杆菌数量下降，乳杆菌属 *Lactobacillus* 数量上升，且肉色得到明显改善。

2. 柠檬酸

天然的柠檬酸广泛存在于水果和蔬菜中，在母猪日粮中添加柠檬酸对蛋白质、钙和磷的消化率有积极影响。仔猪日粮中添加 1.5%柠檬酸对控制断奶引起的腹泻有积极作用；饲粮中添加 0.3%柠檬酸和山梨酸的复合物可以使断奶仔猪的日采食量提高 4.6%，平均日增重提高 8%。柠檬酸是三羧酸循环的中间代谢物，有助于脂肪酸合成，并可能在高浓度时抑制糖酵解。考虑到细菌也能利用柠檬酸用于三羧酸循环，其抑菌效果可能相对有限。研究发现饲粮中添加含有 0.3%丁酸钠和 0.4%柠檬酸的复合酸化剂可降低 7 周龄仔猪粪便中的沙门氏菌属 *Salmonella* 丰度。

3. 乳酸

乳酸是无色或黄色的黏稠液体，可在猪胃和小肠中生成。乳酸通过释放氢离子和刺激胰腺外分泌反应降低胃的 pH，并发挥一定的抗菌作用。未解离的有机酸能穿透细菌细胞，破坏细菌细胞的正常生理功能，进而抑制革兰氏阴性菌，如沙门氏菌属，但对低 pH 有耐受性的革兰氏阳性菌影响有限。饲料中添加 1.6%的乳酸可用于改善仔猪断奶后的腹泻，断奶仔猪饲粮中添加 0.8%的乳酸可有效降低 8 周龄仔猪十二指肠和空肠中大肠杆菌的数量。此外，乳酸能抑制肠产肠毒素大肠杆菌的增殖，降低猪死亡率。

二、酶制剂

饲用酶制剂是一类通过特定生产工艺加工而成，以酶为主要功能因子，具有针对性和高效性的饲料添加剂。饲料酶制剂可以提高消化率和减少到达后肠的未消化营养物质的含量，抑制肠道环境中有害菌的增殖。酶制剂可分为单一酶制剂和复合酶制剂，根据剂型又可分为液体状、粉状、颗粒状、微丸状和包衣状酶制剂。

（一）常用的酶制剂种类

1. 植酸酶

植酸酶对肠道微生物群的作用可能与缓冲特性有关，即微生物发酵所需的钙和磷的有效性。钙和磷可以调节胃肠道微生物群，增加有益细菌的丰度，减少潜在病原体的数量。保育猪饲料中有效钙和磷水平较高，植酸酶可以通过增加胃黏膜中的乳杆菌、回肠黏膜中的柠檬酸杆菌和结肠黏膜中的普雷沃氏菌的丰度来调节黏膜相关微生物群，然而，植酸酶降低了宿主对磷和钙的可用性，以及微生物群的代谢活动。尽管大多数肠道微生物群在有效磷水平非常低时可以表达植酸酶，但微生物群会与宿主竞争有效磷。因此，在饲料中添加植酸酶可以为宿主和微生物群的代谢提供有效磷和有效钙。饲料植酸酶可使育肥猪回肠中的微生物群沿食糜黏膜-淋巴结轴发生改变，并且，在饲料中添加植酸酶，可以提高生长育肥猪粪便中梭菌科和瘤胃球菌科细菌的丰度。

由于猪体内的内源性黏膜植酸酶不容易水解足够数量的植酸结合磷，因此在饲料中补充外源性微生物植酸酶是增加矿物质和营养物质吸收的常用方法。植酸酶被认为易于生物降解，对环境的潜在毒性较小。市售的植酸酶常来源于曲霉菌 *Aspergillus* sp.、布丘氏菌 *Buttiauxella* sp.、布氏柠檬酸杆菌 *Citrobacter braakii*、大肠杆菌、哈夫尼亚菌 *Hafnia* sp. 等微生物。以 29.73kg 的 70 日龄育肥猪为试验对象，在玉米小麦豆粕基础饲料中以 1500FTU/kg[①] 比例添加米曲霉来源的植酸酶，饲喂 96 天后，研究人员发现该植酸酶能提高育肥猪的生长性能、磷的表观消化率及胴体背脂厚度。

2. 非淀粉多糖酶

非淀粉多糖（NSP）在猪的胃和小肠中难以被降解，之后进入到大肠微生物聚集区域，作为发酵底物被降解。微生物来源的非淀粉多糖酶包括木聚糖酶、β-葡聚糖酶、甘露聚糖酶、纤维素酶及果胶酶等。非淀粉多糖酶作为酶制剂，可以把大分子 NSP 切割成较小的聚合物，降低食糜的黏性，释放被细胞壁包裹的营养物质，进而提高多种营养成分的消化率和饲料的转化率。幼龄仔猪的酶分泌能力较弱，而 β-葡聚糖酶和木聚糖酶可促进肠道中消化酶的分泌，提高营养物质的吸收率。

在含有亚麻籽的日粮中添加含有果胶酶、纤维素酶、甘露聚糖酶、木聚糖酶、葡聚

---

① FTU 是在 37℃和 pH 5.5 的条件下，每分钟从 0.0051mol/L 的植酸钠溶液中释放出 1μmol 无机磷所需要的植酸酶的数量。

糖酶和半乳糖酶的复合酶制剂，饲喂猪 28 天，研究人员发现补充复合酶制剂可增加回肠中食糜黏度，提高乳杆菌属 *Lactobacillus* 的相对丰度。

3. 消化酶

饲用酶制剂主要包括蛋白酶、淀粉酶和脂肪酶，它们在结构上与内源性消化酶有一定差异，但能强化内源酶的作用，提高动物体对营养物质的吸收。

在基础饲料中添加 200mg/kg 蛋白酶，饲喂 74 天后，公猪氮在回肠的消化率上升。在生猪饲料中添加脂肪酶可以提高日粮中能量的利用率，还有助于补充必需脂肪酸、脂溶性维生素和色素等必需营养物质。此外，饲料中添加含有 2000U/g 淀粉酶、40 000U/g 蛋白酶和 20 000U/g 木聚糖酶的复合物，可以使饲料转化率显著提高，断奶仔猪盲肠中挥发性脂肪酸浓度上升，乳杆菌属的丰度显著增加。

（二）酶制剂在猪饲料中的应用

1. 断奶仔猪饲料中酶制剂的应用

为了应对仔猪断奶应激，通常在仔猪断奶后立即补充饲料酶制剂，以提高营养物质的吸收和利用。在基础日粮中添加外源复合酶解淀粉芽孢杆菌淀粉酶、枯草杆菌蛋白酶和木霉木聚糖酶，可以使断奶仔猪小肠内淀粉酶、脂肪酶和蛋白酶的活性提高，平均日增重随外源复合酶补充水平的增加而上升，而粪便中沙门氏菌属 *Salmonella* 和大肠杆菌 *Escherichia coli* 的数量减少。

2. 育肥猪饲料中酶制剂的应用

当生长育肥猪患病或处于应激条件下时，猪的新陈代谢和生长发育会受到影响，容易出现消化功能紊乱、体内消化酶分泌不足等问题，无法满足饲料消化的需要。在饲料中添加 0.1% 和 0.15% 酶制剂时，育肥猪增重效果显著。在玉米-小麦-豆粕基础饲料中添加 1500FTU/kg 米曲霉 *Aspergillus oryzae* 植酸酶，饲喂 96 天后，70 日龄育肥猪体内的磷总消化率、胴体背脂厚度提高。

3. 猪非常规饲料中酶制剂的应用

在猪饲料中使用非常规饲料可以减少养猪业对玉米和豆粕的依赖，并且由于非常规饲料较低的价格，能够增加养殖户经济收益。然而非常规饲料含有大量生猪不能降解的抗营养因子。因此，在非常规饲料中添加酶制剂可以缓解饲料资源紧缺的问题，同时能够提高谷物日粮的饲料利用率。用小麦代替 40% 玉米并添加 0.1% 酶制剂（木聚糖酶、β-甘露聚糖酶），研究人员发现断奶仔猪日增重提高，回肠干物质、粗蛋白质和氨基酸消化率提高，盲肠中大肠杆菌数量减少，乳杆菌数量增加。

三、益生菌

20 世纪 70 年代，益生菌开始被作为动物饲料添加剂，用于调节微生态平衡，提高动物的生长性能和抗病力。

（一）饲用益生菌的种类

在过去的饲用益生菌开发过程中，菌株通常是从健康的人类或动物菌群中分离而来的。开发者首先会检测菌株对动物和人体的安全性，并进一步优化益生菌发酵工艺，以保留加工后活菌的存活率和稳定性。

在欧盟，动物饲料中经常使用的益生菌主要包括蜡样芽孢杆菌东洋变种 *Bacillus cereus* var. *toyoi*、地衣芽孢杆菌 *Bacillus licheniformis*、枯草芽孢杆菌 *Bacillus subtilis*、屎肠球菌 *Enterococcus faecium*、奶酪乳酪杆菌 *Lacticaseibacillus casei*、嗜酸乳杆菌 *Lactobacillus acidophilus*、德国香肠乳杆菌 *Lactobacillus farciminis*、植物乳植杆菌 *Lactiplantibacillus plantarum*、鼠李糖乳杆菌 *Lactobacillus rhamnosus*、乳酸片球菌 *Pediococcus acidilactici*、链球菌属 *Streptococcus*，以及一些真菌，如酿酒酵母 *Saccharomyces cerevisiae* 和克鲁维酵母属 *Kluyveromyces* 等。我国《饲料添加剂目录（2013）》（中华人民共和国农业部公告第2045号）规定，可用于动物生产的益生菌有34种（表8-2）。当前在动物生产中，常用的细菌性益生菌有芽孢杆菌属 *Bacillus*、乳杆菌属 *Lactobacillus*、双歧杆菌属 *Bifidobacterium*、肠球菌属 *Enterococcus*、片球菌属 *Pediococcus*、链球菌属、乳球菌属 *Lactococcus*、毛球菌属 *Trichococcus*、明串珠菌属 *Leuconostoc*、蜜蜂球菌属 *Melissococcus* 和酒球菌属 *Oenococcus*。真核益生微生物包括米曲霉、假丝酵母菌属 *Candida* 和酿酒酵母等。

表 8-2　我国饲料添加剂微生物品种目录（2013）

通用名称	适用范围
地衣芽孢杆菌、枯草芽孢杆菌、两歧双歧杆菌、粪肠球菌、屎肠球菌、乳酸肠球菌、嗜酸乳杆菌、干酪乳杆菌、德式乳杆菌乳酸亚种（原名：乳酸乳杆菌）、植物乳杆菌、乳酸片球菌、戊糖片球菌、产朊假丝酵母、酿酒酵母、沼泽红假单胞菌、婴儿双歧杆菌、长双歧杆菌、短双歧杆菌、青春双歧杆菌、嗜热链球菌、罗伊氏乳杆菌、动物双歧杆菌、黑曲霉、米曲霉、迟缓芽孢杆菌、短小芽孢杆菌、纤维二糖乳杆菌、发酵乳杆菌、德氏乳杆菌保加利亚亚种（原名：保加利亚乳杆菌）	养殖动物
产丙酸丙酸杆菌、布氏乳杆菌	青贮饲料、牛饼料
副干酪乳杆菌	青贮饲料
凝结芽孢杆菌	肉鸡、生长育肥猪和水产养殖动物、犬[a]、猫[a]
侧孢短芽孢杆菌（原名：侧孢芽孢杆菌）	肉鸡、肉鸭、猪、虾

a. 中华人民共和国农业农村部公告第21号（2018年4月27日）增补

形成芽孢是一种细菌保护自己免受环境因素破坏的方式。相较于乳杆菌和双歧杆菌，产芽孢细菌在饲料添加剂市场中应用更为广泛，如枯草芽孢杆菌和解淀粉芽孢杆菌。使用产芽孢益生菌有多个优势。一个优点是，由于芽孢存活能力强，益生菌储存条件要求不严格，保质期延长。另一个优点是，芽孢益生菌可以较好地融入动物饲料耐受性处理和制粒过程中，这些处理对益生菌存活率的影响较小。

（二）益生菌的作用

1. 益生菌的作用机制

益生菌可以通过增加肠道中所需微生物的数量来缓解肠道菌群失衡的问题，从而恢复或提高猪的抗病力。这种有益的作用反过来又可以促进生猪肠道消化吸收营养物质，提高生长性能。

益生菌调节肠道微生态平衡主要涉及直接抑菌机制和竞争性排斥机制。直接抑菌机制指在肠道中定植的某些微生物可以产生具有抑菌或杀菌特性的物质，这些物质可以直接抑制有害微生物在生猪肠道中的繁殖。这种拮抗作用可以抵消有害微生物对宿主肠道微生态平衡的破坏。在断奶仔猪胃腔中，盐酸的分泌水平较低。一些益生菌，尤其是乳杆菌，可以发酵碳水化合物，产生乳酸和乙酸，从而将pH降至有害细菌难以耐受的水平。

竞争性排斥是指益生菌与肠道病原菌竞争黏附位点，减少病原菌的侵害，进而降低猪感染肠道疾病的风险，因为病原菌在肠道中的定植是其致病过程中的关键一步（Liao and Nyachoti，2017）。在仔猪日粮中补充屎肠球菌 *Enterococcus faecium* 可以抑制大肠杆菌对小肠上皮细胞的附着，同时乳杆菌属或酿酒酵母可以抑制大肠杆菌在回肠黏膜的附着。竞争性排斥的具体机制是某些益生菌可以调节肠道上皮上糖基化偶联物的表达，从而阻断病原菌附着的糖蛋白受体位点，驱逐病原菌，减少宿主感染（Yang et al.，2015）。

2. 益生菌在仔猪中的作用

关于补充益生菌是否可以降低断奶仔猪腹泻发生率一直是畜牧工作者研究的热点。大量研究报道补饲益生菌的仔猪腹泻发生率降低，这些试验涉及多种微生物，如蜡样芽孢杆菌 *Bacillus cereus*、屎肠球菌、乳酸乳杆菌 *Lactobacillus lactis* 和乳酸片球菌 *Pediococcus acidilactici*。仔猪在断奶前灌服 2.8×10^9 CFU/g 屎肠球菌 *Enterococcus faecium* DSM 10663 NCIMB 10415 能够显著降低断奶后仔猪腹泻发生率及腹泻程度，同时提高仔猪平均日增重。

腹泻发生率的减少意味着更少的药物干预，这可以为养殖户节约生产成本，从而进一步提高生产效率。以杜长大三元杂交28日龄断奶仔猪为研究对象，对仔猪连续4周每天灌服含 1.25×10^9 CFU/g 植物乳植杆菌 *Lactiplantibacillus plantarum* JDFM LP11 的菌剂，结果表明这一处理能够增加断奶仔猪微生物群落的多样性和丰富度，并减弱回肠中炎症基因的表达，促进断奶仔猪的肠道发育。

猪水肿病是由产志贺氏毒素大肠埃希氏菌（STEC）所产生的志贺毒素引起的一种急性散发性疾病。以5.6kg体重21日龄断奶仔猪为研究对象，灌服4天浓度为 5×10^8 CFU/g 枯草芽孢杆菌 *Bacillus subtilis* DB9011，结果表明枯草芽孢杆菌 *Bacillus subtilis* DB9011 能够降低回肠和粪便中的STEC数量，从而改善仔猪水肿病。

3. 益生菌在育肥猪中的作用

灌服浓度为 $1.47×10^8$ CFU/g 含有地衣芽孢杆菌 *Bacillus licheniformis* 和枯草芽孢杆菌的复合益生菌时，可以显著提高育肥猪的平均日增重，降低死亡损失率，增加育肥猪的养殖效益。在日粮中添加含有枯草芽孢杆菌与丁酸梭菌 *Clostridium butyricum* 的复合益生菌，持续 10 周试验，结果显示，与对照组相比，饲喂了含有益生菌的日粮后，生长育肥猪的粗蛋白质和能量消化率有所提高，并且背最长肌肉色、大理石纹评分、系水力、pH、眼肌面积及瘦肉率等胴体品质均有所改善。

4. 益生菌在母猪中的作用

在母猪生产养殖过程中，益生菌也常用于改善母猪健康状况，提高生长性能和繁殖性能。乳房炎-子宫炎-无乳综合征（mastitis-metritis-agalactia syndrome，MMA syndrome），在猪场中普遍发生。该病症状表现为母猪食欲下降，产后泌乳量减少，难以支撑哺乳所需的泌乳量（Karst et al.，2021）。

在母猪分娩前的日粮中添加浓度为 $1.28×10^6$ CFU/g 的地衣芽孢杆菌 *Bacillus licheniformis* DSM 5749 及枯草芽孢杆菌 *Bacillus subtilis* DSM 5750，结果表明添加益生菌后可有效缓解母猪 MMA 综合征的症状，提高母猪产后前 14 天的采食量，提高母猪生育力及后代仔猪存活率（Alexopoulos et al.，2004）。日粮中添加浓度为 $5×10^8$ CFU/kg 的屎肠球菌 *Enterococcus faecium* DSM 7134 后，益生菌添加组的母猪采食量、同胎产仔数及仔猪增重均显著提高（Bohmer et al.，2006）。在母猪日粮中添加高地芽孢杆菌 *Bacillus altitudinis* WIT588 后，该菌可以提高仔猪断奶后 0~14 天的饲料转化率，并且改善其小肠吸收能力（Crespo-Piazuelo et al.，2022）。

（三）益生菌的前景及挑战

随着研究的持续深入和发展，益生菌的应用领域不断扩大，但在实际应用过程当中还存在着各种问题，并非所有生猪养殖实践中都观察到了益生菌的积极影响。

具有良好的生防效果、安全性、稳定性的益生菌菌剂产品价格较高，制剂过程困难；而普通活菌制剂在饲料加工、运输和储存过程中易失活，进而导致其生物活性降低，影响产品的质量（周晓辉等，2016）。同时大多数进入动物机体的益生菌又受到消化道中胃酸和胆盐等的影响，最终能够到达动物肠道并真正定植发挥作用的活菌数量不足。此外，当前市场上微生态制剂种类繁多，不同菌株的具体作用机制并非完全相同。考虑到不同生猪阶段的身体机能，以及面临的健康疾病各有特点，因此需要结合宿主代谢特点有针对性地进行菌株复配。益生菌在对生猪机体发挥作用的同时也存在一定的毒性作用。例如，某些乳杆菌属 *Lactobacillus* 和双歧杆菌属 *Bifidobacterium* 在代谢过程中会产生细菌素，这些细菌素不仅能抑制或杀死肠道内腐生菌和病原菌，还可能作用于肠道内原有的有利于维持机体正常生理功能的共生菌（阿热爱·巴合提等，2022），造成肠道功能紊乱。益生菌是一种良好的营养调节剂和可能的抗生素生长促进剂替代品，在未来研究中，畜牧研究者仍然需要关注益生菌发生作用的具体机制及优化商业益生菌产品组合。

四、益生元

益生元可以通过抑制病原体的增殖和促进宿主肠道中有益微生物的生长,进而影响胃肠道微生物群组成。益生元可大致分为低聚糖类和微藻类,迄今已鉴定的益生元大多可以促进双歧杆菌增殖。

(一)低聚半乳糖

低聚半乳糖（galato-oligosaccharide，GOS）存在于大豆、人和动物的乳汁中。GOS 具有广泛的生物活性,能选择性地在肠道中促进双歧杆菌属和乳杆菌属等益生菌的定植。这些微生物以 GOS 作为碳源,大量繁殖形成优势菌群后可促进分泌短链脂肪酸,调节肠道免疫功能。肠道中的 GOS 可以与病原微生物表面的外源凝集素相结合,降低肠黏膜上皮的糖基与病原菌直接结合的概率,从而抑制病原菌的定植和生长（李科南,2018）。富含 GOS 的饲料会增加宿主结肠中双歧杆菌属和乳杆菌属及其发酵产物的数量,新生仔猪在出生后 1~7 天每天灌喂 1g/kg 低聚半乳糖溶液,其回肠黏膜 Occludin 蛋白的相对表达量及蔗糖酶活性显著提高,回肠食糜中乳杆菌的数量显著上升。

(二)低聚异麦芽糖

低聚异麦芽糖（isomalto-oligosaccharide，IMO）是含有异麦芽糖、潘糖、异麦芽三糖和异麦芽四糖等的混合物。IMO 作为一种功能性寡糖在猪饲料中应用广泛,它可以改善肠道微生物组成,促进双歧杆菌属的增殖,减少动物对抗生素等药物的依赖。添加低聚异麦芽糖到断奶仔猪日粮中能够提高仔猪肠道乳杆菌浓度,降低大肠杆菌浓度,提高断奶仔猪日增重和采食量。经产母猪围产期日粮中添加 5.0g/kg 的 IMO 和 0.2g/kg 的芽孢杆菌属 *Bacillus*,分娩时母猪粪便中大肠杆菌丰度下降,粪便中总短链脂肪酸浓度升高,并且母猪的断奶-发情间隔期缩短（Gu et al.，2021）。

(三)壳寡糖

壳寡糖（chitooligosaccharide，COS）是一种功能性寡糖,在动物体内主要以被动扩散的形式通过小肠吸收。COS 具有低分子量、较高的脱乙酰度、较高的聚合度和较低的黏性等特点。此外,壳寡糖还具有抗菌、抗氧化、抗炎和降压等重要的生物学特性。断奶仔猪日粮中添加 0.4%的 COS（体重为 6~13kg 阶段）和 0.3%的 COS（体重为 13~30kg 阶段）,饲喂 8 周,粪便中大肠杆菌和梭菌属 *Clostridium* 相对丰度下降,营养物质消化率和粗脂肪消化率上升。

(四)甘露低聚糖

甘露低聚糖（MOS）是来源于酵母细胞壁的甘露糖聚合物。在日粮中补充甘露低聚糖可能有助于维持猪肠道完整性,以及断奶后肠道的消化和吸收功能。甘露低聚糖能提高感染大肠杆菌的断奶仔猪的肠黏膜细胞的免疫功能,缓解其体重下降、腹泻等负面影响。通过 Meta 分析发现,甘露低聚糖可使断奶仔猪的生长速度提高约 4.12%,并且在猪生长较慢时促进效果更明显（Tan et al.，2018）。此外，甘露低聚糖还可以通过刺激免疫应答相关基因的表达直接影响免疫系统。饲料中添加富含酵母来源的甘露低聚糖能够提高仔猪盲肠食糜中光岗氏菌属 *Mitsuokella* 的相对丰度，降低粪球菌和罗斯拜瑞氏菌属 *Roseburia* 的相对丰度，还能够增强肠道组织形态的完整性。来自酵母丰富的甘露低聚糖能够通过减少大肠杆菌的黏附，降低肠内细胞（体外）中 *TNF-α* 和 *TLR4* 的基因表达。甘露低聚糖刺激断奶仔猪的全身和黏膜免疫，调节肠道微生物群结构，增加有益的微生物群，可减少肠道感染引起腹泻的风险。断奶仔猪的饲料中添加的甘露低聚糖可通过调节盲肠食糜中的微生物群和减少大肠杆菌 K88 引起的炎症反应来增强肠道完整性。

（五）低聚木糖

低聚木糖（XOS）是一种由木聚糖水解产生的功能性碳水化合物，已被证明可以调节肠道菌群和宿主的免疫系统。它选择性地刺激促进宿主健康相关细菌的增殖，并且能够在体外促进双歧杆菌和乳杆菌的增殖，双歧杆菌和乳杆菌利用低聚木糖的能力取决于低聚木糖的聚合程度。此外，低聚木糖不能被葡萄球菌、大肠杆菌和大多数梭菌用作能源物质，而且微生物发酵低聚木糖的能力因低聚木糖来源不同而差异很大。生长肥育猪饲料中添加低聚木糖可以增加乳杆菌属、瘤胃球菌属、粪球菌属和罗斯拜瑞氏菌属的丰度，并且增加短链脂肪酸的浓度，降低埃希氏菌属和棒状杆菌属的丰度，以及结肠食糜中 1,7-庚二胺的浓度。1,7-庚二胺是一种与氨基酸脱羧有关的生物胺，补充低聚木糖可以通过减少蛋白质水解细菌来抑制氨基酸的脱羧。饲料中添加低聚木糖可以对断奶仔猪肠道功能和生产性能产生显著影响，它能够增加微生物的 α 多样性，增加链球菌和苏黎世杆菌属 *Turicibacter* 的丰度，增加紧密连接蛋白 ZO-1 的表达，降低血清结肠食糜中 IFN-γ 的浓度。此外，在不影响生长性能的情况下，低聚木糖还可以降低乳酸杆菌的丰度。在远端肠食糜中，补充低聚木糖能减少十五烷醇的丰度，增加短链脂肪酸、辅酶 Q_6 的丰度。

（六）微藻类

微藻是一类光合微生物，分布范围广，可分为真核微藻和原核微藻，其中以小球藻和螺旋藻应用最为广泛。微藻中具有丰富的蛋白质、多不饱和脂肪酸、类胡萝卜素、虾青素、海藻多糖和叶绿素等。由微藻产生的脱脂生物质含有高水平的蛋白质等营养物质，它可能会在未来生猪生产中按一定比例替代猪饲料中的部分玉米和豆粕。断奶仔猪饲料中添加 1.0%微藻，饲喂 35 天后，体内淋巴细胞数量增加，说明微藻可能有助于改善免疫系统（Kibria and Kim，2019）。在妊娠母猪日粮中添加海藻多糖后，断奶仔猪结肠中大肠杆菌和肠杆菌科数量减少（Leonard et al.，2011）。

五、后生元

发酵产物是食品工业中含有微生物、发酵微生物的非活细胞、培养基、发酵底物和代谢物的总称。发酵产物和微生物提取物（包括非活细胞、生物胺、短链脂肪酸、细胞壁结构和益生菌，以及通过发酵产生的可促进健康的化合物）被称为后生元，这是动物饲料行业中的一个相对较新的术语。酵母培养物、酵母细胞壁提取物和乳酸菌发酵产物是用于生猪生产的传统后生元制剂。热处理的奶酪乳酪杆菌增强了 TLR 信号通路的转录，TLR 信号驱动 T 细胞和 B 细胞应答，从而导致 IgA 的产生。一项体外研究表明，基于双歧杆菌的后生元可通过减少 IL-8 的分泌进一步减轻肠道细胞的炎症。存在于革兰氏阳性菌和革兰氏阴性菌细胞壁中的肽聚糖在免疫系统和黏膜相关微生物群之间的相互作用中也发挥着重要功能。来自酿酒酵母的发酵产物和水解酿酒酵母细胞壁的后生元制剂提高了断奶仔猪十二指肠和回肠黏膜中的 IgA 水平，使用酵母培养物减少了仔猪盲肠食糜中的大肠杆菌数量，并降低了空肠中的 IFN-γ 水平。相反，基于酵母细胞壁的后生元降低了仔猪空肠黏膜中 IgA 水平和致病菌的丰度。

（一）微生物代谢物

微生物发酵和增殖产生的代谢产物，对影响肠道免疫系统的肠道微生物起着重要作用。这些功能可以调节免疫系统走向健康或疾病，这取决于肠道微生物是否平衡。

短链脂肪酸（SCFA）是由碳水化合物和碳链氨基酸（AA）产生的主要微生物代谢产物。拟杆菌门细菌以其产乙酸和丙酸的能力而闻名，厚壁菌门中的细菌是高效的丁酸盐产生者。然而，是否产生短链脂肪酸取决于底物的有效性和菌群组成。一些细菌还能产生乳酸和琥珀酸，这些物质可以被肠道细胞吸收，或者被微生物群进一步转化为丙酸。

除了促进能量代谢，短链脂肪酸还能对肠道免疫系统产生有益的影响。SCFA 可以直接激活中性粒细胞、巨噬细胞和树突状细胞中 G 蛋白偶联受体 43 和 109A（GPCR43 和 GPCR109A）。GPCR43 在治疗肠道炎症时对免疫细胞的招募至关重要。乙酸盐可通过 GPCR43 介导诱导产生 IgA。然而，在评估鞭毛蛋白对人结直肠腺癌细胞 Caco-2 的刺激过程中，丁酸和丙酸可降低白细胞介素-8（IL-8）和 C-C 基序趋化因子配体 20（C-C motif chemokine ligand 20，CCL20）的表达。此外，丁酸可降低育肥猪肠道中肿瘤坏死因子-α（TNF-α）和 γ 干扰素（IFN-γ）的浓度。SCFA 对细胞增殖、上皮屏障功能和宿主防御因子的产生也有重要作用。

在消化和吸收之前，肠腔内的蛋白质可以沿着肠道发酵，产生一系列的代谢物，从而影响免疫系统。氨基酸的发酵产物包括短链脂肪酸、支链脂肪酸（BCFA）、氨、胺、硫化氢、酚类和吲哚，这些化合物对肠道健康有害或有益。由普氏栖粪杆菌产生的水杨酸和 α-酮戊二酸具有抗炎作用，可阻断核因子-κB（NF-κB）的激活和 IL-8 的产生。

（二）微生物细胞壁组分

位于肠道细胞上的受体可以识别黏膜相关微生物的细胞壁结构并激活免疫应答。Toll 样受体 4（TLR4）和分化簇（cluster of differentiation，CD）-14 是存在于上皮细胞中的重要受体，它们可以识别 LPS，诱导产生 NF-κB、TNF-α 和 IL-8。在微生物细胞壁中发现的另一种细胞壁物质是肽聚糖（PGN），这是一种潜在的免疫增强剂，可减轻炎症反应并增强体液免疫。肽聚糖回收蛋白（PGLYRP1～PGLYRP4）与微生物细胞壁中的肽聚糖结合，从而产生抗菌活性。肽聚糖对免疫系统的正常发育也很重要。肽聚糖通过小鼠固有肠上皮细胞的模式识别受体（PRR），诱导产生 IgA。IgA 被分泌到肠腔内，限制细菌定植，防止细菌穿过上皮层。

有些细菌所拥有的细胞膜黏附素可直接促进宿主的免疫反应，在定植或感染前，微生物黏附在由毛状或无毛黏附素促进的上皮细胞上。在养猪业中，最常见的黏附素机制是产肠毒素大肠杆菌（ETEC）中表达的菌毛 F4 和 F18。

六、中草药及植物提取物

中草药来源的植物提取物可以添加到动物饲料中，激活动物免疫系统，增强抗病力。包括精油、酚类化合物和树脂在内的多种植物提取物已被用作动物饲料工业的添加剂。植物生长素也被称为植物饲料添加剂，已被用于动物饲料中，其通过增强宿主肠道健康和调节肠道微生物群来促进生长性能。

精油是植物提取物，由于其具有抗菌能力等特性，已被用作植物源饲料添加剂，以促进家畜的健康和生长性能。精油的抗菌机制与改变细胞壁和细胞膜、增加细胞通透性和降低毒力功能有关。各种植物精油对金黄色葡萄球菌、粪肠球菌、大肠杆菌、肺炎克雷伯氏菌和铜绿假单胞菌等病原菌具有较好的抑制和杀菌活性，如牛至油、百里香油和柠檬油中含有大量的萜类和萜类化合物，是最具活性的精油。牛至精油减少了回肠食糜中的大肠杆菌数量，并改善了生长育肥猪的肠道形态、抗氧化能力和生长性能。此外，通过调节粪便微生物群，妊娠晚期和哺乳期饲喂含牛至精油饲料的母猪后代的生长性能和健康状况得到了改善。饲喂牛至精油的母猪仔猪粪便中消化链球菌科、瘤胃球菌科、丹毒菌科和毛螺菌科的丰度有所增加。

腰果果壳中的腰果二酚和漆树酸显示出对革兰氏阳性和革兰氏阴性细菌的抗菌活性。腰果二酚和漆树酸是潜在的质子载体和离子载体，可以对细菌的细胞膜造成损伤。此外，漆树酸可以诱导中性粒细胞产生胞外诱捕网，从而促进诱捕和杀灭细菌。因此，腰果壳产品可以通过直接杀灭细菌或通过调节宿主免疫系统进一步与微生物群相互作用来调节肠道微生物群。增加腰果壳产品的饲料可以降低螺杆菌科的相对丰度，同时增加乳杆菌丰度，从而改善仔猪的肠道健康和空肠黏膜相关微生物群的组成。

（一）中草药及植物提取物的功能

1. 抗病原微生物

中兽医认为畜体是一个对立统一的整体，它与自然环境有着密切的联系。中草药中含有的生物碱、黄酮类、酸类、挥发油和酚类等物质能够改变微生物病原体中酶类和细胞膜等的功能，甚至抑制细菌、病毒和寄生虫的生长。中草药提取物和分离的生物活性化合物具有广泛的体外杀菌活性。例如，止痢草油能有效抑制断奶仔猪肠道中肠致病性大肠杆菌的生长，且不影响肠道中总乳杆菌的数量。无菌仔猪饲料中添加 0.6%朝鲜淫羊藿提取物，饲喂 4 天后用猪流行性腹泻病毒（porcine epidemic diarrhea virus，PEDV）进行攻毒，仔猪未出现腹泻等症状，攻毒 24h，仔猪粪便中未检测到病毒，从攻毒后 48h 开始，仔猪的病毒数量增加，但仍显著低于基础饲料组。断奶仔猪日粮中添加 200mg/kg

连翘提取物可以提高仔猪的营养物质消化率，降低仔猪腹泻率，降低氮排出量，并降低粪便中大肠杆菌的数量（Long et al., 2019）。母猪饲料中添加 1.20%魔芋粉和 0.01%酵母混合物后，粪便中梭菌属 *Clostridium* 和大肠杆菌 *Escherichia coli* 的数量下降（Tan et al., 2015）。10 周龄仔猪基础饲料中加入 16%菊粉，饲喂 7 周后，相较于基础日粮组，菊粉组中粪便虫卵数降低了 87%，且猪鞭虫 *Trichuris suis* 虫卵数减少了 71%。

2. 抗应激

精油富含酚类、黄酮类等抗氧化化合物，在养猪生产中的应用非常广泛。21 日龄断奶仔猪饲料中添加 50mg/kg 肉桂油，可增强仔猪肠道抗氧化能力，降低腹泻发生率。母猪饲料中添加 15mg/kg 牛至精油后，母猪粪便中乳杆菌属 *Lactobacillus* 的数量增加，但肠球菌属 *Enterococcus* 和大肠杆菌的数量减少，有利于减少活性氧簇的产生，从而减轻母猪的氧化应激和氧化损伤（许洁宁，2019）。

3. 促免疫

中草药添加剂能够促进免疫器官的发育，增强机体的细胞免疫和体液免疫，进而提高猪的免疫功能。绿原酸是一种天然酚酸，是从不同物种中分离出来的具有生物活性的膳食酚类物质的重要组成部分。断奶仔猪日粮中添加 1000mg/kg 绿原酸，饲喂 14 天后，仔猪盲肠中的乳杆菌属、普雷沃氏菌属 *Prevotella*、厌氧弧菌属 *Anaerovibrio* 和异普雷沃氏菌属 *Alloprevotella* 的丰度增加，且盲肠消化道中乙酸盐、丙酸盐和丁酸盐也显著增加（Chen et al., 2019）。在母猪怀孕和哺乳期间的基础饲料中添加 300mg/kg 白藜芦醇，可减轻断奶相关的肠道炎症和腹泻，并增加子代肠道中产丁酸细菌如解黄酮菌属 *Flavonifractor*、臭气杆菌属 *Odoribacter* 和震颤杆菌属 *Oscillibacter* 的丰度（Meng et al., 2019）。母猪预产期前 6 周开始补充富含树脂酸成分饲料，其子代断奶后再次补充树脂酸，可调节肠道微生物群，增加未分类毛螺旋菌科 unclassified Lachnospiraceae、布劳特氏菌属 *Blautia*、丁酸球菌属 *Butyricicoccus*、吉米菌属 *Gemmiger* 和霍尔德曼氏菌属 *Holdemanella* 丰度，降低未分类拟杆菌目 unclassified Bacteroidales 丰度，减少炎症标志物，提高断奶后仔猪的生长性能，降低腹泻率（Uddin et al., 2021）。

4. 促消化

植物提取物可能是通过调节猪肠道微生物菌群结构，促进肠道消化酶的活性，来提高机体胃肠道的消化能力。在 21 日龄断奶仔猪饲料中添加 0.1%刺五加提取物，饲喂 28 天后，盲肠中乳杆菌属数量增加，回肠氨基酸的表观消化率提高。

（二）中草药及植物提取物面临的问题及其发展前景

研究人员在植物性化合物中存在的活性成分之间，以及用作动物生长促进剂的各种添加剂之间观察到了拮抗作用。我国常用的中草药饲料添加剂类别繁多、成分复杂，在使用过程中往往存在着配方设计不严谨，添加剂产品较为粗糙等诸多问题。各种中草药在采摘季节上也存在功能差异性。中草药在不同时节进行采摘，药物中所含有的有效成分量与毒性成分量也会不尽相同。今后在生猪饲料添加中草药提取物时，需平衡不同组合或不同水平的草药提取物，以控制药物之间的协同作用和拮抗作用。

参 考 文 献

阿热爱·巴合提, 谭春明, 李平兰. 2022. 益生菌的分类及其多领域应用研究现状. 生物加工过程, 20(1): 88-94.

侯改凤. 2015. 德氏乳杆菌对育肥猪生长性能、猪肉品质及脂肪沉积影响研究. 长沙: 湖南农业大学硕士学位论文.

李科南. 2018. 低聚半乳糖对断奶仔猪生长性能、免疫和抗氧化功能的影响. 呼和浩特: 内蒙古农业大学硕士学位论文.

谭碧娥, 伍树松, 贺建华, 等. 2020. 地方猪耐粗饲和肉质性状形成的微生物代谢机制. 动物营养学报, 32(7): 2941-2946.

许洁宁. 2019. 中草药饲料添加剂在动物营养中的应用. 畜牧兽医科学(电子版), (19): 155-156.

周晓辉, 李威, 刘浩. 2016. 枯草芽孢杆菌微生态制剂在禽畜养殖中的作用. 河北科技大学学报, 37(5): 503-508.

Alexopoulos C, Georgoulakis I E, Tzivara A, et al. 2004. Field evaluation of the efficacy of a probiotic containing *Bacillus licheniformis* and *Bacillus subtilis* spores, on the health status and performance of sows and their litters. J Anim Physiol Anim Nutr (Berl), 88(11-12): 381-392.

Aliakbari A, Zemb O, Billon Y, et al. 2021. Genetic relationships between feed efficiency and gut microbiome in pig lines selected for residual feed intake. J Anim Breed Genet, 138(4): 491-507.

Bajagai Y S, Klieve A V, Dart P J, et al. 2016. Probiotics in animal nutrition: production, impacts and regulation. Italy: Food & Agriculture Organisation of the United Nations (FAO).

Beaumont M, Cauquil L, Bertide A, et al. 2021. Gut microbiota-derived metabolite signature in suckling and weaned piglets. J Proteome Res, 20(1): 982-994.

Bohmer B M, Kramer W, Roth-Maier D A. 2006. Dietary probiotic supplementation and resulting effects on performance, health status, and microbial characteristics of primiparous sows. J Anim Physiol Anim Nutr (Berl), 90(7-8): 309-315.

Broadway P R, Carroll J A, Sanchez N C. 2015. Live yeast and yeast cell wall supplements enhance immune function and performance in food-producing livestock: a review. Microorganisms, 3(3): 417-427.

Che T M, Adeola O, Azain M J, et al. 2012. Effect of dietary acids on growth performance of nursery pigs: a cooperative study. J Anim Sci, 90(12): 4408-4413.

Chen J L, Yu B, Chen D W, et al. 2019. Changes of porcine gut microbiota in response to dietary chlorogenic acid supplementation. Appl Microbiol Biotechnol, 103(19): 8157-8168.

Cheng C S, Wei H K, Yu H C, et al. 2018. Metabolic syndrome during perinatal period in sows and the link with gut microbiota and metabolites. Front Microbiol, 9: 1989.

Corino C, Di Giancamillo A, Modina S C, et al. 2021. Prebiotic effects of seaweed polysaccharides in pigs. Animals (Basel), 11(6): 1573.

Crespo-Piazuelo D, Estellé J, Revilla M, et al. 2018. Characterization of bacterial microbiota compositions along the intestinal tract in pigs and their interactions and functions. Sci Rep, 8(1): 12727.

Crespo-Piazuelo D, Gardiner G E, Ranjitkar S, et al. 2022. Maternal supplementation with *Bacillus altitudinis* spores improves porcine offspring growth performance and carcass weight. Br J Nutr, 127(3): 403-420.

Dahmer P L, Jones C K. 2021. Evaluating dietary acidifiers as alternatives for conventional feed-based antibiotics in nursery pig diets. Transl Anim Sci, 5(2): txab040.

Dang D X, Kim I H. 2021a. Effects of adding high-dosing *Aspergillus oryzae* phytase to corn-wheat-soybean meal-based basal diet on growth performance, nutrient digestibility, faecal gas emission, carcass traits and meat quality in growing-finishing pigs. J Anim Physiol Anim Nutr (Berl), 105(6): 1056-1062.

Dang D X, Kim I H. 2021b. The effects of road transportation with or without homeopathic remedy supplementation on growth performance, apparent nutrient digestibility, fecal microbiota, and serum cortisol and superoxide dismutase levels in growing pigs. J Anim Sci, 99(4): skab077.

Donaldson G P, Lee S M, Mazmanian S K. 2016. Gut biogeography of the bacterial microbiota. Nat Rev Microbiol, 14(1): 20-32.

Ferronato G, Prandini A. 2020. Dietary supplementation of inorganic, organic, and fatty acids in pig: a review. Animals (Basel), 10(10): 1740.

Flores R, Shi J X, Fuhrman B, et al. 2012. Fecal microbial determinants of fecal and systemic estrogens and estrogen metabolites: a cross-sectional study. J Transl Med, 10: 253.

Frese S A, Parker K, Calvert C C, et al. 2015. Diet shapes the gut microbiome of pigs during nursing and weaning. Microbiome, 3(1): 28.

Gao J, Xu K, Liu H N, et al. 2018. Impact of the gut microbiota on intestinal immunity mediated by tryptophan metabolism. Front Cell Infect Microbiol, 8: 13.

Gu X L, Chen J, Li H, et al. 2021. Isomaltooligosaccharide and *Bacillus* regulate the duration of farrowing and weaning-estrous interval in sows during the perinatal period by changing the gut microbiota of sows. Anim Nutr, 7(1): 72-83.

Hayakawa T, Masuda T, Kurosawa D, et al. 2016. Dietary administration of probiotics to sows and/or their neonates improves the reproductive performance, incidence of post-weaning diarrhea and histopathological parameters in the intestine of weaned piglets. Anim Sci J, 87(12): 1501-1510.

He L Q, Wu L, Xu Z Q, et al. 2016. Low-protein diets affect ileal amino acid digestibility and gene expression of digestive enzymes in growing and finishing pigs. Amino Acids, 48(1): 21-30.

Holman D B, Brunelle B W, Trachsel J, et al. 2017. Meta-analysis to define a core microbiota in the swine gut. mSystems, 2(3): e00004-e00017.

Hooper L V, MacPherson A J. 2010. Immune adaptations that maintain homeostasis with the intestinal microbiota. Nat Rev Immunol, 10(3): 159-169.

Hu C J, Yan Y L, Ji F J, et al. 2021. Maternal obesity increases oxidative stress in placenta and it is associated with intestinal microbiota. Front Cell Infect Microbiol, 11: 671347.

Isaacson R, Kim H B. 2012. The intestinal microbiome of the pig. Anim Health Res Rev, 13(1): 100-109.

IvanovI I, Atarashi K, Manel N, et al. 2009. Induction of intestinal Th17 cells by segmented filamentous bacteria. Cell, 139(3): 485-498.

Ji Y, Kong X, Li H W, et al. 2017. Effects of dietary nutrient levels on microbial community composition and diversity in the ileal contents of pregnant Huanjiang mini-pigs. PLoS One, 12(2): e0172086.

Karst N A, Sidler X, Liesegang A. 2021. Influence of mastitis metritis agalactia (MMA) on bone and fat metabolism. J Anim Physiol Anim Nutr (Berl), 105(Suppl 2): 138-146.

Kiarie E G, Nyachoti C M, Slominski B A, et al. 2007. Growth performance, gastrointestinal microbial activity, and nutrient digestibility in early-weaned pigs fed diets containing flaxseed and carbohydrase enzyme. J Anim Sci, 85(11): 2982-2993.

Kibria S, Kim I H. 2019. Impacts of dietary microalgae (*Schizochytrium* JB5) on growth performance, blood profiles, apparent total tract digestibility, and ileal nutrient digestibility in weaning pigs. J Sci Food Agric, 99(13): 6084-6088.

Kil D Y, Piao L G, Long H F, et al. 2006. Effects of organic or inorganic acid supplementation on growth performance, nutrient digestibility and white blood cell counts in weanling pigs. Asian Austral J Anim, 19(2): 252-261.

Kim S W, Chen H Y, Parnsen W. 2019. Regulatory role of amino acids in pigs fed on protein-restricted diets. Curr Protein Pept Sci, 20(2): 132-138.

Kong X F, Ji Y J, Li H W, et al. 2016. Colonic luminal microbiota and bacterial metabolite composition in pregnant Huanjiang mini-pigs: effects of food composition at different times of pregnancy. Sci Rep, 6: 37224.

Kwa M, Plottel C S, Blaser M J, et al. 2016. The intestinal microbiome and estrogen receptor-positive female breast cancer. J Natl Cancer Inst, 108(8): djw029.

Lagier J C, Khelaifia S, Alou M T, et al. 2016. Culture of previously uncultured members of the human gut microbiota by culturomics. Nat Microbiol, 1: 16203.

Leonard S G, Sweeney T, Bahar B, et al. 2011. Effects of dietary seaweed extract supplementation in sows and post-weaned pigs on performance, intestinal morphology, intestinal microflora and immune status. Br J Nutr, 106(5): 688-699.

Liang J, Kou S S, Chen C, et al. 2021. Effects of *Clostridium butyricum* on growth performance, metabonomics and intestinal microbial differences of weaned piglets. BMC Microbiol, 21(1): 85.

Liao S F, Nyachoti M. 2017. Using probiotics to improve swine gut health and nutrient utilization. Anim Nutr, 3(4): 331-343.

Lin B S, Yan J B, Zhong Z L, et al. 2020. A study on the preparation of microbial and nonstarch polysaccharide enzyme synergistic fermented maize cob feed and its feeding efficiency in finishing pigs. Biomed Res Int, 2020: 8839148.

Liu H B, Hou C L, Li N, et al. 2019a. Microbial and metabolic alterations in gut microbiota of sows during pregnancy and lactation. FASEB J, 33(3): 4490-4501.

Liu S T, Hou W X, Cheng S Y, et al. 2014. Effects of dietary citric acid on performance, digestibility of calcium and phosphorus, milk composition and immunoglobulin in sows during late gestation and lactation. Anim Feed Sci Tech, 191: 67-75.

Liu Y, Zheng Z J, Yu L H, et al. 2019b. Examination of the temporal and spatial dynamics of the gut microbiome in newborn piglets reveals distinct microbial communities in six intestinal segments. Sci Rep, 9(1): 3453.

Long S, Liu L, Liu S, et al. 2019. Effects of *Forsythia suspense* extract as an antibiotics substitute on growth performance, nutrient digestibility, serum antioxidant capacity, fecal *Escherichia coli* concentration and intestinal morphology of weaned piglets. Animals (Basel), 9(10): 729.

Looft T, Allen H K, Cantarel B L, et al. 2014. Bacteria, phages and pigs: the effects of in-feed antibiotics on the microbiome at different gut locations. ISME J, 8(8): 1566-1576.

Lordelo M M, Gaspar A M, Bellego L L, et al. 2008. Isoleucine and valine supplementation of a low-protein corn-wheat-soybean meal-based diet for piglets: growth performance and nitrogen balance. J Anim Sci, 86(11): 2936-2941.

Luo Y H, Su Y, Wright A D G, et al. 2012. Lean breed landrace pigs harbor fecal methanogens at higher diversity and density than obese breed Erhualian pigs. Archaea, 2012: 605289.

Luo Z, Gasasira V, Huang Y H, et al. 2013. Effect of *Lactobacillus salivarius* H strain isolated from Chinese dry-cured ham on the color stability of fresh pork. Food Sci Hum Well, 2(3-4): 139-145.

Lynch H, Leonard F C, Walia K, et al. 2017. Investigation of in-feed organic acids as a low cost strategy to combat *Salmonella* in grower pigs. Prev Vet Med, 139(PtA): 50-57.

Mahan D C, Newton E A, Cera K R. 1996. Effect of supplemental sodium chloride, sodium phosphate, or hydrochloric acid in starter pig diets containing dried whey. J Anim Sci, 74(6): 1217-1222.

Mahan D C, Wiseman T D, Weaver E, et al. 1999. Effect of supplemental sodium chloride and hydrochloric acid added to initial starter diets containing spray-dried blood plasma and lactose on resulting performance and nitrogen digestibility of 3-week-old weaned pigs. J Anim Sci, 77(11): 3016-3021.

Meng Q, Sun S, Luo Z, et al. 2019. Maternal dietary resveratrol alleviates weaning-associated diarrhea and intestinal inflammation in pig offspring by changing intestinal gene expression and microbiota. Food Funct, 10(9): 5626-5643.

Miao Y X, Mei Q S, Fu C K, et al. 2021. Genome-wide association and transcriptome studies identify candidate genes and pathways for feed conversion ratio in pigs. BMC Genomics, 22(1): 294.

Myhill L J, Stolzenbach S, Mejer H, et al. 2022. Parasite-probiotic interactions in the gut: *Bacillus* sp. and *Enterococcus faecium* regulate type-2 inflammatory responses and modify the gut microbiota of pigs during helminth infection. Front Immunol, 12: 793260.

Niu Q, Li P H, Hao S S, et al. 2015. Dynamic distribution of the gut microbiota and the relationship with apparent crude fiber digestibility and growth stages in pigs. Sci Rep, 5: 9938.

O'Hara A M, Shanahan F. 2006. The gut flora as a forgotten organ. EMBO Rep, 7(7): 688-693.

Pluske J R, Turpin D L, Sahibzada S, et al. 2021. Impacts of feeding organic acid-based feed additives on diarrhea, performance, and fecal microbiome characteristics of pigs after weaning challenged with an enterotoxigenic strain of *Escherichia coli*. Transl Anim Sci, 5(4): txab212.

Sallam S M A, Kholif A E, Amin K A, et al. 2020. Effects of microbial feed additives on feed utilization and growth performance in growing Barki lambs fed diet based on peanut hay. Anim Biotechnol, 31(5): 447-454.

Sawa S, Cherrier M, Lochner M, et al. 2010. Lineage relationship analysis of RORγt$^+$ innate lymphoid cells. Science, 330(6004): 665-669.

Splichalova A, Jenistova V, Splichalova Z, et al. 2019. Colonization of preterm gnotobiotic piglets with probiotic *Lactobacillus rhamnosus* GG and its interference with *Salmonella typhimurium*. Clin Exp Immunol, 195(3): 381-394.

Stephens R W, Arhire L, Covasa M. 2018. Gut microbiota: from microorganisms to metabolic organ influencing obesity. Obesity (Silver Spring), 26(5): 801-809.

Suiryanrayna M V A N, Ramana J V 2015. A review of the effects of dietary organic acids fed to swine. J Anim Sci Biotechnol, 6: 45.

Suo C, Yin Y, Wang X, et al. 2012. Effects of *Lactobacillus plantarum* ZJ316 on pig growth and pork quality. BMC Vet Res, 8: 89.

Tan C Q, Wei H K, Sun H Q, et al. 2015. Effects of supplementing sow diets during two gestations with konjac flour and *Saccharomyces boulardii* on constipation in peripartal period, lactation feed intake and piglet performance. Anim Feed Sci Tech, 210: 254-262.

Tan Z, Wang Y, Yang T, et al. 2018. Differences in gut microbiota composition in finishing Landrace pigs with low and high feed conversion ratios. Antonie Van Leeuwenhoek, 111(9): 1673-1685.

Tropini C, Earle K A, Huang K C, et al. 2017. The gut microbiome: connecting spatial organization to function. Cell Host Microbe, 21(4): 433-442.

Uddin M K, Hasan S, Mahmud M R, et al. 2021. In-feed supplementation of resin acid-enriched composition modulates gut microbiota, improves growth performance, and reduces post-weaning diarrhea and gut inflammation in piglets. Animals (Basel), 11(9): 2511.

Wagner R D, Johnson S J. 2017. Probiotic bacteria prevent *Salmonella*-induced suppression of lymphoproliferation in mice by an immunomodulatory mechanism. BMC Microbiol, 17(1): 77.

Walsh M C, Sholly D M, Hinson R B, et al. 2007. Effects of water and diet acidification with and without antibiotics on weanling pig growth and microbial shedding. J Anim Sci, 85(7): 1799-1808.

Wang N, Zhao D M, Wang J L, et al. 2019. Architecture of african swine fever virus and implications for viral assembly. Science, 366(6465): 640-644.

Wen X L, Wang L, Zheng C T, et al. 2018. Fecal scores and microbial metabolites in weaned piglets fed different protein sources and levels. Anim Nutr, 4(1): 31-36.

Xu B, Qin W, Yan Y, et al. 2021. Gut microbiota contributes to the development of endometrial glands in gilts during the ovary-dependent period. J Anim Sci Biotechnol, 12(1): 57.

Yang F J, Hou C L, Zeng X F, et al. 2015. The use of lactic acid bacteria as a probiotic in swine diets. Pathogens, 4(1): 34-45.

Yang G L, Shi C, Zhang S H, et al. 2020. Characterization of the bacterial microbiota composition and evolution at different intestinal tract in wild pigs (*Sus scrofa ussuricus*). Peer J, 8: e9124.

Yang H, Huang X C, Fang S M, et al. 2016. Uncovering the composition of microbial community structure and metagenomics among three gut locations in pigs with distinct fatness. Sci Rep, 6: 27427.

Yang J J, Qian K, Wang C L, et al. 2018. Roles of probiotic lactobacilli inclusion in helping piglets establish healthy intestinal inter-environment for pathogen defense. Probiotics Antimicrob Proteins, 10(2): 243-250.

Yang Y X, Dai Z L, Zhu W Y. 2014. Important impacts of intestinal bacteria on utilization of dietary amino acids in pigs. Amino Acids, 46(11): 2489-2501.

Yi J Q, Piao X S, Li Z C, et al. 2013. The effects of enzyme complex on performance, intestinal health and nutrient digestibility of weaned pigs. Asian Austral Anim Sci, 26(8): 1181-1188.

Yin F G, Liu Y L, Yin Y L, et al. 2009. Dietary supplementation with astragalus polysaccharide enhances ileal digestibilities and serum concentrations of amino acids in early weaned piglets. Amino Acids, 37(2):

263-270.

Yirga H. 2015. The use of probiotics in animal nutrition. J Prob Health, 3(2):1-10.

Zhang G G, Yang Z B, Wang Y, et al. 2014. Effects of dietary supplementation of multi-enzyme on growth performance, nutrient digestibility, small intestinal digestive enzyme activities, and large intestinal selected microbiota in weanling pigs. J Anim Sci, 92(5): 2063-2069.

Zhang J, Liu H A, Yang Q Z, et al. 2020a. Genomic sequencing reveals the diversity of seminal bacteria and relationships to reproductive potential in boar sperm. Front Microbiol, 11: 1873.

Zhang J Y, Rodríguez F, Navas M J, et al. 2020b. Fecal microbiota transplantation from warthog to pig confirms the influence of the gut microbiota on African swine fever susceptibility. Sci Rep, 10(1): 17605.

Zhang W X, Bao C, Wang J, et al. 2020c. Administration of *Saccharomyces boulardii* mafic-1701 improves feed conversion ratio, promotes antioxidant capacity, alleviates intestinal inflammation and modulates gut microbiota in weaned piglets. J Anim Sci Biotechnol, 11(1): 112.

Zhao G M, Xiang Y, Wang X L, et al. 2022. Exploring the possible link between the gut microbiome and fat deposition in pigs. Oxid Med Cell Longev, 2022: 1098892.

Zheng W, Zhao W J, Wu M, et al. 2020. Microbiota-targeted maternal antibodies protect neonates from enteric infection. Nature, 577(7791): 543-548.

第九章　家禽肠道微生物与营养

第一节　家禽肠道结构与特点

家禽的消化系统包括口腔、食道、嗉囊、腺胃、肌胃、小肠（十二指肠、空肠、回肠）、大肠（盲肠、结直肠）（图 9-1）。肠道是家禽消化系统的重要组成部分，是机体接触外界抗原物质最广泛的部位，也是家禽体内最大、最复杂的"微生物储存库"。肠道黏膜是机体抵抗肠道病原菌和外界抗原感染的第一道防线，在宿主与外环境间稳态的建立和维持方面发挥关键的作用，其功能和结构的完整性对畜禽健康至关重要。

肠道是一个独特的组织，它能够确保肠道黏膜免疫系统对环境中正常的食物蛋白质及正常微生物菌群发生耐受，并在针对有害食物抗原和致病菌群的免疫反应之间建立一个动态的平衡，从而保证机体自身的稳态，同时它也是机体微生物寄居的主要场所。肠壁由一个高度专业化的肠壁黏膜组成。肠道中存在大量的由微绒毛形成的褶皱，大大增加了肠道的表面积，使其成为与外环境接触的最大器官，因此肠道容易受到外界疾病和病原体的侵害。正常情况下，肠道对营养物质具有选择性吸收作用，使肠腔内的大分子有害物质不能通过肠道细胞进入血液等循环系统。因此，肠道对外界病原体和致病因子起到了一定的抵御作用。

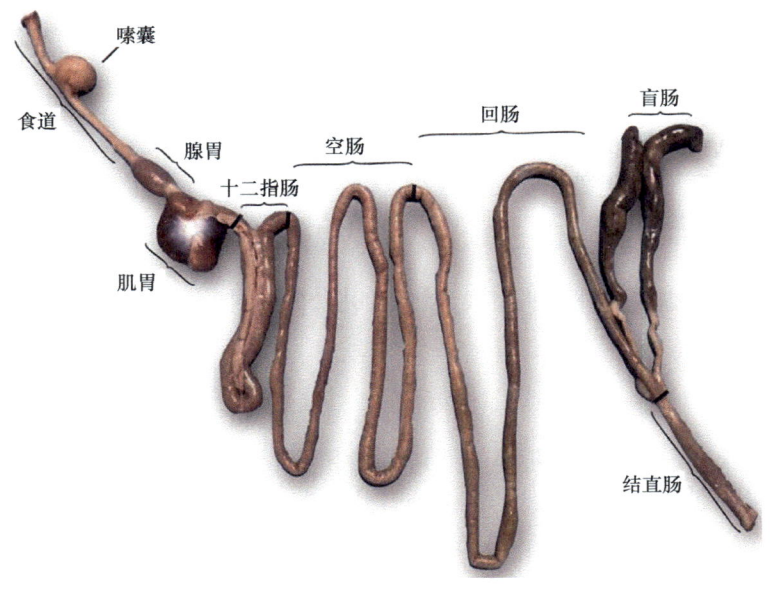

图 9-1　鸡部分消化系统解剖图

一、小肠

家禽的小肠比较短，可分为十二指肠、空肠和回肠三部分。十二指肠位于腹腔右侧，形成"U"字形肠袢，分为降支和升支，两支的转折处（即骨盆曲）达盆腔。升支在幽门附近移行为空回肠。空回肠形成6～12圈肠袢，鸡和鸽的肠袢数目较多，鸭和鹅的较少、较长并较恒定，以肠系膜悬挂于腹腔右侧。空回肠中部有小突起，称为卵黄囊憩室，是胚胎期卵黄囊柄的遗迹，常以此作为空肠与回肠的分界，壁内含有淋巴组织。回肠的末段较直，以系膜与两条盲肠相连。小肠黏膜表面形成绒毛，黏膜内有小肠腺，但无十二指肠腺。小肠组织结构有4层，分为黏膜、黏膜下层、肌层、浆膜。

（一）黏膜

黏膜在十二指肠的起始段，形成永久性环形皱襞。在小肠各段中，黏膜上皮和固有层突向管腔共同形成绒毛，黏膜上皮细胞游离缘也具有微绒毛。

1. 黏膜上皮

黏膜上皮为单层柱状上皮，上皮细胞之间分布有许多杯状细胞，还有亲银细胞，特别是在十二指肠前段更多。

2. 固有层

固有层由含有较多细胞成分的结缔组织构成，其中有血管、神经和肠腺，有时可见弥散淋巴组织存在，在局部甚至还可见到孤立淋巴小结和派尔集合淋巴结。

小肠腺较短，开口于绒毛基部，衬有单层柱状上皮，在腺体的上段也有杯状细胞和亲银细胞。绒毛的结构比较特殊。首先，它没有乳糜管，只有毛细血管网和平滑肌纤维。黏膜上皮所吸收的单甘油酯和脂肪酸等被重新形成乳糜微粒后，直接进入门脉系统。其次，家禽的肠绒毛具有分支，其中十二指肠的绒毛最长，数量最多，分支也最明显，而向后肠绒毛则逐渐变短变宽，分支也较少。

3. 黏膜肌层

黏膜肌层由内纵肌和外环肌组成。前者的肌纤维可伸至绒毛内部，后者有时与肌层连成一片。

（二）黏膜下层

黏膜下层很薄，局部区域甚至看不到黏膜下层。十二指肠的黏膜下层没有典型的十二指肠腺，仅在肌胃与十二指肠的连接处有若干类似十二指肠腺的腺体存在。

（三）肌层

肌层由内环肌和外纵肌两层组成。肌间结缔组织中分布有血管、淋巴管和神经丛等。

(四)浆膜

浆膜为薄层结缔组织,外覆有间皮。

二、大肠

禽类的大肠包括一对盲肠和一条短而直的结直肠(也有人称为直肠,直肠开口处即为回肠和盲肠的交界处),结直肠再向后行走通入泄殖腔。

(一)盲肠

盲肠为一对盲管,有消化与吸收双重作用。盲肠起始部的直径较小,中段稍膨大,而盲端又显著变细。盲肠壁的厚度以中段为最薄,基部和盲端均较厚。盲肠的组织结构与小肠大体相似,仅在局部缺乏黏膜肌层,黏膜下层有时很明显,肌层的厚度也随部位不同而不同。此外,盲肠基部的肠绒毛比较发达,其中段的肠绒毛短而宽,数量也较少,盲端则无绒毛存在,但有较多的淋巴组织。盲肠基的壁内也分布有丰富的淋巴组织,常称盲肠扁桃体,以鸡最明显。鸽的盲肠不发达,如芽状。

禽类盲肠具有消化和吸收功能。盲肠的主要作用是将小肠内未被酶分解的食物进一步消化,并吸收水和电解质。盲肠内微生物的大量繁殖,使食物尤其是纤维素得到分解和吸收。正常盲肠内容物呈褐色,含水量比直肠内容物和粪便低。切除盲肠会引起纤维素消化率下降,粪便含水量升高。

(二)结直肠

禽无明显的结肠,而仅有一条短的直肠,以系膜悬挂于盆腔背侧。

第二节 家禽肠道微生物菌群结构

家禽肠道中定植了大量微生物,这些微生物及其代谢产物积极参与家禽的消化与免疫应答过程,对家禽健康发挥重要的调控作用。随着抗生素在全球范围内被限制或禁用,家禽肠道问题日益突出,给养殖者带来了巨大的经济损失。

肠道不仅是消化器官,也是体内最大的免疫器官,在维持正常营养代谢、免疫防御等方面发挥重要的作用。动物肠道中共生着一个庞大而复杂的微生物群,主要是细菌,也包含真菌、酵母菌、病毒和古菌。这些微生物群与宿主协同进化、互相依存,构成一个微生态系统。微生物群落能够维持胃肠道环境相对稳定,促进营养物质消化吸收。

一、家禽肠道菌群概述

家禽的胃肠组织中定植了超过 100 万个微生物基因,相当于鸡全基因组的 40~50 倍。其中 90%~95% 的盲肠微生物并不能在实验室培养,只能通过分子生物学方法进行分离,但是这些微生物在饲粮营养物质消化吸收,以及家禽免疫代谢方面发挥重要作用。

肠道菌群的多样性与家禽饲粮、性别、日龄及个体情况均相关,且不同肠段微生物的分布也不相同。研究表明,乳杆菌科、链球菌科、梭菌科及肠杆菌科是家禽不同部位胃肠微生物的主要组成部分,这些肠道菌群在肠道中有规律地分布定植,维持肠道菌群与家禽免疫代谢的"生态平衡"(Choct, 2009)。嗉囊是家禽储存食物的第一个器官,其中定植了大量微生物,以乳杆菌为主,产生大量的乳酸和短链脂肪酸(SCFA)。嗉囊微生物的发酵是对食物的第一次消化,而有机酸的形成为抵御外来病原菌提供了很好的防护。前胃中的 pH 相对较低,它是营养消化尤其是蛋白质水解的重要场所,其中包含较高浓度的乳杆菌、肠球菌,以及对乳糖起负调控作用的肠杆菌,至于这些肠道菌是原先就定植于肠道中的,还是来自于食物还未得到明确定论。另外,家禽小肠中的微生物密度波动较大,主要是由乳酸菌、肠球菌、大肠杆菌和梭菌组成,小肠中低浓度的微生物菌群更有利于营养物质的消化吸收,因为这样宿主与微生物之间的竞争就会相对减小。十二指肠中相对较低的 pH、大量胆汁和胰腺分泌物的流入是降低肠道微生物密度的重要调控因子。小肠末端内容物中,总的细菌量为 $7\sim9\log_{10}$(CFU/g)内容物,其中以乳杆菌、肠杆菌和肠球菌为主(Rehman et al., 2007)。盲肠是肠道微生物定植的主要部位,也是微生物厌氧发酵的主产区,厌氧菌在盲肠中的密度要明显高于上消化道,因而盲肠的饲料发酵能力要显著高于小肠。盲肠中 SCFA 的含量最高,主要是乙酸、丙酸和丁酸,而乳酸的含量相对较低。这些肠道微生物的规律性分布构成了家禽的胃肠消化免疫系统,以维持家禽肠道健康。

二、家禽肠道微生物组成

在肠道内密集分布的微生物群落统称为肠道微生物群,包括细菌、真菌、古菌、原生动物和病毒,其中细菌最为丰富。

(一)鸡肠道菌群

鸡在孵化时,胃肠道(GIT)自然会被微生物定植,尽管有证据表明确实发生了胚胎定植。鸡的胃肠道依次由嗉囊、腺胃、肌胃、小肠(十二指肠、空肠、回肠)、大肠(盲肠、结直肠)组成。区域间条件的差异(主要与功能有关)决定了特定微生物组的建立。这些条件包括可用的生长基质、pH、氧化还原电位、消化液转运时间和抗菌分泌物。类似地,区域内条件的变化导致了管腔和黏膜相关菌群之间的差异。上皮细胞构成了宿主组织和肠道微生物群之间的细胞屏障,表达多种分子,如细菌黏附可以识别的跨膜蛋白。盲肠通常是鸡肠道微生物研究的重点,因为它们拥有最多的微生物种群,也因为它们在碳水化合物发酵中的作用,盲肠微生物都被认为对一般肠道"健康"有重大贡献。人们普遍认为,盲肠前 GIT 区域主要由乳杆菌属(高达 99%)控制,细胞密度高达每克消化液 10^9 个。为了充分阐明鸡肠道菌群的结构和功能,越来越多的新技术被应用,其中 16S rRNA 基因分析和宏基因组分析已经成为研究肠道微生物结构和功能的重要技术支撑。

近年来,通过对数百个样品进行大规模测序,已经逐渐建立了人、小鼠、猪、狗、鸡、反刍动物的肠道微生物宏基因集，每个基因集包含数百万个非冗余基因，为人们研究这套宿主共生"第二基因组"的功能奠定了基础。其中，由我国科学家发起并构建了全世界第一个鸡肠道微生物参考宏基因集（图9-2），该研究深入分析了不同肠段（十二指肠、空肠、回肠、盲肠、结直肠）、不同饲养方法（散养鸡和笼养鸡）、不同日龄（1～42日龄）对肠道微生物群落与功能的影响。该研究选用40日龄以上的鸡，对285个肠道样品的宏基因组数据进行了分析。分析发现，小肠段（十二指肠、空肠和回肠）的微生物多样性大致相同，而大肠（盲肠和结直肠）的多样性也大致相同，但小肠和大肠之间的差异较大，且大肠的多样性明显高于小肠。通过微生物相对丰度分布的分析，研究人员发现乳杆菌属是前肠中的绝对优势菌属。在小肠中，乳杆菌属能竞争性地抑制一些细菌，与这些细菌的相对丰度均呈负相关关系。此外，一些短链脂肪酸（SCFA）生产菌，如梭菌、丁酸杆菌和栖粪杆菌属 *Faecalibacterium*，彼此呈现正相关，并在前肠形成了相对独立和稳定的网络结构。而在后肠中，有19个属彼此正相关并形成大的中心共生网络，该中心共生网络包含19个彼此正相关的菌属，这些有益肠道微生物具有抑制机会致病菌（埃希氏菌和肠球菌）的作用（Huang et al.，2018）。这些结果揭示了后肠中的微生物菌群比前肠更加多样化和复杂化。

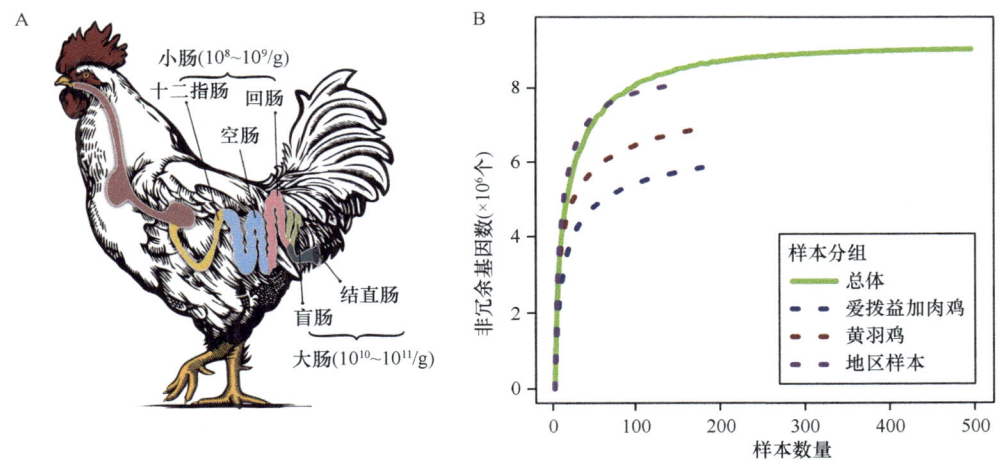

图9-2　鸡肠道微生物参考宏基因集构建（Huang et al.，2018）

研究人员还对该宏基因集与人类和猪的宏基因集进行了比较。在人类和猪肠道基因集中，厚壁菌门和拟杆菌门占主导地位，变形菌门和放线菌门占比较小。在较低的分类水平上，基因集中25.97%和2.29%的基因能被注释到属和种的水平。其中产生短链脂肪酸（SCFA）的属，例如，拟杆菌属 *Bacteroides*、布劳特氏菌属 *Blautia*、瘤胃球菌属 *Ruminococcus* 和栖粪杆菌属，既是人类和猪肠道微生物的主要属，也是鸡肠道中相对丰度较高的主要属，表明了这类肠道微生物在鸟类和哺乳动物中的重要性。之后，研究人员使用京都基因和基因组数据库（Kyoto Encyclopedia of Genes and Genomes，KEGG）和EggNOG数据库进行功能基因分类。结果显示，鸡的基因集尽管在基因序列水平上与人和猪的基因集存在巨大差异，但共有肠道微生物功能相似性很高。值得注意的是，聚糖生物合成和代谢的相关基因在人类和猪的肠道中相对丰度较高，而膜转运相关的基因，即摄取糖、脂质、肽和离子等底物的相关基因在鸡肠道中的相对丰度较高。膜转运相关基因的较高丰度可能是因为鸡肠道中的多种营养底物更容易被微生物直接利用。鸡肠道中异物质降解、萜类化合物和聚酮化合物代谢的基因也有较高的相对丰度，这与鸡肠道中放线菌相对丰度较高有关，放线菌具有分解有机物并产生各种天然药物、酶和生物活性代谢物的特点。

此外，有研究者对公共数据库中 3184 个鸡（肉仔鸡、蛋鸡）肠道微生物的 16S rRNA 序列进行分析，将其分为 915 个运算分类单元（OTU），归为 13 个门，117 个属；其中，厚壁菌门（Firmicutes，70%）、拟杆菌门（Bacteroidetes，12.3%）、变形菌门（Proteobacteria，9.3%）的丰度占全部序列的 90% 以上，以梭菌属 *Clostridium*、瘤胃球菌属 *Ruminococcus*、乳杆菌属 *Lactobacillus* 和拟杆菌属为优势菌属。其他低丰度的菌门有放线菌门 Actinobacteria、蓝细菌门 Cyanobacteria、螺旋体门 Spirochaetes、互养菌门 Synergistetes、梭杆菌门 Fusobacteria、软壁菌门 Tenericutes 和疣微菌门 verrucomicrobia 等（Wei et al.，2013）。

鸡的每个胃肠道段都具有不同的代谢功能，从而形成各自的微生物群落，随着鸡的不断成熟，其肠道每一个区段都发展出它自己独特的菌群结构（图 9-3）。

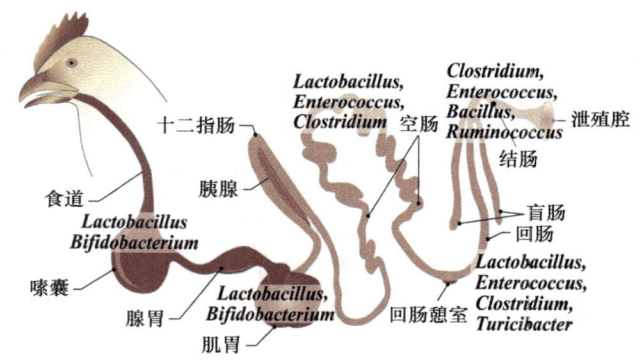

图 9-3 鸡肠道不同肠段的微生物组成不同（Maki et al.，2019）

1. 小肠

十二指肠的细菌密度较低，是由于食糜通过时间短、低 pH，被胰腺和胆分泌物作用和稀释，兼性厌氧菌群（链球菌、葡萄球菌、乳杆菌和大肠杆菌）构成了十二指肠的优势菌群。研究发现，小鸡在开始摄入饲料后 9~13 天，十二指肠和中段小肠食糜的细菌组成似乎是稳定的，此后十二指肠的梭菌、链球菌、肠杆菌逐渐被乳酸杆菌所代替，且十二指肠中乳杆菌的相对比例随着日龄而增加。研究发现鸡的小肠（十二指肠、空肠、回肠）微生物主要是兼性厌氧菌，包括链球菌、乳杆菌和大肠杆菌，而严格厌氧菌主要是真杆菌科 Eubacteriaceae、丙酸杆菌属 *Propionibacterium*、产气荚膜梭菌 *Clostridium perfringens* 和其他梭菌属 *Clostridium*。在小肠的远端部分，消化酶活性降低，胆汁酸解离使得环境更适宜细菌生长。利用细菌计数的方法，回肠细菌密度从孵化后第 1 天的每克内容物 10^8CFU 增加到孵化后 3 天的 10^9CFU，而且在之后的 30 天保持相对稳定。鸡在 3 日龄时回肠和盲肠菌群组成大不相同（Salanitro et al.，1978）。在以玉米-大豆为基础日粮的成熟肉仔鸡回肠中细菌近 70%（16S rRNA 基因序列）是乳杆菌，剩余的大多数是梭菌科 Clostridiaceae（11%）、链球菌（6.5%）和肠球菌（6.5%）。乳杆菌的相对比例在空肠中也随日龄增加，但在回肠的相对比例不增加（Lu et al.，2003）。从小肠中分离到的肠球菌是粪肠球菌 Enterococcus faecalis 和屎肠球菌 Enterococcus faecium，梭菌的含量通常在 $10^2 \sim 10^4$ CFU/g 内容物，只是偶尔会分离到产气荚膜梭菌（Barnes et al.，1972）。

2. 大肠

在鸡的胃肠道中细菌数量和种类最多的位置是盲肠（$10^{10} \sim 10^{11}$ CFU/g 内容物）。在鸡的一生中盲肠菌群经历不断的演替和置换。在开始的 0~14 日龄，盲肠菌群是回肠菌群的一部分，在此之后，盲肠和回肠由明显不同的菌群组成。早期盲肠微生物菌群的复杂性是通过菌群培养获得的，14 日龄肉鸡盲肠细菌由严格厌氧菌组成，革兰氏阳性厌氧球菌（anaerobic Gram-positive cocci）、真杆菌属 Eubacterium、梭菌属、吉米菌属 Gemmiger、梭杆菌属 Fusobacterium 和拟杆菌属 Bacteroides 几乎构成了盲肠的全部微生物菌群（Engberg et al.，2002）。Salanitro 等（1978）发现，5 周龄肉鸡盲肠微生物菌群的 77% 是由严格厌氧菌组成，主要有革兰氏阴性的多形性球菌（pleomorphic cocci）（5.2%）、消化链球菌属 Peptostreptococcus（1.5%）、革兰氏阳性杆菌（Gram-positive rods）（36.1% 的疮疱丙酸杆菌 Propionibacterium acnes 和真杆菌 Eubacterium sp.）、革兰氏阴性杆菌（18.6% 的梭状拟杆菌 Bacteroides clostridiiformis、极巨巨单胞菌 Megamonas hypermegale、脆弱拟杆菌 Bacteroides fragilis）和芽孢杆菌（15.7% 的梭菌 Clostridium spp.）。两种类型的兼性厌氧菌（革兰氏阳性球菌和大肠杆菌）构成了剩余 17.5% 的菌群。鸡盲肠微生物组中存在广泛的微生物及功能多样性，鸡盲肠微生物组中有近乎一半的基因代表未知的物种，存在大量的多糖和寡糖降解酶编码基因。Bjerrum 等（2006）发现，肉鸡盲肠内容物及盲肠黏膜菌群有大约 89%（16S rRNA 基因序列）为 4 个系统发育群（柔嫩梭菌 Clostridium leptum、香蕉孢菌 Sporomusa sp.、类球布劳特氏菌 Blautia coccoides、肠道革兰氏阴性菌 enterics），而拟杆菌群、婴儿双歧杆菌亚群和假单胞菌 Pseudomonas sp. 的成员，每一种只占总数的不到 2%。49 日龄肉鸡盲肠微生物中梭菌科（16S rRNA 文库序列）相关细菌最丰富（65%），其次是梭杆菌属（14%）、乳杆菌属 Lactobacillus（8%）和拟杆菌属（5%）。鸡盲肠菌群中还有产甲烷古菌，这些古菌对移除发酵产生的过量氢离子起重要作用。鸡的盲肠中也会寄居着某些病原性和传染性细菌，如空肠弯曲杆菌。

（二）鸭肠道菌群

在不同的生长发育阶段，鸭的肠道微生物组成也会发生变化，在不同的肠道部位、不同品种间优势菌群也有特异性。

1. 小肠

在十二指肠中，乳杆菌属为优势菌属，帮助调节十二指肠 pH，促进食物的消化和吸收；空肠内容物中的梭菌属、乳杆菌门、肠球菌科、乳杆菌科、链球菌科、肠球菌属、链球菌属和念珠菌节杆菌，在第 4 周时与十二指肠和回肠中的内容物有显著差异。与空肠相比，鸭盲肠菌群主要发挥分解碳水化合物的功能，内容物中的乙酸盐、丙酸盐和丁酸盐，以及丁酰辅酶 A 的基因拷贝数目要明显高于其他肠段，其优势菌门是拟杆菌门和厚壁菌门。

2. 大肠

通过高通量测序技术研究，研究人员发现北京鸭盲肠微生物种群在雏鸭阶段高度变化，到成鸭时期才发育成为稳定的菌系。出壳后第 4 天，北京鸭肠道内的优势菌门从变形菌门转变到厚壁菌门，这与北京鸭孵化后的前 7 天肠道的生长发育旺盛状态相符合（Best et al., 2017）。在 12～14 周龄，北京鸭肠道的优势菌门转变为拟杆菌门，这一变化在番鸭中也有类似表现。研究证实，在成年高邮鸭的整个发育阶段，小肠主要以拟杆菌门、厚壁菌门和变形菌门为优势菌门。其中，拟杆菌是健康鸭肠道内容物中的绝对优势菌，其原因可能是拟杆菌科中存在较多的多糖降解、淀粉降解和蛋白质分解功能相关的菌（朱春红等，2020）。这类菌可能参与家禽肠道的生理代谢过程，在家禽盲肠特定的消化环境中发挥着提高宿主免疫力、维持肠道微生态平衡等重要作用。另外，研究证实芽孢杆菌属、棒状杆菌属、乳球菌属、鞘氨醇单胞菌属和链球菌属这几类菌属与鸭的体重以及十二指肠、空肠和回肠的长度和质量呈正相关，也可作为评价鸭肠道微生物区系健康程度的重要指标（Vasaï et al., 2014）。

不同品种鸭的肠道菌群之间也有所差别。北京鸭和番鸭回肠中拟杆菌门占比＞80%，而盲肠中拟杆菌占比降至约 50% 的拟杆菌组成。研究发现绍兴鸭盲肠微生物由约 33% 类杆菌组成；樱桃谷鸭盲肠由约 33.4% 的拟杆菌组成。同一饲养条件下，北京鸭与枫叶鸭的盲肠微生物菌群相似度从 21 日龄的 74% 下降到 42 日龄的 47%～63%。这可能是由不同品种的肉鸭肠道发育模式的差异而导致（Dai et al., 2018）。

（三）鹅肠道菌群

鹅肠道微生物主要包括细菌、真菌、古菌、病毒等，且主要分布于肠段。在不同的肠段，微生物的丰富程度是不同的，其大肠中的微生物丰富度要高于小肠，盲肠中微生物丰富度最高，然后依次为直肠、十二指肠、空肠和回肠。

1. 小肠

利用变性梯度凝胶电泳（DGGE）指纹图谱和 16S rRNA 测序技术对鹅肠道微生物组成进行分析鉴定，共鉴定出 29 个细菌门，其中最为丰富的 10 个门类为泉古菌门、绿弯菌门、软壁菌门、螺旋体门、梭杆菌门、放线菌门、蓝藻门、拟杆菌门、厚壁菌门、变形菌门。其中，拟杆菌门、厚壁菌门、变形菌门、蓝藻门和放线菌门为鹅胃肠道的主要优势菌门。胃、十二指肠、空肠、回肠和直肠中变形菌门占绝对优势，且均以变形菌门和厚壁菌门为最主要的优势菌门；而盲肠以厚壁菌门和拟杆菌门为最主要的优势菌门，且厚壁菌门占比最多（Yang et al., 2020）。

2. 大肠

在不同品种的鹅盲肠内容物和盲肠黏膜中，品种间肠道微生物组成有明显差异。这可能是由鹅的饲粮和养殖环境等因素不同造成的，但其优势菌门均为厚壁菌门、拟杆菌门和变形菌门。研究发现，在鹅盲肠黏膜中变形菌门、厚壁菌门、放线菌门和拟杆菌门为主要菌群；厚壁菌门、拟杆菌门、迷踪菌门和变形菌门是 10 周龄鹅盲肠内容物中的主要菌群，其中厚壁菌门和拟杆菌门占比最大，厚壁菌门、变形菌门和放线菌门是 10 周龄鹅回肠内容物的主要菌群，其中厚壁菌门占比最大（刘蓓一，2012）。28 日龄扬州鹅盲肠微生物在门水平上以拟杆菌门、厚壁菌门和变形菌门为主要菌群。56 日龄扬州鹅盲肠微生物相对丰度大于 1%的细菌门主要包括厚壁菌门、拟杆菌门、变形菌门和疣微菌门 Verrucomicrobia。对雁鹅盲肠微生物的研究结果表明，放线菌门、拟杆菌门、厚壁菌门、变形菌门和疣微菌门等是 14 日龄雁鹅盲肠内容物在门分类上的优势菌群（李曼曼等，2019）。有研究通过对 70 日龄四川白鹅盲肠黏膜微生物多样性进行测序得出，四川白鹅盲肠微生物在门水平上的优势菌群为厚壁菌门、拟杆菌门、变形菌门和放线菌门（程雅婷等，2020）。马岗鹅盲肠微生物在门水平上的优势菌群为厚壁菌门、拟杆菌门、变形菌门、梭杆菌门 Fusobacteria 和放线菌门；吉林白鹅盲肠内容物优势菌群在门水平上的优势菌群为厚壁菌门、软壁菌门、放线菌门、变形菌门和拟杆菌门。由此可见，鹅盲肠肠黏膜和盲肠内容物优势菌属在门水平上都存在厚壁菌门、拟杆菌门、变形菌门，而放线菌门主要存在于盲肠肠黏膜内。也有研究发现，放线菌门也是鹅盲肠内容物的主要菌群，其存在差异的原因可能是鹅品种和日龄存在差异（陶大鹏，2018）。14 日龄雁鹅盲肠内容物在科水平上以拟杆菌科、肠杆菌科 Enterobacteriaceae、毛螺菌科 Lachnospiraceae、疣微菌科 Verrucomicrobiaceae 和理化所菌科等为优势菌群，在属水平上阿克曼氏菌属 Akkermansia、拟杆菌属 Bacteroides、棒杆菌属 Corynebacterium 和乳球菌属 Lactococcus 为优势菌属。奚雨萌等（2019）研究发现，扬州雏鹅盲肠内容物中优势菌群在属水平上为阿克曼氏菌属、拟杆菌属未分类毛螺菌科 unclassified Lachnospiraceae、梭菌XVIII属 Clostridium XVIII、假单胞菌属 Pseudomonas。可见，在属水平上盲肠内容物优势菌群以阿克曼氏菌属、拟杆菌属和乳球菌属等为优势菌属。

（四）其他

研究表明，厚壁菌门、拟杆菌门、变形菌门在几乎所有的禽类中都是优势菌，如丹顶鹤、中国本地鹅、肉鸡、北京鸭。

第三节　家禽肠道微生物功能

一、家禽肠道微生物对肠道免疫的影响

为了最大限度地发挥微生物在家禽肠道健康方面的重要调节作用，深入了解肠道微生物与肠道免疫系统之间的潜在调节机制显得尤为重要。与哺乳动物类似，家禽的肠道免疫系统也相对比较复杂，由肠黏膜层、上皮细胞、共生微生物及免疫细胞共同

组成。其中，肠道微生物是家禽先天免疫和适应性免疫的重要启动和调节因子。机体遭遇致病因子时，会启动机体自身的先天免疫系统，先天性免疫系统的激活主要依赖于一类模式识别受体的激活，包括 Toll 样受体（TLR）和 NOD 样受体（NLR）。TLR 能特异性地识别病原分子，启动炎症反应，最终清除致病因子，其作用的机制在于肠道共生微生物与病原微生物有着相似的模式识别分子结构。这也就引出了一个问题，即在长期暴露于微生物刺激的情况下，宿主免疫系统是如何区分肠黏膜表面的共生菌和病原菌的？目前具体的作用机制目前尚不清晰。关于肠道微生物对家禽免疫调节的分子机制，目前研究也相对较少，以下主要参考肠道微生物对人类免疫调节的研究进行综述。

（一）肠道微生物源核酸

宿主细胞启动先天免疫主要依赖于识别病原相关的分子模式，也就是病原微生物的保守区域的核酸结构。这些核酸结构域可被宿主的 TLR 受体（TLR3、TLR7、TLR8 和 TLR9）和细胞内 DNA 传感器识别。其中，TLR3 由双链 RNA 激活，TLR7 和 TLR8 由单链 RNA 激活，TLR9 由单链 DNA 内的中枢模式发生器（central pattern generator，CPG）基质激活。当宿主源 TLR3 和 TLR7、TLR8、TLR9 在细胞内检测到致病原时，它们可启动先天免疫系统自动清除病原。当 TLR 与宿主自身的核酸相遇时，TLR 可绕开自身核酸或修饰自身核酸起到免疫保护的作用。此外，肠道菌群 DNA 中未甲基化的 CPG 二核苷酸的含量较为丰富，这些 CPG 二核苷酸可被 TLR9 识别，调控胃肠道 T 细胞的功能，表明肠道菌群 DNA 可作为免疫调节剂调节宿主肠道免疫功能。目前关于肠道微生物调控宿主细胞免疫系统的机制有待进一步研究。人们普遍认为，微生物中包含的未甲基化的 CPG 可绕过抗原递呈细胞，刺激 T 细胞的分化形成。有研究证实，细菌 DNA 及合成的寡核苷酸（富含未甲基化的 CPG）可通过调节树突状细胞和巨噬细胞的细胞功能，有效调节动物的先天性和适应性免疫（Kamstrup et al.，2006）。另外，研究显示肠道共生菌 DNA 中包含一段起抑制作用的 DNA 寡核苷酸片段，参与促进肠道免疫系统的稳态平衡过程（Jennifer and Bennett，2018）。这些 DNA 寡核苷酸片段调节的宿主免疫应答具有种属特异性，且与肠道菌群中起免疫抑制作用的 DNA 序列出现的频率有关。例如，乳杆菌 DNA 中富含一段抑制性寡核苷酸片段，可在炎症状况下有效维持调节性 T 细胞的转换，抑制致病因子所诱发的炎症反应，保持肠道微生物中免疫抑制，促进微生物 DNA 结构的平衡，进而有效调节肠道免疫系统的稳态平衡。

（二）肠道微生物代谢产物

哺乳动物相关研究发现，某些特定的肠道微生物在某些肠道免疫细胞的增殖分化方面起着至关重要的作用。例如，脆弱拟杆菌可促进 IL-17 的产生，进而促进辅助性 T 细胞（Th 细胞）的生成（Duan et al.，2010）。乳杆菌可有效刺激低分子量肽的产生，进而激活肠道免疫系统，增强肠道对疾病的防御能力。肠道菌群还可产生大量的 SCFA，这些 SCFA 通过直接或间接降低肠道 pH，产生能够杀死细胞的细菌素，改变病原菌定植受体来杀死部分肠道菌，抵御致病菌的侵袭。近年来，诸多研究证实微生物代谢产物（主要是小分子代谢物），如 SCFA（乙酸盐、丙酸盐和丁酸盐）、群体效应信号分子等，在微生物与宿主互作间发挥重要的化学信号调节作用。

1. 短链脂肪酸

乙酸盐主要被肝脏代谢吸收，而丙酸盐则释放进入边缘组织。肠道中乙酸盐和丙酸盐主要由拟杆菌代谢产生，丁酸盐则由厚壁菌代谢产生。研究发现，丁酸盐通过抑制组蛋白去乙酰化酶的表达，可有效调节肠道巨噬细胞的免疫效应，弱化这些巨噬细胞对定植于盲肠中微生物的免疫反应。目前，作为组蛋白去乙酰化酶抑制剂和 G 蛋白偶联受体，丁酸盐已被视作调控宿主免疫应答的重要调控因子。此外，丁酸盐可抑制核因子-κB（NF-κB）表达，诱导黏蛋白合成，继而改变肠黏膜层的组成，抑制白细胞介素-12（IL-12）和肿瘤坏死因子-α（TNF-α）的释放，起到抗炎作用。在应激状况下，丁酸盐能减缓细菌移位，通过加强紧密连接的装配增强肠屏障功能。另外，丁酸盐和丙酸盐均能诱导结肠黏膜中调节性 T 细胞的分化，改善结肠炎症状。

Zhang 等（2020）研究证实，肠道微生物产生的 SCFA 能够结合 G 蛋白耦联受体 43（GPCR43），作用于表达 GPCR43 的中性粒细胞，进而抑制炎症反应，同时这些 SCFA 还可以调节肠内分泌细胞中胰高血糖素样肽的合成。SCFA 激活肠上皮细胞中 G 蛋白耦联受体 41（GPCR41）和 GPCR43 的表达，进一步激活丝裂原活化蛋白激酶（MAPK）信号通路，促进炎性细胞因子的释放。其中，丁酸盐和丙酸盐能够促进糖质新生，调控宿主糖类和能量代谢平衡。

2. 群体感应信号分子

肠道微生物还会代谢产生一些群体效应信号分子，如群体感应（quorum sensing, QS）自诱导因子和 γ-聚谷氨酸［γ-poly(glutamic acid)，γ-PGA］参与调控宿主免疫应答。群体感应是细菌调控机制中的重要组成部分，是指细菌通过自身产生的自诱导因子，感知周围细菌的多寡或密度，当菌群数量达到一定的阈值后，启动一系列基因的表达，以调节菌体的群体行为。它是一种细菌间的信息交流，在多种细菌的生长过程中扮演重要角色，参与细菌的诸多行为，如生物发光、共生现象、生物膜形成、抗生素生产、群体移动性、孢子形成、基因交换，以及发病机制等均受到群体感应的调节。

细菌的群体感应自诱导因子大致可以分为以下 4 类。①革兰氏阴性菌的信号分子，多为 N-乙酰基高丝氨酸内酯（N-acetylhomoserine lactone，AHL）类化合物，也称为 1 型自诱导物（autoinducer-1，AI-1），这是一类水溶性、膜通透性分子，可自由出入细胞，故胞内胞外浓度一致。AHL 由 LuxⅠ类蛋白酶催化脂肪酸代谢途径中的酰基-酰基载体蛋白的酰基侧链与 S-腺苷甲硫氨酸中高丝氨酸部分结合，并进一步内酯化而生成的，参与调控种内细菌的生物发光、孢子形成、结合、营养获取、生物膜形成、生物腐蚀、抗菌等过程；②革兰氏阳性菌的信号分子，多为氨基酸和短肽类；③呋喃硼酸二酯，也称为 2 型自诱导物（AI-2），主要与其生物合成关键酶 LuxS 组成 AI-2/LuxS 系统，介导革兰氏阳性菌和革兰氏阴性菌的种内和种间信息交流；④扩散信号因子（diffusible signaling factor，DSF），如已在铜绿假单胞菌发现的喹诺酮类信号分子、吩嗪类信号分子及大肠杆菌的吲哚等。

群体感应自诱导因子能够被病原菌用来激活病原分子的表达，促进细菌生物膜的形成，进而促进病原菌的侵袭及在宿主体内的定植。例如，条件性致病原绿脓杆菌，会导致囊肿性纤维化，绿脓杆菌会产生多种群体感应自诱导物因子（如 AHL、喹诺酮类自诱导因子）来协助其致病过程。绿脓杆菌产生的 AHL 信号分子能选择性地减少细胞 NF-κB 的功能，尤其是抑制 NF-κB 诱导的炎性细胞因子及免疫相关基因的表达，进而有利于细菌在宿主中的定植感染。另外，绿脓杆菌的群体感应信号分子 4-羟基-2-烷基喹啉是假单胞菌喹诺酮信号（pseudomonas quinolone signal，PQS）分子的衍生物，PQS 能够抑制 NF-κB 与其受体的结合，下调 NF-κB 的靶基因，延迟 NF-κB 抑制因子（IκB）的降解，进而激活 NF-κB 信号通路，抑制宿主的先天免疫。另外，肠道中的大肠杆菌也会产生群体感应自诱导物 AI-2，AI-2 能够促进炎性细胞因子 IL-8 的释放，刺激肠上皮细胞中免疫相关通路的转录，上调负调控因子，进而抑制宿主的炎症反应。

肠道微生物也能产生 γ-PGA，其主要存在于枯草杆菌中，但是在哺乳动物肠道中并不存在，大豆发酵会产生 γ-PGA。研究证实，枯草杆菌产生的 γ-PGA 能够调控 Th1/Th2 细胞发育，尤其是喜好刺激树突状细胞发育成 Th1 型的初始 T 细胞，诱导 IL-12 和 IL-6 的释放，刺激自然杀伤性细胞的抗肿瘤免疫效应。另外，γ-PGA 能够促进调节性 T 细胞的选择性分化，抑制 Th17 细胞的分化。饲料补充 γ-PGA 可以增加肠道乳杆菌的数目，降低肠道梭杆菌的数量，抑制过敏性皮炎小鼠血清 Th2 型细胞因子的释放，起到抗炎症反应的作用。

二、家禽肠道菌群的营养作用

家禽肠道中栖居着大量和复杂的细菌种群，这些菌群通过提高消化酶的代谢功能潜质而促进宿主对营养素的利用，进而为宿主提供高能代谢物。非培养法技术已经表明肠道微生物菌群远比之前人们认识到的更加多样。通过给孵化在无菌环境中的家禽进行营养性添加微生物，可以揭示家禽微生物特定的营养作用。肠道微生物系统与宿主营养利用和发育之间的相互作用非常复杂并依赖于肠道菌群的组成和活动，它能对家禽的生长和健康产生积极或消极的影响。肠道微生物菌群与饲料利用效率有关。

Ford 和 Coates（1971）认为，肠道菌群对快速增长的肉鸡是一个营养上的负担，因为一个活跃的微生物区系组分可能为维持其自身存活需要增加能量而降低营养物质的利用效率。生长在无病原体环境的鸡比常规暴露在细菌和病毒环境下的鸡生长得快，而针对无菌鸡的研究则表明微生物定植降低了总葡萄糖和维生素的吸收。鸡的肠道微生物只分解糖类碳水化合物而不分解纤维素，然而其他一些禽类，如麝雉和鸵鸟拥有发酵纤维素的肠道微生物。

大部分的营养物质都在胃部和邻近小肠部位被宿主消化吸收，但是直肠部位仍然存在 10%~30%的能量物质是宿主难以消化的，肠道菌群含有丰富的分解碳水化合物和蛋白质的水解酶。鸡盲肠微生物宏基因组中有编码多种发酵通路的基因，导致产生 SCFA，如编码氢化酶基因，这些酶在肠道微生物菌群中提供主要的氢还原。盲肠微生物菌群在发酵过程和 SCFA 的生成中发挥着重要作用。SCFA 涉及宿主和微生物菌群相关的许多活动，如抗菌作用、调节胆汁和胰腺的分泌、为上皮细胞繁殖提供能量、黏液产生和基因表达。

家禽生长性能除了受遗传因素的影响，还直接或间接地受饲料、日龄和环境因素的影响。肠道菌群物种多样性与家禽饲养效率之间的关系尚不清楚，但影响菌群组成的因素可以改变生产力，因此肠道菌群与家禽生产力之间存在着潜在的相关性。表 9-1 总结了鸡肠道不同部位与高生产力和低生产力相关的差异微生物（Diaz Carrasco et al., 2019）。研究人员在空肠样本中未检测到高生产力和低生产力鸡的微生物区系差异，而在回肠中鉴定了多个与鸡饲料转化率、总增重和采食量有关的微生物。盲肠是微生物多样性最高的部位，可以鉴定到更多与鸡饲料转化率相关的差异菌群。潜在的与生产力相关的菌群包括盲肠中的唾液乳杆菌 *Lactobacillus salivarius*、卷曲乳杆菌 *Lactobacillus crispatus*、栖粪杆菌属 *Faecalibacterium*、前肠中的鸟宿主关联乳杆菌 *Ligilactobacillus aviarius* 以及跨肠段分布的乳酸发酵梭菌 *Clostridium lactifermentans*、普通拟杆菌

表 9-1　鸡高生产力和低生产力相关的差异微生物

样品	生产指标	已鉴定的微生物	
		高生产力	低生产力
嗉囊	体重	Bacteroidetes、Euryarchaeota、Ruminococcus、Faecalibacterium、Clostridium coccoides	Actinobacteria、Bifidobacterium、Lactobacillus、Enterobacter、E. coli、Shigella
十二指肠	剩余采食量	Lactobacillus	Bacteroides
回肠	饲料转化率	E. coli、Gallibacterium anatis	L. salivarius、L. aviarius、L. crispatus
	体重	Euryarchaeota、Spirochaetes、Bifidobacterium、Methanobrevibacter、Bacteroides	Streptococcus、Akkermansia
	剩余采食量、总增重、总采食量	Enterobacteriaceae	Lactobacillus、Ruminococcus、Turicibacter
回盲肠	剩余采食量	Turicibacter、Ruminococcus、Coprococcus	Clostridiales、Proteobacteria
	体重	Firmicutes、Lactobacillus、Tenericutes、Actinobacteria、Bacteroides、Bilophila、Butyricimonas、Faecalibacterium	Firmicutes、Proteobacteria、Bacteroidetes、Clostridium、Anaerotruncus、Bacteroides、Clostridium、Coprobacillus、Coprococcus、Enterococcus、Lactobacillus、Staphylococcus、Ruminococcus、Streptococcus、unclassified Enterobacteriaceae
盲肠	饲料转化率	Bacteroides fragilis、unknown bacteria	Ruminococcus、L. crispatus、Clostridiales、unknown bacteria
	剩余采食量	Akkermansia、Prevotella、B. coprophilus、L. delbrueckii、Veillonella dispar、L. reuteri、Prochlorococcus marinus	F. prausnitzii、Parabacteroides distasonis、Thermobispora bispora、Helicobacter
	饲料转化率	F. prausnitzii、C. lactifermentans、R. torques	B. vulgatus、Alistipes finegoldii

续表

样品	生产指标	已鉴定的微生物	
		高生产力	低生产力
盲肠	体重	*Lactococcus* *Lactobacillus*	Lentisphaerae、Verrucomicrobia、*Akkermansia*、*Anaerovibrio*、*Prevotella* *Escherichia/Shigella* *Campylobacter*
	表观代谢能、饲料转化率、总能、增重率	Lachnospiraceae、Ruminococcaceae、Erysipelotrichaceae、Catabacteriaceae、*Ruminococcus*、*Faecalibacterium*、*Clostridium*	*Lactobacillus*、*Clostridium*
	剩余采食量、总增重、总采食量		*Anaerotruncus*、Enterobacteriaceae、*Ruminococcus*、Clostridiales
粪便	剩余采食量	Lachnospiraceae、*Dorea* *Helicobacter*	*Lactobacillus*、*Acinetobacter* *Lactobacillus*、*Clostridium*
	剩余采食量、总增重、总采食量	Enterobacteriaceae、Lactobacillaceae	Comamonadaceae、Moraxellaceae、*Acinetobacter*
	饲料转化率	Enterobacteriaceae、Victivallaceae、Synergistaceae、Prevotellaceae、Rikenellaceae、Ruminococcaceae	Fusobacteriaceae、Flavobacteriaceae、Rhizobiaceae、Vibrionaceae、Xanthomonadaceae、Comamonadaceae、Campylobacteraceae、*Incertae sedis XIII*
	剩余采食量、总增重、总采食量	*L. salivarius*、*L. crispatus*、*Anaerobacterium*	*Klebsiella*

Bacteroides vulgatus。Torok 等（2011）研究 3 种不同饲喂方式对肉鸡饲料报酬时发现，梭菌目 Clostridiales 等菌群与饲料利用率正相关，说明这些菌群在提高宿主饲料转化率方面有潜在的促进作用。埃希氏菌-志贺氏菌属 *Escherichia-Shigella* 的丰度与肉鸡的生长和脂肪消化率呈负相关，弯曲杆菌属 *Campylobacter* 的定植与饲料转化率呈负相关（Diaz Carrasco et al., 2019）。分析不同生产力鸡的粪便组成，研究人员发现乳酸菌和拟杆菌的丰度相似。不动杆菌属 *Acinetobacter*、厌氧生孢菌属 *Anaerosporobacter* 和弓形菌属 *Arcobacter* 在低生产力鸡中含量丰富，而肠杆菌科和粪杆菌属是高生产力鸡中的优势菌。有证据表明，粪便中某些细菌的相对丰度与在小肠或大肠的组成无关。从泄殖腔样本中获得的微生物群并不能完全反映肠段中观察到的微生物多样性，因此，监测微生物的时间变化需要对不同鸡群进行屠宰采样，这会导致研究结果出现更大的变异性。尽管采用粪便拭子可以作为盲肠菌群定性监测的方法，但胃肠道不同区域的排空会导致结果的显著变异性，因此有必要对大量样本进行研究。

第四节　家禽肠道菌群的调控

家禽消化过程与肠道菌群密切相关，养分吸收、饲料消化率、能量摄取等受微生物群组成和多样性的影响。反过来，肠道菌群受环境和宿主因素的交互调控，如家禽遗传背景、肠道生理状态、饲养管理、营养及其他环境因素可以显著改变菌群的结构和功能，从而影响宿主肠道健康和生产性能（图9-4）。

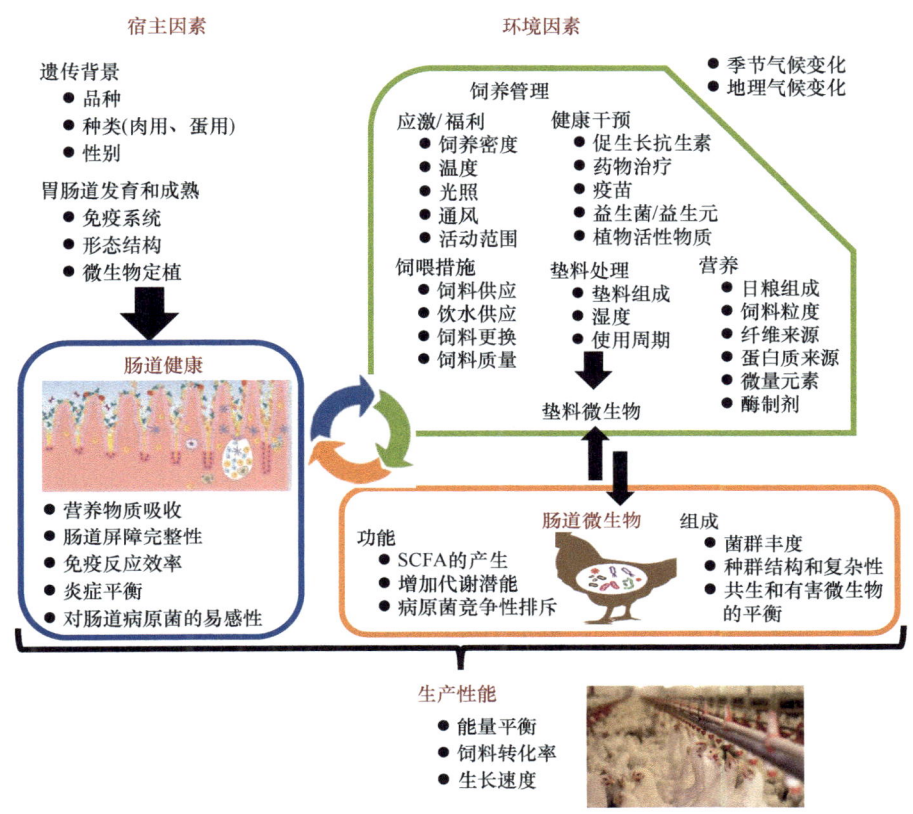

图9-4 影响鸡肠道菌群主要的环境和宿主因素（Diaz Carrasco et al.，2019）

一、宿主因素

家禽肠道的微生物种类相似，虽然肉鸡在孵化后的7天内以厚壁菌门为优势菌，而蛋鸡以变形菌门为主，之后厚壁菌门取代变形菌门成为优势菌。然而，不同种类和品种的鸡之间存在差异。例如，与肉鸡相比，蛋鸡的粪便菌群更复杂。虽然梭菌、瘤胃球菌和乳杆菌在鸡和火鸡的胃肠道中普遍存在，但两者在物种水平上只有约16%的相似性，这表明宿主特异性显著。在鸭中，变形菌门和厚壁菌门在小肠（十二指肠和回肠）中占主导地位，而拟杆菌门在盲肠中占主导地位，这使鸭子区别于火鸡和鸡。但是这些差异可能源于不同的生产方式或不同的生长周期（Maki et al.，2019）。不同品种肉鸡间也呈现菌群的差异，品种影响大肠杆菌 *Escherichia coli* 耐药菌株定植，对坏死性肠炎的易感性也存在显著差异。同一品种，不同体重、不同饲料转化率的鸡微生物组成也存在差异（表9-1）。

日龄对肠道菌群组成影响很大，随着年龄的增长，家禽肠道微生物的种类和数量会改变。研究指出，刚出壳的雏鸡肠道内没有细菌，出壳后1小时嗉囊、腺胃中有少量的梭菌和肠球菌；开食 2 天后，十二指肠内乳杆菌迅速增殖；7 日龄时小肠内菌群已基本形成，小肠内优势菌群为兼性厌氧菌，如乳杆菌、链球菌、金黄色葡萄球菌和大肠杆菌，专性厌氧菌只占总菌数的 9%～39%，专性厌氧菌是盲肠内的主要菌群；13 日龄时盲肠内开始出现双歧杆菌、拟杆菌、真杆菌属、消化球菌，并且不断增殖；25 日龄时盲肠内菌群才能完成建立（Yegani and Korver，2008）。雏鸡消化道内正常菌群完成定植需要 30 天左右。研究人员利用分子生物学技术研究发现，肉鸡回肠和盲肠细菌组成在 3 日龄时无明显的差别，且大部分为乳杆菌；利用传统的微生物学技术发现，除乳杆菌外还有大量的肠杆菌和肠球菌。3 日龄肉鸡肠道内肠杆菌和肠球菌数量减少，可能是因为盲肠内挥发性脂肪酸含量增加。从 12 日龄开始，厌氧菌总数为好氧菌的 10～15 倍。2 周龄时，盲肠内肠球菌数量、肠杆菌数量及挥发性脂肪酸浓度保持稳定状态（刘蓓一，2012）。结合 16S rDNA 和 PCR-DGGE 技术比较 2、4、6、8、10 周龄鹅十二指肠、空肠、回肠和盲肠内容物菌群结构和多样性，结果显示，各肠段微生物在 2 周龄时多样性最丰富，在 6 周龄时鹅盲肠已经建立了相对稳定的微生物群落。家禽肠道微生物区系随着日龄的增长趋于稳定（刘蓓一，2012）。

禽的性别不同，肠道微生物也存在差异。一般情况下，雄性比雌性有更快的生长速度和更低的饲料转化率，因而呈现不同的微生物组成。雌雄肉鸡到 21 日龄才出现生长速率的差异，而肠道菌群组成的差异在 3 日龄就可以被监测到，说明雌雄之间细菌组成的差异也受到非生长因素的影响。基于 16S rRNA 技术的研究发现，雌雄肉鸡肠道微生物群落的相似性不到 30%。

二、环境因素

家禽生产中，与传统自然孵化相比，人工孵化场相对较高的生物安全水平对家禽肠道菌群的建立影响很大。孵化后的雏禽肠道初始菌群不是来自母源，而是取决于环境因素，如人工操作、运输箱、开口料和禽舍垫料等。家禽集约化饲养需要严格控制环境条件，主要是温度和相对湿度。然而，即使控制了禽舍的内部环境，外部气候条件，尤其是极端高温，也会对禽的健康和生产力产生负面影响。研究人员还在肉鸡的研究中观察到盲肠菌群的季节变化，菌群丰富度在夏季最高，是冬季的两倍。不同地理位置的家禽肠道菌群分布的差异也有报道。这些差异可能部分归因于区域和季节性气候条件对禽类周围的微生物群和禽类本身的影响。集约化家禽生产场内部很多管理和决策基于健康肠道菌群相关的因素，但基于肠道菌群组成和多样性分析的研究还很少。最相关的管理因素包括卫生和生物安全方案，涉及饲喂时间、饲料加工和喂养方案的标准，疫苗接种方案、治疗药物和促生长抗生素使用的标准等，以及动物福利相关的因素，包括饲养密度、光照、通风和空气中氨浓度、热应激等。热应激导致机体对大肠杆菌 *E. coli* 的敏感性增加，增加肠道沙门氏菌属 *Salmonella* 的定植。回肠微生物对环境变化的敏感性要大于盲肠微生物，当机体处于热应激 24h 后，回肠微生物的变化比盲肠微生物更大。饲养管理措施影响了禽类生长环境中的微生物菌群，因此也影响了机体肠道微生物群，在商业条件下需要进行更多的研究，以确定有助于维持健康肠道微生物和最大限度地提高禽类生产力的关键因素（Diaz Carrasco et al., 2019）。

垫料可以改变禽类肠道的形态和生理以及肠道菌群的组成，肠道微生物组成的变化与垫料的类型、质量和管理密切相关。禽类在生长过程中不断地啄食和摄入垃圾颗粒，从而获得组成肠道菌群的微生物的重要组成部分。反过来，垫料积累粪便排泄物，构成具有自身多样性和组成的微生物群。为了降低家禽养殖生产成本，养殖人员通常重复利用垫料，导致垫料自身耐盐嗜碱菌（halotolerant/alkaliphilic bacteria）增加，也改变了动物肠道微生物群，如增加了雏鸡盲肠中的丁酸产生菌普氏栖粪杆菌 *Faecalibacterium prausnitzii* 的水平。重复利用的垫料增加了动物肠道细菌的载量，这表明重复利用的垫料可能成为病原体在禽群间传播的媒介，存在潜在的健康风险。湿的垫料的微生物多样性比干燥的垫料的更高，从而影响肠道微生物的组成。未来，需要更多的研究探究垫料中共生菌、益生菌和致病菌之间的平衡如何影响动物的肠道健康（Diaz Carrasco et al., 2019）。

三、饲粮成分

饲粮是影响肠道菌群组成的最大因素，如饲粮类型及饲粮粗纤维、碳水化合物、蛋白质等含量对肠道微生物菌群均产生影响。Torok 等（2011）利用高通量测序法分析饲粮对肉仔鸡肠道菌群的影响，结果显示空肠和盲肠内微生物群落受饲粮影响比较大。饲粮谷物类型对肉仔鸡肠道微生物菌群的结构和多样性有一定的影响。研究人员利用末端限制性片段长度多态性分析（T-RFLP）技术测定了以玉米、小麦、大米为单一淀粉源配制的等能等氮饲粮对肉仔鸡肠道微生物群落多样性的影响，发现十二指肠、空肠和回肠中优势菌群由限制性 DNA 片段 T-RF160、T-RF253、T-RF292 代表，大米饲粮组 T-RF253 和 T-RF292 片段代表的菌群优势度与玉米饲粮组和小麦饲粮组相比稍低，大米饲粮组表现出微生物群落多样性程度高、优势种群少的趋势，盲肠中优势菌群结构和含量与小肠相比差异较大。肉仔鸡肠道微生物群落的复杂度、丰富度及多样性方面在不同饲粮组间均无显著差异，随着肠段向后推移，微生物群落复杂度、丰富度及多样性均呈现先上升后稳定的趋势，说明回肠和盲肠的微生物比十二指肠和空肠的更丰富多样，微生物在回肠后趋于稳定。利用 PCR-DGGE 和 16S rDNA 序列分析技术研究得出，饲喂整粒稻谷可以刺激猪肠道部分菌种生长，但对主要菌群结构没有影响。针对肉鸡的研究发现，饲喂整粒小麦主要导致消化道前段肌胃和胰腺中菌群的变化，对小肠和大肠影响很小（Gabriel et al., 2007）。针对不同形态玉米饲粮对鹅肠道微生物区系影响的研究结果显示，整粒玉米饲粮会导致回肠细菌种类增加和空肠细菌种类下降，对十二指肠和盲肠菌群种类的影响不明显，可能食糜在十二指肠和盲肠中停留时间最短，所以对该肠段微生物菌群影响较小；而食糜在空肠、回肠中停留时间最长，所以在这两个肠段产生作用的时间最长，最终导致空肠和回肠的微生物区系变化较大；对直肠微生物影响处于两者之间（胡平等，2010）。研究指出，饲粮组成影响健康动物肠道菌群中优势菌种，其中饲粮纤维的影响较大。战利等（2012）利用 PCR-DGGE 技术分析得出，高水平饲粮纤维组和正常水平饲粮纤维组相比，肠道微生物多样性差异很大，相似性很小，很多在正常水平饲粮纤维组中的优势菌种，在高水平饲粮纤维组中却成了劣势菌种，甚至消失；相反，在正常水平饲粮纤维组中的劣势菌种，在高水平饲粮纤维组中却成了优势菌种。刘蓓一（2012）研究了不同纤维水平对扬州鹅肠道微生物的影响，结果发现不同纤维水平对鹅盲肠菌群起主要作用，且盲肠中微生物种类会随纤维水平的提高而增加。运用PCR-DGGE 技术研究苜蓿草粉对蛋鸡肠道菌群的影响，发现饲粮中添加苜蓿草粉会导致蛋鸡肠道菌群结构及多样性发生变异。淀粉是饲料中碳水化合物的主要成分。戴求仲等（2010）指出，提高饲料直/支链淀粉比能够显著增加黄羽肉鸡后肠道中乳杆菌、双歧杆菌、肠球菌等微生物的数量，大肠杆菌数量会显著减少。究其原因，可能是饲粮直链支链淀粉比提高导致后肠道中可发酵碳水化合物增加，这些可发酵碳水化合物是后肠道微生物重要的能源物质，促进了有益微生物的生长，也对有害菌如大肠杆菌的生长产生竞争性抑制作用，从而使肠道菌群产生显著变化。在低蛋白质饲粮中添加不同水平氨基酸可改善蛋鸡盲肠微生物菌群，当添加水平为 110%、120%时，盲肠段优势细菌为乳杆菌、梭菌属细菌和普雷沃氏菌，并显著改善蛋鸡生产性能。

四、饲料添加剂

家禽生产中，抗生素被用于促进动物生长和防治疾病，但其具有易残留和使致病菌产生耐药性等缺点，危害了人类及家禽的健康，造成环境污染。基于上述问题，研制无公害、绿色饲料添加剂，通过影响家禽肠道中菌群的分布和组成，改善家禽肠道健康从而提高家禽生产性能，将是未来研究工作的一个重要发展趋势。

（一）酶制剂

酶制剂作为饲料添加剂不仅具有提高饲料利用率、促进动物生长、改善肠道健康的作用，还可以部分替代抗生素和有机砷等物质，减少动物体内药物残留和耐药性产生的副作用，具有无毒、无害、无残留的优点，是一种绿色环保的饲料添加剂。在肉鸡的日粮中添加复合酶可促进其生长发育速度，减少饲养成本，提升肉鸡增重速度，提高养殖收益；蛋鸡生产中酶制剂主要通过提高蛋的产出率实现饲喂价值。Cowieson 等（2018）报道蛋白酶可以显著提高肉鸡肠道绒毛高度，改善肠道形态。Yin 等（2018）研究发现淀粉酶、葡萄糖淀粉酶和蛋白酶复合使用，可以显著降低肉鸡十二指肠、空肠和回肠的损伤评分，增加肠道有益菌的数量，优化肠道菌群。在肉鸡中添加酶制剂能够减少回肠和盲肠中的大肠杆菌菌落数，增加乳杆菌和双歧杆菌菌落数（杨欢等，2022）。隋毅（2012）研究证实了在肉仔鸡低能玉米杂粕型日粮中添加 6 种不同的复合酶（6 种复合酶均含有不同水平的木聚糖酶、β-葡聚糖酶、纤维素酶、甘露聚糖酶和果胶酶），肉仔鸡粪便中大肠杆菌数和需氧菌总数都发生了显著变化，说明不同酶制剂配方对肉鸡肠道内微生物区系产生了较大影响。Zhao 等（2018）研究发现，在肉鸡的小麦型日粮中添加木聚糖酶可以提高试验肉鸡肠道中有益菌的数量，降低致病菌的数量。在肉鸡日粮中单独或复合添加木聚糖酶和丝氨酸蛋白酶可降低肉鸡回肠长度，与添加甲基盐霉素效果相似（林谦等，2012）。Sarmah 等（2021）证实了木聚糖酶对肉鸡肠道的影响，发现添加木聚糖酶可以改善感染产气荚膜梭菌的肉鸡的小肠病变，降低血清毒素。

（二）益生素

益生素属于微生态制剂，是指定植在动物体内对机体有益的活性微生物，它可以通过提高免疫应答能力来增强机体的抗病力或通过抑制有害菌群的生长、调节肠道菌群的组成，从而优化肠道环境。益生菌作为一种优势菌能够增加有益菌群的数量，维持肠道菌群平衡，并且能够促进碳水化合物发酵，使肠道内 pH 降低，从而对病原菌的生长产生抑制作用。大多数益生菌产品包括以下细菌属的一种或多种：肠球菌属、双歧杆菌属 *Bifidobacterium*、片球菌属 *Pediococcus*、芽孢杆菌属 *Bacillus* 和明串珠菌属 *Leuconostoc* 等。研究发现，肉仔鸡日粮中添加益生素可以有效降低新生肉仔鸡肠炎沙门（氏）菌（张林等，2008）。日粮中添加益生菌发酵豆粕增加了回肠、直肠乳酸菌数量，降低了盲肠大肠杆菌和沙门氏菌的数量，且随着日龄的增长，十二指肠、空肠、回肠的微生物区系趋于平衡（冯会贤，2015）。日粮中添加复合微生态制剂（植物乳杆菌和屎肠球菌活菌数≥10^9CFU/ml）能够有效提高蛋鸡肠道内植物乳杆菌含量，降低大肠杆菌含量（郝小静等，2021）。朱树娇等（2022）发现，饲料中添加噬菌体复合制剂的 43 日龄、52 日龄及 61 日龄肉鸡的十二指肠、空肠和回肠绒毛高度与隐窝深度比值显著增加；且 43 日龄时，肉鸡盲肠食糜中厚壁菌门相对丰度增加 28.13%，拟杆菌门相对丰度降低 9.97%；52 日龄时，肉鸡盲肠食糜中变形菌门相对丰度下降，螺旋体门 *Spirochaetes* 相对丰度增加；61 日龄时，肉鸡盲肠中变形菌门及厚壁菌门相对丰度下降，而拟杆菌门相对丰度增加。仔鹅饲粮中添加丁酸梭菌可以增加空肠和回肠的相对质量（蒋一秀等，2021）。Samli 等（2007）通过向肉鸡饮食中补充益生菌屎肠球菌 *Enterococcus faecium* NCIMB 10415，发现肉鸡的体重增加，饲料转化率显著提高，并且回肠的绒毛高度也显著增长。这说明添加益生菌屎肠球菌 *Enterococcus faecium* NCIMB 10415 后，肉鸡的回肠绒毛高度增加，从而提高肉鸡胃肠道对营养物质的消化吸收，增强了肉鸡对能量物质的利用，体重增加，饲料转化率显著提高。此外，在饲料中添加丁酸梭菌，发现其不但可以提高肉鸡的日增重和饲料的转化率，而且还可以预防肠炎的发生。

Chichlowski 等（2007）发现，直接饲喂益生菌组雏鸡肠道黏膜厚度较盐霉素组薄，且直接饲喂益生菌组雏鸡各肠段内肠道黏膜细菌植入密度较盐霉素组低，说明益生菌有可能通过对肠道组织的影响间接影响病原菌的定植，但这一理论有待于进一步研究。Whelan 等（2019）研究表明，枯草芽孢杆菌的代谢产物通过降低肠道 pH 和组织病原体增殖，刺激与肠道相关的免疫系统，从而维持肠道健康。饲喂枯草芽孢杆菌能够增加肉鸡肠道中乳酸菌和双歧杆菌的数量，减少大肠杆菌和沙门氏菌的数量，维持肠道菌群多样性，减少致病菌的附着，提高肠道免疫功能（Yang et al.，2016）。Guo 等（2018）还证实了枯草芽孢杆菌具有提高肉鸡肠道菌群香农-维纳多样性指数（Shannon-Wiener's diversity index）的作用，表明肠道中菌群多样性增加。嗜酸乳杆菌和枯草芽孢杆菌联合使用会影响肠道微生物组成，促进有益菌的生长繁殖，减少有害菌的存活（Forte et al.，2016）。

（三）植物提取物

植物提取物具有分布广泛、成本低、毒性作用小、抗药性低、残留少、含有多种活性成分的优点。经简单加工，植物提取物可以单一或复合形式加入饲料，提高家禽养殖场经济效益。与传统化学药物相比，植物提取物通过调节肠道菌群结构，促进动物机体对营养物质的吸收，改善动物的生产性能及抗氧化能力，提高动物本身的免疫力来全面提升动物的健康状态。任成财（2010）研究发现黄芩黄酮能够抑制肉仔鸡肠道中的大肠杆菌、沙门氏菌，而且随着添加剂量的增加抑制能力有所增强，同时黄芩黄酮对有益菌群无抑制作用，因此保证了肉仔鸡肠道中有益菌的优势，维护了肠道微生物菌群的平衡。蒋林等（2005）证实了在肉仔鸡饲粮中添加芦荟多糖能降低盲肠内容物大肠杆菌浓度，提高双歧杆菌和乳酸菌浓度。此外，毛红霞等（2011）研究发现，在肉仔鸡饲粮中添加不同水平植物提取精油混合物（essential oil mixtures，EOM）（5%丁香油酚、10.8%胡椒碱和2.5%橙花叔醇），能提高回肠和盲肠乳杆菌数量，其中160mg/kg EOM组显著降低了回肠、盲肠中大肠杆菌和金黄色葡萄球菌数量。Walsh等（2013）研究发现，饲料中添加250mg/kg昆布多糖或250mg/kg昆布多糖+80mg/kg岩藻多糖都能增加肉鸡回肠绒毛宽度，但是只有单独添加250mg/kg昆布多糖能增加回肠绒毛高度，肠绒毛高度的增加能够提高营养物质的吸收能力，表明单独添加昆布多糖优于昆布多糖与岩藻多糖组合。李红英等（2022）研究证实，饲料中添加植物精油（13.5%百里酚和4.5%肉桂醛）使得山麻鸭盲肠拟杆菌门、副拟杆菌属 *Parabacteroides* 和普雷沃氏菌科 Prevotellaceae NK3B31 group 菌属丰度提高，罗尔斯通氏菌属 *Ralstonia* 丰度降低。此外，江阳（2021）研究发现日粮中添加不同剂量的艾蒿醇提取物，随着添加量增加，小肠糜蛋白酶活力和脂肪酶活力呈显著的一次线性或二次曲线升高；空肠和回肠的胰蛋白酶活力呈显著的一次线性或二次曲线升高；十二指肠淀粉酶活力呈显著的一次线性或二次曲线升高。十二指肠和空肠绒毛高度呈显著的一次线性或二次曲线升高；十二指肠、空肠和回肠隐窝深度呈显著的一次线性或二次曲线降低；空肠绒毛高度与隐窝深度比值呈显著的一次线性或二次曲线升高。盲肠食糜中总菌和大肠杆菌的数量呈显著的一次线性或二次曲线降低，乳酸菌数量呈显著的一次线性或二次曲线升高。

（四）其他

酸化剂是继抗生素之后，与酶制剂、益生素、植物提取物等并列的饲料添加剂。但是不同品种酸化剂的使用效果也会存在一定的差异，它能否替代抗生素在生产上应用还需要进一步研究。朱随亮（2021）发现抗菌肽、酸化剂和功能性寡糖联合使用提高了肉仔鸡瘤胃球菌属和互养菌属的相对丰度，改善了盲肠微生物多样性及菌群丰度，促进了肉仔鸡肠道健康。李娟等（2019）的研究通过在彭县黄鸡日粮中添加0.05%的丁酸钠，发现其可在一定程度上增加肠道双歧杆菌数量，降低沙门氏菌的数量。此外，赵旭等（2015）研究证实了肉鸡日粮中添加富马酸（FUA）、甲酸（FA）和柠檬酸（CA）均降低了42日龄肉鸡盲肠大肠杆菌数量。

参 考 文 献

白秀娟, 刘诚刚, 杜智恒, 等. 2012. PCR-DGGE 技术分析断奶仔兔肠道微生物菌群结构及多样性. 东北农业大学学报, 43(9): 64-69, 149.
陈波, 王宇, 雷芳, 等. 2012. 肠道微生物体外模型研究进展. 中国微生态学杂志, 24(8): 766-769.
程伶. 1995. 家畜肠道细菌与生产性能的关系(上). 国外畜牧科技, (2): 13-16.
程雅婷, 鲜凌瑾, 武秋申, 等. 2020. 不同纤维源饲粮对四川白鹅肠道微生物菌群结构的影响. 中国兽医学报, 40(8): 1632-1640.
戴求仲, 刘绍伟, 李湘, 等. 2010. 饲粮直/支链淀粉比对黄羽肉鸡血液生化指标和后肠微生物菌群的影响. 动物营养学报, 22(4): 904-910.
董晨扬, 魏曼琳, 张航, 等. 2022. 植物提取物在动物生产中的研究进展. 饲料研究, 45(4): 136-139.
董晓丽. 2013. 益生菌的筛选鉴定及其对断奶仔猪、犊牛生长和消化道微生物的影响. 北京: 中国农业科学院硕士学位论文.
董欣怡. 2021. 常见肠道益生菌对鸡肠道的作用. 养禽与禽病防治, (12): 37-38.
鄂晓迪, 肖蕴祺, 李梦梅, 等. 2022. 屎肠球菌在家禽生产中的应用及安全性研究进展. 中国家禽, 44(5): 95-103.
冯会贤. 2015. 益生菌的制备及其对固始鸡生产性能、免疫性能和肠道微生态的影响. 郑州: 河南农业大学硕士学位论文.
郝小静, 白光烨, 刘开东, 等. 2021. 复合微生态制剂对高日龄蛋鸡生产性能及粪便中微生物的影响. 中国畜牧杂志, 57(12): 257-260, 264.
何明清. 1994. 动物微生态学. 北京: 中国农业出版社: 80-81.
何昭阳, 王增辉, 吴延春, 等. 2000. 雏鸡消化道主要正常菌群定植规律的研究. 畜牧兽医学报, 31(1): 41-48.
胡平, 施寿荣, 王志跃, 等. 2010. 采用变性梯度凝胶电泳技术研究不同形态玉米日粮对鹅肠道微生物区系的影响. 动物营养学报, 22(1): 169-175.
江阳. 2021. 艾蒿醇提物对肉仔鸡生长性能、肠道指标及肉品质的影响. 呼和浩特: 内蒙古农业大学硕士学位论文.
蒋林, 冯元璋, 杨雪, 等. 2005. 芦荟乙酰化甘露聚糖对肉仔鸡肠道主要菌群、小肠微绒毛密度、免疫功能及生产性能的影响. 中国兽医学报, 25(6): 668-671.
蒋菱玉, 赵梅, 季久秀, 等. 2022. 饲用酶制剂在动物生产中的应用. 饲料研究, 45(12): 144-147.
蒋一秀, 王猛, 赵华轩, 等. 2021. 饲粮添加丁酸梭菌对仔鹅生长性能、屠宰性能、器官指数及肠道相对重的影响. 中国家禽, 43(11): 51-55.
雷燕. 2009. 益生菌对肉鸡生产性能、消化道生理及肠道微生物区系的影响. 雅安: 四川农业大学硕士学位论文.
李红英, 贺琴, 黄恩福, 等. 2022. 植物精油对山麻鸭免疫功能、抗氧化能力和肠道微生物的影响. 中国畜牧兽医, 49(7): 2586-2592.
李娟, 雷春龙, 邱时秀, 等. 2019. 丁酸钠对彭县黄鸡生产性能、屠宰性能和肠道微生物菌的影响研究. 畜牧与兽医, 51(5): 34-38.
李曼曼, 丁雪东, 贺濛初, 等. 2019. 饲喂高蛋白饲粮对雏鹅盲肠微生物菌群的影响. 华南农业大学学报, 40(3): 6-13.
李永洙. 2011. 鸡生长发育中盲肠微生物菌群结构的 PCR-DGGE 分析. 中国农业大学学报, 16(4): 118-126.
李永洙. 2012. 氨基酸对蛋鸡生产性能及盲肠微生物菌群结构的影响. 中国农业大学学报, 17(2): 108-116.
梁恒之, 王波, 尹达菲, 等. 2013. 不同饲料转化率的北京鸭和枫叶鸭消化器官发育及盲肠微生物菌群的比较研究. 中国畜牧杂志, 49(19): 42-46.
林谦, 宾石玉, 戴求仲, 等. 2012. 饲用酶制剂及其在肉鸡养殖中的应用. 饲料博览, (7): 28-32.

刘蓓一. 2012. 扬州鹅肠道微生物多样性及其受饲粮纤维水平的调控研究. 扬州: 扬州大学博士学位论文.

刘瑞生, 徐建峰, 薛春胜, 等. 2020. 益生素在肉鸡养殖业上的研究进展. 家畜生态学报, 41(9): 82-86.

罗玲, 曲湘勇, 韩奇鹏, 等. 2015. 酸化剂对畜禽胃肠道作用和免疫机理的研究进展. 饲料博览, (10): 49-52.

毛红霞, 武书庚, 张海军, 等. 2011. 植物提取精油混合物对肉仔鸡生长性能、肠道菌群和肠黏膜形态的影响. 动物营养学报, 23(3): 433-439.

倪学勤, Gong J, Yu H, 等. 2008. 采用PCR-DGGE技术分析蛋鸡肠道细菌种群结构及多样性. 畜牧兽医学报, 39(7): 955-961.

邱嘉辉, 崔悦, 李伟星, 等. 2021. 不同酶制剂对白羽肉鸡生长性能的影响. 现代畜牧兽医, (12): 41-46.

冉慧. 2021. 不同群种杂交对鸡屠宰性能及肠道微生物多样性的影响. 泰安: 山东农业大学硕士学位论文.

任成财. 2010. 黄芩黄酮对肉仔鸡生长性能、免疫指标和肠道微生物菌群的影响. 大庆: 黑龙江八一农垦大学硕士学位论文.

隋毅. 2012. 不同复合酶制剂对肉仔鸡生长性能、粪便相对黏度和菌群数量的影响. 北京: 中国农业科学院硕士学位论文.

孙玲利, 宁俊平, 韩战强, 等. 2021. 家禽肠道菌群与营养物质代谢的研究进展. 黑龙江畜牧兽医, (3): 54-57.

陶大鹏. 2018. 日粮纤维水平对吉林白鹅生长发育及其盲肠微生物多样性的影响. 长春: 吉林农业大学硕士学位论文.

田奎, 许丽丹, 毛燕, 等. 2021. 中草药添加剂的作用特点及在家禽生产中的应用研究进展. 饲料研究, 44(20): 151-153.

田亚东, 张大为, 李敬, 等. 2013. 不同谷物饲粮对肉仔鸡肠道微生物群落多样性的影响. 华北农学报, 28(4): 184-189.

佟莉蓉, 王娟, 张亚妮, 等. 2020. 不同种衣剂配方对达乌里胡枝子幼苗生长和生理特性的影响. 草地学报, 28(3): 844-851.

王丽凤, 张家超, 马晨, 等. 2013. 鸡肠道微生物研究进展. 动物营养学报, 25(3): 494-502.

王欣, 顾君华. 2002. 饲用微生态制剂. 中国饲料, (11): 13-14, 23.

奚雨萌, 闫俊书, 应诗家, 等. 2019. 高蛋白质高钙饲粮对雏鹅内脏型痛风发生、肾脏功能及肠道微生物区系的影响. 动物营养学报, 31(2): 612-621.

徐运杰, 季丰泉, 陈学华, 等. 2021. 多酚类化合物对鸡肠道微生物菌群的影响. 饲料博览, (4): 14-21.

杨欢, 刘干, 周洪彬, 等. 2022. 不同复合酶制剂对肉鸡生长性能、血液和免疫指标及肠道菌群的影响. 中国畜牧杂志, 58(5): 202-207.

杨利娜, 边高瑞, 朱伟云. 2014. 单胃动物肠道微生物菌群与肠道免疫功能的相互作用. 微生物学报, 54(5): 480-486.

姚学彬. 2018. 马岗鹅不同繁殖期的内分泌调控及肠道微生物群落特征. 广州: 仲恺农业工程学院硕士学位论文.

印遇龙, 黄鹏, 周应军, 等. 2022. 植物提取物通过炎症控制实现健康养殖. 饲料工业, 43(2): 1-7.

战利. 2012. 高水平日粮纤维对鹅肠道菌群多样性的影响及部分差异菌株的确定. 长春: 吉林农业大学硕士学位论文.

张林, Higgins S E, Higgins J P, 等. 2008. 在新生肉仔鸡上添加乳酸杆菌益生素对肠炎沙门(氏)菌的减少评估. 饲料与畜牧, (3): 55.

张美晨, 关静渊, 白慧丽, 等. 2022. 复合益生素的制备工艺研究. 黑龙江畜牧兽医, (1): 107-111.

章学东, 赖帮通, 方群, 等. 2010. 蛋鸡日粮中添加苜蓿草粉对肠道菌群的影响研究. 浙江畜牧兽医, 35(5): 7-9.

赵旭, 沈一茹, 陈杰, 等. 2015. 不同种类酸化剂对肉鸡肠道发育、消化酶活性以及微生物数量的影响. 动物营养学报, 27(11): 3509-3515.

朱春红, 陶志云, 刘宏祥, 等. 2020. 鸭不同肠段内菌群结构分析与拟杆菌分布研究. 畜牧兽医学报, 51(12): 3001-3012.

朱沛雯, 王洪荣, 齐玉凯. 2015. 酸化剂对优黄鸡生产性能以及盲肠菌群和挥发性脂肪酸的影响. 饲料工业, 36(11): 27-30.

朱树娇, 张辉, 周艳, 等. 2022. 噬菌体复合制剂对肉鸡生长性能、免疫功能、肠道形态及肠道菌群的影响. 动物营养学报, 34(5): 2928-2939.

朱随亮. 2021. 抗菌肽、酸化剂和功能性寡糖联合添加对肉仔鸡生长性能和肠道健康的影响. 郑州: 河南农业大学硕士学位论文.

邹江冰, 陈良云, 蒋琳兰. 2013. 短链脂肪酸调节炎症反应的研究进展. 西南国防医药, 23(11): 1264-1266.

Abreu M T. 2010. Toll-like receptor signalling in the intestinal epithelium: how bacterial recognition shapes intestinal function. Nat RevImmunol, 10(2): 131-144.

Allaire J M, Crowley S M, Law H T, et al. 2018. The intestinal epithelium: central coordinator of mucosal immunity. Trends Immunol, 39(9): 677-696.

Arpaia N, Rudensky A Y. 2014. Microbial metabolites control gut inflammatory responses. Proc Natl Acad Sci USA, 111(6): 2058-2059.

Arrieta M C, Stiemsma L T, Amenyogbe N, et al. 2014. The intestinal microbiome in early life: health and disease. Front Immunol, 5: 427.

Asarat M, Apostolopoulos V, Vasiljevic T, et al. 2016. Short-chain fatty acids regulate cytokines and Th17/treg cells in human peripheral blood mononuclear cells *in vitro*. Immunol Invest, 45(3): 205-222.

Atarashi K, Honda K. 2011. Microbiota in autoimmunity and tolerance. Curr Opin in Immunol, 23(6): 761-768.

Atarashi K, Nishimura J, Shima T, et al. 2008. ATP drives lamina propria T(H)17 cell differentiation. Nature, 455(7214): 808-812.

Aujla S J, Dubin P J, Kolls J K. 2007. Th17 cells and mucosal host defense. Semin Immunol, 19(6): 377-382.

Awad W A, Mann E, Dzieciol M, et al. 2016. Age-related differences in the luminal and mucosa-associated gut microbiome of broiler chickens and shifts associated with *Campylobacter jejuni* infection. Front Cell Infect Microbiol, 6: 154.

Awati A, Konstantinov S R, Williams B A. 2005. Effect of substrate adaptation on the microbial fermentation and microbial composition of faecal microbiota of weaning piglets studied *in vitro*. J Sci Food Agr, 85(10): 1765-1772.

Bai S P, Wu A M, Ding X M, et al. 2013. Effects of probiotic-supplemented diets on growth performance and intestinal immune characteristics of broiler chickens. Poult Sci, 92(3): 663-670.

Barnes E M, Impey C S. 1970. The isolation and properties of the predominant anaerobic bacteria in the caeca of chickens and turkeys. Br Poult Sci, 11(4): 467-481.

Barnes E M, Mead G C, Barnum D A, et al. 1972. The intestinal flora of the chicken in the period 2 to 6 weeks of age, with particular reference to the anaerobic bacteria. Brit Poult Sci, 13(3): 311-326.

Bar-Shira E, Friedman A. 2006. Development and adaptations of innate immunity in the gastrointestinal tract of the newly hatched chick. Dev Comp Immunol, 30(10): 930-941.

Bar-Shira E, Sklan D, Friedman A. 2003. Establishment of immune competence in the avian GALT during the immediate post-hatch period. Dev Comp Immunol, 27(2): 147-157.

Beirão B C B, Ingberman M, Fávaro C Jr, et al. 2018. Effect of an *Enterococcus faecium* probiotic on specific IgA following live *Salmonella enteritidis* vaccination of layer chickens. Avian Pathol, 47(3): 325-333.

Best A A, Porter A L, Fraley S M, et al. 2017. Characterization of gut microbiome dynamics in developing Pekin ducks and impact of management system. Front Microbiol, 7: 2125.

Bevins C L, Salzman N H. 2011. Paneth cells, antimicrobial peptides and maintenance of intestinal homeostasis. Nat Rev Microbiol, 9(5): 356-368.

Bjerrum L, Engberg R M, Leser T D, et al. 2006. Microbial community composition of the ileum and cecum of broiler chickens as revealed by molecular and culture-based techniques. Poult Sci, 85(7): 1151-1164.

Bolton W. 1965. Digestion in the crop of the fowl. Brit Poult Sci, 6(2): 97-102.

Brown A J, Goldsworthy S M, Barnes A A, et al. 2003. The orphan G protein-coupled receptors GPR41 and GPR43 are activated by propionate and other short chain carboxylic acids. J Biol Chem, 278(13): 11312-11319.

Cerf-Bensussan N, Gaboriau-Routhiau V. 2010. The immune system and the gut microbiota: friends or foes. Nat Rev Immunol, 10(10): 735-744.

Chichlowski M, Croom W J, Edens F W, et al. 2007. Microarchitecture and spatial relationship between bacteria and ileal, cecal, and colonic epithelium in chicks fed a direct-fed microbial, PrimaLac, and salinomycin 1. Poult Sci, 86(6): 1121-1132.

Choct M. 2009. Managing gut health through nutrition. Brit Poult Sci, 50(1): 9-15.

Choi J H, Kim G B, Cha C J. 2014. Spatial heterogeneity and stability of bacterial community in the gastrointestinal tracts of broiler chickens. Poult Sci, 93(8): 1942-1950.

Cowieson A J, Abdollahi M R, Zaefarian F, et al. 2018. The effect of a mono-component exogenous protease and graded concentrations of ascorbic acid on the performance, nutrient digestibility and intestinal architecture of broiler chickens. Anim Feed Sci Tech, 235: 128-137.

Dai S J, Zhang K Y, Ding X M, et al. 2018. Effect of dietary non-phytate phosphorus levels on the diversity and structure of cecal microbiota in meat duck from 1 to 21d of age. Poult Sci, 97(7): 2441-2450.

Diaz Carrasco J M, Casanova N A, Fernández Miyakawa M E. 2019. Microbiota, gut health and chicken productivity: what is the connection? Microorganisms, 7(10): 374.

Dollé L, Tran H Q, Etienne-Mesmin L, et al. 2016. Policing of gut microbiota by the adaptive immune system. BMC Medicine, 14: 27.

Duan J, Chung H, Troy E, et al. 2010. Microbial colonization drives expansion of IL-1 receptor 1-expressing and IL-17-producing gamma/delta T cells. Cell Host Microbe, 7(2): 140-150.

Engberg R M, Hedemann M S, Jensen B B. 2002. The influence of grinding and pelleting of feed on the microbial composition and activity in the digestive tract of broiler chickens. Brit Poult Sci, 43(4): 569-579.

Ford D J, Coates M E. 1971. Absorption of glucose and vitamins of the B complex by germ-free and conventional chicks. Proc Nutr Soc, 30(1): 10A-11A.

Forte C, Acuti G, Manuali E, et al. 2016. Effects of two different probiotics on microflora, morphology, and morphometry of gut in organic laying hens. Poult Sci, 95(11): 2528-2535.

Fritz J H, Ferrero R L, Philpott D J, et al. 2006. Nod-like proteins in immunity, inflammation and disease. Nat Immunol, 7(12): 1250-1257.

Gaboriau-Routhiau V, Rakotobe S, Lécuyer E, et al. 2009. The key role of segmented filamentous bacteria in the coordinated maturation of gut helper T cell responses. Immunity, 31(4): 677-689.

Gabriel I, Mallet S, Leconte M, et al. 2007. Effects of whole wheat feeding on the development of the digestive tract of broiler chickens. Anim Feed SciTech, 142(1): 144-162.

Gencay Y E, Birk T, Sørensen M C H, et al. 2017. Methods for isolation, purification, and propagation of bacteriophages of *Campylobacter jejuni*//Butcher J, Stintzi A. *Campylobacter jejuni*. New York: Humana Press: 19-28.

Grajal A, Strahl S D, Parra R, et al. 1989. Foregut fermentation in the hoatzin, a neotropical leaf-eating bird. Science, 245(4923): 1236-1238.

Guo J R, Dong X F, Liu S, et al. 2018. High-throughput sequencing reveals the effect of *Bacillus subtilis* CGMCC 1.921 on the cecal microbiota and gene expression in ileum mucosa of laying hens. Poult Sci, 97(7): 2543-2556.

Guy-Grand D, Griscelli C, Vassali P. 1974. The gut-associated lymphoid system: nature and properties of the large dividing cells. Eur J Immunol, 4(6): 435-443.

Hooper L V, Littman D R, MacPherson A J. 2012. Interactions between the microbiota and the immune

system. Science, 336(6086): 1268-1273.
Huang P, Zhang Y, Xiao K P, et al. 2018. The chicken gut metagenome and the modulatory effects of plant-derived benzylisoquinoline alkaloids. Microbiome, 6(1): 211.
Ivanov I I, Atarashi K, Manel N, et al. 2009. Induction of intestinal Th17 cells by segmented filamentous bacteria. Cell, 139(3): 485-498.
Jennifer D, Bennett R M. 2018. Synthetic biology and the gut microbiome. Biotechnol J, 13(5): e1700159.
Józefiak D, Rutkowski A, Martin S A. 2004. Carbohydrate fermentation in the avian ceca: a review. Anim Feed Sci Tech, 113(1-4): 1-15.
Kamstrup S, Frimann H T, Barfoed M A. 2006. Protection of Balb/c mice against infection with FMDV by immunostimulation with CpG oligonucleotides. Antiviral Res, 72(1): 42-48.
Korn T, Bettelli E, Oukka M, et al. 2009. IL-17 and Th17 cells. Annual Review of Immunology, 27: 485-517.
Krajmalnik-Brown R, Ilhan Z E, Kang D W, et al. 2012. Effects of gut microbes on nutrient absorption and energy regulation. Nutr Clin Pract, 27(2): 201-214.
Lei F, Yin Y S, Wang Y Z, et al. 2012. Higher-level production of volatile fatty acids *in vitro* by chicken gut microbiotas than by human gut microbiotas as determined by functional analyses. Appl Environ Microbiol, 78(16): 5763-5772.
Levy M, Thaiss C A, Zeevi D, et al. 2015. Microbiota-modulated metabolites shape the intestinal microenvironment by regulating NLRP6 inflammasome signaling. Cell, 163(6): 1428-1443.
Ley R E, Peterson D A, Gordon J I. 2006. Ecological and evolutionary forces shaping microbial diversity in the human intestine. Cell, 124(4): 837-848.
Li M, Zhou H L, Pan X Y, et al. 2017. Cassava foliage affects the microbial diversity of Chinese indigenous geese caecum using 16S rRNA sequencing. Sci Rep, 7: 45697.
Louis P, Flint H J. 2009. Diversity, metabolism and microbial ecology of butyrate-producing bacteria from the human large intestine. FEMS Microbiol Lett, 294(1): 1-8.
Lu J R, Idris U, Harmon B, et al. 2003. Diversity and succession of the intestinal bacterial community of the maturing broiler chicken. Appl Environ Microbiol, 69(11): 6816-6824.
Ma N, Guo P T, Zhang J E, et al. 2018. Nutrients mediate intestinal bacteria-mucosal immune crosstalk. Front Immunol, 9: 5.
MacPherson A J, Uhr T. 2004. Induction of protective IgA by intestinal dendritic cells carrying commensal bacteria. Science, 303(5664): 1662-1665.
Maki J J, Klima C L, Sylte M J, et al. 2019. The microbial pecking order: utilization of intestinal microbiota for poultry health. Microorganisms, 7(10): 376.
Matsui H, Kato Y, Chikaraishi T, et al. 2010. Microbial diversity in ostrich ceca as revealed by 16S ribosomal RNA gene clone library and detection of novel *Fibrobacter* species. Anaerobe, 16(2): 83-93.
Mead G C, Adams B W. 1975. Some observations on the caecal micro-flora of the chick during the first two weeks of life. Brit Poult Sci, 16(2): 169-176.
Meylan E, Tschopp J, Karin M. 2006. Intracellular pattern recognition receptors in the host response. Nature, 442(7098): 39-44.
Peterson D A, McNulty N P, Guruge J L, et al. 2007. IgA response to symbiotic bacteria as a mediator of gut homeostasis. Cell Host Microbe, 2(5): 328-339.
Petr J, Rada V. 2001. Bifidobacteria are obligate inhabitants of the crop of adult laying hens. J Vet Med B Infect Dis Vet Public Health, 48(3): 227-233.
Pinchasov Y, Noy Y. 1994. Early postnatal amylolysis in the gastrointestinal tract of turkey poults *Meleagris gallopavo*. Comparative Biochemistry and Physiology Part A: Physiology, 107(1): 221-226.
Preest M R, Folk D G, Beuchat C A. 2003. Decomposition of nitrogenous compounds by intestinal bacteria in hummingbirds. The Auk, 120(4): 1091-1101.
Rehman H U, Vahjen W, Awad W A, et al. 2007. Indigenous bacteria and bacterial metabolic products in the gastrointestinal tract of broiler chickens. Arch Anim Nutr, 61(5): 319-335.
Rooks M G, Garrett W S. 2016. Gut microbiota, metabolites and host immunity. Nat Rev Immunol, 16(6): 341-352.

Saengkerdsub S, Anderson R C, Wilkinson H H, et al. 2007. Identification and quantification of methanogenic archaea in adult chicken ceca. Appl Environ Microbiol, 73(1): 353-356.

Salanitro J P, Blake I G, Muirehead P A, et al. 1978. Bacteria isolated from the duodenum, ileum, and cecum of young chicks. Appl Environ Microbiol, 35(4): 782-790.

Salanitro J P, Blake I G, Muirhead P A. 1974. Studies on the cecal microflora of commercial broiler chickens. Appl Microbiol, 28(3): 439-447.

Samli H E, Senkoylu N, Koc F, et al. 2007. Effects of *Enterococcus faecium* and dried whey on broiler performance, gut histomorphology and intestinal microbiota. Arch Anim Nutr, 61(1): 42-49.

Sarmah H, Hazarika R, Tamuly S, et al. 2021. Evaluation of different antigenic preparations against necrotic enteritis in broiler birds using a novel *Clostridium perfringens* type G strain. Anaerobe, 70: 102377.

Sears C L. 2005. A dynamic partnership: celebrating our gut flora. Anaerobe, 11(5): 247-251.

Segain J P, Raingeard De La Blétière D, Bourreille A, et al. 2000. Butyrate inhibits inflammatory responses through NFκB inhibition: implications for Crohn's disease. Gut, 47(3): 397-403.

Sergeant M J, Constantinidou C, Cogan T A, et al. 2014. Extensive microbial and functional diversity within the chicken cecal microbiome. PLoS One, 9(3): e91941.

Shira E B, Sklan D, Friedman A. 2005. Impaired immune responses in broiler hatchling hindgut following delayed access to feed. Vet Immunol Immunopathol, 105(1-2): 33-45.

Stanley D, Geier M S, Denman S E, et al. 2013. Identification of chicken intestinal microbiota correlated with the efficiency of energy extraction from feed. Vet Microbiol, 164(1-2): 85-92.

Thoma-Uszynski S, Stenger S, Takeuchi O, et al. 2001. Induction of direct antimicrobial activity through mammalian toll-like receptors. Science, 291(5508): 1544-1547.

Torok V A, Hughes R J, Mikkelsen L L, et al. 2011. Identification and characterization of potential performance-related gut microbiotas in broiler chickens across various feeding trials. Appl Environ Microbiol, 77(17): 5868-5878.

Vaishnava S, Behrendt C L, Ismail A S, et al. 2008. Paneth cells directly sense gut commensals and maintain homeostasis at the intestinal host-microbial interface. Proc Natl Acad Sci USA, 105(52): 20858-20863.

Vasaï F, Brugirard Ricaud K, Bernadet M D, et al. 2014. Overfeeding and genetics affect the composition of intestinal microbiota in *Anas platyrhynchos* (Pekin) and *Cairina moschata* (Muscovy) ducks. FEMS Microbiol Ecol, 87(1): 204-216.

Videnska P, Sedlar K, Lukac M, et al. 2014. Succession and replacement of bacterial populations in the caecum of egg laying hens over their whole life. PLoS One, 9(12): e115142.

Vispo C, Karasov W H. 1997. The interaction of avian gut microbes and their host: an elusive symbiosis//Mackie R I, White B A. Gastrointestinal Microbiology. Boston: Springer: 116-155.

Walsh A M, Sweeney T, O'Shea C J, et al. 2013. Effect of dietary laminarin and fucoidan on selected microbiota, intestinal morphology and immune status of the newly weaned pig. Br J Nutr, 110(9): 1630-1638.

Wei S, Morrison M, Yu Z. 2013. Bacterial census of poultry intestinal microbiome. Poult Sci, 92(3): 671-683.

Whelan R A, Doranalli K, Rinttilä T, et al. 2019. The impact of *Bacillus subtilis* DSM 32315 on the pathology, performance, and intestinal microbiome of broiler chickens in a necrotic enteritis challenge. Poult Sci, 98(9): 3450-3463.

Xiao Y P, Xiang Y, Zhou W D, et al. 2017. Microbial community mapping in intestinal tract of broiler chicken. Poult Sci, 96(5): 1387-1393.

Yang H, Lyu W T, Lu L Z, et al. 2020. Biogeography of microbiome and short-chain fatty acids in the gastrointestinal tract of duck. Poult Sci, 99(8): 4016-4027.

Yang H, Xiao Y, Gui G, et al. 2018. Microbial community and short-chain fatty acid profile in gastrointestinal tract of goose. Poult Sci, 97(4): 1420-1428.

Yang J J, Qian K, Zhang W, et al. 2016. Effects of chromium-enriched *Bacillus subtilis* KT260179 supplementation on chicken growth performance, plasma lipid parameters, tissue chromium levels, cecal bacterial composition and breast meat quality. Lipids Health Dis, 15(1): 188.

Yegani M, Korver D R. 2008. Factors affecting intestinal health in poultry. Poult Sci, 87(10): 2052-2063.

Yin D F, Yin X N, Wang X Y, et al. 2018. Supplementation of amylase combined with glucoamylase or protease changes intestinal microbiota diversity and benefits for broilers fed a diet of newly harvested corn. J Anim Sci Biotechnol, 9: 24.

Zhang B, Xu Y, Liu S, et al. 2020. Dietary supplementation of foxtail millet ameliorates colitis-associated colorectal cancer in mice via activation of gut receptors and suppression of the STAT3 pathway. Nutrients, 12(8): 2367.

Zhao G H, Zhou L Z, Dong Y Q, et al. 2017. The gut microbiome of hooded cranes (*Grus monacha*) wintering at Shengjin Lake, China. MicrobiologyOpen, 6(3): e00447.

Zhao X H, Liu N, Shang N, et al. 2018. Three UDP-xylose transporters participate in xylan biosynthesis by conveying cytosolic UDP-xylose into the Golgi lumen in *Arabidopsis*. J Exp Bot, 69(5): 1125-1134.

Zhao Y, Li K, Luo H Q, et al. 2019. Comparison of the intestinal microbial community in ducks reared differently through high-throughput sequencing. BioMed Res Int, 2019: 9015054.

Zhu C H, Song W T, Tao Z Y, et al. 2020. Analysis of microbial diversity and composition in small intestine during different development times in ducks. Poult Sci, 99(2): 1096-1106.

Zhu X Y, Zhong T Y, Pandya Y, et al. 2002. 16S rRNA based analysis of microbiota from the cecum of broiler chickens. Appl Environ Microbiol, 68(1): 124-137.

第十章 特色畜禽肠道微生物与营养

第一节 高原家畜肠道微生物与营养

一、牦牛

牦牛 Poephagus grunniens 是中国青藏高原的特有牛种,为当地人民提供肉、乳、皮毛和燃料等生产生活资料,在高原生态系统中扮演着重要角色,具有重要的社会、生态和经济价值(Harris,2010)。牦牛与其他反刍动物一样,有瘤胃、网胃、瓣胃和皱胃4个胃,协调作用共同降解采食牧草中的大分子物质,源源不断地为机体提供能量;但同时牦牛作为常年生活于低压缺氧、严寒、食物匮乏的青藏高原上的大型家畜,在长期进化过程中也形成了适应青藏高原极端环境的特定机制,这些机制使其消化和代谢与其他反刍家畜有较大差异。首先,牦牛瘤胃上皮为复层扁平上皮,角质化程度较高,具有一定的机械保护作用和消化强度。其次,牦牛较其他反刍动物拥有更快的纤维素降解速率,而瘤胃是目前已知纤维素类物质降解速率最快的生物反应器。瘤胃是反刍动物特有的消化器官,主要功能是降解纤维素,可帮助牦牛适应高原贫瘠的草原环境(Huang et al.,2017;Xue et al.,2017)。瘤胃中含有大量的细菌、真菌、古菌和原虫,各种微生物协同发酵植物饲料,将其分解成宿主能利用的短链脂肪酸和蛋白质(Huang et al.,2017)。肠道是微生物共生的另一重要器官,是动物体吸收消化营养物质的主要场所。肠道菌群可产生多样的小分子代谢产物(短链脂肪酸等),通过肠道神经系统和外周循环系统直接或间接参与并调控宿主的物质代谢、免疫反应,并构建黏膜屏障抵御病原微生物的入侵(黄纯波和廖新俤,2018;Kerry et al.,2018;Kim et al.,2018;Marchesi et al.,2016)。

(一)牦牛瘤胃和肠道微生物多样性和菌群结构

由于地理环境的差异,牦牛消化和代谢与其他反刍动物相比具有较大的差异,对于牦牛来说,其能够更高效地降解纤维素。相关研究表明,瘤胃和肠道菌群稳态对牦牛的正常生长、代谢和营养转化效率具有重要作用。牦牛瘤胃内部的细菌(10^{11}~10^{12}CFU/ml)、古菌(10^{7}~10^{9}CFU/ml)、真菌(10^{4}~10^{6}CFU/ml)和原虫(10^{3}~10^{5}CFU/ml),在体内外环境稳态情况下协作消化植物纤维,为宿主提供能量(冯仰廉,2004)。其中,细菌是瘤胃和肠道的主要微生物。99%的微生物不可培养(Suau et al.,1999;Dehority et al.,1989),但伴随着高通量测序技术和环境基因组分析技术的发展,越来越多的瘤胃和肠道微生物在非可培养技术层面得以研究,并取得了一定进展(Klitgaard et al.,2013;Bekele et al.,2011;Fernàndez-Guerra et al.,2010;Sadet-Bourgeteau et al.,2010;Morozumi et al.,2006)。

1. 牦牛瘤胃细菌多样性和相对丰度

瘤胃在反刍动物消化方面具有重要作用，目前关于牦牛胃肠道共生微生物的研究主要集中在瘤胃菌群方面。由于生存环境、饲养方式和摄入营养源的差异，不同品种的反刍动物会产生不同种类或数量的瘤胃菌群。An 等（2005）采用 16S rRNA 基因克隆文库构建的同源分析法，研究了牦牛与晋南牛的瘤胃内微生物多样性，结果表明，牦牛与晋南牛有很大的不同，牦牛瘤胃细菌主要由拟杆菌门和低 G+C 含量的革兰氏阳性细菌（low G+C Gram-positive bacteria，LGCGPB）组成，而晋南牛瘤胃内细菌除了 LGCGPB、拟杆菌门，还有 γ-变形菌门，这三种菌门占比较多；同时，对比分析二者的瘤胃微生物组成发现，牦牛瘤胃中以纤维素分解菌属为主（10.8%），而晋南牛瘤胃中则以纤维分解类（4%）和淀粉分解类（17.8%）微生物占优势。通过大量的试验研究可了解到，牦牛的生长环境较为特殊，并且其放牧期间也会出现牧草期和干草期交替，牧草期间，牦牛能够非常快速地消化降解植物纤维，进而在体内储存能量。随着瘤胃的进化，其体内瘤胃微生物含有更多关于纤维分解的菌群。因此，研究牦牛瘤胃微生物组成、功能和微生物与宿主的互作机制，对以牦牛为代表性家畜的高原畜牧业发展具有重要意义。

随着代谢组、16S rDNA 测序等相关技术的发展，将这些测序技术应用到研究牦牛瘤胃微生物逐渐成为热点。Kim 等（2011）经过研究，结果表明反刍动物瘤胃内微生物优势门类为厚壁菌门 Firmicutes 和拟杆菌门 Bacteroidetes。Henderson 等（2015）主要研究了属水平上的优势菌群，结果发现能够起到分解蛋白质作用的普雷沃氏菌属 *Prevotella* 是瘤胃内的绝对优势菌属。另外，Guo 等（2015）运用 16S rRNA 基因高通量测序，对 6 头成年雄性牦牛瘤胃的样品进行分析，并且在该研究中将运算分类单元（OTU）扩大到了 7200 个；结果表明在 7200 个 OTU 中，细菌有 6642 个 OTU、古菌有 40 个 OTU，还有 518 个 OTU 未鉴定出。这些 OTU 一共富集了 23 门和 159 科，优势门是拟杆菌门和厚壁菌门，其中占比分别为 39.68%和 45.9%。Xue 等（2016）也运用 16S rRNA 测序研究发现牦牛瘤胃原核生物隶属于 29 门、40 纲、63 目、77 科和 79 属，其中绝大部分细菌（97.7%）在门水平上的优势种群为拟杆菌门、厚壁菌门、变形菌门和纤维杆菌门；在属水平上普雷沃氏菌属为优势菌属，占比为 28.5%。普雷沃氏菌属被报道在日粮蛋白质的分解及降解半纤维素方面具有很大的生物学功能，因此研究普雷沃氏菌属相关的益生元，可有望提高饲喂牦牛的饲料利用率。

另外，经过试验研究，与其他反刍动物相比，牦牛体内的甲烷排放量更少（Zhang et al.，2016）。反刍动物的瘤胃能够将日粮中的营养物质成分分解成短链脂肪酸，为动物提供能量及蛋白质，在该过程中还能够产生副产物 H_2 和 CO_2，H_2 和 CO_2 的累积会抑制一些微生物对植物纤维的降解利用。由于牦牛的生长环境，在寒冷季节牦牛需要抵御严寒、缺草，牦牛瘤胃富集了更多的产甲烷菌，它们能够利用副产物（CO_2 和 H_2）合成甲烷（CH_4），但同时机体内也有其他机制利用甲烷，降低其排放（Knapp et al.，2014）。Xue 等（2016）研究了牦牛瘤胃内古菌多样性，结果表明，古菌在原核菌群内的占比大约为 2.26%，其中的优势种群为甲烷杆菌科、甲烷球菌科和甲烷八叠球菌科，优势菌属为甲烷短杆菌属。张学燕等（2018）也对牦牛瘤胃食糜和瘤胃液进行了产甲烷菌群的分析，其中的一个发现是古菌中的优势菌属为甲烷短杆菌属，其占比为 63%。以上研究结果表明，对于牦牛甲烷的合成和排放来说，甲烷短杆菌属具有很重要的地位，因此值得进一步地研究，以为探索反刍动物甲烷减排机制和提高饲料能量利用率提供参考。

2. 牦牛肠道细菌多样性和相对丰度

营养物质和水分的吸收主要集中在动物肠道，主要是因为肠道包含数量庞大、种类繁多的原核微生物。Nie 等（2017）运用变性梯度凝胶电泳（DGGE）和宏基因组测序技术相结合的方法研究了牦牛结肠内的微生物菌群，在门水平上，发现厚壁菌门和拟杆菌门占比在 85% 以上；另外基因功能分类显示，编码酶的基因在纤维素消化和氨基酸代谢方面有着密切联系。尚立强等（2019）研究了高海拔地区双峰骆驼、绵羊和白牦牛的粪便微生物多样性差异，结果发现三者在门水平上具有很强的相似性，优势菌门主要是拟杆菌门、厚壁菌门、纤维杆菌门、变形菌门、螺旋体门 Spirochaetes、疣微菌门 Verrucomicrobia 和广古菌门；而拟杆菌属、普雷沃氏菌属和纤维杆菌属为 3 种动物肠道微生物优势菌属。Zhang 等（2020）研究了牦牛的肠道微生物并对它们进行了详细划分以及 16S rRNA 高通量测序，发现对于牦牛的十二指肠到盲肠来说，门水平上的优势菌群为厚壁菌门、拟杆菌门和变形菌门，呈现出均一性，但是各个肠道之间的各菌群相对丰度有明显的差异。

基于目前研究结果，牦牛肠道内微生物群落以厚壁菌门、拟杆菌门和变形菌门为主，与人类和其他哺乳动物的肠道微生物菌群相似（Jami et al.，2013；Roca-Saavedra et al.，2018）。其中，厚壁菌门和拟杆菌门分别负责碳水化合物代谢和蛋白质的消化降解（Sun et al.，2016）；而变形菌门具有高度多样化的代谢功能，在高海拔寒冷的环境下有利于满足牦牛对高能量和营养的需求。瘤胃球菌科常见于反刍动物瘤胃和后肠，能够降解纤维素和淀粉。由于地理环境的不同，牦牛与其他反刍动物也有所不同，例如，牦牛肠道内还存在龙包茨氏菌属 Romboutsia、嗜冷杆菌属 Psychrobacter 和琥珀酸弧菌属 Succinivibrio（Zhang et al.，2020），这可能是高原环境使牦牛肠道微生物演化出的独特菌群。这些研究结果表明，牦牛肠道菌群种类丰富且不同肠道部位各具多样性特征和对应的功能，因此对牦牛肠道菌群进行深入研究，能够帮助我们了解肠道菌群和瘤胃菌群的关系，以及它们对宿主的影响。

（二）影响牦牛胃肠道微生物的因素

1. 不同胃肠道节段

牦牛的消化道一般被描述为一个三室系统，由一个胃室（瘤胃、网胃、瓣胃、皱胃）、小肠腔室（十二指肠、空肠、回肠）和大肠（盲肠、结肠、直肠）组成。在胃室中，瘤胃是最重要的一个结构，原因是其能够发酵饲料并产生挥发性脂肪酸，为牦牛提供大量的能量。牦牛与其他牛科（Plaizier et al.，2021；Aricha et al.，2021）成员瘤胃内微生物菌群一致。在牦牛结肠微生物区系中，相对丰度最具优势的门是厚壁菌门（59.05%），其次是拟杆菌门（28.09%）和变形菌门（1.26%）。其中，十二指肠、回肠、盲肠至结肠内的厚壁菌门呈现一种递增趋势。牦牛最大的胃室，即瘤胃，支配着动物的生理机能，其微生物区系以细菌为主（占比 52.25%），其中厚壁菌门（Firmicutes）占 31.24%。在科水平上，理化所菌科 Rikenellaceae、普雷沃氏菌科 Prevotellaceae 和克里斯滕森菌科 Christensenellaceae_R-7 在 4 个胃室中占优势。普雷沃氏菌在瘤胃中水平较高，然而在网胃和皱胃中其相对水平较低。牦牛胃肠道的不同元素具有不同的特殊微生物生态系统特征，这与奶牛（Roth et al.，2013）肠道微生物群的情况基本一致。

2. 饲料成分

返青期牧草粗蛋白质含量最高（13.22%），而枯草期牧草中性洗涤纤维含量最高（59%），因而返青期牦牛瘤胃微生物多样性和丰度最高。马力等（2019）通过试验研究发现，青草期牦牛瘤胃液氨态氮、乙酸、异丁酸、丁酸，以及挥发性脂肪酸含量最高，并且相对于返青期和枯草期来说，厚壁菌门丰度显著提高，但瘤胃微生物整体多样性及丰度却呈现下降趋势；拟杆菌门、厚壁菌门和普雷沃氏菌属的相对丰度在 3 个物候期均处于较高水平；在种水平上，瘤胃微生物以纤维素降解菌为主。

由于高原草甸的营养成分变化（粗蛋白质、短链脂肪酸及纤维），目前较为成熟和常用的饲料补充方式是添加控释尿素作为氮源补充，这种方式有提高蛋白质利用率、稳定瘤胃环境和节约饲料的作用（李林，2007）。Yan 等（2018）研究了高低两种不同控释尿素水平对牦牛瘤胃微生物的影响，发现试验中所用到的牦牛的瘤胃微生物主要是拟杆菌门、厚壁菌门和变形菌门，大致占比分别为 63.2%、24%和 5.63%，主要真菌类群为复膜孢酵母属 *Saccharomycopsis*（22.44%）、假丝酵母属 *Candida*（5.26%）和假皮司霉菌属 *Pseudopithomyces*（3.32%）；饲喂低控释尿素水平组牦牛日平均增重和饲料利用率优于高水平组牦牛；分析微生物多样性差异发现，控释尿素添加显著降低了瘤胃中绿菌门 Chlorobi、理化所菌属 *Rikenella*、毕赤酵母属 *Pichia*、地霉属 *Geotrichum* 和明梭孢属 *Monographella* 的丰度。由此可见，控释尿素可影响牦牛瘤胃微生物多样性和群落组成，这些差异富集的菌群对调整饲料有重要作用。

另外，随着畜牧业向规模化、集约化发展，部分地区牦牛的饲养方式已从天然放牧转为半舍饲和舍饲，牦牛瘤胃肠道微生物群落结构也会发生相应的变化（王斌星等，2017）。曹连宾等（2016）采用 16S rRNA 测序技术分析了不同饲养方式对牦牛瘤胃细菌多样性的影响。结果发现，放牧牦牛的瘤胃厚壁菌门比例比舍饲牦牛高（79.52% vs. 62.79%），拟杆菌门比例低（19.27% vs. 25.58%）；纤维降解菌丰度变化幅度不大；但相比放牧牦牛，舍饲牦牛瘤胃内的蛋白质降解菌和淀粉降解菌更丰富，这说明饲料成分改变了牦牛瘤胃微生物菌群。Zhou 等（2017a）研究了天然放牧、放牧+补饲和舍饲 3 种饲养方式对牦牛瘤胃微生物的影响发现，在门水平上，所有牦牛瘤胃细菌优势菌群均为拟杆菌门（51.06%）和厚壁菌门（32.73%）；在属水平上，放牧组和放牧+补饲组的普雷沃氏菌属的相对丰度高于舍饲组，而放牧组的瘤胃球菌属 *Ruminococcus* 相对丰度则低于放牧+补饲组和舍饲组。整体而言，不同饲养条件下牦牛瘤胃细菌群落结构不同，但古细菌群落结构基本相同。Xue 等（2017）采用舍饲和放牧两种方式饲养藏羊和牦牛发现，两种饲养方式下 4 组间厚壁菌门、纤维杆菌门、变形菌门、螺旋体门和 TM7 存在显著差异，舍饲牦牛组变形菌门和纤维杆菌门的丰度最高，厚壁菌门丰度最低；在属水平上，放牧牦牛组的甲烷球形菌属 *Methanosphaera* 和沙特尔沃思氏菌属 *Shuttleworthia* 的丰度显著高于舍饲组，并且在舍饲组中未发现甲烷微球菌属 *Methanimicrococcus*，舍饲组的解琥珀酸菌属 *Succiniclasticum*、拟杆菌门 YRC22 和摩里氏菌属 *Moryella* 的丰度显著高于放牧组。

以上结果表明，牦牛瘤胃微生物群落组成与饲料成分存在显著相关性，其中需要注意的是，尽管不同饲料饲喂后瘤胃内的主要优势菌门相同，但种属水平上发生了很大的改变，因此利用不同营养饲料成分和食源环境改变一些功能菌群，将是未来研究的重点。同时这些变化的菌群也将重点被关注，用于筛选富集植物利用率高、甲烷排放量小的牦牛个体中区别于其他个体的优势功能菌属作为益生菌；或采用代谢组学分析得到功能菌属的短链脂肪酸等作为益生元添加到饲料中，对调节瘤胃肠道功能和减少甲烷排放等方面具有至关重要的作用。然而目前缺乏饲料成分与牦牛肠道微生物的相关研究，而且目前的研究忽视了肠道微生物在牦牛营养摄取和吸收方面的作用。未来研究若能加快牦牛共生微生物消化机制的解析，将深化对其功能的认识，并为优化饲养管理策略提供科学依据。

3. 年龄

年龄也是造成牦牛瘤胃/肠道微生物差异的因素之一。Nie 等（2017）比较了不同年龄的牦牛结肠微生物多样性，发现 0.5 岁、1.5 岁和 2.5 岁牦牛三者肠道微生物组成有显著差异；对于 0.5 岁与 1.5 岁牦牛来说，厚壁菌门、拟杆菌门、黏胶球形菌门 Lentisphaerae、软壁菌门和蓝细菌门 Cyanobacteria 的相对丰度差异更大。Wang 等（2017）的研究表明，老年牦牛（10.7 岁±0.6 岁）瘤胃中甲烷杆菌纲 Methanobacteria、甲烷杆菌目 Methanobacteriales、甲烷杆菌科和甲烷短杆菌属 *Methanobrevibacter* 的丰度明显高于成年牦牛（5.3 岁±0.6 岁）。聂召龙等（2019）主要研究了幼年牦牛（1 岁）和成年牦牛（4 岁）的瘤胃微生物多样性与差异，结果表明，在属水平上，成年牦牛瘤胃内的普雷沃氏菌属和瘤胃球菌属占比分别为 2.68%和 1.79%，而幼年牦牛瘤胃内的相对丰度较高，二者占比均为 4.69%。

由此可见，牦牛瘤胃肠道微生物群会随着年龄的变化而相应发生改变。幼牛在成长的过程中，可能会因为食源由高消化率的牛奶转变为低消化率的草，导致负责蛋白质降解的菌群减少，而负责降解纤维素的菌群则增加（Nie et al.，2017），直至成年时其瘤胃肠道微生物形成稳定的生态系统。当牦牛衰老，则可能因器官衰老等导致摄食量低于壮年牦牛，进而导致瘤胃肠道菌群的差异化（Wang et al.，2017）。目前，关于年龄与牦牛瘤胃肠道微生物菌群的研究仍然有限，而稳定的菌群对宿主的健康至关重要。探索不同年龄下牦牛瘤胃肠道微生物优势菌群的组成结构，一方面有利于人们了解瘤胃肠道微生物的稳态机制，另一方面可为不同年龄牦牛瘤胃肠道微生物的长期调控奠定基础。

4. 性别

大量研究表明，人类和啮齿类动物肠道菌群多样性与性别有关。有报道称青春期后女性肠道微生物多样性明显高于男性，这是由于性激素的影响。然而性别对反刍动物瘤胃和肠道微生物多样性的影响鲜有报道。韩学平等（2020）通过 16S rRNA 基因测序和 Tax4Fun 功能分析，结果显示成年公牦牛瘤胃微生物多样性指数 Sobs 高于母牦牛，尤其是与植物纤维降解相关的微生物丰度差异明显，包括普雷沃氏菌属在公牦牛中丰度更高。但目前尚不清楚性别如何影响牦牛的胃肠道微生物多样性。母牦牛的营养状况对犊牛初生重和成活率具有重要作用，基于此，未来研究需深入解析性别因素对牦牛营养代谢的作用机制，以建立性别差异化的精准饲养体系，包括针对性的益生菌/益生元补充方案和饲料配比优化策略。

二、藏羊

藏羊 *Ovis aries* 是青藏高原特有畜种，其对青藏高原高寒、低氧、强紫外辐射的胁迫环境具有极强的适应能力，同时也是我国高原牧区人民生活和生产资料的重要来源。藏羊是我国三大原始绵羊品种之一，能够终年放牧且适应高寒气候（柴沙驼和薛白，1994）。重压力下，藏区反刍家畜常常表现为"春死、夏壮、秋肥、冬瘦"。因此，围绕青藏高原可持续发展的畜牧业开发，包括冷季补饲、草地饲草管理、人工草种补播等，对于维系青藏高原的生态平衡有着重要的作用和意义。

（一）藏羊瘤胃发酵特性

消化率/降解率较高。藏羊是青藏高原特有畜种，其耐粗饲。舍饲条件下，藏羊对饲粮的干物质消化率、NDF 降解率和 ADF 降解率高于小尾寒羊（Jing et al.，2019）。

合成瘤胃微生物蛋白质（MCP）量较多。青藏高原草地干草期长达 8 个月，草地饲草中粗蛋白质仅为 2.96%～6.81%（谢敖云等，1996）。据报道，反刍动物小肠所吸收的氨基酸有 1/2 以上都来自瘤胃微生物（Ørskov，1982），特别是在营养胁迫条件下，瘤胃微生物几乎就是宿主唯一的可消化蛋白质源（AFRC，1992）。模拟低氮日粮氮素胁迫条件，藏羊瘤胃微生物蛋白质合成量为 4.16g/d，高于高山细毛羊（3.87g/d）（Zhou et al.，2017b）。藏系家畜瘤胃微生物能合成更多 MCP 以满足体内氮平衡需求，以应对季节性营养匮乏（Zhou et al.，2017b）。

能量物质转化效率高。反刍动物摄入的饲粮经瘤胃发酵，能够转化并部分以 CH_4 的形式排放，进入环境，而 CH_4 损失占食入能量的 2%～12%（Johnson K A and Johnson D E，1995）。针对藏羊甲烷排放的研究显示，相比小尾寒羊瘤胃微生物发酵，其甲烷排放量较低（Wang et al.，2020；Zhang et al.，2016）。

挥发性脂肪酸（VFA）提供给宿主的能量约为 70%（Bergman，1990；Seymour et al.，2005），是能量供应的主要物质。藏羊具有独特的瘤胃发酵类型，与其他反刍动物（小尾寒羊、高山细毛羊等）相比，藏羊胃液中乙酸含量较高，丙酸、丁酸含量也显著高于其他动物（Jing et al.，2022；Wang et al.，2020；Huang et al.，2017；Zhang et al.，2016；黄小丹，2013）。而有研究表明，对比添加全价混合日粮（total mixed ration，TMR）与自然放牧的藏羊瘤胃液 VFA 浓度，发现放牧的藏羊瘤胃液 VFA 浓度较高，其中，放牧藏羊（74.3mmol/L±12.7mmol/L）高于 TMR 藏羊（31.5mmol/L±7.3mmol/L）（Xue et al.，2017）。

综上，藏羊瘤胃发酵具有"节能节氮"的特点，这些独特特点与其自身及拥有的瘤胃微生物菌群息息相关。

（二）瘤胃微生物结构与功能

瘤胃微生物组成了复杂的微生态系统，其中包括细菌（38%～41.7%）、原虫（约50%）、真菌（约8%）、古菌（0.3%～4%），以及病毒（噬菌体）（Tapio et al.，2017；Huws et al.，2018；Mizrahi et al.，2021），它们之间相互协作，降解饲粮，为动物机体提供所需的营养物质。目前已研究的参与瘤胃功能的菌群，如表 10-1 所示。

表 10-1　瘤胃中重要的微生物功能菌群汇总

瘤胃微生物菌群类型		重要的属种
细菌（bacteria）	产乙酸菌	*Acetitomaculum ruminis*、*Eubacterium limosum*
	酸利用菌	*Megasphaera elsdenii*、*Wolinella succinogenes*、*Veillonella gazogene*、*Micrococcus lactolytica*、*Oxalobacter formigenes*、*Desulfovibrio desulfuricans*、*Desulfotomaculum ruminis*、*Succiniclasticum ruminis*
	纤维素水解菌	*Fibrobacter succinogenes*、*Butyrivibrio fibrisolvens*、*Ruminococcus flavefaciens*、*Ruminococcus albus*、*Clostridium cellobioparum*、*Clostridium longisporum*、*Clostridium lochheadii*、*Eubacterium cellulosolvens*
	半纤维素水解菌	*Prevotella ruminicola*、*Eubacterium xylanophilum*、*Eubacterium*
	脂肪分解菌	*Anaerovibrio lipolytica*
	果胶降解菌	*Treponema saccharophilum*、*Lachnospira multiparus*
	蛋白质水解菌	*Prevotella ruminicola*、*Ruminobacter amylophilus*、*Clostridium bifermentans*
	淀粉降解菌	*Streptococcus bovis*、*Ruminobacter amylophilus*、*Prevotella ruminicola*
	糖降解菌	*Succinivibrio dextrinosolvens*、*Succinimonas amylolytica*、*Selenomonasrum inantium*、*Lactobacillus acidophilus*、*Lactobacillus casei*、*Lactobacillus fermentum*、*Lactobacillus plantarum*、*Lactobacillus brevis*、*Lactobacillus helveticus*、*Bifidobacterium globosum*、*Bifidobacterium longum*、*Bifidobacterium thermophilum*、*Bifidobacterium ruminale*、*Bifidobacterium ruminantium*
	单宁酸降解菌	*Streptococcus caprinus*、*Eubacterium oxidoreducens*
	尿素分解菌	*Megasphaera elsdenii*
真菌（fungi）		*Piromyces communis*、*Piromyces mae*、*Piromyces minutus*、*Piromyces dumbonicus*、*Piromyces rhizinflatus*、*Piromyces spiralis*、*Piromyces citronii*、*Piromyces polycephalus*、*Anaeromyces mucronatus*、*Anaeromyces elegans*、*Caecomyces communis*、*Caecomyces equi*、*Caecomyces sympodialis*、*Cyllamyces aberensis*、*Cyllamyces icaris*、*Neocallimastix frontalis*、*Neocallimastix patriciarum*、*Neocallimastix hurleyensis*、*Neocallimastix variabilis*、*Orpinomyces joynii*、*Orpinomyces intercalaris*
古菌：产甲烷菌（methanogens）		*Methanobacterium formicicum*、*Methanobacterium bryantii*、*Methanobrevibacter ruminantium*、*Methanobrevibacter smithii*、*Methanomicrobium mobile*、*Methanosarcina barkeri*、*Methanoculleus olentangyi*

续表

瘤胃微生物菌群类型	重要的属种
原虫（protozoa）	*Entodinium bovis*、*Entodinium bubalum*、*Entodinium bursa*、*Entodinium caudatum*、*Entodinium chatterjeei*、*Entodinium parvum*、*Entodinium longinucleatum*、*Entodinium dubardi*、*Entodinium exiguum*、*Epidinium caudatum*、*Isotricha prostoma*、*Isotricha intestinalis*、*Dasytricharum inantium*、*Diplodinium dendatum*、*Diplodinium indicum*、*Oligoisotricha bubali*、*Polyplastron multivesiculatum*、*Eremoplastron asiaticus*、*Eremoplastron bubalis*
瘤胃病毒（ruminal virus）	*Myoviridae*、*Siphoviridae*、*Mimiviridae*、*Podoviridae*、*Methanobacterium phage* ΨM1、*Methanobacterium phage* ΨM10、*Methanobacterium phage* ΨM100、*Methanother mobacter phage* ΨM100、*Methanobacterium phage* ΨM2

注：表中数据源自 Pfister 等（1998）；Luo 等（2001）；Kamra（2005）；Janssen 和 Kirs（2008）；Wright 和 Klieve（2011）；Sirohi 等（2012）；Choudhury 等（2012）；Kumar 等（2014）；Anderson 等（2017）

1. 细菌

细菌（bacteria）作为饲粮降解中最活跃的微生物（Choudhury et al.，2015），有 80%～90% 负责纤维素的降解，约 75% 负责蛋白质降解，约 70% 负责淀粉降解（Brock et al.，1982；Minato，1993）。因此，细菌是 VFA 和瘤胃微生物蛋白质（MCP）的主要来源（Kim et al.，2011）。表 10-2 显示，藏羊瘤胃细菌主要核心菌群为拟杆菌门 Bacteroidetes、厚壁菌门 Firmicutes、变形菌门 Proteobacteria、螺旋体门 Spirochaetes、黏胶球形菌门 Lentisphaerae、疣微菌门 Verrucomicrobia 等，其中，厚壁菌门和拟杆菌门占比较大，达 75% 以上。一项关于 35 个国家的 32 个反刍动物品种（含骆科）瘤胃微生物的报道（Henderson et al.，2015）中也显示以上两菌门占比较大。尽管如此，其群落组成和结构，如 B/F（即拟杆菌门与厚壁菌门之比）依然受饲粮、季节、年龄的影响，比值波动较大。例如，放牧条件下，有研究指出，厚壁菌门占比较高（45.9%～79.52%）（Xue et al.，2017；曹连宾等，2016；Huang et al.，2016；Chen et al.，2015；包蕾，2011），但也有研究发现，拟杆菌门高于厚壁菌门占比（Zhou et al.，2017b；Xue et al.，2016；米见对，2016）。

表 10-2 藏羊瘤胃细菌门水平菌群结构汇总

采样地点	饲养方式	年龄	采样时间	藏羊细菌主要结构	B/F 比例	参考文献
天祝	NG	—	秋季	Bacteroidetes（16.8%），Firmicutes（79.4%）	1∶4.7	Huang 等（2016）
西宁	NG	6～8 月	—	Bacteroidetes（56.30%），Firmicutes（24.81%）	2.3∶1	Xue 等（2017）
—	NG	2 岁	秋季	Bacteroidetes（16.8%），Firmicutes（79.4%）	1∶4.7	Huang 等（2017）
天祝	NG	1.5 岁	八月	Bacteroidetes（53.5%），Firmicutes（30.4%）	1.8∶1	Guo 等（2018）
玛曲	NG	1 岁	冬季	Bacteroidetes（55.14%），Firmicutes（36.21%）	1.5∶1	Cui 等（2019）
—	NG	9～11 月 50～56 月	寒冷季节	Bacteroidetes（56.68%），Firmicutes（28.81%）	1.97∶1	Han 等（2020）

注："—" 表示未记录，NG 表示天然放牧；B/F 表示拟杆菌门与厚壁菌门之比。细菌结构的括号中为门水平相对丰度所占百分比

虽有报道称，藏羊瘤胃中普雷沃氏菌属 *Prevotella* 是主要菌属（Xue et al.，2017；Huang et al.，2012），其在蛋白质、半纤维素和淀粉降解中起重要作用，且能够通过发酵糖类产生乳酸盐，乳酸盐经过琥珀酸盐或丙烯酸盐途径产生丙酸（Xue et al.，2017）。但 Chen 等（2015）和 Zhou 等（2017b）发现青藏高原反刍家畜瘤胃微生物普雷沃氏菌属分别仅占 15% 和 15.81%，其丰度很大程度受饲粮的影响。

天然草地放牧条件下的反刍动物瘤胃内存在丰富的纤维素降解菌。例如，瘤胃球菌属 *Ruminococcus*、纤维杆菌属 *Fibrobacter*、梭菌属 *Clostridium*、丁酸弧菌属 *Butyrivibrio* 和密螺旋体属 *Treponema*，这些菌属的代谢终产物主要为 H_2、乙酸、甲酸及乳酸等（Henderson et al.，2015；米见对，2016）。在严酷的冬季，青藏高原反刍家畜瘤胃内丁酸弧菌属丰度会升高，以提高对饲草的纤维素降解率（米见对，2016）。黄小丹（2013）的研究则表明，藏羊瘤胃液中与纤维素降解有关的白色瘤胃球菌数量高于本地黄牛。而宏基因组测序结果显示，藏羊在 VFA 产生通路中表现出瘤胃微生物基因富集，其瘤胃微生物在固碳、氨基酸代谢途径表现出较高的基因富集，且产能的细菌丰度（如普雷沃氏菌属）显著高于黄牛（图 10-1）。这表明，藏羊在严酷的环境下，其瘤胃微生物能够在基因水平进行调控以降解饲料，产生更多能量物质，供机体需要。

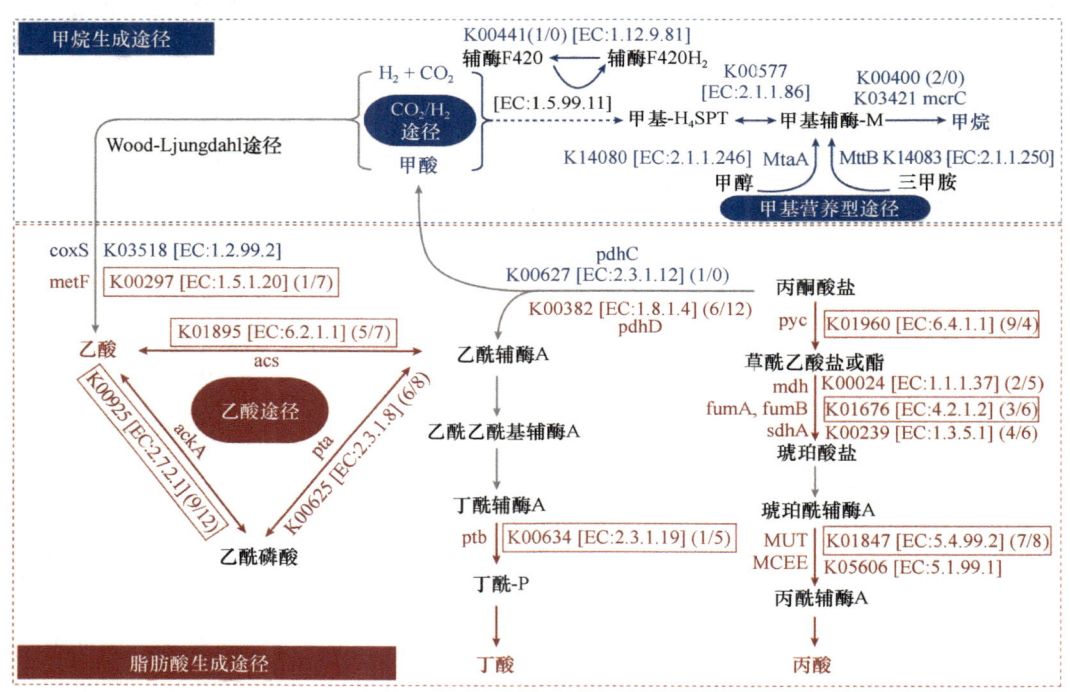

图 10-1 青藏高原反刍动物瘤胃微生物发酵中与 VFA 形成和甲烷排放相关的代谢通路
（摘自 Zhang et al.，2016）
上方蓝色虚线框内为黄牛瘤胃富集的通路，下方红色虚线框内为牦牛瘤胃发酵过程富集的通路，红色实心方框中的是牦牛与藏羊共有的富集通路

青藏高原反刍家畜瘤胃中分离的细菌菌株 JF85 具有分解纤维素、耐酸、耐盐的特性，在青贮饲料生产中具有较好的应用前景（李君风等，2017；包蕾，2011）。对青藏

高原反刍家畜瘤胃微生物纤维素降解酶资源进行了探索，研究结果显示青藏高原反刍家畜瘤胃是新型纤维素降解酶的很好来源，这些纤维素降解酶在纤维素类生物质糖化的过程中具有很广阔的应用潜力。有研究报道，青藏高原反刍动物瘤胃仍有大量未知微生物，占比达 90%（Huang et al.，2016；Xue et al.，2017），暗示着青藏高原反刍动物瘤胃微生物巨大的开发潜力。

2. 原虫

原虫（protozoa）在瘤胃液中的密度为 $10^4 \sim 10^6$ 个/ml，其生物量较大，占瘤胃微生物的一半以上（Hungate，2013）。瘤胃原虫不仅影响产甲烷菌，对细菌也有影响，瘤胃原虫和产甲烷菌是一种内共生的状态。Hillman 等（1989）研究认为，产甲烷菌附着于瘤胃纤毛虫表面或与纤毛虫形成内共生体。瘤胃原虫为产甲烷菌提供营养物质，同时产甲烷菌能够消耗原虫生成的氢。因此，去除反刍动物体内原虫能降低甲烷排放的 11%（Newbold et al.，2015）。但驱除原虫的反刍动物，其纤维素降解菌丰度较低（真菌、白色葡萄球菌、黄色葡萄球菌），纤维素降解减少 11%，这表明原虫可能间接促进纤维素的降解（Ribeiro et al.，2017）。

纤毛虫对饲料蛋白质的代谢利用比较复杂，一方面，纤毛虫对饲料蛋白质进行分解，另一方面，纤毛虫又能合成优质的蛋白质。瘤胃原虫比例是影响瘤胃 MCP 合成的瘤胃内环境参数之一，据报道，到达皱胃的蛋白质有 11%来自原虫（Shabi et al.，2000）。Dewhurst 等（2000）报道，在瘤胃氮素缺乏时，原虫和细菌能够合成和储存多糖而在氮素充足时利用。

藏羊瘤胃纤毛虫主要种属为内毛虫属、双毛虫属、前毛虫属、头毛虫属、均毛虫属等，内毛虫属纤毛虫是四季优势属（桂荣等，1999；姚军等，2002）。藏羊的瘤胃纤毛虫密度与其他品种羊相比，密度较大（姚军等，2002）。例如，研究人员将北美野牛及海福特牛的瘤胃液对比发现，北美野牛瘤胃液中原虫密度较高（3.44×10^5 个/ml），海福特牛为（1.34 ± 0.428）$\times 10^5$ 个/ml，藏羊为（$3.86 \sim 6.27$）$\times 10^5$ 个/ml（Ribeiro et al.，2017；姚军等，2002）。但原虫受环境（地理、饲粮等）影响较大（田淑琴等，1997），例如，青藏高原反刍家畜异地饲养时，其瘤胃纤毛虫种类与当地饲养牛组成类似，而西藏本地的反刍家畜瘤胃纤毛虫组成与野牦牛的纤毛虫组成最相似；从西藏反刍家畜瘤胃中检测出内毛虫属 *Entodinium* 的一个新种，即 *Entodinium monuon* sp.，且它出现的频率较高，而异地饲养的瘤胃中并未发现（桂荣等，1999）。

3. 真菌

真菌（fungi）对瘤胃蛋白质的降解较少（冯仰廉，2004），但其是纤维性植物的重要分解者，特别是木质素的重要分解者（Bauchop，1979a；Akin et al.，1988），占瘤胃微生物生物量的 20%（Rezaeian et al.，2004）。Bauchop（1979b）指出，日粮中纤维性物质含量与真菌数量呈正相关，在藏羊试验结果中也发现类似结果（淡瑞芳，2006）。而藏羊体内存在新丽鞭毛菌门（Neocallimastigomycota）菌群（Guo et al.，2020），相关研究发现新美鞭菌属 *Neocallimastix* 降解秸秆的能力较强，其降解麦秸的干物质降解率一般为 30%～45%（冯仰廉，2004）；放牧条件下，青藏高原反刍家畜瘤胃中分离的真菌（梨囊鞭菌属 *Piromyces*）与古菌（瘤胃甲烷短杆菌 *Methanobrevibacter ruminantium*）共培养，比单培养的真菌，分泌更多的多糖水解酶（特别是木聚糖酶），对木质纤维素的分解能力增强（Wei et al.，2018）。这暗示青藏高原反刍家畜瘤胃微生物的功能挖掘对于提高生物质能转化的潜力。

4. 古菌

古菌（archaea）在瘤胃微生物中所占比为 0.3%～4%（Janssen and Kirs，2008），占比较小，但对于瘤胃内氢浓度调控和反刍动物 CH_4 排放较为重要。古菌丰度与动物总 CH_4 的排放，相关性较弱，而古菌中某种菌群，例如，戈氏甲烷短杆菌 *Methanobrevibacter gottschalkii* 与 CH_4 排放相关性较强（Tapio et al.，2017）。

对于藏系反刍动物，瘤胃甲烷短杆菌（约 39%）及 *Thermogymnomonas*（约 39%）是古菌的主导菌群。此外，藏系反刍动物瘤胃存在特殊的产甲烷菌，例如，Huang 等（2012）首次对比了藏系反刍动物与黄牛瘤胃产甲烷菌克隆库，发现沃氏甲烷短杆菌 *Methanobrevibacter wolinii* 仅存在于黄牛，而甲烷微菌目 Methanomicrobiales 在黄牛中丰度更高，而藏系反刍动物瘤胃产甲烷菌克隆库中伍氏甲烷短杆菌 *Methanobrevibacter woesei* 为仅有菌属。试验中发现大量的未知热原体目相关（Thermoplasmatales-related）的产甲烷菌，其是藏系反刍动物瘤胃产甲烷菌的优势种，藏羊中热原体目相关的产甲烷菌数量高达 78.2%，牦牛为 53.6%，而甲烷杆菌属 *Methanobacterium* 占比相对较少（牦牛 44.9%，藏羊 21.3%）（Huang，2013）。研究人员在对瘤胃微生物宏基因组学的研究中发现，相比牦牛与藏羊，黄牛在甲烷产生通路其瘤胃宏基因组富集，且一种与甲烷产生相关联的戈氏甲烷短杆菌表现出较高丰度（Zhang et al.，2016）。

5. 病毒

大部分瘤胃病毒（ruminal virus）仍在研究中，且研究主要聚焦于瘤胃病毒可能对动物健康和生产的作用以及生物技术开发的潜力（特别是噬菌体调控微生物功能）。据报道，瘤胃液中病毒颗粒的数量范围为每毫升瘤胃液中 $5×10^7$～$1.4×10^{10}$ 个。病毒中的噬菌体能够感染细菌，是数量最多的瘤胃病毒种群，也是被研究最多的种群。噬菌体是最重要的一种瘤胃微生物群落的组成部分，并且通常＞10^9 个颗粒/ml。还有一些病毒会感染瘤胃中的其他原核生物，如古菌（也可能被称为古噬菌体或古细菌病毒）以及真核生物，如真菌（也被称为真菌噬菌体或真菌病毒）和原虫（原生动物病毒）（Lobo and Faciola，2021）。噬菌体也被认为是细菌的专性病原体，因为它们能够溶解瘤胃中存在的不同细菌。噬菌体有助于调节瘤胃中细菌的数量，更新瘤胃菌群。然而，Klieve 和 Swain（1993）指出，由于动物的饲粮变化，噬菌体的这种作用可能会受到一定影响。但不可忽视的是，通过裂解细菌细胞，细菌蛋白能变成动物的氨基酸来源。噬菌体对于特定瘤胃细菌具有特异性，可裂解、去除或杀死不需要的瘤胃群落中的细菌，特别是来自生态系统的细菌，如牛链球菌和产甲烷菌（Bach et al.，2002；Klieve et al.，1999）。反刍动物噬菌体通过其参与的酶裂解宿主细胞，这也可能是调控瘤胃中产甲烷菌种群和其他菌落的重要手段。McAllister 和 Newbold（2008）报道了可以感染产甲烷菌的 *Siphophages*，其能够感染甲烷杆菌属、甲烷短杆菌属和甲烷球菌属。此外，噬菌体可识别关键的宿主酶并抑制靶标蛋白的表达。然而，青藏高原反刍家畜瘤胃微生物在噬菌体领域的研究尚未见报道，尤其是在特殊的营养胁迫下，噬菌体对整个瘤胃微生物结构与功能的重塑作用，仍有待进一步研究。

（三）影响反刍动物肠道微生物的因素

影响瘤胃液中瘤胃微生物的因素很多，如地理（Henderson et al.，2015）、季节（米见对，2016；Noel et al.，2017）、年龄（Guo et al.，2020）、宿主（Bueno et al.，2015）、饲粮、采样时间（Dehority，2003）和采样部位等，很难确定哪种因素占主导。虽然 Henderson 等（2015）对全世界 35 个国家 32 种反刍动物（含骆科）进行了瘤胃微生物检测，并指出饲粮、宿主及地理 3 个因素中，饲粮是影响微生物组成的主要因素，而宿主对微生物的决定性作用较小。但相同饲粮下，宿主也能影响瘤胃微生物结构，例如，藏系反刍家畜（牦牛、藏羊）瘤胃发酵与低海拔反刍家畜（黄牛、小尾寒羊）（Jing et al.，2019；Zhou et al.，2017a；Zhang et al.，2016）、娟姗牛与荷斯坦奶牛（Paz et al.，2016）等的瘤胃微生物菌群结构均呈现不同，这也进一步影响了发酵参数。而 Difford 等（2018）指出反刍动物 CH_4 排放的表型受宿主和瘤胃微生物的共同影响，并且决定 CH_4 排放表型的细菌和古菌的累积效应为 13%，宿主对 CH_4 排放表型的遗传力（heritability）占比为 23%。Li 等（2019）研究 709 头肉牛的瘤胃微生物对宿主的影响时，发现其遗传力大于 15%，即可以通过育种筛选出高效利用效率的瘤胃微生物进而提高反刍动物生产。而 Bueno 等（2015）在体外研究 5 种反刍动物（即奶牛、水牛、瘤牛、山羊、绵羊）瘤胃微生物发酵对缩合单宁的响应时发现，影响甲烷产量的因素很大程度取决于畜种而非处理，即宿主效应占主导。研究表明，宿主和环境均能影响瘤胃微生物及其发酵表型。尽管发酵中存在微生物的协同效应，以致某个时间点的发酵参数或高或低，但宿主对微生物发酵参数的影响仍占主导。

（四）宿主与瘤胃微生物发酵调控

反刍动物瘤胃发酵能够为宿主提供营养，对肉和牛奶的营养质量形成起着核心作用，同时，也向环境中排放潜在有害物质，如温室气体和粪尿中过量的氮。鉴于瘤胃发酵的重要性，为研究这一复杂生态系统，研究人员已投入大量精力。而在微生物高通量测序技术还未发展之前，亨盖特（Hungate）在他的开创性著作《瘤胃及其微生物》（*The Rumen and Its Microbes*）中建议相关研究人员或从业者调控微生物群落，以改善纤维消化，这可能提高生产效率（Hungate，2013）。有关瘤胃微生物组的早期研究，在很大程度主要集中在可培养的微生物，而这些微生物被认为是能够提高动物生产的（Krause et al.，2003）。但这些早期尝试改变瘤胃微生物组成与结构，以提高饲粮利用效率的研究，因为仅限于生产效率表型而停滞不前（Jami and Mizrahi，2020；Krause et al.，2003，1999；Miyagi et al.，1995；Wallace and Walker，1993；Attwood et al.，1988）。提高生产效率之前，人们需要了解微生物群落的各个组分及各组分对于整个微生物群落、宿主的影响

(Jami and Mizrahi, 2020)。Ungerfeld 和 Newbold（2018）则指出调控瘤胃代谢通路, 特别对特定瘤胃代谢途径的调控是极具吸引力的目标。近些年, 在研究瘤胃微生物发酵效率调控上, 结合微生物高通量测序已凸显潜力（Mizrahi et al., 2021；Li et al., 2019；Ribeiro et al., 2017；Oss et al., 2016）。对青藏高原反刍动物瘤胃微生物发酵过程中涉及的代谢反应平衡、瘤胃微生物发酵特征及其微生物功能的挖掘, 以及对瘤胃微生物研究技术的探索, 对于提高饲粮发酵效率具有潜在的价值。

（五）藏系反刍家畜趋同进化与"第二套基因组"

趋同进化（convergent evolution）是指独立起源的物种在进化过程中, 由于适应相似的环境而呈现出表型甚至行为上的相似性, 在分子水平则是指不同起源的蛋白质或核酸分子出现相似的结构和功能（Stern, 2013；Losos, 2011）。经过成百上千年的自然和人工选择, 藏系反刍家畜（牦牛和藏羊）已经形成了一系列特殊的营养代谢机制以抵抗冷季饲料营养匮乏的威胁。从宿主角度, 牦牛和藏羊（欧拉型）都具有趋同进化的表型, 如较大的肺（Ishizaki et al., 2005）、血红蛋白容易与氧结合（Gu et al., 2007）、氮素利用效率（Zhou et al., 2017a, 2019）等方面均优于其他反刍动物（如黄牛 Bos taurus 和小尾寒羊 Ovis aries, 为长期生活于同一生境, 已适应青藏高原环境的品种）, 从而保证其种群的正常繁衍生息。受自然选择的影响, 牦牛体内能量代谢和低氧应答相关的基因进化速率明显快于黄牛（Qiu et al., 2012）, 牦牛瘤胃壁上皮细胞 36 个与 VFA 吸收与转运相关的基因（如 Camk 2b）上调, 这些基因的表达量显著高于黄牛瘤胃壁上皮细胞中相应基因的表达量（Zhang et al., 2016）。除了宿主基因层面的适应性, 近些年研究人员发现了"第二套基因组"（肠道微生物基因组）的适应性。反刍动物中瘤胃微生物的重要任务是降解饲粮并向宿主提供大部分的营养需求（高达 70% 的新陈代谢需求和蛋白质供应）（Bergman, 1990；Siciliano-Jones and Murphy, 1989）。与低海拔反刍家畜瘤胃微生物相比, 藏系反刍家畜对低质饲粮有着较高的利用效率, 表现为较高的降解效率、较高挥发性脂肪酸（VFA）的转化效率和较低甲烷排放量。宏基因组显示, 青藏高原反刍动物瘤胃微生物在代谢功能中, 拥有更多与能量和碳水化合物代谢有关的 KEGG 通路, 青藏高原反刍动物瘤胃微生物在 VFA 产生通路中表现出基因富集, 而低海拔动物的瘤胃微生物在甲烷产生（能量损耗, 以甲烷形式排放）通路中表现出基因富集的现象（图 10-1）。而在氨基酸代谢途径中, 牦牛瘤胃微生物表现出较高的基因富集（Zhang et al., 2016）。青藏高原反刍家畜瘤胃微生物的特殊代谢, 满足了青藏高原反刍家畜在适应高寒地区极端环境的营养需求, 也暗示了青藏高原反刍家畜瘤胃微生物作为"第二套基因组", 具有巨大的开发潜力。

第二节 马属动物肠道微生物与营养

一、驴

从解剖结构上讲, 驴是非反刍的草食动物, 更确切地说是典型的单胃后消化道发酵动物，因此，其兼具单胃动物和反刍动物的消化特性。采用固体（铬纤维）和液体（乙二胺四乙酸-钴 EDTA-Co）标记物，通过灌服粪便检测法测定驴消化道排出速度，结果发现，液体成分通过较快（数小时内），而完全排出需 72h，标记物首次检出时间为 8～38h；固体物质从 26h 后开始快速排出，到 108h 基本排净。消化道内容物的排出速度通过影响胃内容物的消化率，进而影响后消化道内容物的微生物组成。驴与马、骡等马属动物粪便微生物群体之间存在显著差异。驴与马、骡等马属动物粪便微生物群体存在的差异及饲料在胃肠道停留时间长，可能是驴饲草消化能力高于马和骡的基础。

（一）驴消化道结构及消化特性

驴消化道结构包括胃、十二指肠、空肠、回肠、盲肠、结肠和直肠。驴的前消化道部分（胃、十二指肠、空肠和回肠）与其他单胃动物具有类似的功能，而后消化道部位（盲肠和结肠）具有类似于反刍动物瘤胃的发酵功能，可以利用饲草中的纤维素。驴这种既不同于单胃动物又不同于反刍动物的草食特性，需要其具有相应的消化机制以满足机体生长发育需要，同时保证机体健康。

动物消化代谢所需酶类 35%以上来源于肠道微生物分泌。驴独特的消化道结构特点，决定了其对食物的消化过程需要相互协调，即处于前段的相关酶作用及后段的微生物发酵的相互协调，不能很好地了解和利用这一特点是人们在对驴进行营养管理和配制饲料配方中常见错误的根源。因此，了解驴的消化道结构及其营养特性对科学饲养驴具有重要意义。

1. 胃及其消化特性

相比于牛羊等反刍动物，驴的胃容积要小得多，大约为相同体重牛羊胃容积的 1/15。驴胃容积只有 9～15L（大小因饲料种类不同而略有差异），相对于其体型来说，尺寸很小，只占整个消化道容积的 1/10～1/8（牛为 70%，狗为 62%）。由于驴日粮中约有 2/3 为饲草，因此，为了保证饲草的充分消化，饲料在驴胃内停留时间很短。饲喂后约 2h 即有 60%的内容物移至小肠，4h 之后胃即排空，排空时间长短对食物的消化率产生影响，所以从提高饲料利用效率来看，驴适合"少喂勤添"的饲喂模式。

驴的胃主要利用酸和酶进行蛋白质消化，但底部的少量微生物仍可发酵可溶性糖，进而产生大量的乳酸，这也表明发酵在胃部已经开始。驴各个部分的生理功能决定了不同消化道微生物种群数量和种类。胃酸环境和较短的消化停留时间会筛选出耐酸菌和速生菌，其中耐酸菌和速生菌中产乳酸菌最多。胃内耐酸性的乳酸菌，在维持胃酸平衡等方面具有重要作用。有研究表明驴胃中的细菌主要集中于非腺体部，这些细菌可以分解淀粉和非结构性多糖。此外，胃内微生物的数量还跟驴蹄叶炎（laminitis）直接相关。

消化道的结构决定了肠道微生物的附着难易程度，一般表面越粗糙，微生物越容易附着。驴胃黏膜与肠黏膜的组织学特征存在明显差异，前消化道其他各部位之间的黏膜厚度和绒毛高度、隐窝深度也有差别，这为各部位存在微生物差异提供了环境基础。胃的有腺部黏膜表面由上皮凹陷形成胃小凹，胃小凹较深，且有分支。

2. 小肠及其消化特性

驴小肠不同部位的长度及直径等不同，同时长度及直径等还与驴的品种、体型大小及饲料等相关。驴十二指肠部位肠上皮由单层柱状上皮细胞构成，并可见数量丰富的杯状细胞，固有层内有丰富的纤维血管基质，黏膜下层由疏松结缔组织构成，内有十二指肠腺分布。空肠部位肠绒毛比十二指肠短粗，肠上皮由单层柱状上皮细胞构成，并可见更加丰富的杯状细胞。空肠固有层内有丰富的纤维血管基质；黏膜下层由疏松结缔组织构成，内有十二指肠腺及淋巴小结分布。回肠绒毛比十二指肠、空肠稀疏、短粗。回肠上皮由单层柱状上皮细胞构成，并可见杯状细胞进一步增加。回肠固有层内有丰富的纤维血管基质；黏膜下层由疏松结缔组织构成，内有丰富毛细血管和胶原纤维分布。

驴小肠消化和吸收蛋白质的氨基酸、碳水化合物的糖及脂肪的脂肪酸，是消化和吸收营养物质的主要部位。由于驴没有胆囊而缺乏储存胆汁的功能，因此胆汁直接分泌进入十二指肠帮助机体吸收脂肪。小肠中胰腺分泌的碳酸氢盐和肝脏分泌的胆汁中和了胃中的盐酸，导致小肠内 pH 上升到 7.0 左右，为消化酶的作用提供了基础。驴的这种胰液缓慢释放、长时间进食、胆汁酸持续大量释放等都是保证小肠具有相对稳定的 pH 的调节因素，这些是驴适应采食特性及消化道结构而进化的结果。

由于驴淀粉酶的活性比其他动物低，只有猪小肠淀粉酶的 8%~10%，因此，其日粮中应提供较少的精饲料。饲喂过多的精饲料就会使后肠中未消化的淀粉等易发酵有机物大量增加，从而导致大量的微生物增殖而造成乳酸异常积累及 pH 下降，最终导致肠道菌群紊乱从而引发绞痛病或蹄叶炎。消化道食糜经过胃和小肠消化吸收后进入大肠，为大肠微生物发酵所用。

3. 大肠及其消化特性

驴具有庞大的大肠，容积约为 110L，是小肠体积的 15.95 倍，仅盲肠部位就约为小肠体积的 362 倍。驴的大肠由盲肠、结肠（大结肠和小结肠组成，大结肠又分为腹结肠和背结肠）和直肠构成。

盲肠、腹结肠和背结肠是驴的主要饲草利用部位，其中回盲口、盲结口、结肠和盲肠直径分别为 3~4cm、4~5cm、25~30cm、28~35cm，这种特殊结构在饲草较长、应激、饮水量少等情况下经常出现结症。背结肠和腹结肠的直径均为 20~25cm，但中间连接骨盆曲部分的直径为 7~8cm，这种结构可能也为饲草的消化利用差异提供了结构基础。

驴盲肠由于位置及结构的特殊，栖息着数量庞大、种类繁多的复杂微生物，驴盲肠体积庞大，作用上类似于反刍动物的瘤胃，即利用微生物对驴不能消化的饲粮碳水化合物进行发酵，以为机体提供能量。驴的大肠是饲草的主要储存和消化场所，食糜在此处的滞留时间也较长。驴利用大肠中的微生物对饲草进行消化产生小分子有机酸，由大肠微生物产生的有机酸约占整个消化道提供的有机酸总量的 40%。

驴是单胃草食动物，主要依靠发达的大肠（盲肠和结肠）中的微生物对饲草进行发酵利用。驴消化分解粗纤维的消化道位置与反刍动物的瘤胃在解剖学和位置上存在差异，但这些消化部位之间的比较却经常被讨论。驴消化道结构与位置的区别，是为了适应饲草后消化道发酵的特性，需要较长时间咀嚼磨碎饲草以利于消化。驴每天的采食时间为 10~15h，导致马属动物在饲喂过程中微生物对饲草的利用率与牛羊不同，约为牛羊的 1/2。马属动物大肠 pH 中性或弱碱性（pH≥7.0）、纤维可被利用，以及潴留时间长等条件，为大肠微生物的大量繁殖提供了良好的环境。

由于驴和马消化道体积及采食量不同，因此，采食时间也存在较大的差异。国内外报道的驴的干物质采食量也不完全相同，一般建议驴的干物质采食量占体重的比例为 0.83%~2.60%，也有报道建议驴单位体重每日干物质采食量为 3.1%，这一采食量比其他草食动物高。Elisabeth 等（2008）建议驴干物质采食量为其基础体重的 1.75%~2.25%，喂劣质饲草时驴消化粗纤维的能力比马强。当用苜蓿和麦秸两种品质不同的饲草同时饲喂驴和小型马时，驴对两种饲草的干物质、粗蛋白质、总能、中性洗涤纤维和酸性洗涤纤维等指标消化率显著高于小型马，麦秸消化率的个体差异性远高于苜蓿，结果表明，当饲喂优质饲草时驴和马的消化能力相似，而当饲喂劣质饲草时驴对饲草的消化率远高于马。

（二）驴消化道微生物组成多样性及功能预测

1. 不同消化道部位

驴不同消化道部位的微生物组成具有非常大的差异，这种差异不仅表现在丰富度上，还表现在多样性上。驴消化道微生物群落具有明显的两个区域，即前消化道和后消化道，这两个区域的微生物群落差异显著。

驴的胃肠道不同部位，微生物的分布和种类存在差异，后消化道微生物的多样性和丰富度指数明显高于前消化道，因此驴胃和小肠有少量的微生物发酵，大肠是饲料发酵的主要部位，其微生物群落也更复杂。在不同肠道部位之间微生物群落均具有显著差异。驴肠道微生物多样性和丰富度指数沿消化道可以分为 3 个水平：前消化道（胃、十二指肠、空肠和回肠）低、盲肠居中、除盲肠外的后肠均高。

厚壁菌门是驴除盲肠之外的所有肠道部位中相对丰度最高的菌门（相对丰度＞50%），而厚壁菌门和拟杆菌门在盲肠中相对丰度占比均较高。厚壁菌门是草食动物肠道中促进纤维素分解的主要菌门，拟杆菌门是参与草食动物肠道碳水化合物代谢的主要菌门，因此，从菌门水平上分析，驴的消化道微生物组成使其具有较好的耐粗饲的特点。驴的后消化道具有占较大比例的拟杆菌门细菌，其能量代谢基因也显著多于前消化道，说明后消化道在能量供应中起着重要作用。变形菌门包括很多感染性细菌，其相对丰度在前消化道较高，而拟杆菌门在后消化道相对丰度较高，这可能预示着驴前消化道比后消化道的感染概率更大。

乳杆菌属是驴前消化道的主要菌属，主要由大量的具有较强酸耐受性的共生细菌组成，可以选择性地杀死病原微生物，分解胆汁酸促进脂肪代谢。驴后消化道菌属非常复杂，盲肠中可以产生纤维素酶参与纤维素降解的未分类螺旋体科细菌含量最高，因此盲肠比结肠更容易栖息纤维素分解细菌。功能基因丰度也表明驴盲肠分解纤维素的能力最强。有报道指出，生黄瘤胃球菌 *Ruminococcus flavefaciens* 是马属动物盲肠的主要菌种，前后消化道中微生物种类的差异造成其代谢产物存在明显的差异。造成这种差异的原因可能是饲养条件不同。与此相比，链球菌属在驴背结肠和直肠中的丰度最高。一些报道显示链球菌是引起感染的重要菌属，其生长受精氨酸的刺激和碳水化合物的抑制，这与后消化道其他氨基酸代谢增强和碳水化合物代谢功能减弱的现象相符合。

随着驴消化道部位的变化，不同个体间后消化道中微生物菌群与前消化道中更为相似，这可能是由前消化道胃酸梯度作用导致前消化道复杂的生理状态造成的。胃部 pH 极显著低于除盲肠外的其他各部位；盲肠 pH 极显著低于直肠，显著低于腹结肠、背结肠，而与十二指肠、空肠和回肠差异不显著；直肠 pH 显著高于十二指肠、回肠和盲肠，而与结肠无显著性差异；十二指肠、空肠、回肠、腹结肠和背结肠 pH 之间均无显著性差异。驴直肠乙酸、丙酸、丁酸、戊酸和异戊酸等脂肪酸及总脂肪酸含量均极显著低于其他消化道部位，说明脂肪酸已经被吸收；盲肠的丙酸含量极显著高于背结肠和腹结肠，而戊酸含量极显著低于背结肠和腹结肠，异戊酸含量极显著低于腹结肠，乙酸、丁酸和总脂肪酸含量与腹结肠和背结肠之间差异不显著；背结肠和腹结肠各脂肪酸和总脂肪酸含量之间均无显著性差异，这与驴复杂的大肠结构相适应。回肠的乙酸、丙酸、丁酸和总脂肪酸含量极显著低于盲肠、腹结肠和背结肠等部位，证明盲肠是发酵的主要起始部位。利用宏基因组分析发现，驴胃和十二指肠的功能、空肠和回肠的功能、背结肠和腹结肠的功能分别显示了相似的代谢途径。与氨基酸代谢、能量代谢、酶家族辅因子/维生素代谢以及生物合成相关的代谢过程在驴后消化道比前消化道更活跃，进一步表明驴前消化道和后消化道在功能和代谢途径上存在明显差异。

2. 不同年龄

1 月龄、3 月龄、7 月龄、12 月龄和 24 月龄 5 个年龄阶段的驴肠道微生物组成，共分为 3 个簇和 1 个过渡月龄（7 月龄），分别为 1 月龄簇、3 月龄簇、7 月龄簇和成年簇（12 月龄和 24 月龄）。1 月龄和 3 月龄与其他年龄肠道微生物组成之间差异较大，而 12 月龄与 24 月龄最为接近，7 月龄介于 1 月龄和 3 月龄的驴驹和成年驴之间。因此，微生物组成随着年龄增长形成了 3 个不同相似度的微生物群落。驴驹在 1 月龄时肠道微生物还没有完全稳定，发育到 7 月龄时肠道微生物组成已经接近成年驴。3 月龄和 12 月龄驴肠道微生物表现出明显的个体差异，说明此时更容易受到外界条件的影响。

肠道微生物种类的变化与肠道 pH 和氧张力等因素的差异有关。各年龄阶段驴肠道微生物均以对碳水化合物和蛋白质起水解作用的厚壁菌门和对纤维素起分解作用的拟杆菌门为主要菌门，这可能与驴驹于 15 日龄左右开始寻觅并采食少量的粗饲料有关。粗饲料的刺激作用导致 1 月龄驴驹肠道的厚壁菌门和拟杆菌门相对丰度高达 94.2%，3 月龄最低（75.5%），7 月龄和 12 月龄两大菌门的相对丰度占比不断下降。3 月龄驴驹肠道的变形菌门相对丰度极显著高于其他月龄，变形菌门多为肠道致病菌，因此，相较于其他年龄段，驴驹在 3 月龄时更容易发生消化道疾病。这可能是饲料不断增加，以及母源抵抗力的不断缺失造成。7 月龄驴肠道拟杆菌门显著高于其他月龄，1 月龄时螺旋体门和未分类细菌门极显著低于其他月龄。在不同年龄的驴肠道微生物中，相对丰度排名前十的菌门分别为厚壁菌门、拟杆菌门、变形菌门、螺旋体门、未分类细菌门、疣微菌门、生古细菌门、互养菌门、软壁菌门、纤维杆菌门，其中排名前六的菌门相对丰度占比如表 10-3 所示。

表 10-3　驴不同年龄阶段肠道排名前六的菌门相对丰度占比　（%）

细菌菌门	1 月龄	3 月龄	7 月龄	12 月龄	24 月龄	P 值
厚壁菌门	54.78±5.77^a	54.15±2.44^a	44.80±1.33^b	52.61±1.24^{ab}	59.44±2.79^a	0.033
拟杆菌门	39.39±04.61^{abc}	43.68±4.33^{ab}	47.21±1.35^a	37.87±1.00^{bc}	32.87±2.06^c	0.022
变形菌门	1.12±0.26^{ab}	1.45±0.39^{ab}	0.73±0.04^b	0.70±0.06^b	1.64±0.29^a	0.041
螺旋体门	0.09±0.05^b	1.48±0.24^b	1.65±0.11^{ab}	3.31±0.94^a	1.27±0.16^b	0.010
未分类细菌门	0.09±0.08^d	1.24±0.22^{ab}	1.53±0.02^a	0.70±0.12^c	0.88±0.17^{bc}	0.010
疣微菌门	0.35±0.01^a	0.30±0.08^a	0.35±0.01^a	0.13±0.03^b	0.04±0.01^b	0.010

注：肩标相同字母差异不显著（$P>0.05$），肩标不同字母差异显著（$P<0.05$）

不同年龄驴的肠道菌群在属分类水平上存在极显著差异，尤其当 1 月龄驴与其他月龄驴相比时。1 月龄驴＞1% 的优势菌属及其相对丰度分别为拟杆菌属 *Bacteroides*（17.4%）、乳杆菌属 *Lactobacillus*（12.3%）、链球菌属 *Streptococcus*（0.2%）、臭气杆菌属 *Odoribacter*（17.2%）、克里斯滕森氏菌科 Christensenellaceae（8.6%）、拟杆菌目 Bacteroidales（0.7%）、粪杆状菌属 *Faecalitalea*（4.2%）、未分类瘤胃球菌科 Ruminococcaceae（1.5%）、未分类梭菌属 unclassified *Clostridium*、梭菌目 Clostridiales（0.3%）、亨盖特氏菌属 *Hungatella*（2.0%）。12 月龄和 24 月龄驴肠道的链球菌属占比分别为 11.8% 和 15.6%，极显著高于其他各组。

不同月龄驴的肠道微生物在功能和代谢途径上存在较多差异，但各个年龄阶段驴肠道微生物均以新陈代谢（metabolism）功能最为丰富。膜转运、碳水化合物代谢和氨基酸代谢是驴肠道微生物最丰富的代谢途径，这些途径曾被报道为肠道中最活跃的基因表达途径。1 月龄肠道微生物环境信息处理功能基因占比高于 3 月龄和 7 月龄的肠道微生物，7 月龄和 12 月龄之间也存在显著差异。3 月龄和 12 月龄驴肠道的未分类和无确定功能基因占比之间存在显著或极显著差异，人类疾病和无确定功能基因占比分别在 1 月龄和 24 月龄、3 月龄和 7 月龄之间差异显著。7 月龄和 12 月龄有 12 条代谢通路（辅助因子和维生素代谢、氨基酸代谢、癌症、内分泌系统、神经系统、细胞过程和信号、新陈代谢、传染病、膜运输、碳水化合物代谢、能量代谢、酶家族辅因子/维生素代谢）的基因占比存在显著性差异；而 3 条代谢通路（传染病、膜转运和碳水化合物代谢）的基因占比在 12 月龄显著或极显著增加。3 月龄的癌症及神经系统代谢通路占比均显著高于 12 月龄，但是 3 月龄的传染病通路的基因占比却显著低于 12 月龄。1 月龄和 3 月龄、1 月龄和 12 月龄的膜转运及疾病代谢通路的基因占比均存在差异，同时，2 条代谢通路占比的差异也存在于 1 月龄和 7 月龄之间。

菌属是与营养物质代谢密切相关的微生物低级分类，驴肠道微生物菌属丰度随年龄增长存在极显著的差异，1 月龄驴驹相对丰度＞1% 的属最多，其中拟杆菌属、臭气杆菌属 *Odoribacter* 和乳杆菌属的相对丰度均极显著高于其他年龄阶段。拟杆菌属和臭气杆菌属是引起肠道感染的常见菌属，乳杆菌属是主要存在于酸性环境中的抑菌微生物，说明此时驴驹的优势菌群还在形成过程中。24月龄和12月龄肠道链球菌属极显著高于其他年龄段。

陈根元等（2012）报道，1岁时驴盲肠和结肠发酵功能基本成熟，而老龄驴（9岁以上）在纤维素利用上更占优势，这也说明老龄动物后肠发育比幼龄驴更加完善。在宿主进化过程中，微生物的功能总是随着宿主对外界环境的适应而变化的，这是因为微生物的种类受宿主和外界环境的双重调节，因此，同月龄驴的肠道菌群存在个体差异，而驴肠道菌最丰富的门在功能方面也存在显著性差异。故不同年龄会影响驴盲肠微生物的组成以及功能。

3. 不同繁殖状态

研究人员在对妊娠母驴、空怀母驴和哺乳母驴的肠道微生物组成主成分分析中发现，哺乳母驴和妊娠母驴的肠道微生物组成更为接近，而妊娠母驴肠道微生物单独聚为一簇，空怀与哺乳状态母驴肠道微生物存在较多的相互重叠。这说明妊娠母驴肠道菌群的组成是明显区别于哺乳母驴和空怀母驴的。值得注意的是，空怀母驴PCoA分析较为分散，说明个体之间的肠道菌群差异很大。哺乳母驴和空怀母驴厚壁菌门相对丰度显著高于妊娠母驴；妊娠母驴肠道拟杆菌门和纤维杆菌门相对丰度极显著高于空怀母驴和哺乳母驴；哺乳母驴肠道螺旋体门相对丰度显著高于空怀母驴；空怀母驴放线菌门相对丰度极显著高于哺乳母驴和妊娠母驴；空怀母驴软壁菌门相对丰度显著高于哺乳母驴。值得注意的是，空怀母驴的个体之间肠道菌群差异很大。哺乳母驴肠道纤维杆菌属和未分类梭杆菌属相对丰度显著高于其他繁殖状态母驴；空怀母驴漫游球菌属相对丰度极显著高于其他繁殖状态母驴；哺乳母驴的土孢杆菌属相对丰度极显著高于其他繁殖状态。在不同繁殖状态母驴肠道微生物中，相对丰度排名前十的菌门及其相对丰度占比如表10-4所示，相对丰度排名前十的菌科（属）及其相对丰度占比如表10-5所示。

表10-4 母驴不同繁殖状态肠道排名前十的菌门相对丰度占比 （%）

菌门名称	哺乳母驴	妊娠母驴	空怀母驴	P值
厚壁菌门	60.06±2.98^a	40.96±2.51^b	53.87±10.98^a	0.011
拟杆菌门	30.45±3.04^B	48.14±2.71^A	29.87±6.90^B	0.001
变形菌门	1.09±0.52	1.32±0.38	1.23±0.33	0.737
螺旋体门	3.10±1.10^a	3.75±1.20^{ab}	1.64±1.43^b	0.092
广古菌门	1.28±1.19	0.27±0.10	0.63±0.43	0.190
放线菌门	0.13±0.07^B	0.07±0.02^B	1.63±0.43^A	0.009
软壁菌门	0.72±0.20^b	1.30±0.26^{ab}	1.19±0.46^a	0.069
纤维杆菌门	0.64±0.19^B	1.74±0.37^A	0.53±0.32^B	0.001
未分类细菌门	0.78±0.16	0.75±0.42	0.78±0.29	0.986
黑水仙菌门	0.40±0.09	0.64±0.28	0.32±0.23	0.179

注：肩标相同字母差异不显著（$P>0.05$），肩标不同小写字母差异显著（$P<0.05$），肩标不同大写字母差异显著（$P<0.01$），下同

表 10-5 母驴不同繁殖状态肠道排名前十的菌属相对丰度占比 （%）

菌科（属）名称	哺乳母驴	妊娠母驴	空怀母驴	P 值
链球菌属	1.15±0.12	0.07±0.05	1.59±1.84	0.171
依格纳季菌属	0.04±0.01	0.03±0.01	0.02±0.01	0.121
未分类克里斯滕森氏菌科	0.22±0.05	0.20±0.01	0.62±0.86	0.44
未分类瘤胃球菌科	3.37±0.182	3.17±0.767	3.05±0.95	0.811
未分类梭杆菌属	5.26±0.46^A	0.57±0.13^B	0.85±0.37^B	<0.01
真杆菌属	1.09±0.51	0.99±0.25	0.84±0.49	0.692
土孢杆菌属	1.07±0.31^a	0.03±0.01^b	0.04±0.03^b	<0.01
甲烷粒菌属	0.68±0.99	0.32±0.34	0.50±0.40	0.693
漫游球菌属	0.003±0.002^B	0.00±0.00^B	0.44±0.97^A	<0.01
纤维杆菌属	0.56±0.23^B	1.74±0.37^A	0.53±0.32^B	<0.01

在各繁殖周期中，满足分析条件 [LefSe 分析，$P>0.05$ 且线性判别分析 LDA（linear discriminant analysis）>2；Metastats 分析，$P<0.05$ 且 $Q<0.1$] 的细菌共有 2 个门 13 种细菌。其中，哺乳母驴富集的细菌有 6 种，妊娠母驴富集的细菌有 7 种。哺乳母驴肠道的厚壁菌门及其下的未分类的梭菌纲相对丰度显著高于妊娠母驴和空怀母驴，消化链球菌科和消化球菌科相对丰度显著高于妊娠母驴。值得注意的是，妊娠期母驴肠道的变形菌门的 α-变形菌纲和红螺菌目相对丰度显著高于空怀母驴和哺乳母驴；拟杆菌门及其下的拟杆菌纲和拟杆菌目相对丰度显著高于哺乳母驴。值得注意的是，妊娠母驴的 α-变形菌纲和红螺菌目，以及泌乳母驴的未分类梭菌纲相对丰度均显著高于其他两个阶段的母驴，这表明 α-变形菌纲和红螺菌目可能与妊娠有关，而未分类梭菌纲可能与泌乳有关。

不同繁殖周期母驴肠道微生物的碳水化合物代谢相关基因占代谢相关总基因的比例最大，约为 21.4%，其次为氨基酸代谢、能量代谢、复合因子和维生素代谢、核酸代谢和脂类代谢，占比分别为 20.9%、12.5%、9.1%、8.8% 和 6.0%。妊娠母驴肠道微生物的环境信息处理基因表达极显著低于其他繁殖状态母驴，且细胞生长基因表达极显著低于哺乳母驴；妊娠母驴肠道微生物的代谢基因和遗传信息处理基因表达极显著高于哺乳母驴，且代谢基因和器官系统基因表达分别显著高于空怀母驴和哺乳母驴。妊娠母驴肠道微生物的复合因子和维生素代谢、疾病代谢、能量代谢、次级产物合成代谢、萜类和多酮类化合物代谢、氨基酸代谢等基因表达均显著或极显著高于其他繁殖状态母驴；免疫系统、转运、运输分解代谢、细胞生长和凋亡、复制和修复、核酸代谢、其他氨基酸代谢、分子信号与相互作用、折叠延伸和退化等相关基因表达均显著高于哺乳母驴；多糖合成降解相关基因表达均显著高于空怀母驴。

动物在妊娠期、哺乳期和空怀期的免疫反应、代谢模式和内分泌系统都发生了本质的变化。在空怀期时，母驴的肠道细菌群落结构有显著变化。肠道微生物与物质代谢关系密切的低级分类是菌属，妊娠母驴肠道纤维杆菌属和异普雷沃菌属显著高于其他繁殖状态，这两种菌属，均可通过降解饲料纤维提供能量或促进脂肪沉积，因此推测，母驴肠道微生物在妊娠期相比于其他状态能为机体提供更多的能量，以维持妊娠和胎儿发育。

母驴肠道微生物在妊娠期、哺乳期和空怀期 3 个不同繁殖周期的多样性和丰富度特征与代谢功能具有一定的相关性。结合代谢功能与菌门相关性分析，推测哺乳期驴肠道微生物的代谢功能弱于妊娠期。空怀母驴微生物代谢相关基因数量最低，其放线菌门、软壁菌门、广古菌门、未分类细菌门等均与代谢呈极显著正相关，因此推测，空怀母驴肠道微生物稳定性差，功能更为复杂。

二、马

马已经进化成为非反刍、单胃、后肠发酵的草食哺乳动物，具有特殊且较发达的胃肠道，能够利用多种植物纤维（Harris et al.，2017）。马的胃肠道由胃、小肠（十二指肠、空肠、回肠）、大肠（盲肠、结肠、直肠）构成，其中，小肠主要在相关酶的作用下消化部分饲料并进行吸收，大肠主要通过将植物纤维发酵降解成能量产物（短链脂肪酸，SCFA）而使其被机体吸收。马胃肠道内不同器官执行各自特定的功能，它们相互协调合作，共同维持马机体的健康。马胃肠道具有其自身的特点，马胃的容积较小，相当于同体重牛胃的 1/10，因此，马胃不能一次容纳很多食物。马胃贲门括约肌发达，呕吐中枢不发达，所以马不能呕吐。根据马胃的特点，马适合定时定量、少喂勤添的饲养原则。马肠道较长，相对容积大，约是牛的 2 倍。肠道直径的大小极不均匀，因此，在饲喂失宜、饲料骤变、工作量变大、缺水、气候突变等情况下，马的大便容易秘结，造成便秘。马的大肠容积大，素有"发酵罐"之称。马盲肠中含有大量微生物，便于分解粗纤维。马对含纤维少、质地柔软饲料的消化率，与牛、羊无明显差别，但对纤维含量较高、质地粗硬饲料的消化率明显低于牛。马对蛋白质的利用能力与反刍动物相近。马对脂肪的消化能力不如其他家畜（侯文通，2013；芒来，2015；韩国才，2017）。

（一）马胃肠道微生物菌群结构与功能

马的胃肠道包含多种微生物群落，包括真菌、原生动物、古菌、病毒和细菌等，其中，细菌数量最多（Costa and Weese，2018）。马的胃肠道微生物群包含多种多样的细菌，物种数量从数百到数千，并且是可变的。在门水平，厚壁菌门 Firmicutes、拟杆菌门 Bacteroidetes、变形菌门 Proteobacteria、放线菌门 Actinobacteria 和疣微菌门 Verrucomicrobia 为优势菌群（Costa et al.，2015a；Blikslager et al.，2017）；其中又以厚壁菌门占主导地位，厚壁菌门在碳水化合物及氨基酸的运输和代谢中起着重要作用（Szemplinski et al.，2020）。针对马胃肠道微生物研究，大多数都使用粪便样本。虽然粪便能较好地反映结肠的成分，但对小肠、盲肠内的成分预测能力较差（Costa et al.，2015a），并且越来越多的结果表明，肠道不同区段内微生物的丰度和组成存在差别，小肠和大肠之间微生物组成划分明显，盲肠和结肠内微生物结构相似（Su et al.，2020）。

1. 胃

马的胃位于马腹腔前端、膈的后方,大部分位于左侧。胃呈前后压扁状,体积很小(与身体体型相比),只占消化系统容量的 10%,由贲门(cardia)、胃体(body of stomach)、胃底(fundus of stomach)、幽门(pylorus)组成。饲草料沿食管从贲门进入,由于食管与胃贲门的斜角结合,马特别难以呕吐。食物逐渐向胃下部的胃底区移动,在盐酸和胃蛋白酶的作用下食物开始消化,并在胃内细菌发酵下产生乳酸。当消化物由胃底区到达幽门区时,盐酸的大量分泌导致 pH 下降,从而增强胃蛋白酶的蛋白质水解活性并完全抑制细菌的发酵。胃蛋白酶和胃酸能促进脂类(脂肪)和蛋白质(氨基酸)的消化及降解。幽门区的蛋白质水解活性(蛋白质消化)是胃底区的 15~20 倍(苏少锋,2019)。

随着检测非培养微生物技术的产生,胃内微生物的研究进入了一个全新的时期。尽管环境恶劣,但胃内微生物的作用不可低估。马胃中细菌以厚壁菌门、变形菌门和拟杆菌门占主导地位(Dong et al.,2016;Perkins et al.,2012)。马胃中鉴定出了不同种类的乳杆菌属 *Lactobacillus*、链球菌属 *Streptococcus*、八叠球菌属 *Sarcina*、放线杆菌属 *Actinobacillus*、莫拉氏菌属 *Moraxella*、普雷沃氏菌属 *Prevotella*、卟啉单胞菌属 *Porphyromonas*、真杆菌属 *Eubacterium*、不动杆菌属 *Acinetobacter*、*Varibaculum*、唾液乳杆菌 *Lactobacillus salivarius*、光岗氏菌属 *Mitsuokella*(Su et al.,2020;Costa et al.,2011;Perkins et al.,2012)。

马胃中乳杆菌属和链球菌属含量($10^8 \sim 10^9$CFU/ml)较高,乳杆菌属更为普遍(De Fombelle et al.,2003)。乳杆菌属和链球菌属可以降解淀粉及可溶性碳水化合物(water soluble carbohydrates,WSC),产生乳酸和挥发性脂肪酸(VFA)(De Fombelle et al.,2003),使食糜的 pH 降低到 2.6 左右,大量酸积累会导致代谢疾病的产生,如胃溃疡、腹绞痛、蹄叶炎(Al Jassim and Andrews,2009)。

虽然马胃中的微生物发酵量十分有限,但是它在促进食物消化和调节胃功能平衡中发挥重要作用,在某些情况下,也有可能导致胃功能紊乱。Varloud 等(2007)证实在马胃中富含以淀粉或非结构性碳水化合物为碳源的细菌,其中包括牛链球菌 *Streptococcus bovis*、马肠链球菌 *Streptococcus equinus*、唾液乳杆菌 *Lactobacillus salivarius*、黏膜乳杆菌 *Lactobacillus mucosae*、德氏乳杆菌 *Lactobacillus delbrueckii* 和贾氏光岗氏菌 *Mitsuokella jalaludinii*。Coenen 等(2006)发现胃部微生物变化与马蹄叶炎的发生直接相关。研究显示,胃中的厌氧菌数在胃肠道各部位中最高,其中的乳酸菌、链球菌和乳酸利用菌,在降解碳水化合物过程中起重要作用。研究表明,胃的酸性环境不会减少细菌的大量存在。

2. 小肠

马的小肠是非常重要的消化器官,包括十二指肠、空肠和回肠。十二指肠为小肠的第一段,大部分位于马右腹的背侧,通过十二指肠系膜悬挂在背壁上;小肠中,空肠的长度最长,壁薄宽大,迂回盘曲在左腹的背侧,位置变化大,移动范围广,末端与回肠相连;回肠较短,肠壁较厚,肠管较直,与回盲口相连。

小肠是消化营养物质和吸收终产物的主要部位。马的消化主要发生在十二指肠,而吸收主要发生在空肠和回肠。食糜在胃停留 2～6h 后进入十二指肠，肝脏（马没有胆囊储存胆汁）分泌的胆汁将 pH 中和至中性，脂肪被乳化。蛋白质被消化产生氨基酸，脂肪被转化为脂肪酸和甘油。可溶性碳水化合物被水解成乳酸。饲草被消化后，小肠壁将乳酸、脂肪酸、氨基酸、维生素和矿物质等吸收到血液中并运输到身体各处，为机体供应能量，剩下的液体和固体颗粒进入大肠。

健康马的小肠中含有丰富的微生物，不同部位的不同菌种发挥着不同的作用（De Fombelle et al.，2003）。小肠中的微生物可以促进胆盐分泌，加强肠道的蠕动，也可以增强水解酶分解蛋白质的能力。小肠为细菌增殖提供了适宜的环境，因为小肠内存在高浓度和高比例的乳酸菌和蛋白质水解菌，并且酪蛋白对细菌生长有较强的促进作用。黏膜细菌不仅影响小肠的形态构成，还可配合宿主的免疫应答及抵抗致病菌的入侵。

马小肠中细菌主要以厚壁菌门、变形菌门为主，其次为拟杆菌门和梭杆菌门（Su et al.，2020）。从属水平上看，在前肠道中检测到的最丰富的属（相对丰度值大于 1%）包括：狭义的梭菌属 *Clostridium*、放线杆菌属 *Actinobacillus*、链球菌属 *Streptococcus*、韦荣氏球菌属 *Veillonella*、乳杆菌属 *Lactobacillus*、八叠球菌属 *Sarcina*、土孢杆属 *Terrisporobacter*、解纤维素菌属 *Cellulosilyticum*、龙包茨氏菌属 *Romboutsia*、异普雷沃菌属 *Alloprevotella*、梭杆菌属 *Fusobacterium*、肠道杆菌属 *Intestinibacter*、纤毛菌属 *Leptotrichia*。虽然一些属水平的微生物丰度在前肠道中占有很大比例，但其在任何一个前肠道样本中的比例均未超过 35%。通过细菌培养试验分析得到，在小肠中，链球菌属含量较高（10^6～10^9CFU/ml）（De Fombelle et al.，2003），此外小肠中还存在少量的假丝酵母菌属 *Candida*、梭菌属、变形菌属 *Proteus*、假单胞菌属 *Pseudomonas* 和葡萄球菌 *Staphylococcus* spp.。

3. 大肠

马有非常发达的大肠，包括盲肠、结肠和直肠。马的盲肠十分发达，是位于回肠和结肠交接处的一个大囊，整个外形呈逗点状。结肠呈双层蹄铁形，起于盲肠和结肠口处，分为四段三个弯曲：右下大结肠-胸骨曲-左下大结肠-骨盆曲-左上大结肠-膈曲-右上大结肠，因此是食糜通过速度最慢的肠道部位。直肠位于盆腔内，前部由结肠延续而来。

马的大肠是一个巨大的发酵室，大多数微生物活动发生在大肠中，大肠长度容积约占胃肠道容积的 60%。食糜到达大肠，并在盲肠中发酵。由于对水分的再吸收，大肠内容物更硬，细菌密度更高。通过大肠的发酵，会产生一些营养有益的 SCFA，如丁酸、丙酸和乙酸盐（Ericsson et al.，2016）。盲肠和结肠的 pH 约为 6.0，是厌氧细菌、真菌和原生动物降解纤维素、半纤维素和果胶的理想酸碱度（Kauter et al.，2019）。如果饲料中淀粉含量较高，残留的淀粉可能会在盲肠和结肠中慢慢发酵，当存在过量时，可能有利于淀粉酶降解菌的生长。这会导致挥发性脂肪酸和乳酸产量增加，pH 显著降低。pH 下降可能导致后肠酸中毒，并发展为绞痛和厌食症。如果 pH 在一段较长的时间内保持在 5.8 以下，肠黏膜可能会受损，营养物质不能被良好地吸收。

马大肠中细菌主要以厚壁菌门和拟杆菌门为主，其次为疣微菌门、变形菌门和螺旋体门 Spirochaetes（Su et al.，2020）。从属水平上看，大肠与小肠的细菌组成发生了明显变化，盲肠和结肠的微生物组成更加一致。后肠道的微生物组成变化较小，检测到的最丰富的属（相对丰度值大于 1%）包括：纤维杆菌属 *Fibrobacter*、拟杆菌属 *Bacteroides*、瘤胃球菌属 *Ruminococcus*、阿克曼氏菌属 *Akkermansia*、考拉杆菌属 *Phascolarctobacterium*、瘤胃球菌科 Ruminococcaceae 下的属、毛螺菌科 Lachnospiraceae 下的属、普雷沃氏菌科 Prevotellaceae 下的属。通过细菌培养发现，盲肠主要含有的菌为分解淀粉、纤维素、半纤维素以及乳酸发酵和蛋白质水解的菌。其中，蛋白质分解菌，如巴黎链球菌 *Streptococcus lutetiensis*、马肠链球菌 *Streptococcus equinus* 和拟杆菌 *Bacteroides* spp.的含量最为丰富（苏少锋，2019）。

盲肠是微生物发酵的主要部位，素有"发酵罐"之称，寄生着大量可以分解纤维素的微生物菌群，80%的纤维素分解在盲肠和结肠中完成。盲肠位于消化道的中下段，由于下段的消化道短，结肠和直肠的消化吸收能力又比较弱，因此盲肠担负着消化大量的粗纤维和一半以上的可溶性碳水化合物（无氮浸出物）的工作。马盲肠内的微生物菌群结构与牛羊等瘤胃动物相似（Varloud et al.，2007）。由盲肠消化的营养物质、菌体蛋白等均可以在盲肠和结肠中被吸收。据统计，盲肠和结肠中 30%～80%菌群属于厌氧型，总厌氧菌可达到 $1.85×10^7$～$2.65×10^9$CFU/ml。盲肠种的细菌可分为纤维素分解菌、乳酸利用菌、蛋白质水解菌等。纤维素分解菌在盲肠中占主导地位，主要菌群包括生黄瘤胃球菌 *Ruminococcus flavefaciens*、白色瘤胃球菌 *Ruminococcus albus*、产琥珀酸丝状杆菌 *Fibrobacter succinogenes* 等，其中产琥珀酸丝状杆菌在盲肠中约占 12%，其对盲肠环境的特异性存在着遗传差异（Jouany et al.，2009）。日粮中纤维水平与动物消化功能有很大的关系。盲肠内碳水化合物经微生物作用可产生挥发性脂肪酸（VFA），为马匹供应能量。可见盲肠和结肠中微生物区系和活动状况不同，马匹的盲肠比结肠更利于微生物的生长和发酵。饲喂高纤维日粮和苜蓿干草可以增加马肠道中纤维素分解菌的数量。

（二）影响马胃肠道微生物群落变化的因素

1. 宿主因素

（1）年龄

机体最初的微生物是在生命早期从母体那里获得的（Funkhouser and Bordenstein，2013）。母体微生物影响胎儿时期肠道的发育，其中一部分是通过母子循环的微生物代谢产物介导的。针对马属动物胎儿肠道微生物的研究尚未见报道，目前的报道多集中在对出生后马属胎儿肠道微生物的研究。马驹肠道细菌群落的建立是一个循序渐进的过程（Faubladier et al.，2013），对马驹胎粪、母体羊水的研究结果发现，马驹胎粪中存在少量细菌，表明马驹肠道微生物在胎儿期已经与母马建立了共生关系（Husso et al.，2020；Quercia et al.，2019；Costa et al.，2016），可能存在微生物从母体到胎儿的转移。马驹胎粪中含有少量的细菌，主要有变形菌门、厚壁菌门、放线菌门和拟杆菌门，包括葡萄球菌属 *Staphylococcus*、乳杆菌属、芽孢杆菌属 *Bacillus*、链球菌属、棒杆菌属 *Corynebacterium* 和鞘氨醇单胞菌属 *Sphingomonas*。葡萄球菌在一些马驹肠道中非常丰富（高达 39%）（Husso et al.，2020）。马驹肠道微生物的定植从出生开始，其通过母体阴道、乳房、皮肤、毛发和整体环境摄入细菌，从而启动肠道微生物的定植。这些细菌都在马驹的肠道内竞争，因此，与成年马相比，新生马驹体内的微生物群更丰富、更多样化、更有活力（Husso et al.，2020）。马驹在出生 24h 内肠道菌群就已经很复杂了，24h 后，马驹直肠微生物群的优势种为厚壁菌门和变形菌门（埃希氏菌-志贺氏菌属 *Escherichia-Shigella* 为主导）（Husso et al.，2020）。

马驹一个月内肠道菌群有所变化，粪便菌群主要以厚壁菌门和拟杆菌门为主。在属水平，拟杆菌属最为丰富。其中，1~2 周龄马驹的微生物群落丰富度显著低于年龄较大的马驹（Husso et al.，2020；Liu et al.，2021）。因为对马驹肠道菌群研究的采样时间点不同，所以研究得出的马驹的菌群结构和组成趋于稳定的时间也不同，Earing 等（2012）认为马驹在产后 6 周左右就存在成熟的微生物群落，而 Faubladier 等（2014）报道马驹从出生到大约 30 天，后肠微生物群落发生了迅速变化。然而，Costa 等（2016）认为这个过程需要两倍的时间（60 天）。Lindenberg 等（2019）研究表明，在产后 50 天内，马驹的肠道微生物群达到相对稳定。总体来说，断奶后第 7~20 天的肠道菌群多样性高于第 50 天，说明早期肠道菌群组成不稳定；然而，在第 20~50 天没有进行抽样，需进一步研究（Husso et al.，2020）。而在马驹断奶前后菌群没有显著变化，可能因为在断奶前马乳逐渐被固体食物取代，渐进式的饲养变化导致了粪便微生物群的逐渐成熟（Faubladier et al.，2014）。马驹月龄越大，其菌群与母体越相似（Costa et al.，2016）。随着马匹年龄的增长，老年马与健康成年马的细菌群落结构没有差异，但粪便细菌多样性减少（Dougal et al.，2014），这可能是衰老过程中伴随的生理变化，例如，消化道运输时间增加、牙齿状况恶化、饮食消耗变化和饮食能量需求（Garber et al.，2020b）。

（2）性别

有关马匹性别与肠道菌群关系的研究较少，但有研究发现母马和公马的肠道菌群结构存在差异（Hu et al.，2021；Mshelia et al.，2018），虽对总体微生物菌群的影响很小，却显著改变了每个分类水平中的优势微生物群落（Hu et al.，2021）。

（3）品种

品种等内在因素是某些临床疾病的诱发因素。例如，阿拉伯马容易产生绞痛，而小马品种与葡萄糖耐受不良的风险相关性往往高于成年马，纯种马似乎容易产生咬槽咽气癖。不同品种管理方式的差异可能会增加绞痛的风险或刻板行为的发生率，而一些小马品种的遗传倾向于肥胖和代谢综合征。然而，只有少数研究描述了马肠道微生物群的杂交变异（Hu et al.，2021）。

与驯化的马相比，野马的季节变化更为缓慢。最近的一项研究表明，驯化野马极大地改变了其粪便微生物组成（Metcalf et al.，2017）。与家养马相比，普氏野马的粪便微生物群更多样化，这主要是因为野生马可能摄入的植物更多样。以粗饲料为基础的饲粮与乳酸菌和牛/马链球菌的减少有关，也与马肠道中更稳定的微生物菌群有关（Willing et al.，2009），而微生物群的多样性越高，马对新饲料来源的适应性越强。驯养的马对环境压力很敏感，可能会出现剧烈的代谢紊乱，如突然的饮食变化引起的腹绞痛和蹄叶炎（Bailey et al., 2004）。

2. 营养因素

（1）日粮

马肠道微生物会因饲料的变化而发生变化，饲喂不同种类的饲料，对马肠道微生物菌群的组成和功能均会产生影响。放牧的马主要以放牧草场上的牧草为食物来源，而舍饲的马会以干草（纤维）为主要营养供给，但对于那些需要额外能量来维持体重的马（Morrison et al., 2020a），或者人们为了提高马的生产性能，大多会给马补充一些高能量饲料（谷物），因此围绕以饲喂牧草为基础的日粮和以高浓缩料为基础的日粮成为研究的热点。鉴于马后肠发酵的特点，马如果摄入大量淀粉，就会导致后肠中乳酸菌增殖，进而导致乳酸酸中毒、腹绞痛、蹄叶炎等一系列疾病，甚至死亡（Warzecha et al., 2017；Hansen et al., 2015）。有效的高营养（包括以纤维为基础的含有丰富淀粉的谷物日粮）会降低微生物多样性，而微生物多样性的减少会导致微生物群落不稳定和潜在的胃肠道功能失调（Murcia, 2019；Hansen et al., 2015）。

在日粮发生变化的情况下，马粪便菌群多样性和结构也发生变化，且具有一定的适应性（Fernandes et al., 2021），粪便样本可以用来代表盲肠和结肠微生物菌群（Grimm et al., 2017）。因此，采用粪便样本进行肠道菌群的研究更为方便，相关文献居多。日粮的突然改变，无论是单一饲料的突变，还是混合饲料的突变，都对肠道菌群存在影响，（Julliand and Grimm, 2017）。较多的研究发现高营养饲料的突然添加会造成肠道菌群的变化。

有研究报道，牧草和干草之间的突然转变会对肠道菌群产生影响。仅饲喂牧草或干草，两者在菌群丰度和多样性上相似，但对菌群结构存在影响。在改变后的前几日里，饮食变化的顺序似乎会产生更大的影响，与从牧草到干草的突然转变相比，从干草到牧草的突然转变可能导致肠道功能紊乱的风险更高（Garber et al., 2020b, 2020c），因为微生物菌群的多样性越高，马对新饲料的适应性越强。

与饲喂干草和燕麦混合物日粮相比，仅饲喂含有较少营养干草的马的盲肠微生物菌群保持较高水平的多样性和稳定性。这可能是因为饲喂干草和燕麦混合物的饲粮，导致卟啉单胞菌科 Porphyromonadaceae 数量增加，乙酸与丙酸的比例下降（Hansen et al., 2015）。饲喂单一纤维日粮会产生更稳定的微生物群落，但乳酸菌含量会较低（Willing et al., 2009）。Morrison 等（2020b）研究，从仅饲喂干草转变为干草和添加大麦颗粒饲料的日粮，厚壁菌门丰富度增加，而纤维杆菌门 Fibrobacteres 丰富度降低；在属水平，链球菌属丰富度增加，但存在个体差异。日粮突然改变，链球菌属丰富度显著增加的个体，其细菌多样性减少。

日粮的改变需要一个过程，循序渐进，马营养学家通常建议这个过程为 7~14 天。然而，对胃肠道微生物菌群需要多长时间才能适应新的日粮习惯，以及哪些细菌定植在马的肠道内，均需要进一步研究（Garber et al., 2020c）。

（2）添加剂

针对使用酶制剂对马肠道菌群的影响的研究相对较少。Proudman 等（2015）对纯血马（比赛用马）饲料中添加剂进行研究，添加淀粉酶 6 周后，OTU 数量没有显著变化，但拟杆菌门相对丰度显著增加，厚壁菌门相对丰度显著降低。添加富含淀粉酶的麦芽提取物，微生物菌群结构发生了小而显著的变化，这种变化主要发生在低丰度的分类中；利用乳酸的韦荣氏球菌科 Veillonellaceae 相对丰度增加，它们将消耗后肠发酵过程中产生的乳酸，从而缓冲 pH 的变化（Proudman et al.，2015）。

2002 年，由联合国粮食及农业组织（FAO）和世界卫生组织（WHO）共同起草了《食品益生菌评价指南》，该指南对益生菌做出了准确的定义，即益生菌是活的微生物，在摄入充足的数量时，会赋予宿主某种健康益处（中国食品科学技术学会益生菌分会，2020）。使用最为广泛的益生菌为乳酸菌类、酵母菌类和芽孢杆菌类，根据生产的产品可分为单一菌种产品和混合菌种产品。益生菌因其可以调节肠道菌群的平衡和活性，而受到人们青睐。近些年，益生菌被广泛用于马和其他农场动物的饲养中。然而，目前研究中针对益生菌对肠道菌群的稳定、治疗结肠炎或沙门氏菌等病的治疗效果存在矛盾结果（Cooke et al.，2021；Garber et al.，2020c）。无论是在马驹（Schoster et al.，2016a）或成年马（Weese et al.，2003）上，补充益生菌均不会对其粪便微生物组成的改变产生持久的影响，因此，建议长期使用或反复治疗（Cooke et al.，2021）。在高淀粉的日粮中添加益生菌，可以防止后肠道 pH 降低，为纤维素分解菌创造有利条件（Phillips et al.，2018），也能减少由肠道病原体产生的挥发性有机物（Ishizaka et al.，2014）。运动成绩是衡量比赛用马的主要指标，通过补充益生菌可以提高其耐力和速度性能（Laghi et al.，2018）。因此，将来在赛马、马术三项赛、马球和其他运动比赛中，益生菌会得到充分的应用。另外，酿酒酵母 Saccharomyces cerevisiae 在马上的应用得到了较好的效果，在添加酿酒酵母后可以提高马体内纤维素的消化率，进而使其能从饲料中获取更多的能量（Garber et al.，2020c）。运输 2h 会扰乱马的粪便细菌生态系统，而添加酿酒酵母有助于减少运输对粪便细菌生态系统的负面影响（Faubladier et al.，2013）。Ishizaka 等（2014）用一种商业上可以买到的益生菌添加剂（发酵液体）对 10 匹健康的成年马进行了 28 天的试验，并推测这种益生菌制剂改善了这些马的微生物群和代谢组，从而在未产生不良反应的前提下，提高了马的整体消化功能和健康水平。

益生元被定义为"一种被宿主微生物选择利用且具有健康益处的底物"（Gibson et al.，2017）。在马急性淀粉摄入超量等紧急情况下，补充低聚果糖可以有效减少马后肠微生物种群的破坏（Respondek et al.，2008）；此外，日粮中添加低聚果糖也可以缓解老年马消化率降低的问题（Heaton et al.，2019）。与益生菌相似，益生元的功效在不同文献中也存在着相互矛盾的结果（Cehak et al.，2019；Respondek et al.，2008）。关于益生菌和益生元的适当搭配应进一步研究，以帮助实现它们更一致的有益效果（Garber et al.，2020c）。

针对益生菌在马胃肠道疾病中的应用，Schoster（2018）进行了详细的总结，表明益生菌在马的疾病治疗中显示了一些效果，但证据还略显不足。只有很少的马用益生菌被评估，并且缺乏临床疗效的科学信息。益生菌对马驹腹泻的防治有不同程度的影响，也有不良反应的报道，但益生菌通常被认为是安全的，易于使用。另外，现在市面上商业使用益生菌往往没有达到说明书上的要求（Berreta et al.，2021）。因此，对马用益生菌的开发需要更深入，特异性的益生菌疗法将是未来研究的重点，以期达到防治的最佳效果。商业化益生菌的规范也将是未来益生菌应用的一个挑战。

3. 管理

（1）运动

胃肠道健康对于运动马的训练和比赛至关重要，20世纪50年代有研究指出马工作或训练可以影响马肠道的消化（Pagan et al., 1998）。近年来有文献报道运动会影响马的消化率（Garber et al., 2020a）。然而，目前针对肠道微生物菌群与运动之间关系的研究相对较少。Almeida等（2016）研究表明，高强度的运动改变了菌群的结构，有氧运动与母马肠道菌群的组成与结构变化有关。而Plancade等（2019）研究表明，在马耐力比赛中，肠道微生物菌群既与血液生化和代谢组学参数不相关，也不可作为比赛排名或比赛中存在风险提示的生物标记物。对于马肠道微生物与运动之间的联系还需进一步研究，Mach等（2021）提出，提高运动马成绩，可以考虑从肠道-线粒体轴这一新观点入手。

（2）地域空间、季节变化、社会关系

地域空间、季节变化、社会关系等对马肠道菌群都有一定的影响，因此研究马肠道菌群是一个复杂的过程。

生活环境因素会对马肠道细菌的组成产生很大的影响（Kaiser-Thom et al., 2020; Zhao et al., 2016），空间接触和社会结构均可以导致微生物菌群发生变化（Rosenberg and Zilber-Rosenberg, 2018）。Antwis等（2018）研究了空间结构和社会关系对半野生的威尔士山地小型马（semi-feral Welsh Mountain pony）肠道微生物组成的影响。结果表明，微生物群落组成具有个体、群体、空间等多层次结构。特定的社会关系（即母亲-后代和种马-母马）导致了更相似的微生物群落，支持了个体影响彼此的微生物群落组成的观点。

季节、天气与肠道微生物菌群的变化也有关（Theelen et al., 2021; Salem et al., 2018）。Salem等（2018）研究了放牧12个月的马粪便微生物菌群的变化，粪便微生物群始终以厚壁菌门和拟杆菌门的成员为主。但马粪便微生物菌群处于一个动态变化过程，对环境变化有响应：季节、补充牧草和环境天气条件与粪便微生物组成的变化有显著的相关性。

另外，对马粪便微生物的保存也有研究，粪便样品冷冻前在室温下最长放置6h，这样对粪便微生物群的影响很小，而在室温下长期保存会导致粪便细菌群落的变化。当超低温储存条件不能立即冷冻时，马粪样本应在收集后6h内冷冻（De Bustamante et al., 2021），因为在自然排便后6h内收集的粪便样本的微生物群组成与直肠收集的样本相似（Theelen et al., 2021）。

（3）应激

很多因素都会造成马的应激，如运输、禁食等。马经常被运输，例如，马被购买后、为了比赛和训练、为了繁殖、疾病需要治疗等（Garber et al., 2020b）。马在运输过程中经历了多种应激源，所以应激是各种健康相关问题的主要诱因（Perry et al., 2018）。Faubladier等（2013）观测到马在乘坐卡车和拖车2h后，添加酵母对马粪便细菌的影响，结果显示，链球菌 *Streptococcus* 浓度受到运输的影响，而纤维素分解菌（cellulolytic bacteria）、乳酸利用菌（lactate-utilizing bacteria）和乳杆菌 *Lactobacillus* spp.浓度保持不变。Schoster 等（2016b）研究了运输对成年健康马粪便微生物群的影响，结果显示运输后梭菌目 Clostridiales 丰度显著降低。Perry 等（2018）研究指出，运输后菌群的 α 多样性下降，在运输阶段乳酸菌和链球菌的丰度增加。禁食也会造成肠道菌群的改变。Schoster 等（2016b）研究了禁食对成年健康马粪便微生物群的影响，结果显示空腹后立克次氏体目 Rickettsiales 丰度显著降低。

断奶对一些家畜（猪、兔）肠道微生物有不同程度的影响（Liu et al., 2019b; Gresse et al., 2017），但对马驹的影响不显著。Faubladier 等（2014）在断奶后（180 天）没有观察到马肠道菌群的变化。Lindenberg 等（2019）报道断奶对微生物组成没有显著影响。断奶对马肠道菌群影响较小的部分原因在于断奶前马驹吸吮的马奶会逐渐被固体食物取代，这种渐进式的营养变化导致了粪便菌群的逐渐成熟。

4. 疾病

马肠道疾病、代谢疾病以及一些其他疾病均可以导致肠道微生物的改变，患病个体肠道菌群与健康对照组之间存在差异（Stewart et al., 2021）。

（1）结肠炎/腹泻

肠道微生物群失衡（或失调）是马腹泻（diarrhea）和马结肠炎（colitis）的关键致病因素，主要由艰难梭菌 *Clostridium difficile*、产气荚膜梭菌 *Clostridium perfringens*、肠沙门氏菌 *Salmonella enterica*、瑞氏新立克次氏体 *Neorickettsia risticii* 和冠状病毒属 *Coronavirus* 引起（Costa and Weese, 2018; Shaw and Stämpfli, 2018）。Costa 等（2012）将患有急性结肠炎的马粪便微生物菌群与健康对照组进行了比较，发现在门水平存在显著差异，患结肠炎马的拟杆菌门比健康马的数量增加，是最丰富的门，其次是厚壁菌门和变形菌门（对照组的厚壁菌门最丰富，其次是拟杆菌门和变形菌门）。患结肠炎马的放线菌门和螺旋体门的相对丰度显著低于健康马，而梭杆菌门更为丰富。梭菌纲 *Clostridia* 的数量在健康马上更为丰富。Arnold 等（2021）研究发现患结肠炎马粪便微生物的丰富度和均匀度与健康马相比均降低。因为导致结肠炎的原因不同，所以菌群失调程度也不同，使用抗生素引起结肠炎的马比沙门氏菌引起结肠炎的马肠道菌群失调更严重。与健康马相比，使用抗生素引起结肠炎的马的拟杆菌门和变形菌门细菌增加，疣微菌门细菌减少；而沙门氏菌引起结肠炎的马的厚壁菌门细菌减少。在成年马中，急性结肠炎可导致大量水样腹泻（Arroyo et al., 2020），引起肠道内微生物菌群失调，埃希氏菌 *Escherichia* spp.和梭杆菌 *Fusobacterium* spp.在结肠炎马肠道菌中更为常见。腹泻马（由结肠炎引起）粪便微生物的 β 多样性与健康马比较存在显著差异（McKinney et al., 2020）。马驹腹泻是一种常见的疾病，60%的马驹在出生 6 个月内会发生腹泻（Schoster et al., 2017）。Schoster 等（2017）发现与健康马驹相比，腹泻马驹的细菌丰富度降低；腹泻马驹粪便菌群中毛螺菌科和瘤胃球菌科含量较低。现阶段，研究者通过粪便菌群移植来治疗马结肠炎/马腹泻，这是一种新的、经济有效的治疗方法，可以成功地恢复患结肠炎/腹泻的马肠道功能。但由于试验的样本量较小，需要更大规模的病例研究来确保这些结果的可靠性（Costa et al., 2021；McKinney et al., 2020）。

（2）肠绞痛

绞痛（colic）是一种由多种原因引起的非特异性综合征，因果关系较难区分，所以关于肠绞痛中微生物群的研究目前很少。Weese 等（2015）比较了肠绞痛母马和未出现肠绞痛母马的粪便样本，结果显示，肠绞痛母马变形菌门的相对丰度显著高于未出现肠绞痛的母马，而肠绞痛母马的厚壁菌门相对丰度降低。同时，研究人员认为厚壁菌门，特别是毛螺菌科和瘤胃球菌科与变形菌门之间的比例，与肠绞痛的发生存在相关性（比例越高，发生绞痛的可能性越小），这有助于预测和预防肠绞痛。Salem 等（2019）比较入院时收集的肠绞痛马和对照组马的粪便样本，结果显示，与对照组马肠相比，肠绞痛马的厚壁菌门的相对丰度减少，变形菌门、疣微菌门和纤维杆菌门的相对丰度增加。Stewart 等（2019）研究发现，与选择手术治疗的马相比，出现肠绞痛马的粪便细菌种类较少、多样性较低，普雷沃氏菌属、梭菌纲和毛螺菌科的相对丰度降低，克里斯滕森菌科 Christensenellaceae、链球菌属和球形发丝菌属 Sphaerochaeta 的相对丰度增加。肠绞痛是马死亡的常见原因，肠绞痛的发生与肠道微生物群无法适应饲料类型、季节和环境天气的变化有关，这可能是马某些个体特有的，这也许可以解释为什么这些变化会增加某些马的绞痛风险，而其他马却没有任何症状（Salem et al., 2019）。

（3）马代谢综合征

马代谢综合征（equine metabolic syndrome，EMS）已成为一个越来越重要的导致代谢水平的问题，它会引发包括胰岛素失调和免疫力失调等状况，增加蹄叶炎的风险，导致马耐热性降低，生产性能降低，以及出现关节问题（Garber et al., 2020c）。马代谢综合征（EMS）的主要症状为肥胖（obesity）、胰岛素调节异常（insulin dysregulation，ID）和蹄叶炎（Coleman et al., 2019）。肥胖已经成为一个日益普遍影响马健康的严重问题，与马的福利紧密相关（Morrison et al., 2020a）。马肠道微生物的组成和结构影响饮食能量利用的效率，进而影响肥胖的发展。Biddle 等（2018）研究了瘦马、正常马和肥胖马之间的肠道微生物差异。与瘦马和正常马相比，肥胖马的肠道菌群更多样化，厚壁菌门的相对丰度更高，而拟杆菌门和放线菌门的数量更少。然而，这项研究没有对饮食进行控制，而饮食是影响微生物组成的主要因素。Morrison 等（2018）对马的饮食进行了控制，发现无论肥胖组还是对照组，粪便中主要菌群丰度从大到小的排列顺序均为拟杆菌门、厚壁菌门、纤维杆菌属。与对照组相比，肥胖组的细菌种类更加多样化，且肥胖组的拟杆菌门、厚壁菌门和放线菌门的丰度增加。这与 Biddle 等（2018）研究不一致，这些差异可能是由于 Biddle 等研究中使用的马存在较大的异质性及多样化的饮食，而 Morrison 等对研究设计控制得更严格。另外，对于减肥与肠道微生物间的关系也有研究，Morrison 等（2018）研究了马饮食限制前后粪便微生物间差异，结果发现减肥后马肠道菌群多样性降低，厚壁菌门和软壁菌门 Tenericutes 相对丰度降低。适应期（饮食限制前）粪便中的乙酸浓度是体重减轻的一个强有力的预测因子，并与球形发丝菌属 Sphaerochaeta（螺旋体门 Spirochaetes）丰度呈负相关（Morrison et al., 2020a）。蹄叶炎的发生可能由多种因素导致，与饮食中淀粉过量或果聚糖过量有关（Garber et al., 2020b）。

5. 药物

药物对马肠道微生物的影响也是非常大的，常用的药物主要包括抗生素、驱虫药、麻醉剂等。抗生素的使用会导致马肠道微生物失调，从而引起腹泻和结肠炎的发生（Garber et al., 2020c）。Costa 等（2015b）研究了肌内注射普鲁卡因青霉素和头孢呋辛钠、口服双磺甲氧苄啶颗粒对马粪便微生物菌群的影响，结果发现所有的抗微生物药物对微生物菌群都有一定的影响，其中双磺甲氧苄啶颗粒引起的变化更为明显，如细菌物种丰富度、多样性和菌群结构的变化，这些变化主要集中在疣微菌门。驱虫药的使用会增加腹绞痛的风险，这可能是由于驱虫药的使用改变了胃肠道微生物菌群。使用驱虫药后，拟杆菌门的相对丰度会下降（Walshe et al., 2019）。手术前经常会使用到麻醉剂，麻醉后马肠道细菌群落和结构会发生改变（Schoster et al., 2016b；Brosnan, 2013）。

第三节 其他特色动物肠道微生物与营养

一、羊驼

羊驼与牛、羊等典型的反刍动物相同，拥有多胃室和反刍行为，依赖前胃微生物降解植物纤维（Stewart et al., 1997），因此，其胃肠道微生物和消化能力（Liu et al., 2009；San Martin, 1987；赵亚军等, 2019；Xia et al., 2020）与典型的反刍动物相近，但其消化系统又与牛、羊存在很大差异（Vater et al., 2021；Vater and Maierl, 2018）。羊驼的胃分为 3 个胃室，即第 1 胃室（first stomach compartment，C1）、第 2 胃室（second stomach compartment，C2）和第 3 胃室（third stomach compartment，C3）（图 10-2），被称为伪反刍动物（Carroll et al., 2019）。其中，C1 是 3 个胃室中体积最大的，内容物分层，是微生物发酵消化的主要位置，这些特征与瘤胃类似，但其内部形态和结构与瘤胃不同，

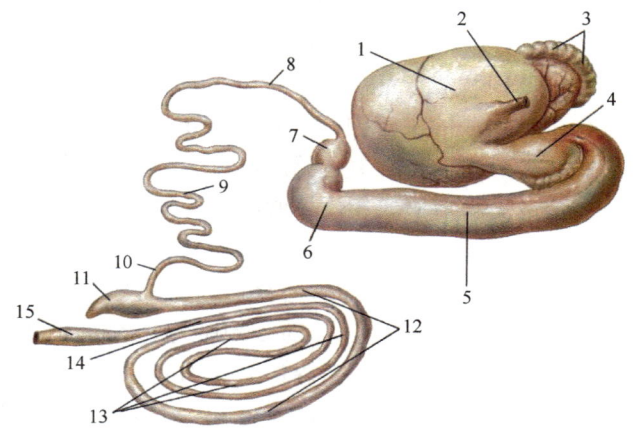

图 10-2 羊驼胃肠结构模式图（董常生，2010）

1. 第 1 胃室；2. 贲门；3. 第 1 胃室前腺囊区；4. 第 2 胃室；5. 第 3 胃室；6. 第 3 胃室有腺区；7. 幽门；8. 十二指肠；9. 空肠；10. 回肠；11. 盲肠；12. 升结肠旋袢；13. 升结肠旋袢向心回和离心回；14. 降结肠；15. 直肠

C1 的黏膜分为无腺区（non glandular area）和有腺区（glandular area）两部分。无腺区光滑无乳头，颜色灰白而粗糙，与食管黏膜相似，由于肌层收缩而呈现许多小黏膜褶，褶随胃充满食物扩张而消失。有腺区为腺囊区，其黏膜形成一些横行和纵行的灰白色粗糙皱褶，皱褶将腺囊区分为多个小的灰黄色腺囊（glandular saccule），内含有分泌碳酸氢盐和磷酸盐缓冲剂的腺体（Eckerlin and Stevens，1973）。这些差异可能是羊驼与典型的反刍动物的胃肠道微生物和营养存在一定差异的原因。目前关于羊驼胃肠道微生物的研究较少，这些研究主要集中在 C1 的微生物。

（一）羊驼第 1 胃室微生物菌群结构与营养

羊驼第 1 胃室中的微生物包括细菌、原虫、厌氧真菌、产甲烷菌等（Chao et al.，2021；Henderson et al.，2015；Pei et al.，2013），类似于牛羊瘤胃微生物。虽然羊驼第 1 胃室各类微生物数量和比例与绵羊等反刍动物瘤胃有一定差异，但在数量级上差异不大，如原虫的数量均为 $10^5 \sim 10^6$ 个/ml（Chao et al.，2021；Ortiz-Chura et al.，2018；Henderson et al.，2015；Del Valle et al.，2008；Dehority，1986）。日粮显著影响羊驼第 1 胃室中的微生物菌群，这与绵羊瘤胃微生物菌群一致，并且各类微生物的变化规律也一致，但变化的程度存在差异（Chao et al.，2021；Henderson et al.，2015）。以玉米秸为粗饲料时，随着精料比例的增加，羊驼第 1 胃室中原虫的数量逐渐增加，精料比例从 30%增加到 70%，原虫的数量也从 1.35×10^5 个/ml 增加到 6.97×10^5 个/ml；厌氧真菌占细菌的比例跳跃式减少，精料比例从 30%增加到 50%，厌氧真菌的比例从 0.0483%降到 0.0262%；而产甲烷菌占细菌的比例没有显著变化；并且在各种精料比例条件下，原虫的数量显著低于绵羊瘤胃，厌氧真菌的比例有高于绵羊瘤胃的倾向。以新鲜苜蓿为粗饲料时，羊驼第 1 胃室原虫占细菌的比例与绵羊瘤胃相似，厌氧真菌占细菌的比例是绵羊瘤胃的 6.5 倍，而总细菌数量比绵羊瘤胃低近一个数量级，这说明羊驼以新鲜苜蓿为粗饲料时第 1 胃室中各类微生物的数量均低于绵羊等真正的反刍动物，可能是其很难发生瘤胃鼓胀（Liu et al.，2009；San Martin and Bryant，1989）的原因之一。但羊驼对植物纤维的消化率并不低于绵羊（Xia et al.，2020），甚至更高（San Martin and Bryant，1989），尤其是低质量、低蛋白质粗饲料的降解效率更高（Genin and Tichit，1997；Rübsamen and Von Engelhardt，1979），这可能是由于羊驼第 1 胃室中降解纤维的厌氧真菌和细菌的比例较高（Pei et al.，2013），且食糜在消化道中的滞留时间较其他反刍动物长（姚建军等，2015；Sponheimer et al.，2003；San Martin and Bryant，1989），使食糜能够充分消化，微生物蛋白质产量更高，但长的滞留时间会导致饲料颗粒无法及时排空而减少动物采食量（Xia et al.，2020；赵亚军等，2019；Liu et al.，2009）。

羊驼第 1 胃室中的细菌菌群优势菌门为拟杆菌门 Bacteroidetes 其次为厚壁菌门 Firmicutes（Chao et al.，2021；Xia et al.，2020；Carroll et al.，2019；Pei et al.，2010），这与反刍动物和伪反刍动物的现有研究一致（Gharechahi et al.，2015；Henderson et al.，2015；Mao et al.，2013，2015；Jami and Mizrahi，2012；Samsudin et al.，2011；Kong et al.，2010）。并且，羊驼第 1 胃室中最丰富的 4 个菌属是普雷沃氏菌属 Prevotella 和属于梭菌科 Clostridiaceae、真杆菌科 Eubacteriaceae 及瘤胃球菌科 Ruminococcaceae 的

未分类属（Carroll et al.，2019），这些也与反刍动物和南美驼类中最丰富的细菌属（Henderson et al.，2015）相一致。但羊驼第 1 胃室中的细菌菌群与绵羊等反刍动物瘤胃存在很大差异，并且受日粮的影响很大（Chao et al.，2021；Xia et al.，2020；Carroll et al.，2019；Pei et al.，2010，2013）。例如，拟杆菌门和厚壁菌门在苇状羊茅 *Festuca arundinacea* 干草日粮的羊驼第 1 胃室中分别占总细菌的 50.0%和 26.0%，在苜蓿干草（alfalfa hay）日粮中分别占 48.4%和 32.7%（Carroll et al.，2019），而牛瘤胃拟杆菌门和厚壁菌门在以上两种条件下分别占总细菌的 40.0%～50.0%和 43.0%～53.9%（Jami and Mizrahi，2012；Kong et al.，2010），单峰驼前胃中拟杆菌门和厚壁菌在以上两种条件下分别占总细菌的 29.6%～51.2%和 30.1%～61.0%（Gharechahi et al.，2015；Samsudin et al.，2011）。以玉米秸为粗饲料时，羊驼第 1 胃室中细菌菌群的 α 多样性指数（ACE 指数、Chao1 指数和 Shannon 指数）均在玉米秸 70%时最高，显著高于绵羊瘤胃，并随着玉米秸比例下降而下降，但在玉米秸 50%和 30%间没有显著差异，并且与绵羊瘤胃没有差异。而菌群的 β 多样性（主坐标分析 PCoA）表明日粮对羊驼第 1 胃室的细菌菌群有显著影响，与绵羊瘤胃细菌菌群有显著差异（Chao et al.，2021；Xia et al.，2020），并且饲喂高羊茅干草和苜蓿干草的羊驼第 1 胃室细菌菌群 β 多样性存在显著差异：饲喂高羊茅干草的羊驼第 1 胃室中厚壁菌门细菌丰度显著高于饲喂苜蓿干草的羊驼，疣微菌门 Verrucomicrobia、纤维杆菌门和黏胶球形菌门 Lentisphaerae 等菌门的细菌丰度正好相反。而在混合干草日粮中添加 20%左右的苋菜籽、大麦、藜麦或豆粕等谷物对羊驼第 1 胃室的菌群 β 多样性影响不大（Carroll et al.，2019）。羊驼第 1 胃室中的优势菌门拟杆菌门随着精料比例的增加在细菌中的比例逐渐降低，而厚壁菌门比例则不受精料比例的影响，这些均与绵羊瘤胃相似（Chao et al.，2021；Xia et al.，2020；Carroll et al.，2019）。但在各种日粮条件下均有一些细菌的门和属仅在羊驼第 1 胃室中被发现，而绵羊瘤胃中未发现，而有些细菌的门和属在两种动物前胃中均发现，但存在丰度的差异（Chao et al.，2021；Xia et al.，2020；Pei et al.，2010）。所有研究均发现，羊驼第 1 胃室中能降解植物纤维的厌氧真菌和纤维素降解细菌的丰度高于绵羊瘤胃，但日粮粗饲料的类型影响优势纤维素降解细菌的种类（Chao et al.，2021；Xia et al.，2020；Pei et al.，2013）。以玉米秸为粗饲料时羊驼第 1 胃室中纤维降解细菌为丁酸弧菌属 *Butyrivibrio* 和假丁酸弧菌属 *Pseudobutyrivibrio* 等菌属，而以新鲜苜蓿为粗饲料时优势细菌真杆菌 *Eubacterium* spp. F1 即为纤维素降解细菌（Chao et al.，2021；Pei et al.，2010）。这与众所周知的羊驼比绵羊能更有效地消化植物细胞壁（Jouany，2000；Dulphy et al.，1997；Lemosquet et al.，1996）的理论相一致，尤其是，羊驼能更有效地消化粗蛋白质含量低于 7.5%的劣质粗饲料日粮（San Martin and Bryant，1989）。

羊驼第 1 胃室中产甲烷菌古菌不但丰度显著低于绵羊瘤胃（Chao et al.，2021；Pei et al.，2013），而且其菌群不同于其他草食动物肠道（St-Pierre and Wright，2012，2013），其优势产甲烷菌为米氏甲烷短杆菌 *Methanobrevibacter millerae*，该菌在产甲烷菌中占 47.3%。这可能是羊驼甲烷气体排放量显著低于绵羊的原因（Liu et al.，2009；Pinares-Patino et al.，2003），Liu 等（2009）报道羊驼甲烷气体排放量仅为绵羊的 17%～30%。

羊驼第 1 胃室中的原虫有内毛虫属 *Entodinium* 的 *En. alces*、*En. bovis*、*En. caudatum*、*En. f. dubardi*、*En. costatum*、*En. damae*、*En. dilobum*、*En. dubardi*、*En. exiguum*、*En. longinucleatum*、*En. nanellum*、*En. ovibos*、*En. parvum* 和 *En. simplex* 等种，双毛虫属 *Diplodinium* 的 *D. anisacanthum*、*D. f. anacanthum*、*D. f. triacanthum*、*D. dogieli* 和 *D. rangiferi* 等种；真双毛虫属 *Eudiplodinium* 的 *Eu. bovis*、*Eu. maggii*、*Eu. neglectum*、*Eu. Ecaudatum f. caudatum* 和 *Eu. Ecaudatum f. ecaudatum* 等种，其中优势属内毛虫属占原虫总量的 85.94%，其次为前毛虫属占总量的 10.53%。羊驼第 1 胃室缺少其他反刍动物瘤胃中常见的等毛虫属 *Isotricha*、厚毛虫属 *Dasytricha*，以及 *Diplodinium cameli* 和 *Entodinium ovumrajae* 等原虫（Del Valle et al., 2008）。羊驼第 1 胃室中原虫菌群在不同的研究中差异很大，这可能是受日粮和环境因素的影响（Del Valle et al., 2008；Baker and Day, 1993），这与反刍动物瘤胃原虫菌群存在差异的结论一致。

羊驼第 1 胃室中微生物菌群差异可能是其中 NH_3-N 和 TVFA 浓度、各种 VFA 的比例不同于绵羊瘤胃的原因。羊驼第 1 胃室中 NH_3-N 浓度显著低于绵羊瘤胃（Xia et al., 2020；Liu et al., 2009），这可能是由于羊驼干物质采食量（主要的 N 摄入量）低于绵羊（Ortiz-Chura et al., 2018），也可能与第 1 胃室中日粮蛋白质的降解和微生物对 NH_3-N 的利用有关（Belanche et al., 2012；Ushida et al., 1986）。Xia 等（2020）研究发现绵羊瘤胃中的蛋白质降解细菌月形单胞菌属 *Selenomonas* 的比例更高，这种细菌显著增加了 NH_3-N 的产生（Liu et al., 2020b），在羊驼前胃中发现了较高丰度的纤维素分解细菌，这可能是羊驼中 NH_3-N 浓度较低的原因之一。与反刍动物一样，羊驼需要葡萄糖来满足特定组织（大脑、胎盘）的能量需求，其中丙酸通过糖异生途径来产生所需的葡萄糖（Bergman, 1990）。对于其他组织，乙酸和丁酸是主要的能量前体（Bergman, 1990）。以新鲜牧草为粗饲料时，羊驼第 1 胃室中 TVFA 浓度显著低于绵羊瘤胃，乙酸的比例显著高于绵羊瘤胃（Liu et al., 2009）；而以玉米秸为粗饲料时，虽然羊驼第 1 胃室中 TVFA 浓度与绵羊瘤胃相似，但乙酸的比例显著低于绵羊瘤胃，丙酸、异丁酸、戊酸和异戊酸等比例均显著高于绵羊瘤胃（Xia et al., 2020）。

（二）羊驼肠道微生物菌群结构与营养

Carroll 等（2019）研究了日粮和身体状况对十二指肠、空肠、回肠、盲肠和大肠内容物中细菌菌群（16S rRNA 基因）的影响发现，羊驼的日粮和肠道部位显著影响其中的细菌菌群，这与其他研究发现反刍动物前胃、小肠和大肠或后肠微生物群存在差异的结论（Perea et al., 2017；Mao et al., 2015, 2013）相一致，但没有发现身体状况对肠道菌群的影响。羊驼细菌菌群的 β 多样性使肠道可以分成小肠（空肠和回肠）和远端肠（盲肠和直肠）两部分，即空肠和回肠的菌群接近，而盲肠和直肠的菌群接近。十二指肠样本由于所测出的序列较少，并且基于较少序列（2400 次序列/样本）的主坐标分析显示其样本与回肠和空肠样本能够聚类，说明十二指肠细菌菌群与空肠和回肠相似。羊驼小肠的细菌菌群以厚壁菌门为优势菌门，其次为放线菌门 Actinobacteria，厚壁菌门、放线菌门、蓝细菌门 Cyanobacteria、浮霉菌门 Planctomycetes、绿弯菌门 Chloroflexi、TM7 等菌门的丰度较远端肠更高，其中厚壁菌门尤为突出，不仅小肠中的丰度（空肠 73.04% 和回肠 71.74%）显著高于远端肠（盲肠 57.89% 和直肠 52.52%），并且其中的丁酸弧菌属、瘤胃球菌属 Ruminococcus 和难养杆菌属 Mogibacterium 等属也显著高于远端肠；远端肠优势菌门为厚壁菌门，其次为拟杆菌门，且拟杆菌门、变形菌门 Proteobacteria、疣微菌门、黏胶球形菌门等在远端肠中丰度更高。肠道部位的微生物差异可能与其肠道的营养功能有关。第 1 胃室含有发酵植物物质的微生物，产生乙酸、丙酸和丁酸等挥发性脂肪酸，也是挥发性脂肪酸吸收的场所；小肠负责进一步消化和吸收营养物质（Owens et al.，1986）；盲肠和直肠是发酵、VFA 产生以及水和电解质吸收的场所（Hofmann，1989），而每个部分中不同微生物群落的存在可能有助于其生理功能（Mao et al.，2015）。例如，据报道，可转化胆汁酸的红蝽菌科 Coriobacteriaceae 细菌（Clavel et al.，2014）在羊驼回肠和空肠中含量丰富，而属内菌株间降解多糖和蛋白质的能力差异很大的普雷沃氏菌属（Avguštin et al.，1997）与不同肠段相比，在第 1 胃室中更丰富。不同类型草食动物粪便中核心菌群的差异进一步证明对这些差异细菌的研究可能会揭示更多与消化道相关的生理过程（O'Donnell et al.，2017）。

日粮对羊驼肠道各部位细菌群落都有显著影响，这与目前人们的认识，即日粮强烈影响哺乳动物胃肠道微生物群的组成（Carmody et al.，2015；Henderson et al.，2015；Muegge et al.，2011）相一致。饲喂高羊茅干草和苜蓿干草的羊驼肠道每个部位的内容物细菌菌群组成均存在差异（Carroll et al.，2019）。与高羊茅干草喂养的羊驼相比，苜蓿干草喂养的羊驼空肠中放线菌门丰度较低，而厚壁菌门丰度较高，回肠中放线菌门和软壁菌门两个菌门的丰度较低，而互养菌门 Synergistetes 丰度较高，盲肠中拟杆菌门的丰度较低，而疣微菌门、蓝细菌门和浮霉菌门等菌的丰度较高。另外，在羊驼肠道大部分肠段均存在的丁酸弧菌属 Butyrivibrio（ID 169738），其丰度受肠段部位和日粮的影响，在苜蓿干草喂养羊驼的回肠、盲肠和直肠中的丰度均高于高羊茅干草喂养的羊驼。两种干草日粮对羊驼肠道各部位影响最明显的细菌类型有拟杆菌科、普雷沃氏菌和放线菌门。

综上所述，关于羊驼胃肠道微生物的研究较少，各部位菌群的特点、与营养间的关系等方面仍需进一步研究。

二、骆驼

骆驼作为荒漠、半荒漠地区的主要畜种，在干旱荒漠地区，具有很强的适应能力。不同于其他草食性动物，骆驼主要采食一般草食动物（如牛、羊）都难以忍受的梭梭、沙蓬、碱蓬、盐爪爪、红砂、红柳等含盐量很高的植物，以及具有一定毒性的骆驼蓬、锁阳、牛心朴子、狼毒和蒙古扁桃等植物。对于这些高盐或具有一定毒性的食物，骆驼长期食用，并不会产生不适症状。此外，骆驼的消化系统与其他反刍动物也不同，骆驼的前胃仅有瘤胃、网胃、皱胃三室，没有瓣胃（Ming et al.，2017）。相较于其他草食反刍动物，骆驼为了适应极为恶劣的环境，具有较长的前胃，从而导致食物在前胃中会长时间停留。

（一）骆驼胃肠道微生物的多样性

1. 细菌多样性

被誉为"超级有机体"的肠道微生物由不同种类的原核和真核生物组成。这些肠道微生物群落间与宿主互利共生，形成了相互依赖、相互作用的一个整体。它们不仅是机体消化食物、吸收营养物质的场所，同时更发挥着维持机体健康的重要作用。目前大量研究表明，肠道内的微生物群落与宿主的生理、免疫和营养状况息息相关。宿主与肠道内的微生物往往通过相互协调、共同作用于机体的免疫、营养和代谢过程，从而保证了机体的健康。

现如今有关植食动物肠道微生物的研究越来越多，科研人员已针对奶牛、梅花鹿和羊驼等动物，开展了不同的研究。针对骆驼肠道微生物的研究较早，早在20世纪50年代，Hungate等（1959）就使用微生物培养的方法对骆驼消化系统中的微生物展开了研究。科研人员使用经典微生物学方法鉴定微生物多样性，而高通量测序技术的发展使人类跨过了微生物培养的过程，进而加速了人们对微生物的认识。

Samsudin等（2011）基于16S rRNA基因序列的比较分析对单峰驼前肠内容物进行了研究，研究表明，从门的水平上，前肠的肠道菌群中厚壁菌门（占67%）为最具优势的菌群；从科的水平看，拟杆菌科（Bacteroidaceae，占25%）在肠道微生物菌群占优势地位。2013年，研究人员基于宏基因组焦磷酸测序，研究了单峰驼瘤胃微生物的组成和功能，发现从门的水平上，拟杆菌门（55.5%）、厚壁菌门（22.7%）、变形菌门（9.2%）为主导菌群。通过分析瘤胃微生物潜在功能和代谢，研究人员发现，碳水化合物功能是瘤胃微生物最丰富的功能，且牛和单峰驼具有相似的瘤胃功能（Bhatt et al.，2013）。诸多研究证实，骆驼瘤胃微生物在结构上与其他反刍动物相似，但在组成上不同，导致骆驼瘤胃微生物组成不同的原因主要是其瘤胃中纤维素降解细菌的高度富集（Gharechahi et al.，2015）。在门水平上，纤维素分解细菌主要包括拟杆菌门、纤维杆菌门、厚壁菌门和变形菌门。在属水平上，梭菌属 *Clostridium* 是反刍动物主要的多糖降解者。普雷沃氏菌属可利用多种多糖，并可促进木聚糖的降解，此外，瘤胃球菌科和淀粉、纤维素的降解有关。

Gharechahi和Salekdeh（2018）对单峰驼瘤胃内容物进行宏基因组测序，确定了有助于纤维素降解的关键菌种。该研究发现，单峰驼瘤胃宏基因组中糖苷水解酶的编码密度是25个/Mb（显著高于牛）。研究发现单峰驼肠道中38.3%为编码糖苷水解酶，26.3%为编码糖基转移酶，13.3%为编码碳水化合物酯酶，12.5%为编码碳水化合物结合模块，4.5%为编码辅助氧化还原酶，2.8%为多糖裂解酶。其中，内切葡聚糖酶、内切纤维素酶、脱支酶和寡糖降解酶是单峰驼肠道内最主要的纤维素降解酶，有利于分解来源于植物的复杂食物，有助于单峰驼肠道内食物的进一步发酵。

何静（2019）采集蒙古国戈壁阿尔泰省自然保护区3峰野生双峰驼和我国内蒙古自治区巴彦淖尔市地区8峰家养双峰驼粪便样品进行宏基因组测序，并对双峰驼粪便微生物宏基因组进行组成和功能注释。在门水平进行注释，3峰野生和8峰家养双峰驼粪便样品的菌群组成相似，其中家养双峰驼粪便中细菌占 94.5%，古菌 0.6%，野生双峰驼粪便中细菌占 96%、古菌占 0.4%。在家养和野生双峰驼粪便样品中，丰度最高的菌门是厚壁菌门，其次是拟杆菌门、变形菌门和放线菌门。在属水平上，野生双峰驼粪便样本中相对丰度最高的属为拟杆菌门的拟杆菌属 *Bacteroides*，家养双峰驼中相对丰度最高的属是厚壁杆菌门的肠杆菌属 *Enterobacter*。此外，拟杆菌门的别样杆菌属 *Alistipes* 和普雷沃氏菌属、厚壁菌门的瘤胃球菌属和栖粪杆菌属 *Faecalibacterium* 均是家养和野生双峰驼粪便样本中的主要优势菌群。家养和野生双峰驼所有细菌门和属水平均差异较小。双峰驼单一的饮食结构可能是影响双峰驼肠道微生物的主要因素之一。

按照直系同源簇（cluster of orthologous group，COG）基因功能分类将注释得到的功能基因归类，家养双峰驼和野生双峰驼所有样本通过预测所得的功能预测结果，大多数集中在碳水化合物、氨基酸和核酸三大代谢，并且在所有样本中均是碳水化合物和氨基酸两种物质代谢最为丰富。基于各样本在 KEGG 数据库中注释得到的功能结果，家养双峰驼能量代谢、核苷酸代谢、翻译功能显著高于野生双峰驼。但是聚糖生物合成与代谢、脂质代谢、信号转导，以及与感染疾病和癌症及免疫系统相关的通路显著高于家养双峰驼，说明野生双峰驼比家养双峰驼患病的概率更大些，为了解双峰驼独特的生物学特性提供了一定的依据。

2. 古菌多样性

古菌是一类共生微生物，由于它与其他微生物间相互作用，被认为与人类的部分病因有关联。何静（2019）研究发现古菌在双峰驼粪便宏基因组中仅占 0.4%～0.6%，共有 7 个门、12 个纲、23 个目、39 个科、102 个属；主要由广古菌门 Euryarchaeota、泉古菌门 Crenarchaeota、奇古菌门 Thaumarchaeota、纳古菌门 Nanoarchaeota、初古菌门 Korarchaeota 组成。研究人员对古菌进行注释发现，3 峰野生和 8 峰家养双峰驼粪便样品的菌群组成相似，个体间存在差异，其中广古菌门是家养和野生双峰驼粪便中古菌的主要组成成员，占总含量的 97%。在属水平上，甲烷粒菌属 *Methanocorpusculum*、甲烷短杆菌属 *Methanobrevibacter*、甲烷球形菌属 *Methanosphaera*、甲烷八叠球菌属 *Methanosarcina* 和热球菌属 *Thermococcus* 是相对丰度排名前五的古菌属。基于家养和野生双峰驼两组样本差异分析发现，在门水平上，奇古菌门在家养双峰驼样品和野生双峰驼样品之间存在显著差异；在属水平上，甲烷球形菌属、甲烷球菌属 *Methanococcus*、盐几何菌属 *Halogeometricum*、嗜盐碱球菌属 *Natronococcus*、超热菌属 *Hyperthermus*、热变形菌属 *Thermoproteus*、餐古菌属 *Cenarchaeum* 等在家养和野生双峰驼粪便内存在显著性差异（何静，2019）。

3. 真菌多样性

2019 年，研究人员分别选取采集蒙古国戈壁阿尔泰省自然保护区 3 峰野生双峰驼和我国内蒙古巴彦淖尔地区 8 峰家养双峰驼粪便样品进行宏基因组测序。研究发现，真菌在双峰驼粪便内占据比例很少，约占 0.4%，共有 7 个门、28 个纲、60 个目、123 个科、

233 个属。其中相对丰度最多的为子囊菌门 Ascomycota（家驼 75.40%、野驼 76.41%），其次为担子菌门 Basidiomycota（家驼 16.51%、野驼 16.18%）。在属水平上，曲霉菌属 *Aspergillus*（家养 5.22%、野生 5.65%）和假丝酵母菌属 *Candida*（家驼 4.24%、野驼 15.68%）是双峰驼粪便样本中的最主要的优势真菌属。同时，基于家养和野生双峰驼两组样本差异分析发现，在属水平上，假丝酵母菌属、孢堆黑粉菌属 *Sporisorium*、外瓶霉属 *Exophiala*、曲霉菌属是家养和野生双峰驼粪便中主要优势菌群。轮枝菌属 *Verticillium*、镰孢霉属 *Fusarium*、外瓶霉属、未分类伞菌亚门 unclassified Agaricomycotina、未分类子囊菌纲 unclassified Ascomycetes 等在家养和野生双峰驼肠道存在显著性差异（何静，2019）。

（二）影响骆驼胃肠道微生物多样性的因素

目前，大量研究已证实肠道微生物的菌群结构和功能差异受宿主的生理和环境因素影响，如宿主基因型、饮食习惯、栖息地和年龄等因素。此外诸多文献表明，在宿主的整个消化道内都有大量的微生物存在，且不同的胃肠道区段和内容物组分，对肠道菌群的丰度与多样性都有影响。

1. 胃肠道不同区段

2019 年，何静等基于 16S rDNA 高变区 V4 测序，分析了 11 峰成年双峰驼胃肠道的 8 个区段的菌群多样性。在门水平上，胃中厚壁菌门和拟杆菌门的相对丰度较高；在十二指肠和空肠中厚壁菌门和变形菌门是其主要的主导菌群；但在回肠和大肠中厚壁菌门和疣微菌门是其优势菌群。在属水平，在大肠和粪便样品中发现了较大比例的阿克曼氏菌属 *Akkermansia* 和未分类瘤胃球菌科 unclassified Ruminococcaceae，而在胃中存在更多纤维杆菌属 *Fibrobacter*、普雷沃氏菌属、未分类梭菌目 unclassified Clostridiales 和未分类拟杆菌目 unclassified Bacteroidales。但是，在十二指肠和空肠中乳杆菌属 *Lactobacillus*、未分类双歧杆菌属 unclassified *Bifidobacterium* 和假单胞菌属 *Pseudomonas* 相对丰度显著高于其他区段微生物数量。因此，从肠道菌群的结构上看，双峰驼胃肠道不同部位的微生物群落组成存在显著差异，胃、小肠和大肠之间微生物群落明显不同，回肠中肠道微生物的分布更接近大肠中的分布。基于微生物群落代谢功能预测，证实氨基酸代谢、碳水化合物代谢、复制和修复以及膜转运的功能是整个胃肠道中最丰富的功能。但是，双峰驼不同部位的细菌代谢功能存在显著差异，十二指肠和空肠的菌群可能携带较高比例的与癌症和传染病相关的功能基因；粪便与大肠中的微生物组成和功能具有显著的相似性，但与胃的微生物功能间存在一定差异。因此，从微生物的组成和功能上看，我们发现双峰驼粪便样本能够代表一定的肠道微生物特性，但不能完全代表整个胃肠道的微生物组成和功能（He et al.，2018）。

2. 不同饮食

基于 16S rRNA 基因的 V4 区测序对内蒙古家养双峰驼、蒙古国家养双峰驼和蒙古国野生双峰驼，以及内蒙古黄牛的粪便样品进行研究，揭示其微生物群落特征。结果显示在属水平上，脱硫弧菌属 *Desulfovibrio* 为双峰驼群体（内蒙古家养双峰驼、蒙古国家养双峰驼和蒙古国野生双峰驼）粪便中优势菌属，而假单胞菌属 *Pseudomonas* 为内蒙古黄牛粪便中优势菌属。此外，不同于家养双峰驼和黄牛粪便中微生物菌属，在野生双峰驼粪便中的纤维杆菌属 *Fibrobacter*、粪杆菌属 *Coprobacillus* 及泥杆菌属 *Paludibacter* 丰度极低。该研究表明宿主基因型不是唯一决定肠道菌群丰度与多样性的因素，生活环境和饮食的不同也是影响肠道菌群丰度与多样性的主要因素（Ming et al.，2017）。

3. 不同年龄

2018 年，研究人员采集 3 个年龄段的 18 个双峰驼样本的粪便内容物为研究对象，采用 16S rRNA 测序对粪便样品中的细菌多样性进行研究，并对不同年龄的双峰驼粪便微生物进行比较分析。结果发现，在门的水平上，1 岁和 3 岁的双峰驼粪便中微生物群以厚壁菌门、拟杆菌门和疣微菌门为主导菌群，而在 2 个月大幼驼中厚壁菌门、变形菌门和拟杆菌门为主要的优势菌群。在属的水平上，布劳特氏菌属 *Blautia*、梭杆菌属 *Fusobacterium* 和双歧杆菌属 *Bifidobacterium* 在 2 个月大的幼驼中更加丰富。不同于 2 个月大幼驼微生物组成，瘤胃球菌科 Ruminococcaceae_UCG-005 属、阿克曼氏菌属和克里斯滕森氏菌科 Christensenellaceae_ R-7_group 属是 1 岁和 3 岁双峰驼肠道中的主导菌群。不同年龄双峰驼粪便的微生物分布存在一定差异。在双峰驼粪便中微生物群落的多样性随着时间的推移而增加，并且在双峰驼 1 岁时，其粪便微生物的多样性已开始趋于成年骆驼的状态。基于微生物群落代谢功能预测证实，在 2 个月大幼驼中，与免疫系统疾病功能相关的基因的相对丰度较高，但与免疫系统功能相关基因的相对丰度较低（何静，2019）。

参 考 文 献

包蕾. 2011. 中国牦牛瘤胃未培养微生物来源的纤维素降解酶的筛选、克隆和鉴定. 上海: 复旦大学博士学位论文.

曹连宾, 崔占鸿, 孙红梅, 等. 2016. 全放牧牦牛与舍饲牦牛瘤胃细菌多样性比较. 江苏农业科学, 44(3): 7.

柴沙驼, 薛白. 1994. 生长期藏羊蛋白质需要量的研究. 青海畜牧兽医杂志, 24(6): 1-4.

陈根元, 周小玲, 蒋慧, 等. 2012. 不同年龄驴的后消化道中挥发性脂肪酸含量和组成的分析初探. 塔里木大学学报, 24(4): 7-16.

淡瑞芳. 2006. 用 Real Time PCR 和 DGGE 技术研究放牧藏系绵羊瘤胃微生物季节动态. 兰州: 甘肃农业大学博士学位论文.

董常生. 2010. 羊驼学. 北京: 中国农业出版社: 46-70.

方雷, 陈根元, 刘利林, 等. 2019. 新疆驴盲肠、腹结肠、背结肠固相食糜细菌多样性研究. 江苏农业科学, 47(8): 176-178.

冯仰廉. 2004. 反刍动物营养学. 北京: 科学出版社.

冯仰廉, 李胜利, 赵广永, 等. 2012. 牛甲烷排放量的估测. 动物营养学报, 24(1): 1-7.

桂荣, 那日苏, 翟向华, 等. 1999. 中国牦牛瘤胃纤毛虫原生动物区系与异地饲养对它的影响. 动物营养学报, (S1): 271-272.

韩国才. 2017. 马学. 北京: 中国农业出版社: 136-138.

韩学平, 刘宏金, 胡林勇, 等. 2020. 环湖牦牛瘤胃微生物区系特征及性别之间的差异. 动物营养学报, 32(1): 234-243.

何静. 2019. 双峰驼肠道微生态特征及纤维素分解菌的研究. 呼和浩特: 内蒙古农业大学博士学位论文.

侯文通. 2013. 现代马学. 北京: 中国农业出版社: 122-126.

黄纯波, 廖新俤. 2018. 肠道菌群调控研究进展. 家畜生态学报, 39(12): 6-11.

黄小丹. 2013. 青藏高原反刍家畜瘤胃微生物多样性分析. 兰州: 兰州大学博士学位论文.

李君风, 原现军, 董志浩, 等. 2017. 西藏地区牦牛瘤胃中兼性厌氧纤维素降解菌的分离鉴定. 草业学报, 26(6): 176-184.

李林. 2007. 控释尿素产品的补饲效果及其对瘤胃微生物蛋白质合成的影响. 西宁: 青海大学硕士学位论文.

刘桂芹, 格尔乐其木格, 张心壮, 等. 2020. 饲喂方式对德州驴生长性能、营养物质消化率和盲肠微生物多样性的影响. 动物营养学报, 32(2): 706-714.

刘桂芹, 格日乐其木格, 邢敬亚, 等. 2019. 驴肠道微生物多样性及代谢功能差异分析的研究. 饲料工业, 40(19): 24-29.

马力. 2020. 不同饲养方式及日粮对牦牛瘤胃微生物区系特征的影响. 北京: 中国科学院博士学位论文.

马力, 徐世晓, 刘宏金, 等. 2019. 不同物候期牧草对放牧牦牛瘤胃内环境参数及瘤胃微生物多样性的影响. 动物营养学报, 31(2): 681-691.

芒来. 2015. 新概念马学. 北京: 中国农业出版社: 91-94.

米见对. 2016. 细菌与甲烷菌在牦牛瘤胃中的时间动态及其在消化道的空间分布. 兰州: 兰州大学博士学位论文.

聂召龙, 刘书杰, 崔占鸿, 等. 2019. 新疆巴州幼年与成年牦牛瘤胃细菌区系多样性分析. 核农学报, (11): 2147-2157.

尚立强, 薛世魁, 王惜婧, 等. 2019. 西北高海拔地区放养偶蹄类动物肠道微生物多样性的宏基因组比较研究. 安徽农业科学, 47(7): 98-101.

苏少锋. 2019. 蒙古马胃肠道细菌群落组成及纤维素分解菌的研究. 呼和浩特: 内蒙古农业大学博士学位论文.

陶金山, 苏少锋, 张建强, 等. 2021. 马肠道微生物组成及影响因素的研究进展. 畜牧与饲料科学, 42(4): 61-66.

田淑琴, 彭中利, 邓孝廷, 等. 1997. 牦牛瘤胃纤毛虫与其营养代谢. 西南民族学院学报(自然科学版), 23(3): 281-283.

王斌星, 陈光吉, 郭春华, 等. 2017. 能量水平对舍饲育肥牦牛生长性能、屠宰性能、瘤胃发酵参数和瘤胃微生物数量的影响. 中国畜牧兽医, 44(2): 469-475.

谢敖云, 柴沙驼, 王万邦, 等. 1996. 高山草甸草地牧草产量及其营养变化规律. 青海畜牧兽医杂志, 26(2): 8-10.

姚建军, 王娟, 刘清清, 等. 2015. 羊驼第一胃室与绵羊瘤胃固相和液相外流速率的比较. 动物营养学报, 27(5): 1394-1400.

姚军, 郭健, 赵晋军, 等. 2002. 青藏高原草地营养与牦牛和藏羊瘤胃纤毛虫种群动态相关分析. 中国草食动物, (S1): 162-163.

张学燕, 刘书杰, 崔占鸿, 等. 2018. 应用16S rRNA基因序列技术分析青海高原放牧牦牛瘤胃产甲烷菌的多样性. 青海大学学报, 36(1): 9-16, 46.

赵亚军, 裴彩霞, 刘强, 等. 2019. 玉米秸为粗饲料条件下比较羊驼与绵羊养分表观消化率和瘤胃代谢的差异. 动物营养学报, 31(5): 2416-2422.

中国食品科学技术学会益生菌分会. 2020. 益生菌的科学共识(2020年版). 中国食品学报, 20(5): 303-307.

周建伟. 2015. 藏羊对青藏高原氮素营养胁迫的适应性研究. 兰州: 兰州大学博士学位论文.

AFRC. 1992. Nutritive requirements of ruminant animal. Nutri Abstr Revi Series, 62(12): 787-835.

Akin D E, Borneman W S, Windham W R. 1988. Rumen fungi: morphological types from Georgia cattle and the attack on forage cell walls. Biosystems, 21(3-4): 385-391.

Al Jassim R A M, Andrews F M. 2009. The bacterial community of the horse gastrointestinal tract and its relation to fermentative acidosis, laminitis, colic, and stomach ulcers. Vet Clin North Am Equine Pract, 25(2): 199-215.

Almeida M L, Feringer W H J, Carvalho J R, et al. 2016. Intense exercise and aerobic conditioning associated with chromium or L-carnitine supplementation modified the fecal microbiota of fillies. PLoS One, 11(12): e0167108.

An D D, Dong X Z, Dong Z Y. 2005. Prokaryote diversity in the rumen of yak (*Bos grunniens*) and Jinnan cattle (*Bos taurus*) estimated by 16S rDNA homology analyses. Anaerobe, 11(4): 207-215.

Anderson C L, Sullivan M B, Fernando S C. 2017. Dietary energy drives the dynamic response of bovine rumen viral communities. Microbiome, 5(1): 1-19.

Antwis R E, Lea J M D, Unwin B, et al. 2018. Gut microbiome composition is associated with spatial structuring and social interactions in semi-feral Welsh Mountain ponies. Microbiome, 6(1): 207.

Aricha H, Simujide H, Wang C J, et al. 2021. Comparative analysis of fecal microbiota of grazing Mongolian cattle from different regions in Inner Mongolia, China. Animals, 11(7): 1938.

Arnold C E, Pilla R, Chaffin M K, et al. 2021. The effects of signalment, diet, geographic location, season, and colitis associated with antimicrobial use or *Salmonella* infection on the fecal microbiome of horses. J Vet Intern Med, 35(5): 2437-2448.

Arroyo L G, Rossi L, Santos B P, et al. 2020. Luminal and mucosal microbiota of the cecum and large colon of healthy and diarrheic horses. Animals (Basel), 10(8): 1403.

Attwood G T, Lockington R A, Xue G P, et al. 1988. Use of a unique gene sequence as a probe to enumerate a strain of *Bacteroides ruminicola* introduced into the rumen. Appl Environ Microbiol, 54(2): 534-539.

Avguštin G, Wallace R J, Flint H J. 1997. Phenotypic diversity among ruminal isolates of *Prevotella ruminicola*: proposal of *Prevotella brevis* sp. nov., *Prevotella bryantii* sp. nov. and *Prevotella albensis* sp. nov. and redefinition of *Prevotella ruminicola*. Int J Syst Bacteriol, 47(2): 284-288.

Bach S J, McAllister T A, Veira D M, et al. 2002. Transmission and control of *Escherichia coli* O157: H7–a review. Can J Anim Sci, 82(4): 475-490.

Bailey S R, Marr C M, Elliott J. 2004. Current research and theories on the pathogenesis of acute laminitis in the horse. Vet J, 167(2): 129-142.

Baker S K, Day T J. 1993. The populations of ciliated protozoa in the rumens of alpacas and sheep. VII World Conference on Animal Production, Edmonton: 126-127.

Bauchop T. 1979a. The rumen anaerobic fungi: colonizers of plant fibre. Ann Rech Vet, 10(2-3): 246-248.

Bauchop T. 1979b. Rumen anaerobic fungi of cattle and sheep. Appl Environ Microbiol, 38(1): 148-158.

Bekele A Z, Koike S, Kobayashi Y. 2011. Phylogenetic diversity and dietary association of rumen *Treponema* revealed using group-specific 16S rRNA gene-based analysis. FEMS Microbiology Letters, 316(1): 51-60.

Belanche A, De La Fuente G, Moorby J M, et al. 2012. Bacterial protein degradation by different rumen protozoal groups. J Anim Sci, 90(12): 4495-4504.

Bergman E N. 1990. Energy contributions of volatile fatty acids from the gastrointestinal tract in various species. Physiol Rev, 70(2): 567-590.

Bergman H, Gustavsson I. 1972. Variable starch gel electrophoretic pattern of the enzyme 6-phosphogluconate dehydrogenase in a family of donkeys (*Equus asinus* L.). Hereditas, 67(1): 145-146.

Berreta A, Burbick C R, Alexander T, et al. 2021. Microbial variability of commercial equine probiotics. J Equine Vet Sci, 106: 103728.

Bhatt V D, Dande S S, Patil N V, et al. 2013. Molecular analysis of the bacterial microbiome in the forestomach fluid from the dromedary camel (*Camelus dromedarius*). Mol Biol Rep, 40(4): 3363-3371.

Biddle A S, Tomb J F, Fan Z R. 2018. Microbiome and blood analyte differences point to community and metabolic signatures in lean and obese horses. Front Vet Sci, 5: 225.

Blikslager A T, White II N A, Moore J A, et al. 2017. The Equine Acute Abdomen. 3th ed. Hoboken: John Wiley & Sons, Inc.: 59.
Brock F M, Forsberg C W, Buchanan-Smith J G. 1982. Proteolytic activity of rumen microorganisms and effects of proteinase inhibitors. Appl Environ Microbiol, 44(3): 561-569.
Brosnan R J. 2013. Inhaled anesthetics in horses. Vet Clin North Am Equine Pract, 29(1): 69-87.
Bueno I C S, Brandi R A, Franzolin R, et al. 2015. *In vitro* methane production and tolerance to condensed tannins in five ruminant species. Anim Feed Sci Tech, 205: 1-9.
Carmody R N, Gerber G K, Luevano J M, et al. 2015. Diet dominates host genotype in shaping the murine gut microbiota. Cell Host Microbe, 17(1): 72-84.
Carroll C, Olsen K D, Ricks N J, et al. 2019. Bacterial communities in the alpaca gastrointestinal tract vary with diet and body site. Front Microbiol, 9: 3334.
Cehak A, Krägeloh T, Zuraw A, et al. 2019. Does prebiotic feeding affect equine gastric health? A study on the effects of prebiotic-induced gastric butyric acid production on mucosal integrity of the equine stomach. Res Vet Sci, 124: 303-309.
Chao R M, Xia C Q, Pei C X, et al. 2021. Comparison of the microbial communities of alpacas and sheep fed diets with three different ratios of corn stalk to concentrate. J Anim Physiol Anim Nutr, 105(1): 26-34.
Chen Y B, Lan D L, Tang C, et al. 2015. Effect of DNA extraction methods on the apparent structure of yak rumen microbial communities as revealed by 16S rDNA sequencing. Pol J Microbiol, 64(1): 29-36.
Choudhury P K, Salem A Z M, Jena R, et al. 2015. Rumen microbiology: an overview//Puniya A, Singh R, Kamra D. Rumen Microbiology: From Evolution to Revolution. New Delhi: Springer: 3-16.
Choudhury P K, Sirohi S K, Puniya A K, et al. 2012. Harnessing the diversity of rumen microbes using molecular approaches//Kumar S K, Walli T K, Singh B. Livestock Green House Gases: Emission and Options for Mitigation. Delhi: Satish Serial Publishing House: 65-82.
Clavel T, Lepage P, Charrier C. 2014. The family coriobacteriaceae//Rosenberg E, Delong E F, Lory S, et al. The Prokaryotes: Actinobacteria. Berlin: Springer: 201-238.
Coenen M, Mösseler A, Vervuert I. 2006. Fermentative gases in breath indicate that inulin and starch start to be degraded by microbial fermentation in the stomach and small intestine of the horse in contrast to pectin and cellulose. J Nutr, 136(7 Suppl): 2108S-2110S.
Coleman M C, Whitfield-Cargile C M, Madrigal R G, et al. 2019. Comparison of the microbiome, metabolome, and lipidome of obese and non-obese horses. PLoS One, 14(4): e0215918.
Cooke C G, Gibb Z, Harnett J E. 2021. The safety, tolerability and efficacy of probiotic bacteria for equine use. J Equine Vet Sci, 99: 103407.
Costa M, Pietro R D, Bessegatto J A, et al. 2021. Evaluation of changes in microbiota after fecal microbiota transplantation in 6 diarrheic horses. Can Vet J, 62(10): 1123-1130.
Costa M C, Arroyo L G, Allen-Vercoe E, et al. 2012. Comparison of the fecal microbiota of healthy horses and horses with colitis by high throughput sequencing of the V3-V5 region of the 16S rRNA gene. PLoS One, 7(7): e41484.
Costa M C, Silva G, Ramos R V, et al. 2015a. Characterization and comparison of the bacterial microbiota in different gastrointestinal tract compartments in horses. Vet J, 205(1): 74-80.
Costa M C, Stämpfli H R, Allen-Vercoe E, et al. 2016. Development of the faecal microbiota in foals. Equine Vet J, 48(6): 681-688.
Costa M C, Stämpfli H R, Arroyo L G, et al. 2015b. Changes in the equine fecal microbiota associated with the use of systemic antimicrobial drugs. BMC Vet Res, 11(1): 19.
Costa M C, Weese J S. 2018. Understanding the intestinal microbiome in health and disease. Vet Clin North Am Equine Pract, 34(1): 1-12.
Cuddeford D, Pearson R A, Archibald R F, et al. 1995. Digestibility and gastro-intestinal transit time of diets containing different proportions of alfalfa and oat straw given to Thoroughbreds, Shetland ponies, Highland ponies and donkeys. Anim Sci, 61(2): 407-417.
Cui X, Wang Z, Yan T, et al. 2019. Rumen bacterial diversity of Tibetan sheep (*Ovis aries*) associated with different forage types on the Qinghai-Tibetan Plateau. Can J Microbiol, 65(12): 859-869.

De Bustamante M M, Plummer C, MacNicol J, et al. 2021. Impact of ambient temperature sample storage on the equine fecal microbiota. Animals (Basel), 11(3): 819.

De Fombelle A, Varloud M, Goachet A G, et al. 2003. Characterization of the microbial and biochemical profile of the different segments of the digestive tract in horses given two distinct diets. Animal Sci, 77(2): 293-304.

Dehority B A. 1986. Protozoa of the digestive tract of herbivorous mammals. Insect Sci Application, 7(3): 279-296.

Dehority B A. 2003. Rumen Microbiology. Nottingham: Nottingham University Press.

Dehority B A, Tirabasso P A, Grifo A P Jr. 1989. Most-probable-number procedures for enumerating ruminal bacteria, including the simultaneous estimation of total and cellulolytic numbers in one medium. Appl Environ Microbiol, 55(11): 2789-2792.

Del Valle I, De La Fuente G, Fondevila M. 2008. Ciliate protozoa of the forestomach of llamas (*Lama glama*) and alpacas (*Vicugna pacos*) from the Bolivian altiplano. Zootaxa, 1703: 62-68.

Dewhurst R J, Davies D R, Merry R J. 2000. Microbial protein supply from the rumen. Anim Feed Sci Tech, 85(1-2): 1-21.

Difford G F, Plichta D R, Løvendahl P, et al. 2018. Host genetics and the rumen microbiome jointly associate with methane emissions in dairy cows. PLoS Genetics, 14(10): e1007580.

Dong H J, Ho H, Hwang H, et al. 2016. Diversity of the gastric microbiota in thoroughbred racehorses having gastric ulcer. J Microbiol Biotechnol, 26(4): 763-774.

Dougal K, De La Fuente G, Harris P A, et al. 2014. Characterisation of the faecal bacterial community in adult and elderly horses fed a high fibre, high oil or high starch diet using 454 pyrosequencing. PLoS One, 9(2): e87424.

Dulphy J P, Dardillat C, Jailler M, et al. 1997. Comparative study of forestomach digestion in llamas and sheep. Reprod Nutr Dev, 37(6): 709-725.

Earing J E, Durig A C, Gellin G L, et al. 2012. Bacterial colonization of the equine gut; comparison of mare and foal pairs by PCR-DGGE. Adv Microbiol, 2(2): 79-86.

Eckerlin R H, Stevens C E. 1973. Bicarbonate secretion by the glandular saccules of the llama stomach. Cornell Vet, 63(3): 436-445.

Edwards J E, Schennink A, Burden F, et al. 2020. Domesticated equine species and their derived hybrids differ in their fecal microbiota. Anim Microbiome, 2(1): 1043-1050.

Elisabeth D S. 1998. The Professional Handbook of the Donkey. 3rd. Stowmarket: Whittet Books Limited.

Elisabeth D S, Jame D, David H. 2008. The Professional Handbook of the Donkey. 4th. Stowmarket: Whittet Books Limited.

Ericsson A C, Johnson P J, Lopes M A, et al. 2016. A microbiological map of the healthy equine gastrointestinal tract. PLoS One, 11(11): e0166523.

Faubladier C, Chaucheyras-Durand F, Da Veiga L, et al. 2013. Effect of transportation on fecal bacterial communities and fermentative activities in horses: impact of *Saccharomyces cerevisiae* CNCM I-1077 supplementation. J Anim Sci, 91(4): 1736-1744.

Faubladier C, Sadet-Bourgeteau S, Philippeau C, et al. 2014. Molecular monitoring of the bacterial community structure in foal feces pre- and post-weaning. Anaerobe, 25: 61-66.

Fernandes K A, Rogers C W, Gee E K, et al. 2021. Resilience of faecal microbiota in stabled thoroughbred horses following abrupt dietary transition between freshly cut pasture and three forage-based diets. Animals (Basel), 11(9): 2611.

Fernàndez-Guerra A, Buchan A, Mou X Z, et al. 2010. T-RFPred: a nucleotide sequence size prediction tool for microbial community description based on terminal-restriction fragment length polymorphism chromatograms. BMC Microbiology, 10: 262.

Fielding D, Pearson R A. 1991. Donkeys, Mules and Horses in Tropical Agricultural Development. Edinburgh: Centre for Tropical Veterinary Medicine, University of Edinburgh, C.T.V.M. Publications: 336.

Funkhouser L J, Bordenstein S R. 2013. Mom knows best: the universality of maternal microbial transmission.

PLoS Biol, 11(8): e1001631.
Garber A, Hastie P M, Farci V, et al. 2020a. The effect of supplementing pony diets with yeast on 1. *In vivo* and *in vitro* digestibility, faecal pH and particle size. Animal, 14(12): 2481-2492.
Garber A, Hastie P, McGuinness D, et al. 2020b. Abrupt dietary changes between grass and hay alter faecal microbiota of ponies. PLoS One, 15(8): e0237869.
Garber A, Hastie P, Murray J A. 2020c. Factors influencing equine gut microbiota: current knowledge. J Equine Vet Sci, 88: 102943.
Genin D, Tichit M. 1997. Degradability of Andean range forages in llamas and sheep. J Range Manage, 50(4): 381-385.
Ghali M B. 2006. The bacterial and protozoal diversity of the gastro-intestinal tract of the dromedary camel. Gatton: The University of Queensland PhD Thesis.
Gharechahi J, Salekdeh G H, 2018. A metagenomic analysis of the camel rumen's microbiome identifies the major microbes responsible for lignocellulose degradation and fermentation. Biotechnol Biofuels, 11(1): 216-218.
Gharechahi J, Zahiri H S, Noghabi K A, et al. 2015. In-depth diversity analysis of the bacterial community resident in the camel rumen. Syst Appl Microbiol, 38(1): 67-76.
Gibson G R, Hutkins R, Sanders M E, et al. 2017. Expert consensus document: the International Scientific Association for Probiotics and Prebiotics (ISAPP) consensus statement on the definition and scope of prebiotics. Nat Rev Gastroenterol Hepatol, 14(8): 491-502.
Gresse R, Chaucheyras-Durand F, Fleury M A, et al. 2017. Gut microbiota dysbiosis in postweaning piglets: understanding the keys to health. Trends Microbiol, 25(10): 851-873.
Grimm P, Philippeau C, Julliand V. 2017. Faecal parameters as biomarkers of the equine hindgut microbial ecosystem under dietary change. Animal, 11(7): 1136-1145.
Gu Z L, Zhao X B, Li N, et al. 2007. Complete sequence of the yak (*Bos grunniens*) mitochondrial genome and its evolutionary relationship with other ruminants. Mol Phylogenet Evol, 42(1): 248-255.
Guo W, Bi S S, Kang J P, et al. 2018. Bacterial communities related to 3-nitro-1-propionic acid degradation in the rumen of grazing ruminants in the Qinghai-Tibetan Plateau. Anaerobe, 54: 42-54.
Guo W, Li Y, Wang L Z, et al. 2015. Evaluation of composition and individual variability of rumen microbiota in yaks by 16S rRNA high-throughput sequencing technology. Anaerobe, 34: 74-79.
Guo W, Zhou M, Ma T, et al. 2020. Survey of rumen microbiota of domestic grazing yak during different growth stages revealed novel maturation patterns of four key microbial groups and their dynamic interactions. Anim Microbiome, 2(1): 23.
Han X P, Liu H J, Hu L Y, et al. 2020. Impact of sex and age on the bacterial composition in rumen of Tibetan sheep in Qinghai China. Livest Sci, 238: 104030.
Hansen N C K, Avershina E, Mydland L T, et al. 2015. High nutrient availability reduces the diversity and stability of the equine caecal microbiota. Microb Ecol Health Dis, 26: 27216.
Harris P A, Ellis A D, Fradinho M J, et al. 2017. Review: feeding conserved forage to horses: recent advances and recommendations. Animal, 11(6): 958-967.
Harris R B. 2010. Rangeland degradation on the Qinghai-Tibetan Plateau: a review of the evidence of its magnitude and causes. J Arid Environ, 74: 1-12.
He J, Yi L, Hai L, et al. 2018. Characterizing the bacterial microbiota in different gastrointestinal tract segments of the Bactrian camel. Sci Rep, 8: 654.
Heaton C P, Cavinder C A, Paz H, et al. 2019. Are prebiotics beneficial for digestion in mature and senior horses? J Equine Vet Sci, 76: 87-88.
Henderson G, Cox F, Ganesh S, et al. 2015. Rumen microbial community composition varies with diet and host, but a core microbiome is found across a wide geographical range. Sci Rep, 5: 14567.
Hillman D L, Yarlett N, Williams A G. 1989. Hydrogen production by rumen holotrich protozoa: effects of oxygen and implications for metabolic control by *in situ* conditions. J Protozool, 36(2): 205-213.
Hofmann R R. 1989. Evolutionary steps of ecophysiological adaptation and diversification of ruminants: a comparative view of their digestive system. Oecologia, 78(4): 443-457.

Hu D N, Chao Y Z, Li Y L, et al. 2021. Effect of gender bias on equine fecal microbiota. J Equine Vet Sci, 97: 103355.

Huang J L, Zhao Y P, Bai D Y, et al. 2015. Donkey genome and insight into the imprinting of fast karyotype evolution. Sci Rep, 5: 14106.

Huang J Q, Li Y J, Luo Y Z. 2017. Bacterial community in the rumen of Tibetan sheep and Gansu alpine fine-wool sheep grazing on the Qinghai-Tibetan Plateau, China. J Gen Appl Microbiol, 63(2): 122-130.

Huang X D, Martinez-Fernandez G, Padmanabha J, et al. 2016. Methanogen diversity in indigenous and introduced ruminant species on the Tibetan Plateau. Archaea, 2016: 5916067.

Huang X D, Tan H Y, Long R J, et al. 2012. Comparison of methanogen diversity of yak (*Bos grunniens*) and cattle (*Bos taurus*) from the Qinghai-Tibetan Plateau, China. BMC Microbiol, 12: 237.

Hungate R E. 2013. The rumen and its microbes. New York: Academic Press.

Hungate R E, Phillips G D, McGregor A, et al. 1959. Microbial fermentation in certain mammals. Science, 130(3383): 1192-1194.

Husso A, Jalanka J, Alipour M J, et al. 2020. The composition of the perinatal intestinal microbiota in horse. Sci Rep, 10(1): 441.

Huws S A, Creevey C J, Oyama L B, et al. 2018. Addressing global ruminant agricultural challenges through understanding the rumen microbiome: past, present, and future. Front Microbiol, 9: 2161.

Ishizaka S, Matsuda A, Amagai Y, et al. 2014. Oral administration of fermented probiotics improves the condition of feces in adult horses. J Equine Sci, 25(4): 65-72.

Ishizaki T, Koizumi T, Ruan Z H, et al. 2005. Nitric oxide inhibitor altitude-dependently elevates pulmonary arterial pressure in high-altitude adapted yaks. Respir Physiol Neurobiol, 146(2-3): 225-230.

Izraely H, Choshniak I, Stevens C E, et al. 1989. Energy digestion and nitrogen economy of the domesticated donkey (*Equus asinus asinus*) in relation to food quality. J Arid Environ, 17(1): 97-101.

Jami E, Israel A, Kotser A, et al. 2013. Exploring the bovine rumen bacterial community from birth to adulthood. ISME J, 7(6): 1069-1079.

Jami E, Mizrahi I. 2012. Composition and similarity of bovine rumen microbiota across individual animals. PLoS One, 7(3): e33306.

Jami E, Mizrahi I. 2020. Host-rumen microbiome interactions and influences on feed conversion efficiency (FCE), methane production and other productivity traits//Mcsweeney C S, Mackie R, Callaway T R, et al. Improving Rumen Function. Cambridge: Burleigh Dodds Science Publishing: 547-566.

Janssen P H, Kirs M. 2008. Structure of the archaeal community of the rumen. Applied and Environmental Microbiology, 74(12): 3619-3625.

Jing X, Ding L, Zhou J, et al. 2022. The adaptive strategies of yaks to live in the Asian highlands. Animal Nutrition, 9: 249-258.

Jing X P, Zhou J W, Wang W J, et al. 2019. Tibetan sheep are better able to cope with low energy intake than small-tailed Han sheep due to lower maintenance energy requirements and higher nutrient digestibilities. Anim Feed Sci Tech, 254: 114200.

Johnson K A, Johnson D E. 1995. Methane emissions from cattle. J Anim Sci, 73(8): 2483-2492.

Jouany J P. 2000. The digestion in camelids; a comparison to ruminants. INRA Prod Anim, 13(3): 165-176.

Jouany J P, Medina B, Bertin G, et al. 2009. Effect of live yeast culture supplementation on hindgut microbial communities and their polysaccharidase and glycoside hydrolase activities in horses fed a high-fiber or high-starch diet. J Anim Sci, 87(9): 2844-2852.

Julliand V, Grimm P. 2017. The impact of diet on the hindgut microbiome. J Equine Vet Sci, 52(5): 23-28.

Kaiser-Thom S, Hilty M, Gerber V. 2020. Effects of hypersensitivity disorders and environmental factors on the equine intestinal microbiota. Vet Q, 40(1): 97-107.

Kamra D N. 2005. Rumen microbial ecosystem. Curr Sci, 89(1): 124-135.

Kauter A, Epping L, Semmler T, et al. 2019. The gut microbiome of horses: current research on equine enteral microbiota and future perspectives. Anim Microbiome, 1(1): 14.

Kerry R G, Patra J K, Gouda S, et al. 2018. Benefaction of probiotics for human health: a review. J Food Drug Anal, 26(3): 927-939.

Kim M, Morrison M, Yu Z T. 2011. Status of the phylogenetic diversity census of ruminal microbiomes. FEMS Microbiol Ecol, 76(1): 49-63.

Kim Y A, Keogh J B, Clifton P M. 2018. Probiotics, prebiotics, synbiotics and insulin sensitivity. Nutr Res Rev, 31(1): 35-51.

Klieve A V, Heck G L, Prance M A, et al. 1999. Genetic homogeneity and phage susceptibility of ruminal strains of *Streptococcus bovis* isolated in Australia. Lett Appl Microbiol, 29(2): 108-112.

Klieve A V, Swain R A. 1993. Estimation of ruminal bacteriophage numbers by pulsed-field gel electrophoresis and laser densitometry. Appl EnvironMicrobiol, 59(7): 2299-2303.

Klitgaard K, FoixBretó A, Boye M, et al. 2013. Targeting the treponemal microbiome of digital dermatitis infections by high-resolution phylogenetic analyses and comparison with fluorescent *in situ* hybridization. J Clin Microbiol, 51(7): 2212-2219.

Knapp J R, Laur G L, Vadas P A, et al. 2014. Invited review: enteric methane in dairy cattle production: quantifying the opportunities and impact of reducing emissions. J DairySci, 97(6): 3231-3261.

Kong Y H, Teather R, Forster R. 2010. Composition, spatial distribution, and diversity of the bacterial communities in the rumen of cows fed different forages. FEMS Microbiol Ecol, 74(3): 612-622.

Krause D O, Denman S E, Mackie R I, et al. 2003. Opportunities to improve fiber degradation in the rumen: microbiology, ecology, and genomics. FEMS Microbiol Rev, 27(5): 663-693.

Krause D O, Smith W J M, Ryan F M E, et al. 1999. Use of 16S-rRNA based techniques to investigate the ecological succession of microbial populations in the immature lamb rumen: tracking of a specific strain of inoculated *Ruminococcus* and interactions with other microbial populations *in vivo*. Microb Ecol, 38(4): 365-376.

Kumar S, Choudhury P K, Carro M D, et al. 2014. New aspects and strategies for methane mitigation from ruminants. Appl Microbiol Biotechnol, 98(1): 31-44.

Laghi L, Zhu C L, Campagna G, et al. 2018. Probiotic supplementation in trained trotter horses: effect on blood clinical pathology data and urine metabolomic assessed in field. J Appl Physiol, 125(2): 654-660.

Lemosquet S, Dardillat C, Jailler M, et al. 1996. Voluntary intake and gastric digestion of two Hays by llamas and sheep: influence of concentrate supplementation. J Agric Sci, 127(4): 539-548.

Li F Y, Li C X, Chen Y H, et al. 2019. Host genetics influence the rumen microbiota and heritable rumen microbial features associate with feed efficiency in cattle. Microbiome, 7(1): 92.

Lindenberg F, Krych L, Kot W, et al. 2019. Development of the equine gut microbiota. Sci Rep, 9(1): 14427.

Liu C, Wu H, Liu S J, et al. 2019a. Dynamic alterations in yak rumen bacteria community and metabolome characteristics in response to feed type. Front Microbiol, 10: 1116.

Liu G, Bou G, Su S, et al. 2019. Microbial diversity within the digestive tract contents of Dezhou donkeys. PLoS One, 14(12): e0226186.

Liu G, Bou G, Wang X, et al. 2020a. Effects of concentrate feed for growth performance, blood profiles and carcass characteristics of Dezhou donkeys. J AnimPlant Sci, 30(4): 811-819.

Liu L, Zeng D, Yang M Y, et al. 2019b. Probiotic *Clostridium butyricum* improves the growth performance, immune function, and gut microbiota of weaning rex rabbits. Probiotics Antimicrob Proteins, 11(4): 1278-1292.

Liu Q, Dong C S, Li H Q, et al. 2009. Forestomach fermentation characteristics and diet digestibility in alpacas (*Lama pacos*) and sheep (*Ovis aries*) fed two forage diets. Anim Feed Sci Technol, 154(3-4): 151-159.

Liu S J, Zhang Z Y, Hailemariam S, et al. 2020b. Biochanin a inhibits ruminal nitrogen-metabolizing bacteria and alleviates the decomposition of amino acids and urea *in vitro*. Animals, 10(3): 368.

Liu X F, Fan H L, Ding X B, et al. 2014. Analysis of the gut microbiota by high-throughput sequencing of the V5-V6 regions of the 16S rRNA gene in donkey. Curr Microbiol, 68(5): 657-662.

Liu Y H, Bailey K E, Dyall-Smith M, et al. 2021. Faecal microbiota and antimicrobial resistance gene profiles of healthy foals. Equine Vet J, 53(4): 806-816.

Lobo R R, Faciola A P. 2021. Ruminal phages–a review. Front Microbiol, 12: 763416.

Losos J B. 2011. Convergence, adaptation, and constraint. Evolution, 65(7): 1827-1840.

Luo Y N, Pfister P, Leisinger T, et al. 2001. The genome of archaeal prophage ΨM100 encodes the lytic enzyme responsible for autolysis of *Methanothermobacter wolfeii*. J Bacteriol, 183(19): 5788-5792.

Mach N, Moroldo M, Rau A, et al. 2021. Understanding the holobiont: crosstalk between gut microbiota and mitochondria during long exercise in horse. Front Mol Biosci, 8: 656204.

Maloiy G M O. 1973. The effect of dehydration and heat stress on intake and digestion of food in the Somali donkey. Environ. Physiol. Biochem, 3: 36-39.

Mao S Y, Huo W J, Zhu W Y. 2013. Use of pyrosequencing to characterize the microbiota in the ileum of goats fed with increasing proportion of dietary grain. Curr Microbiol, 67(3): 341-350.

Mao S Y, Zhang M L, Liu J H, et al. 2015. Characterising the bacterial microbiota across the gastrointestinal tracts of dairy cattle: membership and potential function. Sci Rep, 5: 16116.

Marchesi J R, Adams D H, Fava F, et al. 2016. The gut microbiota and host health: a new clinical frontier. Gut, 65(2): 330-339.

McAllister T A, Newbold C J. 2008. Redirecting rumen fermentation to reduce methanogenesis. Aust J Exp Agr, 48(2): 7-13.

McKinney C A, Oliveira B C M, Bedenice D, et al. 2020. The fecal microbiota of healthy donor horses and geriatric recipients undergoing fecal microbial transplantation for the treatment of diarrhea. PLoS One, 15(3): e0230148.

Metcalf J L, Song S J, Morton J T, et al. 2017. Evaluating the impact of domestication and captivity on the horse gut microbiome. Sci Rep, 7(1): 15497.

Minato H. 1993. Genetics, Biochemistry and Ecology of Lignocellulose Degradation. Toba City: Uni Publishers: 139-145.

Ming L, Yi L, Siriguleng, et al. 2017. Comparative analysis of fecal microbial communities in cattle and Bactrian camels. PLoS One, 12(3): e0173062.

Miyagi T, Kaneichi K, Aminov R I, et al. 1995. Enumeration of transconjugated *Ruminococcus albus* and its survival in the goat rumen microcosm. Appl Environ Microbiol, 61(5): 2030-2032.

Mizrahi I, Wallace R J, Moraïs S. 2021. The rumen microbiome: balancing food security and environmental impacts. Nat Rev Microbiol, 19(9): 553-566.

Morozumi M, Nakayama E, Iwata S, et al. 2006. Simultaneous detection of pathogens in clinical samples from patients with community-acquired pneumonia by real-time PCR with pathogen-specific molecular beacon probes. J Clini Microbiol, 44(4): 1440-1446.

Morrison P K, Newbold C J, Jones E, et al. 2018. The equine gastrointestinal microbiome: impacts of age and obesity. Front Microbiol, 9: 3017.

Morrison P K, Newbold C J, Jones E, et al. 2020a. The equine gastrointestinal microbiome: impacts of weight-loss. BMC Vet Res, 16(1): 78.

Morrison P K, Newbold C J, Jones E, et al. 2020b. Effect of age and the individual on the gastrointestinal bacteriome of ponies fed a high-starch diet. PLoS One, 15(5): e0232689.

Mshelia E S, Adamu L, Wakil Y, et al. 2018. The association between gut microbiome, sex, age and body condition scores of horses in Maiduguri and its environs. Microb Pathog, 118: 81-86.

Muegge B D, Kuczynski J, Knights D, et al. 2011. Diet drives convergence in gut microbiome functions across mammalian phylogeny and within humans. Science, 332(6032): 970-974.

Murcia P R. 2019. Clinical insights: the equine microbiome. Equine Vet J, 51(6): 714-715.

Newbold C J, De La Fuente G, Belanche A, et al. 2015. The role of ciliate Protozoa in the rumen. Front Microbiol, 6: 1313.

Nie Y Y, Zhou Z W, Guan J Q, et al. 2017. Dynamic changes of yak (*Bos grunniens*) gut microbiota during growth revealed by polymerase chain reaction-denaturing gradient gel electrophoresis and metagenomics. Asian-AustJAnim Sci, 30(7): 957-966.

Noel S J, Attwood G T, Rakonjac J, et al. 2017. Seasonal changes in the digesta-adherent rumen bacterial communities of dairy cattle grazing pasture. PLoS One, 12(3): e0173819.

O'Donnell M M, Harris H M B, Ross R P, et al. 2017. Core fecal microbiota of domesticated herbivorous ruminant, hindgut fermenters, and monogastric animals. MicrobiologyOpen. 6(5): e00509.

Ørskov E R. 1982. Protein Nutrition in Ruminants. London: Academic Press Inc.

Ortiz-Chura A, Fernández Pepi M G, Wawrzkiewicz M, et al. 2018. Microbial populations and ruminal fermentation of sheep and llamas fed low quality forages. Small Ruminant Res, 168: 47-51.

Oss D B, Ribeiro G O Jr, Marcondes M I, et al. 2016. Synergism of cattle and bison inoculum on ruminal fermentation and select bacterial communities in an artificial rumen (Rusitec) fed a barley straw based diet. Front Microbiol, 7: 2032.

Owens F N, Zinn R A, Kim Y K. 1986. Limits to starch digestion in the ruminant small intestine. J Anim Sci, 63(5): 1634-1648.

Pagan J D, Harris P, Brewster-Barnes T, et al. 1998. Exercise affects digestibility and rate of passage of all-forage and mixed diets in thoroughbred horses. J Nutr, 128(12 Suppl): 2704S-2707S.

Paz H A, Anderson C L, Muller M J, et al. 2016. Rumen bacterial community composition in Holstein and Jersey cows is different under same dietary condition and is not affected by sampling method. Front Microbiol, 7: 1206.

Pearson R A, Archibald R F, Muirhead R H, et al. 2001. The effect of forage quality and level of feeding on digestibility and gastrointestinal transit time of oat straw and alfalfa given to ponies and donkeys. Brit J Nutr, 85(5): 599-606.

Pearson R A, Merritt J B. 1991. Intake, digestion and gastrointestinal transit time in resting donkeys and ponies and exercised donkeys given ad libitum hay and straw diets. Equine Vet J, 23(5): 339-343.

Pei C X, Liu Q, Dong C S, et al. 2010. Diversity and abundance of the bacterial 16S rRNA gene sequences in forestomach of alpacas (*Lama pacos*) and sheep (*Ovis aries*). Anaerobe, 16(4): 426-432.

Pei C X, Liu Q, Dong C S, et al. 2013. Microbial community in the forestomachs of alpacas (*Lama pacos*) and sheep (*Ovis aries*). J Integr Agr, 12(2): 314-318.

Perea K, Perz K, Olivo S K, et al. 2017. Feed efficiency phenotypes in lambs involve changes in ruminal, colonic, and small-intestine-located microbiota. J Anim Sci, 95(6): 2585-2592.

Perez-Muñoz M E, Arrieta M C, Ramer-Tait A E, et al. 2017. A critical assessment of the "sterile womb" and "in utero colonization" hypotheses: implications for research on the pioneer infant microbiome. Microbiome, 5(1): 48.

Perkins G A, Den Bakker H C, Burton A J, et al. 2012. Equine stomachs harbor an abundant and diverse mucosal microbiota. Appl Environ Microbiol, 78(8): 2522-2532.

Perry E, Cross T W L, Francis J M, et al. 2018. Effect of road transport on the equine cecal microbiota. J Equine Vet Sci, 68: 12-20.

Pfister P, Wasserfallen A, Stettler R, et al. 1998. Molecular analysis of *Methanobacterium* phage PsiM2. Mol Microbiol, 30(2): 233-244.

Phillips C A, Cavinder C A, Memili E, et al. 2018. 161 effect of direct fed microbials on apparent nutrient digestibility, fecal microbial population, and blood metabolites in the moderately exercised horse. J Anim Sci, 96(Suppl 2): 85.

Pinares-Patino C S, Ulyatt M J, Waghorn G C, et al. 2003. Methane emission by alpaca and sheep fed on lucerne hay or grazed on pastures of perennial ryegrass/white clover or birdsfoot trefoil. J Agri Sci, 140(2): 215-226.

Plaizier J C, Danscher A M, Azevedo P A, et al. 2021. A grain-based SARA challenge affects the composition of epimural and mucosa-associated bacterial communities throughout the digestive tract of dairy cows. Animals, 11(6): 1658.

Plancade S, Clark A, Philippe C, et al. 2019. Unraveling the effects of the gut microbiota composition and function on horse endurance physiology. Sci Rep, 9(1): 9620.

Proudman C J, Hunter J O, Darby A C, et al. 2015. Characterisation of the faecal metabolome and microbiome of thoroughbred racehorses. Equine Vet J, 47(5): 580-586.

Qiu Q, Zhang G J, Ma T, et al. 2012. The yak genome and adaptation to life at high altitude. Nat Genet, 44(8): 946-949.

Quercia S, Freccero F, Castagnetti C, et al. 2019. Early colonisation and temporal dynamics of the gut microbial ecosystem in Standardbred foals. Equine Vet J, 51(2): 231-237.

Respondek F, Goachet A G, Julliand V. 2008. Effects of dietary short-chain fructooligosaccharides on the intestinal microflora of horses subjected to a sudden change in diet. J Anim Sci, 86(2): 316-323.

Rezaeian M, Beakes G W, Parker D S. 2004. Distribution and estimation of anaerobic zoosporic fungi along the digestive tracts of sheep. Mycol Res, 108(Pt 10): 1227-1233.

Ribeiro G O, Oss D B, He Z X, et al. 2017. Repeated inoculation of cattle rumen with bison rumen contents alters the rumen microbiome and improves nitrogen digestibility in cattle. Sci Rep, 7(1): 1276.

Roca-Saavedra P, Mendez-Vilabrille V, Miranda J M, et al. 2018. Food additives, contaminants and other minor components: effects on human gut microbiota-a review. J Physiol Biochem, 74(1): 69-83.

Rosenberg E, Zilber-Rosenberg I. 2018. The hologenome concept of evolution after 10 years. Microbiome, 6(1): 78.

Roth S J, Tischer B K, Kovacs K M, et al. 2013. Phocine herpesvirus 1 (PhHV-1) in harbor seals from Svalbard, Norway. Vet Microbiol, 164(3-4): 286-292.

Rübsamen K, Von Engelhardt W. 1979. Morphological and functional peculiarities of the llama forestomach. Ann Rech Vet, 10(2-3): 473-475.

Sadet-Bourgeteau S, Martin C, Morgavi D P. 2010. Bacterial diversity dynamics in rumen epithelium of wethers fed forage and mixed concentrate forage diets. Vet Microbiol, 146(1-2): 98-104.

Salem S E, Maddox T W, Antczak P, et al. 2019. Acute changes in the colonic microbiota are associated with large intestinal forms of surgical colic. BMC Vet Res, 15(1): 468.

Salem S E, Maddox T W, Berg A, et al. 2018. Variation in faecal microbiota in a group of horses managed at pasture over a 12-month period. Sci Rep, 8(1): 8510.

Samsudin A A, Evans P N, Wright A D G, et al. 2011. Molecular diversity of the foregut bacteria community in the dromedary camel (*Camelus dromedarius*). Environ Microbiol, 13(11): 3024-3035.

San Martin F, Bryant F C. 1989. Nutrition of domestic South American llamas and alpacas. Small Rum Res, 2: 191-216.

San Martin F. 1987. Comparative forage selectivity and nutrition of South American Camelids and Sheep.Texas Tech University, Lubbock:pp.

Schoster A. 2018. Probiotic use in equine gastrointestinal disease. Vet Clin North Am Equine Pract, 34(1): 13-24.

Schoster A, Guardabassi L, Staempfli H R, et al. 2016a. The longitudinal effect of a multi-strain probiotic on the intestinal bacterial microbiota of neonatal foals. Equine Vet J, 48(6): 689-696.

Schoster A, Mosing M, Jalali M, et al. 2016b. Effects of transport, fasting and anaesthesia on the faecal microbiota of healthy adult horses. Equine Vet J, 48(5): 595-602.

Schoster A, Staempfli H R, Guardabassi L G, et al. 2017. Comparison of the fecal bacterial microbiota of healthy and diarrheic foals at two and four weeks of life. BMC Vet Res, 13(1): 144.

Seymour W M, Campbell D R, Johnson Z B. 2005. Relationships between rumen volatile fatty acid concentrations and milk production in dairy cows: a literature study. Anim Feed Sci Tech, 119(1-2): 155-169.

Shabi Z, Tagari H, Murphy M R, et al. 2000. Partitioning of amino acids flowing to the abomasum into feed, bacterial, protozoal, and endogenous fractions. J Dairy Sci, 83(10): 2326-2334.

Shaw S D, Stämpfli H. 2018. Diagnosis and treatment of undifferentiated and infectious acute diarrhea in the adult horse. Vet Clin North Am Equine Pract, 34(1): 39-53.

Siciliano-Jones J, Murphy M R. 1989. Production of volatile fatty acids in the rumen and cecum-colon of steers as affected by forage: concentrate and forage physical Form. J Dairy Sci, 72(2): 485-492.

Sirohi S K, Singh N, Dagar S S, et al. 2012. Molecular tools for deciphering the microbial community structure and diversity in rumen ecosystem. Appl Microbiol Biotechnol, 95(5): 1135-1154.

Sponheimer M, Robinson T, Roeder B, et al. 2003. Digestion and passage rates of grass hays by llamas, alpacas, goats, rabbits, and horses. Small Ruminant Res, 48(2): 149-154.

Stern D L. 2013. The genetic causes of convergent evolution. Nat Rev Genet, 14(11): 751-764.

Stewart C S, Flint H J, Bryant M P. 1997. The rumen bacteria//Hobson P N, Stewart C S. The Rumen Microbial Ecosystem. Dordrecht: Springer: 10-72.

Stewart H L, Pitta D, Indugu N, et al. 2021. Changes in the faecal bacterial microbiota during hospitalisation of horses with colic and the effect of different causes of colic. Equine Vet J, 53(6): 1119-1131.

Stewart H L, Southwood L L, Indugu N, et al. 2019. Differences in the equine faecal microbiota between horses presenting to a tertiary referral hospital for colic compared with an elective surgical procedure. Equine Vet J, 51(3): 336-342.

St-Pierre B, Wright A D G. 2012. Molecular analysis of methanogenic archaea in the forestomach of the alpaca (*Vicugna pacos*). BMC Microbiol, 12: 1.

St-Pierre B, Wright A D G. 2013. Diversity of gut methanogens in herbivorous animals. Animal, 7(Suppl 1): 49-56.

Su S F, Zhao Y P, Liu Z Z, et al. 2020. Characterization and comparison of the bacterial microbiota in different gastrointestinal tract compartments of Mongolian horses. MicrobiologyOpen, 9(6): 1085-1101.

Suau A, Bonnet R, Sutren M, et al. 1999. Direct analysis of genes encoding 16S rRNA from complex communities reveals many novel molecular species within the human gut. Appl Environ Microbiol, 65(11): 4799-4807.

Suhartanto B, Tisserand J L, Faurie F. 1994. Compared utilisation of pelleted forage (hay and straw) in ponies and donkeys. Annales De Zootechnie, 43(1): 20s.

Sun B H, Wang X, Bernstein S, et al. 2016. Marked variation between winter and spring gut microbiota in free-ranging Tibetan Macaques (*Macaca thibetana*). Sci Rep, 6: 26035.

Szemplinski K L, Thompson A, Cherry N, et al. 2020. Transporting and exercising unconditioned horses: effects on microflora populations. J Equine Vet Sci, 90: 102988.

Tapio I, Snelling T J, Strozzi F, et al. 2017. The ruminal microbiome associated with methane emissions from ruminant livestock. J Ani Sci Biotechnol, 8: 7.

Theelen M J P, Luiken R E C, Wagenaar J A, et al. 2021. The equine faecal microbiota of healthy horses and ponies in the Netherlands: impact of host and environmental factors. Animals (Basel), 11(6): 1762.

Ungerfeld E M, Newbold C J. 2018. Editorial: engineering rumen metabolic pathways: where we are, and where we are heading. Front Microbiol, 8: 2627.

Ushida K, Jouany J P, Thivend P. 1986. Role of rumen protozoa in nitrogen digestion in sheep given two isonitrogenous diets. Br J Nutr, 56(2): 407-419.

Varloud M, Fonty G, Roussel A, et al. 2007. Postprandial kinetics of some biotic and abiotic characteristics of the gastric ecosystem of horses fed a pelleted concentrate meal. J Anim Sci, 85(10): 2508-2516.

Vater A, Maierl J. 2018. Adaptive anatomical specialization of the intestines of alpacas taking into account their original habitat and feeding behaviour. Anat Rec (Hoboken), 301(11): 1840-1851.

Vater A L, Zandt E, Maierl J. 2021. The topographic and systematic anatomy of the alpaca stomach. Anat Rec, 304(9): 1999-2013.

Wallace R J, Walker N D. 1993. Isolation and attempted introduction of sugar alcohol-utilizing bacteria in the sheep rumen. J Appl Bacteriol, 74(4): 353-359.

Walshe N, Duggan V, Cabrera-Rubio R, et al. 2019. Removal of adult cyathostomins alters faecal microbiota and promotes an inflammatory phenotype in horses. Int J Parasitol, 49(6): 489-500.

Wang L Z, Wang Z S, Xue B, et al. 2017. Comparison of rumen archaeal diversity in adult and elderly yaks (*Bos grunniens*) using 16S rRNA gene high-throughput sequencing. J Integr Agr, 16(5): 1130-1137.

Wang W W, Ungerfeld E M, Degen A A, et al. 2020. Ratios of rumen inoculum from Tibetan and small-tailed Han sheep influenced *in vitro* fermentation and digestibility. Animal Feed Science and Technology, 267: 114562.

Warzecha C M, Coverdale J A, Janecka J E, et al. 2017. Influence of short-term dietary starch inclusion on the equine cecal microbiome. J Anim Sci, 95(11): 5077-5090.

Weese J S, Anderson M E C, Lowe A, et al. 2003. Preliminary investigation of the probiotic potential of *Lactobacillus rhamnosus* strain GG in horses: fecal recovery following oral administration and safety. Can Vet J, 44(4): 299-302.

Weese J S, Holcombe S J, Embertson R M, et al. 2015. Changes in the faecal microbiota of mares precede the development of post partum colic. Equine Vet J, 47(6): 641-649.

Wei X J, Cheng F S, Shi H M, et al. 2018. Seasonal diets overwhelm host species in shaping the gut microbiota of Yak and Tibetan sheep. Bio Rxiv, 481374.

Willing B, Vörös A, Roos S, et al. 2009. Changes in faecal bacteria associated with concentrate and forage-only diets fed to horses in training. Equine Vet J, 41(9): 908-914.

Wright A D G, Klieve A V. 2011. Does the complexity of the rumen microbial ecology preclude methane mitigation? Anim Feed Sci Tech, 166-167: 248-253.

Xia C Q, Pei C X, Huo W J, et al. 2020. Forestomach fermentation and microbial communities of alpacas (*Lama pacos*) and sheep (*Ovis aries*) fed maize stalk-based diet. J Anim Feed Sci, 29(4): 323-329.

Xue B, Zhao X Q, Zhang Y S. 2005. Seasonal changes in weight and body composition of yak grazing on alpine-meadow grassland in the Qinghai-Tibetan Plateau of China. J Anim Sci, 83(8): 1908-1913.

Xue D, Chen H, Chen F, et al. 2016. Analysis of the rumen bacteria and methanogenic archaea of yak (*Bos grunniens*) steers grazing on the Qinghai-Tibetan Plateau. Livest Sci, 188: 61-71.

Xue D, Chen H, Zhao X Q, et al. 2017. Rumen prokaryotic communities of ruminants under different feeding paradigms on the Qinghai-Tibetan Plateau. Syst Appl Microbiol, 40(4): 227-236.

Yan X T, Yan B Y, Ren Q M, et al. 2018. Effect of slow-release urea on the composition of ruminal bacteria and fungi communities in yak. Anim Feed Sci Tech, 244: 18-27.

Zhang L H, Jiang X, Li A Y, et al. 2020. Characterization of the microbial community structure in intestinal segments of yak (*Bos grunniens*). Anaerobe, 61: 102115.

Zhang Z G, Xu D M, Wang L I, et al. 2016. Convergent evolution of rumen microbiomes in high-altitude mammals. Curr Biol, 26(14): 1873-1879.

Zhao Y P, Li B, Bai D Y, et al. 2016. Comparison of fecal microbiota of Mongolian and thoroughbred horses by high-throughput sequencing of the V4 region of the 16S rRNA gene. Asian-Australas J Anim Sci, 29(9): 1345-1352.

Zhou J W, GuoY M, Kang J P, et al. 2019. Tibetan sheep require less energy intake than small-tailed Han sheep for N balance when offered a low protein diet. Anim Feed Sci Tech, 248: 85-94.

Zhou J W, Zhong C L, Liu H, et al. 2017b. Comparison of nitrogen utilization and urea kinetics between yaks (*Bos grunniens*) and indigenous cattle (*Bos taurus*). J Anim Sci, 95(10): 4600-4612.

Zhou Z M, Fang L, Meng Q X, et al. 2017a. Assessment of ruminal bacterial and archaeal community structure in yak (*Bos grunniens*). Front Microbiol, 8: 179.

第十一章 畜禽肠道微生物资源利用

自然界并不存在无菌动物,生活在任何环境下的动物都有对应微生物与之共生,要么在体内(主要在肠道),要么在体表;这些微生物可能有益,可能有害。目前,关于肠道微生物与动物健康关系的研究颇多。益生菌作为保健食品已被产业化,一些具有分解功能(如分解饲料纤维、抗营养因子等)的菌种也陆续被研究与应用。但是,动物肠道微生物作为一类重要资源还未被人类充分认识,相应资源的开发与利用也相对滞后。本章将分析畜禽动物肠道微生物资源保护的必要性,概述畜禽动物肠道来源微生物的开发利用现状与研究进展情况,讨论肠道功能菌、益生菌在农业领域的应用。

第一节 畜禽肠道微生物资源的保护与利用

一、保护畜禽肠道微生物资源的必要性

中国是世界上生物多样性最丰富的国家之一。我国 1992 年加入《生物多样性公约》,开展了一系列有效的保护生物多样性的工作,基本形成了保护生物多样性的法律体系。我国先后颁布了《中华人民共和国森林法》《中华人民共和国野生动物保护法》《中华人民共和国环境保护法》《中华人民共和国自然保护区条例》,以及《中华人民共和国野生植物保护条例》等一系列法律法规,形成了较为完善的法律管理体系。环境微生物(土壤、海洋、湿地、极端环境微生物等)作为重要的生物资源及生态系统的积极参与者,对维护生态系统的平衡有着不可替代的重要作用,主要表现在对动植物残体及其他有机物等的分解,为动植物生长提供所需的营养和二氧化碳,以及合成各种物质、参与地球化学循环过程等方面。此外,微生物也是人类所需很多物质的生产者。随着科学技术的进步,人类对肠道微生物的认识不断深入,微生物的用途也越来越广泛,目前至少有 90%的未知微生物尚未获得纯培养。因此,对于人类来说,微生物既是现实资源,也是潜在资源。

微生物包括细菌、病毒、真菌、立克次氏体、支原体、衣原体、螺旋体等。肠道微生物具有群落结构复杂、数量庞大、多样性高、功能丰富等特点,并广泛参与宿主的神经、生理、代谢、免疫等各种生命过程和生理活动。肠道微生物与宿主健康息息相关,它们帮助宿主消化食物、维持肠道平衡;反过来,动物作为宿主,为种类繁多的微生物提供了良好的栖息环境。过去的 10 年中,大量的研究揭示了肠道菌群与宿主健康和疾病存在的关联性,但此类研究难以准确揭示肠道菌群与健康或者疾病的因果关系。进一步挖掘不同肠道微生物菌株的代谢特性是解析肠道菌群与宿主健康或者疾病的因果关系、揭示肠道微生物与宿主互作的机制的必要途径,也是肠道微生物组研究和多组学数据的精确解析的根本依据。近年来肠道微生物大规模分离培养的工作越来越受到研究人

员的关注，并且这项工作已经取得了良好的进展；这些研究也进一步证明了肠道可培养微生物菌株不仅是研究肠道菌-宿主互作机制、开发利用功能菌株、实现靶向肠道干预宿主健康的资源基础，还是提高宏基因组等组学数据挖掘深度和精度的钥匙。

在不同品种畜禽动物中，肠道微生物有着截然不同的差异；甚至对于不同饲养环境下的相同物种，肠道微生物组也表现出了不同"肠型"，一般可分为拟杆菌型、普雷沃氏菌型及瘤胃球菌型。由此可见，畜禽品种多样性及所处养殖环境在很大程度上决定了肠道微生物资源的多样性。得益于高通量测序和质谱等技术的飞速发展，肠道微生物的多组学研究发展迅猛，产生了海量的组学数据。研究人员通过数据挖掘和结果分析，发现了不同畜禽物种的菌群差异，以及肠道菌群的纵向动态变化等，也分离得到了一系列能够改善畜禽健康的功能菌株。然而，随着我国集约化养殖体系的普及，多数地方畜禽种质资源的保护力度还有所欠缺，大量的畜禽品种资源也濒临灭绝，对应的肠道微生物潜在资源也未能得到及时保护。

本节总结近年来一些具有代表性的畜禽肠道微生物和功能菌株资源利用模式，介绍畜禽肠道微生物菌株资源的保藏与利用。

二、畜禽肠道菌的利用模式

肠道菌在动物食物的消化、营养吸收、抗菌及免疫等生命活动中发挥着重要作用。值得一提的是，肠道菌长期生存在动物肠道中，未对宿主动物产生毒害作用或明显的毒害作用，反而大多有益于宿主。并且，从肠道微生物中发现的生物活性物质，对动物本身无毒或毒性极低，这一特性与其他来源微生物活性物质相比是一个非常重要的优势。世界各地畜禽动物品种高达 2792 种，其肠道菌资源是不可估量的。同时，动物肠道菌资源的研究刚刚开始，对这一资源的开发利用需要加以重视。

（一）模式菌

大肠杆菌是现代生物学中被研究得最多的一种细菌。作为一种模式细菌，它的基因组序列已被全部测出。用分子生物学方法在大肠杆菌中得出的结论有助于人类对其他生物的研究。例如，在生物基因工程的研究过程中，大肠杆菌被广泛用作基因复制和表达的宿主。大肠杆菌已被国家规定作为水质的指示菌，中华人民共和国国家标准《生活饮用水卫生标准》（GB 5749—2022）规定，生活饮用水中不应检出大肠埃希氏菌（大肠杆菌）。此外，在食品与药品的生产销售过程中，大肠杆菌也是检验食品和药品微生物污染的重要指标之一。

（二）益生菌

益生菌是通过定植在畜禽体内，改变宿主某一部位菌群组成的一类对宿主有益的活性微生物。益生菌通常具有以下保健效果：①维护肠道正常细菌菌群平衡，抑制病原菌生长，防止便秘、下痢和胃肠障碍等；②在肠道内合成维生素、氨基酸、提高微量元素吸收；③降低血液中胆固醇水平；④提高消化率；⑤增强免疫机能，减少抗生素的副作用。

（三）抗菌活性菌

研究表明，畜禽肠道分离出来的菌株通常具有一定的抗菌活性。例如，南京农业大学 Hai 等（2021）同时筛选了 89 株鸡肠道来源的乳酸菌，研究了其对沙门氏菌在肠道黏附力的影响，最终筛选得到了 12 株能够有效抑制沙门氏菌在肠道细胞黏附的菌种，进一步研究证实了粪肠球菌 *Enterococcus faecalis* L76 与唾液乳杆菌 *Lactobacillus salivarius* LAB35 的代谢物能有效抑制沙门氏菌在肠道细胞的黏附，同时保护体外模拟肠道的屏障功能。因此，活菌的抗菌性是动物肠道微生物资源利用的重要特性之一，且从肠道微生物获得的生物活性物质对动物和人类也相对安全。

（四）发酵菌种

来源于畜禽肠道的菌株可被应用于发酵饲料，发酵菌种通过降低饲料中的抗营养因子，改善饲料适口性，从而提高饲料的饲用价值。目前，最常用的菌种主要有乳酸菌、酵母菌、芽孢杆菌、黑曲霉菌等。

（五）肠道病原微生物

畜禽及肉产品中可能存在的有害病原微生物包括肠道致病菌、致病性球菌、产毒真菌、病毒等。一些食源性肠道病原（食源性病毒、肠致病性细菌）可经口摄入或通过粪便—口传播途径感染人。事实上，肠道病原微生物的分离培养与保藏是研究及防控传染性疾病的资源基础。因此，除了肠道益生菌与功能菌的资源保护，研究人员也应加强肠道病原微生物资源的实验室保藏与研究。

三、常见畜禽品种的肠道微生物资源

（一）鸡肠道微生物资源利用

鸡的每个胃肠段都具有不同的代谢功能，且有各自独特的肠道菌群结构。通常来讲，鸡肠道微生物菌群主要包括厚壁菌门、拟杆菌门和变形菌门 Proteobacteria，这三个菌门细菌占到肠道微生物菌群的 90% 以上，其中包含 117~288 个细菌属，最主要的属是梭菌属 *Clostridium*、瘤胃球菌属 *Ruminococcus*、拟杆菌属 *Bacteroides*、肠球菌属 *Enterococcus* 和乳杆菌属 *Lactobacillus*。16S rRNA 基因测序结果表明，成年肉鸡的肠道微生物菌群主要为革兰氏阳性菌，乳酸菌在前段肠道（十二指肠、空肠和回肠）中占优势（>35%），在嗉囊中其多样性最高，其中以嗜酸乳杆菌 *Lactobacillus acidophilus* 和唾液宿主关联乳杆菌 *Ligilactobacillus salivarius* 为优势种。盲肠中主要以梭菌和拟杆菌属为主（约 40%），其他较丰富的是普氏栖粪杆菌 *Faecalibacterium prausnitzii*、大肠杆菌 *Escherichia coli*、乳酸菌和瘤胃球菌。在肠道菌的数量上，前段肠道（十二指肠、空肠、回肠）平均含量为 10^8~10^9 CFU/g 内容物，后段肠道（盲肠、直肠）平均含量为 10^{10}~10^{11} CFU/g 内容物（周雪雁等，2020）。

得益于微生物培养分离技术的完善，近年来人们从鸡肠道里分离鉴定得到了数种能有效应用于畜禽生产的菌株。例如，沈阳农业大学龙淼团队从生态散养的鸡肠道分离得到了一种唾液宿主关联乳杆菌 Lactobacillus salivarius C-1-3，该菌株具有良好的纤维素降解特性，且发酵产物对常见的致病菌大肠杆菌、沙门氏菌和金黄色葡萄球菌皆具有良好的抑菌作用；经过多次驯化后，该菌株表现出较好的抑菌作用及耐酸、耐胆盐、耐高温特性，可作为微生态制剂应用于饲料生产中，也可应用于动物性食品保藏，延长食品货架期（Long et al.，2018）。中国农业科学院兰州畜牧与兽药研究所李建喜等（2015）从鸡肠道分离培养得到了屎肠球菌 Enterococcus faecium C8GF20-06 菌株，该菌株具备较强的转化多糖的能力，适用于中药如党参、黄芪的发酵，能够有效提高中药有效成分的提取率，增强其功效。四川农业大学刘益平等（2012）利用从健康鸡盲肠分离的枯草芽孢杆菌 Bacillus subtilis SCS4562 菌株和戊糖片球菌 Pediococcus pentosaceus SCS4560 进行固态发酵，获得固体发酵菌剂用于动物饲料的添加，该菌株作为微生态制剂添加能有效维持动物肠道微生态健康，并协助动物肠道吸收饲料中营养成分，提高鸡的生长性能。四川农业大学孙静等（2012）从健康成年 160 日龄放养公鸡的盲肠内容物分离出浸麻芽孢杆菌 Bacillus macerans SCS3 菌株；在经历人工胃肠道环境耐受选择后，优化该菌株的固体发酵条件能生产出含足够活菌数的浸麻芽孢杆菌微生物菌剂，且将微生物活菌制剂添加入饲料能显著提高笼养鸡肉中挥发性风味物质含量，改善鸡肉风味。

（二）猪肠道微生物资源利用

不同品种、不同日龄猪肠道微生物的种类有一定的相似性，但微生物菌群的分布与数量存在较大差异。在长白猪与梅山猪结肠微生物菌群的对比研究中发现，梅山猪结肠总菌、厚壁菌门和拟杆菌门数量均显著低于长白猪，但厚壁菌门占总菌的比例显著高于长白猪。此外，不同日龄阶段的猪对纤维利用率的差异主要取决于肠道微生物菌群的发酵能力，成年猪消化道中纤维分解菌的数量通常是生长猪的数倍。因此，猪肠道菌群资源的开发利用可根据需求选取不同生长阶段、不同品种的猪作为来源。

以下列举了近年来猪源肠道菌的资源利用情况。甘肃农业大学杨巧丽等（2020）从健康合作猪粪便中分离培养得到黏膜乳杆菌 LM410；该菌株具有良好的产酸、耐酸、耐胆盐以及拮抗病原菌能力，且能够抑制 C 型产气荚膜梭菌生长，并对 C 型产气荚膜梭菌致猪肠上皮细胞损伤具有明显的保护作用，在畜禽细菌感染性肠道疾病防治方面具有广阔的发展前景和应用价值。东北农业大学李锋等（2021）从玉米赤霉烯酮攻毒的健康杜×长×大三元杂交仔猪粪便中分离培养得到了一种能有效去除玉米赤霉烯酮的奇异变形菌 Proteus mirabilis PM-001-YX，该菌株培养液可降解玉米赤霉烯酮，细胞壁也对玉米赤霉烯酮具有一定的吸附作用。因此，该菌株作为去除玉米赤霉烯酮的生物材料，具有很好的应用前景。贵州师范大学夏品华等（2019）从贵州省毕节市偏远山区散养的成年猪肠道黏膜中分离出一株猪源植物乳杆菌 Lactobacillus plantarum R-21，保藏于中国典型培养物保藏中心，保藏编号为 CCTCC NO.M2018009；该菌株生长迅速、产酸能力强，其发酵液对曲霉菌及常见肠道致病菌有明显的抑制效果，可用于饲料添加或制备发酵饲料。贵州师范大学曹海鹏等（2019）于贵州省毕节市某偏远山区散养的成年猪肠道黏膜中分离出一株猪源植物乳植杆菌 R-15，保藏于中国典型培养物保藏中心，保藏编号为 CCTCC NO. M2018010；该菌株对胆盐、模拟胃液和肠液等耐受性强，且具有能降低胆固醇的效果，有望用于降胆固醇食品或药物的开发与研制。福建省新闻科生物科技开发有限公司况应谷等（2020）从健康猪粪便中获得了一种猪源枯草芽孢杆菌 *Bacillus subtilis* CGMCC NO. 16477，该菌株能够耐受高温且具有抑制大肠杆菌的活性，以其制备的微生物制剂可促进动物生长并降低养殖料肉比。中国科学院微生物研究所钟瑾等（2018）从仔猪肠道分离得到了解淀粉芽孢杆菌 *Bacillus amyloliquefaciens* HCoB1，该菌株具有抑菌作用，可用于调节动物体微生态平衡、预防动物疾病、降低动物患病概率、提高动物体生长性能；因此，该菌株有望被用作饲用抗生素的替代品，以减少饲用抗生素的使用，提高农牧产品的品质，具有较好的应用前景。亚太星原农牧科技海安有限公司覃智斌等（2018）分离得到了一种猪源乳酸芽孢杆菌，该菌种的生物保藏编号为 CCTCC NO. M2017596，分类命名为乳酸芽孢杆菌 Q-21。它容易定植于肠道并能迅速生长繁殖，确保肠道有益菌的数量优势，预防肠道菌群的失调，具有适应胃肠道酸性环境、能产生孢子、抗逆性强等特点。此外，利用该菌株制备的微生态制剂不仅可用于发酵饲料中，也可以作为微生态制剂应用于仔猪养殖中，以降低仔猪胃肠道 pH，杀灭肠道病原微生物，促进饲料营养物质的消化吸收，从而提高仔猪生长性能。北京市农林科学院张董燕等（2018）从猪肠道中分离得到了一种耐酸耐胆盐卷曲乳杆菌，保藏名称为卷曲乳杆菌 *Lactobacillus crispatus* ZLC020，保藏号为 CGMCC NO. 11531。该菌株具有优良的抑菌性能，特别是对猪源大肠杆菌有显著抑菌效果，以该菌株制备的菌剂用作微生物发酵饲料能提高生长猪的生产性能，改善肠道菌群组成，促进机体氨基酸代谢，具有良好的开发应用前景。东北农业大学徐速等（2015）从健康母猪新鲜粪便中分离筛选到一株枯草芽孢杆菌 YSJB-30，该菌株可用于固态发酵制备替代抗生素的饲料益生菌剂。

基于不同畜禽品种肠道微生物之间的多样性与差异性，研究者分别从藏猪、贵州香猪、东北民猪等地方猪种肠道分离得到了一些具有很好应用价值的益生菌及功能菌。西北农林科技大学曹斌云等（2013）从藏猪盲肠内容物中分离出了能够分解纤维素的枯草芽孢杆菌 *Bacillus subtilis* BY-2，该菌株能产生较高的纤维素分解酶，具有降解羧甲基纤维素钠的能力，可用于纤维素酶的提取，或在动物生产中用于制作促进猪等单胃动物消化粗纤维的微生态制剂等。贵州大学何腊平和张玲（2015）从贵州省特色资源小香猪小肠、大肠，以及新鲜的小香猪粪便中分离得到了一株香猪源性动物双歧杆菌乳亚种 *Bifidobacterium animalis* subsp. *lactis*。该菌株纯培养物于 2014 年 12 月 18 日保藏于中国普通微生物菌种保藏管理中心（China General Microbiological Culture Collection Center，CGMCC），保藏编号为 CGMCC NO. 10225，简称为双歧杆菌乳亚种 BZ25。该菌株降胆固醇能力高、耐酸性、耐胆盐性、耐氧性能良好，能作为益生菌添加到发酵乳制品中使其成为功能性食品，丰富了双歧杆菌菌种资源，对双歧杆菌保健产品的开发有积极意义。东北农业大学石宝明团队从东北民猪结肠中筛选得到了一种具有抑制多种致病菌生长的枯草芽孢杆菌 *Bacillus subtilis* JX673943.1，该菌株有助于减轻致病菌对动物的危害，从而提高动物的抗病性，是具有较高应用价值的猪源益生菌（石宝明等，2021）。东北农业大学李锋等（2020）从东北民猪结肠中筛选得到了具有抑制大肠杆菌 K88 生长的民猪源贝莱斯芽孢杆菌 *Bacillus velezensis* BV-001-SMX。该菌有助于提高动物对大肠杆菌型腹泻的抵抗力,是一种具有较高应用价值的猪源益生菌。李锋等(2019)公开了一种降解纤维素的民猪源贝莱斯芽孢杆菌 GX-1,保藏在中国典型培养物保藏中心,保藏编号为 CCTCC NO. M2018841,分类命名为 *Bacillus velezensis* GX-1。该菌株能够产生纤维素酶,可高效降解纤维素,用于纤维素的生物降解,所产的纤维素酶具有较好的热稳定性,40~70℃范围内能保持较好的酶活力。此外,该菌株具有快速生长、产酶量高,对培养条件和产酶条件要求不高,又易于在猪肠道定植的优势,有望应用于畜牧养殖业和饲料发酵工业。

实际上,由于体外培养条件的限制,还有大量的肠道菌种目前还没能实现体外培养。因此,对某种特定功能菌的筛选可以通过在培养基中添加一些特殊物质来提高其体外培养的成功率。例如,产蛋白酶菌株的筛选培养基,可在营养琼脂(nutrient agar,NA)培养基中添加 1.0%的酪蛋白,pH 为 9.2~9.8;产脂肪酶菌株的筛选培养基,可在 NA 培养基中添加 120ml/L 的橄榄油乳化液[油乳化液的配制方法为:取橄榄油与 0.02g/ml 的聚乙烯醇(polyvinyl alcohol,PVA)以体积比 1∶3 混合,10 000r/min 搅拌乳化 5min]和 0.005%的中性红,pH 为 7.2;产纤维素酶菌株的筛选培养基,可在 NA 培养基中添加 1%的羧甲基纤维素(carboxymethyl cellulose,CMC),pH 为 9.2~9.8;产淀粉酶菌株的筛选培养基,可在 NA 培养基中添加 1%的可溶性淀粉,pH 为 9.2~9.8。

第二节　畜禽肠道微生物在农业领域的应用

肠道菌群是一个复杂的微生态系统,在宿主的物质代谢、免疫调节、生物屏障和防御等方面发挥着重要作用。随着畜禽养殖中抗生素的全面禁用,可有效替代抗生素的多种畜禽饲料添加剂逐渐被开发,尤其是微生物饲料添加剂应用最为广泛。不但微生物饲料添加剂在提高饲料利用率、维持动物肠道微生态平衡和改善畜禽生长性状等方面发挥重要作用,而且,微生物修复技术在处理养殖污染方面也发挥重要作用。本节主要介绍了微生物饲料添加剂的生产、发酵饲料的种类、生产菌种及其在养殖领域的应用,同时也介绍了养殖污染的微生物修复。

一、微生物饲料添加剂的生产与应用

微生物饲料添加剂又名微生态制剂,包括益生素和微生物促生长剂两大类。常用的微生态制剂是来源于动物体内的微生物,它大部分存在于动物肠道中,是一类用于提高畜禽体况和改善动物产品质量的微生物及其发酵产物。微生态制剂能通过改善畜禽胃肠道内的微生物群落,促进有益微生物繁殖,抑制胃肠道内病原微生物,调节胃肠道内环境的动态平衡,增强畜禽的免疫功能,提高畜禽的抗病力,促进营养物质的消化吸收效率,提高饲料利用率,促进畜禽生长发育。当畜禽动物处于断奶、运输、转群和气温突变等应激条件下,使用微生态制剂的效果尤为明显。目前,微生态制剂在畜牧养殖业的健康可持续发展中扮演着重要作用。

（一）微生物饲料添加剂的生产

不同的菌种功能不同，对畜禽发挥的作用也不同。首先，选择能够用于微生物饲料添加剂的常用菌种，很多菌种都有宿主特异性，能够与供体产生一种供体与受体的关系。其次，要求所选择的微生物饲料添加剂菌种生理生化性状稳定，能够从宿主消化道中分离，从而使得添加剂中的细菌能够根据预想定植在宿主特定位置。应选择繁殖能力强、繁殖效率高的菌种，才能使其能够在最短时间快速占领宿主的消化道并发挥作用。胃酸对于动物消化食物具有重要意义，所以需选择可以产酸且产酸能力非常强的菌种，这样的菌种可以加速动物消化系统的工作效率，提高饲料的利用率。最重要的是，选择微生物饲料添加剂菌种时要具体问题具体分析，根据要达到的效果和目的选择菌种。

发酵培养，即微生物的大规模培养，可以采用多种形式，包括固体表面培养、液体表面培养、液体深层培养、吸附在固体载体表面的膜状培养及其他形式的固定化细胞培养等方法。生物兽药主要运用固体表面培养法和液体深层发酵法生产。固体表面培养法生产成本高、产量低，不适宜工厂化批量生产。液体深层发酵法是现代发酵工业的主要发酵形式，可采用机械搅拌发酵罐或气升式发酵罐。微生物饲料添加剂生产工艺一般有以下几个流程。

1. 菌种提取

微生物添加剂菌种提取自健康的动物肠道，最好来源于畜禽本身，以有利于细菌在宿主体内定植。筛选产酸能力强、繁殖速度快、生理生化性状稳定、无杂菌污染的菌种，提取后的菌种一般于4℃冷藏保存，使菌种暂时处于休眠状态。

2. 培养繁殖

这些菌种在实验室里可以采取常用的微生物培养方法进行培养：将菌种接种到无菌的三角瓶（里面有适于微生物生长的培养基）中，然后将三角瓶放入专业的摇床中培养，按各菌种不同的生物学特性置于生长所需的温度和湿度条件下培养。益生菌可以在其中进行快速繁殖。三角瓶是一个较小的培养环境，大量培养益生菌则需要容积比较大的发酵罐。发酵罐中同样加入配好的培养基，将经过摇床培养好的益生菌倒入发酵罐，就可以完成益生菌的大量繁殖。

3. 成品脱水

发酵罐中培养好的益生菌存在于液体中，为了便于保存和运输，需要用专业的脱水设备、制粒设备和干燥设备进行处理，最后得到益生菌的颗粒或粉末。

4. 混合包装

由于经过脱水处理的益生菌颗粒纯度很高，动物摄入量很难控制，容易造成浪费，因此在生产中要将益生菌和其他成分混合使用。一般选用葡萄糖、稻糠等，这些物质不仅可以稀释益生菌的浓度，还能够被动物消化吸收，常常将之称为载体。混合的过程比较简单，根据不同的应用需要，选取益生菌粉剂和相应的载体，根据最终用途来设计其配合比例，在专门的混合机中进行充分混合，最后包装成袋（图 11-1）。

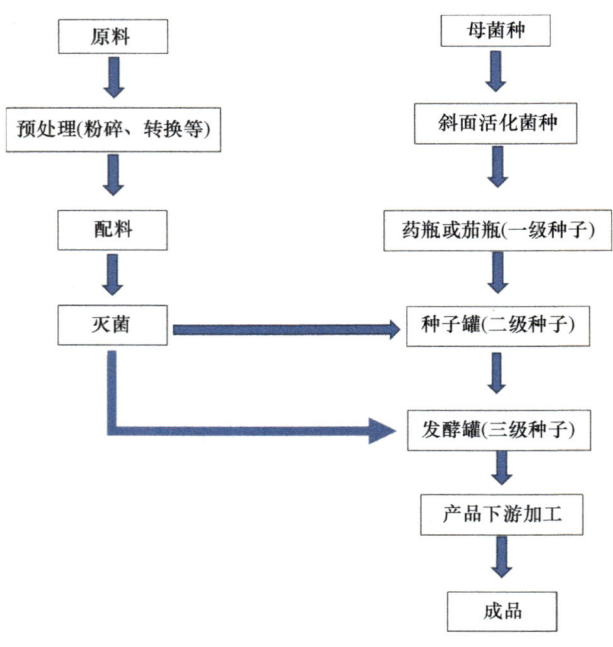

图 11-1 发酵过程流程示意图

（二）微生物添加剂类型

在微生物大家族里，可用作饲料添加剂的菌种有很多。美国规定了多种菌种可以作为微生物饲料添加剂在畜禽生产中应用，目前常用的微生物添加剂共有 34 种（表 8-2）。

1. 乳酸菌

乳酸菌是一类能利用碳水化合物发酵，并产生乳酸的细菌，属于厌氧或兼性厌氧菌，是动物消化道正常微生物区系的优势菌群。微生态添加剂的菌种主要是来自人或动物消化道或发酵食品中的嗜热乳杆菌、乳酸乳杆菌、嗜酸乳杆菌、保加利亚杆菌、干酪乳杆菌、植物乳杆菌、发酵乳杆菌等（贾志霞，2011）。乳酸菌能定植于鸡和猪的肠道上皮，与动物体建立一种共生关系。它能产生细菌素、类细菌素物质和其他的拮抗物，如可以产生有机酸拮抗病原微生物，调节动物消化道微生物区系平衡。它还能利用糖类发酵产生大量乳酸，生成抑制性化合物和细菌素，抑制多种病原微生物的生长代谢，分解有机物产生的乙酸、丁酸，降低肠道 pH，抑制大肠杆菌、沙门氏菌等病原菌生长，防止腐败菌的滋生，使其不能在肠道中定植，对维持消化道微生物区系的平衡和消化机能正常起重要作用（Rossi et al.，2004）。当动物消化道中乳酸菌与大肠杆菌的比率下降，则导致动物消化机能混乱，引发肠炎、下痢等疾病。乳酸菌亦可通过调节肠道 pH，激活胃蛋白酶，促进胃肠蠕动，帮助食物的消化、吸收、减轻胀气和维持肝脏功能（黄俊等，2003）。因此，乳酸菌能够通过活化免疫防御系统，增强畜禽免疫力，增强畜禽肠组织对细菌侵袭的抵抗能力，它还能合成维生素等营养物质，降低氨、胺等有害物质的产生，抑制肠毒素的产生，促进机体健康，提高畜禽生产性能。

2. 光合细菌

微生物添加剂中的光合细菌是一大类水生原核生物，广泛分布于江河、湖泊、海洋、水沟和土壤中，分属红螺菌科、绿硫菌科、着色菌科。它们是光能自养型微生物，能利用日光作能源进行光合作用，利用产生的营养物质，供自身生长存活，自身也具有丰富的营养价值，在自然界物质循环中起着十分重要的作用。光合细菌不属于动物肠道内微生物，其体内不仅含有丰富的蛋白质、维生素、微量元素等物质，而且还富含许多生理活性物质，如辅酶 Q_{10} 含量比一般单胞藻类及酵母菌高 100 倍以上。它具有增强心肌、抗休克、提高免疫力、改善细胞内呼吸等多种生理功能，可以直接提供动物生长发育所需的营养物质，活化免疫系统，提高动物的防病抗病能力（Chu et al.，2011）。光合细菌还能吸收分解水中的氨、氮、硫化氢等有害物质，具有很高的水质净化能力。它可将鱼、虾等水产养殖池内的饵料、粪便等完全分解并加以利用，避免这些物质沉积池底后发酵产生有害物质，改善水质。光合细菌在水中繁殖时可释放具有抗病力的酵素，对水中可引起鱼、虾、贝类的细菌性疾病的病原菌，如嗜水气单胞菌、爱德华氏菌、真菌等具有一定的抑制作用。此外，光合细菌对预防水产动物的水霉病、肠炎有显著作用。同时它还能够促进鱼类等水产动物的生长肥育、改善体表光泽。

3. 芽孢杆菌

芽孢杆菌是一种好氧细菌，包括枯草芽孢杆菌、地衣芽孢杆菌、环状芽孢杆菌及蜡样芽孢杆菌。一些从动物体内外分离、鉴定的有益芽孢杆菌已在畜牧业、饲料行业广泛应用。芽孢杆菌在肠道中主要通过生物夺氧维持肠道微生态平衡，消耗大量氧气，维持肠道厌氧环境，在肠道快速繁殖，增强肠道对厌氧菌的定植能力。此外，芽孢杆菌在肠道中将淀粉转化为单糖，再由肠道中的其他菌将单糖转化为乳酸，降低肠道 pH，起到抑制病原菌的作用（刘永立和高文龙，2019）。随着近几年的应用实践，芽孢杆菌类微生物添加剂充分显示出许多优越性：枯草芽孢杆菌能够在动物肠道内定植，而且可以分泌多种蛋白酶、脂肪酶、淀粉酶及抑制腐败菌的抗菌肽，因此，目前被越来越多地应用到饲料添加剂中（张建飞和戎海沿，2010）。此外，枯草芽孢杆菌可以提高饲料中乙酸含量、降低丁酸含量，它还具有抗高温、耐严寒、抗逆性强等特性，在饲料加工和储存过程中不易失活。芽孢杆菌在生长繁殖过程中可以产生大量的淀粉酶、蛋白酶及纤维素酶等胞外酶，可以促进动物胃肠道对营养物质的消化吸收，促进动物生长。同时，它还能产生多肽类抗菌物质，抑制或杀死有害菌，提高动物机体的抵抗力和生产力。

4. 链球菌

链球菌主要包括粪链球菌、鼠链球菌、嗜热链球菌、乳链球菌、口腔链球菌等，多存在于动物机体的消化道中。它的主要特点为好氧或兼性厌氧、产酸作用强，具有很好的助消化保健作用。链球菌产生的代谢产物可以抑制多种病菌，提高机体的抵抗能力，达到净化肠胃的目的。

（三）微生物饲料添加剂的作用机制

微生物添加剂的作用与消化道的微生态平衡有关，畜禽消化道内存在丰富的微生物种群，肠内的细菌种类多达上百种。这些微生物种群不是单独存在的，它们与机体紧密结合形成肠内微生态平衡，相互制约的同时相互依存。在这个微生物种群体系中，优势微生物种群对这个种群体系的稳定性起着决定作用。动物食用微生物饲料添加剂后，会改善畜禽胃肠道内的微生物群落，激发自身菌种繁殖生长，同时抑制有害菌的生长，最终达到促进动物营养物质的消化吸收和生长发育、预防胃肠道疾病的目的。

1. 维持畜禽消化道菌群动态平衡

动物微生态平衡是指正常微生物群与其宿主动物体在不同发育阶段之间动态的生理性组合。该组合是在长期历史进化过程中形成的，是正常微生物群与其动物体内、体表相应的生态空间相互作用所形成的一种稳定、协调的状态。微生物饲料添加剂是取代或平衡动物微生态系统中一种或多种菌系的微生物制品，含有大量乳酸菌、酵母菌等多种有益微生物，能激发自身有益菌种繁殖增长。作为饲料添加剂其进入畜禽体内后，能迅速繁殖，产生的代谢物能中和肠内毒素，抑制有害菌株的定植。一些需氧微生物，特别是芽孢杆菌能消耗肠道内的氧气，造成厌氧环境，降低氧化还原电势，有利于厌氧微生物的生长，从而使失调的菌群恢复到正常状态（王文娟等，2017）。总之，通过外源的补充微生物饲料添加剂可以使动物保持微生物种群体系的动态平衡，使有益的微生物在肠道内快速繁殖并发挥作用，而有害菌种得不到氧气而失去活性，最终达到预防疾病、促进动物生长的目的。

2. 保证畜禽体内营养物质均衡

在动物肠道内生长繁殖的有益微生物可以产生能够水解多糖的酶，帮助动物分解难以消化的物质，从而改善消化道功能，提高饲料的消化利用率，促进动物生长。动物体内缺少某种营养成分时，可以有针对性地进行补充，使体内营养物质达到均衡，而使用微生物饲料添加剂在保证畜禽体内营养物质均衡方面有同等的效果。究其原因是有益微生物可以在动物的消化道内产生一些氨基酸、维生素、挥发性脂肪酸等营养物质，而这些物质能够被宿主吸收利用，并参与胆汁转化及激素转化的过程。譬如，酵母菌和芽孢杆菌可以在生存、繁殖的过程中产生脂肪酶、淀粉酶及蛋白酶等物质，促进蛋白质、淀粉、脂肪、半纤维素的分解，提高饲料利用率（何月英等，2005）。双歧杆菌、乳杆菌等造成的酸性环境，能够促进维生素D、钙及二价铁的吸收，双歧杆菌还能够产生磷蛋白磷酸酶，分解奶中的酪蛋白，提高蛋白质消化率（陈士伦，2018）。只有保证畜禽体内营养物质均衡，才能提高畜禽机体免疫力，降低发病率。

3. 改善生态环境，降低疾病的发生

随着畜禽生产集约化、规模化的快速发展，养殖过程中产生的有害气体已是环境污染的一个重要因素。传统养殖动物对饲料未能完全消化吸收，排出的饲料残渣在体外极易腐败，导致环境污染，同时也降低了动物对疾病的抵抗力和生产性能。在微生态失调的情况下，胃肠道大肠杆菌、沙门氏菌的含量迅速升高，同时蛋白质分解产生氨、胺等有毒物质，导致畜禽腹泻等各种疾病。微生物饲料添加剂能显著降低粪便中丙酸盐含量，并能通过加强动物后段消化道中的微生物代谢活动，减少产生氨和胺等恶臭有害物质的排泄，加速畜舍中粪便的分解，分泌物中的有益微生物数量增多，从而净化体内外环境，降低疾病的发生（徐鹏等，2012）。乳酸菌处理过的饲料可显著降低鸡舍氨气水平、粪便 pH 及水分含量，减少丁酮、己醛和二甲基二硫醚等恶臭气体的排放（Chang and Chen，2003）。总之，微生物饲料添加剂能够降低动物粪便中的甲酚等成分，减轻它们粪便的恶臭，达到净化畜禽舍环境的目的。

4. 提高动物机体免疫力

幼龄动物由于机体免疫系统不完善，胃肠道发育不完全，极易发生腹泻等各种疾病。成年动物拥有完整的肠道菌群以及更高的巨噬细胞活性和免疫球蛋白水平，因而机体抗病能力较强。在饲养过程中，如何提高幼龄动物机体免疫力，降低它们感染疾病的概率显得尤为重要。与其他方式相比，通过在饲料中添加微生物可使肠黏膜内的淋巴组织活化，调节肠道微生态系统到最佳平衡状态，进而提高机体免疫力（陈士伦，2018）。微生物饲料添加剂的免疫刺激作用主要与糖类有关，糖类作为生物机能调节分子，主要表现为免疫增强和刺激作用。微生物饲料添加剂能够激发和增强巨噬细胞的活性，对巨噬细胞、T 淋巴细胞、自然杀伤细胞等均有明显的刺激作用，从而让巨噬细胞及时地吞噬一些坏细胞或者有害细菌，同时微生物饲料添加剂能使免疫球蛋白 A 的分泌增加，机体免疫力增强，从而抵御感染，防止机体被进一步破坏（徐鹏等，2012）。微生物饲料添加剂不仅能改善肠道微生态环境，而且能防止其他组织的病变。过高的环境温度会导致动物出现热应激，使动物的生理机能发生变化和紊乱，表现为采食量下降、生长缓慢、抵抗力降低，重者死亡率增加等，造成较大的经济损失。微生物饲料添加剂能够减轻因热应激带来的负面影响，可能的原因是其能够诱发胃肠道微生物区系形态等方面发生特定的变化，调整肠道内的微生态平衡，抑制胃肠道内病原微生物的繁殖，排出体内的病原体，改善小肠绒毛高度，增强肠黏膜的功能，从而提高机体免疫力，减轻因外界刺激对动物造成的不利影响。

5. 提高畜禽的繁殖力

畜禽的繁殖力决定着畜牧生产的经济效益。影响畜禽繁殖力的因素很多，而对繁殖力影响最大的主要是动物机体本身。微生物饲料添加剂中有很多有利于提高畜禽繁殖力的菌种，这些菌种能够在这些动物体内进行一系列生理活动，通过不断代谢产生很多生物活性酶。有些类型的酶能够调节畜禽的生殖系统，保持生殖细胞的活性，同时提高血液中激素的含量，从而提高畜禽的繁殖能力（苏浽淇等，2018）。

（四）微生物饲料添加剂在动物生产中的应用

1. 在猪生产中的应用

随着人们生活水平的改善，生产优质猪肉和提高猪肉产量已迫在眉睫。微生物饲料添加剂可以使母猪产出体型均匀、生长整齐、整体毛色光泽度良好的仔猪，并提高仔猪断奶成活率（张建飞和戎海沿，2010）。就乳猪而言，由于胃肠道菌群平衡还未完全建立，补充外源性的乳酸菌和酵母菌，可以降低肠道 pH，促进胃肠道蠕动以及消化道和酶系统提早发育（董晓丽，2013）。仔猪断奶后消化道形态结构和免疫机能发生退行性变化，消化酶分泌不足、肠道微生物区系紊乱、营养物质消化吸收不良、生长发育缓慢、抗病力下降、发病率升高，严重影响养猪的经济效益。甘肃省畜牧兽医研究所刘瑞生等（2021a）通过在饲料中添加 1%复合微生物制剂，降低了断奶仔猪腹泻率、尿素氮含量，增加了血清葡萄糖、白蛋白、球蛋白和免疫球蛋白 A、免疫球蛋白 M 含量，改善了断奶仔猪生长性能，调节了其生化指标，改善了其免疫功能。福建省农业科学院畜牧兽医研究所陈炳钿等（2018）在日粮中添加 1%微生物发酵饲料，显著提高了生长猪生长性能，平均日增重提高了 22.68%，料重比降低了 11.35%；直肠中乳杆菌的菌株数量增加了 57.06%，而大肠杆菌数量减少了 20.81%；在营养表观消化率上，显著提高了总能以及干物质、粗蛋白质和粗纤维的消化率。西南科技大学白雅绮（2020）在日粮可溶性纤维水平中添加 0.5%益生菌不仅能显著提高育肥猪的生长性能，还能减少育肥猪的尿素氮排放，降低粪便脲酶活性，显著降低粪尿 pH，同时可有效抑制氨气排放，改善肠道微生物环境。此外，微生物的代谢可以帮助摄入食物的消化吸收利用，从而提高饲料利用效率，促进动物机体的生长。酵母菌、乳酸菌、芽孢菌、光合菌和放线菌等有益菌种不仅能提高猪胴体品质，而且能够使猪大便成形好、生长整齐、皮毛红润。猪饲用微生物添加剂具有成本低、无毒、无残留、促生长的优点，可在养猪生产上大力推广应用。

2. 在家禽生产中的应用

鸡消化道内各种微生物菌群之间维持着相互依存、相互制约的平衡关系。当鸡处于高温、换料和疾病等应激状态时，消化道内正常的微生态平衡就会被破坏，大肠杆菌、沙门氏菌等致病菌就会趁机大量繁殖起来，从而引起消化紊乱、腹泻、下痢等疾病（曾亚英等，2020）。微生物饲料添加剂一般通过按比例拌入饮水中的方式供鸡饮用，微生物饲料添加剂可使鸡的肠道产生乳酸，空肠内容物 pH 下降，挥发性脂肪酸浓度增加，增强雏鸡抗病力，减少仔鸡白痢发生，降低死亡率（任津莹和陈鹏，2020）。仔鸡中添加丁酸梭菌可以提高 1～49 日龄肉仔鸡的日增重并改善饲料利用率，提高肉仔鸡盲肠内容物中乳杆菌的数量，显著降低粪样中大肠杆菌的数量，改善肉仔鸡肠道微生态平衡，促进有益菌的繁殖。甘肃省畜牧兽医研究所蒙琦等（2021）在肉鸡饲料中加入 0.1%的微生物添加剂，降低了鸡粪中 NH_3 和 H_2S 浓度，从而有效改善了肉鸡鸡舍中有害气体环境。甘肃省畜牧兽医研究所刘瑞生（2021b）在三黄肉鸡饲料中添加 1%微生物添加剂提高了肉鸡生长性能（平均日增重）、免疫性能（血清中免疫球蛋白 A、免疫球蛋白 G

和免疫球蛋白 M 含量）、屠宰性能（屠体重、屠宰率、全净膛率和半净膛率）。扬州绿保生物科技有限公司于瑞奎等（2016）将 0.05%微生物制剂加入蛋鸡日粮中，蛋鸡平均日产蛋量提高了 3.90%，单枚蛋重提高了 4.06%，料蛋比降低了 3.80%，死亡率下降，机体抗热应激能力提高。第 24 天时，蛋鸡粪便中氨气浓度显著降低了 45.08%，改善了养殖环境。新疆农业大学马晓婷等（2017）在日粮中添加 150mg/kg 乳酸菌提高了蛋鸡日粮中干物质、有机物、粗蛋白质、粗脂肪的表观消化率，进而提高了饲料的转化率。一些饲用微生物添加剂可在鸡体内合成 B 族维生素，促进了营养代谢及盲肠中微生物群活动。实验证明鸡产生应激前后的 2～3 天使用微生物添加剂效果最好，可使已被破坏或失调的微生态平衡得以恢复，保证鸡处于最好的生理平衡状态（刘万军等，2020）。因此，饲料中添加微生物饲料添加剂可减少动物肠道疾病的发病概率、降低腹泻率和死亡率，提高肉鸡日增重，降低料肉比，提高脾脏和法氏囊指数，促进免疫器官生长发育，增强免疫功能，同时提高血清中白蛋白、钙、钾含量，降低尿素氮、尿酸、三酰甘油含量；并且鸡在生长发育过程中精神状态好，个体生长均匀，被毛光亮，所排的粪便干爽疏松；同时，降低了鸡舍甲烷、氨气含量，减少了因养殖生态带来的环境问题。

3. 在反刍动物生产中的应用

成年牛瘤胃中有特殊的菌群分布，可以将采食的饲料发酵分解为可被吸收利用的养分；而犊牛的微生态区系没有建立完成，因此无法完全消化饲料。犊牛的主要营养来源是牛奶，可以将微生物饲料添加剂按比例添加到牛奶中，促进犊牛微生态区系提早建立，从而能够提早断奶，以降低饲养成本（牛嘉，2022）。在饲喂肉牛的精料中加入微生物制剂需要进行 24h 堆积发酵，发酵后堆内温度为 34～40℃，pH 为 4.5～5.5，发酵精料带有酵母特有的清香味和果酸味，进而可以提高肉牛的采食量和饲料的养分消化率（陈光吉等，2015）。河南农业大学李茂龙等（2022）在固原黄牛全混合日粮中添加 2g/kg 微生物饲料添加剂可通过调控瘤胃微生物区系提高其生长性能及中性洗涤纤维和酸性洗涤纤维的表观消化率。发酵后的多种益生菌在生长代谢过程中有效提高了精料内活细胞总数和菌体蛋白含量，产生了多种酶系、氨基酸、酸类物质、微量元素以及多种维生素，从而增加了精料内营养成分含量。精料内的活性细胞（如酵母菌、乳酸菌等）进入瘤胃后，在肉牛消化道内合成微生物蛋白质、促生长因子、消化酶及抗菌肽等物质，可调节胃肠内微生态平衡。微生物饲料添加剂在代谢过程中可以参与动物机体内蛋白质、糖类、脂肪和矿物质元素的代谢，产生多种营养物质和促生长因子，提高饲料利用率，促进动物机体生长发育。

乳腺炎是奶牛养殖业中常见的疾病之一，且危害极大，其发生范围广、发病率高、防治难、治疗成本较高，可造成奶牛产奶量降低，是制约奶牛业发展的重要因素。牛乳中体细胞数量与乳中乳酸菌含量具有相关性，乳酸菌数量的减少会导致乳体细胞数的升高。乳酸菌对乳腺健康具有维持作用，可避免奶牛感染乳腺炎（臧长江等，2009）。新疆维吾尔自治区动物疾病预防控制中心艾日登才次克等（2019）在饲料中每天添加 200g 的微生物添加剂显著降低了隐形乳腺炎牛乳中体细胞数目，添加微生物制剂使平均乳体细胞数显著降低了 65.6%，强阳性和阳性乳区下降率分别为 68.5%和 45.8%，转阴率为 56.3%。同时，添加微生物制剂也可以增加奶牛日均产奶量，乳蛋白含量提高 0.1~0.2 单位，乳脂率提高 0.1~0.3 单位。此外，由于微生物制剂中的乳酸菌通常来源自然，对乳房环境具有高度适应性，因此还可增强机体免疫力。吉林省农业科学院畜牧科学分院仲伟光等（2020）在奶公牛的日粮中添加 80g/d 复合微生物添加剂提高了干物质采食量 2.74%，提高平均日增重高达 28.95%，料重比明显降低；通过检测血清常规指标发现，奶公牛血清中蛋白质、白蛋白和球蛋白含量分别提高了 17.30%、21.63%、13.49%，说明微生态制剂可以提高反刍动物对蛋白质的吸收；此外，微生态制剂还能提高血清碱性磷酸酶和超氧化物歧化酶活性，降低丙二醛含量和过氧化氢酶活性，继而提高机体抗氧化能力。

刚出生的幼龄羔羊消化道几乎处于一种无菌状态，胃肠道 pH 为 7.0 左右，有利于正常菌群的定植。羔羊在吃奶的过程中有益菌菌群会进入消化道中并迅速进行繁殖（王宝东，2022）。如果羔羊未建立一个发育健全的消化道，或其肠道内正常的微生物被破坏，那么就会给病原菌的入侵创造条件，进而导致消化道内的菌群失调，引起羔羊腹泻等疾病的发生。因而在饲养过程中，应给羊尽早服用微生物添加剂，以对其肠道内的 pH 进行有效的调节。西南民族大学陈浅等（2020）在精粗比为 60∶40 的日粮中添加 1.0×10^8 CFU/kg 丁酸梭菌，发现断奶羔羊平均日增重提高了 16.29%，料重比降低了 17.25%，提高了血清总超氧化物歧化酶、过氧化氢酶和谷胱甘肽过氧化物酶活力，免疫球蛋白 A、免疫球蛋白 M 和免疫球蛋白 G 含量分别提高了 31.41%、21.48%、19.21%，且每只羊日收益提高了 0.81 元。吉林省农业科学院畜牧科学分院李林等（2017）研究发现，肉羔羊在服用 0.5%微生物制剂后，有益菌群产生有机酸，其肠道内的大肠杆菌数量会明显减少，有益微生物在动物肠道内定植，降低了断奶前腹泻发生，增加了羔羊的质量，血清中 IL-1 和 IL-2 等细胞因子含量升高，增加了血液中的抗体水平及脾脏指数，提高了饲料利用率。羊在饲养中，一旦受到转群、断奶、疾病、饲料改变或者运输等各种应激因素的影响，消化道内的菌群就会失调，进而出现病理特征，或者降低养分消化率，使羊只的生产性能降低。江西农业大学彭涛等（2020）在饲料中添加 0.4%的复合益生菌制剂可提高舍饲山羊的血清免疫球蛋白含量，改善其抗氧化功能，并具有提高其育肥性能的趋势。在山羊的基础日粮中添加 10g 微生物制剂，能降低羊群腹泻率、减少发病率，使日增重提高了 25.5%，饲养成本降低，日增收 0.954 元/只，说明山羊的精料中添加微生物添加剂可取得较好的经济效益。综上，在反刍动物日粮中添加微生物饲料添加剂能够显著提高饲料中的营养物质表观消化率，但是对蛋白质消化率没有影响；同时，可有效改善消化系统微生物环境，从而使饲养周期缩短，提高养殖效益；还能提高机体抗氧化能力，增强机体免疫力。

二、发酵饲料的生产与应用

发酵饲料是指在人工干预外界环境条件下，利用微生物的新陈代谢和细菌的生长繁殖，将饲料中的大分子物质和抗营养因子通过分解或转化的途径，使其变成更有利于动物采食和利用的富含微生物菌体蛋白、生物活性小肽类氨基酸和微生物活性益生菌的微生物发酵饲料。发酵饲料具有提高饲料的消化率及营养价值、提高畜禽生产性能、降解饲料中的抗营养因子、调节肠道微生态平衡、增强机体的免疫功能等生理特点。此外，通过发酵脱毒，还可以提高饲料适口性，使饲料更安全，并降低养殖污染。本部分主要介绍发酵饲料的种类、生产菌种、作用机制及其在养殖领域的应用。

（一）发酵饲料的种类

根据饲料发酵时的状态，发酵饲料可分为液态发酵（liquid state fermentation，LSF）和固态发酵（solid state fermentation，SSF）。LSF 指的是让原料与水充分混合后，使得发酵底物变为液态，再加入微生物进行发酵的过程。SSF 是指微生物在不含游离液体的固体培养基上进行发酵的过程。LSF 能够改善饲料适口性，进而提高饲料消化率，此外，LSF 还具有降低仔猪腹泻率，提高动物的生产性能等作用（王佰涛等，2020）。LSF 发酵流程较为简便，但还存在较难调控、所需成本较高等问题，导致其在国内应用不广。LSF 的发酵流程如图 11-2 所示。而 SSF 的发酵需求相对于 LSF 来说简单许多，其发酵底物除了能为微生物发酵提供场地，还能为其发酵过程提供所需的营养物质，具有操作简单、消耗能较低、发酵后风味物质含量高、没有废弃物、可以直接用于饲喂等优势。此外，SSF 的发酵底物一般是植物蛋白源，主要包括以豆粕、菜籽粕、棉籽粕为主的农业副产品，与 LSF 相比，SSF 具有简单、廉价、利用率高等优势。因此，国内一般采用 SSF 饲料，其发酵流程如图 11-3 所示。

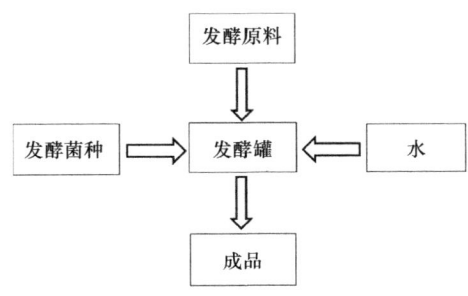

图 11-2　LSF 发酵饲料发酵流程

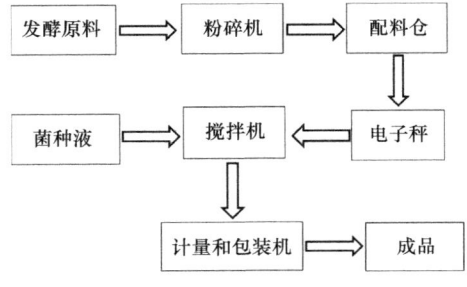

图 11-3　SSF 发酵饲料发酵流程

（二）发酵饲料的生产菌种

发酵饲料一般是通过一些特定的微生物发酵生产的，在发酵饲料中最常用的菌种主要有乳酸菌、酵母菌、芽孢杆菌和霉菌。

1. 乳酸菌

乳酸菌是一类利用碳水化合物发酵产生乳酸且没有芽孢的革兰氏染色阳性菌，属于异养厌氧型原核生物，通过发酵产生的有机酸、特殊酶系、酸菌素等物质具有特殊生理功能。研究表明，通过饲喂乳酸菌发酵的饲料能够加强畜禽的消化能力、修复肠道健康、抑制有害菌、促进畜禽生长（姚志芳等，2020）。南阳农业职业学院王国强等（2018）通过定期对哺乳仔猪灌服乳酸菌后发现，灌服单一乳酸菌能显著提高仔猪的生产性能和免疫性能，降低仔猪的腹泻指数和死亡率；灌服复合乳酸菌可增强胃肠道内消化酶的活性、增加乳酸菌的数量，并抑制大肠杆菌的生长繁殖。国家粮食和物资储备局科学研究院 Wang 等（2018）在饲料中添加微囊化植物乳杆菌也能够提高猪的生长性能和免疫性能，且能显著促进结肠中乳酸菌的生长繁殖。

2. 酵母菌

酵母菌是一种单细胞微生物，形状呈球状或椭球状，能够通过芽殖或裂殖的方式繁殖，其耐酸性强，属于兼性厌氧菌。酵母菌因其具有丰富的营养物质、多种消化酶，以及各种微量元素，且环境适应能力强，在畜禽生产中应用非常广泛。酵母菌能够调控瘤胃内的微生态平衡，减少甲烷等有毒有害气体的产生，调节瘤胃内的 pH，提高动物机体的免疫性能和消化性能，加快动物的生长发育（邹春悦，2018）。此外，酵母菌在发酵饲料中通过自我繁殖，增加饲料中的营养物质，提高动物采食量（谢鹏等，2019）。利用酵母菌发酵玉米等底物时，发酵饲料中的蛋白质含量增加，提高了饲料的可饲性，能够替代鱼粉等动物源性蛋白质，降低饲料成本（仲伟光等，2018）。反刍动物的体外试验结果表明，酵母菌发酵饲料能够提高动物瘤胃内细菌总数、氨态氮、菌体蛋白和挥发性脂肪酸含量，从而提高饲料利用率和动物的消化吸收率（张政等，2017）。

3. 芽孢杆菌

芽孢杆菌属于革兰氏阳性菌，能够通过产生芽孢来增强对不利条件的抵抗力。芽孢杆菌菌群中具有许多不同功能的菌种，在农业中被广泛应用。其中，枯草芽孢杆菌常作为发酵菌在发酵饲料中被广泛应用，其具有产生抗生素类物质、提高饲料利用率、改善动物机体免疫性能及抗氧化功能等作用（王宗伟等，2015）。福建省农业科学院农业生物资源研究所陈倩倩等（2020）采用枯草芽孢杆菌发酵豆粕时，该菌将豆粕中的大分子蛋白质降解为小分子蛋白质，从而提高了豆粕的利用率。而吉林农业大学李立波等（2017）采用枯草芽孢杆菌发酵玉米秸秆时，枯草芽孢杆菌能够降解玉米秸秆中的木质纤维素，增加饲料中的蛋白质含量，提高玉米秸秆的利用率。

4. 霉菌

霉菌是丝状类真菌的总称，多在温暖潮湿的环境下生长，其菌落呈绒毛状、絮状或蛛网状。一般用于固体发酵的是有益霉菌，其在发酵过程中能够产生大量的酶，从而提高畜禽的消化性能。湖南农业大学陈顾（2017）利用黑曲霉素发酵的饲料提高了动物的生长性能，改善了机体免疫性能。甘肃农业大学马剑青（2017）在饲料中加入米曲霉发酵物，提高了肉仔鸡粗蛋白消化率和能量代谢率。此外，经过米曲霉菌发酵后，豆粕中的蛋白酶抑制剂被消除，蛋白酶活性得到提高（Xing et al.，2017）。

（三）发酵饲料的作用机制

1. 提高饲料的消化率

饲料经发酵后会产生独特的风味，适口性好，从而增加畜禽的采食量。发酵饲料中的微生物代谢可提高饲料中的粗蛋白质、粗脂肪、能量等营养物质的消化吸收效率，还能将饲料原料中的大分子蛋白质、纤维素、淀粉等难吸收的物质降解为小分子肽、低聚糖、单糖等易吸收的物质（赵莹等，2022）。河南农业大学 Wang 等（2016）在产前 30 天至产后 28 天给母猪饲喂 10%及 15%发酵豆粕饲料，显著地增加了母猪对营养物质的消化效率，并提高了其后代仔猪的成活率。浙江大学 Shi 等（2017）添加枯草芽孢杆菌和屎肠球菌联合发酵的豆粕到日粮中，提高了仔猪总氨基酸含量，尤其是赖氨酸表观回肠消化率及赖氨酸标准回肠消化率。此外，发酵饲料中还含有大量的菌体蛋白及其代谢产物，如有机酸、氨基酸、维生素等，从而提高饲料的营养价值。

2. 降解饲料中的抗营养因子

抗营养因子是指饲料中阻止营养物质被消化、吸收和利用的物质，以及危害畜禽健康和降低畜禽生产能力的物质。发酵饲料可以很好地解决这个问题，饲料原料经过微生物发酵后，能够很好地降解其中的棉酚、硫苷、脲酶等抗营养因子。安徽农业大学方洁等（2016）以菜籽粕为底物进行固体发酵试验，发现菜籽粕中的植酸、硫苷、芥子碱和异硫氰酸酯等抗营养因子含量均有不同程度的降低，且在二次发酵中植酸、硫苷、芥子碱和异硫氰酸酯的含量分别减少了 82.58%、76.87%、68.00%、78.57%。吉林省农业科学院 Zheng 等（2017）利用芽孢杆菌发酵豆粕后，检测发现大豆球蛋白、β-伴大豆球蛋白、胰蛋白酶抑制因子等抗营养因子分别显著减少了 86.0%、70.3%、95.01%。石河子大学杨文婷等（2019）利用热带假丝酵母 ZD-3 作为发酵菌种发酵棉籽粕，发现抗营养因子游离棉酚减少了 88.21%。淮阴师范学院谢鹏等（2019）利用小麦作为原料进行发酵，其体内的总植酸和总单宁等抗营养因子显著减少。此外，采取脱油米糠作为底物进行固体发酵后，研究人员发现发酵能够抑制植酸活性和胰蛋白酶抑制剂活性，二者的活性分别降低了 3.12%和 24.8%（尹喜海等，2012）。

3. 补充有益菌，调节肠道微生态平衡

畜禽肠道微生物菌群具有调控畜禽肠道的营养代谢、免疫调节和生物屏障等重要功能。发酵饲料中含有大量的有益微生物，这些有益微生物伴随着发酵饲料一起进入畜禽肠道后迅速繁殖，并迅速成为畜禽肠道内的优势菌群，遏制病原微生物在畜禽肠道内生长繁殖。有益菌在发酵的过程中会产生大量的有机酸，降低畜禽肠道内的 pH，有效抑制病原微生物的生长繁殖，维持畜禽肠道的微生态平衡（曹树威等，2021）。南京农业大学张铮等（2019）的研究发现，饲喂复合菌发酵饲料可改变育肥猪结肠中微生物组成与功能,提高有益菌的相对丰度,并可显著提高结肠中丁酸水平,改善育肥猪结肠健康。济南市畜牧技术推广站王勇等(2021)的研究发现,在生长育肥猪饲料中添加10%由酵母菌、乳酸菌和多种芽孢杆菌等益生菌组成的复合益生菌制剂发酵的饲料,能够增加肠道乳酸菌、酵母菌、芽孢杆菌数量,降低大肠杆菌数量,调控猪肠道微生态平衡。安徽省农业科学院畜牧兽医研究所沈学怀等(2021)用以乳酸菌发酵的复合中药发酵饲料饲喂母猪后,发现母猪粪便中克里斯滕森氏菌属R-7群、乳杆菌属、瘤胃球菌科UCG-002、拟杆菌属、毛螺菌科NK4A136群和 *Candidatus* Soleaferrea 等有益菌群的相对丰度显著提高,密螺旋体属2、链球菌属、副拟杆菌属和埃希氏菌-志贺氏菌属等有害菌群的相对丰度显著降低,表明发酵饲料可以通过增加有益菌群、抑制有害菌群来调节肠道的微生态平衡。

4. 增强机体的免疫功能

畜禽机体的免疫水平一直是畜禽领域关注的热点。当畜禽机体内的分泌型IgA(sIgA)含量上升时,肠道黏膜的免疫识别力增强,并能够促进T细胞、B细胞和巨噬细胞等免疫细胞产生细胞因子,再通过淋巴细胞进行循环,进而活化全身的免疫系统,增强机体的免疫功能(唐慧琴等,2017)。微生物发酵饲料中含有大量益生菌,这些益生菌伴随着微生物发酵饲料进入畜禽肠道后,能够与肠上皮表面的特异性受体结合,在肠道表面生长繁殖,从而发挥肠道黏膜屏障的防护功能。此外,益生菌还可以诱导肠道黏膜中的淋巴细胞产生白细胞介素、肿瘤坏死因子和干扰素等细胞因子,这些细胞因子能够促进B细胞增殖分化,并加快淋巴细胞增殖的速度,增强机体的免疫功能和抗病能力(杨连玉和杨文艳,2018)。

体液免疫中B细胞起主要作用。B细胞是机体内唯一能够分泌免疫球蛋白A和免疫球蛋白G等抗体的细胞,抗体在体液免疫中发挥着重要作用,抗体含量的高低也代表着机体抗疾病能力的强弱。在仔猪饲料中加入5%的微生物发酵饲料能够显著提高仔猪体内免疫球蛋白A的含量;且添加5%和10%的发酵饲料均能显著提高仔猪机体白细胞数量和淋巴细胞转化率(张秀林等,2017)。北京市农林科学院畜牧兽医研究所刘辉等(2022)在生长猪日粮中添加不同比例的复合乳酸菌发酵饲料,发现添加复合乳酸菌发酵饲料能够显著提高生长猪的血清中免疫球蛋白G、免疫球蛋白M的含量,并增强生长猪清除体内活性氧自由基的能力,加快合成蛋白质,提高免疫力,增强机体抗氧化应激能力。

细胞免疫中T细胞是主要的免疫细胞,T细胞的分化方向主要是由各种细胞因子来调节的。发酵饲料中的益生菌对促进机体细胞因子的生成有重要作用,细胞因子能够调节机体免疫应答和炎症反应。此外,常用T细胞转化率高低表示机体细胞免疫水平的强弱,T细胞转化率越高,机体细胞免疫水平越强。研究表明,发酵饲料中的活性益生菌及其发酵过程中的代谢产物均对T细胞有激活作用,如乳杆菌能加强T细胞的增殖、分化,并能够促进机体产生细胞因子(朱丽慧等,2018)。青岛农业大学李锦等(2019)研究发现,乳酸菌发酵饲料能够提高雏鸡T细胞、B细胞转化率,提高雏鸡IL-2、IL-6和IFN-α的含量,显著提高雏鸡体内免疫球蛋白A、免疫球蛋白M和免疫球蛋白G的含量，进而提高机体免疫功能。

5. 改善环境

发酵饲料中添加的益生菌可以通过抑制肠道内腐败菌减少氨、生物胺、吲哚等有害物质产生。芽孢杆菌生长繁殖过程中能够产生植酸酶，促使动物对植酸磷的利用和对脂肪的消化吸收；产生的氨基氧化酶及分解硫化氢的酶类，可将吲哚类氧化成无毒、无害的物质，从而降低畜禽舍内氨气、硫化氢的浓度。研究表明，复合益生菌发酵饲料可以提高氮和磷的利用率，减少粪便中氮磷排放，降低生猪排泄物对环境的污染，实现清洁健康养殖（李爱科等，2020）。广东海大集团股份有限公司罗怡琳等（2021）研究发现，复方中药发酵饲料可以有效调理猪群肠道健康，提高饲料消化利用率，降低粪臭味，改善猪场环境。因此，发酵饲料的应用可提高饲料利用率，减少氨气排放，降低锌、铜等重金属的添加，并缓解畜禽养殖对环境的污染。

（四）发酵饲料在畜禽生产中的应用

1. 发酵饲料在猪生产中的应用

微生物发酵饲料在猪上的应用主要集中在提高生产性能与采食量、调节肠道微生物菌群平衡、增强免疫功能及替代抗生素等方面。湖南省微生物研究院胡新旭等（2013）在断奶仔猪饲料中添加 20%的无抗发酵饲料，研究发现，仔猪的平均日增重提高了 6.37%，料重比降低了 5.54%，腹泻率降低了 63.63%，同时发酵饲料的添加还维持了肠道微生态平衡，增强了仔猪的免疫性能，提高了养分的表观消化率。佛山市植宝生态科技有限公司黄杏秀等（2020）的研究发现，在仔猪日粮中添加由乳酸菌、枯草芽孢杆菌和酵母菌固体发酵而来的2%和5%发酵饲料，可显著提高断奶仔猪的平均日增重，降低料重比，且添加 5%的发酵饲料可以显著降低断奶仔猪的腹泻率。佛山科学技术学院彭俏丽等（2021）研究表明，饲料中添加5%发酵香菇渣可提高断奶仔猪肠道消化酶活性，增加结肠挥发性脂肪酸含量，调节肠道微生物区系组成，有利于提高断奶仔猪的生长性能。西北民族大学蓝婧婷等（2021）利用花椰菜尾菜、玉米、豆粕、米糠等与复合益生菌菌剂进行全价饲料固态微生物发酵，结果发现饲喂花椰菜尾菜发酵饲料能够降低保育猪的腹泻率，提高保育猪的生长性能，增强其免疫性能，促进肠道发育，提高经济效益。

生长育肥阶段是猪生长发育最快的时期，也是养猪经营者获得经济效益的重要时期。大量研究表明，发酵饲料能够提高生长育肥猪的生长性能和肉品质。湖南农业大学朱江等（2024）使用复合酶制剂（果胶酶、中性蛋白酶、纤维素酶、乳杆菌、酵母菌、枯草芽孢杆菌）对菜籽粕进行发酵，结果表明，发酵后的菜籽粕可以提高生长猪消化能、代谢能、氨基酸回肠末端表观消化率，同时还可以提高育肥猪平均日增重，降低料重比。也有研究表明，选取体重约 80kg 的杜×长×大三元杂交生长育肥猪，对照组饲喂基础日粮，试验组日粮中5%的原料经乳酸菌发酵处理后再与其他原料混合。试验预试期3天，正式饲喂 28 天，结果发现，试验组平均干物质采食量、平均日增重和料重比较对照组分别提高了 5.12%、3.10%和2.42%，试验组背最长肌 pH_{45min} 显著高于对照组，同时试验组饲料显著提高了肉色评分，改善了肉质嫩度，而肉的加压损失有减少的趋势（陆扬等，2019）。选取 48 头 30kg 左右的三元杂交商品猪，进行为期 102 天的饲喂试验。试验组一的发酵剂是由酵母菌、康氏木霉和白腐菌组成的三菌复合发酵剂；试验组二的发酵剂是由木聚糖酶、纤维素酶、β-葡聚糖酶等构成的生物复合酶制剂；试验组三的发酵剂是由真菌、细菌、酵母菌等多种菌株复配而成的复合发酵菌。试验结果表明：在猪的育肥期添加三菌制剂发酵秸秆饲料能够有效降低料重比，提高饲料利用率；在猪的生长期和育肥期添加三菌制剂发酵秸秆饲料替代玉米饲料，可以提高猪对干物质的表观消化率（王宣力等，2021）。此外，山西农业大学 Tang 等（2021）用发酵饲料饲喂生长育肥猪，背最长肌肉色红度值、肌肉嫩度、肌内脂肪含量及肌肉风味物质含量显著提高，滴水损失降低，从而改善了肉品质。生长育肥猪胴体品质得以改善可能与发酵改变了饲料中的呈味氨基酸和小肽的组成有关。

2. 发酵饲料在禽类生产中的应用

近年来非洲猪瘟疫情对我国生猪产业造成了巨大影响，这使得肉蛋禽产业蓬勃发展。家禽的肠道细而短，且消化酶较少，而饲料经发酵产生的小肽和益生菌更有利于肠道对营养物质的消化吸收（高世华等，2023）。大量的研究证实，发酵饲料可提高家禽抗病能力和免疫力，调节肠道微生物菌群结构，提高饲料利用率，提高动物生产性能。湖北省农业科学院畜牧兽医研究所黄静等（2025）在饲粮中添加 6%发酵饲料桑影响了肠道形态结构，显著提高了盲肠厚壁菌门等的相对丰度。西北农林科技大学张露露等（2025）研究结果表明，元宝枫叶富硒发酵饲料可以提高剑门土鸡生长性能和肉品质，改善肠道菌群。广西农业职业技术大学莫文湛等（2025）研究表明，饲喂添加 0.06%凝结芽孢杆菌的发酵饲粮可提高产蛋后期蛋鸡产蛋率，降低料蛋比，增加蛋壳厚度和蛋壳强度，改善肠道菌群。山西农业大学 Feng 等（2020）在饲料中添加 5%发酵麦麸部分替代玉米，能够提高肉鸡十二指肠消化酶活性和肠道菌群丰度。南京农业大学张艾珈等（2022）以樱桃谷肉鸭为试验对象，在日粮中添加混合发酵饲料，试验表明：发酵饲料可以一定程度地改善肉鸭生产性能、提高对蛋白质的消化率、增加肉鸭蛋白质的沉积量，并显著改善肉鸭的肌肉品质。此外，在育肥鹅（45～70 天）饲料中添加发酵饲料，与对照组相比，日粮添加 2.50%、5.00%与 7.50%发酵饲料的试验组终末体重分别提高了 5.88%、3.92%和 4.17%（徐辉等，2021）。

3. 发酵饲料在反刍动物生产中的应用

采食量、采食速率直接影响饲料的利用率和养殖效益，是动物养殖中十分重要的指标。研究发现，在西门塔尔肉牛日粮中添加 50%、100%水平的发酵菜籽粕等替代豆粕结果表明：与日粮添加 100%发酵菜籽粕组相比，添加 50%发酵菜籽粕组显著提高了肉牛末重、平均日增重，显著降低了料重比；添加 50%发酵菜籽粕组肉牛宰前活重、胴体重、净肉重也高于对照组（王胜强等，2024）。此外，为验证发酵饲料饲喂浏阳黑山羊的效果，中国农业科学院麻类研究所玉霞等（2019）在试验中给肉羊对照组饲喂精料+青贮玉米秸秆，试验 1 组饲喂玉米秸秆发酵饲料，试验 2 组饲喂玉米秸秆+中草药发酵饲料，结果表明，发酵饲料提高了肉羊生长性能、心脏质量以及瘤胃氨态氮和丙酸浓度。为了解决粗饲料中纤维素含量高这个问题，中国农业科学院王红梅（2017）利用不同菌组合的复合酶制剂发酵玉米秸秆饲喂肉羊，显著提高了肉羊的平均日增重和饲料转化率，增重提高 23.51%，料重比降低 20.77%，显著提高饲粮营养物质表观消化率 11%。

血液生化指标也能够较为直观地反映动物营养状况、生理状态及生长发育状况。沈阳农业大学陈帅（2017）通过利用膨化秸秆生物发酵饲料替代基础日粮饲喂辽育白牛，发现发酵饲料能显著提高牛血液中的血糖含量和降低血液中的总胆固醇含量，并可以显著增加血液中免疫球蛋白 G、免疫球蛋白 A 含量。青海省海东市乐都区畜牧兽医站何炜和李向臣（2021）利用添加不同比例的酵母菌、乳酸菌和枯草芽孢杆菌发酵玉米秸秆饲喂肉羊，结果表明：添加 50%和 70%发酵玉米秸秆组肉羊平均日增重分别提高了 19.64%和 21.43%，料重比分别降低了 14.52%和 14.15%；此外，饲喂发酵玉米秸秆的肉羊血液中总蛋白质和白蛋白含量均有不同程度的提高，而胆固醇和血尿素氮含量显著降低，其原因可能是微生物发酵饲料中的活性益生菌能够增强巨噬细胞活性，进而增强了机体免疫力。

在反刍动物生产中，肉品质和奶产量是核心指标。用发酵的全混合日粮饲喂肉牛可以提高牛肉中大理石花纹评分，这可能是由于发酵饲料加强了机体的代谢平衡，从而增加了肌内脂肪含量（Kim et al., 2018）。微生物发酵饲料可以提高牛肉胴体等级评分和提高肌肉内脂肪含量，进而提高肉牛的胴体品质，降低棕榈酸含量，改善牛肉的风味和品质（杨尚霖等，2022）。此外，微生态发酵饲料能促进奶山羊对营养成分的消化吸收和利用，提高奶山羊饲料利用率，抑制病原微生物的生长和繁殖，提高奶山羊抗病能力，促进奶山羊泌乳，降低羊乳中体细胞数，提高羊乳品质。原因可能是微生物发酵饲料中的有益菌群能够促进特定瘤胃菌群的生长繁殖，加强瘤胃微生物对氨的利用，提高氨的利用效率，从而提高菌体蛋白的合成，进而提高奶产量和乳蛋白含量（Zhao et al., 2022）。

4. 发酵饲料的发展前景

微生物发酵饲料在为动物提供丰富的营养物质的同时，还能够改善饲养环境，市场发展潜力巨大。随着我国畜牧业生产体系的进一步完善，微生物发酵饲料在农业生产中的利用价值将会被进一步开发和利用，促进畜牧行业绿色可持续健康发展，但目前仍存在不少的问题。①对发酵过程中各种营养成分的变化情况，尤其是发酵饲料产品的有效成分还缺乏系统的细化研究，导致对微生物发酵饲料的品质难以鉴定。②由于饲料加工、储存条件的不同，动物种类、生产水平及饲养条件的差异，微生物发酵饲料的应用效果不稳定，差异较大。③目前微生物发酵饲料通常采用固态发酵和液态发酵两种工艺模式。虽然两种工艺各具优点，但前者存在发酵过程控制难、劳动强度高、发酵损耗大等技术缺陷；后者设备成本高，不适合我国养殖企业以"自配料"为主的生产方式，而且在微生物发酵饲料的制作、保存过程中微生物的活性都有可能降低。因此，研发一种经济、有效的微生物发酵饲料生产工艺与设备，既可以保证产品的活菌数，又可以减少工人的劳动强度，对于推广微生物发酵饲料的应用具有重要意义。

三、养殖污染的微生物修复

养殖业主要包括畜禽养殖业和水产养殖业。近年来畜牧养殖业发展持续稳步上升，养殖过程中产生的污染是造成环境恶劣的重要污染源之一。由于养殖业发展迅速，仅通过减少污染源头排放的措施已无法匹配污染产生的速度，人们还需要对已产生并排放的污染进行治理修复。常见的修复方法有物理、化学和生物法。与化学、物理方法相比，生物修复对人和环境造成的影响小，处理效果好且处理后的产物如发酵堆肥能够变废为宝，应用于种植业或水产业。

微生物修复法，是生物修复技术中研究较多、应用较广泛的主要方法之一。微生物对环境污染物具有吸收、转化、降解等功能，微生物修复技术就是利用微生物的这些作用，在自然或人为控制的条件下，将环境中的污染物进行降解或无害化处理的受控或自发过程（刘斐，2021）。微生物修复在自然界中普遍存在，但由于条件限制，微生物自然净化的速度较慢。因此，有许多学者开始研究采用增加氧气含量，添加氮、磷营养盐，接种经驯化培养的高效微生物等方法来强化这一过程（吴岩等，2020）。其中，堆肥化利用技术具有对粪污无害化处理比较彻底、粪便附加值高、经济效益好等优点，是目前应用较广的畜禽粪便处理模式。畜禽粪便堆肥是利用堆料中的微生物发酵降解粪中有机物质并产生高温，促进粪便腐熟并杀灭其中的病原微生物及杂草种子等，最后形成有利于植物利用的化合物及腐殖质的一种生物化学过程（刘颖等，2015）。典型的畜禽粪便堆肥工艺流程如图11-4所示。

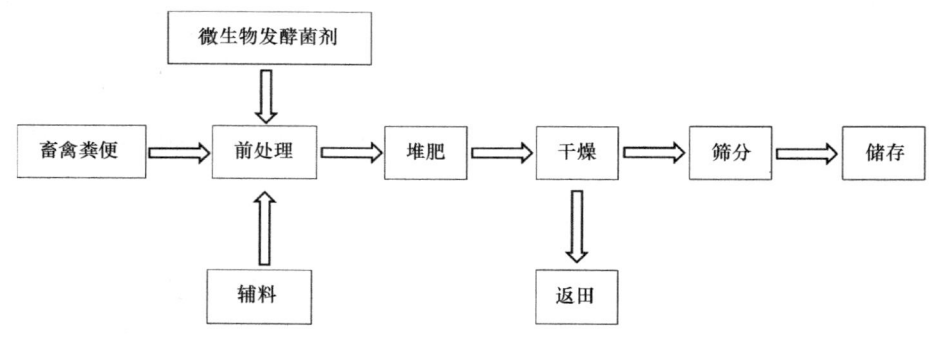

图11-4 堆肥工艺流程

（一）畜禽养殖污染

随着畜禽养殖业集约化、规模化迅猛发展，我国已成为世界上肉类生产消费的第一大国，但畜禽养殖污染也随之而来。畜禽养殖是造成我国水土环境污染的重要污染源之一。畜禽粪污在堆放过程中因腐败分解会产生大量的挥发性恶臭气体和温室气体，这些气体排放到大气中会对养殖场及其周边的空气造成严重污染，加剧温室效应。此外，这些气体还会导致畜禽感染呼吸道疾病、降低畜禽免疫力。在天气炎热的夏季，病原微生物繁殖快、活动频繁、易传播，它们通过养殖场周边蚊蝇传播，以及食物链传递，对畜禽和人类的健康造成严重威胁（卢信等，2014）。部分养殖场为节约成本未对畜禽粪尿进行有效的处理就直接排放，而未经过处理的粪水中含有大量的有害物质，粪污中的重金属、抗生素残留会通过食物链影响人们的健康，粪污中大量的病原微生物、寄生虫虫卵会进入土壤，并对其造成严重的污染，最终危害人类身体健康。养殖废水排入江河湖海，会提高水中的氮磷含量，引起水体的富营养化，使水质不断恶化，还会扩大污染面积，对周边的地下水及饮用水造成污染，使水质变味、变脏、含菌量增加（吴浩玮等，2020）。据统计，我国每年产生的畜禽粪便量可达 38 亿 t，处理不好就会引发更严重的环境污染问题，但目前畜禽养殖污染的治理工作远落后于畜禽养殖业的发展，这不仅破坏了农村及城市周边的生态环境系统，还严重阻碍了社会经济可持续发展的进程。

（二）微生物修复畜禽养殖污染

1. 微生物修复畜禽养殖大气污染

大气污染的主要来源之一便是畜禽养殖过程中产生的，畜禽排泄物中的含氮化合物和碳水化合物等，经自然环境微生物发酵分解后可产生大量的甲烷、硫化氢、氨气等恶臭有害气体。近年来，人们对恶臭污染愈发重视，针对恶臭气体控制和治理的研究也因此增多。专业化的微生物发酵技术处理成本低、便于操作，经过该技术处理的恶臭气体基本不会造成二次污染，也是获得清洁能源的有效方式之一。这些都是物理修复和化学修复不具备的优点，因此，微生物修复畜禽养殖大气污染技术成为研究人员的关注热点。微生物除臭是指利用微生物对有害恶臭气体进行氧化还原、硝化、反硝化等生理代谢活动，将其作为营养物质分解利用，最终生成 CO_2、H_2O、SO_4^{2-} 和 NO_3^- 等无臭无害的终产物。贵州大学高颖等（2011a）的研究表明，细菌、放线菌和霉菌组合制成的复合微生物菌剂能很好地抑制猪粪发酵过程中氨气和硫化氢的释放。进一步研究发现，主要是细菌发挥作用来降低猪粪中氨气的释放，其中嗜酸乳杆菌和短小芽孢杆菌的效果较好，而真菌和放线菌主要减少了硫化氢的释放，以细黄链霉菌、米根霉和班图酒香酵母菌的效果尤好（高颖等，2011b）。东南大学曾苏等（2015）从垃圾渗滤液中分离筛选出 4 株能高效降解 NH_3 和 H_2S 的菌株，分别为乳酸片球菌、巨大芽孢杆菌、嗜酸乳杆菌、粪产碱杆菌，其中巨大芽孢杆菌、嗜酸乳杆菌和粪产碱杆菌组成的复配组合除臭效率最佳，对 NH_3 和 H_2S 的去除率分别为 83.56%和 70.25%。太原市环境科学研究院卢彬和武肖媛（2018）以牛粪和稻壳为原料模拟高温堆肥，结果表明：接种复合微生物菌剂可以减少 33%甲烷和 45%N_2O 排放量。华东师范大学崔玉雪等（2014）从污泥和垃圾渗滤液中分离筛选出数株具有较强除臭能力的菌株，将其制成复合微生物菌剂，并对该菌剂去除 NH_3 及恶臭气体的效果进行考察，结果显示：每 100t 污泥投放 0.5t 的复合微生物菌剂，24h 后该菌剂对 NH_3 的去除率高达 37.5%，恶臭气体浓度下降了 19.1%。

2. 微生物修复畜禽养殖土壤污染

畜禽养殖污水是农村土地的最大污染源之一。在畜禽养殖过程中，为了提高畜禽生产性能和疾病防治效率，饲料中通常会添加各种抗生素、重金属等成分。绝大多数的抗生素、重金属元素通过粪便和尿液排出体外。由于抗生素药物和重金属元素在环境中难以降解，会长期滞留在土壤中，使得土壤中抗生素和重金属元素含量不断升高，不仅对动物产品安全造成影响，而且还会对养殖场周围的土壤和农产品造成污染，影响到人类健康安全。土壤中微生物数量众多，某些微生物如细菌、真菌和藻类对重金属具有吸附、沉淀、氧化-还原等作用，从而降低污染土壤中重金属的毒性。滁州学院柴新义等（2015）从铜矿土壤中筛选出的耐铜微生物，该菌株在温度28℃、pH为6、培养96h、转速150r/min时的耐铜性达到 54 300mg/L，较优化前的耐铜性提高了 3.62 倍，对环境中铜离子的吸附能力达到 38.19mg/g，比优化前的吸附性提高了 2.27 倍。利用真菌在受污染的垃圾场土壤中吸附重金属，结果显示所有分离真菌的联合体可以有效去除砷（77%）、锰（71%）、铬（60%）、铁（56%）和铜（52%）（Hassan et al.，2020）。在利用磷酸盐增溶菌对重金属铅和镉污染的土壤进行修复效果的研究中，研究人员发现在每克土壤中施用 10.60mg $Ca_3(PO_4)_2$ 时，磷酸盐增溶菌将土壤中的有效磷含量从 12.28mg/kg 提高到了 17.30mg/kg，从而提高土壤中铅和镉的固定率，铅和镉的固定率分别从 69.95%、28.38%提高到 80.76%、30.81%（Yuan et al.，2017）。

另外，微生物也可对抗生素残留物的结构、物理化学性质发挥作用，先将其大分子化合物转化为小分子化合物，最终降解为 CO_2 和 H_2O，其中耐药性细菌发挥了主要作用。温州医学院（现温州医科大学）许晓玲等（2011）在长期堆放四环素药渣的土壤中筛选出四环素降解菌株，经驯化富集后分离筛选得到缺陷短波单胞菌和人苍白杆菌两株高效降解四环素的菌株。这两种菌株均可利用四环素作为碳源生长，在培养时间 5 天、温度 30℃、接种量 1%的条件下，这两株菌株的四环素降解率均达到 90%以上。从抗生素废水处理厂筛选出林可霉素的有效降解菌，其中包括枯草芽孢杆菌、胶红酵母和草酸青霉，枯草芽孢杆菌和胶红酵母在林可霉素初始浓度为 1117.55mg/L、144h 内分别可降解 92.69%和 74.05%的林可霉素，草酸青霉在培养 144h 后可直接消耗 88.20%的林可霉素菌渣（Li et al.，2021）。华中农业大学赵晨光等（2020）从新鲜猪粪中筛选出耐高温的四环素类有效降解菌，经筛选、驯化后探究其对四环素类抗生素的降解效果，结果表明，鹑鸡肠球菌、粪肠球菌、库特氏菌及屎肠球菌在第 4 天对四环素类抗生素的降解率可达到 70%左右，在第 7 天对土霉素的降解率为 74.26%、对四环素的降解率为 83.48%、对金霉素的降解率为 96.75%，在第 14 天对土霉素的降解率为 85.75%、对四环素的降解率为 90.95%、对金霉素的降解率为 98.56%。

3. 微生物修复畜禽养殖水体污染

畜禽养殖废水和水产养殖废水组成基本一致，都包括重金属、抗生素残药，以及一些有机或无机化合物等污染源，水产养殖污染的微生物修复技术也同样适用于畜禽养殖水体污染。中国地质大学（北京）王松等（2018）利用好氧菌株对铊污染地下水进行了修复研究，结果表明：以乙酸钠和葡萄糖为碳源，初始铊浓度为100μg/L，在第6天，微生物对总铊去除率分别达到了 63.50%和 46.20%。中国地质大学（北京）刘莹（2018）利用异养反硝化菌对污染地下水中的硝酸盐和铁分别进行反硝化和氧化，发现在 100mg/L 浓度下硝酸盐去除率达到约 100%，铁的氧化率为 12.5%~100%。吉林大学洪梅等（2012）对游离微生物、土著微生物和固定化微生物降解修复氯苯污染地下水中污染物的效果进行比较，得出固定化微生物优于游离微生物及土著微生物的结论；研究还发现在聚乙烯醇（polyvinyl alcohol，PVA）浓度为 80g/L、$CaCl_2$ 浓度为 10g/L、包埋剂与菌液体积比为 30∶1、海藻酸钠（sodium alginate，SA）质量分数为 1.0%的最佳 PVA-SA 复合凝胶固定化条件下，15 天后氯苯降解率高达 78.16%。常州大学杜聪等（2018）采用复合微生物菌剂净化黑臭水，结果显示，化学需氧量的去除率为 87.37%，氨氮的去除率为 95.24%，总氮的去除率为 90.7%，水体透明度明显增加，表明该技术能够有效消除水体黑臭现象，提升水体自净能力。

（三）微生物修复畜禽养殖污染存在的问题

微生物具有生长速率快、繁殖快、能节约生产成本等优点，还能够维持生态系统的平衡。与其他方法相比，微生物修复畜禽养殖污染具有良好的生态综合效益，在未来针对空气、农田土壤、江河湖海地下水等发生的污染都可以得到很好的应用。但微生物修复养殖污染时也存在着一些缺陷，比如修复耗时长，在短时间内难以见到成效，而在实际生产过程中往往需要立竿见影的方法，中断会导致修复结果不理想，为充分发挥微生物修复在畜禽养殖污染中的作用，应开展以下工作。

1. 微生物处理恶臭气体

针对处理恶臭气体效果不错的微生物，研究人员要通过比较并寻找出富含更多生物量并且价格优惠的填料，确定反应装置最佳运行条件。还需要广泛查找自然界中能代谢降解恶臭气体的微生物，并对其进行进一步的分子遗传学改造，可有望发现代谢修复能力更强的微生物。在分离筛选高效的脱臭菌种方面，由于我国起步较晚，因此，寻找和优化组合具有高效安全的除臭复合微生物菌剂显得尤为重要。造成气体恶臭的原因主要是在有害微生物的发酵过程中产生大量有毒有害的物质，所以确定粪污中菌群及其发酵产生臭气的机理是十分必要的，这就需要研究人员结合现代分子生物技术，利用新的感官评价体系及分析，动态地了解和掌握菌群在产生恶臭气味中的作用，为发展有效的粪污除臭技术提供可靠的依据。

2. 微生物修复污染土壤

目前，通过微生物、改良剂等多种技术进行联合修复的技术还不是十分成熟。土壤是由固体、液体、气体组成的多相复杂体系，土壤中污染物也不尽相同。因此，研究人员可以深化完善联合修复技术，开展多种技术修复土壤试验；还可以发展高效降解微生物筛选和复合菌剂构建技术。总而言之，微生物修复技术在大规模农田土壤修复工作中具有很好的应用前景，研究人员需要分离筛选耐受重金属、抗生素等的微生物，并对其进行种类划分，建立有关基因库，利用转基因技术筛选特定菌种，培养优势菌种。

参 考 文 献

艾日登才次克，贾舒安，丁剑，等. 2019. 新型微生物添加剂防治奶牛乳房炎的试验. 中国畜禽种业，15(5): 64-65.

白雅绮. 2020. 日粮可溶性纤维与益生菌对育肥猪生长性能、氮排放及肠道菌群的影响. 绵阳: 西南科技大学硕士学位论文.

曹斌云, 杨伟平, 王建刚, 等. 2013. 一种藏猪源芽孢杆菌及其应用: 中国, CN103421707A.

曹海鹏, 夏品华, 严定波, 等. 2019. 一株猪源降胆固醇植物乳杆菌及应用: 中国, CN110042069A.

曹树威, 余昌花, 王国利, 等. 2021. 乳酸菌在畜禽替抗养殖中的研究进展. 中国兽药杂志, 55(8): 66-72.

柴新义, 童飞, 安双登. 2015. 铜矿厂区土壤中耐铜菌株的筛选及其生长特性初探. 工业微生物, 45(1): 56-61.

陈炳钿, 周文艺, 李泳宁, 等. 2018. 一种微生物发酵饲料添加剂在生长猪养殖中的应用. 福建农业学报, 33(10): 1059-1062.

陈光吉, 严锦绣, 郭春华, 等. 2015. 微生物发酵饲料对肉牛瘤胃液 pH 值和微生物数量的影响. 黑龙江畜牧兽医, (7): 104-107.

陈顾. 2017. 有益霉菌固体发酵饲料原料提升其营养成分与利用的研究. 长沙: 湖南农业大学硕士学位论文.

陈浅, 董瑗榕, 陈菊红, 等. 2020. 不同精粗比日粮中添加丁酸梭菌对断奶羔羊生长性能、血清指标及经济效益的影响. 饲料工业, 41(23): 6-14.

陈倩倩, 刘波, 王阶平, 等. 2020. 添加芽孢杆菌对豆粕固体发酵的影响. 中国粮油学报, 35(12): 101-107.

陈士伦. 2018. 微生物发酵饲料在养殖业中的应用研究. 中国饲料, (14): 24-27.

陈帅. 2017. 膨化秸秆生物发酵饲料对辽育白牛血液生化指标、免疫指标及胃肠道菌群影响. 沈阳: 沈阳农业大学硕士学位论文.

崔玉雪, 郭广寨, 黄皇, 等. 2014. 用于填埋场恶臭气体控制的微生物除臭剂筛选及其除臭机制研究. 环境污染与防治, 36(1): 60-63, 83.

董晓丽, 刁其玉, 邓凯东, 等. 2011. 微生态制剂在反刍动物营养与饲料中的应用. 中国饲料, (4): 8-11.

董晓丽. 2013. 益生菌的筛选鉴定及其对断奶仔猪、犊牛生长和消化道微生物的影响. 北京: 中国农业科学院博士学位论文.

杜聪, 冯胜, 张毅敏, 等. 2018. 微生物菌剂对黑臭水体水质改善及生物多样性修复效果研究. 环境工程, 36(8): 1-7.

方洁, 徐浩, 魏芬, 等. 2016. 菜籽粕发酵脱毒效果模糊评判. 中国粮油学报, 31(3): 96-100.

高世华, 王芳, 尹业鑫, 等. 2023. 发酵菜籽粕的营养价值与抗营养因子及其在动物生产中的应用. 中国畜牧兽医, 50(6): 2333-2341.

高颖, 褚维伟, 张霞, 等. 2011a. 猪粪生物除臭剂的制备及其除臭效果的测定. 黑龙江畜牧兽医, (15): 80-81.

高颖, 张霞, 褚维伟, 等. 2011b. 猪粪除臭微生物的筛选. 畜牧与兽医, 43(8): 30-32.

何腊平, 张玲. 2015. 一株香猪源性降胆固醇、耐氧双歧杆菌BZ25: 中国, CN104560829A.

何炜, 李向臣. 2021. 日粮添加发酵玉米秸秆对肉羊生长性能、养分消化率、血液生化指标及屠宰性能的影响. 饲料研究, 44(13): 18-22.

何月英, 宁玲忠, 曾德年, 等. 2005. 饲料微生物添加剂的研究. 湖南畜牧兽医, (3): 3-5.

洪梅, 王冬, 李迎全, 等. 2012. 固定化微生物修复氯苯污染地下水实验. 科技导报, 30(13): 21-24.

胡新旭, 周映华, 刘惠知, 等. 2013. 无抗发酵饲料对断奶仔猪生长性能、肠道菌群、血液生化指标和免疫性能的影响. 动物营养学报, 25(12): 2989-2997.

黄静, 赵娜, 郭万正, 等. 2025. 发酵饲料桑对黄羽肉鸡血清生化指标、肠道组织形态及盲肠微生物菌群结构的影响. 中国畜牧兽医, 52(5):2088-2100.

黄俊, 韩铭海, 陈小娥, 等. 2003. 新型微生物饲料添加剂的开发及应用效果研究. 饲料工业, 24(12): 40-43.

黄杏秀, 黄丽萍, 郭勇军, 等. 2020. 微生物发酵饲料对断奶仔猪生长性能、血液生化指标及免疫力的影响. 饲料研究, 43(12): 34-37.

贾志霞. 2011. 微生物饲料添加剂的应用现状与展望. 畜牧与饲料科学, 32(2): 70-72.

况应谷, 李力, 时祥柱, 等. 2020. 猪源枯草芽孢杆菌、微生物制剂及用途: 中国, CN111286465A.

蓝婧婷, 任瑞, 周瑞, 等. 2021. 花椰菜尾菜发酵饲料对保育猪生长性能、血清生化指标、小肠组织形态及经济效益的影响. 草业学报, 30(6): 180-189.

李爱科, 王薇薇, 王永伟, 等. 2020. 生物饲料及其替代和减少抗生素使用技术研究进展. 动物营养学报, 32(10): 4793-4806.

李锋, 单明旭, 白兆鹏, 等. 2020. 具有抑制大肠杆菌 K88 生长的民猪源贝莱斯芽孢杆菌: 中国, CN111004745A.

李锋, 高响, 单明旭, 等. 2019. 一种降解纤维素的民猪源贝莱斯芽孢杆菌 GX-1: 中国, CN110438028A.

李锋, 杨雪, 宁航逸, 等. 2021. 一种去除玉米赤霉烯酮的猪源奇异变形杆菌: 中国, CN113373089A.

李建喜, 张景艳, 杨志强, 等. 2015. 一株鸡源屎肠球菌菌株及其应用: 中国, CN104789498A.

李锦, 朱风华, 陈甫, 等. 2019. 乳酸菌发酵饲料对 SPF 鸡免疫功能的影响. 中国畜牧杂志, 55(7): 101-105.

李立波, 任晓冬, 窦森. 2017. 固态发酵中 2 种微生物降解玉米秸秆效果的对比研究. 农业环境科学学报, 36(10): 2136-2142.

李林, 邱玉朗, 魏炳栋, 等. 2017. 添加微生物饲料添加剂对肉羔羊育肥性能与免疫功能的影响. 吉林畜牧兽医, 38(12): 9-10, 13.

李茂龙, 谢建亮, 常娟, 等. 2022. 微生物饲料添加剂对固原黄牛生长性能和瘤胃微生物区系的影响. 动物营养学报, 34(6): 3758-3767.

刘斐. 2021. 复合微生物菌剂处理高浓度氨氮废水的强化作用研究. 皮革制作与环保科技, 2(8): 41-42.

刘辉, 季海峰, 王四新, 等. 2022. 复合乳酸菌发酵饲料对生长猪生长性能、粪便菌群、血清免疫和抗氧化指标的影响. 动物营养学报, 34(2): 783-794.

刘瑞生, 徐建峰, 薛春胜, 等. 2021a. 复合微生物添加剂对断奶仔猪生长性能、血清生化指标和免疫功能的影响. 饲料研究, 44(13): 40-43.

刘瑞生, 徐建峰, 薛春胜, 等. 2021b. 复合微生物添加剂对肉鸡生产性能、免疫功能和屠宰性能影响研究. 饲料工业, 42(17): 49-52.

刘万军, 肖红年, 雷晓军, 等. 2020. 新型微生物饲料添加剂在肉鸡饲养中的推广应用. 饲料博览, (9): 31-33.

刘益平, 孙静, 李念珍, 等. 2012. 鸡源枯草芽孢杆菌和戊糖片球菌的固体发酵菌剂及其制备方法和应用: 中国, CN102936568A.

刘莹. 2018. 硝酸盐/Fe(Ⅱ)复合污染地下水的微生物修复与机理研究. 北京: 中国地质大学博士学位论文.

刘颖, 肖尊东, 杨恒星. 2015. EM 发酵菌在畜禽粪便自然堆肥中的应用研究. 环境科学与管理, 40(7): 80-82.

刘永立, 高文龙. 2019. 新型微生物饲料添加剂枯草芽孢杆菌、嗜酸乳杆菌. 中国畜禽种业, 15(10): 55-57.

卢彬, 武肖媛. 2018. 复合微生物菌剂对高温堆肥进程及有害气体排放的影响. 过程工程学报, 18(S1): 122-128.

卢信, 罗佳, 高岩, 等. 2014. 畜禽养殖废水中抗生素和重金属的污染效应及其修复研究进展. 江苏农业学报, 30(3): 671-681.

陆扬, 雷胡龙, 宣海鹏, 等. 2019. 微生物发酵饲料对育肥猪生长性能及肉质的影响. 畜牧与兽医, 51(6): 31-35.

罗怡琳, 温潭清, 吴保庆, 等. 2021. 复方中药发酵料在猪生产中的应用及健康养殖模式的探讨. 现代畜牧兽医, (9): 25-28.

马剑青. 2017. 米曲霉固态发酵条件优化及其发酵产物对肉仔鸡日粮养分利用的影响. 兰州: 甘肃农业大学硕士学位论文.

马晓婷, 吴盈萍, 程元, 等. 2017. 乳酸菌对蛋鸡产蛋后期营养物质消化代谢的影响. 饲料工业, 38(13): 20-24.

蒙琦, 刘瑞生, 徐建峰, 等. 2021. 复合微生物添加剂对肉鸡圈舍有害气体浓度的影响. 饲料研究, 44(21): 47-51.

莫文湛, 熊飚, 苏江伟, 等. 2025. 凝结芽孢杆菌发酵饲粮对产蛋后期蛋鸡生产性能、蛋品质、血清生化指标及肠道菌群的影响. 饲料研究, 6:55-59.

牛嘉. 2022. 探讨微生态制剂在反刍动物营养与饲料中的应用研究. 农业灾害研究, 12(1): 145-147.

彭俏丽, 柒启恩, 周国勇, 等. 2021. 发酵香菇渣对断奶仔猪生长性能、结肠挥发性脂肪酸含量及微生物结构的影响. 中国畜牧兽医, 48(11): 3985-3995.

彭涛, 郭贝贝, 张水印, 等. 2020. 复合益生菌制剂对舍饲山羊育肥性能和血清生化指标的影响. 动物营养学报, 32(1): 440-446.

覃智斌, 李炯明, 施建成, 等. 2018. 一种猪源乳酸芽孢杆菌、微生态制剂及制备方法与应用: 中国, CN107794241A.

任津莹, 陈鹏. 2020. "禁抗"背景下的几种绿色饲料添加剂. 饲料博览, (12): 39-43.

阮栋, 刘建高, 陈伟, 等. 2019. 发酵饲料对蛋鸭产蛋性能、蛋品质、肠道消化酶活性及免疫功能的影响. 动物营养学报, 31(12): 5740-5749.

沈学怀, 张丹俊, 赵瑞宏, 等. 2021. 复方中药发酵饲料对母猪繁殖性能、血清生化指标和肠道菌群的影响. 中国畜牧杂志, 57(10): 229-236.

石宝明, 王晓旭, 赵轩, 等. 2021. 一种具有抑制多种致病菌微生物生长的民猪源枯草芽孢杆菌: 中国, CN113528375A.

苏溪淇, 田兰, 徐露, 等. 2018. 中草药作为饲料添加剂在养殖业中的应用. 中国饲料, (6): 12-15.

孙静, 刘益平, 李念珍, 等. 2012. 一株鸡源浸麻芽孢杆菌及其制备的菌剂和应用: 中国, CN102899274A.

孙阳, 赵燕楠, 王浩, 等. 2021. 利用光合细菌进行微生物修复: 一种降低辛硫磷在养殖水中积累的低成本方法. 微生物学通报, 48(12): 4541-4554.

唐慧琴, 王振华, 潘康成. 2017. 肠道菌群与神经-内分泌-免疫轴关系的研究进展. 中国预防兽医学报, 39(12): 1034-1038.

王佰涛, 杨文玲, 王一雯, 等. 2020. 微生物发酵饲料的特性、作用机制及应用研究. 中国饲料, (11): 110-116.

王宝东. 2022. 益生菌的生物学功效及其在动物生产中的应用. 饲料博览, (2): 27-30.

王国强, 朱群, 常娟, 等. 2018. 益生菌对哺乳仔猪生产性能及胃肠道生理状态的影响. 中国兽医学报, 38(6): 1185-1191.

王红梅. 2017. 复合酶处理玉米秸秆对肉羊生产性能及破解纤维结构机制的研究. 北京: 中国农业科学院博士学位论文.

王胜强, 李志钢. 2024. 日粮中发酵菜籽粕替代豆粕对肉牛生长性能、表观消化率及屠宰性能的影响. 中国饲料, 2024, (4): 81-84.

王松, 陈家昌, 戴振宇, 等. 2018. 铊污染地下水的微生物修复研究. 地球与环境, 46(3): 282-287.

王文娟, 孙冬岩, 孙笑非. 2017. 生命早期肠道菌群的定殖对免疫系统的影响. 饲料研究, 1: 24-27.

王宣力, 马敏, 黄小乘, 等. 2021. 秸秆发酵饲料对生长育肥猪生长性能、饲料养分消化率及血液生化指标的影响. 饲料工业, 42(21): 20-25.

王勇, 薛海鹏, 亓宝华, 等. 2021. 生物发酵饲料在生长育肥猪中的应用. 中国动物保健, 23(9): 70, 72.

王宗伟, 李法增, 杨志平, 等. 2015. 枯草芽孢杆菌在畜禽营养上的研究进展. 中国畜牧杂志, 51(1):

80-83.

魏尊. 2017. 棉粕源发酵饲料对产蛋鸡饲喂效果的研究. 中国家禽, 39(7): 53-57.

吴浩玮, 孙小淇, 梁博文, 等. 2020. 我国畜禽粪便污染现状及处理与资源化利用分析. 农业环境科学学报, 39(6): 1168-1176.

吴岩, 任相浩, 寇莹莹, 等. 2020. 复合微生物菌剂处理高浓度氨氮废水的强化作用. 科学技术与工程, 20(25): 10544-10549.

夏品华, 曹海鹏, 严定波. 2019. 一株猪源植物乳杆菌及应用: 中国, CN109971667A.

谢鹏, 袁园, 葛莹, 等. 2019. 酵母菌发酵对常用饲料原料营养指标和抗营养因子含量的影响. 江苏农业科学, 47(21): 241-246.

徐辉, 周博, 闫俊书, 等. 2021. 生物发酵饲料对育肥鹅生长性能、免疫性能及血清脂质代谢指标的影响. 饲料工业, 42(15): 17-22.

徐鹏, 董晓芳, 佟建明. 2012. 微生物饲料添加剂的主要功能及其研究进展. 动物营养学报, 24(8): 1397-1403.

徐速, 江连洲, 于殿宇, 等. 2015. 一株猪源枯草芽孢杆菌及其固态发酵制备的饲料益生菌剂: 中国, CN104651270A.

许晓玲, 李卫芬, 雷剑, 等. 2011. 四环素降解菌的选育、鉴定及其降解特性. 农业生物技术学报, 19(3): 549-556.

杨连玉, 杨文艳. 2018. 微生物发酵饲料的现状及展望. 经济动物学报, 22(2): 63-66, 71.

杨巧丽, 张生伟, 裴利君, 等. 2020. 一种合作猪源粘膜乳杆菌及其应用: 中国, CN113512516A.

杨尚霖, 王鼎, 付洋洋, 等. 2022. 日粮中添加杜仲叶对育肥肉牛生长性能、消化率和胴体品质的影响. 饲料工业, 43(6): 9-15.

杨文婷, 陈程, 张文举. 2019. 棉酚降解酶及热带假丝酵母 ZD-3 对棉籽粕脱毒的对比研究. 饲料工业, 40(24): 32-35.

姚志芳, 冯宇哲, 王磊, 等. 2020. 酵母菌和乳酸菌在生物发酵饲料中的应用研究进展. 饲料研究, 43(10): 154-158.

尹喜海, 姜凤, 王伟杰. 2012. 米糠中的抗营养因子及消除方法研究进展. 吉林畜牧兽医, 33(5): 29-32.

于瑞奎, 刘艳玲, 于茂兰. 2016. 双益素动物微生物饲料添加剂对蛋鸡产蛋性能及养殖环境的影响. 饲料广角, (13): 45-47.

玉霞, 章永平, 李果, 等. 2019. "薪粮"发酵饲料对浏阳黑山羊生长性能及血清生化指标的影响. 饲料研究, 42(10): 1-4.

臧长江, 王加启, 卜登攀, 等. 2009. 复合微生物对奶牛生产性能及血液生化指标的影响. 家畜生态学报, 30(2): 45-50.

曾苏, 李南华, 盛洪产, 等. 2015. 微生物除臭剂的筛选、复配及其除臭条件的优化. 环境科学, 36(1): 259-265.

曾亚英, 杜海波, 阿拉腾格日勒. 2020. 浅谈益生菌替代抗生素在畜禽养殖业的应用研究进展. 国外畜牧学(猪与禽), 40(3): 63-66.

张艾珈, 严敏, 张延延, 等. 2022. 日粮添加混合发酵饲料对樱桃谷肉鸭生长性能、胴体品质和肌肉脂肪代谢的影响. 畜牧与兽医, 54(4): 17-24.

张董燕, 季海峰, 刘辉, 等. 2018. 一种猪源卷曲乳杆菌及其应用: 中国, CN108546663A.

张露露, 赵文星, 柴学军, 等. 2025. 元宝枫叶富硒发酵饲料对剑门土鸡生长性能与肉品质及肠道菌群的影响. 动物医学进展, 46(4):66-71.

张建飞, 戎海沿. 2010. 微生物饲料添加剂在饲料中的应用及生产工艺. 畜牧与饲料科学, 31(2): 60-63.

张秀林, 魏小兵, 欧长波, 等. 2017. 益生菌发酵饲料对仔猪生长和免疫功能影响的研究进展. 中国畜牧兽医, 44(2): 476-481.

张铮, 朱坤, 朱伟云, 等. 2019. 发酵饲料对生长育肥猪结肠微生物发酵及菌群组成的影响. 微生物学报, 59(1): 93-102.

张政, 张棋炜, 杨晶晶, 等. 2017. 体外法评价活性酵母及其发酵饲料对瘤胃发酵参数的影响. 中国畜牧兽医, 44(9): 2629-2637.

赵晨光, 陈路鹏, 黄祚建, 等. 2020. 猪粪中四环素类抗生素降解菌的筛选及其在堆肥中的应用研究. 家畜生态学报, 41(9): 53-58.

赵莹, 王君锐, 刘佳佳, 等. 2022. 益生菌发酵饲料在动物生产中的应用. 中国饲料, (11): 6-12.

钟瑾, 滕坤玲, 王天威, 等. 2018. 一种仔猪源解淀粉芽孢杆菌及其应用: 中国, CN107723267A.

仲伟光, 祁宏伟, 赵玉民. 2018. 酵母菌制剂在调控反刍动物生产性能和瘤胃生态中的应用. 中国畜牧杂志, 54(8): 26-30.

仲伟光, 王玉婷, 于维, 等. 2020. 复合微生物添加剂对奶公牛生产性能和血液指标的影响. 中国兽医学报, 40(10): 2052-2055, 2078.

周雪雁, 李琼毅, 丁功涛, 等. 2020. 鸡肠道微生物菌群的建立发育、分布和生理学意义. 微生物学报, 60(4): 641-652.

朱江, 管文波, 唐黎姿, 等. 2024 发酵菜籽粕的营养价值测定及其对育肥猪生长性能的影响. 动物营养学报, 36(6): 3587-3600.

朱丽慧, 廖荣荣, 杨长锁. 2018. 肠道微生物对家禽肠道免疫功能的调节作用及其机制. 动物营养学报, 30(3): 820-828.

邹春悦. 2018. 酵母菌在食品中的作用研究进展. 当代化工研究, (3): 96-97.

Chang M H, Chen T C. 2003. Reduction of broiler house malodor by direct feeding of a lactobacilli containing probiotic. Int J Poult Sci, 2(5): 313-317.

Chu G M, Lee S J, Jeong H S, et al. 2011. Efficacy of probiotics from anaerobic microflora with prebiotics on growth performance and noxious gas emission in growing pigs. Anim Sci J, 82(2): 282-290.

Feng Y, Wang L, Khan A, et al. 2020. Fermented wheat bran by xylanase-producing *Bacillus cereus* boosts the intestinal microflora of broiler chickens. Poult Sci, 99(1): 263-271.

Hai D, Lu Z X, Huang X Q, et al. 2021. *In vitro* screening of chicken-derived *Lactobacillus* strains that effectively inhibit *Salmonella* colonization and adhesion. Foods, 10(3): 569.

Hassan A, Pariatamby A, Ossai I C, et al. 2020. Bioaugmentation assisted mycoremediation of heavy metal and/metalloid landfill contaminated soil using consortia of filamentous fungi. Biochem Eng J, 157: 107550.

Kim T I, Mayakrishnan V, Lim D H, et al. 2018. Effect of fermented total mixed rations on the growth performance, carcass and meat quality characteristics of Hanwoo steers. Anim Sci J, 89(3): 606-615.

Li J T, Tao L J, Zhang R, et al. 2022. Effects of fermented feed on growth performance, nutrient metabolism and cecal microflora of broilers. Anim Biosci, 35(4): 596-604.

Li Y H, Fu L P, Li X, et al. 2021. Novel strains with superior degrading efficiency for lincomycin manufacturing biowaste. Ecotox Environ Safe, 209: 111802.

Long M, Yang S H, Li P, et al. 2018. Combined use of *C. butyricum* sx-01 and *L. salivarius* C-1-3 improves intestinal health and reduces the amount of lipids in serum via modulation of gut microbiota in mice. Nutrients, 10(7): 810.

Rossi F, Luccia A D, Vincenti D, et al. 2004. Effects of peptidic fractions from saccharomyces cerevisiae culture on growth and metabolism of the ruminal bacteria megasphaera elsdenii. Anim Res, 53(3): 177-186.

Shi C, Zhang Y, Yin Y, et al. 2017. Amino acid and phosphorus digestibility of fermented corn-soybean meal mixed feed with *Bacillus subtilis* and *Enterococcus faecium* fed to pigs. J Anim Sci, 95(9): 3996-4004.

Tang X P, Liu X G, Zhang K. 2021. Effects of microbial fermented feed on serum biochemical profile, carcass traits, meat amino acid and fatty acid profile, and gut microbiome composition of finishing pigs. Front Vet Sci, 8: 744630.

Wang P, Fan C G, Chang J, et al. 2016. Study on effects of microbial fermented soyabean meal on production performances of sows and suckling piglets and its acting mechanism. J Anim Feed Sci, 25(1): 12-19.

Wang W W, Chen J A, Zhou H, et al. 2018. Effects of microencapsulated *Lactobacillus plantarum* and fructooligosaccharide on growth performance, blood immune parameters, and intestinal morphology in weaned piglets. Food Agr Immunol, 29(1): 84-94.

Xing F G, Wang L M, Liu X, et al. 2017. Aflatoxin B_1 inhibition in *Aspergillus flavus* by *Aspergillus niger* through down-regulating expression of major biosynthetic genes and AFB_1 degradation by atoxigenic *A. flavus*. Int J Food Microbiol, 256: 1-10.

Yeh R H, Hsieh C W, Chen K L, et al. 2018. Screening lactic acid bacteria to manufacture two-stage fermented feed and pelleting to investigate the feeding effect on broilers. Poult Sci, 97(1): 236-246.

Yuan Z M, Yi H H, Wang T Q, et al. 2017. Application of phosphate solubilizing bacteria in immobilization of Pb and Cd in soil. Environ Sci Pollut R, 24(27): 21877-21884.

Zhao M J, Lv D L, Hu J C, et al. 2022. Hybrid *Broussonetia papyrifera* fermented feed can play a role through flavonoid extracts to increase milk production and milk fatty acid synthesis in dairy goats. Front Vet Sci, 9: 794443.

Zheng L, Li D, Li Z L, et al. 2017. Effects of *Bacillus* fermentation on the protein microstructure and anti-nutritional factors of soybean meal. Lett Appl Microbiol, 65(6): 520-526.